Excel VBA 编程开发

上册

刘永富◎著

· 北京 ·

内 容 提 要

《Excel VBA 编程开发（上册）》从初学者角度出发，通过简洁的语言、丰富的实例详细介绍了利用 Excel VBA 语言进行程序开发需要的思维方式、知识技能等内容。

本书共 15 章，第一部分介绍 VBA 编程环境、语法基础和内置函数；第二部分介绍 Excel 对象的读/写方式、事件编程、程序调试和错误处理；第三部分偏重界面设计，主要介绍自定义功能区、窗体和控件设计、加载宏的做法和用法；第四部分进入中级难度，介绍了 VBA 通过 ADO 技术、SQL 查询语言访问数据库，通过操作 VBE 实现自动编程，以及类模块的基本概念和用法。每一章都设计了 3 道课后习题，习题答案在本书附录中展示。

为了让读者更好地理解本书内容，本书配备了视频教程和教学 PPT 课件，并赠送读者 15 集视频课程。

本书适合具有 Excel 办公软件基础知识，想快速掌握 VBA 编程的各类人士阅读，也适合从事 Office 开发、RPA 自动化开发、VSTO 开发的人员作为参考书使用。应用型高校计算机相关专业、培训机构的讲师和学员也可选择本书作为教材或参考书。

图书在版编目（CIP）数据

Excel VBA 编程开发（上册）/ 刘永富著. -- 北京 : 中国水利水电出版社, 2022.9（2023.5重印）

ISBN 978-7-5226-0038-3

Ⅰ. ①E… Ⅱ. ①刘… Ⅲ. ①表处理软件－程序设计 Ⅳ. ①TP391.13

中国版本图书馆CIP数据核字(2021)第201622号

书　　名	Excel VBA 编程开发（上册） Excel VBA BIANCHENG KAIFA
作　　者	刘永富　著
出版发行	中国水利水电出版社 （北京市海淀区玉渊潭南路 1 号 D 座　100038） 网址：www.waterpub.com.cn E-mail：zhiboshangshu@163.com 电话：（010）62572966-2205/2266/2201（营销中心）
经　　售	北京科水图书销售有限公司 电话：（010）68545874、63202643 全国各地新华书店和相关出版物销售网点
排　　版	北京智博尚书文化传媒有限公司
印　　刷	北京富博印刷有限公司
规　　格	190 mm× 235 mm　16 开本　29.25 印张　765 千字
版　　次	2022 年 9 月第 1 版　2023 年 5 月第 2 次印刷
印　　数	3001 — 6000册
定　　价	99.80 元

凡购买我社图书，如有缺页、倒页、脱页的，本社营销中心负责调换

前　言

在学校、企业、保险和银行等机构的职场办公中，Office 软件的使用非常普遍而且非常重要，在各种招聘信息的技能要求中也包括对办公软件的熟练程度。随着信息时代的快速发展和沟通技术的快速进步，办公软件的专家和技术能手涌现在各个行业领域中。然而，无论手动操作再怎么熟练，也不能达到自动操作的目的。基于此，微软公司提供了 VBA 编程，它可以在 Office 组件里面运行事先写好的代码，在非常短的时间内完成很多工作任务。正是由于 VBA 语言的强大和方便，使得渴望学习和掌握这门语言的人越来越多。

但是“万事开头难”，VBA 也是一门编程语言，开发人员要想熟练掌握这门编程语言，必须先具备程序设计的思维，在理解了语法的基础上循序渐进地学习才能入门。笔者并不是计算机科班出身，刚开始连赋值的作用都没能理解，在知识相对匮乏的年代通过自学掌握了 VBA 编程。工作期间偶然发现了 VBA 这个利器，起初通过录制宏，一句一句地积累常用代码，并在处理实际问题的过程中经常使用 VBA，时间长了就熟能生巧了。

VBA 编程基础主要包括 VBA 语法和 Office 对象模型两大部分，其中 VBA 语法继承了 Visual Basic 6 的语法特点，语法比较固定；Office 对象模型则按照组件独立划分。本书选择容易理解的 Excel 表格软件作为 VBA 的运行软件，因此需要学习 Excel 的 VBA 对象模型。所谓对象模型（Object Model），是微软根据 Excel 的功能设计的一个树状结构视图，该视图中把 Excel 软件中的各种物件用对象来表达和描述，例如工作簿是 Workbook 对象。每个对象有属性、方法和事件。

VBA 的应用领域非常多，操作和读/写 Excel 只是 VBA 的基本功能。除此以外，VBA 还可以访问路径和文件、注册表和进程等。显然，无法在一本书中讲解 VBA 的全部功能。

本书从完全不懂编程的零基础读者角度出发，详尽地介绍了 Excel VBA 编程初级阶段应该学习和掌握的知识点。尽量让读者看得明白、学得轻松，并且能够在实际工作中充分发挥 VBA 编程的作用。

本书内容

全书共 15 章，主要内容如下。

第 1 章介绍 VBA 编程的基本概念、如何进入 VBA 编程环境、VBA 各个子窗口的功能和用法。

第 2 章介绍 VBA 语法基础，具体包括基本数据类型、变量与赋值、条件选择和循环结构、过程函数的定义和调用等内容。

第 3 章介绍 VBA 内置函数，具体包括数学、日期时间、字符串方面的函数及其应用等内容。

第 4 章介绍 Excel 常用对象的读/写方式，具体包括对象与对象变量的使用、Application、Workbook、Worksheet、Range 四级对象的表达和使用等内容。

第 5 章介绍工作表中的图形、图表、工作簿的窗口等比较常见的 Excel 对象的编程访问方式。

第 6 章介绍了 Excel VBA 中的事件编程，主要介绍包括在 Sheet 和 ThisWorkbook 模块中创建事件过程的方法以及在类模块中使用 WithEvents 关键字声明事件变量的方法。

第 7 章介绍在 Excel VBA 中使用 Evaluate、WorksheetFunction 调用工作表函数，具体包括调用查找与引用函数、统计类函数、Web 类函数等内容，重点讲述了 Excel 中回归方面的工具和函数的用法。

第 8 章介绍编程常用技巧，主要包括代码优化、程序调试、错误处理等内容，并且讲述了根据工作表数据生成工资条的实际案例的实现过程。

第 9 章介绍常用 Office 对象，主要包括 COMAddIn、DocumentProperty、LanguageSettings、SmartArt 对象的编程方法。

第 10 章介绍自定义功能区设计，主要介绍包括修改内置功能区元素，添加自定义选项卡、组、按钮以及使用 Ribbon XML 代码定制界面，设置按钮的标题、图标、回调函数等内容。

第 11 章介绍用于窗体与控件设计，主要介绍用户窗体的添加、设计、启动，以及各类常用控件的基本用法。

第 12 章介绍 Excel 加载宏的概念和特点、通过加载宏对话框管理各个加载宏。

第 13 章介绍 VBA 通过 ADO 技术、SQL 查询语言访问 Access 数据库，详细介绍 Connection、RecordSet、Field 这些重要对象的概念和用法，以及 VBA 访问 SQLite 数据库的方法。

第 14 章介绍 VBIDE 这个外部引用中的对象和方法，主要讲解 VBE、VBProject、VBComponent 这些对象代表的实际含义，从而实现自动增删模块、自动书写代码的功能。

第 15 章介绍类模块的基本概念和用法，主要介绍包括类模块的添加，类的初始化和终止事件，类模块中创建属性、过程、函数以及在其他模块中创建类模块的实例，调用类模块中的成员等内容。

本书特色

- 章节目录编排合理、难度由浅入深。
- 论点独特、讲解有深度。
- 实例颇具代表性、知识点突出。
- 配套资源齐全，源代码、教学课件、视频课程完整。

作者简介

刘永富，微软办公软件国际认证 MOS 大师、VBA 专家。熟悉 Microsoft Access、Excel、PowerPoint、Outlook、Word 这 5 个组件及其对应的 VBA 编程操作。具有近 20 年 Office 和 VBA 的开发、教学经验，尤其专注研究 VBA、VB6、C#、VB.NET 等各种语言操作和访问 Office 组件的方法和技术。

作者是 51CTO 学院具有丰富教学经验的中级讲师，授课领域包括加载宏和 COM 加载项开发、SeleniumBasic 浏览器自动化技术、RPA 自动化编程、VSTO 开发等。

读者服务

（1）本书答疑专用 QQ 群：720432908。

（2）笔者的编程技术专栏。

博客园网址：https://www.cnblogs.com/ryueifu-VBA/

（3）问题反馈联系邮箱。

在本书阅读过程中，如发现内容欠妥或错别字情况，请发邮件到 zhiboshangshu@163.com，我们会尽快解决和改正。

配套资源及下载方式

本书的配套资源如下：

- 章后习题及其答案。
- 实例源文件及代码。
- 讲解过程中用到的软件和工具、各类函数安装包。
- 教学 PPT。
- 视频课程。

读者使用手机微信扫一扫下面的二维码，或者在微信公众号中搜索“人人都是程序猿”，关注后输入 VBA0038 至公众号后台，获取本书的资源下载链接。将该链接复制到计算机浏览器的地址栏中，根据提示进行下载。

人人都是程序猿

致谢

在本书的编写过程中，得到了来自家人和朋友的支持和帮助，参与编写的人员有：刘行、程传魏、刘永和、戴海东、刘远、李国安、刘秀兰、齐泽文、崔进霞、王新娟、张国卿等，在此表示衷心的感谢。

在本书的出版过程中，得到了中国水利水电出版社智博分社的刘利民和王传芳老师的大力支持，本书的编审、发行人员也付出了辛勤劳动，在此一并致谢。

作　者

2022 年 5 月

目　录

第一部分　VBA 基础

第二部分 VBA 编程

第三部分 VBA 界面设计

第四部分 VBA 提高

第一部分　VBA 基础

欢迎开启 Excel VBA 学习之旅。Excel VBA 编程工作大部分是在 VBA 编程窗口中进行的，了解 VBA 编程环境中包括哪些窗口、每个窗口起什么作用尤为重要。

VBA 语法基于 Visual Basic 6.0 语言，接近人类自然语言。但是在程序设计过程中经常涉及各种数据类型。变量是临时存储数据的容器，编程人员应该掌握变量的声明和赋值。为了让更少的变量存储更多的同类数据，出现了数组。数组可以看作多个变量构成的集合，数组的使用技巧包括获取数组的上下界、遍历数组中的元素、动态数组的声明和重新定义。

每个 VBA 工程都包含 Visual Basic for Applications 这个内置引用，该类型库包含十几类实用的函数，其实常用的 Left、Right、Kill、Dir、Cos 等函数都来自 VBA 函数库。

这部分的主要知识点如下：

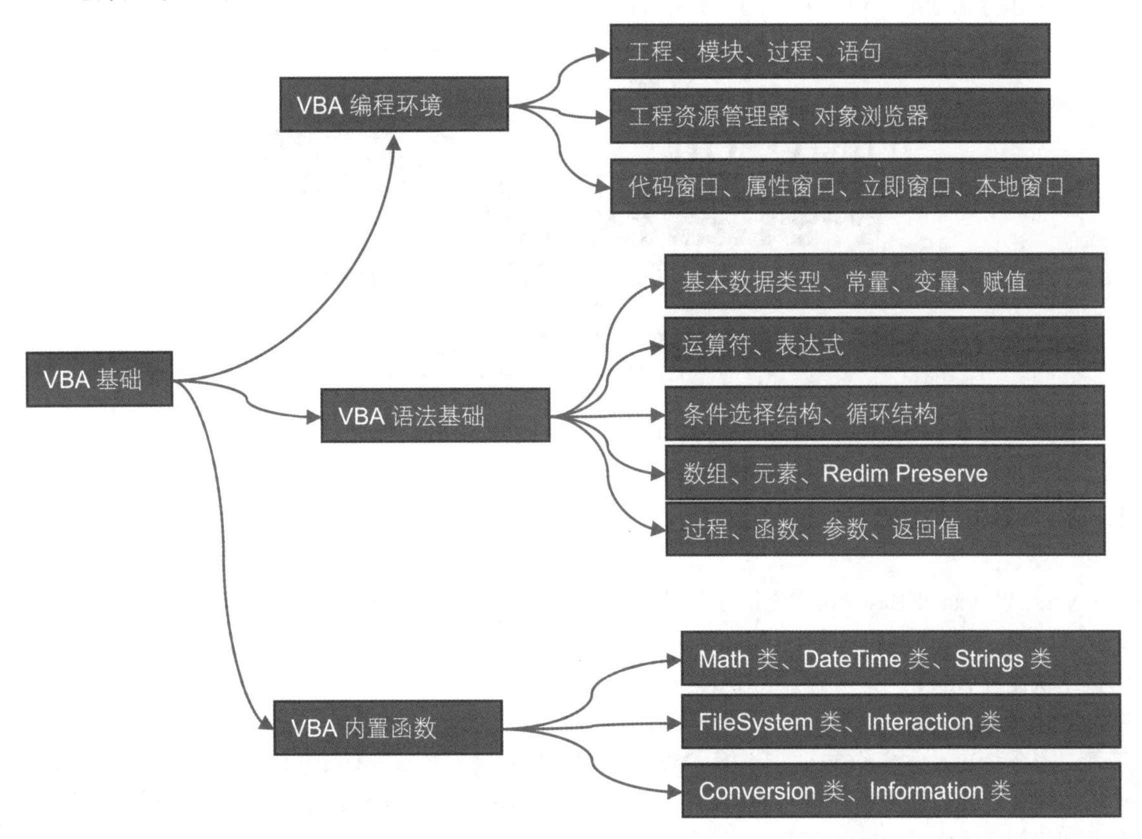

第 1 章　VBA 编程环境

本章讲述 Excel VBA 入门知识、编程前的设置、VBA 集成开发环境中各个子窗口的作用等知识。

本章关键词：VBA、宏安全性、集成开发环境、指定宏、录制宏。

1.1　VBA 编程概述

VBA（Visual Basic for Applications）是微软公司开发的一门事件驱动型编程语言，允许开发人员扩展 Office 的功能。VBA 的 Logo 如图 1-1 所示。

图 1-1　VBA 的 Logo

本节讲解 VBA 编程的基本概念和学习方法。

1.1.1　VBA 编程语言

VBA 以 Visual Basic 语言为语法基础，计算机上只要安装了 Microsoft Office 软件就可以使用 VBA 来开发程序。Excel、PowerPoint、Word 等 Office 组件均支持 VBA 编程，只需要在相应的组件中按下快捷键 Alt+F11 即可打开 VBA 集成开发环境。

VBA 与其他编程语言不同，不需要独立的代码文件，一个完整的 VBA 程序由 VBA 工程整体管理。一个 Office 文档（Excel 工作簿、Word 文档、PPT 演示文稿等）有且只有一个 VBA 工程（即使不书写任何代码的文档，也有 VBA 工程），文档的 VBA 工程随着文档的保存而保存。因此，要查看和修改文档中的 VBA 代码，必须在 Office 中打开这个文档。

微软 Office 从 2007 版开始，文档扩展名一律采用 4 位字母。扩展名以 x 结尾的不能保存 VBA

工程，如.xlsx、.pptx、.docx 这些最常见扩展名的文档，可以在 VBA 工程中书写和运行代码，但是不能被保存。

以 m 结尾的可以保存代码，如.xlsm、.pptm、.docm、.xlam、.ppam、.dotm 等。

1.1.2 学习 VBA 编程的理由

Microsoft Office 是全世界应用最广泛的办公软件，随着软件版本的更新和不断完善，当今的 Office 软件可以兼容计算机中各种格式的文件，如 CSV、XML 等格式文件均可在 Excel 中查看和编辑。此外，Office 还可以与其他软件协同操作，如 Office 文档可以轻松生成 PDF 文档。

在大型机构中，如保险、金融、银行、学校等，会产生大量的数据文件，往往办公人员需要花费大量时间和精力去查看、编辑、转换。然而，手工操作具有速度慢、效率低、易出错、重复动作多等缺点。

VBA 可以把各种手工操作以代码序列的形式整合在一起形成一个“机器人”，用户只需要启动一次程序，机器人就会自动对文档进行各种操作，如录入、打开和保存、下载和上传等都可以在很短的时间内自动完成。只要文档操作的流程和规则不变，这个机器人就可以每天无成本地使用。

VBA 虽然是一门小众的编程语言，但由于 Office 用户众多，职场中需要处理的文档和数据量大等原因，使得这门编程语言越来越受到人们的关注和喜爱。

学习 VBA 编程的主要原因如下：

- 按需定制开发。

VBA 编程不受统一标准的约束，工作中遇到的问题能够通过 VBA 实现的，可以根据具体情况自由设计界面和运行方式。

- 用户界面丰富多样。

大多数编程语言都具有代码（Code）和用户界面（User Interface）两个范畴。开发一个功能，可以只有代码没有界面，也可以二者都有。

用户界面的作用和意义是：以图形化的方式呈现在用户面前，用户只需要向界面控件执行输入数据、单击按钮等操作就可以在后台运行相应的代码。

Excel VBA 开发中可以使用的界面有工作表、用户窗体、自定义功能区和菜单等。

- 操作领域广、自动化程度高。

如果从字面理解，Excel VBA 貌似只能处理 Excel 电子表格软件周边的内容。实际上 VBA 是一门非常完善的语言，具有良好的可扩展性。

- VBA 集成开发环境功能完善。

VBA 编程环境与 Visual Basic 6.0 的编程环境非常相似，功能十分齐全。

常用的功能有：增删模块、语法智能提示、引用管理和对象浏览器、代码的查找替换、设置断点和调试运行等。

- VBA 是 Office 开发技术的基础。

Office 产品二次开发有很多种技术，但都是以 VBA 对象模型为基础的。如果不学习 VBA，大脑就形成不了 Office 开发的逻辑思维，其他开发技术都将难以应用。

1.1.3 VBA 编程的特点

VBA 编程具有以下特点：

● 语法接近人类自然语言，容易入门。

VBA 语言的关键字没有特别令人费解的单词，都是频繁出现的英文。例如：

◆ Me.Close 表示“关闭我”，Me 可以出现在 ThisWorkbook 或窗体等类模块中。

◆ Collection.Items.Add "sth"表示向集合中添加一个项目。

◆ Application.Visible = False 表示将 Visible 属性设置为 False，作用是隐藏应用程序。

● 纯代码执行，用户交互少。

手工操作 Excel 时，会经常遇到各种对话框，向某个工作表的某个单元格输入内容时，必须激活相应的工作表，然后选中那个单元格，按下键盘输入内容。

使用 VBA 实现上述功能时，只需要书写最关键的操作即可，激活和选中不是必需的。例如：

◆ Application.Workbooks.Open "D:\Temp\中国城市列表.xlsx"。

◆ ActiveWorkbook.Worksheets(2).Range("D2").Value = "四川省"。

◆ ActiveWorkbook.Close SaveChanges:=True。

只需要 3 行代码就完成了工作簿的打开、数据输入、保存后关闭操作。也就是说，VBA 代码并不是完全照搬手工操作。

● 操作的是打开的文档，而不是磁盘文件。

众所周知，Excel 中打开的工作簿可以进行任意次数的编辑、修改，只有执行保存操作，修改后的内容才会真正保存到磁盘上。

VBA 读取的是打开的文档上的数据。例如，单元格中输入一个数字，VBA 就可以拿到这个数字，尽管这个数字尚未保存到磁盘上。

● 编码与工作表设计相结合。

Excel VBA 编程并不是一直在 VBA 编程环境中进行。根据业务特点，相关的模板、基础数据、参数设置会在工作表中进行合理布局，VBA 程序在运行时读/写这些参数即可。也就是说，学习 VBA 编程并不是放弃 Excel 函数和手工操作，而是把 Excel 现有功能和 VBA 编程结合起来。

● 开发水平取决于 Office 手工操作技能。

VBA 编程水平与很多因素有关，如开发者的教育经历、英文水平、编程功底等。VBA 是一门服务 Office 产品的编程语言，手工操作越熟练，相应代码的理解程度就越高。如果一个人不懂数据透视表，那么他就难以理解 Excel VBA 中与 PivotTable 对象相关的代码。

1.1.4 VBA 编程的主要用途

Excel VBA 最基本的功能是对 Excel 数据进行整合。实际使用中可以向 VBA 中添加各种扩展，Windows 系统中包含大量的 COM 对象，每个 COM 对象是具有特定功能的动态链接库。只要 VBA 中添加了 COM 对象的引用，就可以调用其中的函数和方法。如字典、文件系统对象、正则表达式、XML 和 HTML 文档处理、注册表、Office 组件等之间的操作都可以在 VBA 中实现。

VBA 的主要行业用途如下：

- Windows 系统运维。

使用 VBA 可以访问 Windows 系统的环境变量、进程列表、服务、窗口信息。

- RPA 自动化开发。

近几年来，RPA（Robotic Process Automation）自动化开发比较火热，RPA 的目的是使用机器人代替手工作业。尽管不能完全用 VBA 开发 RPA 机器人，但 VBA 在 RPA 开发过程中起着非常重要的作用。图 1-2 为 RPA 示意图。

图 1-2　RPA 示意图

- 数据分析与图表可视化。

数据分析包括数据收集、数据处理、数据分析、数据展现、报告撰写等环节。处理的通常不只是本地磁盘的数据，还包括网络上的数据。VBA 可以自动操作浏览器来驱动网页，也可以自动下载和提交数据到网页。另外，VBA 还可以跨组件编程，可根据 Excel 中的数据自动生成 PPT 文件。

- 智力游戏开发。

Excel VBA 依靠表格这个得天独厚的优势，可以借助单元格作为游戏的界面，开发设计棋类、拼图、数独等难度较高的游戏，如图 1-3 所示。

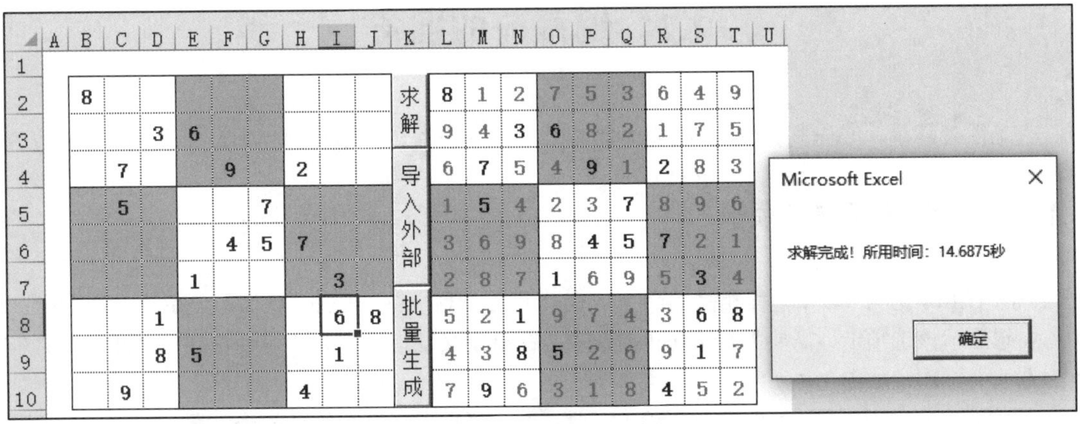

图 1-3　Excel 数独求解器

- Office 商业插件开发。

VBA 开发的作品代码保护性比较弱，如果把 VBA 作品直接发布出去很容易被破解。很多专业的 Office 插件是利用其他编程语言编译而成的，很好地保护了开发者的知识产权。其中 VBA 是其他开发方式的基础。

1.1.5 如何学好 VBA

VBA 是一门易学难精的编程语言。要想打好 Excel VBA 的基础，必须重点学习 VBA 基本语法和 Excel 对象模型这两大部分知识。

VBA 基本语法主要包括 VBA 语法关键字、变量与赋值、顺序结构、选择结构、循环结构、数组等。Excel 对象模型主要包括 Application、Workbook、Worksheet、Range 这些对象的属性、方法、事件编程。

其中，VBA 基本语法比较固定，很快就能掌握。Excel 对象模型可以借助录制宏的功能帮助学习。

以下是学习 VBA 的一些要求和建议。

- 注重代码积累。

任何知识的学习都是积少成多的过程，平时把自己开发过的程序和代码及时归纳整理，在网上或论坛看到他人的代码要亲自测试一下。

- 养成良好的编程习惯。

编程不仅是工作任务，更是一门艺术。合理地声明变量、适当地添加注释、正确地缩进代码都是良好的编程习惯。

- 经常使用对象浏览器。

对象浏览器是一个用于查看类型库中成员信息的窗口。通过对象浏览器可以了解当前 VBA 工程包含哪些引用、类型库中的函数需要什么样的参数、返回值是什么类型。在有一定的基础时才能写出合格的代码。

1.2 编程前的准备

“工欲善其事，必先利其器”，编程之前需要做一些设置，本节讲解 VBA 编程时常用的设置。

1.2.1 显示开发工具选项卡

微软 Office 把与 VBA 编程相关的命令放在“开发工具”中。Excel 默认不显示这个选项卡。

要想显示该选项卡，需要打开 Excel 的选项，在自定义功能区中，在对话框中的“开发工具”前面的方框中打钩，如图 1-4 所示。

这样在 Excel 中就可以看到这个选项卡。最左侧的“代码”组中的功能最常用，如图 1-5 所示。

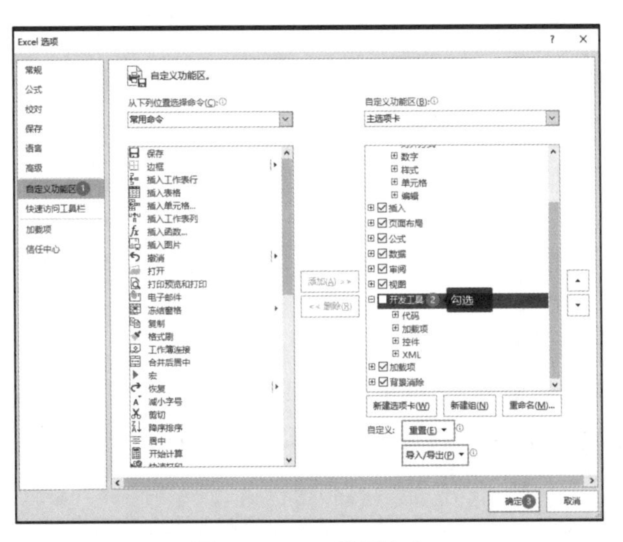

图 1-4　Excel 选项中心

图 1-5　“开发工具”选项卡

这些命令包括：

- Visual Basic（Alt+F11），表示打开 VBA 编程环境。
- 宏，表示显示宏列表对话框。
- 录制宏，表示将 Excel 操作转换为宏代码。
- 宏安全性，表示查看和修改安全性设置。

单击 Visual Basic 按钮或者按下快捷键 Alt+F11，屏幕上会弹出一个编程窗口，如图 1-6 所示。

图 1-6　VBA 编程窗口

1.2.2 设置宏安全性

由于某些代码可能带有病毒。为了防止恶意代码随意运行，Excel 默认的宏安全性级别是“高”。

但是对于从事 VBA 编程的开发人员，或者使用 VBA 产品的办公人员来说，过高的宏安全性会导致 VBA 产品不能正常运行和工作。

下面讲解降低宏安全性的方法。

在“开发工具”选项卡中单击“宏安全性”按钮，弹出“信任中心”对话框，在“宏设置”选项卡中选择最下面的单选按钮。如果需要进行 VBIDE 的代码开发，还需要勾选“信任对 VBA 工程对象模型的访问”复选框，如图 1-7 所示。

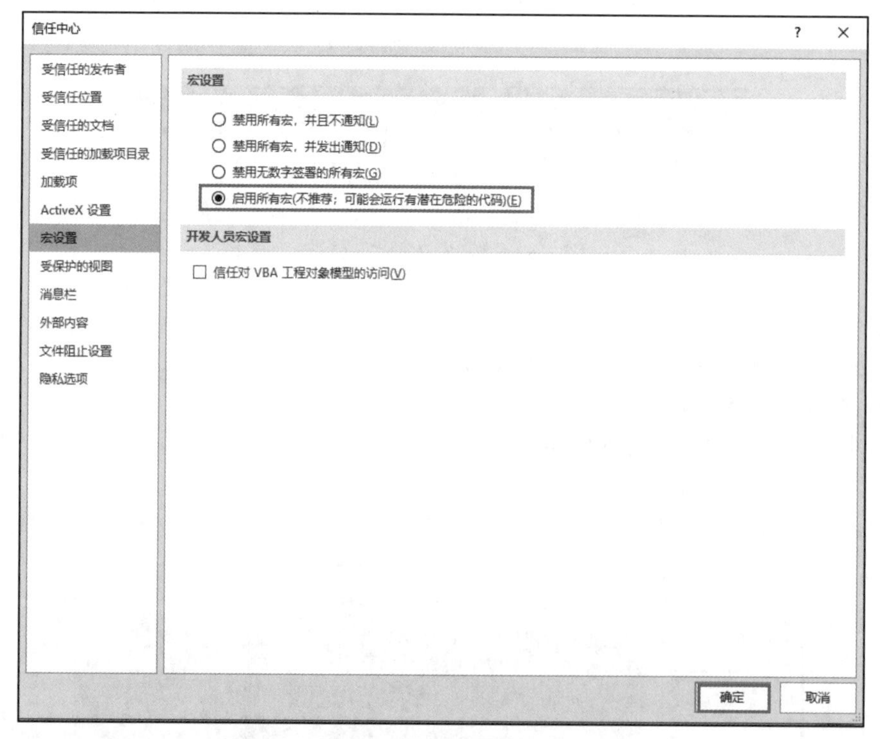

图 1-7　设置宏安全性

这些改动会保存到系统的注册表中。打开计算机的注册表编辑器，定位到注册表路径：HKEY_CURRENT_USER\Software\Microsoft\Office\16.0\Excel\Security。

可以看到有一个 VBAWarnings 文件，修改其中的数值也可以达到修改宏安全性的目的，如图 1-8 所示。

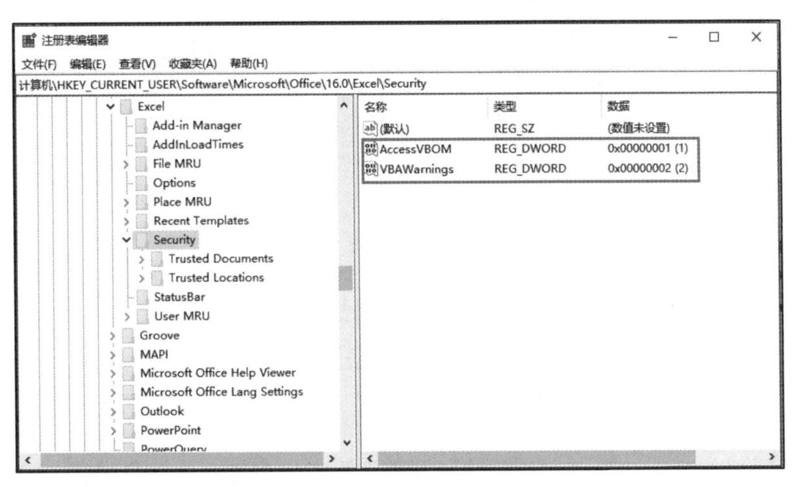

图 1-8　宏安全性对应的注册表

1.2.3　设置 VBA 选项

Excel 的选项对话框主要用于对 Excel 办公软件进行设置，相应地，VBA 编程环境设置也是通过 VBA 选项对话框来查看和修改的。

通常情况下，VBA 默认的设置符合大多数人的喜好，不需要特意设置。

进入 VBA 后，选择菜单“工具”→“选项”命令，如图 1-9 所示。

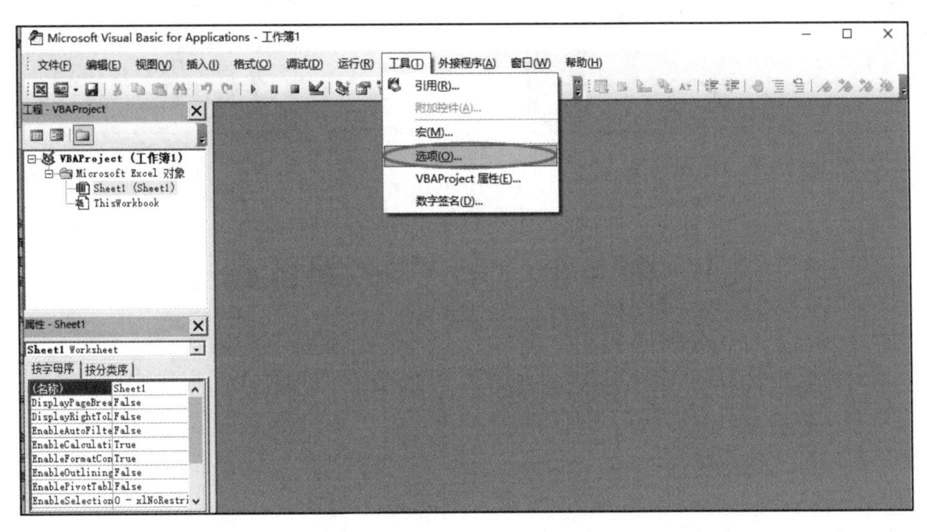

图 1-9　VBA 的“工具”菜单

弹出“选项”对话框，如图 1-10 所示。

该对话框包括“编辑器”“编辑器格式”“通用”“可连接的”这 4 个选项卡。

VBA 代码中注释的颜色一般是绿色的，下面介绍设置 VBA 注释文本字体的方法。

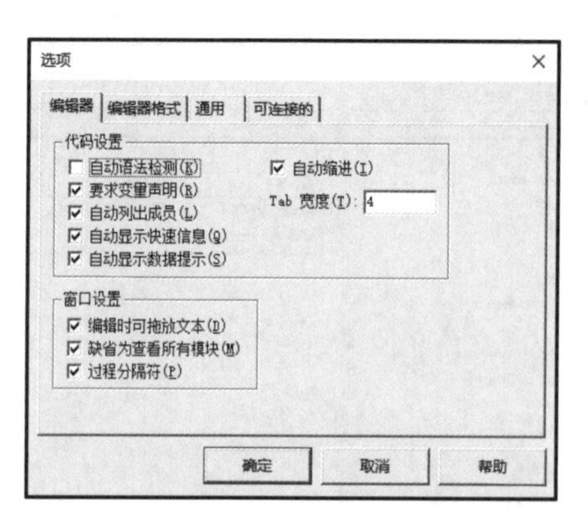

图 1-10 “选项”对话框

切换至“编辑器格式”选项卡，在“代码颜色”下拉框中选择“注释文本”，前景色选择“蓝色”，字体选择“宋体”，大小选择 12，如图 1-11 所示。

在 VBA 中任何一个代码窗口中编写测试语句，可以看到注释变了颜色，如图 1-12 所示。

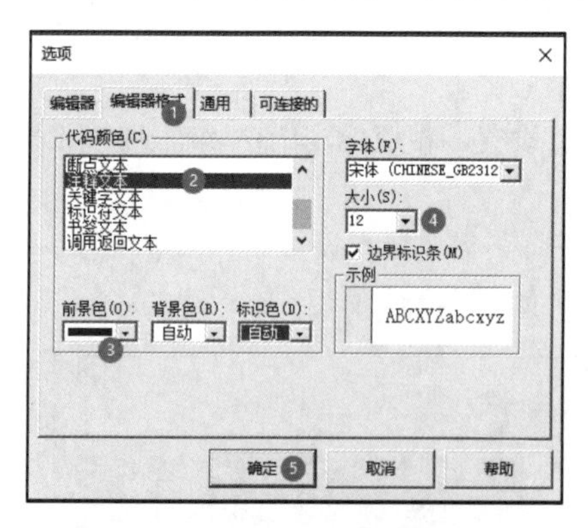

图 1-11 设置编辑器格式

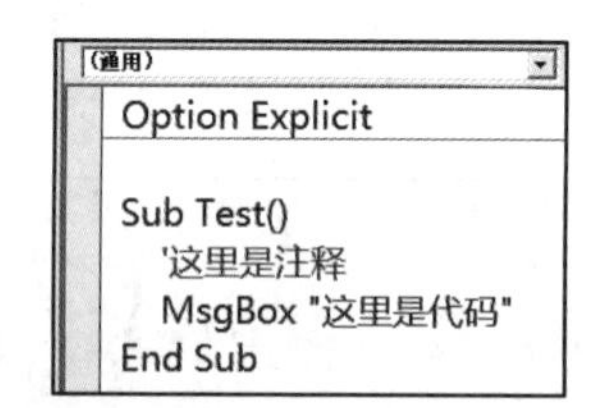

图 1-12 设置后的代码效果

1.3 编写第一个 VBA 测试程序

本节以实际操作的形式向 VBA 初学者介绍第一个 VBA 入门程序。程序的功能是执行一个宏，弹出一个消息对话框，并且自动向单元格中输入内容。

整个操作按照如下步骤进行：

（1）打开 VBA 窗口。

（2）插入模块。

（3）创建过程。

（4）输入代码。

（5）运行代码。

（6）保存代码。

1.3.1 打开 VBA 窗口

先在 Excel 中新建一个空白工作簿。

按下快捷键 Alt+F11 进入 VBA 编程环境。

1.3.2 插入标准模块

在左侧的树形结构中右击，选择菜单命令“插入”→“模块”，如图 1-13 所示。

这里的“模块”指的是最常用的标准模块。

之后看到多出来一个“模块 1”，双击它，在右侧出现一个类似于记事本的白色代码窗口，如图 1-14 所示。

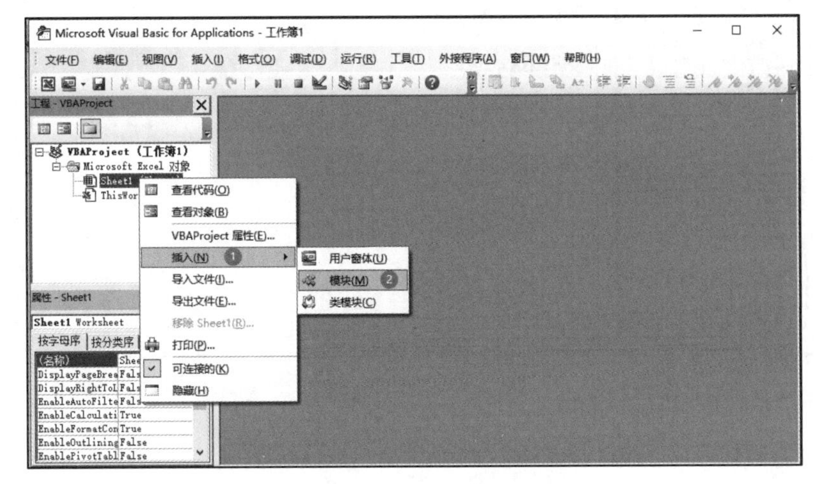

图 1-13 插入模块

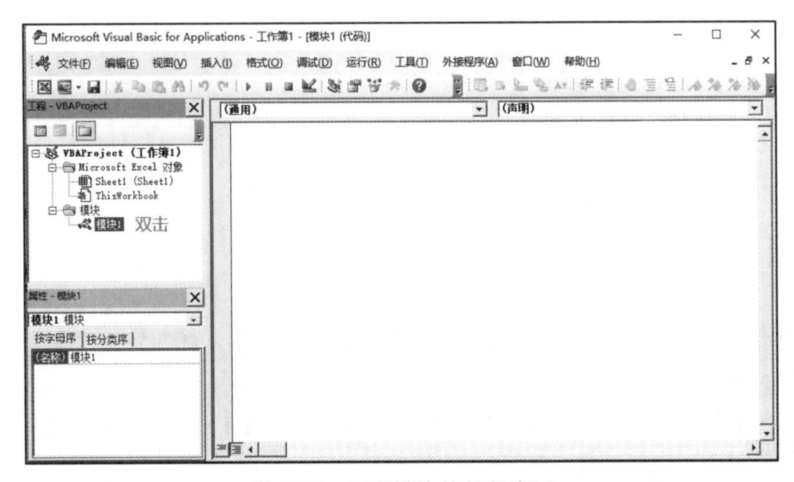

图 1-14 打开模块的代码窗口

虽然在代码窗口中可以输入任何文字，但是只有 VBA 代码才是合法的语句。

1.3.3 创建过程与输入代码

过程（Subroutine）是 VBA 语言中一种可以直接运行的程序单元，VBA 代码必须放置在一个过程中才能运行。在代码窗口中输入 Sub HelloWorld()，按下回车键，VBA 会自动补全 End Sub，如图 1-15 所示。

End Sub 是与 Sub 呼应的一种语法标签，表示一个过程的代码结束，不能省略和删除。

在 Sub 与 End Sub 之间可以插入任意的空白行和代码。

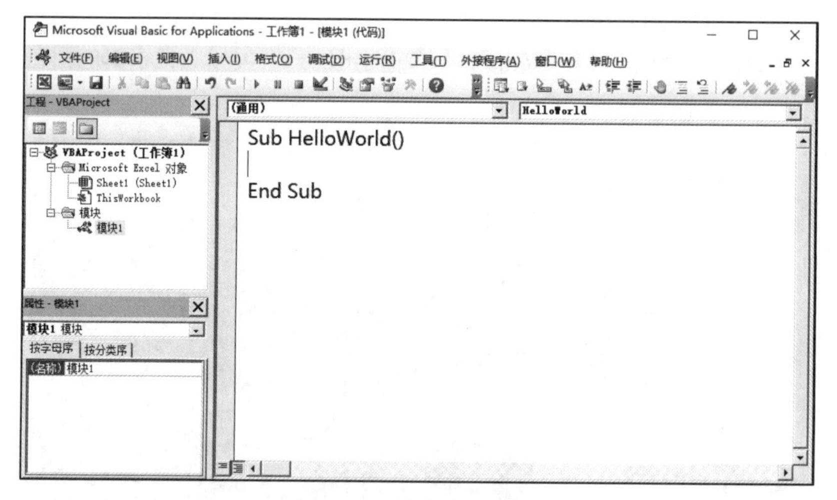

图 1-15　手动创建过程

此处录入 5 行代码。

```
Sub HelloWorld()
    MsgBox "下面向单元格中输入内容"
    Range("A1").Value = "VBA"
    Range("A2").Value = Date
    Range("A3").Value = 123
    Range("A4").Value = False
End Sub
```

1.3.4 代码的运行

运行代码的目的是观察代码运行过程中，Excel 是否与预期的一样在发生变化。从运行过程的现象可以找出代码的问题点。

运行过程有很多种方法，此处仅从开发人员角度按下快捷键 F5 运行。也可以单击“标准”工具栏中的“运行”按钮运行当前过程，如图 1-16 所示。

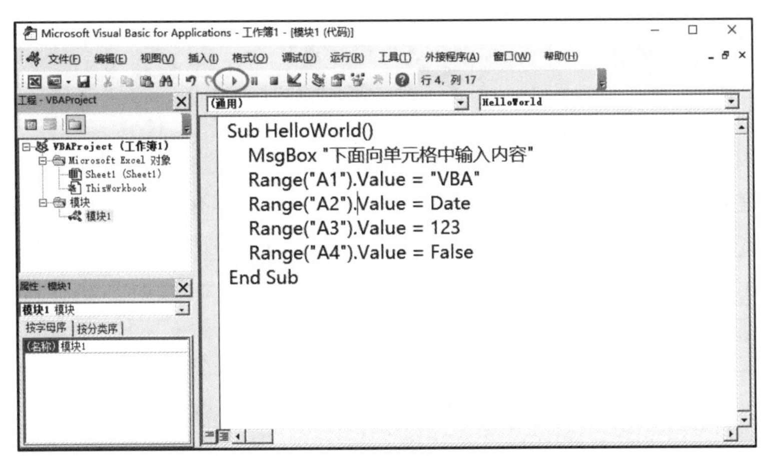

图 1-16　工具栏中的“运行”按钮

运行宏时，会自动把焦点切换到 Excel 窗口界面中，之后看到 Excel 上出现一个消息对话框，如图 1-17 所示。

这种对话框会一直停留在屏幕上，除非用户单击“确定”按钮或右上角的“关闭”按钮。运行结束后，可以看到 4 个单元格中自动出现了内容，如图 1-18 所示。

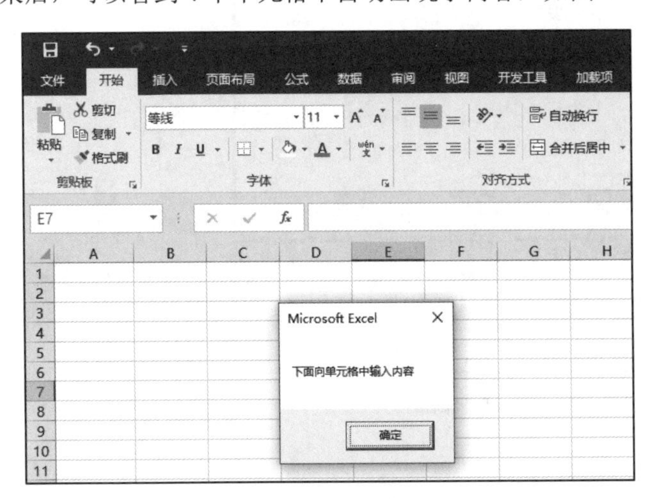

图 1-17　运行结果

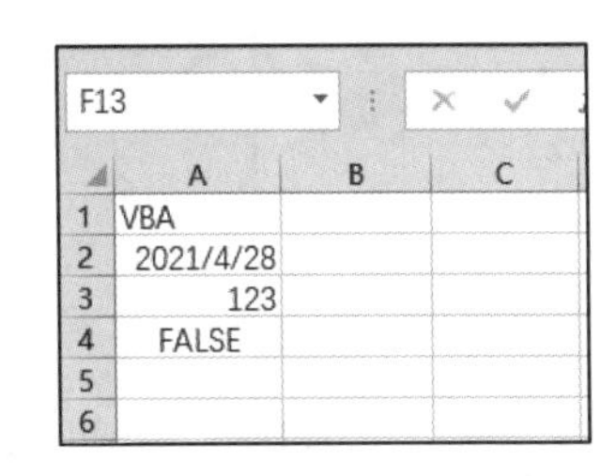

图 1-18　使用代码向单元格输入内容

与写入内容相反的操作是清空单元格。代码如下：

```
Sub 清空单元格()
    Range("A1:A4").ClearContents
End Sub
```

其中，“清空单元格”是这个过程的名称。原则上避免使用中文作为变量和过程的名字。运行这个过程，看到单元格中的内容自动消失了。

从这个实例可以体会到，VBA 可以通过代码来设置和修改 Excel 的各个方面的内容。

1.3.5 保存代码

Excel VBA 的代码和工作簿是一起保存的。当在编写代码的过程中，或者完全写完代码时，可以随时按下快捷键 Ctrl+S 保存工作簿和代码。Excel 和 VBA 中都有保存按钮，功能是一样的。

单击 VBA 的“标准”工具栏中的“保存”按钮，如图 1-19 所示。

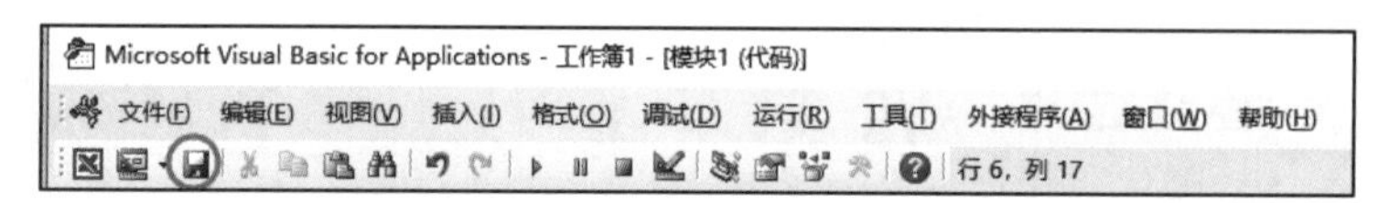

图 1-19 “标准”工具栏中的“保存”按钮

对于新建的工作簿，会弹出一个“另存为”对话框。

需要注意的是，包含了宏代码的工作簿，必须保存为.xlsm 格式。在对话框中输入文件名 HelloWorld，保存类型选择“Excel 启用宏的工作簿(*.xlsm)”，单击“保存”按钮，如图 1-20 所示。

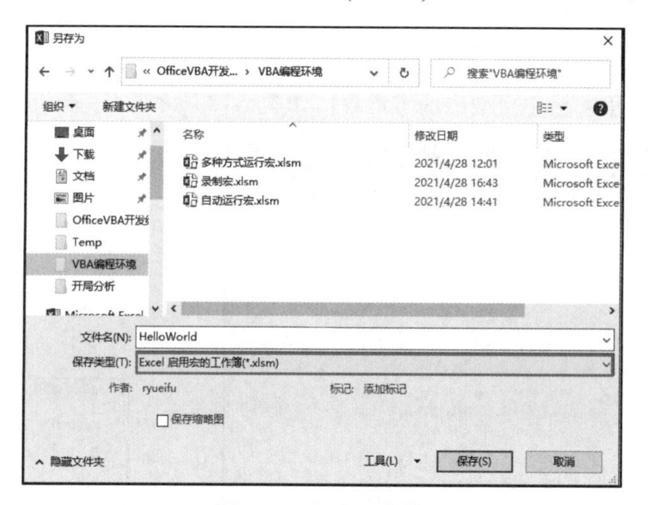

图 1-20 保存工作簿

磁盘上就产生了 HelloWorld.xlsm 宏工作簿。

所以说，Excel VBA 的操作很简单，学习过程中只需要向工程中插入一个标准模块，就可以在其中创建任意多个过程，进行各种测试和运行。

1.4 VBA 编程主窗口的构成

在 Excel 中按下快捷键 Alt+F11，屏幕上弹出一个独立的窗口，这个窗口叫作 VBA 主窗口（MainWindow）。主窗口是编程开发所用的环境。

VBA 主窗口包括很多子窗口，子窗口不能独立地出现在屏幕上，如图 1-21 所示。

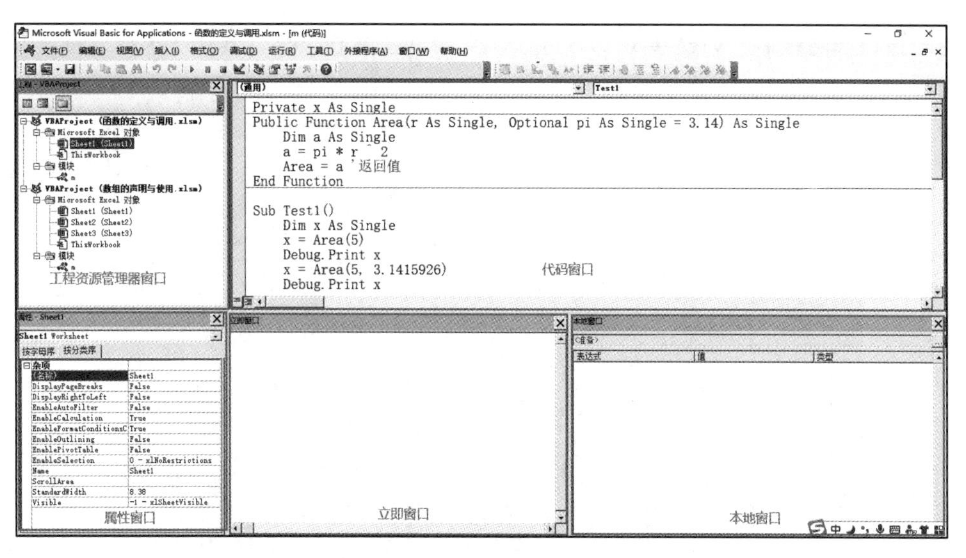

图 1-21　VBA 常用的子窗口

常用的子窗口有以下 5 个：

- 工程资源管理器窗口。
- 代码窗口。
- 属性窗口。
- 立即窗口。
- 本地窗口。

本节讲解这些常用子窗口的使用方法。

1.4.1　子窗口的显示和隐藏

VBA 中各个子窗口均可隐藏，编程过程中可能某些子窗口暂时不需要使用，那么可以临时隐藏，这样就使得其他的窗口面积大一些。单击子窗口右上角的“关闭”按钮，或者在右键菜单的最下面选择“隐藏”，就可以隐藏一个子窗口，如图 1-22 所示。

图 1-22　隐藏子窗口

所有子窗口都隐藏后，VBA 主窗口中除了主菜单和工具栏以外，其他子窗口就都不见了，如图 1-23 所示。

图 1-23 隐藏了所有子窗口

再次显示子窗口有两种方法，一是通过“视图”菜单，如图 1-24 所示；二是使用快捷键。

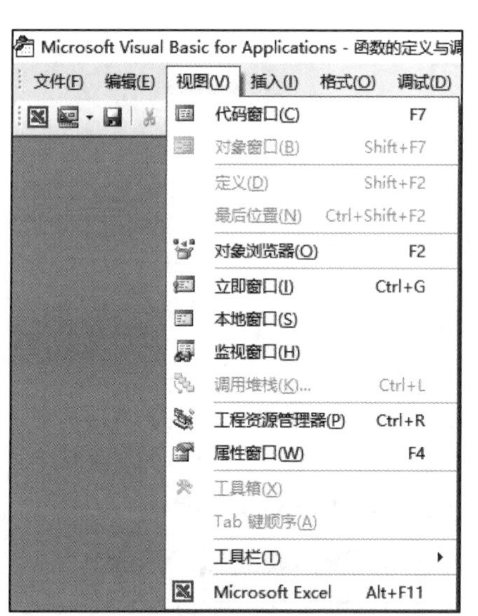

图 1-24 “视图”菜单

需要记忆以下最常用的子窗口对应的快捷键：

- 代码窗口——F7。
- 对象浏览器窗口——F2。
- 立即窗口——Ctrl+G。
- 工程资源管理器窗口——Ctrl+R。
- 属性窗口——F4。

另外，Excel 和 VBA 互相切换显示的快捷键是 Alt+F11。

1.4.2 工程资源管理器

Excel VBA 的程序代码和 Excel 文件（工作簿、加载宏等）是一起保存的，每个文件的 VBA 代码都叫作“VBA 工程”。在 Excel 中打开一个文件，VBA 的工程资源管理器会自动显示相应的 VBA 工程结构。即使工作簿的窗口被隐藏，在工程资源管理器中仍然可以看到该工作簿的 VBA 工程。

但是 Excel 中打开的工作簿个数与 VBA 工程个数是不相等的。因为 Excel 可以打开多种格式的文件，某些文件可能没有 VBA 工程。而且 Excel 加载宏（扩展名通常为.xla、.xlam）不属于工作簿，也有 VBA 工程。

代码中通过 Application.Workbooks.Count 可以了解工作簿的个数，通过 Application.VBE.VBProjects.Count 可以了解 VBA 工程的个数。

如果 Excel 中未打开任何文件，工程资源管理器窗口显示“没有打开的工程”，如图 1-25 所示。

工程资源管理器的作用是查看和修改工程属性、增加和删除各种模块以及查看和修改代码。

图 1-25 没有打开的工程

1.4.3 代码窗口

在工程资源管理器中双击 Sheet1、ThisWorkbook，或者后期添加的模块，都可以打开相应的代码窗口。代码窗口的作用是查看和修改各种模块中的代码，是 VBA 主窗口中最重要的子窗口。

一般情况下，VBA 主窗口在同一时刻只显示 1 个代码窗口。从 VBA 主菜单中选择“窗口”→“层叠”命令，可以取消代码窗口的最大化模式，让多个代码窗口同时显示，方便对照查看，如图 1-26 所示。

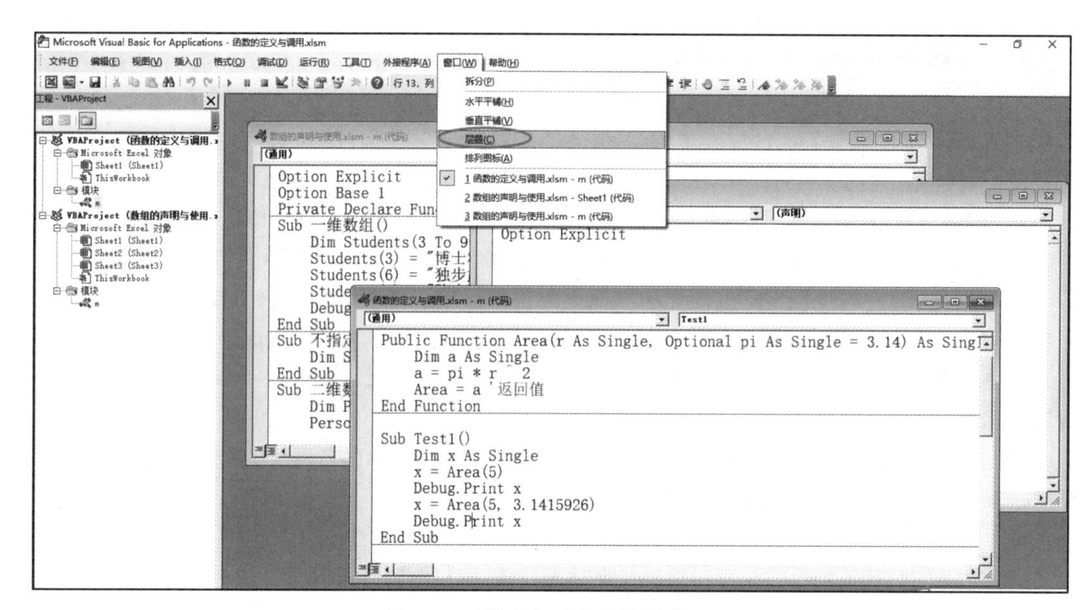

图 1-26　同时查看多个代码窗口

代码窗口数量与模块数量有关。如果同时显示多个代码窗口，可能搞不清楚目前编辑的具体模块，因此编程过程中要随时留意代码窗口左上角的标题，标题中写明了工作簿的名称和模块的名称。

下面讲解一下代码窗口的“过程视图”和“全模块视图”。

每个代码窗口的左下角都有两个按钮，如果左侧的“过程视图”按钮处于按下状态，那么只显示 1 个过程或函数的代码，模块中其他过程和函数的代码是隐藏的，如图 1-27 所示。

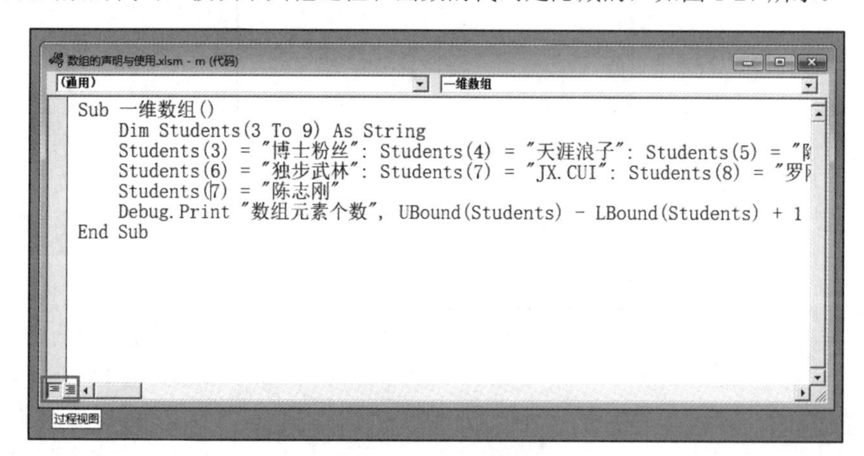

图 1-27　过程视图

如果右侧的“全模块视图”处于按下状态，代码窗口中显示该模块中所有的过程和函数的代码，如图 1-28 所示。

无论哪一种视图，都可以单击代码窗口上方的组合框，在下拉列表中选择其中一个过程或函数，从而导航到指定过程对应的代码位置。

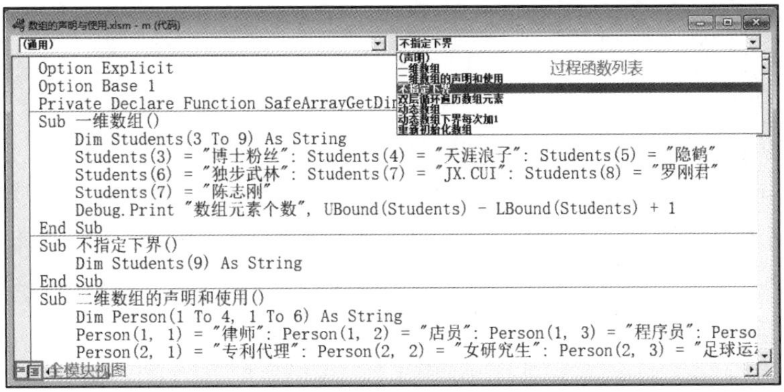

数组的声明与使用.xlsm - m (代码)
(通用)
不指定下界
(声明)
一维数组
二维数组的声明和使用
不指定下界
双层循环遍历数组元素
动态数组
动态数组下界每次加1
重新初始化数组
过程函数列表
Option Explicit
Option Base 1
Private Declare Function SafeArrayGetDir
Sub 一维数组()
Dim Students(3 To 9) As String
Students(3) = "博士粉丝": Students(4) = "天涯浪子": Students(5) = "隐鹤"
Students(6) = "独步武林": Students(7) = "JX.CUI": Students(8) = "罗刚君"
Students(7) = "陈志刚"
Debug.Print "数组元素个数", UBound(Students) - LBound(Students) + 1
End Sub
Sub 不指定下界()
Dim Students(9) As String
End Sub
Sub 二维数组的声明和使用()
Dim Person(1 To 4, 1 To 6) As String
Person(1, 1) = "律师": Person(1, 2) = "店员": Person(1, 3) = "程序员": Perso
Person(2, 1) = "专利代理": Person(2, 2) = "女研究生": Person(2, 3) = "足球运
全模块视图

图 1-28　全模块视图

1.4.4　属性窗口

VBA 工程资源管理器任何时刻只能有 1 个模块处于选中状态（Selected Status），属性窗口用来查看和修改选定模块的属性。例如，选中了 ThisWorkbook，属性窗口中自动显示该模块的各个属性名称和属性值。

每个属性的排列方式都有“按字母序”和“按分类序”两种，如图 1-29 所示。

工程 - VBAProject
VBAProject (龟兔赛跑.xlsm)
Microsoft Excel 对象
Sheet1 (Sheet1)
ThisWorkbook
窗体
UserForm1
模块
m
类模块
ClsButton
属性 - ThisWorkbook
ThisWorkbook Workbook
按字母序
按分类序
杂项
(名称) ThisWorkbook
AccuracyVersion 0
AutoUpdateFrequency 0
ChangeHistoryDurati 0
ChartDataPointTrack True
CheckCompatibility False
ConflictResolution 1 - xlUserResolut
Date1904 False
DisplayDrawingObje -4104 - xlDisplay
DisplayInkComments True
DoNotPromptForConve False
EnableAutoRecover True
EncryptionProvider
EnvelopeVisible False
Final False
ForceFullCalculati False
HighlightChangesOn False
InactiveListBorder True
IsAddin False
KeepChangeHistory True

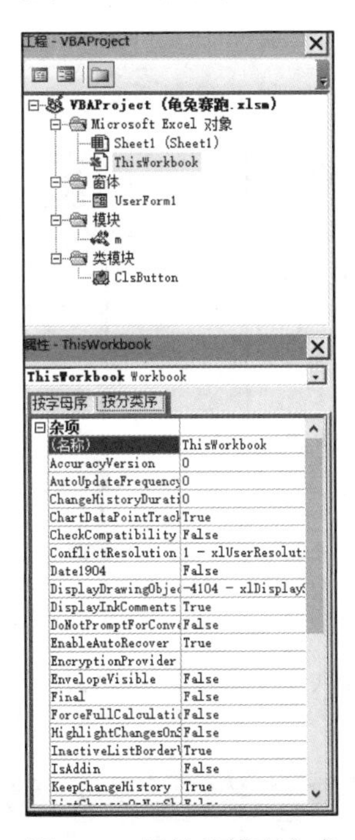

图 1-29　属性的排列方式

另外，在进行用户窗体和控件开发时，要必须用到属性窗口。

1.4.5 立即窗口

立即窗口是 VBA 中临时输出运算结果的场所。

VBA 编程中用于测试和显示运行结果的主要有 MsgBox 和 Debug.Print 这两种方式。MsgBox 弹出对话框，开发人员必须手工单击“确定”按钮才能关闭对话框。相比之下，Debug.Print 把结果显示在一个固定的窗口中，不会阻塞程序的运行，使用起来更加方便。具体应用如实例 1-1 所示。

实例 1-1：打印平方和立方表

```
Sub 打印到立即窗口()
    Dim i As Integer
    For i = 1 To 10
        Debug.Print i, i ^ 2, i ^ 3
    Next i
End Sub
```

运行上述程序，立即窗口中显示 3 列数据，如图 1-30 所示。

一行 Debug.Print 语句后面可以跟多个表达式，语法上用逗号隔开，打印出的结果则按 Tab 制表符分开。

另外，还可以把代码直接书写在立即窗口中，按下回车键执行。例如，在立即窗口中输入“Call 打印到立即窗口”。

按下回车键后，自动执行该过程，如图 1-31 所示。

```
立即窗口
 1             1             1
 2             4             8
 3             9             27
 4             16            64
 5             25            125
 6             36            216
 7             49            343
 8             64            512
 9             81            729
 10            100           1000
```

图 1-30 打印平方和立方表

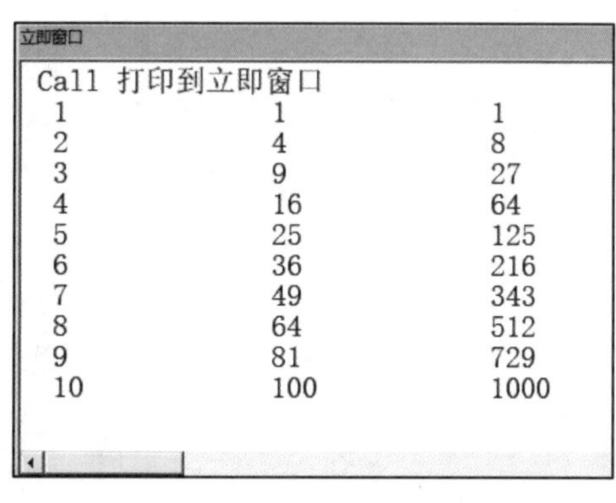

图 1-31 立即窗口中调用过程

在立即窗口中允许运行合法的 VBA 代码和语句。例如，运行 Application.Quit，则会退出 Excel。如果要查看一个表达式的值，需要在表达式前面加一个问号，如图 1-32 所示。

```
立即窗口
? DateAdd("d",-1,#2022/1/1#)
2021/12/31
```

图 1-32 立即窗口中计算表达式

也可以把多行代码用冒号连接成一行，在立即窗口中执行。例如，下面这行代码计算直角边是5和12的斜边长度。

```
a=5:b=12:c=Sqr(a^2+b^2):Debug.Print c
```

注意

退出Excel时，立即窗口中的任何内容都不被保存。

1.4.6 本地窗口

一个程序往往包含多个变量，在运行期间变量的值不断地变化，通过本地窗口可以了解在模块和过程中变量的名称、值、类型。

在VBA中选中一个过程，按下快捷键F8进入单步调试模式，即将运行的代码行黄色高亮显示，如图1-33所示。

在逐步运行的过程中，本地窗口可以看到每个变量的值和类型。

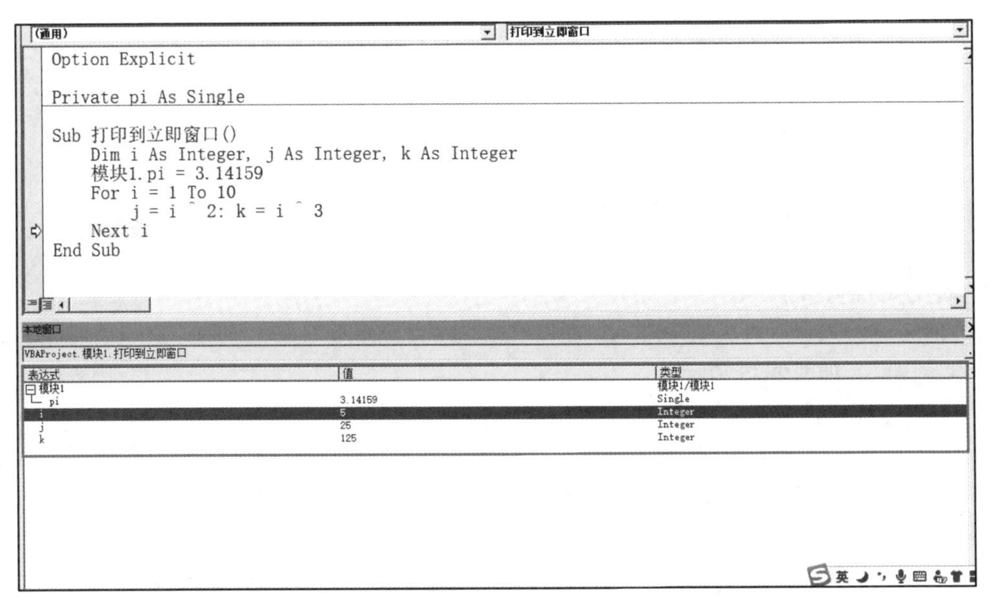

图1-33 本地窗口

1.5 VBA程序的组成

Excel VBA的程序代码书写在各自独立的工程中，由于Excel在同一时刻可以打开和显示多个工作簿，因此在VBA编程窗口中可以相应地看到多个VBA工程。但是工程之间是相对独立的，变量、函数是隔开的。尽管可以跨工程调用，但是一般认为工程与工程之间没有联系。

VBA工程涉及工程、模块、程序单元、代码行4个层级的概念，如图1-34所示。自己开发程序时需要事先梳理清楚程序中包括了哪些要素，学习和查看他人制作的 VBA 程序时，也要会分析该程序的组成。

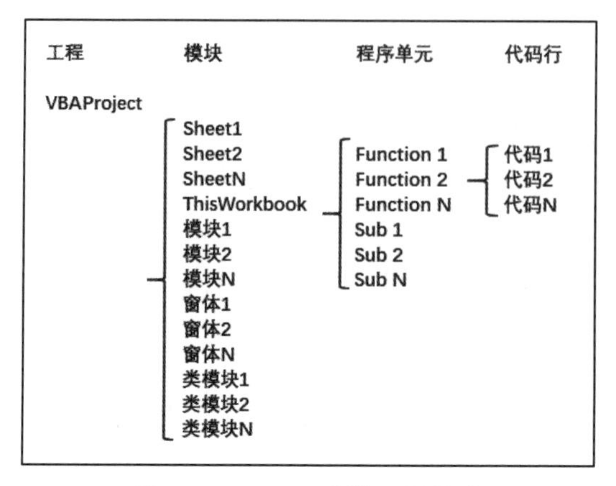

图 1-34　VBA 工程的一般构成

本节简要介绍这 4 个层级概念。

1.5.1　VBA 工程的构成

VBA 工程是 VBA 程序的顶级管理要素，工程下面主要包含各种类型的模块。

VBA 工程的默认名称是 VBAProject，如果需要，也可以修改这个名称，具体有以下两种方法。

- 通过属性窗口修改。

在工程资源管理器中选中工程节点，在属性窗口中可以看到只有“名称”这一个属性，直接输入新的名称即可，如图 1-35 所示。

- 通过工程属性对话框修改。

在 VBAProject 对话框中可以查看和修改工程的名称，还可以对 VBA 工程设置密码。在工程资源管理器中选中工程节点，在右键菜单中选择“VBAProject 属性”，如图 1-36 所示。

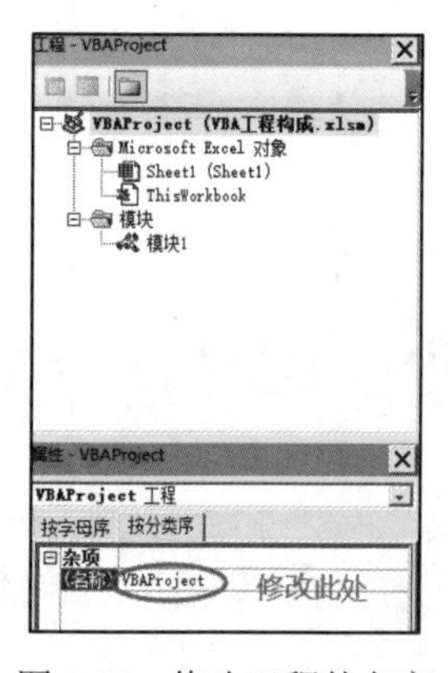

图 1-35　修改工程的名字

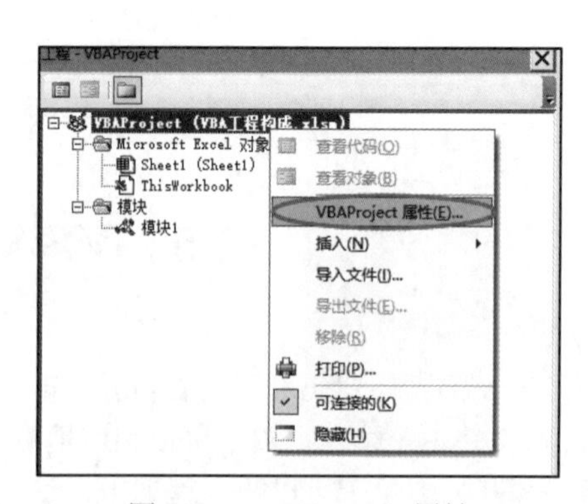

图 1-36　VBAProject 属性

“工程属性”对话框包括“通用”和“保护”两个选项卡，在“通用”选项卡中可以修改工程名称，如图 1-37 所示。

在“保护”选项卡中，可以对 VBA 工程设置密码，如图 1-38 所示。

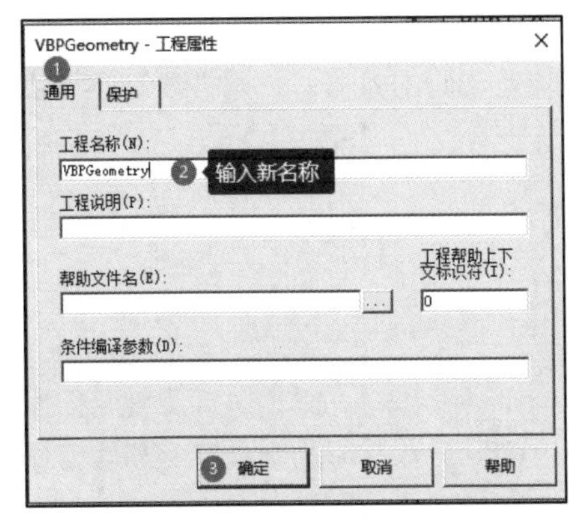

图 1-37　查看和修改工程名称

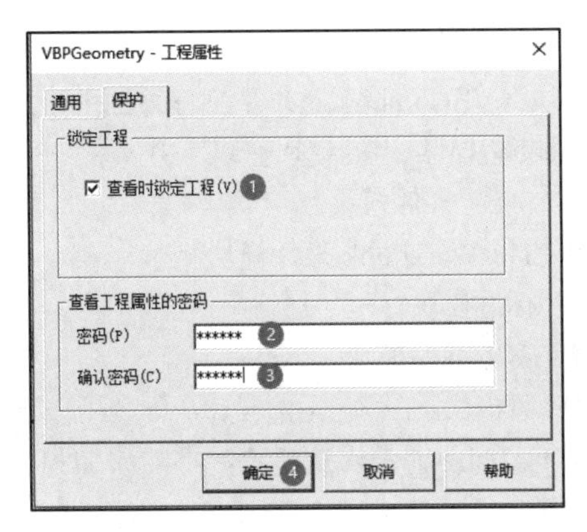

图 1-38　VBA 密码的设置

设置密码以后，保存工作簿。再次打开该工作簿时，不能直接浏览 VBA 工程中的内容，需要提供密码。

修改 VBA 工程名称的作用在于，可以在工程内部使用完整的路径调用过程、函数、变量和常量等。

假设工程中有一个“模块 1”，该模块中定义了 1 个公有变量 pi，还有 2 个公有过程。在代码中可以使用“Call VBPGeometry.模块 1.圆周率赋初值”这样的三级路径来指明一个变量或过程的地址，如图 1-39 所示。

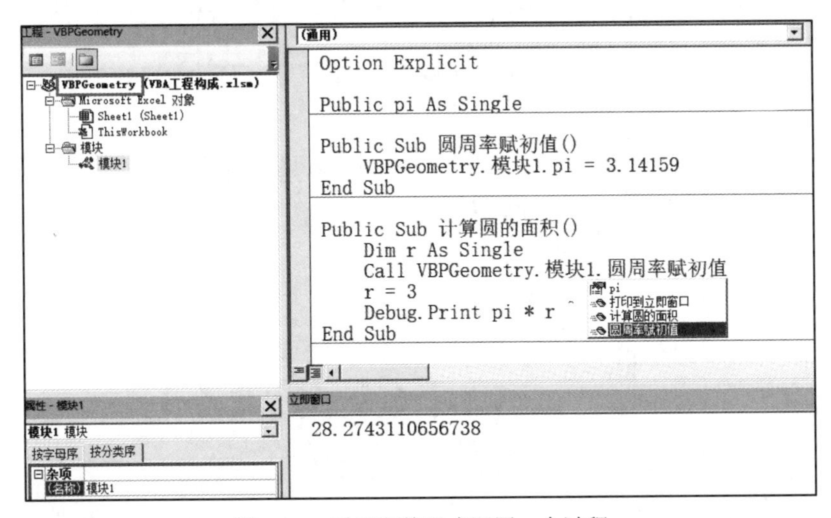

图 1-39　采用完整形式调用一个过程

1.5.2 模块

1. 模块概述

模块（VBComponent）是工程下面的一级要素，模块是代码的容器，代码必须写在模块里。

Excel VBA 常用的模块有以下几类：

- Sheet 事件模块。
- ThisWorkbook 事件模块。
- 标准模块。
- 窗体事件模块。
- 类模块。

其中前面两类是内置模块，不能添加和移除。后面三类根据开发需要既可以添加新的模块，也可以移除。

初学者进行代码测试，最简单的方式是插入“标准模块”，然后在里面编写、运行代码。

模块有关的操作命令集中在右键菜单中，如图 1-40 所示。

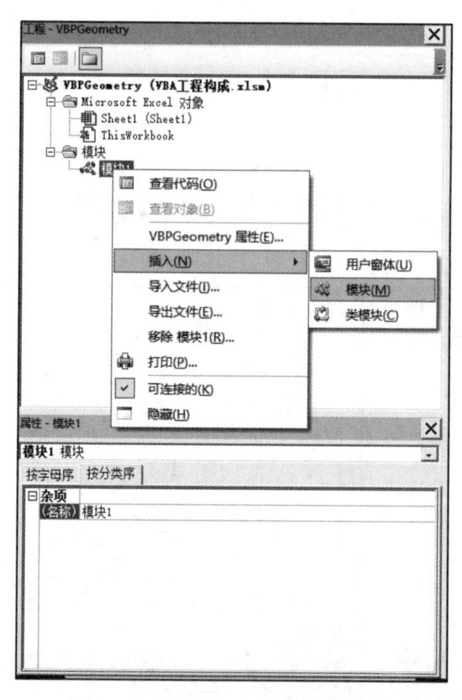

图 1-40　“插入”菜单中的命令

另外，VBA 模块还支持拖放。在工程资源管理器中把一个工程里的某个模块按住，拖放到另一个工程资源管理器，就可以实现快速复制模块功能。这个操作在任意两个 VBA 工程之间都可以进行。例如，能把 Word VBA 中的模块或窗体拖放到 Excel VBA 中。

2. 模块的代码构成

对于新加的模块，打开后是一个空白的文本区域，不包含任何代码。除了事件代码以外，其他代码都需要开发人员手工在代码窗口中编辑录入代码。模块中的代码主要分为模块声明（Declaration）和程序单元（Function、Sub 等）这两大部分，两者中间有明显的分界线。模块声明部分必须书写在顶部，也就是必须写在程序单元之前，如图 1-41 所示。

图 1-41 中前面 4 行代码是模块声明部分，后面的部分全是程序单元。

模块声明部分通常包括以下几类：

- 模块选项（Option Explicit、Option Base 0 等）。
- API 函数声明。
- 模块级变量和常量。

模块声明部分的代码不能单独运行，只能被程序单元中的代码调用。

```
(通用)                                    圆周率赋初值
Option Explicit
Private Declare PtrSafe Function FindWindow Lib "user32" Alias "FindWindowA" (ByVal lpClassName As S
Public pi As Single
Private Const GoldenRatio As Single = 0.618                     模块声明

Public Sub 圆周率赋初值()
    VBPGeometry.模块1.pi = 3.14159
End Sub
Public Sub 计算圆的面积()
    Dim r As Single
    Call VBPGeometry.模块1.圆周率赋初值
    r = 3
    Debug.Print pi * r ^ 2
End Sub
Sub 打印到立即窗口()
    Dim i As Integer, j As Integer, k As Integer
    模块1.pi = 3.14159
    For i = 1 To 10
        j = i ^ 2: k = i ^ 3
    Next i
End Sub
```

图 1-41 模块的代码窗口

1.5.3 过程与函数

VBA 中常见的程序单元是过程与函数。过程和函数是多行代码的容器，VBA 的语句不能单独运行（立即窗口除外），必须把语句放在程序单元中才能运行。

过程是用 Sub 和 End Sub 包围起来的，中间可以书写任意多行代码。

格式如下：

```
Sub xxx()
'代码行
End Sub
```

其中，xxx 是过程的名称。

与之对应的函数是用 Function 和 End Function 包围起来的。

格式如下：

```
Function yyy() As Type
```

```
'代码行
yyy=zzz
End Function
```

其中，yyy 是函数的名称；Type 是函数返回值的类型；zzz 是函数的返回值。

在一个 VBA 工程中，过程和函数可以出现在各种类型的模块中。同一个模块中的多个过程和函数是平等的。虽然书写代码时按照自上而下的顺序进行，但是各个程序单元之间没有上下之分。而且 VBA 语言没有程序入口的说法。在标准模块中任何一个过程都可以按需运行。具体应用如实例 1-2 所示。

实例 1-2：过程互相调用

```
Sub a()
    Call d
    Call c
    Call b
    Call c
End Sub

Sub b()
    MsgBox "B"
End Sub

Sub c()
    MsgBox "C"
End Sub

Sub d()
    MsgBox "D"
End Sub
```

上述程序包括 4 个过程，过程 a 中反复多次调用了其他的过程。

1.5.4 代码行

代码行也叫作语句（Statement），是编程语言中能够让计算机解释、运行的句子。VBA 语言中代码行可以出现在模块的声明中，也可以出现在程序单元中。模块声明中代码行的作用是设置模块选项、声明模块级变量等。程序单元中代码行的用途有很多种，如变量的声明和赋值。具体应用如实例 1-3 所示。

实例 1-3：典型的代码行

```
Option Compare Text
Private Flag As Boolean
Sub Test1()
    Dim s As String
    s = "VBA"
    Flag = (s = "vba")
```

```
    If Flag Then
        MsgBox "相同"
    Else
        MsgBox "不相同"
    End If
End Sub
```

上述程序中，最上面两行是模块声明，Test1 过程中包含了若干代码行。

1.5.5 工程引用

VBA 工程有一个很重要的概念是工程引用（Engineering Reference），工程引用是一种把外部对象类型库引入当前 VBA 工程的一种方式。工程引用直接判断哪些代码是合法的，可以被 VBA 解释和识别；哪些代码是不合法的，不能被 VBA 解释和识别。

在 VBA 编程环境中，选择“工具”→“引用”菜单命令，弹出当前 VBA 工程的引用对话框，如图 1-42 所示。

新建的 Excel 工作簿默认勾选了 4 个预设的引用，如图 1-43 所示。

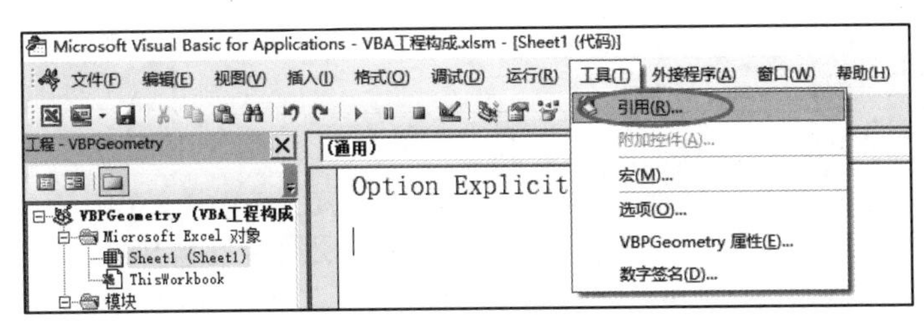

图 1-42　引用

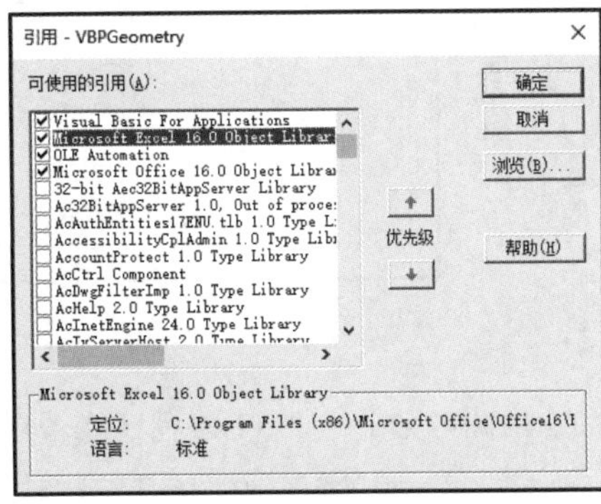

图 1-43　Excel VBA 默认预设的 4 个引用

这 4 个预设引用是：

- Visual Basic For Applications（简称 VBA）。
- Microsoft Excel 16.0 Object Library（简称 Excel）。
- OLE Automation（简称 OLE）。
- Microsoft Office 16.0 Object Library（简称 Office）。

其中，VBA 和 Excel 是内置引用（Built-in Reference），前面必须打钩。OLE 和 Office 是可选引用，如果不需要，可以取消前面复选框的勾选，这个操作叫作“移除引用”。

每个引用中都包含了大量的类型、枚举的定义，只有在 VBA 工程中勾选了引用，才能在代码中使用这些类型和枚举。具体应用如实例 1-4 所示。

实例 1-4：文件选择对话框

```
Sub 文件选择对话框()
```

```
    Dim flg As Office.FileDialog
    Set flg = Application.FileDialog(Office.MsoFileDialogType.msoFileDialogOpen)
    If flg.Show Then
        Debug.Print flg.SelectedItems.Item(1)
    End If
End Sub
```

上述代码中，Office.FileDialog 是一个类型名称，Office.MsoFileDialogType 是一个枚举的名称，它们都定义在 Office 这个引用中。

通常情况下，上述程序可以正常运行。

如果把该工程中 Office 的引用取消勾选，再次运行，完全一样的代码执行起来会出现“用户定义类型未定义”的错误，如图 1-44 所示。

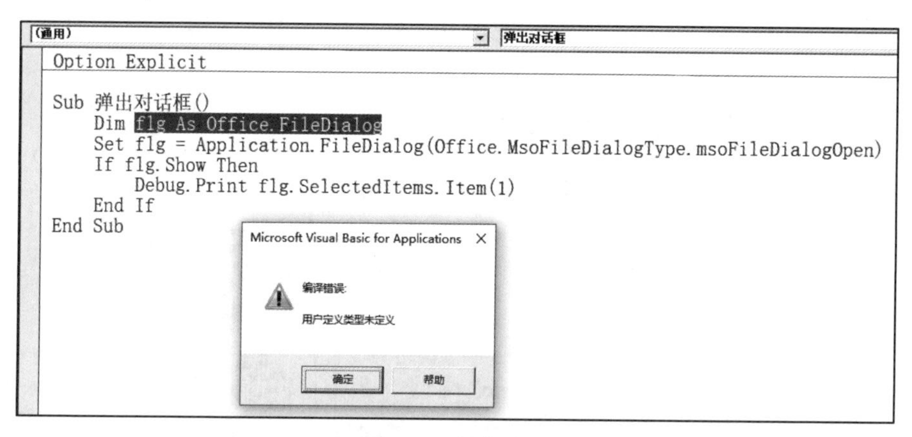

图 1-44　缺少引用

由此可见，一个 VBA 程序能否正常工作，代码书写是一方面，工程是否引用是另一方面。

对于 Excel VBA 编程，最经常接触的引用是 VBA 和 Excel，其中 VBA 包含了各类函数和功能，Excel 包含了应用程序、工作簿、工作表、单元格等表格软件的常用对象模型。

此外，还有 Windows 系统中大量的 COM 对象可以被添加到 VBA 工程中，如 Scripting（脚本）中包含了 Dictionary（字典）和 FileSystemObject（文件系统对象）。

如果要查看一个引用中具体包含了哪些内容，最好的方法是按下快捷键 F2 打开对象浏览器，在左上角的组合框中可以查看其中的引用，如图 1-45 所示。

另外，在书写代码时，要分清楚代码行来源于哪一个引用。具体应用如实例 1-5 所示。

实例 1-5：引用来源判断

```
Sub 引用来源判断()
    Dim rg As Excel.Range
    Set rg = Application.ActiveCell
    rg.Value = VBA.Strings.Left("Microsoft", 5)
    rg.Interior.Color = VBA.ColorConstants.vbRed
End Sub
```

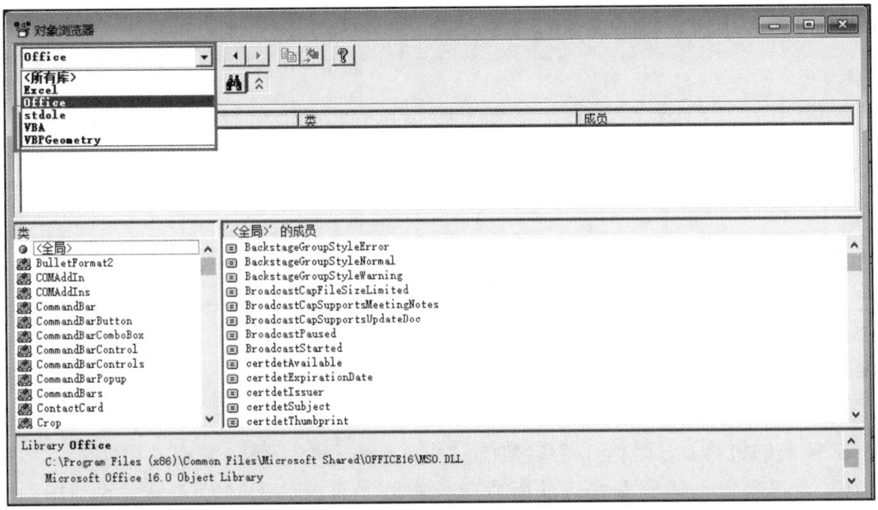

图 1-45　查看引用中包含的内容

上述程序中，Excel.Range 以及 Application.ActiveCell 来自 Excel，而 VBA.Strings.Left 函数和 VBA.ColorConstants.vbRed 常量来自 VBA。

运行后单元格的值变为 Micro，并且有填充颜色，如图 1-46 所示。

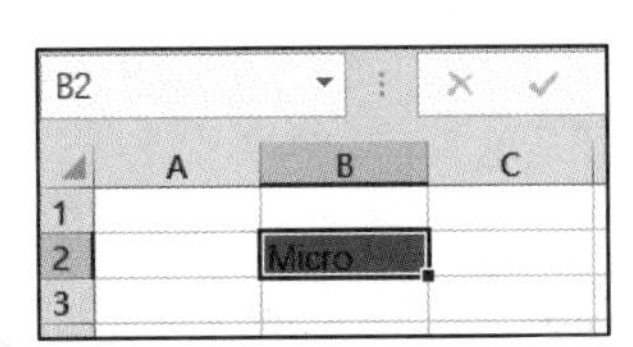

图 1-46　运行结果

因此，Excel VBA 编程学习的重点是掌握和理解 VBA 和 Excel 这两个引用中常用的函数、语句的用法和特点。

1.6　使用多种方式运行宏

一个 VBA 程序是由多个模块中的程序单元组成的，程序单元中的过程和函数可以互相调用。但是如何运行这些过程和函数，是开发人员必须要考虑的问题。

本节讲解 Excel VBA 中常用的运行宏的方法。

1.6.1　宏的基本概念

宏（Macro）是 VBA 编程中的一个概念，可以理解为是位于标准模块中的一个不带参数、可以独立运行的过程。包含 1 个及以上参数的过程、函数，都不是宏。

假设某个标准模块中包含以下 3 个程序单元：

```
Sub a()
    MsgBox "A"
End Sub

Sub b(x As Integer)
    MsgBox "B"
End Sub

Function c()
    MsgBox "C"
End Function
```

其中，a 是不带参数的过程；b 是带 1 个参数的过程；c 是一个函数。只有 a 属于宏。

Excel VBA 有多种运行宏的方式，从用户角色来分，可以分为开发人员方式与用户方式。开发人员方式是指打开了包含宏的工作簿，通过 VBA 编程环境能够看得见 VBA 工程中的内容，通过 VBA 编程窗口来运行宏。用户方式是指把一个成型的 VBA 作品交给了用户，用户通过单击功能区按钮或者工作表上的控件，间接地执行了宏，但是用户并不知道代码是什么。

从交互方式来分，可以分为事件自动运行宏、指定宏到图形或功能区按钮、指定宏到快捷键等方式。

1.6.2 调试运行

调试运行属于开发人员方式，在 VBA 窗口中一边看着代码，一边执行程序，这种方式特别适合于开发初期，通过程序调试观察运行的情况，最后对代码进行优化修改。

VBA 中调试运行的快捷键有 F5 和 F8，按下快捷键 F5 是直接运行当前宏的所有代码行，中间不停顿，按下快捷键 F8 是逐行运行代码，即将运行到的代码行显示为黄色，并且通过本地窗口可以看到变量的值。

另外，VBA 的代码行前面可以设置断点（快捷键 F9），对于设置了断点的行，即使按下的快捷键是 F5，程序也会在断点处停顿，如图 1-47 所示。

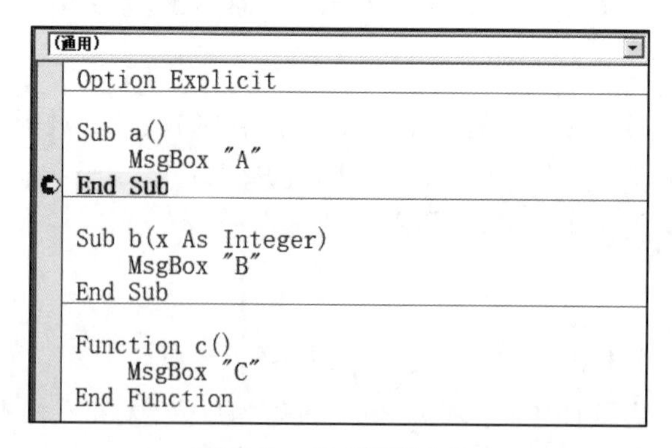

图 1-47　运行到断点处

注意

断点的设置和取消操作不属于代码的修改，它只是 VBA 窗口中的临时信息，因此这种设置不会保存到工作簿文件中。

1.6.3 使用宏列表对话框

宏列表对话框中列出了 VBA 中所有工程的宏名（不带参数的过程名），开发人员或用户可以选择其中一个宏来运行。

在 Excel 中单击“开发工具”→“代码”→“宏”功能区命令，如图 1-48 所示。

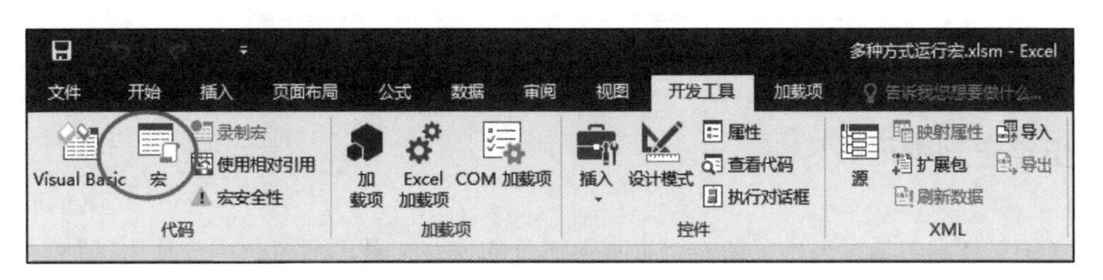

图 1-48 宏

选择其中一个宏名，单击“执行”按钮即可，如图 1-49 所示。

另外，还可以在 VBA 立即窗口的右键菜单中选择“运行宏”选项，如图 1-50 所示。

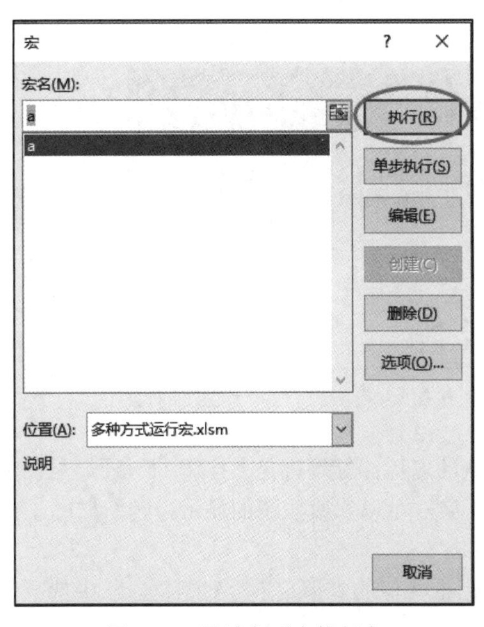

图 1-49 通过宏列表执行宏

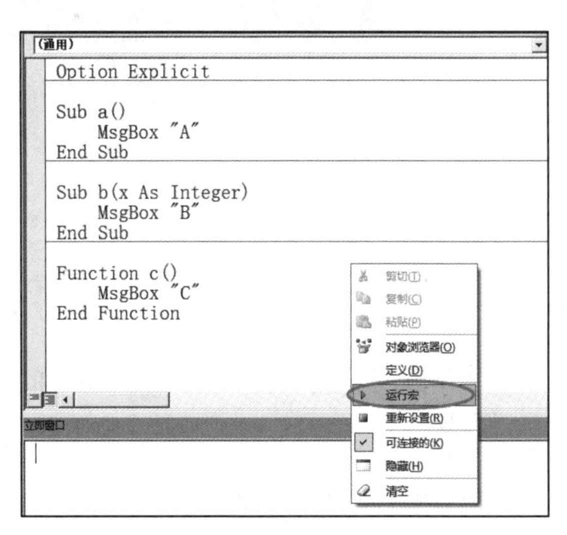

图 1-50 选择 VBA 右键菜单中的“运行宏”选项

这时也会弹出一个“宏”列表对话框，如图 1-51 所示。

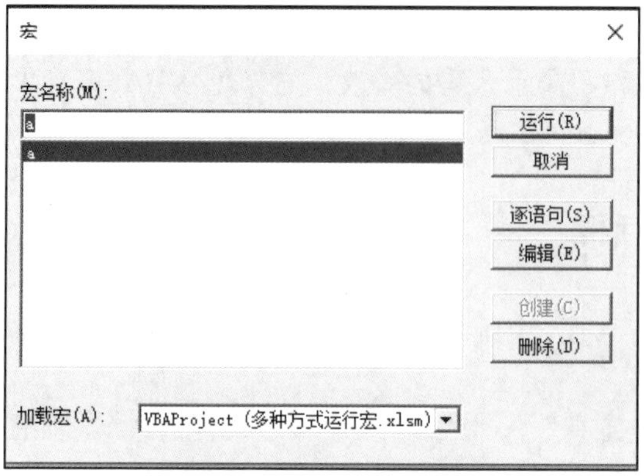

图 1-51　“宏”列表对话框

1.6.4　指定宏到图形

虽然“宏”列表对话框列出了所有可以直接运行的宏，但是不适合让用户使用这种方式。

把宏指定到图形界面上更加方便直观。Excel 工作表上可以插入各种图形（Shape），如计算机中的图片、自选图形、文本框都支持“指定宏”。指定宏就是把一个宏的名称赋给了图形的 OnAction 属性，当用户单击这个图形时，就运行了宏。

在 Excel 中选择“开发工具”→“控件”→“插入”菜单栏命令。在表单控件中选择按钮，如图 1-52 所示。

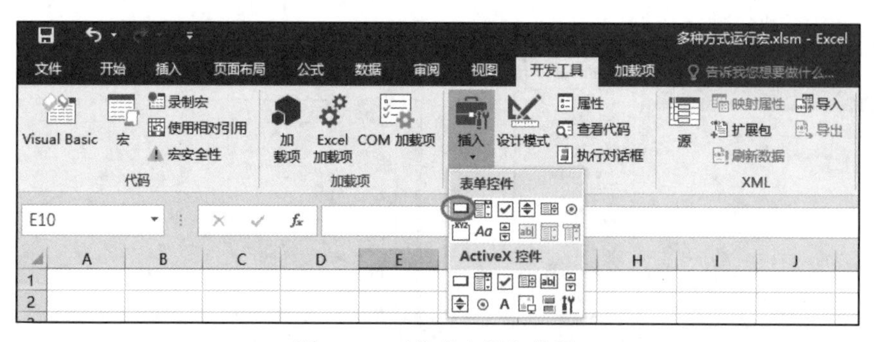

图 1-52　工作表中插入按钮

在工作表中就出现了一个“按钮 1”。新加的按钮默认的名称和标题都是“按钮 1”。通过名称框可以修改按钮的 Name 属性，通过右键菜单中的“编辑文字”可以修改按钮的显示标题，如图 1-53 所示。

如果选择“指定宏”，则会弹出一个与“宏”列表对话框类似的“指定宏”对话框。从中选择宏 a，单击“确定”按钮，如图 1-54 所示。

下次用户单击这个按钮时，如果弹出一个 Microsoft Excel 对话框，则说明调用宏成功，如图 1-55 所示。

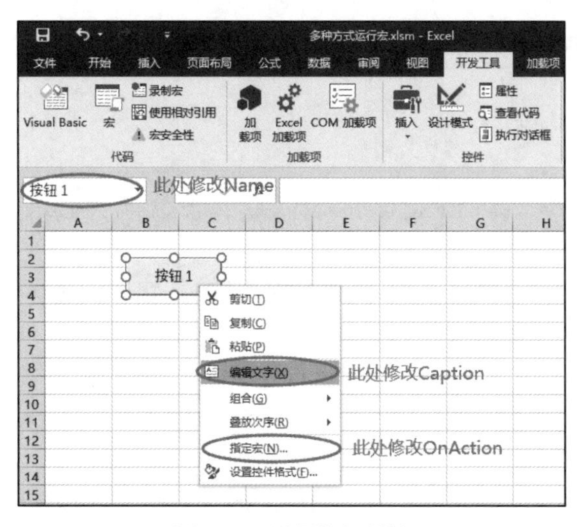

图 1-53　设置按钮属性

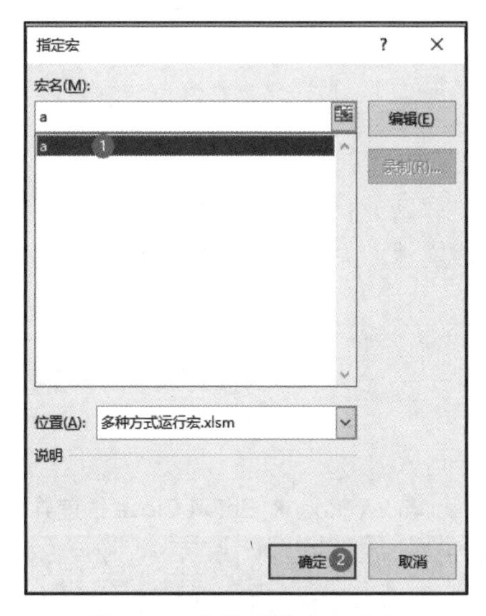

图 1-54　为按钮指定一个宏

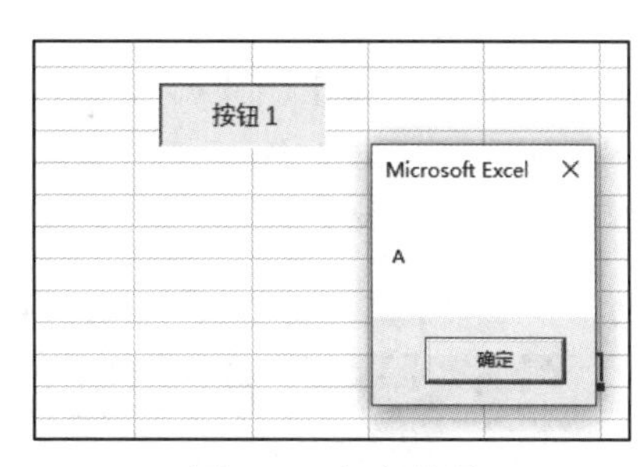

图 1-55　运行结果

1.6.5　指定宏到快捷键

把宏指定给图形以后，用户必须单击图形才能执行宏。也可以把宏指定到键盘，当按下快捷键时，会触发相应的宏。

Excel VBA 指定宏到快捷键有两种方式：OnKey 和 MacroOptions。

（1）OnKey 方法用于把快捷键与宏名进行绑定，参数 Key 的书写规则与 SendKeys 中一致，Ctrl 用“^”表示，Alt 用“%”表示，Shift 用“+”表示，功能键用花括号括起来。

OnKey 方法指定宏到快捷键的设置是临时的，也就是只适用于当次应用程序的会话期间，下次重启 Excel 该快捷键就无效了。具体应用如实例 1-6 所示。

实例 1-6：指定宏到快捷键

```
Sub 指定宏到快捷键()
    Application.OnKey Key:="^r", Procedure:="a"
End Sub
```

运行以上程序，就把快捷键 Ctrl+R 与 Sub a()关联了起来。回到 Excel 中按下该快捷键就自动执行宏 a。

（2）MacroOptions 方法是修改 Excel 的宏选项。其中，快捷键参数 ShortcutKey 只能设置 1 个小写或大写的英文字母。t 表示快捷键 Ctrl+T，大写 T 表示快捷键 Ctrl+Shift+T。这种设置是永久性的，一次运行后，以后每次重启 Excel 该快捷键都有效。具体应用如实例 1-7 所示。

实例 1-7：修改宏选项

```
Sub 修改宏选项()
    Application.MacroOptions Macro:="模块1.a", HasShortcutKey:=True, ShortcutKey:="t"
End Sub
```

运行上述程序后，下次按下快捷键 Ctrl+T 会自动运行模块 1 中的宏 a。

1.6.6 使用事件自动运行宏

开发 Excel VBA 产品时，经常需要在打开包含宏的工作簿时自动执行一些程序代码，关闭工作簿时再执行一些代码。例如，打开工作簿时在磁盘上生成文件，关闭工作簿时自动删除文件。

有以下两种方法可以选择使用：

- Auto_Open 和 Auto_Close。
- Workbook_Open 和 Workbook_BeforeClose。

两种方法的差异见表 1-1。

表 1-1 Auto_Open 和 Auto_Close 与 Workbook_Open 和 Workbook_BeforeClose 的差异

比较项目	Auto_Open Auto_Close	Workbook_Open Workbook_BeforeClose
代码所在模块	标准模块	ThisWorkbook
Application.EnableEvents=False 时	运行	不运行
使用代码打开工作簿时	不运行	运行

1. Auto_Open 和 Auto_Close

这两个过程必须书写在 VBA 工程中的某个标准模块中。

假设有一个工作簿文件“E:\自动运行宏.xlsm”，VBA 工程中插入一个标准模块，重命名为“模块 1”。然后书写如下代码：

```
Sub Auto_Open()
    Debug.Print "Auto_Open"
```

```
End Sub

Sub Auto_Close()
    Debug.Print "Auto_Close"
End Sub
```

当下次在 Excel 中手工打开该工作簿时，自动运行 Auto_Open 过程；手工关闭工作簿时自动运行 Auto_Close 过程。

如果在其他的 VBA 工程使用代码打开和关闭上述工作簿时，上面两个过程不会自动运行。具体应用如实例 1-8 所示。

实例 1-8：自动运行宏

```
Sub Test1()
    Application.Workbooks.Open "E:\自动运行宏.xlsm"
End Sub
Sub Test2()
    Application.Workbooks("自动运行宏.xlsm").Close False
End Sub
```

以上过程运行后，不会调用"自动运行宏.xlsm"中的 Auto_Open 和 Auto_Close 过程。也就是说，这两个过程运行与否取决于工作簿的打开方式，而与 EnableEvents 属性无关。

2. Workbook_Open 和 Workbook_BoforeClose

这两个是 Excel VBA 中工作簿的两个事件，事件代码不能写在标准模块中，可以写在 ThisWorkbook 中。事件的运行与否和应用程序的 EnableEvents 有关，如果该属性为 False，则不运行事件。

在 VBA 工程中双击 ThisWorkbook 模块，输入如下代码：

```
Private Sub Workbook_BeforeClose(Cancel As Boolean)
    Debug.Print "Workbook_BeforeClose"
End Sub

Private Sub Workbook_Open()
    Debug.Print "Workbook_Open"
End Sub
```

打开和关闭该工作簿，都会看到立即窗口中有相应的打印结果。

这里还有一个问题，如果 VBA 工程中使用了以上两个方法，执行顺序是怎样的？

编写好代码后，重启 Excel，然后手工打开工作簿，再关闭工作簿。立即窗口中的测试结果如图 1-56 所示。

可以看到 Auto_Open 是在 Workbook_Open 之后运行的。

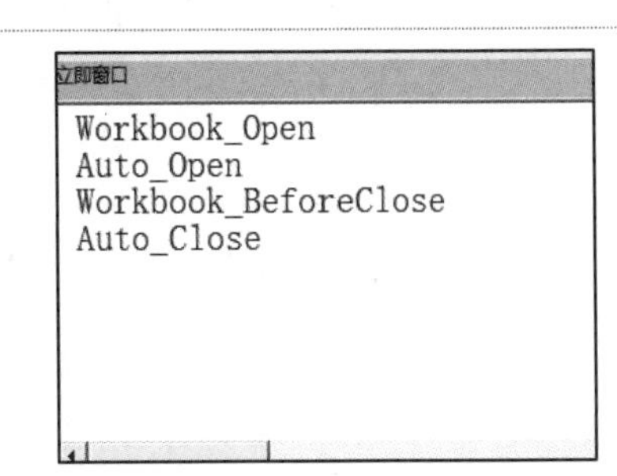

图 1-56　过程的执行次序

1.7 录 制 宏

录制宏是 Excel 为 VBA 人员提供帮助的一个功能，在录制宏期间可以把用户对 Excel 的手工操作转换为 VBA 代码。这些代码会单独放在工作簿的一个标准模块中。

通过录制宏，开发人员可以从录制的代码中看出 VBA 代码是如何读/写 Excel 的。本节讲解录制宏方面的知识。

1.7.1 如何录制宏

“录制宏”命令位于“开发工具”选项卡下面，该按钮是切换显示的。Excel 在正常状态下，该按钮显示为“录制宏”三个字。如果进入录制期间，显示为“停止录制”，并且图标变成了一个方块。

下面通过实际操作讲解录制宏的步骤。

具体的任务是手工制作一个成绩表，在 A1:D1 单元格输入姓名、Excel、Word、总分作为表格的标题；在第 2～4 行录入学生的成绩，用 SUM 函数计算每个学生的总分；在 D2 单元格输入公式 =SUM(B2:C2)，自动填充到 D4 单元格；把表格的所有单元格内容水平居中。

通过该操作可以学到如何用 VBA 代码向单元格录入内容、输入公式、设置文本对齐等知识点。

（1）新建一个工作簿，插入一个空白工作表。

（2）在进行所有手工操作之前，单击“开发工具”选项卡中的“录制宏”按钮，如图 1-57 所示。

（3）在弹出的“录制宏”对话框中，输入宏名“成绩录入”，保存在“当前工作簿”中，输入一些说明。最后单击“确定”按钮，如图 1-58 所示，进入录制模式。

图 1-57 单击“录制宏”按钮

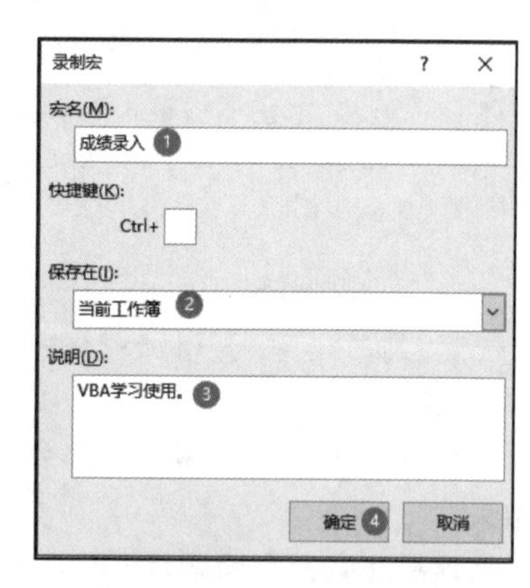

图 1-58 录制宏之前的设置

（4）在工作表中进行成绩表的制作，注意不要做其他操作，否则会产生大量没用的代码。具体的步骤如下：

①开始录制。

②在 A、B、C 列输入姓名和成绩。

③在 D2 单元格输入=SUM(B2:C2)。

④从 D2 单元格自动填充到 D4。

⑤全选整个表格，单击功能区的“水平居中”按钮。

⑥停止录制。

所有操作结束后，单击功能区中的“停止录制”按钮，如图 1-59 所示。

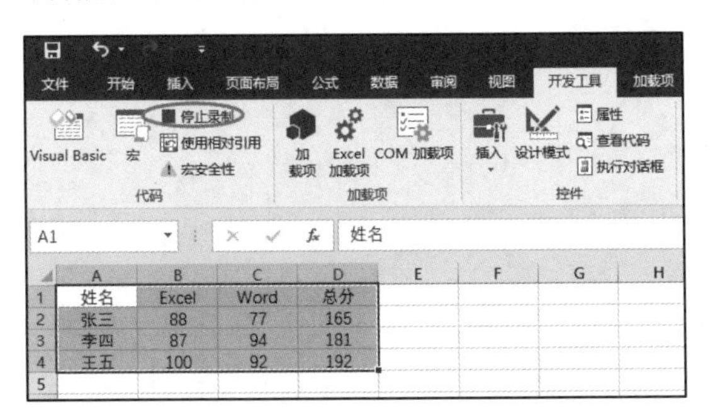

图 1-59 “停止录制”按钮

（5）打开 VBA 窗口。可以看到在模块下自动添加了“模块 1”，打开“模块 1”，里面有一个“成绩录入”的过程，如图 1-60 所示。

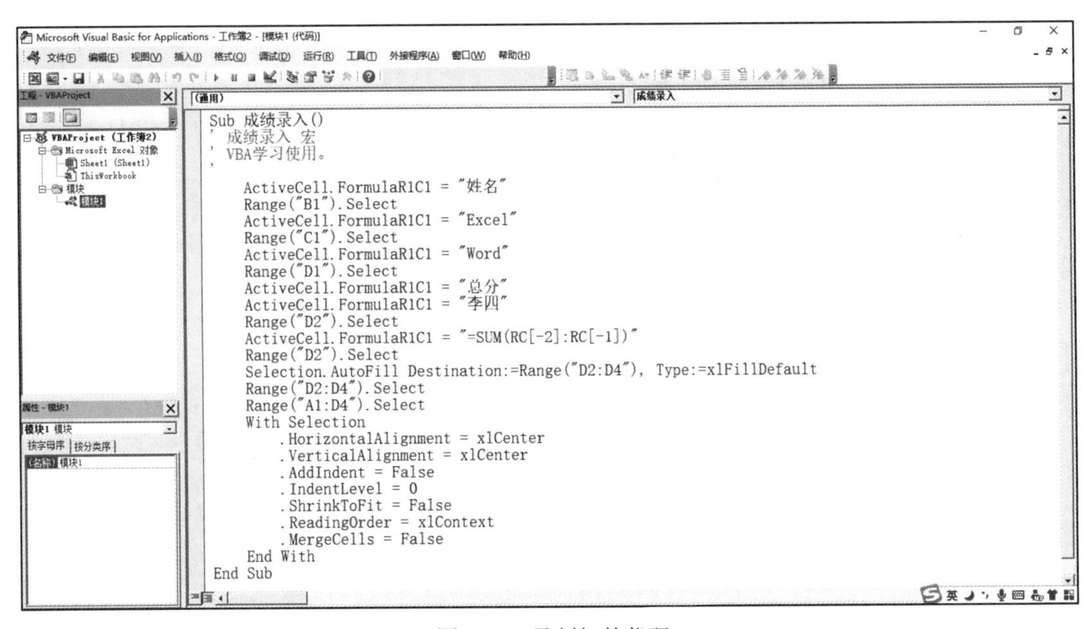

图 1-60 录制好的代码

注意

除了通过单击“开发工具”中的录制宏按钮外，还可以通过单击 Excel 状态栏中“就绪”右侧的按钮进行录制宏，如图 1-61 所示。

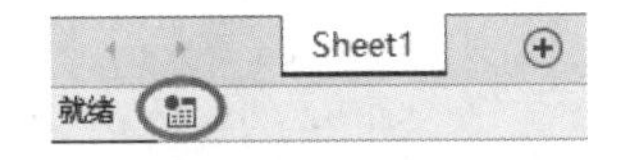

图 1-61 状态栏中的“停止录制”

1.7.2 代码分析与改写

录制宏的操作结束后，VBA 工程的模块中产生了大量的代码。录制宏的意义并不是以后要直接使用这个过程，而是从代码中抽取有意义的、自己以前不知道的代码片段学习、了解。

下面来分析一下录制完的代码。

```
Sub 成绩录入()
'
' 成绩录入宏
' VBA 学习使用
'
    ActiveCell.FormulaR1C1 = "姓名"
    Range("B1").Select
    ActiveCell.FormulaR1C1 = "Excel"
    Range("C1").Select
    ActiveCell.FormulaR1C1 = "Word"
    Range("D1").Select
    ActiveCell.FormulaR1C1 = "总分"
    Range("A2").Select
    ActiveCell.FormulaR1C1 = "张三"
    Range("B2").Select
    ActiveCell.FormulaR1C1 = "88"
    Range("C2").Select
    ActiveCell.FormulaR1C1 = "77"
    Range("A3").Select
    ActiveCell.FormulaR1C1 = "李四"
    Range("B3").Select
    ActiveCell.FormulaR1C1 = "87"
    Range("C3").Select
    ActiveCell.FormulaR1C1 = "94"
    Range("A4").Select
    ActiveCell.FormulaR1C1 = "王五"
    Range("B4").Select
    ActiveCell.FormulaR1C1 = "100"
    Range("C4").Select
    ActiveCell.FormulaR1C1 = "92"
    Range("D2").Select
    ActiveCell.FormulaR1C1 = "=SUM(RC[-2]:RC[-1])"
    Range("D2").Select
    Selection.AutoFill Destination:=Range("D2:D4"), Type:=xlFillDefault
    Range("D2:D4").Select
    Range("A1:D4").Select
    With Selection
        .HorizontalAlignment = xlCenter
        .VerticalAlignment = xlCenter
```

```
        .WrapText = False
        .Orientation = 0
        .AddIndent = False
        .IndentLevel = 0
        .ShrinkToFit = False
        .ReadingOrder = xlContext
        .MergeCells = False
    End With
End Sub
```

代码分析：

（1）代码开始，有大量的 Select 和 FormulaR1C1 代码成对出现。

```
Range("B1").Select
ActiveCell.FormulaR1C1 = "Excel"
Range("C1").Select
ActiveCell.FormulaR1C1 = "Word"
```

分别表示选中 B1、C1 单元格，在活动单元格中分别录入内容“Excel”和“Word”。在录制宏的过程中，用户选择或激活单元格的动作，也会录制成代码。实际上 VBA 往单元格输入内容是不需要选中的，因此以上代码可以优化为：

```
Range("B1").FormulaR1C1 = "Excel"
Range("C1").FormulaR1C1 = "Word"
```

另外，可以使用 Value 属性来修改单元格，进一步优化为：

```
Range("B1").Value = "Excel"
Range("C1").Value = "Word"
```

这就是向单元格录入内容的代码的最终版了。

（2）可以找到如下两行录制的代码。

```
Range("D2").Select
ActiveCell.FormulaR1C1 = "=SUM(RC[-2]:RC[-1])"
```

表示往单元格中输入一个公式，可以优化为：

```
Range("D2").Formula = "=SUM(B2:C2)"
```

这就是向单元格中录入公式的代码的最终版了。

（3）如下是用于自动填充公式的代码。

```
Range("D2").Select
Selection.AutoFill Destination:=Range("D2:D4"), Type:=xlFillDefault
```

VBA 中的 Selection 往往与前面的 Select 方法成对出现，Selection 指 Range("D2")，所以这两行可以缩写为：

```
Range("D2").AutoFill Destination:=Range("D2:D4"), Type:=xlFillDefault
```

表示选中 D2 单元格，向下填充到 D2:D4 单元格。

（4）有一个 With 结构，用于设置单元格的字体格式。

```
Range("A1:D4").Select
With Selection
    .HorizontalAlignment = xlCenter
    .VerticalAlignment = xlCenter
    .WrapText = False
    .Orientation = 0
    .AddIndent = False
    .IndentLevel = 0
    .ShrinkToFit = False
    .ReadingOrder = xlContext
    .MergeCells = False
End With
```

其中，HorizontalAlignment 表示水平对齐；xlCenter 表示居中。联想一下，靠右对齐会不会是 xlRight？

这个 With 结构也可以精简为：

```
With Range("A1:D4")
    .HorizontalAlignment = xlCenter
    .VerticalAlignment = xlCenter
End With
```

（5）把经过优化的代码组合成另一个过程：

```
Sub 代码优化()
    Range("A1").Value = "姓名"
    Range("B1").Value = "Excel"
    Range("C1").Value = "Word"
    Range("D1").Value = "总分"
    Range("A2").Value = "张三"
    Range("B2").Value = "88"
    Range("C2").Value = "77"
    Range("A3").Value = "李四"
    Range("B3").Value = "87"
    Range("C3").Value = "94"
    Range("A4").Value = "王五"
    Range("B4").Value = "100"
    Range("C4").Value = "92"

    Range("D2").Formula = "=SUM(B2:C2)"
    Range("D2").AutoFill Destination:=Range("D2:D4"), Type:=xlFillDefault

    With Range("A1:D4")
        .HorizontalAlignment = xlCenter
        .VerticalAlignment = xlCenter
```

```
    End With

End Sub
```

与原先录制的代码相比，此时的代码风格显然整洁了很多。最后，手工插入一个新的工作表，直接运行优化之后的宏，看到工作表中产生了完全一样的成绩表。

1.7.3 录制宏的意义

录制宏最主要的作用是通过具体的操作解析出 Excel 各种操作对应的 VBA 代码。

不要认为录制后的宏可以原封不动地直接运行使用，因为录制的代码具有很多局限：

- 代码中含有大量的 Selection、ActiveCell，只适用于在当前工作表中操作。
- 代码中提供的属性和方法未必是最优的。
- 代码中包含很多用户操作以外的语句。
- 不能录制 VBA 中的语法。
- 不能录制条件结构和循环结构。

只要从录制的代码中看到自己最想知道的写法，录制宏就是成功的。

1.7.4 使用 RecordMacro 录制代码

Excel VBA 的 Application 对象的 RecordMacro 方法，可以把任何 VBA 代码以字符串的形式穿插到正在录制的宏代码中。

假设目前处于录制过程中，在立即窗口运行下面这行代码：

```
application.RecordMacro "dim i as integer : for i =1 to 5: msgbox i: next i",""
```

可以把字符串转换成 VBA 代码出现在录制的宏中，如图 1-62 所示。

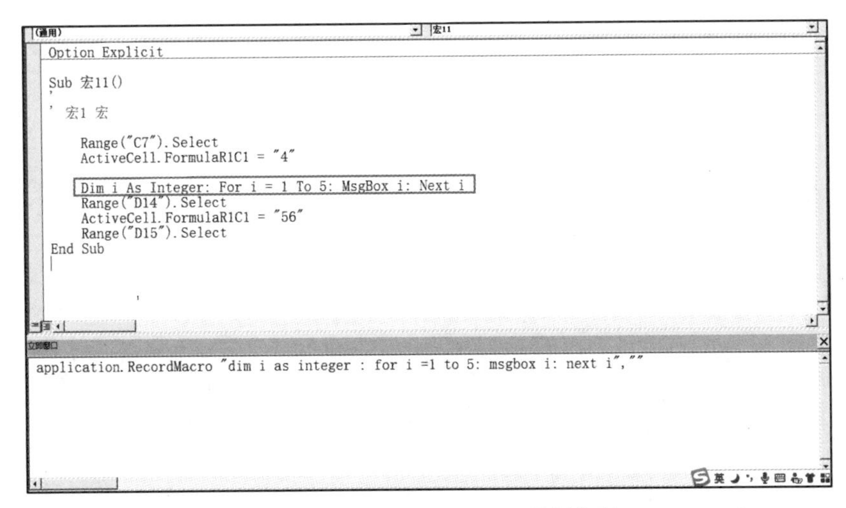

图 1-62 使用 RecordMacro 录制代码

1.8 习　　题

1．在 Excel VBA 编程环境中，快捷键 Alt+F11 的功能是（　　）。

A．关闭 VBA 窗口　　B．最小化 VBA 窗口

C．回到 Excel 的界面　　D．出现“宏”对话框

2．在立即窗口中输入“?"12"+"34"”并按下回车键，得到的结果是（　　）。

A．12+34　　B．1234

C．46　　D．出现“类型不匹配”错误

3．当 $x=\sqrt{2}-3$ 时，编写程序计算如下代数式的值。

$$\frac{x^2-6x+9}{x^2-9}\div\frac{x-3}{2}$$

第 2 章　VBA 语法基础

扫一扫，看视频

VBA 语言沿用了 Visual Basic 6 的语法，是一门面向对象的高级程序语言。

编程的过程是把客观事物写成代码的形式，把人类自然语言编写成计算机可以识别的机器语言。只有学好一门语言的语法、掌握语法特点，才能避免各种错误，加快开发速度。

本章讲解 VBA 语言中的基本数据类型、变量的使用、过程和函数设计等核心内容。

本章关键词：数据类型、变量、条件选择、循环、数组、过程、函数。

2.1　基本数据类型

VBA 语言中常用的基本数据类型有（括号内为类型名称）：数值型、日期时间型（Date）、字符串（String）、布尔型（Boolean）。其中数值型又分为整型（Integer）、长整型（Long）、单精度浮点型（Single）、双精度浮点型（Double）。其中，Integer 类型的范围是-32768～32767。

编程过程中经常涉及数据的加工、转换等处理过程，所以必须了解编程语言中常用的数据类型和运算符的含义。本节讲解 VBA 基本数据类型以及各种运算符的使用场合。

2.1.1　运算符与表达式

VBA 常用运算符主要包括算术运算符、比较运算符、逻辑运算符等，见表 2-1。

表 2-1　VBA 常用运算符

类　别	运算符	含　义
算术运算符	+	加法
	-	减法、负数
	*	乘法
	/	除法
	\	整除
	Mod	求余
	^	乘方
比较运算符	>	大于
	<	小于

续表

类　别	运算符	含　义
比较运算符	>=	大于等于
	<=	小于等于
	=	相等
	<>	不等于
	Is	对象之间比较
	Like	字符串比较
逻辑运算符	And	并且
	Or	或者
	Not	非
其他	&	字符串连接
	+	加法或字符串连接
	()	优先计算

算术运算符的计算结果是数字，比较运算符和逻辑运算符的计算结果是布尔值（True 或 False）。

以上运算符中，+、\、=、()要注意区别使用。“+”有时表示加法，有时表示两个字符串连接；“\”表示整除，就是相除以后得到整数部分；“=”有时用于比较两个表达式是否相等，有时表示赋值；“()”一般用于提高优先级，但有时接在函数名称后面用于接收参数，有时接在数组名称后面用于引用一个元素。

注意

一切运算符只要被包括在双引号内，就变成了普通文本，失去运算符原有的作用和意义。

表达式是数据与运算符组合而成的算式，表达式可以很长，但是一个表达式的最终结果只有 1 个。例如，1+2-3*4/5 就是一个表达式，它包含 5 个数据、4 个运算符，结果是 0.6。

2.1.2　数值型

日常生活遇到的整数、小数，正、负数或 0，都是数值型数据。一个数值型数据可以表示为常用的十进制，也可以使用八进制、十六进制表示，还可以使用科学计数法表示。

无论是哪一种形式的数据，其结果存储总是十进制的。

```
Debug.Print &O21, &HFE
```

上面这行代码在立即窗口中的打印结果分别是 17 和 254。

编程是一个细致的工作，编写代码的过程中要时刻分析每一个数据或表达式的类型，这样才能知道该数据或表达式可以继续用在什么场合，可以作为参数传递给哪些函数。

VBA 中可以使用 VarType 或 TypeName 函数判断数据的类型。VarType 函数的返回结果是 VBA.VarType 的成员常量之一。

```
Const vbArray = 8192 (&H2000)
Const vbBoolean = 11
Const vbByte = 17 (&H11)
Const vbCurrency = 6
Const vbDataObject = 13
Const vbDate = 7
Const vbDecimal = 14
Const vbDouble = 5
Const vbEmpty = 0
Const vbError = 10
Const vbInteger = 2
Const vbLong = 3
Const vbNull = 1
Const vbObject = 9
Const vbSingle = 4
Const vbString = 8
Const vbUserDefinedType = 36 (&H24)
Const vbVariant = 12
```

例如，Debug.Print VarType(40000)的打印结果是 3，因为 VBA 所有枚举常量打印结果是对应的数值。这个 3 的含义要与各个枚举常量进行对比，可以看到是 vbLong，这说明 40000 是一个长整型数据。

TypeName 函数直接返回类型的文本字符串。例如：

```
Debug.Print TypeName(40000 / 7)
```

打印结果是“Double”。

2.1.3 日期时间型

VBA 中日期和时间的类型是 Date。日期时间常量要用一对“#”括起来。日期可以与数字进行加、减运算。例如，一个日期加 1.25 表示在这个基础上加上 1 天和 1/4 天（6 小时）。两个日期可以用>或<比较，越晚的日期越大。

例如，如下代码计算了 3 个表达式。

```
Debug.Print #4/8/2021# - 2, #4/8/2021 7:00:00 AM# + 1.25, #4/8/2021# > #3/31/2021#
```

结果是：

```
2021/4/6      2021/4/9 13:00:00          True
```

VBA 还有 3 个特殊的日期时间常量 Date、Time、Now 用来返回当前的日期、时间。

另外，Timer 是一个动态函数，返回从当天午夜到现在经过的秒数。例如，凌晨一点运行 Timer 会得到 3600。

编程过程中经常使用 Timer 来计算程序从开始执行到运行结束之间经历的秒数。技术原理是在程序刚开始执行时，把 Timer 的值赋给 1 个变量，运行结束时再赋给另一个变量，最后计算两个变量的差值。

```
Sub 使用Timer()
    Dim t1 As Single, t2 As Single
    t1 = Timer
    MsgBox "稍后再单击。"
    t2 = Timer
    Debug.Print t2 - t1
End Sub
```

上述程序的功能是计算 MsgBox 对话框在 Excel 中显示的时长。

2.1.4 字符串型

字符串型数据就是现实生活中的文本，世界各国文字连接而成的长串就是一个字符串。

VBA 语言中描述文本的数据类型只有 String，没有字符这种数据类型。一般情况下，使用一对半角双引号包围的文本就是一个字符串常量。

Len 函数返回字符串的长度，也就是字符串中包含的文字个数。例如：

```
Debug.Print "精通Excel", Len("精通Excel")
```

这行代码的打印结果是：

```
精通Excel      7
```

注意

字符串常量两边的双引号只是表示这串文本是静态文本，而不是过程名、变量名。向其他用户界面输出字符串时，并不包含双引号。

字符串可以合成，也可以拆解。

“&”和“+”都可以用于字符串的连接，但是最好使用“&”。在使用“&”连接时，无论操作符两端是否是字符串，都按连接处理。例如，123 & 456 的结果是 123456，但是 123 + 456 的结果是 579。

最短的字符串是空字符串（""），也可以使用 vbNullString 来表示长度为 0 的一个字符串。

还有一些无法使用双引号来表示的字符串常量，如回车符等。这时可以用 ASCII 码表和 VBA 枚举常量来解决，见表 2-2。

表 2-2　VBA 中常用的字符串枚举常量

字符串枚举常量	Chr 函数	含　义
vbCr	Chr(13)	回车符
vbLf	Chr(10)	换行符
vbCrLf 或 vbNewLine	Chr(13) & Chr(10)	回车换行
vbTab	Chr(9)	Tab 制表符
无	Chr(34)	双引号

以上常量中，vbCrLf 是两个字符合并在一起，它的长度是 2。

实际编程过程中，经常需要通过&操作符混合使用以上常量，从而达到换行显示的目的，或者制作表格数据的效果。

```
MsgBox "熊猫的英文是：" & vbNewLine & Chr(34) & "Panda" & Chr(34)
```

这行代码使用了回车换行和双引号常量。运行后，如图 2-1 所示。

联合使用 vbTab 和 vbCrLf 还可以产生表格形式的文本。具体应用如实例 2-1 所示。

实例 2-1：产生表格文字

```
Sub 产生表格文字()
    Debug.Print "姓名" & vbTab & "年龄" & vbTab & "性别" & vbCrLf & "穆小虎" &
    vbTab & "25岁" & vbTab & "男" & vbCrLf & "王倩" & vbTab & "34岁" & vbTab & "女"
End Sub
```

在立即窗口中打印结果，如图 2-2 所示。

图 2-1　在 MsgBox 中显示多行文本

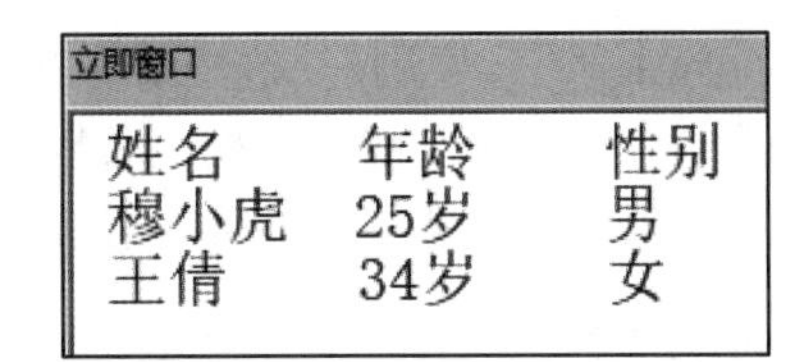

图 2-2　在立即窗口中输出表格内容

2.1.5　布尔型

布尔型数据是用来表示“是/否”或者“Yes/No”数据的。

VBA 中的布尔常量有 True 和 False。True 可以与整数-1 进行等价转换，False 相当于 0。

将两个数据进行比较，比较后的结果是布尔类型。多个布尔类型通过逻辑运算符连接起来后的结果仍然是一个布尔值。

例如，判断某人是不是优秀学生，其条件是语文不低于 80 分，数学不低于 90 分。VBA 语法表示为：

```
语文>=80  And 数学>=90
```

Excel VBA 中，布尔型数据的主要用途有两个。

（1）用于条件结构。

If 或 ElseIf 后面必须有一个条件表达式，这个表达式的返回值一定是布尔型。

（2）返回或设置 Excel 对象的属性。

Excel VBA 中很多对象具有布尔属性，例如，Application.Visible 用于设置应用程序是否可见，ActiveCell.Locked=False 表示将单元格取消锁定。

2.2 变 量

变量（Variable）是程序中存储数据的地址的一个符号。书写代码时可以声明变量，也可以根据需要更改变量的值。

程序设计时，声明和使用变量不是必需的，然而为了编程的便利性，声明适当数量的变量可以提高程序的可读性和代码的编写效率。

本节讲解 VBA 中变量的声明、赋值，以及变量的作用范围和生命周期等内容。

2.2.1 变量的声明和赋值

声明变量的语法格式是：

```
Public|Private|Static|Dim 变量名称 As 类型名称
```

Public 或 Private 用于声明模块级变量；Static 用于在过程内部声明静态变量；Dim 既可以用于声明模块级变量，也可以用于声明过程、函数内部变量（也叫局部变量）。

赋值是把一个表达式的值交给变量。语法格式是：

```
Let 变量名称 = 表达式
```

要求表达式的类型要与声明变量的类型相同或相近。

程序中同一个变量多次被赋值，但是这个变量只保存最新的值。

通常使用有实际意义的单词或字母为变量命名。不可使用 VBA 内置关键字作为变量名称。虽然可以使用汉语作为变量名，但是不推荐。具体应用如实例 2-2 所示。

实例 2-2：变量的声明和赋值

```
Sub 变量的声明和赋值()
    Dim i As Integer
    Debug.Print i
    Let i = 1
    Debug.Print i
    Let i = 2
    Debug.Print i
End Sub
```

上述程序表示在不同的位置打印变量 i 的值，结果分别是：0、1、2。

结果中的 0 从何而来？

VBA 语言中，声明变量时如果指定了变量的类型，会自动给变量赋一个默认值。数值型变量的初始值是 0，日期时间型变量的初始值是#0:00:00 #，布尔型变量的初始值是 False，字符串变量的初始值是空字符串，如图 2-3 所示。

所以，只要在过程中声明了变量，它就具有一个初始值。

```
Sub 变量的初始值()
    Dim i As Integer
    Dim n As Single
    Dim d As Date
    Dim b As Boolean
    Dim s As String
End Sub
```

本地窗口

VBAProject.m.变量的初始值

表达式	值	类型
m		m/m
i	0	Integer
n	0	Single
d	#0:00:00#	Date
b	False	Boolean
s	""	String

图 2-3　在本地窗口中查看变量的值

2.2.2　强制变量声明

VBA 语言中，允许变量不声明就直接使用。具体应用如实例 2-3 所示。

实例 2-3：不指定类型

```
Sub 不指定类型()
    a = "Hello"
    Debug.Print TypeName(a)
    b = True
    Debug.Print TypeName(b)
    c = 3.14
    Debug.Print TypeName(c)
End Sub
```

上述程序中，变量 a、b、c 未指定类型，赋给变量什么类型的值，变量的类型就变成什么。

其实编程中应尽量避免这样使用变量，应该根据开发的需要明确变量类型。一个好的习惯是向模块顶部添加 Option Explicit 指令。

当代码中出现了从未声明过的变量名称时，运行时会弹出“变量未定义”的编译错误，如图 2-4 所示。

如果希望以后插入新模块时，在新模块顶部自动出现那行指令，则可以在 VBA 编辑器的选项对话框中勾选“要求变量声明”，如图 2-5 所示。

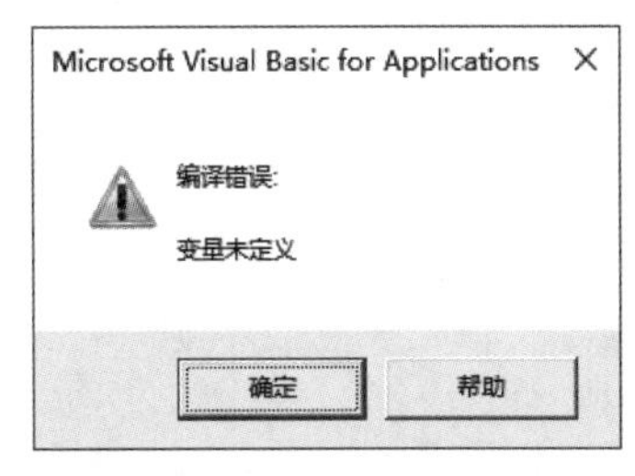

图 2-4　编译错误对话框

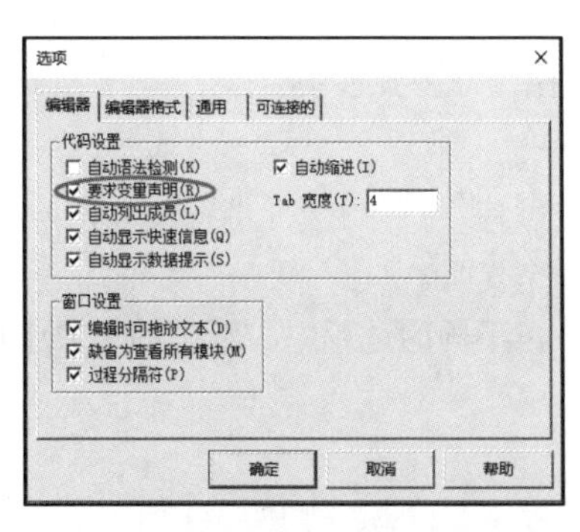

图 2-5　勾选“要求变量声明”

2.2.3 变量的作用范围

VBA 工程中的变量分为过程内部、模块内部、模块外部 3 个级别。

过程内部的变量只能在声明这个变量的过程内部使用，在其他地方不可读/写该变量。而且，当过程运行结束时，这个过程内部的所有变量的值也随之消失。

模块级变量的作用范围大、生命周期长。

假设 VBA 工程中有一个模块 n，代码如下：

```
Public BookName As String
Private Price As Single

Sub Test1()
    n.BookName = "水浒传"
    n.Price = 32
End Sub
```

该模块顶部分别声明了全局变量 BookName 和模块内部变量 Price。在模块 n 的过程中可以读/写这两个变量。

假设该工程还有另外一个模块 m，代码如下：

```
Sub 访问另一个模块的变量()
    n.BookName = "三国演义"
End Sub
```

这样实现了跨模块访问变量，通过模块 m 的代码来修改模块 n 中的变量。

2.2.4 变量的二义性

VBA 语言中，同一个作用范围内不允许多次声明同一个变量。例如：

```
Sub Test1()
    Dim i As Integer
'...
    Dim I As Integer
End Sub
```

同一个过程中，对变量 i 进行重复声明，这是不可以的。因为 VBA 语言不区分大小写，i 和 I 会被视为同一个变量。

但是，在不同的过程中、不同的模块中可以使用相同的变量名称。

2.3 代码编写的常用技巧

不同性格、做事方式的人，编写出的代码也有不同的风格。VBA 语言对代码格式要求比较宽松、自由。每行代码没必要统一对齐，行与行之间允许有空白行存在。

但是，如果编写代码的格式太过随意，就不容易让其他人看懂。程序代码的繁简程度要适中，变量和函数的名称不能太短；代码中不要包含冗余的内容，追求用最少的代码实现最多的功能。

本节讲解 VBA 代码编写过程中的常用技巧。

2.3.1 使用注释辅助说明

在代码中添加注释是一个良好的编程习惯。在关键代码的上方或后面添加必要的注释信息，可以起到解释说明的作用，以后要修改代码时可以回忆起当初的设计和想法。

代码中的注释部分不会影响程序的运行。在 VBA 中注释内容前使用 Rem 或单引号开头。

正常情况下，注释的字体在 VBA 编辑器中显示为绿色。

2.3.2 使用冒号连接多行代码

对于较短的语句，可以使用冒号连接，并将其放在同一行，过程的头部和尾部也可以被连接。具体应用如实例 2-4 所示。

实例 2-4：使用冒号连接多句代码

```
Sub 使用冒号连接多句代码():
Dim a As Integer, b As Integer, c As Integer: a = 1: b = 2: c = 3: MsgBox a * b *
c: End Sub
```

运行上述代码，对话框中弹出的结果为 6。

由于立即窗口中只能运行一行代码，因此可以借助冒号在立即窗口中运行 For 循环，如图 2-6 所示。

```
立即窗口
for x =1 to 10:debug.Print x,x^2 :next x
 1             1
 2             4
 3             9
 4             16
 5             25
 6             36
 7             49
 8             64
```

图 2-6　使用冒号把多行代码写在一行

2.3.3 使用续行符

当一行代码太长时，可以使用由空格和下划线组成的续行符来把一整行代码拆成多行。

例如，下面的程序，虽然将原本 2 行的代码拆成了 7 行，但是运行效果不变。

```
Sub 使用续行符()
    Dim _
    s _
    As _
    String
    s _
    = _
    "明日歌"
End Sub
```

2.3.4 查找和替换

编写代码的过程中，经常需要进行修改已有变量的名称等操作。VBA 代码编辑器可以像记事本一样进行查找和替换操作。

选择菜单栏中的“编辑”→“替换”选项，如图 2-7 所示。或者按下快捷键 Ctrl+H，会弹出“替换”对话框。

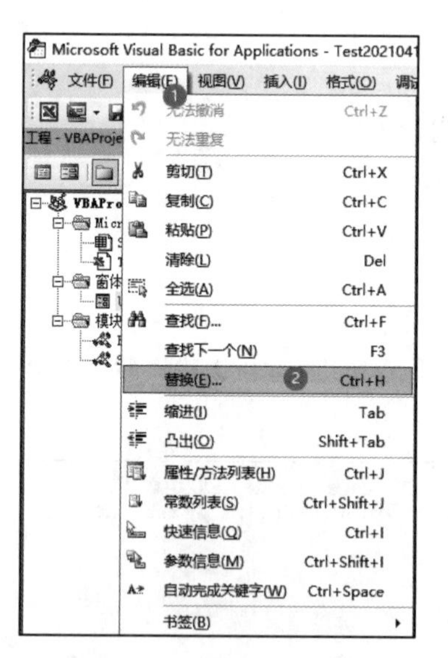

图 2-7 “替换”命令

如果要把变量 rg 替换为 rng，则在“替换”对话框中进行相应的设置，选择搜索范围是“当前过程”，并且设置为“全字匹配”“区分大小写”，如图 2-8 所示。

```
CommandButton1                                   Click
Private Sub CommandButton1_Click()
    Dim rg As Excel.Range
    For Each rg In Application.Selection
        If Me.OptionButton1.Value Then
            rg.Offset(-1).Value = "'" & rg.Formula
        ElseIf Me.OptionButton2.Value Then
            rg.Offset(1).Value = "'" & rg.Formula
        ElseIf Me.OptionButton3.Value Then
            rg.Offset(, -1).Value = "'" & rg.Formul
        ElseIf Me.OptionButton4.Value Then
            rg.Offset(, 1).Value = "'" & rg.Formula
        End If
    Next rg
End Sub
```

替换
查找内容(F): rg
替换为(W): rng
搜索
当前过程(P)
当前模块(M)
当前工程(C)
选定文本(T)
方向(D): 所有
全字匹配(O)
区分大小写(S)
模式匹配(U)
查找下一个(N)
取消
替换(R)
全部替换(A)
帮助(H)

图 2-8　VBA 编辑器的替换功能

其中，“全字匹配”指查找到的结果必须是 rg，如 rg1、Myrg 等不是查找目标。再将搜索范围调整为“当前模块”，单击“全部替换”按钮，如图 2-9 所示。

可以看到原来的 rg 全变成了 rng，如图 2-10 所示。

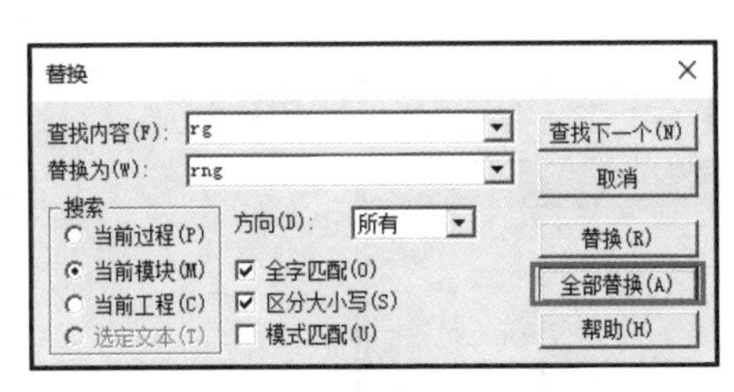

图 2-9　VBA 编辑器的全部替换功能

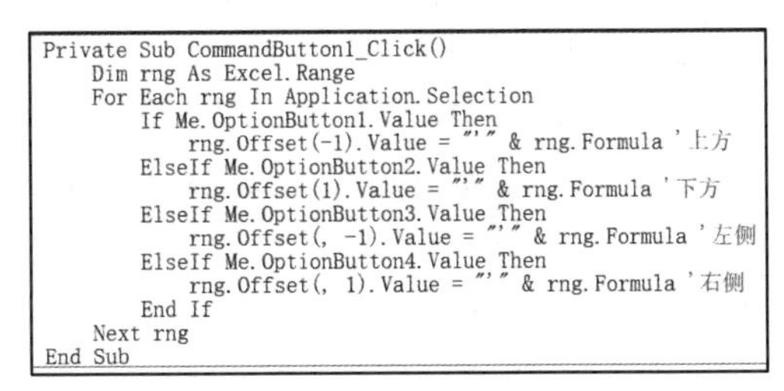

```
Private Sub CommandButton1_Click()
    Dim rng As Excel.Range
    For Each rng In Application.Selection
        If Me.OptionButton1.Value Then
            rng.Offset(-1).Value = "'" & rng.Formula '上方
        ElseIf Me.OptionButton2.Value Then
            rng.Offset(1).Value = "'" & rng.Formula '下方
        ElseIf Me.OptionButton3.Value Then
            rng.Offset(, -1).Value = "'" & rng.Formula '左侧
        ElseIf Me.OptionButton4.Value Then
            rng.Offset(, 1).Value = "'" & rng.Formula '右侧
        End If
    Next rng
End Sub
```

图 2-10　全部替换后的效果

如果想恢复到替换之前，可以按下快捷键 Ctrl+Z 撤销替换。

2.4　条件选择结构

对于同一个过程中的多行代码，一般情况下是按顺序结构编写的，运行时这些代码按照自上而下的顺序逐条运行。

当需要根据某一条件是否成立来选择是否运行其中的代码时，要用到条件选择结构。

VBA 中的条件选择结构主要分为 If...Else 结构和 Select Case 结构。

2.4.1　If…Else 结构

If…Else 结构分为单分支、双分支、多分支三种情形。

1. 单分支

单分支的语法格式如下：

```
If 条件表达式 Then
```

```
    [语句块]
End If
```

当条件表达式的值为 True 时执行语句块中的代码，为 False 时跳过 If 结构。具体应用如实例 2-5 所示。

实例 2-5：单分支

```
Sub 单分支()
    Dim num As Single
    num = Rnd
    If num >= 0.5 Then
        Debug.Print Format(num, "0.00")
    End If
End Sub
```

上述代码中，Rnd 是一个随机函数，会生成 0～1 之间的一个随机小数。程序中设定当 num≥0.5 时，将 num 打印到立即窗口，保留 2 位小数。否则，不输出。

多次运行上述程序，在立即窗口中可以发现，没有小于 0.5 的数字，如图 2-11 所示。

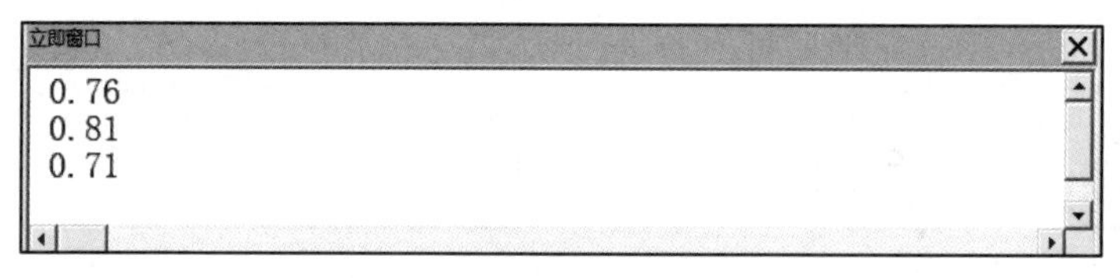

图 2-11　单分支 If 语句的运行结果

2. 双分支

双分支的语法格式如下：

```
If 条件表达式 Then
    [语句块 1]
Else
    [语句块 2]
End If
```

当条件表达式的值为 True 时执行语句块 1 中的代码，为 False 时执行语句块 2 中的代码。具体应用如实例 2-6 所示。

实例 2-6：双分支

```
Sub 双分支()
    Dim num As Single
    num = Rnd
    If num >= 0.5 Then
        Debug.Print Format(num, "0.00")
    Else
        Debug.Print Format(num, "0.000")
    End If
```

```
End Sub
```

上述程序中，当随机数 num≥0.5 时，将 num 打印到立即窗口，保留 2 位小数。否则，保留 3 位小数，如图 2-12 所示。

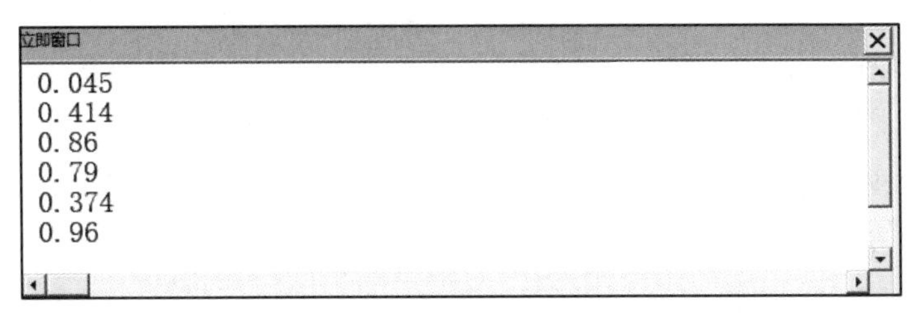

图 2-12　双分支 If 结构的运行结果

3. 多分支

多分支的语法格式如下：

```
If 条件表达式 1 Then
    [语句块 1]
ElseIf 条件表达式 2 Then
    [语句块 2]
    ...
ElseIf 条件表达式 n Then
    [语句块 n]
[Else]
    [语句块 n+1]
End If
```

多分支的 If 结构，除了最上面是 If 以外，中间一律都是 ElseIf，最后的 Else 及其语句块是可选的，但是结尾的 End If 是必需的。

运行代码时，会自上而下判断每个条件是否成立，只要遇到其中一个条件成立，就执行相应的语句块，其他分支的代码都将被跳过。如果所有条件都不成立，相当于 If 结构没实际作用，继续执行 End If 后面的代码。具体应用如实例 2-7 所示。

实例 2-7：多分支

```
Sub 多分支()
    Dim num As Integer
    num = 5
    If num > 0 Then
        Debug.Print "正数"
    ElseIf num < 0 Then
        Debug.Print "负数"
    Else
        Debug.Print "零"
    End If
End Sub
```

上述程序用于判断变量 num 是正数、负数还是零，可以给 num 多次赋值进行测试。

2.4.2 Select Case 结构

Select Case 结构适用于将一个表达式的结果与多个值进行比较的情形。具体应用如实例 2-8 所示。

实例 2-8：多分支结构

```
Sub 多分支结构()
    Dim weekday As Integer
    weekday = 3
    Select Case weekday
    Case 1: Debug.Print "Monday"
    Case 2: Debug.Print "Tuesday"
    Case 3: Debug.Print "Wednesday"
    Case 4: Debug.Print "Thursday"
    Case 5: Debug.Print "Friday"
    Case 6: Debug.Print "Saturday"
    Case 7: Debug.Print "Sunday"
    Case Else: Debug.Print "Invalid"
    End Select
End Sub
```

上述程序中，将变量 weekday 与 Case 后面的值进行比较，如果二者相等，则执行该 Case 后面的代码。如果都不相等，则执行 Case Else 后面的代码。

也可以在一个 Case 子句中匹配多个分散的值。具体应用如实例 2-9 所示。

实例 2-9：匹配多个值

```
Sub 匹配多个值()
    Dim weekday As Integer
    weekday = 3
    Select Case weekday
    Case 1, 3, 5, 7: Debug.Print "奇数"
    Case 2, 4, 6: Debug.Print "偶数"
    End Select
End Sub
```

2.5 循环结构

循环是指重复多次执行某一语句或语句块。

循环结构用于各种可遍历的场合中。

VBA 中的循环结构有 For...Next 循环、Do...Loop 循环和 While...Wend 循环三大类型。

2.5.1 For...Next 循环

语法格式如下：

```
For 循环变量=初值 To 终值 [Step 步长]
    [语句块]
    [Exit For]
Next [循环变量]
```

以上格式中，带方括号的是可选内容，可以省略；Step 用于设置步长，如果不写 Step，默认步长为 1；Exit For 语句表示提前退出循环。

For 循环结构的特点是，有一个计数器从初值开始，不断地增加或减少，直至到达终值。具体应用如实例 2-10 所示。

实例 2-10：简单的 For 循环

```
Sub For循环()
    Dim i As Integer
    For i = 1 To 10 Step 4
        Debug.Print i
    Next i
    MsgBox i
End Sub
```

上述程序中，变量 i 是循环变量，从 1 到 10，步长为 4，因此立即窗口的打印结果是：

```
1
5
9
```

输出对话框中显示：13。

For 循环结构还可以与顺序结构互相转换。与上例等价的顺序结构代码是：

```
Sub 等价的顺序结构()
    Dim i As Integer
    i = 1: Debug.Print i
    i = i + 4: Debug.Print i
    i = i + 4: Debug.Print i
    i = i + 4
    MsgBox i
End Sub
```

另外，For 循环中的每一次循环不一定都要执行完，可以利用 Exit For 语句提前退出当前层的循环。具体应用如实例 2-11 所示。

实例 2-11：提前退出 For 循环

题目：在 1～10 之间有一个整数，它的立方是 343，这个整数是多少？

可以都计算一下这 10 个数字的立方，如果得到 343，则把该数字单独显示出来，并且结束循环，如图 2-13 所示。

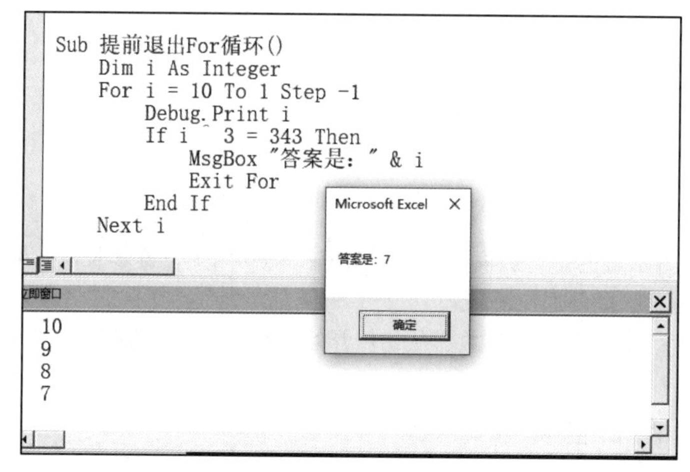

图 2-13　Exit For 的使用

可以看出，上述程序中的 For 循环内部只运行了 4 次就得到了结果。

2.5.2　Do…Loop 循环

Do…Loop 循环没有循环变量，属于无限循环，必须在循环体中使用 Exit Do 退出循环体。语法格式如下：

```
Do
    [语句块]
    [Exit Do]
Loop
```

具体应用如实例 2-12 所示。

实例 2-12：Do 循环

```
Sub Do循环()
    Dim s As String
    Do
        s = s & "牛"
        Debug.Print s
        If Len(s) >= 10 Then Exit Do
    Loop
End Sub
```

上述程序，不断地向字符串 s 后面追加汉字，当 s 的长度达到 10 时退出 Do 循环，如图 2-14 所示。

```
立即窗口
牛
牛牛
牛牛牛
牛牛牛牛
牛牛牛牛牛
牛牛牛牛牛牛
牛牛牛牛牛牛牛
牛牛牛牛牛牛牛牛
牛牛牛牛牛牛牛牛牛
牛牛牛牛牛牛牛牛牛牛
```

图 2-14　Do 循环的运行结果

可以看出，这种类型的 Do 循环，退出循环的语句 Exit Do 位于 Do 和 Loop 结构的内部。还有 4 种变体写法，可以把循环的成立条件或终止条件写在头部或尾部，具体如下：

```
Do While 条件表达式
    [语句块]
Loop
```

含义是当条件表达式成立时继续循环。

```
Do Until 条件表达式
    [语句块]
Loop
```

含义是当条件表达式成立时终止循环。

```
Do
    [语句块]
Loop While 条件表达式
```

含义是先运行一次语句块，然后判断条件表达式，如果条件表达式成立，则继续循环。

```
Do
    [语句块]
Loop Until 条件表达式
```

含义是先运行一次语句块，然后判断条件表达式，如果条件表达式成立，则终止循环。

由于 Do…Loop 循环中没有循环变量，所以在编程时要额外设置一个循环变量，使其在循环体中不断增加或减少，从而满足跳出循环的条件。具体应用如实例 2-13 所示。

实例 2-13：Do_Loop 循环

```
Sub Do_Loop循环()
    Dim i As Integer
    i = 0
    Do
        i = i + 1
```

```
        Debug.Print i
    Loop Until i ^ 3 = 343
End Sub
```

上述程序中，变量 i 从 0 开始逐渐增加，如果它的立方是 343，就结束循环。

2.5.3 While…Wend 循环

While…Wend 循环结构与 Do While…Loop 结构非常像。但是 While…Wend 循环没有退出循环的语句，必须执行到循环条件不成立为止。具体应用如实例 2-14 所示。

实例 2-14：While_Wend 循环

```
Sub While_Wend循环()
    Dim i As Integer
    i = 0
    While i ^ 3 <> 343
        i = i + 1
        Debug.Print i
    Wend
End Sub
```

注意循环条件的设置，由于程序的意图是寻找一个立方等于 343 的数字，因此 While 的条件是不等于 343。

2.6 数　　组

对于普通的变量，一个变量在任一时刻只能保存 1 个数据。数组只需要用一个变量名称，就可以存储多个相同类型的数据。

数组(Array)可以想象成是由若干行列构成的数据矩阵，通过行号、列号可以引用数组中的元素。

本节讲解一维数组、二维数组、重新初始化数组、动态数组的创建和使用。

2.6.1 一维数组

一维数组是排成一排的多个数据形成的集合，其中每一个数据叫作数组的元素，一维数组中最少要有 1 个元素，不可能没有任何元素。

数组和变量一样，需要先声明后使用。可以声明为静态数组，也可以声明为动态数组。所谓静态数组，是指声明时确切地指明了数组的下界（LBound）和上界（UBound），并且在使用的过程中不可增加或删除元素，但是可以读/写每个元素的值。

数组的主要属性有以下几点。

- 数组的名称：与变量的命名规则相同。

- 下界和上界：声明时用 To 关键字指定。
- 类型：数组的类型决定了每个元素的类型。

实例 2-15 讲解了一维数组的声明和使用。

实例 2-15：一维数组

假设有一些学生，编号为 3～9 号，请使用 VBA 代码构造一个数组来描述这些学生，如图 2-15 所示。

3	4	5	6	7	8	9
博士粉丝	天涯浪子	隐鹤	独步武林	JX.CUI	罗刚君	陈志刚

图 2-15　一维数组示意图

从图 2-15 中可以看到下界和上界已经指定，数组中需要存储学生姓名，因此数组类型是 String。

```
Sub 一维数组()
    Dim Students(3 To 9) As String
    Students(3) = "博士粉丝": Students(4) = "天涯浪子": Students(5) = "隐鹤"
    Students(6) = "独步武林": Students(7) = "JX.CUI": Students(8) = "罗刚君"
    Students(9) = "陈志刚"
    Debug.Print "数组元素个数", UBound(Students) - LBound(Students) + 1
End Sub
```

上述程序中，Students 是数组名称，在立即窗口中的打印结果是：

```
数组元素个数    7
```

在运行过程中，通过本地窗口可以看到数组中每个元素的赋值情况，如图 2-16 所示。

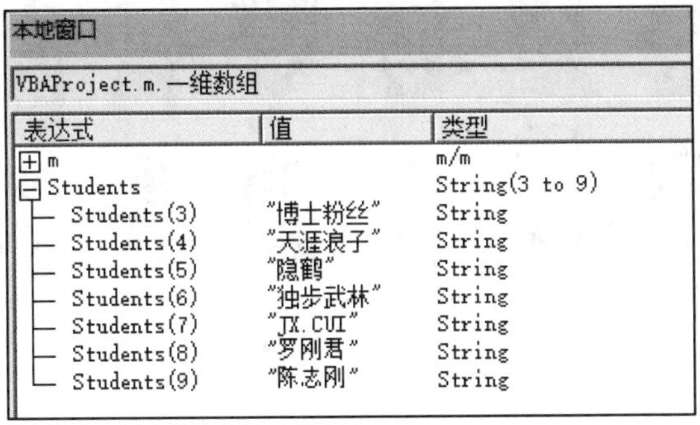

本地窗口

VBAProject.m.一维数组

表达式	值	类型
⊞ m		m/m
⊟ Students		String(3 to 9)
Students(3)	"博士粉丝"	String
Students(4)	"天涯浪子"	String
Students(5)	"隐鹤"	String
Students(6)	"独步武林"	String
Students(7)	"JX.CUI"	String
Students(8)	"罗刚君"	String
Students(9)	"陈志刚"	String

图 2-16　在本地窗口中查看数组

在指定数组下界和上界时，也可以省略 To 关键字，单独指定上界，此时下界默认是从 0 开始。Dim Students(9) As String 相当于 Dim Students(0 To 9) As String。

如果希望默认下界从 1 开始，需要在模块顶部添加 Option Base 1，这种情况下 Dim Students(9) As String 相当于 Dim Students(1 To 9) As String。

另外还要注意，声明数组时其实每个元素都已经有初始值了。初始值与数组类型有关，例如：

```
Dim name(-2 To 1) As String
```

只要一声明，那么 name(-2)、name(-1)、name(0)、name(1)这 4 个元素都是空值。如果类型是 Integer 等数值型，那么初始值全是 0。

为静态数组赋值时，只能为每个元素逐一赋值，或者在循环体内单独为每个元素赋值。不能把另一个数组一次性复制到静态数组上。

2.6.2 二维数组

二维数组是多行、多列整齐排列的数据方阵。声明二维数组时需要指定行的下界与上界，以及列的下界与上界。

读/写二维数组中的某个元素，使用行、列双下标来引用，如 Person(2,3)表示第 2 行、第 3 列的元素。

假设有一幅图，图中包含了 24 个不同职业的头像，如图 2-17 所示。实例 2-16 是用二维数组来描述该图的。

图 2-17　不同职业的人

实例 2-16：二维数组的声明和使用

```
Sub 二维数组的声明和使用()
    Dim Person(1 To 4, 1 To 6) As String
    Person(1, 1) = "律师": Person(1, 2) = "店员": Person(1, 3) = "程序员":
    Person(1, 4) = "话务员": Person(1, 5) = "科学家": Person(1, 6) = "通信员"
    Person(2, 1) = "专利代理": Person(2, 2) = "女研究生": Person(2, 3) = "足球运动员":
    Person(2, 4) = "小学老师": Person(2, 5) = "施工人员": Person(2, 6) = "理发师"
    Person(3, 1) = "维修工程师": Person(3, 2) = "服务员": Person(3, 3) = "空姐":
```

```
    Person(3, 4) = "警察": Person(3, 5) = "工程监理": Person(3, 6) = "护士"
    Person(4, 1) = "消防员": Person(4, 2) = "厨师": Person(4, 3) = "安全员":
    Person(4, 4) = "交警": Person(4, 5) = "魔术师": Person(4, 6) = "兽医"
    Debug.Print "行数", UBound(Person, 1) - LBound(Person, 1) + 1
    Debug.Print "列数", UBound(Person, 2) - LBound(Person, 2) + 1
    Dim i As Integer
    For i = 1 To 6
        Debug.Print Person(2, i)
    Next i
End Sub
```

上述代码中，For 循环用来遍历数组第 2 行中的所有元素。

运行的结果是：

```
行数          4
列数          6
专利代理
女研究生
足球运动员
小学老师
施工人员
理发师
```

通常情况下，不能从二维数组中提取其中一行变成另一个一维数组，除非采用遍历元素的方式。但是借助 Excel 的 Index 函数可以把二维数组的某一行单独提取出变成新的一维数组，也可以把二维数组的某一列提取出变成另一个单列的二维数组。具体应用如实例 2-17 所示。

实例 2-17：提取二维数组中的行和列

```
Sub 提取二维数组中的行和列()
'为 Person 数组赋值的代码略
    Dim Row2 As Variant
    Dim Col3 As Variant
    Row2 = Application.WorksheetFunction.Index(Person, 2, 0)
    Col3 = Application.WorksheetFunction.Index(Person, 0, 3)
    Stop
End Sub
```

上述程序中，把 Person 数组的第 2 行提取出，赋给 Row2 形成一维数组。把 Person 数组的第 3 列提取出，赋给 Col3 形成二维数组，如图 2-18 所示。

学习二维数组的过程中，要学会根据下标使用双层循环遍历所有元素。具体应用如实例 2-18 所示。

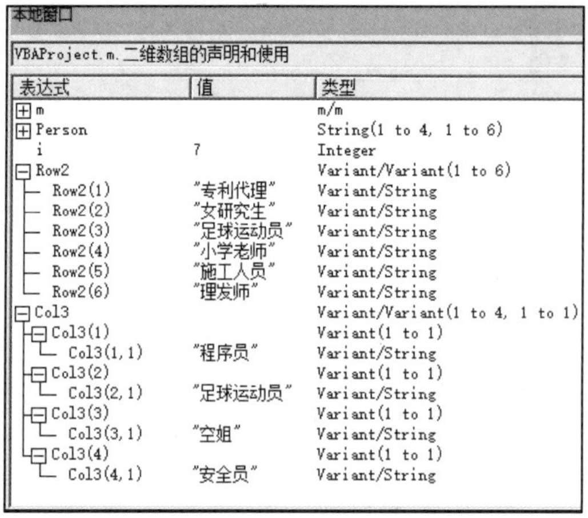

本地窗口

VBAProject.m.二维数组的声明和使用

表达式	值	类型
⊞ m		m/m
⊞ Person		String(1 to 4, 1 to 6)
i	7	Integer
⊟ Row2		Variant/Variant(1 to 6)
Row2(1)	"专利代理"	Variant/String
Row2(2)	"女研究生"	Variant/String
Row2(3)	"足球运动员"	Variant/String
Row2(4)	"小学老师"	Variant/String
Row2(5)	"施工人员"	Variant/String
Row2(6)	"理发师"	Variant/String
⊟ Col3		Variant/Variant(1 to 4, 1 to 1)
⊟ Col3(1)		Variant(1 to 1)
Col3(1,1)	"程序员"	Variant/String
⊟ Col3(2)		Variant(1 to 1)
Col3(2,1)	"足球运动员"	Variant/String
⊟ Col3(3)		Variant(1 to 1)
Col3(3,1)	"空姐"	Variant/String
⊟ Col3(4)		Variant(1 to 1)
Col3(4,1)	"安全员"	Variant/String

图 2-18　在本地窗口中查看二维数组

实例 2-18：双层循环遍历数组元素

```
Sub 双层循环遍历数组元素()
    Dim n(1 To 4, 1 To 4) As Integer
    Dim i As Integer, j As Integer
    For i = 3 To 4
        For j = 3 To 4
            n(i, j) = 1
        Next j
    Next i
    Range("A1:D4").Value = n
End Sub
```

上述程序，n 是一个 4 行 4 列的二维数组，程序中把该数组右下角的 4 个元素修改为 1，最后把数组写入单元格，如图 2-19 所示。

	A	B	C	D
1	0	0	0	0
2	0	0	0	0
3	0	0	1	1
4	0	0	1	1

图 2-19　将二维数组写入单元格

2.6.3　重新初始化数组

Erase 语句可用于重新初始化数组。

如果数组的类型是 String，重新初始化以后所有元素都变成""；如果是数值型数组，重新初始化后都变成 0；如果是对象型数组，重新初始化后所有元素都变成 Nothing。具体应用如实例 2-19 所示。

实例 2-19：重新初始化数组

```
Sub 重新初始化数组()
    Dim numbers(1 To 3) As Single
    Dim ranges(1 To 2) As Excel.Range
    numbers(1) = 1: numbers(2) = 2: numbers(3) = 3
    Set ranges(1) = Range("A1"): Set ranges(2) = Range("A2")
    Erase numbers
    Erase ranges
    MsgBox ranges(1) Is Nothing
End Sub
```

上述程序中，ranges 是一个对象数组，为元素赋值时使用 Set 关键字。

2.6.4 动态数组

动态数组是指在声明数组时不指定下界和上界。使用时可以多次使用 ReDim 重新指定数组上界和下界。具体应用如实例 2-20 所示。

实例 2-20：动态数组

```
Sub 动态数组()
    Dim a() As Integer
    ReDim a(1 To 2, 1 To 2)
    ReDim a(1 To 3)
    a(1) = 1: a(2) = 2: a(3) = 3
    ReDim Preserve a(1 To 5)
    a(4) = 4: a(5) = 5
    MsgBox Application.WorksheetFunction.Product(a)
End Sub
```

上述程序中，a 是一个动态数组，使用 ReDim 可以使之成为二维数组，还可以继续修改为一维数组。Preserve 关键字表示保留数组原来的元素值。

Product 是 Excel 中的一个函数，用于计算数组中所有元素的乘积。运行上述程序，对话框弹出结果为 120。

在很多场合下，无法确定数组中元素的个数，在程序运行过程中数组要逐个增加元素。

实例 2-21 演示了数组尚未初始化的情况下如何确定、更改数组的上界，以及如何把结果写入单元格。

实例 2-21：动态数组下界每次加 1

单元格 A1:A10 有 10 个英文单词，如图 2-20 所示。要求把长度大于 5 的单词放入 fruits 数组中，最后把数组的值写入 C1 单元格。

	A
1	apple
2	banana
3	cherry
4	coconut
5	grape
6	peach
7	pear
8	watermelon
9	lemon
10	strawberry
11	

图 2-20　工作表中的数据

```
Private Declare Function SafeArrayGetDim Lib "oleaut32.dll" (ByRef saArray() As
Any) As Long
```

```
Sub 动态数组下界每次加 1()
    Dim fruits() As String
    Dim i As Integer
    For i = 1 To 10
        If Len(Range("A" & i).Text) > 5 Then
            If SafeArrayGetDim(fruits) = 0 Then
                ReDim Preserve fruits(0 To 0)
            Else
                ReDim Preserve fruits(0 To UBound(fruits) + 1)
            End If
            fruits(UBound(fruits)) = Range("A" & i).Text
        End If
    Next i
    Range("C1").Resize(, UBound(fruits) + 1).Value = fruits
End Sub
```

实现的技术原理是：在循环 A 列的过程中，如果遇到一个符合条件的单词，则 fruits 数组的上界加 1，随后把目标单词追加至数组中。

但是，当一个动态数组从未重新定义和初始化时，不能访问它的 Ubound 值；否则会弹出“下标越界”的错误。上述程序借助 API 函数 SafeArrayGetDim 判断数组有没有初始化。

最后一行代码根据数组中元素的个数从单元格 C1 向右扩展，写入数组的值，如图 2-21 所示。

	A	B	C	D	E	F	G
1	apple		banana	cherry	coconut	watermelo	strawberry
2	banana						
3	cherry						
4	coconut						
5	grape						
6	peach						
7	pear						
8	watermelon						
9	lemon						
10	strawberry						
11							

图 2-21　运行结果写入单元格

2.7　VBA 工程

Excel VBA 的代码保存在扩展名为.xlsm 的工作簿文件中，因此，只要把该 Excel 文件发给其他人，就相当于把自己开发的程序作品分享给了他人。在学习和使用 VBA 的过程中，会经常从网络或其他来源获得其他人开发的作品，掌握如何准确了解作品中包含的内容、如何能从其他人的程序中学到新的知识的技能很重要。

本节讲解 Excel VBA 工程的主要构成部分，以及剖析 VBA 程序的方法。

想要看懂别人的 VBA 程序，需要从以下 4 个方面查看和研究。

（1）工程引用。

VBA 工程中添加了外部引用，就能在代码中声明外部的对象、使用外部类型库的成员。要思考别人为什么添加外部引用，具体起什么作用。

（2）模块和窗体。

Excel VBA 工程中的工作表、ThisWorkbook 的模块是固定的，开发人员不能随意增删。但是标准模块、类模块、窗体可以自由增加和删除。把工程中各个模块都打开看一下，看看里面定义了哪些公有变量、过程、函数等。

（3）工作表和单元格的设计。

Excel VBA 的特色就是 Excel 对象可以参与到程序中，因此要看一下工作簿包含了多少个工作表，有没有隐藏的工作表或单元格的行和列。

（4）自定义菜单或功能区的设计。

打开别人的作品时观察一下界面的变化，看看有没有多出来的功能区命令、右键菜单等。

假设从网上下载了一个“自动生成歌曲.xlsm”的 VBA 作品，下面具体剖析一下该作品的实现原理。

2.7.1 查看工程的引用

在 Excel 中打开文件“自动生成歌曲.xlsm”，可以看到 A 列有一些数字，工作表上出现一个播放器，自动播放一首歌曲，如图 2-22 所示。

按下快捷键 Alt+F11 进入其 VBA 工程，执行菜单“工具”→“引用”命令，弹出“引用”对话框，如图 2-23 所示。

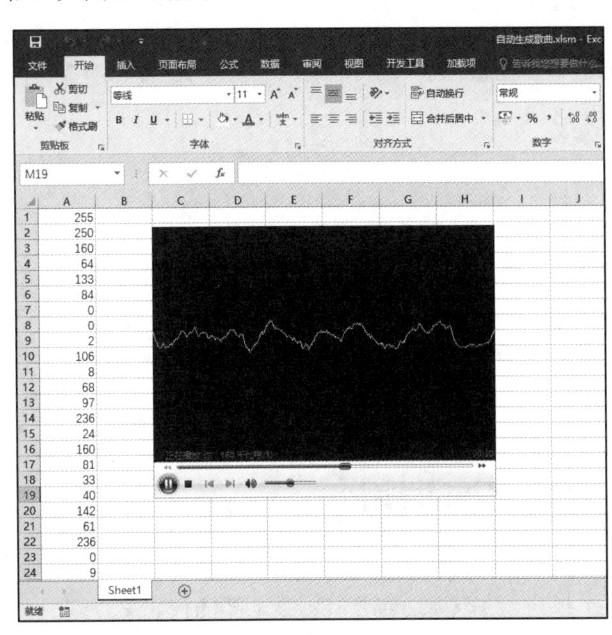

图 2-22　打开工作簿自动播放歌曲

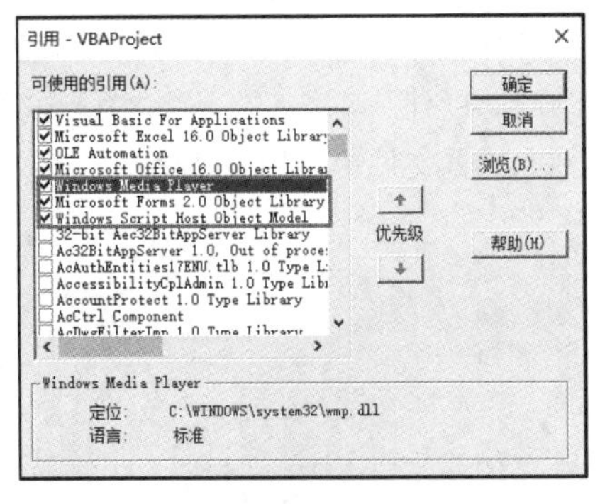

图 2-23　查看引用

可以看到多出来的 3 个外部引用，这些引用在代码中一定有相应的功能和作用。

注意

VBA 代码中可以通过 CreateObject 创建外部对象，在引用列表中可能看不到某些对象库，所以这种后期绑定的方式也要留意。

2.7.2 查看模块中的代码

展开 VBA 工程的树形结构，双击打开每一个模块，查看里面是否有代码。

可以看到 ThisWorkbook 模块中有一个 Workbook_Open 事件过程，这里面编写了让控件自动播放歌曲的代码，如图 2-24 所示。

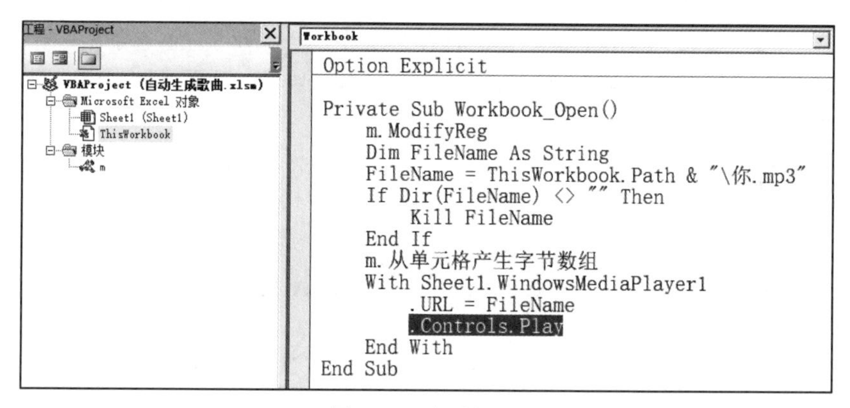

图 2-24　查看代码

VBA 工程的各种模块中往往包含了大量的过程和函数，学习别人制作、设计的过程和函数，揣摩参数传递方式，对 VBA 水平的提高很有帮助。

2.7.3 工作表与单元格设计

由于 Excel VBA 可以读/写工作簿、工作表、单元格，所以查看别人作品时，还要看看工作表中存储了什么样的数据以及在 VBA 中如何利用这些数据。

除此以外，可能还有一些 VBA 工程以外的外部内容。例如，在工作簿所在路径可能存放了一些图标、配置文件等。如果把这些外部文件删除或重命名，可能导致作品不能正常工作。

2.8 过程的定义与调用

开发大型的 VBA 项目时，往往需要添加多个模块，每个模块将具有特定功能的代码整合到一个程序单元中，同时程序单元之间可以互相调用。

VBA 语言有 3 种程序单元：

- 过程（Sub）。
- 函数（Function）。
- 属性（Property）。

其中属性多用于类模块，其他模块以过程和函数为主。

本节讲解过程的添加、过程的构成、设计带参数的过程、使用 Call 和 Run 调用过程和参数的传递方式等知识。

2.8.1 过程的添加

可以在各种类型的模块中添加过程，下面演示向标准模块中插入过程的方法。一种方式是利用 VBA 编辑器自带的“添加过程”向导，另一种方式是直接在模块中书写过程。

首先向 VBA 工程中插入一个标准模块，重命名为 Module1。

然后选择 VBA 菜单中的“插入”→“过程”选项，如图 2-25 所示。

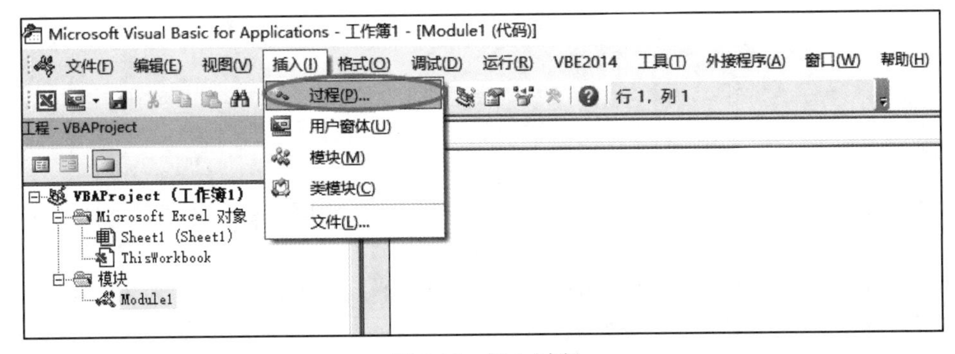

图 2-25　插入过程

在弹出的“添加过程”对话框中，名称输入为 WriteToExcel，类型选择为“子程序”，范围选择为“公共的”，最后单击“确定”按钮，如图 2-26 所示。

可以看到模块中自动创建了名为 WriteToExcel 的过程，如图 2-27 所示。

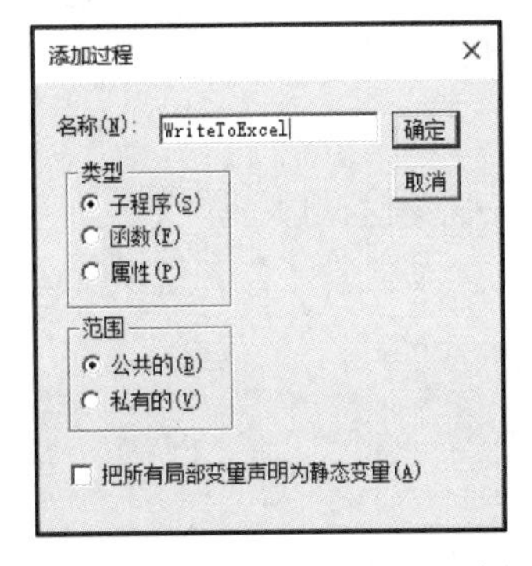

图 2-26　利用对话框创建新过程

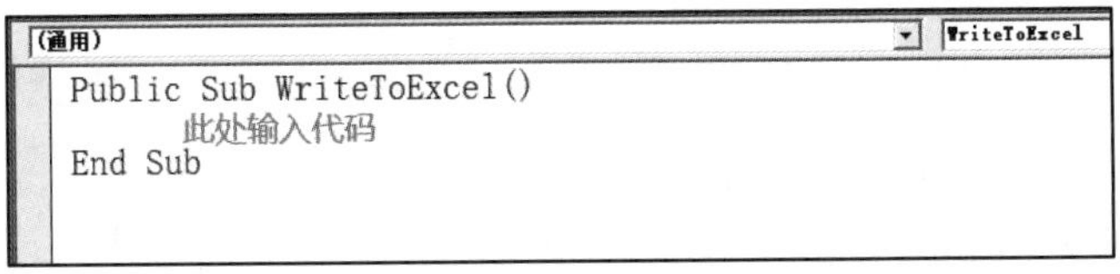

```
(通用)                                WriteToExcel
Public Sub WriteToExcel()
        此处输入代码
End Sub
```

图 2-27　自动插入过程主体

2.8.2 过程的构成

VBA 中任何过程都是以 Sub 开始、以 End Sub 结束，中间可以书写声明变量、为变量赋值等代码。

过程的构成主要体现在过程的头部，也就是 Sub 这一行。一个过程的声明格式为：

```
[Public | Private] Sub 过程名称([参数列表])
```

Public 或 Private 表示这个过程是整个工程都可见或模块内部私有。过程名称的命名规则和变量的命名规则相同，可以用中文作为过程名，但是不推荐。参数列表是可选的，一个过程可以没有任何参数，也可以设置 1 个以上的参数。

对于有参数的过程，在 VBA 中必须让其他程序提供实际参数值来调用执行，不能单独使用。下面完善 WriteToExcel 这个过程代码。

```
Public Sub WriteToExcel()
    Dim address As String
    Dim number As Single
    address = "B2"
    number = 3.14159
    ActiveSheet.Range(address).Value = number
End Sub
```

由于上述过程没有任何参数，因此可以在 VBA 编辑器中按下快捷键 F5 直接运行，可以看到单元格 B2 的值为 3.14159。

然而，上述程序的功能太单一了，只能向固定的一个单元格输入固定的一个数字。如果想要在另一个单元格输入其他内容，必须修改源代码才行。

在 VBA 中给过程和函数设计参数，就可以很好地解决这一问题。

2.8.3 设计带参数的过程

过程的圆括号内写入参数名称及其类型，就构成了带参数的过程。对于 VBA 初学者，直接书写带参数的过程不太容易，下面介绍一种把不带参数的过程改写为带参数的过程的方法。

（1）把过程中需要变成参数的局部变量移动到括号中。

原来的过程代码如下：

```
Public Sub WriteToExcel()
    Dim address As String
    Dim number As Single
    address = "B2"
    number = 3.14159
    ActiveSheet.Range(address).Value = number
End Sub
```

该过程中局部变量 address 和 number 分别表示单元格的地址和即将写入的值，都可以转换为参数。把两个变量的声明部分移动到括号中（Dim 关键字不要），变量之间用逗号隔开，改写结果如下：

```
Public Sub WriteToExcel(address As String, number As Single)
    address = "B2"
    number = 3.14159
    ActiveSheet.Range(address).Value = number
End Sub
```

（2）删除过程中局部变量赋值的语句。

由于在带参数的过程中参数的实际值由调用它的代码来提供，因此过程内部无须给参数赋值。所以把上述代码中赋值的两行代码删掉，最终结果如下：

```
Public Sub WriteToExcel(address As String, number As Single)
    ActiveSheet.Range(address).Value = number
End Sub
```

（3）在其他代码中调用带参数的过程进行测试。

可以在同一个 VBA 工程的任何地方调用该过程，例如：

```
Private Sub Test1()
    WriteToExcel "D4", 1234
    WriteToExcel address:="B5", number:=5678
    WriteToExcel number:=777, address:="C7"
End Sub
```

上述程序调用了 3 次 WriteToExcel 过程。运行后看到相应的单元格写入了数字，如图 2-28 所示。

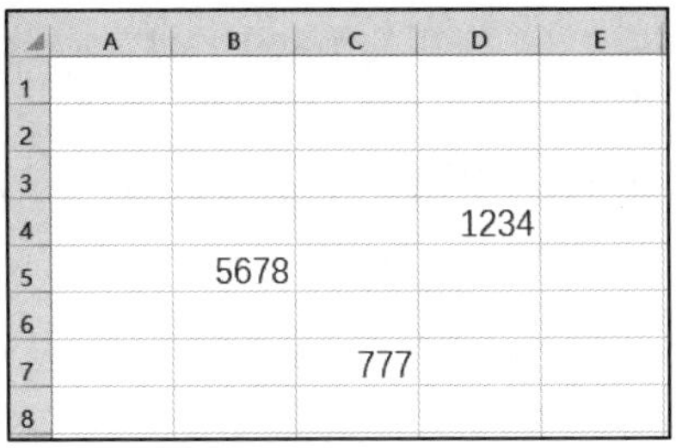

	A	B	C	D	E
1					
2					
3					
4				1234	
5		5678			
6					
7			777		
8					

图 2-28　运行结果

2.8.4　使用 Call 和 Run 调用过程

Call 用于调用过程、函数，Call 关键字是可选的。

当使用 Call 调用带参数的过程时，参数必须使用圆括号括起来。其他情况一律不能使用圆括号。

假设 Module1 中有如下过程：

```
Public Sub WriteToExcel(address As String, number As Single)
    ActiveSheet.Range(address).Value = number
```

```
End Sub
```

不使用 Call 关键字的调用方式为：

```
WriteToExcel "D4", 1234
```

使用 Call 的调用方式为：

```
Call WriteToExcel("D4", 1234)
```

另外，过程名称前面可以加上 VBA 工程名、模块名，例如：

```
Call VBAProject.Module1.WriteToExcel("B2", 3.14159)
```

Run 是 Excel VBA 中 Application 对象的一个方法，可以以字符串的形式调用过程和函数。具体应用如实例 2-22 所示。

实例 2-22：使用 Run 调用过程

```
Private Sub 使用Run调用过程()
    Application.Run Macro:="VBAProject.Module1.WriteToExcel", Arg1:="B3", Arg2:=300
    Application.Run Macro:="过程的定义与调用.xlsm!Module1.WriteToExcel", Arg1:="B4",
    Arg2:=400
End Sub
```

2.8.5 参数的传递方式

VBA 中的过程和函数的参数传递方式分为按引用（ByRef）传递和按值（ByVal）传递。按引用传递时，把实际参数的内存地址传递到被调用的函数中，实际参数的值容易被修改；按值传递时，实际参数只把值传递给形式参数。

如果参数前面不写 ByRef 或 ByVal，默认按引用传递。具体应用如实例 2-23 所示。

实例 2-23：参数传递方式

```
Sub Half(ByRef a As Single, ByVal b As Single)
    a = a/2
    b = b/2
End Sub
Sub Test()
    Dim i As Single, j As Single
    i = 20: j = 20
    Half i, j
    Half i, j
    Half i, j
    Debug.Print i, j
End Sub
```

上述 Half 过程的两个参数分别是按引用传递和按值传递的，该过程的功能是把每个参数的值都变成自身的一半。

在 Test 测试过程中，i 和 j 是实际参数，初始值都是 20。经过 3 次调用后，再次打印 i 和 j 的值，i 是 2.5，j 仍然是 20。

2.9 函　　数

函数是用 Function 关键字定义的程序单元。其语法格式是：

```
[Public | Private] Function 函数名称([参数列表]) As 类型
'函数体
End Function
```

与过程相比，函数最大的特点是可以返回指定类型的值，既可以返回基本数据类型的值，也可以返回对象类型的值。

然而，函数的返回值不是必需的，可以不返回值，也可以在调用时不使用函数的返回值。

程序开发人员书写的 Function 叫作自定义函数（UDF），自定义函数既可以在 VBA 中调用，也可以让用户通过 Excel 公式使用。

本节讲解如何创建函数，以及函数的调用方式。

2.9.1 函数的创建

函数的两个重要概念：参数和返回值。

参数是指参与运算的各个数据，而返回值是运算后的结果。例如，根据 3 条边边长计算三角形的周长，那么 3 条边长就是 3 个参数，得到的周长就是返回值。函数的类型要与返回值的类型一致。从语法上讲，一个函数可以没有参数，也可以没有返回值。一般情况下，VBA 中任何一个自定义过程（事件过程除外）都可以改写为函数，只需要把 Sub 和 End Sub 换成 Function 和 End Function 就可以实现。

初学者直接编写函数不太容易，下面从书写一个用于计算圆的面积的 Sub 过程开始，逐步加工成 Function。

（1）创建一个无参数的 Sub。

```
Private Sub Area()
    Dim pi As Single
    Dim r As Single
    Dim a As Single
    pi = 3.14159
    r = 3
    a = pi * r ^ 2
    MsgBox a
End Sub
```

上述过程计算了半径为 3 的圆的面积，其中 a 的值就是面积，但是上述程序没有返回值，因为不是 Function。

（2）把 Sub 换成 Function，把计算结果赋给函数名称。

改写后的代码为：

```
Private Function Area()
    Dim pi As Single
    Dim r As Single
    Dim a As Single
    pi = 3.14159
    r = 3
    a = pi * r ^ 2
    Area = a '返回值
End Function
```

由于函数名称是 Area，所以代码的最后要给 Area 赋值。

（3）在其他代码中测试函数。

另外书写一个 Test1 过程，调用上述 Area 函数。

```
Sub Test1()
    Dim x As Single
    x = Area
    Debug.Print x
End Sub
```

运行结果是：

```
28.27431
```

虽然调用成功了，但是该函数功能单一，只能计算半径是 3 的圆。为了增加函数计算的灵活性，可以把半径设置为参数。

（4）把局部变量 r 升级为函数参数，删掉相应的赋值语句。

改写后的代码为：

```
Private Function Area(r As Single) As Single
    Dim pi As Single
    Dim a As Single
    pi = 3.14159
    a = pi * r ^ 2
    Area = a '返回值
End Function
```

调用带参数的函数，也要提供相应的参数值，例如：

```
x = Area(5)
```

这样就计算了半径是 5 的圆的面积。

2.9.2 添加可选参数

可选参数是指用 Optional 关键字声明的参数，可以在声明参数时设置默认值。如果函数中有多个参数，可选参数必须排列在必需参数后面。

以前面讲过的 Area 函数为例，由于圆周率有不同的精度要求，可以把局部变量 pi 也升级为函数参数。具体应用如实例 2-24 所示。

实例 2-24：使用可选参数

```
Private Function Area(r As Single, Optional pi As Single = 3.14) As Single
    Dim a As Single
    a = pi * r ^ 2
    Area = a '返回值
End Function
```

上述代码中，pi 的默认值是 3.14，如果调用时没指定该参数，则按默认值参与计算。

```
Sub Test1()
    Dim x As Single
    x = Area(5)
    Debug.Print x
    x = Area(5, 3.1415926)
    Debug.Print x
End Sub
```

上述测试程序的两个运行结果分别是 78.5 和 78.53981。

2.9.3 在 Excel 公式中使用 UDF

VBA 中创建的自定义函数，如果想要用于公式中，则必须在标准模块中使用 Public 关键字创建自定义函数，例如：

```
Public Function Area(r As Single, Optional pi As Single = 3.14) As Single
    Dim a As Single
    a = pi * r ^ 2
    Area = a '返回值
End Function
```

在 Excel 的“插入函数”对话框的“或选择类别”下拉列表中选择“用户定义”，如图 2-29 所示。

可以看到一个 Area 函数。

在单元格 C2 输入公式：=Area(A2,B2)，即可看到计算结果，如图 2-30 所示。

注意

如果在另一个工作簿的公式中使用该函数，需要在函数名称前面加上自定义函数所在的工作簿名称。

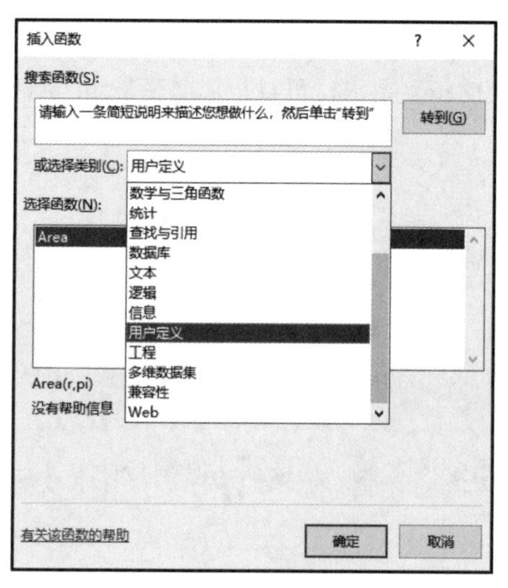

图 2-29　用户定义

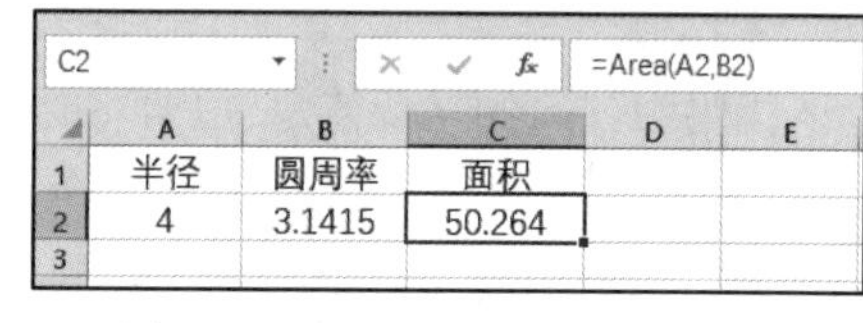

图 2-30　公式中使用自定义函数

例如：

```
=函数的定义与调用.xlsm!Area(2)
```

为了更方便地使用自定义函数，可以将其另存为加载宏作为全局函数来使用。

2.9.4　使用 Exit 退出函数

VBA 的过程内部可以使用一条或多条 Exit Sub 语句，当代码运行到 Exit Sub 语句时，会提前退出该过程，而不会一直运行到 End Sub。

同理，函数内部可以用 Exit Function 语句提前退出函数。

使用 Exit Function 的原因是，当调用函数时，提供了不符合条件的参数，可能造成函数运行出错。为了避免出错，可以在函数体中合适的位置对参数进行判断，如果参数不合适，就使用 Exit Function 提前退出函数。

下面的程序制作了一个自定义函数 ModifiedTime，用于返回文件的最后修改时间。当运行 Test2 时，弹出"文件未找到"的错误，如图 2-31 所示。这个错误不是发生在 Test2 中，而是发生在被调用的函数中。

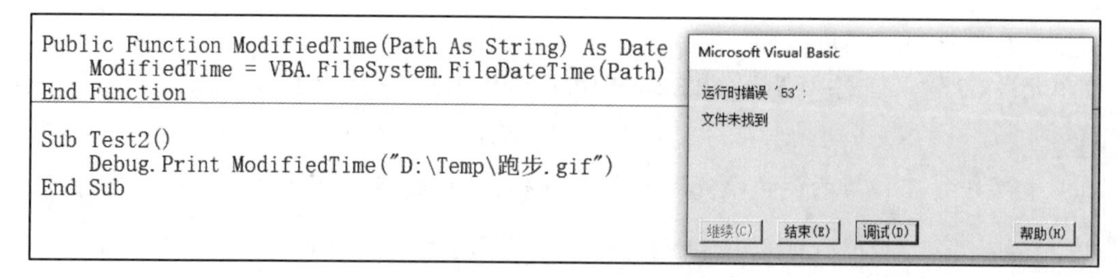

图 2-31　运行时错误

这是比较常见的自定义函数功能不健全的现象，为此，函数体需要优化一下。

```
Public Function ModifiedTime(Path As String) As Date
    If Dir(Path) = "" Then '不存在该文件
        MsgBox Path & "不存在，拒绝计算。", vbExclamation
        Exit Function
    End If
    ModifiedTime = VBA.FileSystem.FileDateTime(Path)
End Function
```

再次调用上述函数，弹出一个警告对话框，而不是显示 VBA 代码崩溃，如图 2-32 所示。

图 2-32　警告对话框

2.9.5　使用 End 语句终止程序运行

可以在程序的任何地方使用 End 语句，执行了 End 语句以后程序会停止运行，并且释放 VBA 工程中所有变量的值。具体应用如实例 2-25 所示。

实例 2-25：使用 End 语句终止程序

```
Sub Test3()
    Dim y As Integer
    y = 1
    If True Then
        End '终止一切运行着的程序
    End If
End Sub
```

End 语句的作用与 VBA 标准工具栏中的按钮的功能基本相同，如图 2-33 所示。

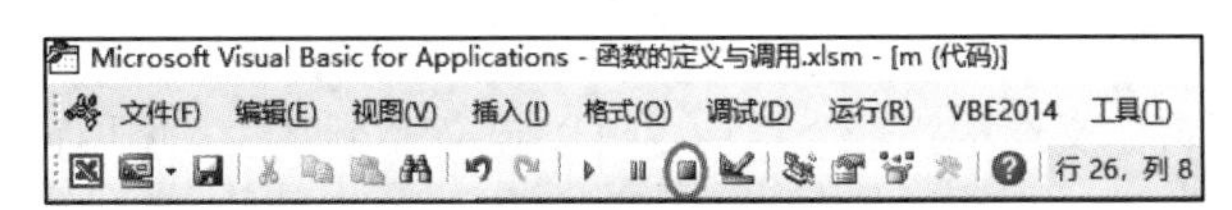

图 2-33　标准工具栏中的终止按钮

2.10　自定义枚举常量

VBA 语言中使用 Enum 关键字创建自定义枚举常量。使用枚举常量的目的是在代码中使用容易理解的单词，而不直接使用数字。

创建枚举常量时，需要提供枚举常量的名称，以及各个成员的名称和对应的值。

实例 2-26：枚举常量的创建和使用

```
Public Enum 分数线
    一本 = 537
```

```
    二本 = 439
    三本 = 428
    专科 = 180
End Enum

Sub Test1()
    Dim Yiben As 分数线, Sanben As 分数线
    Debug.Print 分数线.一本 - 分数线.三本
    Yiben = 一本
    Sanben = 三本
    Debug.Print Yiben - Sanben
End Sub
```

上述程序计算了一本分数线比三本高多少分。运行 Test1 过程，两次打印结果都是 109。

创建自定义枚举常量的好处是，编写代码时变量可以从成员列表中自行选择，如图 2-34 所示。

```
Sub 使用枚举常量()
    Dim Yiben As 分数线, Sanben As 分数线
    Debug.Print 分数线.一本 - 分数线.三本
    Yiben = 一本
    Sanben = 三本
    Debug.Print Yiben - Sanben
End Sub
```


图 2-34　使用自定义枚举常量

2.11　自定义结构

世界上很多事物都有多个属性。例如，一个人具有性别、身高、体重等属性；一本书具有书名、页数、价格、出版社、作者等属性。

VBA 语言可以使用自定义结构，一个结构中可以定义多个属性。调用自定义结构时，每个变量都是单独的一个“对象”。具体应用如实例 2-27 所示。

实例 2-27：自定义结构的创建和使用

```
Private Type Book
    Author As String
    BookName As String
    Pages As Integer
    PublishDate As Date
    Price As Single
End Type
```

以上代码定义了一个 Book 结构，共 5 个属性，分别描述了一本书的作者、书名、页数、出版日期、价格。

在其他地方使用自定义结构时，只要声明变量的类型为 Book 即可，然后在 With 结构中读/写每个属性。

```
Sub Test1()
    Dim SGYY As Book
    With SGYY
        .Author = "罗贯中"
        .BookName = "三国演义"
        .Pages = 990
        .Price = 25.6
        .PublishDate = #3/1/2006#
    End With
End Sub
```

如果要描述多本书，可以将其声明为结构数组。

2.11.1 使用结构数组

声明数组时，把数组的类型设置为自定义结构，这种数组称为结构数组。实例 2-28 是结构数组的使用。

实例 2-28：使用结构数组

```
Sub 使用结构数组()
    Dim SDMZ(1 To 4) As Book '四大名著
    With SDMZ(1)
        .Author = "罗贯中"
        .BookName = "三国演义"
        .Pages = 990
        .Price = 25.6
        .PublishDate = #3/1/2006#
    End With

    With SDMZ(2)
        .Author = "施耐庵"
        .BookName = "水浒传"
        .Pages = 1314
        .Price = 37.2
        .PublishDate = #1/1/1997#
    End With

    With SDMZ(3)
        .Author = "吴承恩"
        .BookName = "西游记"
        .Pages = 1198
        .Price = 36.6
        .PublishDate = #8/1/2009#
    End With

    SDMZ(4) = SDMZ(1) '可以整体赋值
    '四本书的总价
    Debug.Print SDMZ(1).Price + SDMZ(2).Price + SDMZ(3).Price + SDMZ(4).Price
```

```
End Sub
```

为了演示程序的功能，上述程序中 SDMZ(4)和 SDMZ(1)内容相同，最终的运行结果为：

```
125
```

2.11.2 将自定义结构保存为文件

自定义结构的数据可以保存为二进制文件，也可以反向从二进制文件中恢复自定义结构数据。具体应用如实例 2-29 所示。

实例 2-29：导出为文件

```
Sub 导出为文件()
    Dim SDMZ(1 To 4) As Book '四大名著
    With SDMZ(1)
        .Author = "罗贯中"
        .BookName = "三国演义"
        .Pages = 990
        .Price = 25.6
        .PublishDate = #3/1/2006#
    End With

    With SDMZ(2)
        .Author = "施耐庵"
        .BookName = "水浒传"
        .Pages = 1314
        .Price = 37.2
        .PublishDate = #1/1/1997#
    End With

    With SDMZ(3)
        .Author = "吴承恩"
        .BookName = "西游记"
        .Pages = 1198
        .Price = 36.6
        .PublishDate = #8/1/2009#
    End With

    With SDMZ(4)
        .Author = "曹雪芹"
        .BookName = "红楼梦"
        .Pages = 1602
        .Price = 46.3
        .PublishDate = #7/1/2008#
    End With

    Open "D:\Temp\四大名著.dat" For Binary Access Write As #1
        Put #1, , SDMZ
```

```
    Close #1
End Sub
```

运行上述程序，4 本书的信息会一起写入磁盘上“四大名著.dat”的文件中。

接下来用如下代码导入文件内容。

```
Sub 从文件读入()
    Dim SDMZ(1 To 4) As Book '四大名著
    Open "D:\Temp\四大名著.dat" For Binary Access Read As #1
        Get #1, , SDMZ
    Close #1
    Stop
End Sub
```

上述程序中声明了包含 4 个元素的数组 SDMZ，然后从文件读入数据并赋给数组。运行过程中通过本地窗口可以看到该数组中内容正常显示，如图 2-35 所示。

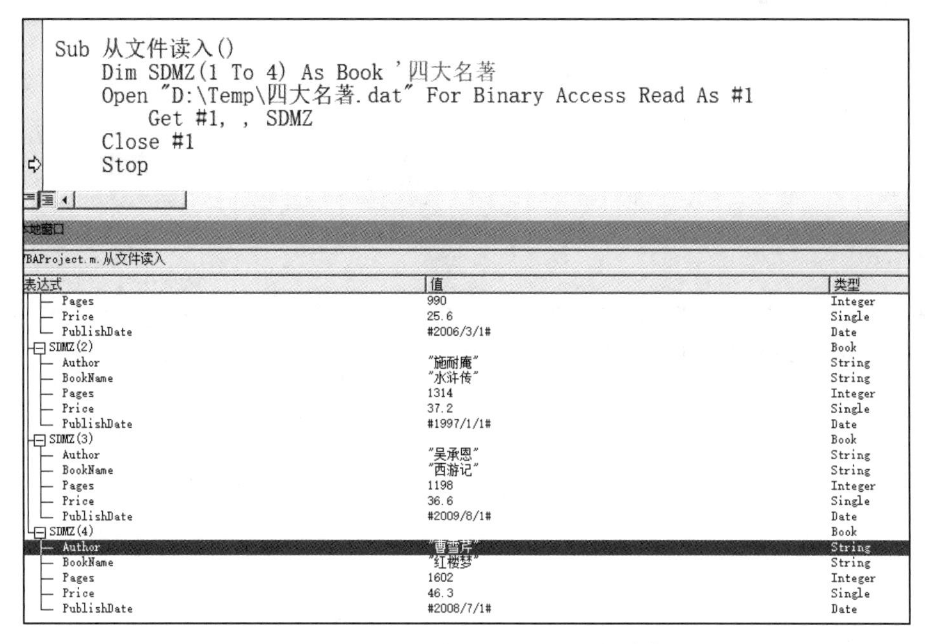

图 2-35　在本地窗口中查看自定义结构

2.12　习　　题

1. 下面的程序用于计算 1～100 以内所有奇数的和，横线处应该填入（　　）。

A. 0　　B. 1　　C. 2　　D. 3

程序代码如下：

```
Sub Test1()
```

```
    Dim i As Integer
    Dim s As Integer
    s = 0
    For i = 1 To 100 Step _____
       s = s + i
    Next i
    MsgBox s
End Sub
```

2．下面的程序用于计算 1～100 以内所有偶数的和，横线处应该填入（　　）。

A．i Mod 2 = 0　　B．s Mod 2 = 0　　C．i / 2 = 0　　D．s / 2 = 0

程序代码如下：

```
Sub Test2()
    Dim i As Integer
    Dim s As Integer
    s = 0
    For i = 1 To 100
       If ______ Then
          s = s + i
       End If
    Next i
    MsgBox s
End Sub
```

3．已知数组 a 包含 5 个元素：96、97、98、99、100。编写一个程序，把这些元素倒序赋给另一个动态数组 b，使得 b(0)是 100、b(1)是 99、……，以此类推。

第 3 章　VBA 内置函数

扫一扫，看视频

VBA 内置函数来源于工程引用 Visual Basic for Applications 的类型库。主要有以下 8 个类别：

- Conversion：数据类型转换函数。
- DateTime：日期时间函数。
- FileSystem：文件系统函数。
- Financial：金融类函数。
- Information：类型判断函数。
- Interaction：交互与调用函数。
- Math：数学函数。
- Strings：文本、字符串函数。

如果要在代码中使用某个内置函数，输入“VBA.类别.”，就可以看到该类别包含的所有函数，如图 3-1 所示。

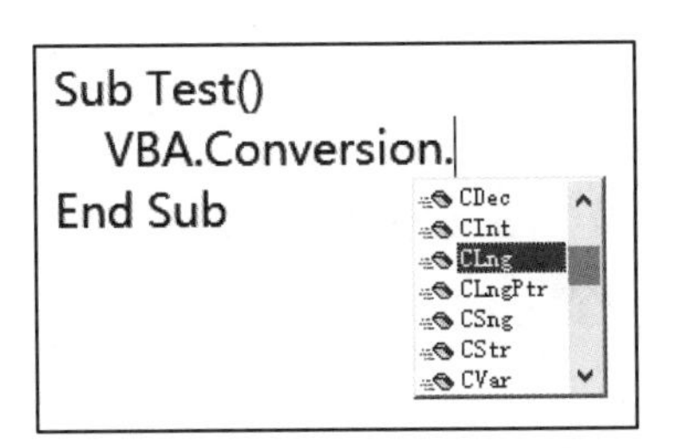

图 3-1　Conversion 类中包含的函数

本章讲解常用内置函数的用法。

本章关键词：内置函数。

3.1　Math 类

常用数学类函数（表中假设 π 为圆周率、e 为自然对数的底数）见表 3-1。

表 3-1　常用数学类函数

函数名	作　用	举　例
Abs	返回一个数字的绝对值	Abs(−3.14) = 3.14
Atn	返回反正切对应的弧度	Atn(1) = π/4

续表

函数名	作　用	举　例
Cos	返回余弦值	Cos(π) = −1
Exp	返回指数，底数 e=2.71828	Exp(1) = 2.71828
Log	返回自然对数，底数 e=2.71828	Log(e) = 1
Round	四舍五入到指定小数位数	Round(2.71828,2) = 2.72
Sgn	符号函数，参数为正数时返回 1，为负数时返回−1，为零时返回 0	Sgn(−2) = −1
Sin	返回正弦值	Sin(π) = 0
Sqr	返回算术平方根，参数不能为负数	Sqr(4) = 2
Tan	返回正切值	Tan(π/4) = 1

在几何学中，圆周率 π 是最常用的一个常数，几何意义是一个圆的周长与直径之比。在 VBA 代码中，并没有这样的常量来表达圆周率，即使变量名称使用 π 命名，但不具有圆周率的作用。因此，在用 VBA 编写几何方面的代码时要利用反三角函数求出圆周率，再赋给变量。

此外，角度和弧度之间的互相转换也离不开圆周率，VBA 中的三角函数与反三角函数用到的一律是弧度制。例如，要计算 45°的正弦，必须写成 Sin(π/4)，同理，Atn(1)返回的是 π/4，而不是 45°。

3.1.1　使用三角函数

三角函数中的倍角公式：

$$\sin 2\theta = 2\sin\theta\cos\theta$$

实例 3-1 用 VBA 程序验证倍角公式。

实例 3-1：验证倍角公式

```
Sub 三角函数求值()
    Dim π As Double
    π = Atn(1) * 4
    Dim y As Double, z As Double
    y = 2 * Sin(π/3) * Cos(π/3)
    z = Sin(2 * π/3)
    Debug.Print y, z
End Sub
```

上述程序中，计算了当角度为 60°时公式两端的结果。立即窗口的打印结果为：

```
.866025403784439          .866025403784439
```

注意

VBA 内置函数一般用简写形式，对于数学类函数，需要在前面加上 VBA.Math 构成完整形式。例如，VBA.Math.Cos(0)与 Cos(0)等价。

其他类的函数以此类推。

3.1.2　使用反三角函数

反三角函数的作用是根据值反向计算角度。例如，ArcSin(0.5)等于 30°，因为 30°的正弦值是 0.5。

然而 VBA 中只能使用反正切函数，也就是 Atn 函数。如果现实问题中没有提供正切值，则需要先转换为正切值，再利用 Atn 函数求出相应的角。

实例 3-2：余弦定理的 VBA 实现

```
Sub 使用反三角函数()
    Dim π As Double
    π = Atn(1) * 4
    Dim a As Double, b As Double, c As Double
    Dim cosA As Double, sinA As Double, tanA As Double
    Dim ∠A As Double
    a = 7: b = 5: c = 8
    cosA = (b ^ 2 + c ^ 2 - a ^ 2)/(2 * b * c)
    sinA = Sqr(1 - cosA ^ 2)
    tanA = sinA/cosA
    '弧度转为角度
    ∠A = Atn(tanA)/π * 180
    Debug.Print ∠A
End Sub
```

已知锐角三角形的边长 a=7，b=5，c=8（其中 a 就是 BC 边），如图 3-2 所示。请用 VBA 程序计算出∠A 的大小。

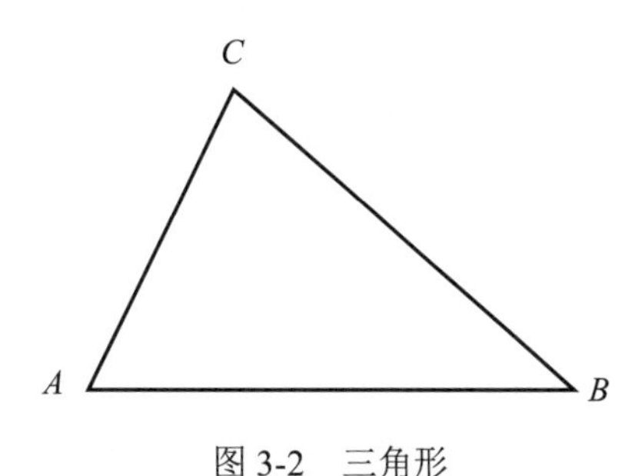

图 3-2　三角形

解题思路：已知三边，可以利用余弦定理计算出一个角的余弦值，再把余弦值转换为正切值，最后利用 Atn 函数计算出∠A。

$$a^2 = b^2 + c^2 - 2bc\cos A$$

$$\cos A = \frac{b^2 + c^2 - a^2}{2bc}$$

$$\tan A = \frac{\sin A}{\cos A} = \frac{\sqrt{1-(\cos A)^2}}{\cos A}$$

运行上述代码后，立即窗口的打印结果是 60°。

3.1.3 使用对数函数

VBA 语法中，^表示乘方符号。例如，3^4 表示 3^4，结果是 81。然而现实中经常遇到反求幂指数的情况，如 1.2 的几次方等于 1.728？显然口算是不行的，必须用到对数函数的知识。

如果

$$a^n = b$$

那么

$$n = \log_a b$$

然而，VBA 中只提供 Log 函数，它是自然对数，并且它的底数是 e（自然对数的底数，约为 2.71828），也就是说底数是固定的。

换底公式如下，利用它可以实现任意底数的对数计算。具体应用如实例 3-3 所示。

$$\log_a b = \frac{\log_e b}{\log_e a}$$

实例 3-3：使用对数函数

```
Sub 使用对数函数()
    Dim a As Double, b As Double
    a = 1.2: b = 1.728
    Debug.Print Log(b)/Log(a)
End Sub
```

上述代码中，Log(b)就是以 e 为底的自然对数，其运行结果是 3，说明 $\text{Log}_{1.2}1.728=3$。

3.2 DateTime 类

DateTime 类中的函数用来处理日期和时间。

常用的日期时间类函数见表 3-2。

表 3-2 常用的日期时间类函数

函数名称	作　用	举　例
Date、Time、Now	返回当前的日期和时间	
DateValue、DateSerial	将字符串或年、月、日转换为一个日期	DateValue("2021-3-20")返回 2021/3/20 DateSerial(2021,3,20)返回 2021/3/20
TimeValue、TimeSerial	将字符串或时、分、秒转换为一个时间	TimeValue("10:56:12 PM")返回 22:56:12 TimeSerial(21,3,20)返回 21:03:20
Year、Month、Day	将日期转换为年、月、日	Day(#2021/3/20#)返回 20
Hour、Minute、Second	将时间转换为时、分、秒	Minute(#2021/3/20 10:59:00#)返回 59

续表

函数名称	作　用	举　例
WeekDay	将日期转换为星期对应的数字	WeekDay(#2010/3/20#,vbSunday)返回7（虽然是星期六）
DateAdd	在一个日期基础上加上指定长度的间隔，形成另一个日期	见3.2.1小节
DateDiff	计算两个日期之间的间隔	见3.2.2小节

注意

Date和Time不是只读的，还可以用来修改系统日期和时间（如果权限允许）。

3.2.1 DateAdd函数

DateAdd函数用于在一个日期的基础上加上或减去一定的时间间隔，形成另一个日期。语法为：

```
DateAdd(Interval As String, Number As Double, Date)
```

参数Interval是时间间隔的简写形式，见表3-3。

表3-3　时间间隔的简写形式

简写形式	含　义	中　文
yyyy	Year	年
q	Quarter	季度
m	Month	月
d	Day	日
ww	Week	星期
h	Hour	小时
n	Minute	分钟
s	Second	秒钟

参数Number可以是正整数，也可以是负整数。具体应用如实例3-4所示。

实例3-4：日期时间的加减

```
Sub DateAdd函数用法()
    Dim dt1 As Date
    dt1 = #3/2/2021 11:21:01 AM#
    Dim dt2 As Date
    dt2 = VBA.DateTime.DateAdd(interval:="yyyy", Number:=2, Date:=dt1)
    Debug.Print dt2 '增加两年，结果是 2023/3/2 11:21:01

    dt2 = VBA.DateTime.DateAdd(interval:="q", Number:=2, Date:=dt1)
    Debug.Print dt2 '增加两个季度，结果是 2021/9/2 11:21:01

    dt2 = VBA.DateTime.DateAdd(interval:="ww", Number:=-2, Date:=dt1)
```

```
    Debug.Print dt2 '减少两个星期，结果是 2021/2/16 11:21:01
End Sub
```

3.2.2 DateDiff 函数

DateDiff 函数用于计算两个日期之间的间隔，返回的是一个数字。语法为：

```
DateDiff(interval, date1, date2, [firstdayofweek, [firstweekofyear]])
```

具体应用如实例 3-5 所示。

实例 3-5：计算两个日期的间隔

```
Sub DateDiff 函数用法()
    Dim dt1 As Date
    dt1 = #3/2/2021 11:21:01 AM#
    Dim dt2 As Date
    dt2 = #3/5/2021 12:21:01 AM#
    Debug.Print DateDiff("d", dt1, dt2) '返回 3
    Debug.Print DateDiff("h", dt1, dt2) '返回 61
End Sub
```

3.3 Strings 类

文本是指现实生活中的各种文字，编程术语叫作字符串。字符串是编程过程中处理最频繁的数据类型。

字符串处理方面的函数见表 3-4。

表 3-4 字符串处理方面的函数

函数名称	作　用	举　例
ASC、ASCW	由字符返回 ASCII 或 Unicode 编码	ASC("A")返回 65 ASCW("お")返回 12362
Chr、ChrW	由编码返回字符	Chr(65)返回 A ChrW(12362)返回お
Instr、InstrRev	在一个字符串中查找另一个字符串出现的位置。如果找不到返回 0。InstrRev 查找最后出现的字符串的位置	Instr("Microsoft","ros")返回 4 InstrRev("Microsoft","o")返回 7
Join	由数组与指定的分隔符连接为一个字符串	Join(Array("AB","CD","EF","G"),"*")返回 AB*CD*EF*G
Split	按指定字符把字符串分离为数组	Split("AB*CD*EF*G","*")返回 EF
Left、Mid、Right	从左侧、中间、右侧提取字符串中指定数量，形成另一个字符串	Left("Microsoft",3)返回 Mic Mid("Microsoft",4,3)返回 ros Right("Microsoft",3)返回 oft
Space	生成多个连续的空格	Space(5)返回 5 个空格形成的字符串
String	生成多个连续的指定字符	String(4,"%")返回%%%%
StrReverse	字符串倒序后的结果	StrReverse("Excel")返回 lecxE

续表

函数名称	作用	举例
StrComp	返回两个字符串比较的结果，分别为1、-1、0	StrComp("Excel","VBA")返回-1 StrComp("vba","VBA")返回 1 StrComp("vba","VBA",vbTextCompare)返回 0
StrConv	按指定规则转换字符串	StrConv("Excel",vbWide)转换为全角，返回 Excel
LTrim、RTrim、Trim	去掉左侧、右侧、左右两侧的连续空格	Trim("　Microsoft Office　")返回 Microsoft Office
LCase、UCase	字符串全部小写、全部大写	LCase("Microsoft Office")返回 microsoft office UCase("Microsoft Office")返回 MICROSOFT OFFICE
Replace	字符串替换后的结果	Replace("Microsoft","o","AA")返回 MicrAAsAAft
Len	字符串的长度	Len("Excel")返回 5
Format	按指定格式形成的另一个字符串	Format(2/7,"0.000%")返回 28.571%
MonthName	由月份数字转换为月份名称	MonthName(3)返回“三月” MonthName(11,True)返回“11 月”
WeekDayName	由星期数字转换为星期名称	WeekDayName(4)返回“星期四” WeekDayName(4,True)返回“周四” WeekDayName(4,True,vbSunday)返回“周三”

注意

VBA中只有字符串（String）这一种描述文本的类型。尽管本书中用到了“字符”这一术语，并不代表VBA中有字符这种类型，它指的是长度为1的字符串。

3.3.1 Like 运算符

Like 用于比较一个字符串和一个模式是否匹配，返回布尔值。Like 不是函数，因此在对象浏览器中查看不到对应的定义。实例 3-6 是 Like 运算符的具体应用。

实例 3-6：Like 的基本用法

```
Sub Like运算符()
    Dim a As String, b As String, c As Boolean
    a = "2021年03月20日"
    b = "####年##月##日"
    c = a Like b
    Debug.Print c
End Sub
```

以上程序运行后，打印结果显示 True。

Like 是双目运算符，也就是说它的左右两侧都是字符串，位于左侧的原字符串可以是任意的，但是位于右侧的模式字符串比较特殊，它允许使用一些具有特殊含义的字符。其中，3 个有特殊意义的字符如下：

- ? 指代任意一个字符。
- * 指代任意多个字符。
- # 指代任意一个数字。

此外，模式还允许使用一对方括号来指代多个任意字符中的其中一个。例如，[甲乙丙丁]可以匹配“甲”“乙”“丙”“丁”中的一个字。

对于连续的字符，还可以用减号表示一个范围。例如，[A-Z5-9]可以匹配大写字母或 5～9 之间的数字，所以 J 或 7 可以匹配上。

感叹号（!），表示取反，也就是不属于序列中的任何一个。例如，[!A-Z 一-龥]表示既不是大写字母，也不是中文汉字。

为什么[一-龥]可以表示任意一个汉字？

中文汉字属于 Unicode 字符，汉字的范围是 19968～40869，约两万个。ChrW(19968)对应汉字“一”，ChrW(40869)对应汉字“龥”，因此所有汉字是按 Unicode 编码顺序排列的。实例 3-7 是遍历所有汉字的应用。

实例 3-7：遍历所有汉字

```
Sub 所有汉字()
    Dim L As Long
    For L = &H4E00 To &H9FA5 + &H10000
        Debug.Print L, "&H" & Hex(L), ChrW(L)
    Next L
End Sub
```

运行上述程序，立即窗口中前面显示的部分如图 3-3 所示。

后面显示的部分如图 3-4 所示。

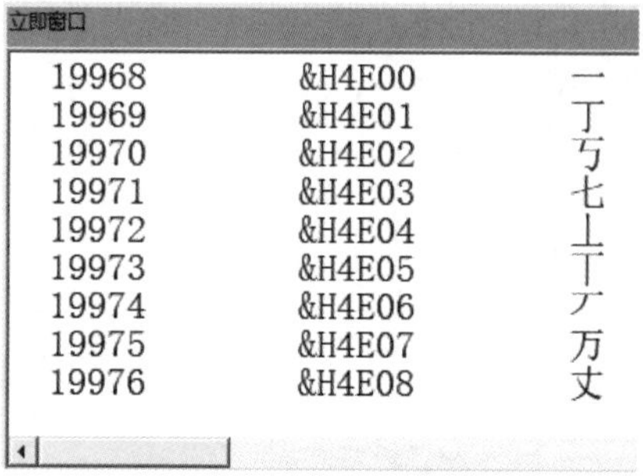

立即窗口

19968	&H4E00	一
19969	&H4E01	丁
19970	&H4E02	丂
19971	&H4E03	七
19972	&H4E04	丄
19973	&H4E05	丅
19974	&H4E06	丆
19975	&H4E07	万
19976	&H4E08	丈

图 3-3 输出内容的前面部分

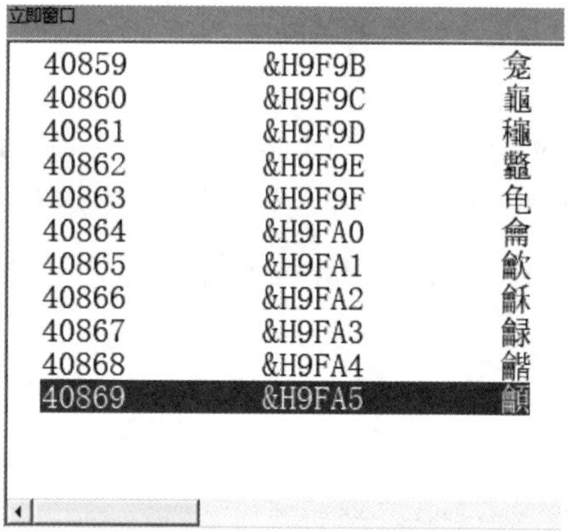

立即窗口

40859	&H9F9B	龛
40860	&H9F9C	龜
40861	&H9F9D	龝
40862	&H9F9E	龞
40863	&H9F9F	龟
40864	&H9FA0	龠
40865	&H9FA1	龡
40866	&H9FA2	龢
40867	&H9FA3	龣
40868	&H9FA4	龤
40869	&H9FA5	龥

图 3-4 输出内容的后面部分

实例 3-8 演示了如何利用 Like 实现模糊匹配。

实例 3-8：Like 按指定范围匹配

```
Sub 指定范围匹配()
    Debug.Print "刘永富" Like "??富"                          '返回 True
    Debug.Print "刘永富" Like "*富"                           '返回 True
    Debug.Print "刘永富" Like "##富"                          '返回 False
    Debug.Print "刘永富" Like "[一-龥]"                       '返回 False
    Debug.Print "刘永富" Like "[一-龥][一-龥][一-龥]"         '返回 True
```

```
    Debug.Print "a" Like "[!一-龥]"                  '返回 True
End Sub
```

如果原字符串中包含特殊字符，如何匹配特殊字符呢？秘诀就是使用方括号。具体应用如实例3-9所示。

实例 3-9：匹配特殊字符

```
Sub 匹配特殊字符()
    Debug.Print "你xyz好" Like "你*好"                '返回 True
    Debug.Print "你*?#好" Like "你[*][?][#]好"        '返回 True
    Debug.Print "你**好" Like "你[*]好"               '返回 False
    Debug.Print "你**好" Like "你[*][*]好"            '返回 True
End Sub
```

使用方括号把特殊字符括起来，就不再具备特殊字符原先的作用。也就是说[*]表示星号自身，而不是指代任意字符。

3.3.2 区分大小写详解

与字符串的比较、转换相关的函数，大多数涉及字母大小写的问题。是否区分大小写对结果的影响很大，因此字符串处理时务必要想到这一点。

VBA 中可以采用以下两种策略。

（1）模块选项设定。

VBA 的标准模块、类模块、窗体等均可使用 Option Compare Text 指令，从而让整个模块忽略大小写的区别。如果不写该指令，则默认是 Option Compare Binary，也就是严格区分大小写。

（2）Compare 参数。

字符串处理的很多函数中包含 Compare 参数，该参数的作用是覆盖模块顶部的选项。Compare 参数的取值可以是 VBA.VbCompareMethod 的成员常量之一。

```
Const vbBinaryCompare = 0
Const vbDatabaseCompare = 2
Const vbTextCompare = 1
```

对于=和 Like 这些运算符来说，不能使用 Compare 参数，两者对应的计算结果取决于模块设定。

而 Instr、Replace、Split 这些函数都具有 Compare 参数。如果写上该参数，则按参数设定算；否则按模块设定算。也就是说，Compare 参数优先于模块设定。具体应用如实例 3-10 所示。

实例 3-10：区分大小写的影响

```
Option Compare Text
Sub 比较字符串()
    Debug.Print "VBA" = "vba"
    Debug.Print "Excel" Like "e*"
    Debug.Print Replace(expression:="Excel", Find:="e", Replace:="@", compare:=
    vbBinaryCompare)
    Debug.Print Replace(expression:="Excel", Find:="e", Replace:="@", compare:=
```

```
    vbTextCompare)
End Sub
```

上述程序中，模块顶部忽略大小写，该模块中所有的大写字母和小写字母视为等价，运行后的4个结果是：

```
True
True
Exc@l
@xc@l
```

由于后面两行代码使用Compare参数进行计算，所以不受模块设定的影响。

如果把该模块设定删除或者改成Option Compare Binary，再次运行上述程序，结果就会不一样。

要想知道哪些函数具有Compare参数，可以在对象浏览器中找到目标函数的定义，从底部的原始定义可以看到Instr函数支持Compare参数，如图3-5所示。

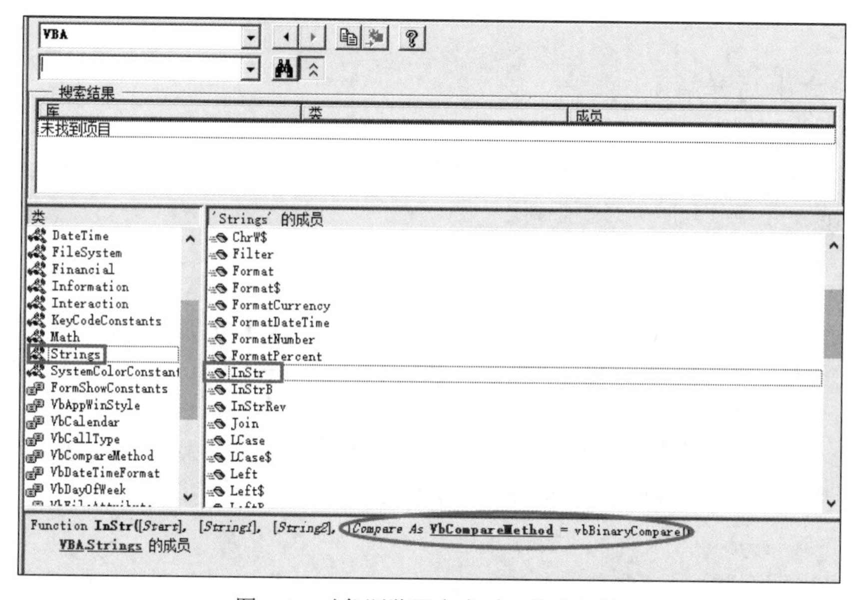

图3-5　对象浏览器中查看函数的参数

3.3.3　Mid函数修改原字符串

一般情况下，Mid、Left、Right函数用来提取字符串的一部分，形成另一个字符串。但是Mid有个特殊的功能，可以直接修改原字符串，从而起到替换或删除的作用。具体应用如实例3-11所示。

实例3-11：修改原字符串

```
Sub 修改原字符串()
    Dim s As String
    s = "我喜欢学习"
    Mid(s, 4, 2) = "打篮球"
```

```
    Debug.Print s
End Sub
```

上述程序从第 4 个字符起将之后的连续 2 个字符替换为“打篮”，结果是：

```
我喜欢打篮
```

但是，Left 和 Right 不能这样使用。例如，下面的用法是不对的。

```
Left(s, 1) = "你"
```

3.4 FileSystem 类

Windows 系统中，呈现在用户眼前的有两大类主要对象：文件夹和文件。文件夹也叫作目录（Directory），是一种容器，可以容纳其他文件夹或文件。驱动器是所有文件夹和文件的根，驱动器也叫作磁盘分区（Drive），在 VBA 中也可以把驱动器当作文件夹来处理。

FileSystem 类函数用于处理路径和文件，常用的函数见表 3-5。

表 3-5　文件系统类函数

函数名称	作　用
ChDir	改变当前工作目录
ChDrive	改变当前驱动器
CurDir	返回当前目录
FileCopy	复制文件
FileLen	返回文件的大小
FreeFile	可以使用的自由文件号
Kill	删除文件
MkDir	创建文件夹
RmDir	删除文件夹

3.4.1 相对路径和绝对路径

VBA 编程中经常把路径作为参数，路径是用于表示文件位置的字符串。例如，D:\Temp\maths.csv 是绝对路径，maths.csv 是相对路径。使用相对路径时，必须要明确当前工作目录，否则不知道这个文件位于哪一个文件夹中。

使用相对路径的好处是，多次访问同一个目录下的内容，不需要每次都写明文件夹的路径，可以缩短代码长度，例如：

```
Sub Test1()
    Application.Workbooks.Open "D:\Temp\一月.xlsx"
```

```
    Application.Workbooks.Open "D:\Temp\二月.xlsx"
    Application.Workbooks.Open "D:\Temp\三月.xlsx"
End Sub

Sub Test2()
    ChDir "D:\Temp"
    Application.Workbooks.Open "一月.xlsx"
    Application.Workbooks.Open "二月.xlsx"
    Application.Workbooks.Open "三月.xlsx"
End Sub
```

对比以上两个过程，显然 Test2 过程更加简洁。

在 FileSystem 类的函数中，CurDir 与 ChDir 是功能相反的函数，CurDir 用于返回当前工作目录，ChDir 用于改变当前工作目录。具体应用如实例 3-12 所示。

注意

如果要跨驱动器变更当前目录，需要先用 ChDrive 函数变更驱动器，否则 ChDir 无效。

实例 3-12：跨磁盘分区切换工作目录

```
Sub 跨驱动器()
    ChDir "D:\Temp"
    Kill "一月.xlsx"
    ChDrive "E:"
    ChDir "E:\迅雷下载"
    MkDir "临时文件夹"
    Debug.Print CurDir
End Sub
```

以上程序的功能是，删除 D:\Temp 目录下一月.xlsx 这个文件，然后在“E:\迅雷下载”目录下下创建“临时文件夹”。

因此，使用相对路径不是必需的，但是比使用绝对路径要方便。

3.4.2 文件的复制、移动、删除

VBA 中使用 FileCopy 复制文件，使用 Name...As 对文件进行移动或者重命名，使用 Kill 删除文件。具体应用如实例 3-13 所示。

实例 3-13：文件的复制和移动

```
Sub 文件的复制和移动()
    FileCopy "E:\迅雷下载\3139.rar", "E:\迅雷下载\Game.rar"
    Name "E:\迅雷下载\readme.txt" As "D:\Temp\简易帮助.txt"
    Kill "E:\迅雷下载\VBA 终结者.exe"
End Sub
```

3.4.3 Open...Close 读/写文本文件

编程开发过程中，文本文件的读/写是非常频繁的操作。VBA 中利用 Open...Close 结构读/写文件，其语法是：

```
Open "文件路径" For Output|Input|Append As 文件号
    '此处是文件有关的操作
Close 文件号
```

其中，Output 表示要把程序中的字符串输出到文件中，Input 是把文件中的内容读入字符串变量中，Append 与 Output 功能类似，但是不覆盖文件原先的内容，而是追加模式。

文件号通常情况下写成 1 即可，为了安全起见，利用 FreeFile 函数生成一个自由文件号。具体应用如实例 3-14 所示。

实例 3-14：读/写文本文件

```
Sub 读/写文本文件()
    Dim N1 As Integer, N2 As Integer
    Dim s(0 To 3) As String
    N1 = FreeFile
    Open "D:\Temp\虞美人.txt" For Output As N1
        Print #N1, "春花秋月何时了？"
        Print #N1, "往事知多少。"
        Print #N1, "小楼昨夜又东风，"
        Print #N1, "故国不堪回首月明中。"
    Close N1

    N2 = FreeFile
    Open "D:\Temp\虞美人.txt" For Input As N2
        Line Input #N2, s(0)
        Line Input #N2, s(1)
        Line Input #N2, s(2)
        Line Input #N2, s(3)
    Close N2
    Debug.Print Join(s, vbTab)
End Sub
```

上述程序分为上下两部分，第一部分是把四句古诗写入文本文件，第二部分是依次读取文件的每一行，分别读出到数组的元素中。

运行上述程序，磁盘上会产生一个文本文件，如图 3-6 所示。

立即窗口的打印结果是：

```
春花秋月何时了？    往事知多少。    小楼昨夜又东风，    故国不堪回首月明中。
```

以上两次读/写是相对独立的，因此 N1 和 N2 的值都是 1。某些情况下 Open...Close 语句需要嵌套使用，此时的 N1 和 N2 不可能相等，因为前一个文件关闭之前后面的文件是不允许被打开的。具体应用如实例 3-15 所示。

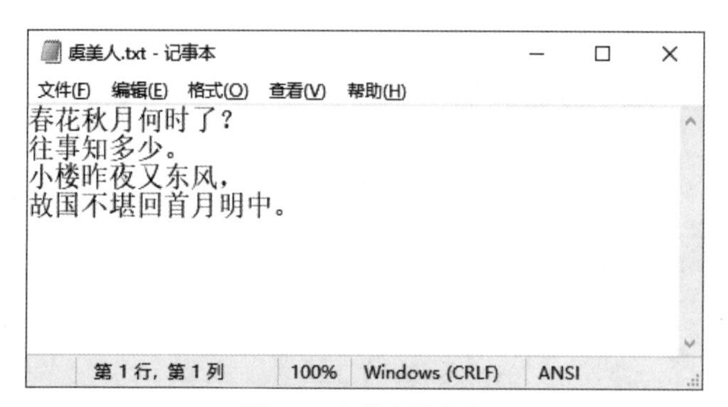

图 3-6　文件中的内容

实例 3-15：嵌套读/写

```
Sub 嵌套读/写()
    Dim N1 As Integer, N2 As Integer
    Dim s(0 To 3) As String
    N1 = FreeFile
    Open "D:\Temp\春夜喜雨.txt" For Output As N1
        Print #N1, "好雨知时节"
        Print #N1, "当春乃发生"
        Print #N1, "随风潜入夜"
        Print #N1, "润物细无声"
            N2 = FreeFile
            Open "D:\Temp\虞美人.txt" For Input As N2
                Line Input #N2, s(0)
                Line Input #N2, s(1)
                Line Input #N2, s(2)
                Line Input #N2, s(3)
            Close N2
    Close N1
    Debug.Print N1, N2
    Debug.Print Join(s, vbTab)
End Sub
```

在上述程序中第一个文件还未关闭，就开始读取第二个文件，用法上没有问题。但是 N1 和 N2 不相同。

3.5　Interaction 类

Interaction 类中的函数主要用于程序和用户之间的交互。

Interaction 类中的常用函数见表 3-6。

表 3-6　交互类函数

函数名称	作　用	举　例
Beep	发出“嘀”的声音	Beep
CallByName	获取或设置对象的属性，或者执行对象的方法。属性和方法使用字符串传递	见 3.5.1 小节
Choose	从参数列表中返回指定序号的参数	Choose(3,"Excel",100,True,3.14)返回 True
Switch	在多个条件和表达式组合中返回第一个符合条件对应的表达式	见 3.5.2 小节
IIF	依据条件返回两个结果中符合条件的内容	IIF(Date>#2000/1/1#,"新世纪","上个世纪")返回新世纪
AppActivate	激活指定标题或进程 ID 的窗口	见 3.5.3 小节
DoEvents	转让控制权	DoEvents
Shell	启动一个应用程序，返回进程 ID	见 3.5.3 小节
Sendkeys	发送按键	见 3.5.4 小节
GetObject	获取运行中的对象	见 3.5.5 小节
CreateObject	创建新的对象	见 3.5.5 小节
InputBox	输入对话框，返回字符串	见 3.5.6 小节
MsgBox	输出对话框	见 3.5.6 小节
GetSetting	返回注册表设置	见 3.5.7 小节
GetAllSettings	返回全部注册表设置	见 3.5.7 小节
SaveSetting	写入注册表设置	见 3.5.7 小节
DeleteSetting	删除注册表设置	见 3.5.7 小节
Environ	返回环境变量的值	见 3.5.8 小节

3.5.1　利用 CallByName 操作对象的属性和方法

VBA 是面向对象的程序设计语言，其内部的对象通常具有属性，可以执行方法。CallByName 可以把属性或方法以字符串的形式传递，为程序设计提供了便利。

CallByName 的语法由 4 部分组成，格式为：

```
CallByName 对象, "属性或方法名", 调用类型常量, 额外参数
```

当返回对象的属性时，调用类型常量必须使用 vbGet，当修改对象属性时使用 vbLet，当执行对象的方法时使用 vbMethod。

例如，向单元格区域写入值，通常的写法是：

```
Application.ActiveSheet.Range("A1:D1").Value = Array("姓名", "年龄", "性别", "住址")
```

这个代码的对象是 Application.ActiveSheet.Range("A1:D1")，属性名是 Value，额外参数是数组。因此，修改为 CallByName 的写法是：

```
CallByName Application.ActiveSheet.Range("A1:D1"), "Value", VbLet, Array("姓名",
```

```
"年龄", "性别", "住址")
```

再看一个执行方法的例子，关闭活动工作簿的代码是：

```
Application.ActiveWorkbook.Close False
```

其中，False 表示不保存工作簿的更改，代码的中心对象是 Application.ActiveWorkbook，方法名是 Close，额外参数是 False。因此 CallByName 的写法是：

```
CallByName Application.ActiveWorkbook, "Close", VbMethod, False
```

具体应用如实例 3-16 所示。

实例 3-16：CallByName 的各种用法

```
Sub 一般读/写对象()
    Dim value As Variant
    value = Application.Version                          '读属性
    Debug.Print value
    Application.ActiveSheet.Name = "三月报表"            '写属性
    Application.Workbooks.Open "D:\Temp\2020.xls"      '执行方法
End Sub

Sub 使用 CallByName()
    Dim value As Variant
    value = CallByName(Application, "Version", VbGet)
    Debug.Print value
    CallByName Application.ActiveSheet, "Name", VbLet, "四月汇总"
    CallByName Application.Workbooks, "Open", VbMethod, "D:\Temp\2020.xls"
End Sub
```

3.5.2 利用 Choose、IIF、Switch 实现多分支选择

VBA 中通常用 If…End If、Select…Case 结构来处理分支选择，在某些情况下也可以用 Choose 等函数式的写法来实现。

1. Choose 函数

Choose 函数的语法是：

```
Choose(索引,参数 1,参数 2…,参数 n)
```

其中，索引是从 1 开始，如果索引等于 2，就返回参数 2 作为函数的值。

后面的多个参数既可以是基本数据类型，也可以是对象类型。如果是对象类型，前面需要加 Set 关键字。具体应用如实例 3-17 所示。

实例 3-17：使用 Choose

```
Sub 使用 Choose()
```

```
    Dim value As Variant
    value = Choose(3, 100, 200, 300)
    Set value = Choose(2, Application, ActiveWorkbook, ActiveSheet, ActiveCell)
End Sub
```

以上程序，第一次使用 Choose 后，value 的值是 300。第二次使用 Choose 后，value 指代活动工作簿对象。

2. IIF 函数

IIF 函数必须是 3 个参数，第一个参数用于书写条件表达式，当条件成立时返回第二个参数作为整个表达式的值。否则将第三个参数的值作为函数返回值。具体应用如实例 3-18 所示。

实例 3-18：使用 IIF

```
Sub 使用IIF()
    Dim i As Integer
    Dim value As Variant
    i = -2
    Let value = IIF(i > 0, "正数", "其他情况")
    Set value = IIF(i > 0, Application.ActiveWorkbook, Nothing)
End Sub
```

以上程序运行后，value 第一次为“其他情况”，第二次被设置为 Nothing。

3. Switch 函数

Switch 函数的特点是条件和表达式成对出现，语法格式是：

```
Switch(条件1,表达式1,条件2,表达式2,…,条件n,表达式n)
```

从条件 1 开始依次判断，遇到第一个成立的条件时返回那个条件对应的表达式，后面的条件不再判断。具体应用如实例 3-19 所示。

实例 3-19：使用 Switch

```
Sub 使用Switch()
    Dim value As Variant
    Dim a As Integer, b As Integer, c As Integer
    a = 1
    b = 2
    c = 3
    Let value = Switch(a = 5, 100, b = 7, True, c = 3, "Good")
    Set value = Switch(a = 5, Application, b = 2, Application.ActiveWorkbook, c = 
    3, Application.ActiveSheet)
End Sub
```

以上程序，第一次 value 为 Good，第二次 value 指代活动工作簿对象。

3.5.3 利用 Shell、AppActivate 自动打开并激活其他窗口

Shell 函数以指定的窗口样式启动另外一个可执行应用程序，如果启动成功，则返回该程序的进程 ID；启动失败，则返回 0。

Shell 函数包括两个参数：PathName 和 WindowStyle。

其中，窗口样式参数是 VBA.VbAppWinStyle 枚举常量的成员之一，如下：

```
Const vbHide = 0
Const vbMaximizedFocus = 3
Const vbMinimizedFocus = 2
Const vbMinimizedNoFocus = 6
Const vbNormalFocus = 1
Const vbNormalNoFocus = 4
```

例如，vbNormalFocus 的含义是正常焦点。具体应用如实例 3-20 所示。

实例 3-20：启动外部程序

```
Sub 启动外部程序()
    Dim PID As Long
    PID = Shell("C:\Windows\Notepad.exe", vbNormalNoFocus)
    Debug.Print PID
End Sub
```

上述程序用于启动 Windows 系统的记事本，启动后不具有焦点，如图 3-7 所示。

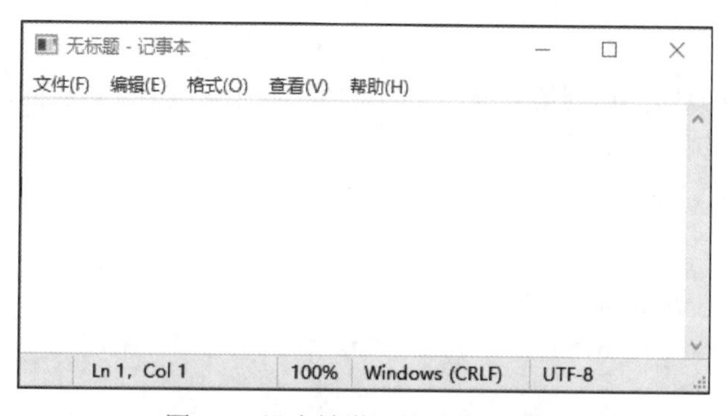

图 3-7　没有被激活的记事本窗口

变量 PID 就是记事本程序的进程 ID，上述程序运行后，立即窗口显示的结果是 14548。

打开计算机的进程管理器窗口，切换到“详细信息”选项卡中，可以找到一个 notepad.exe 进程，显示的 PID 与立即窗口中的一致，如图 3-8 所示。

使用 Shell 函数可以打开位于计算机中的各种 exe 文件，如果被启动的文件属于系统文件，使用相对路径即可。例如，启动控制面板可以使用：

```
Shell "control.exe",vbNormalFocus
```

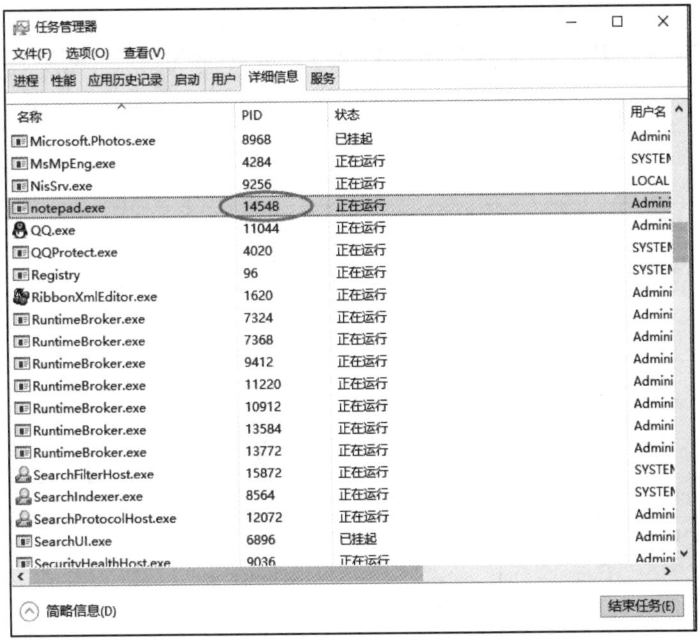

任务管理器

文件(F) 选项(O) 查看(V)

进程 性能 应用历史记录 启动 用户 详细信息 服务

名称	PID	状态	用户名
Microsoft.Photos.exe	8968	已挂起	Admini
MsMpEng.exe	4284	正在运行	SYSTEM
NisSrv.exe	9256	正在运行	LOCAL
notepad.exe	14548	正在运行	Admini
QQ.exe	11044	正在运行	Admini
QQProtect.exe	4020	正在运行	SYSTEM
Registry	96	正在运行	SYSTEM
RibbonXmlEditor.exe	1620	正在运行	Admini
RuntimeBroker.exe	7324	正在运行	Admini
RuntimeBroker.exe	7368	正在运行	Admini
RuntimeBroker.exe	9412	正在运行	Admini
RuntimeBroker.exe	11220	正在运行	Admini
RuntimeBroker.exe	10912	正在运行	Admini
RuntimeBroker.exe	13584	正在运行	Admini
RuntimeBroker.exe	13772	正在运行	Admini
SearchFilterHost.exe	15872	正在运行	SYSTEM
SearchIndexer.exe	8564	正在运行	SYSTEM
SearchProtocolHost.exe	12072	正在运行	Admini
SearchUI.exe	6896	已挂起	Admini
SecurityHealthHost.exe	9036	正在运行	Admini

简略信息(D) 结束任务(E)

图 3-8　进程列表

AppActivate 函数用于激活已经启动的某个窗口，使该窗口处于具有焦点的状态。该函数的语法为：

```
AppActivate Title, Wait
```

其中，Title 参数可以是窗口标题的一部分或全部，也可以是窗口程序的进程 ID 值。Wait 参数表示是否等待，为 True 时表示窗口激活成功后 VBA 代码继续向下运行，为 False 时表示不必等待是否激活成功。具体应用如实例 3-21 所示。

实例 3-21：利用 AppActivate 激活窗口

```
Sub 激活窗口()
    AppActivate 14548, True
    AppActivate "无标题 - 记事本", True
End Sub
```

3.5.4　利用 Sendkeys 发送按键

Sendkeys 方法用于向活动窗口发送按键序列，其功能与手工按下键盘达成的效果一致。语法格式为：

```
Sendkeys String, Wait
```

其中，第一个参数是按键字符串，可以是字母、数字、功能键等。第二个参数表示是否等待。键盘上的键在 Sendkeys 中的写法见表 3-7。

表 3-7　各种按键的字符串表示

按　键	字符串表示
BACKSPACE	{BACKSPACE}, {BS}, or {BKSP}
BREAK	{BREAK}
CAPS LOCK	{CAPSLOCK}
DEL or DELETE	{DELETE} or {DEL}
DOWN ARROW	{DOWN}
END	{END}
ENTER	{ENTER} or ~
ESC	{ESC}
HELP	{HELP}
HOME	{HOME}
INS or INSERT	{INS} or {INSERT}
LEFT ARROW	{LEFT}
NUMLOCK	{NUMLOCK}
PAGE DOWN	{PGDN}
PAGE UP	{PGUP}
PRINT SCREEN	{PRTSC}
RIGHT ARROW	{RIGHT}
SCROLL LOCK	{SCROLL LOCK}
TAB	{TAB}
UP ARROW	{UP}
F1	{F1}
F2	{F2}
F3	{F3}
F4	{F4}
F5	{F5}
F6	{F6}
F7	{F7}
F8	{F8}
F9	{F9}
F10	{F10}
F11	{F11}
F12	{F12}
F13	{F13}
F14	{F14}
F15	{F15}
F16	{F16}

此外，还有 3 个特殊的按键需要用特殊字符来表示。

- Shift：用+表示。
- Ctrl：用^表示。
- Alt：用%表示。

例如，快捷键 Shift+F3 要写成"+{F3}"，快捷键 Ctrl+A 要写成"^{a}"，快捷键 Alt+F4 要写成"%{F4}"。

Sendkeys 方法可以完全模仿手工按键，实例 3-22 的功能是自动启动记事本，然后在第一行输入 123，接着按下回车键，继续输入 6 个 0，并按下快捷键 Ctrl+A 全选所有文本。最后按下快捷键 Alt+O 让格式菜单弹出。

实例 3-22：自动按键

```
Sub 自动按键()
    Call Shell("C:\Windows\Notepad.exe", vbNormalFocus)
    VBA.Interaction.SendKeys "123{ENTER}{0 6}", True
    VBA.Interaction.SendKeys "^{a}", True
    VBA.Interaction.SendKeys "%{o}", True
End Sub
```

上述程序运行后，记事本中输入了两行文字，并处于全选状态，而且“格式”菜单也弹出了，如图 3-9 所示。

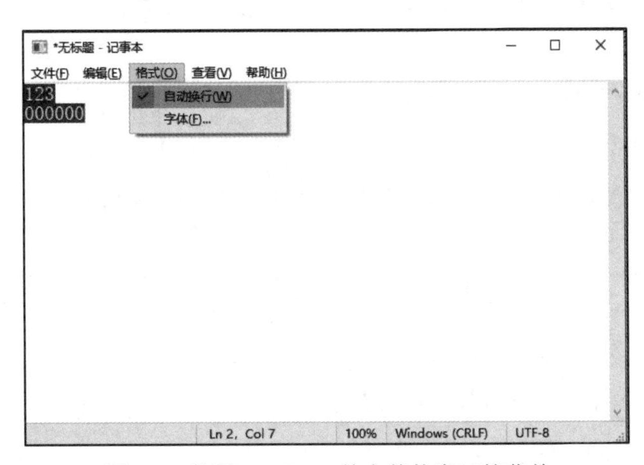

图 3-9　使用 Sendkeys 单击其他窗口的菜单

由于字符+、^、%、{、}、~、(、)具有特殊的含义，如果真的要发送这些字符自身，不能直接发送，需要用花括号括起来。

为了便于演示，实例 3-23 中首先按下快捷键 Ctrl+G 激活立即窗口，然后向立即窗口输入这些特殊字符。

实例 3-23：发送特殊字符

```
Sub 发送特殊字符()
    SendKeys "^g", True
```

```
    SendKeys "{+}{^}{%}{~}{{}{}}{(}{)}{[}{]}", True
End Sub
```

上述程序运行后，立即窗口中正确地输入了这些字符，如图 3-10 所示。

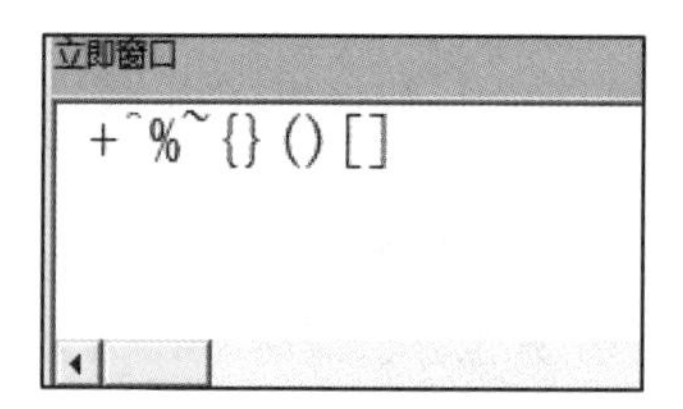

图 3-10　发送特殊字符

以上程序中，{+}表示加号自身，而不是 Shift 的意思。

另外，需要注意的是，Excel VBA 中 Sendkeys 有两个来源，除了 VBA 内置函数有 Sendkeys 方法外，Excel 的应用程序对象 Application 下面也有一个 Sendkeys 方法。下面两行代码都可以用于清空立即窗口，但是两个方法来源不同。

```
VBA.Interaction.SendKeys "^g^a{delete}", True
Application.SendKeys "^g^a{delete}", True
```


3.5.5　利用 GetObject 和 CreateObject 操作 COM 对象

GetObject 函数可以返回由 COM 组件形成的对象，语法格式为：

```
Set Obj = GetObject(PathName, Class)
```

该函数总是返回对象，因此 Obj 可以声明为通用的对象类型 Object，也可以声明为具体的对象类型。

GetObject 函数通常具有两种用法：一种是由 Office 文档文件创建的对象，此时参数 PathName 是必选参数。另一种是忽略 PathName 参数，指定 Class 参数为 Office 应用程序对象的 ProgID。

通过 GetObject 函数可以实现 Office 的跨组件编程，假设磁盘上有一些 Word 文档、PowerPoint 演示文稿文件，在 Excel VBA 中可以获取到这些文档对象。具体应用如实例 3-24 所示。

实例 3-24：返回 Word 文档对象

```
Sub 返回Word文档对象()
    Dim doc As Object
    Set doc = GetObject(Pathname:="D:\Temp\新书介绍.docx", Class:="Word.Document")
    doc.Windows.Item(1).Visible = True
    doc.Close False
End Sub
```

上述程序规定了路径和类名，返回的对象是 Word 文档，而不是 Word 应用程序。编写上述代码时，doc 后面按下小数点不会弹出任何提示，这是因为该变量的类型是 Object，属于后期绑定的用法。如果采用前期绑定，需要为 Excel VBA 工程添加 Word 的引用。

类似地，也可以在 Excel VBA 中操作 PowerPoint 演示文稿文件。具体应用如实例 3-25 所示。

实例 3-25：返回 PowerPoint 演示文稿文件

```
Sub 返回 PowerPoint 演示文稿文件()
    Dim s As Object
    Dim p As Object
    Set s = GetObject(Pathname:="D:\Temp\自我介绍.pptm", Class:="PowerPoint.Slide")
    Set p = s.Parent
    p.Close
End Sub
```

实例 3-25 中变量 s 返回的是 PowerPoint.Slide 对象，变量 p 是 PowerPoint.Presentation 对象。PowerPoint VBA 的主要对象模型是 Application→Presentation→Slide。

如果在其他组件中访问 Excel 工作簿文件，则可以采用实例 3-26 的代码。

实例 3-26：返回 Excel 工作簿对象

```
Sub 返回 Excel 工作簿对象()
    Dim w As Object
    Set w = GetObject(Pathname:="D:\Temp\营业额统计.xls", Class:="Excel.Sheet")
    w.Windows.Item(1).Visible = True
    w.Close False
End Sub
```

GetObject 函数的另一种用法是获取运行中的 Office 应用程序。假设已经事先打开了 Word，那么在 Excel VBA 中就可以命令这个 Word 来执行文档的打开、编辑、保存等操作。这种用法只需要提供 ProgID。对于 Office 组件的 ProgID，通常用“组件名称+.Application”表示，如 Outlook.Application 就是一个 ProgID。

假设已经打开了 Word，运行实例 3-27 的 Excel VBA 程序，可以让 Word 自动打开一个文档。

实例 3-27：获取运行中的 Word 应用程序

```
Sub 获取运行中的 Word 应用程序()
    Dim WordApp As Object
    Set WordApp = GetObject(, "Word.Application")
    Dim doc As Object
    Set doc = WordApp.documents.Open("D:\Temp\vsix 的下载安装和使用.docx")
End Sub
```

注意

GetObject 的这种用法虽然没有使用 PathName 参数，但是括号内的逗号不能省略。

CreateObject 函数用于创建新对象，与 GetObject 函数有以下两个不同之处：

- CreateObject 函数不需要事先打开被访问的应用程序。
- CreateObject 函数除了创建 Office 应用程序以外，还可以创建其他 COM 对象。

实例 3-28 创建了一个 Outlook 应用程序和一封邮件。

实例 3-28：创建 Outlook 应用程序

```
Sub 创建Outlook应用程序()
    Dim OutlookApp As Object
    Set OutlookApp = CreateObject("Outlook.Application")
    Dim Mail As Object
    Set Mail = OutlookApp.createitem(0)
    With Mail
        .To = "32669315@qq.com"
        .display
    End With
    'OutlookApp.Quit
End Sub
```

上述程序运行后，弹出一封邮件，如图 3-11 所示。

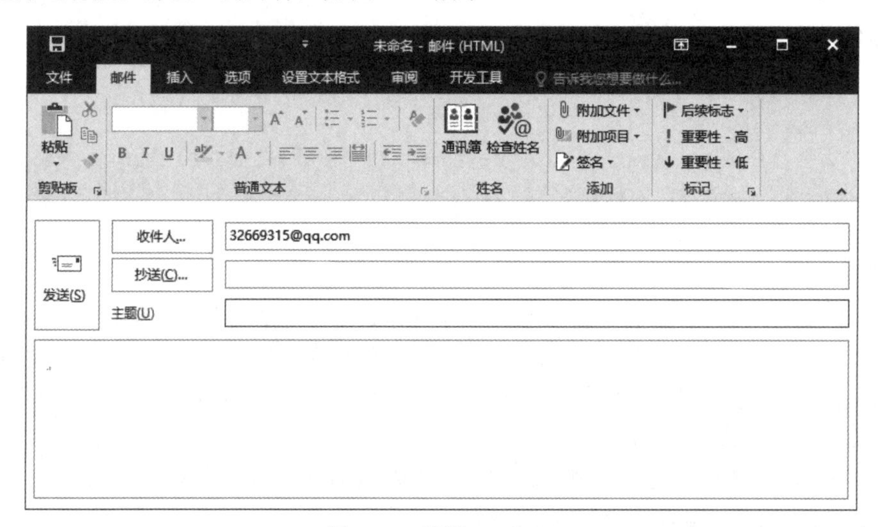

图 3-11　调用 Outlook

CreateObject 函数还可以创建 Office 以外的 COM 对象，如字典、正则表达式、IE 浏览器。实例 3-29 创建了一个 FSO 对象，利用该对象可以对路径和文件进行各种访问。

实例 3-29：创建其他 COM 对象

```
Sub 创建其他COM对象()
    Dim FSO As Object
    Set FSO = CreateObject("Scripting.FileSystemObject")
    FSO.DeleteFile "D:\Temp\bky.png"
End Sub
```

运行上述程序，可以看到一个图片文件被删除。

无论是 GetObject 还是 CreateObject，都可以在后期绑定方式下使用，也就是不用添加外部引用。如果使用 New 关键字创建新对象，必须使用前期绑定。

3.5.6 利用 InputBox 和 MsgBox 呈现对话框

InputBox 用于弹出一个输入对话框，返回一个字符串。MsgBox 用于显示一个对话框。

该函数的主要参数如下：

- Prompt：必需参数，用于提示用户的一句话。
- Title：对话框左上角的标题，可选参数。如不设定，默认是 Microsoft Excel。
- Default：输入框的默认值，可选。

具体应用如实例 3-30 所示。

实例 3-30：InputBox 对话框

```
Sub InputBox对话框()
    Dim s As String
    s = InputBox(Prompt:="请输入一个单词", Title:="大写转换", Default:="Tools")
    MsgBox UCase(s)
End Sub
```

以上程序运行后，Excel 中弹出一个对话框，默认值是 Tools，用户可以修改这个单词，也可以接受默认值，如图 3-12 所示。

单击“确定”按钮后，继续弹出一个对话框，显示的是变量 s 的大写形式，如图 3-13 所示。

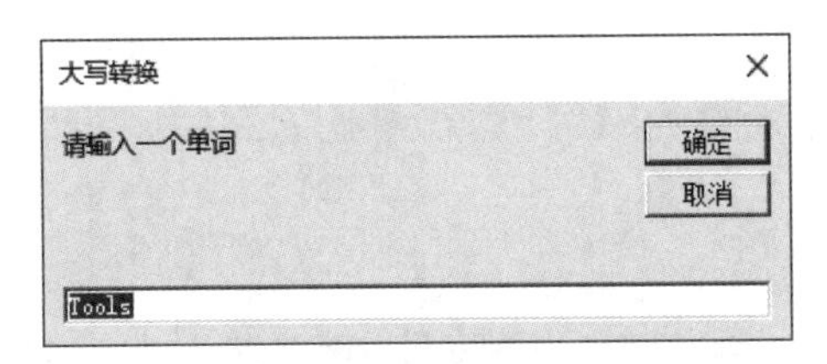

图 3-12　设置了默认值的 InputBox 对话框

图 3-13　运行结果

如果用户单击的是 InputBox 的“取消”按钮，或者直接单击右上角的“关闭”按钮，返回值是空字符串。

MsgBox 有两种用法，第一种没有返回值，第二种根据用户的选择可以有返回值。

MsgBox 的主要参数有以下 3 个：

- Prompt：显示在对话框上的信息。
- Buttons：用户规定信息左侧的图标、按钮的种类。
- Title：指定对话框左上角的标题。

其中，Buttons 有两部分，一部分用于设定按钮种类，如 vbYesNo 表示显示“是”和“否”两个按钮；另一部分用于设定图标，如 vbInformation 表示显示信息图标。MsgBox 的第一种用法如实例 3-31 所示。

实例 3-31：MsgBox 的第一种用法

```
Sub MsgBox的第一种用法()
```

```
    MsgBox Prompt:="现在时间：" & Now, Buttons:=vbOKOnly + vbInformation, Title:=
    "提醒"
End Sub
```

运行上述程序，Excel 弹出对话框，如图 3-14 所示。

图 3-14　MsgBox 对话框

MsgBox 还可以显示多个按钮让用户来选择，用户选择哪一个按钮可以通过 MsgBox 函数的返回值识别。具体应用如实例 3-32 所示。

实例 3-32：MsgBox 的第二种用法

```
Sub MsgBox 的第二种用法()
    Dim ReturnValue As VBA.VbMsgBoxResult
    ReturnValue = MsgBox(Prompt:="请选择：", Buttons:=vbQuestion + vbAbortRetryIgnore
    + vbDefaultButton2, Title:="提醒")
    Select Case ReturnValue
        Case vbAbort: Debug.Print "中止"
        Case vbRetry: Debug.Print "重试"
        Case vbIgnore: Debug.Print "忽略"
    End Select
End Sub
```

MsgBox 函数的返回值是 VbMsgBoxResult 枚举，因此需先声明变量 ReturnValue 用于接收用户的单击结果。

运行上述程序，Excel 弹出如下对话框，该对话框具有 3 个按钮：中止、重试、忽略，而且默认选中了“重试”。这是因为代码中使用了 vbDefaultButton2，意思是默认选中第二个按钮，如图 3-15 所示。

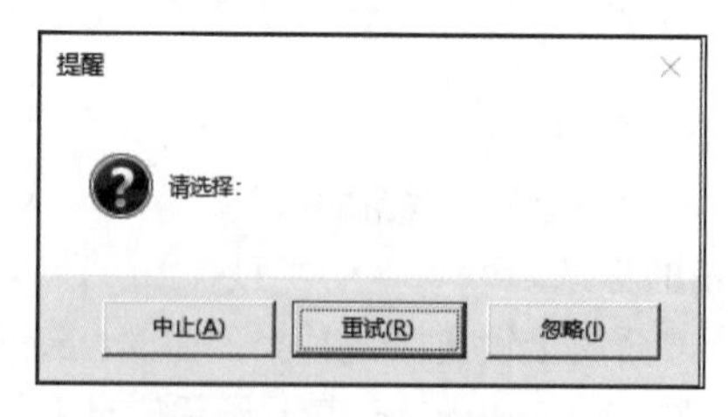

图 3-15　指定默认按钮

如果用户最后单击了“忽略”按钮，立即窗口的结果是“忽略”。

无论是 InputBox 还是 MsgBox，只要弹出对话框，Excel 就处于阻塞状态，用户必须手动处理对话框，才能继续使用 Excel。

3.5.7　读/写注册表

注册表是 Windows 系统用于存储硬件、软件信息的一个数据库。在“运行”对话框中输入 regedit 打开注册表编辑器，可以看到注册表的所有键和值。

VBA 内置函数中，用于读/写注册表的 4 个函数是 GetSetting、GetAllSettings、SaveSetting、DeleteSetting，但是这些函数只能读/写以下路径。

```
HKEY_CURRENT_USER\Software\VB and VBA Program Settings
```

VBA 中读/写注册表的意义在于：可以利用注册表作为一种存储媒介。例如，VBA 的用户窗体显示出来后，用户可以向文本框中输入文字，但是窗体被关闭以后，输入的文本就不见了，而且无法恢复。因此设计一种机制让窗体卸载时把文本框中的文本保存到注册表中，下次再启动窗体时把这些文本读入进来。具体应用如实例 3-33 所示。

实例 3-33：利用注册表保存窗体设置

向 VBA 工程中插入一个窗体，放置一些控件，如图 3-16 所示。

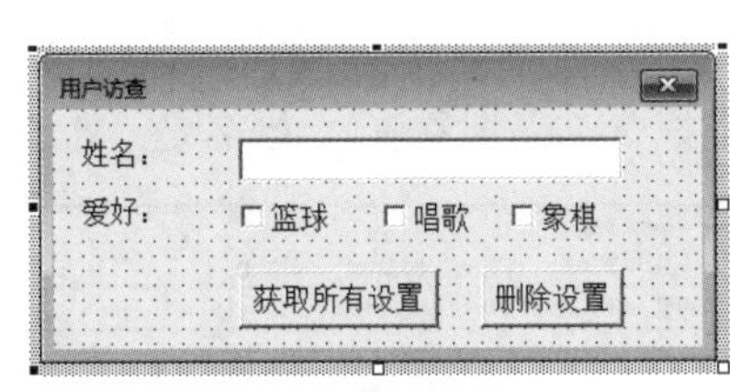

图 3-16　窗体设计

在窗体的启动和退出事件中编写以下代码：

```
Private Sub UserForm_Initialize()
    Dim hobby As String
    hobby = GetSetting(AppName:="MyApp", Section:="MySection", Key:="爱好")
    If hobby Like "*篮球*" Then Me.CheckBox1.value = True
    If hobby Like "*唱歌*" Then Me.CheckBox2.value = True
    If hobby Like "*象棋*" Then Me.CheckBox3.value = True
    Me.TextBox1.Text = GetSetting(AppName:="MyApp", Section:="MySection", Key:=
    "姓名")
End Sub

Private Sub UserForm_Terminate()
    Dim hobby As String
    hobby = ""
    If Me.CheckBox1.value = True Then hobby = hobby & Me.CheckBox1.Caption
    If Me.CheckBox2.value = True Then hobby = hobby & Me.CheckBox2.Caption
    If Me.CheckBox3.value = True Then hobby = hobby & Me.CheckBox3.Caption
```

```
    SaveSetting AppName:="MyApp", Section:="MySection", Key:="姓名",
    Setting:=Me.TextBox1.Text
    SaveSetting AppName:="MyApp", Section:="MySection", Key:="爱好", Setting:=hobby
End Sub
```

另外，窗体上的两个按钮用于演示获取所有设置和删除设置，代码如下：

```
Private Sub CommandButton1_Click()
    Dim MySetting As Variant
    MySetting = GetAllSettings(AppName:="MyApp", Section:="MySection")
End Sub

Private Sub CommandButton2_Click()
    DeleteSetting AppName:="MyApp", Section:="MySection", Key:="姓名"
    DeleteSetting AppName:="MyApp", Section:="MySection", Key:="爱好"
End Sub
```

启动窗体，输入姓名，并且勾选若干爱好选项，如图 3-17 所示。

之后，单击窗体右上角的×按钮关闭窗体。

在注册表编辑器中可以看到以下路径：

```
HKEY_CURRENT_USER\Software\VB and VBA Program Settings\MyApp\MySection
```

并且，右侧工作区可以看到爱好是“唱歌象棋”，姓名是“张铁蛋”，如图 3-18 所示。

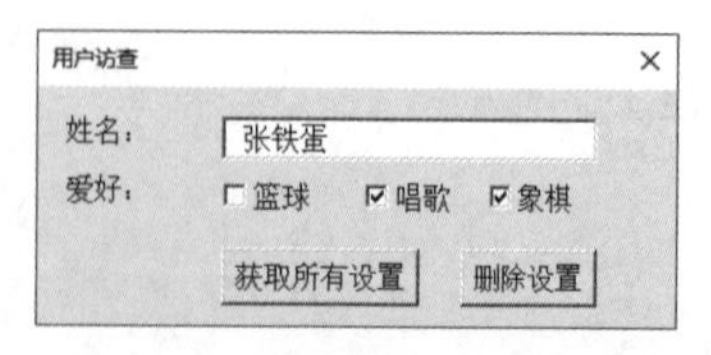

图 3-17　向窗体中输入内容

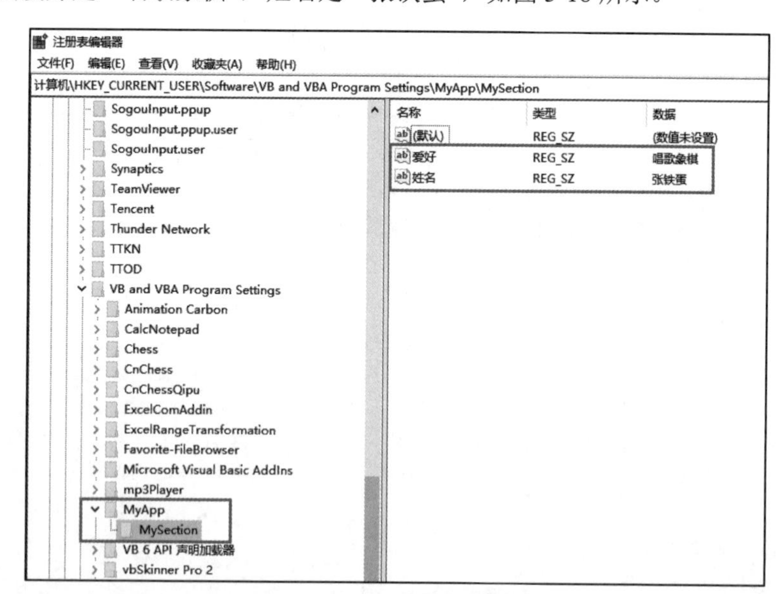

图 3-18　查看注册表中的内容

再次启动窗体，会看到文本框中自动输入了上次的姓名，并且自动勾选了上次选择的爱好。

GetAllSettings 用于返回指定 MySection 的所有值，构成二维数组，运行期间可以通过本地窗口看到该二维数组的值，如图 3-19 所示。

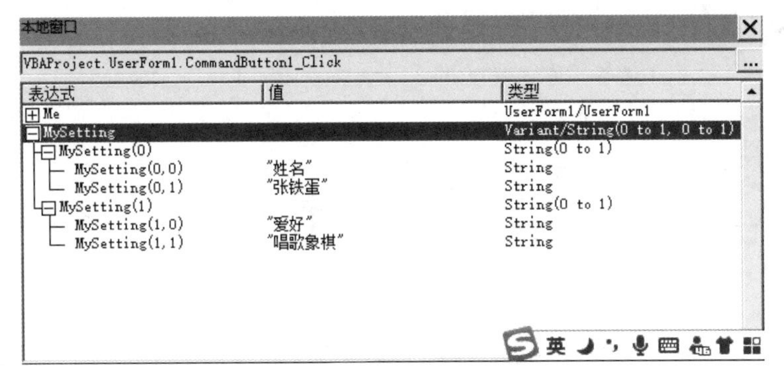

图 3-19　从注册表中获取值到变量中

3.5.8　访问环境变量

环境变量（Environment Variables）一般是指在操作系统中用来指定操作系统运行环境的一些参数。与注册表类似，用户不能随意修改或删除环境变量的设置，否则可能造成某些软件不能正常使用。

首先讲解一下手动查看系统变量的方法。

在文件资源管理器中，选中“此电脑”，在右键菜单中选择“属性”选项，如图 3-20 所示。

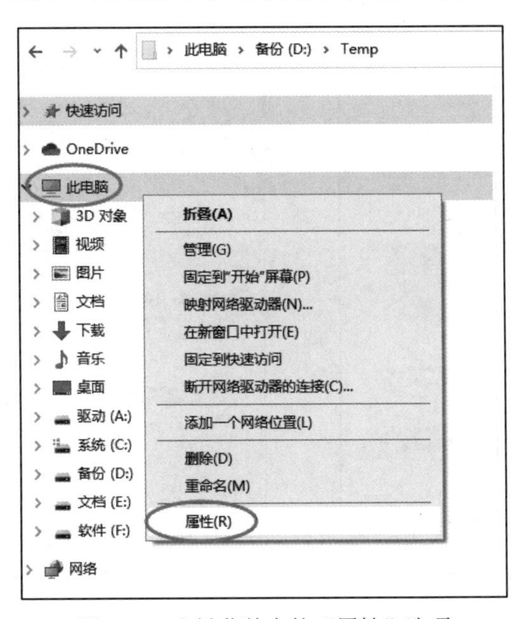

图 3-20　右键菜单中的“属性”选项

在“系统”画面中选择“高级系统设置”选项，如图 3-21 所示。

在弹出的“系统属性”对话框中，切换到“高级”选项卡，单击右下角的“环境变量”按钮，如图 3-22 所示。

弹出的“环境变量”对话框分为用户变量和系统变量两个区域，如图 3-23 所示。

图 3-21　高级系统设置

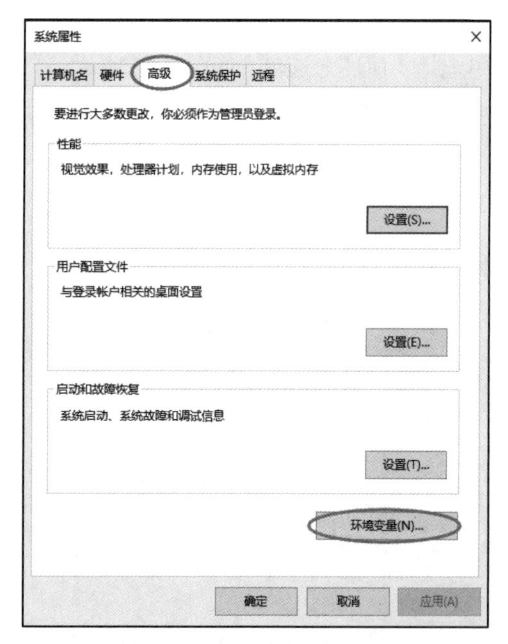

图 3-22　“环境变量”按钮

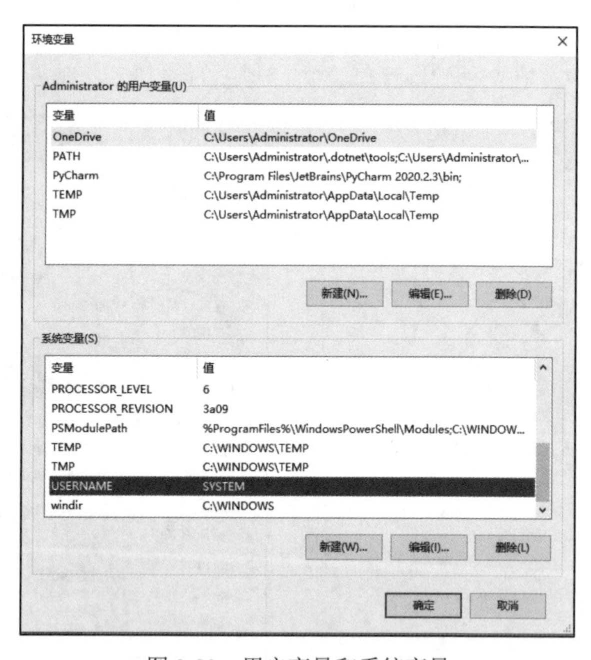

图 3-23　用户变量和系统变量

环境变量分为变量和值两部分。例如，PROCESSOR_LEVEL 是一个变量，对应的值是 6。

VBA 的 Environ 函数，可以遍历和访问系统环境变量。该函数支持 1 个参数，这个参数可以是数字，也可以是环境变量的名称。

例如，Environ("PROCESSOR_LEVEL")就可以返回该环境变量对应的值。同理，Environ(1)可以返回第 1 个环境变量。由于每台计算机环境变量总数不相同，因此不能用 For 循环变量，可以在 Do…Loop 进行无限循环，当遍历到空字符串时退出循环。具体应用如实例 3-34 所示。

实例 3-34：遍历环境变量

```
Sub 遍历环境变量()
    Dim i As Integer
    Dim s As String
    i = 1
    Do
        s = Environ(i)
        Debug.Print i, s
        i = i + 1
    Loop Until s = ""
End Sub
```

运行上述程序，立即窗口的打印结果如图 3-24 所示。

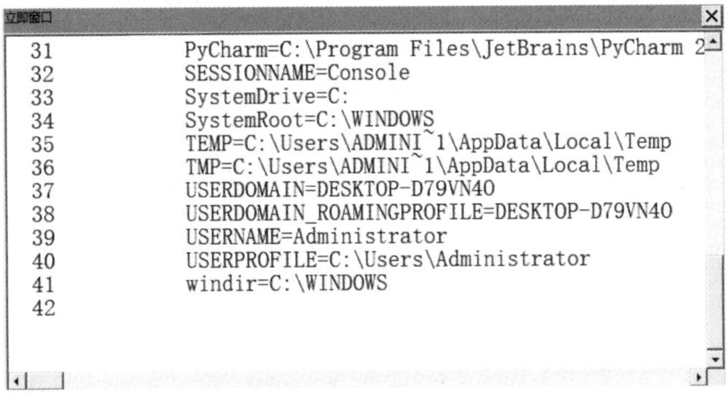

```
立即窗口
31            PyCharm=C:\Program Files\JetBrains\PyCharm 2
32            SESSIONNAME=Console
33            SystemDrive=C:
34            SystemRoot=C:\WINDOWS
35            TEMP=C:\Users\ADMINI~1\AppData\Local\Temp
36            TMP=C:\Users\ADMINI~1\AppData\Local\Temp
37            USERDOMAIN=DESKTOP-D79VN40
38            USERDOMAIN_ROAMINGPROFILE=DESKTOP-D79VN40
39            USERNAME=Administrator
40            USERPROFILE=C:\Users\Administrator
41            windir=C:\WINDOWS
42
```

图 3-24　获取所有环境变量

可以看出，该计算机中环境变量总数是 41 个。

3.6　Conversion 类

Conversion 类包含一些转换用户数据类型的函数。

其中，有一些以 C 开头的函数，用于把其他数据类型转换为指定的目标类型，见表 3-8。

表 3-8　转换类函数

函数名称	目标类型
CBool	Boolean
CByte	Byte
CCur	Currency
CDate	Date
CDbl	Double
CDec	Decimal

续表

函数名称	目标类型
CInt	Integer
CLng	Long
CSng	Single
CStr	String

VBA 语法中不强制类型的转换。例如，乘法通常是两个数字之间的运算，如果在程序中遇到两个字符串相乘，VBA 也会进行默认的转换，而不需要显式转换过程。

例如，在立即窗口中输入 ?"4.5" * "3.2"会得到结果 14.4。

不过为了让代码严格一些，在运算之前最好先转换为合适的类型，如实例 3-35 所示。

实例 3-35：转换为数字

```
Sub 数据类型转换()
    Dim a As String, b As String
    a = "4.5"
    b = "3.2"
    Debug.Print CInt(a) * CInt(b)
    Debug.Print CSng(a) * CSng(b)
End Sub
```

上述程序，两次打印结果分别是 12 和 14.4。因为 CInt 是转换为整数，相当于求 4*3 的值，所以结果是 12。

3.6.1 进制转换

VBA 中还支持八进制数和十六进制数，八进制数的表示方法是在数字前面加&O，十六进制数是在数字前面加&H。具体应用如实例 3-36 所示。

实例 3-36：使用八进制和十六进制

```
Sub 使用八进制和十六进制()
    Dim a As Long, b As Long
    a = &O45: b = &H12
    Range("A1").Value = a: Range("B1").Value = b
    Debug.Print a, b
End Sub
```

运行上述程序后，在单元格中显示 37 和 18，如图 3-25 所示。

&O、&H 这些标志只是个记号，本质上还是数字。

Conversion 类中有 Oct 和 Hex 两个函数，它们用于把一个数字转换为八进制或十六进制形式的字符串。具体应用如实例 3-37 所示。

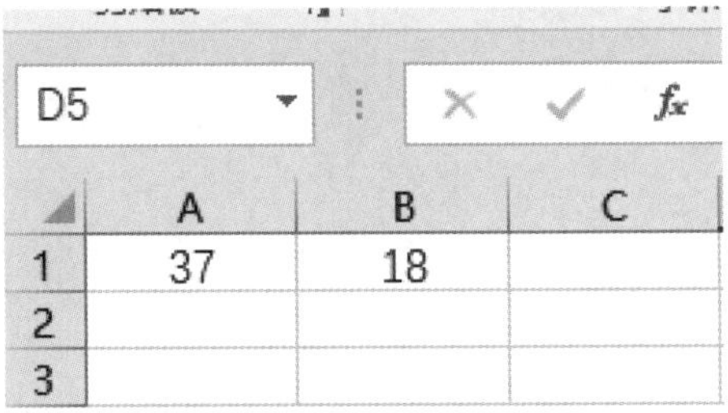

图 3-25　向单元格中写入数字

实例 3-37：转换为八进制和十六进制

```
Sub 转换为八进制和十六进制()
    Dim a As String, b As String
    a = Oct(255): b = Hex(255)
    Debug.Print a, b
End Sub
```

运行上述代码，立即窗口的输出结果为：

```
377          FF
```

这说明&O377 与&HFF 相等，都是 255。

很多场合下，需要把八进制或十六进制的字符串反向变成数字。这需要进行拼接，拼接之后用 Val 函数转换为数字。具体应用如实例 3-38 所示。

实例 3-38：字符串转换为数字

```
Sub 字符串转换为数字()
    Dim a As String, b As String
    a = "144": b = "FE"
    Debug.Print Val("&O" & a), Val("&H" & b)
End Sub
```

上述程序运行后，输出结果为：

```
100          254
```

这说明&O144 等于 100，&HFE 等于 254。

3.6.2　遍历错误描述

VBA 在遇到错误时，可能弹出各种错误对话框。假设在计算 5/0 时，弹出“运行时错误”对话框，如图 3-26 所示。

注意错误提示，数字 11 是错误号，下面的“除数为零”是错误的描述文本。实际上错误号和错误描述具有一一对应的关系。用 Conversion 类的 Error 函数可以返回指定错误号的描述。具体应用如实例 3-39 所示。

实例 3-39：遍历错误描述

```
Sub 遍历错误描述()
    Dim i As Integer
    For i = 1 To 100
        Debug.Print i, Error(i)
    Next i
End Sub
```

运行上述程序，立即窗口打印出 100 以内的所有错误描述，如图 3-27 所示。

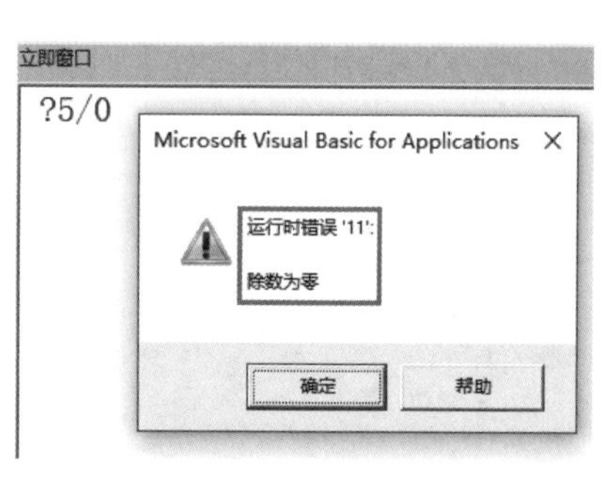

图 3-26　运行时错误

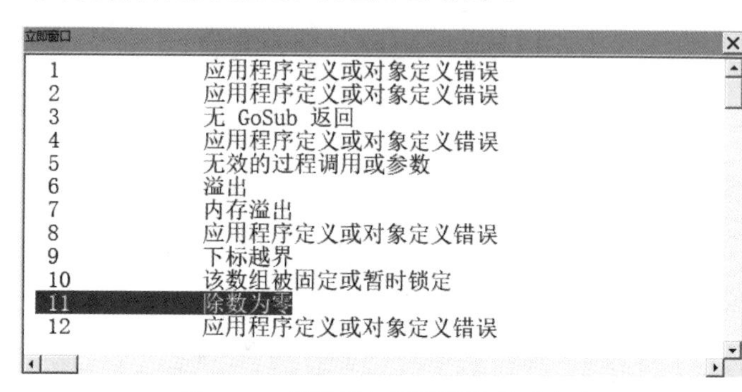

图 3-27　错误号与错误描述的对应表

3.7　Information 类

Information 类包含一些类型判断的函数。这些函数以 Is 开头，返回值是布尔值，见表 3-9。

表 3-9　信息类函数

函　数	作　用	举　例
IsArray	是否为数组	IsArray(Range("A1:D1").Value)返回 True IsArray(Range("A1").Value)返回 False
IsDate	是否为日期时间	IsDate("2021-3-21")返回 True IsDate(2021)返回 False
IsEmpty	是否为空	见 3.7.1 小节
IsMissing	是否缺失	见 3.7.2 小节
IsNull	是否空	见 3.7.3 小节
IsNumeric	是否可以解释为数值	IsNumeric("3.6")返回 True IsNumeric("3.6x")返回 False
IsObject	是否为对象	IsObject(Application.ActiveCell.Value)返回 False IsObject(Application.ActiveCell.Font)返回 True

3.7.1　IsEmpty 函数判断是否为空

IsEmpty 函数用于判断参数是否等于常量 Empty。

当一个变量声明为 Variant 并且从未赋值时，该变量的值就是 Empty。或者当一个单元格中未写入任何内容时，该单元格的 Value 也是 Empty。具体应用如实例 3-40 所示。

实例 3-40：判断为空

```
Sub 判断为空()
    Dim i As Integer
    Dim v As Variant
    Debug.Print IsEmpty(i) '返回 False
    Debug.Print IsEmpty(v) '返回 True
    v = 300
    Debug.Print IsEmpty(v) '返回 False
    v = Empty
    Debug.Print IsEmpty(v) '返回 True
End Sub
```

上述程序中，虽然变量 i 从未赋值，但由于它的类型是 Integer，初始值是 0，因此不为空。

Excel VBA 中，IsEmpty 经常被用于判断单元格是否为空，如实例 3-41 所示。

实例 3-41：判断单元格是否为空

```
Sub 单元格是否为空()
    If IsEmpty(Range("A1")) Then
        Debug.Print "A1 为空"
    End If
    If Range("B1").Value = Empty Then
        Debug.Print "B1 为空"
    End If
End Sub
```

上述两种写法都可以判断单元格是否为空。

3.7.2 IsMissing 判断参数是否缺失

IsMissing 函数用于判断函数或过程中的可选参数是否被传递。例如，计算圆的面积的 Area 函数定义如下：

```
Public Function Area(r As Double, Optional pi As Variant) As Double
    If IsMissing(pi) Then
        Area = -1
    Else
        Area = pi * r ^ 2
    End If
End Function
```

在如下的测试过程中，第一次调用传递了 3.14，参数被正确地传递，返回了面积。第二次调用只提供了半径这个参数，圆周率缺失，因此返回-1。

```
Sub Test()
```

```
    Debug.Print Area(2, 3.14)           '返回12.56
    Debug.Print Area(3)                 '返回-1
End Sub
```

如果参数 pi 的声明格式为 Optional pi As Variant=3.14，或者 Optional pi As Double，这些写法都不会让 IsMissing 成立，因为 pi 有了具体的值。

3.7.3 IsNull 函数

IsNull 函数判断参数是否等于 Null 常量，具体应用如实例 3-42 所示。

实例 3-42：判断是否为 Null 常量

```
Sub 判断是否为Null常量()
    Dim v As Variant
    Debug.Print IsNull(v)
    v = Null
    Debug.Print IsNull(v)
End Sub
```

以上程序的输出结果分别是 False 和 True。

3.8 习　　题

1．对于代码 MsgBox "a" = "A"的返回结果，说法正确的是（　　）。
   A．任何场合下都返回 True
   B．任何场合下都返回 False
   C．模块顶部设置了 Option Compare Binary 时，这句代码返回 True
   D．模块顶部设置了 Option Compare Text 时，这句代码返回 True

2．运行代码 MsgBox &H100，在对话框中看到的是（　　）。
   A．&H100　　B．100　　C．256　　D．1600

3．编写程序，计算如下三角函数式的值。

$$(\sin 75° + \cos 75°)^2$$

第二部分　VBA 编程

Excel VBA 是以 VBA 语言读写 Excel 相关内容的编程技术。在屏幕上看到的 Excel 软件、工作表、单元格都可以作为对象来处理，Excel 所有的对象形成的树形结构叫作“Excel 对象模型”。例如，对象模型中有一个 Workbook 对象，使用它可以进行新建工作簿、保存工作簿等操作。要想学好 Excel VBA，就需要理解和掌握各个常见对象的基本用法，再借助录制宏的方式知道每个手工操作对应的 VBA 代码是什么。

VBA 编程环境具有非常丰富的代码编辑和调试功能。个人编写的代码出现错误在所难免，如何根据 VBA 反馈的错误信息，针对性地修改代码也是一门技术。

Excel 中有一部分对象的定义不在 Excel 对象库中，如 COMAddIn、FileDialog、SmartArt 这些对象定义在 Office 对象库中。因此，要操作这些对象就需要添加 Office 对象库的引用。

这部分的主要知识点如下：

扫一扫，看视频

第 4 章　常用 Excel 对象

Excel VBA 是面向对象（Object Oriented）的编程语言。所谓对象，就是用英文单词来指代 Excel 里面的各种类型的内容。工作簿、工作表、单元格、图表、加载宏、图形等这些 Excel 常见的内容，在 VBA 中都被归类为某种对象。

对象具有属性、方法、事件这 3 种成员。由于对象的属性还可能是另一个对象，所以对象之间会互相嵌套，形成了以 Application 对象为根的对象模型树。Excel VBA 的学习过程就是逐步掌握和理解各种对象的编程方法，以及这些对象与 Excel 界面上的内容的呼应关系。

Excel VBA 具有非常庞大的对象模型树。

本章讲述 Application→Workbook→Worksheet→Range 这 4 级常用对象的编程技术。

本章关键词：Application、Workbook、Worksheet、Range、对象。

4.1　认识 Excel 对象模型

Excel VBA 代码中，用于 Excel 的对象来源于 Microsoft Excel x.0 Object Library 引用，该引用简称“Excel 对象库”。

本节讲解 Excel 对象库、对象浏览器、智能提示三者之间的关系。

4.1.1　引用 Microsoft Excel x.0 Object Library 的作用

任何一个 Excel 工作簿的 VBA 工程，一定包含 Microsoft Excel 16.0 Object Library 这个内置引用，如图 4-1 所示。

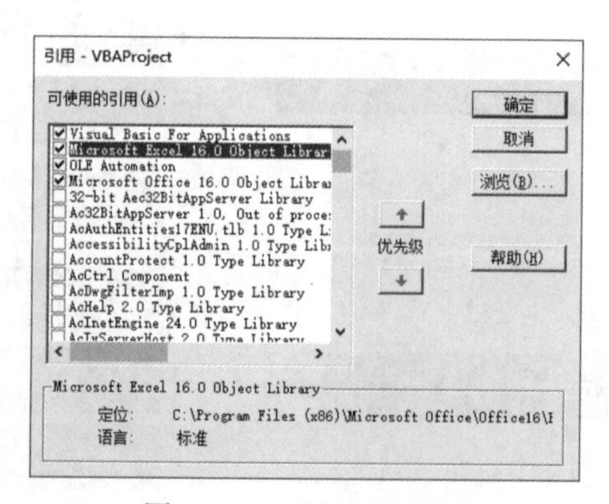

图 4-1　“引用”对话框

该引用对于 VBA 代码编写方面的作用如下：

- 提供了 Excel 方面的对象类。
- 提供了 Excel 方面的枚举常量。
- 提供了 Excel 对象中各种函数的参数和返回值信息。

以上这 3 点，均可通过对象浏览器或者 VBA 代码编辑窗口中体验到。

首先说明第 1 点。在代码区声明与 Excel 有关的变量时，在点后会弹出一个列表，如图 4-2 所示。

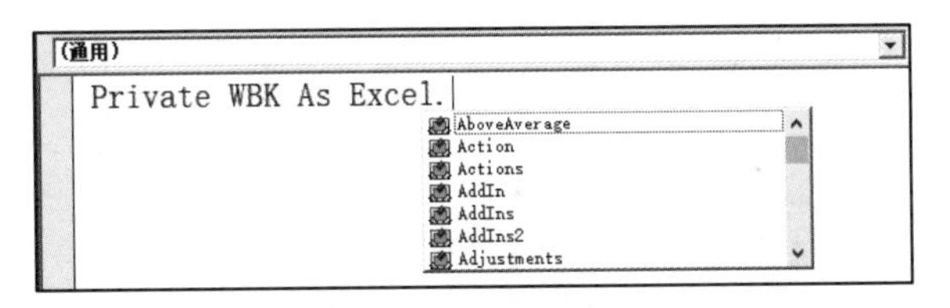

图 4-2　成员列表

为什么列表中是这些内容呢？原因就是 Excel 对象库中定义了这些成员。可以按下快捷键 F2，在对象浏览器窗口的组合框中选择 Excel，下方的类也是一个列表，如图 4-3 所示。

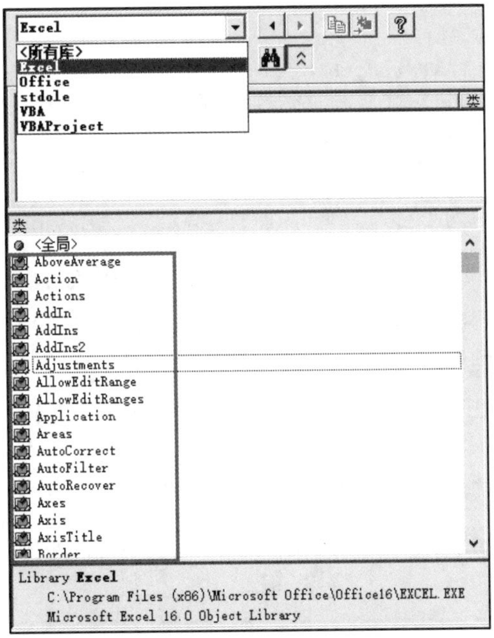

图 4-3　对象浏览器中查看类型库

不难发现，Excel 的点后面的列表与这个列表是一模一样的。

接下来说明第 2 点。Excel 对象库还提供了 Excel 内置枚举常量。这些枚举常量其实是一种特殊的类，一律以 Xl 开头，可以声明和赋值。

在对象浏览器中，滚动到最下面，可以看到 Excel 对象库中的所有枚举常量类，如 XlWindowState，它包含 3 个成员，用于获取和设置 Excel 中窗口的状态，如图 4-4 所示。

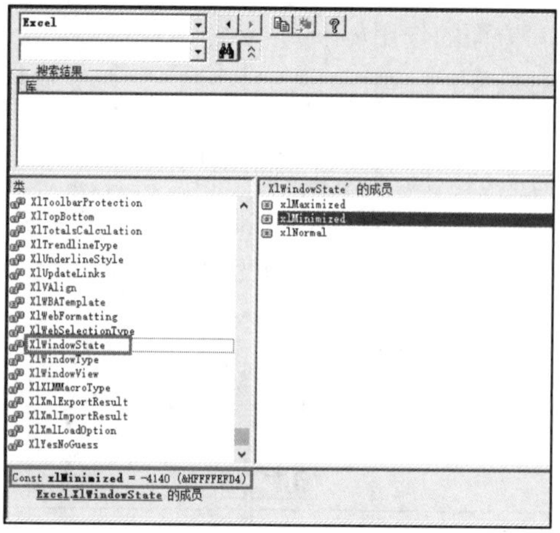

图 4-4　XlWindowState 枚举常量

具体应用如实例 4-1 所示。

实例 4-1：枚举常量的声明和赋值

```
Sub 枚举常量的声明和赋值()
    Dim state As Excel.XlWindowState
    state = Excel.XlWindowState.xlMinimized
    Application.WindowState = state '也可以写成 = -4140
End Sub
```

以上 3 行代码也可以简写为 1 行：

```
Application.WindowState = Excel.XlWindowState.xlMinimized
```

最后说明第 3 点。任何类都包含若干成员，每个成员其实是定义在类型库中的过程或函数，都有具体的参数说明和返回值类型。

在对象浏览器中选中 Workbooks 对象类，右侧选择 Open 成员，在底端会显示出 Open 方法所需的参数和返回值类型，如图 4-5 所示。

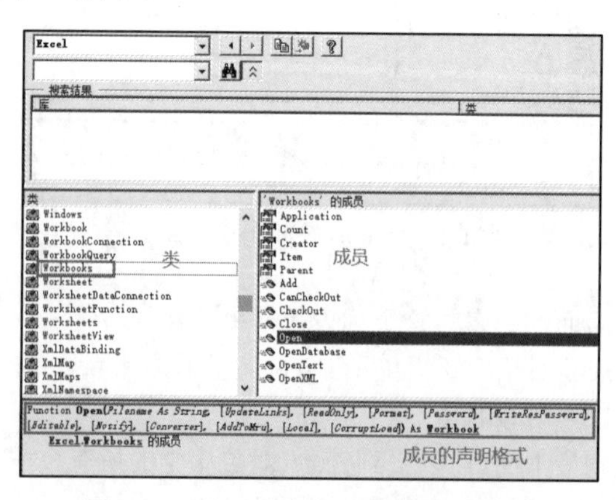

图 4-5　对象浏览器中查看函数的定义

可以看出 Open 是一个函数，只有第 1 个参数 Filename 是必需参数，其余参数都带有方括号，是可选参数。

在代码区输入 Application.Workbooks.Open，按下空格或者输入左括号，将出现该方法的智能提示，这与对象浏览器中看到的完全一样，如图 4-6 所示。

```
Sub Test()
    Application.Workbooks.Open ( )
End Sub
                Open(Filename As String, [UpdateLinks], [ReadOnly], [Format], [Password], [WriteResPassword], [IgnoreReadOnlyRecommended],
                [Origin], [Delimiter], [Editable], [Notify], [Converter], [AddToMru], [Local], [CorruptLoad]) As Workbook
```

图 4-6　书写代码时的智能提示

以上 3 点如此方便，其根本原因是 Excel VBA 工程中内置了“Excel 对象库”引用。

4.1.2　Excel 对象框架

Excel 对象库具有成千上万个对象，当然没必要把这些都学会。但是从对象浏览器中难以看出对象之间的包含关系，这么多对象到底先使用哪一个呢？笔者制作了一个常用对象的框架图来辅助学习，如图 4-7 所示。

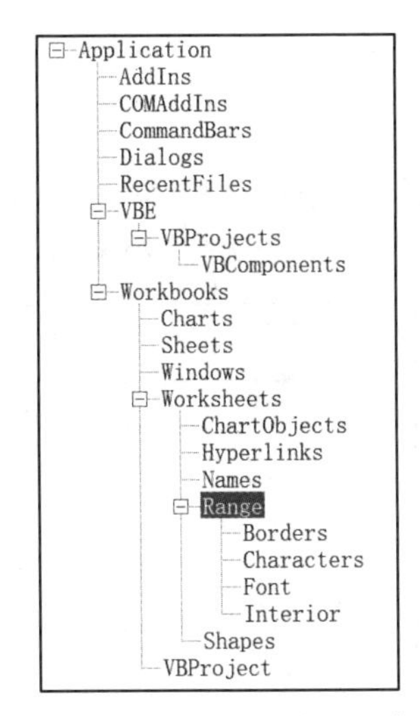

图 4-7　Excel VBA 常用对象

从这个框架图可以看到一条主线：Application→Workbooks→Worksheets→Range，这条主线描述的是应用程序、工作簿、工作表、单元格这 4 级对象。

4.1.3　从微软 MSDN 搜索用法和示例

Excel VBA 中每个函数往往包含很多参数，每个参数具有不同的意义，如果仅仅依靠 VBA 编辑器的智能提示，未必能写出正确的代码。

微软的官方网站提供了 Office 各个组件的编程对象模型作为参考，Excel VBA 方面的参考资料可以在浏览器中打开如下网页参阅：

https://docs.microsoft.com/zh-cn/office/vba/api/overview/excel

打开后，首先进入“Excel VBA 参考”界面，如图 4-8 所示。

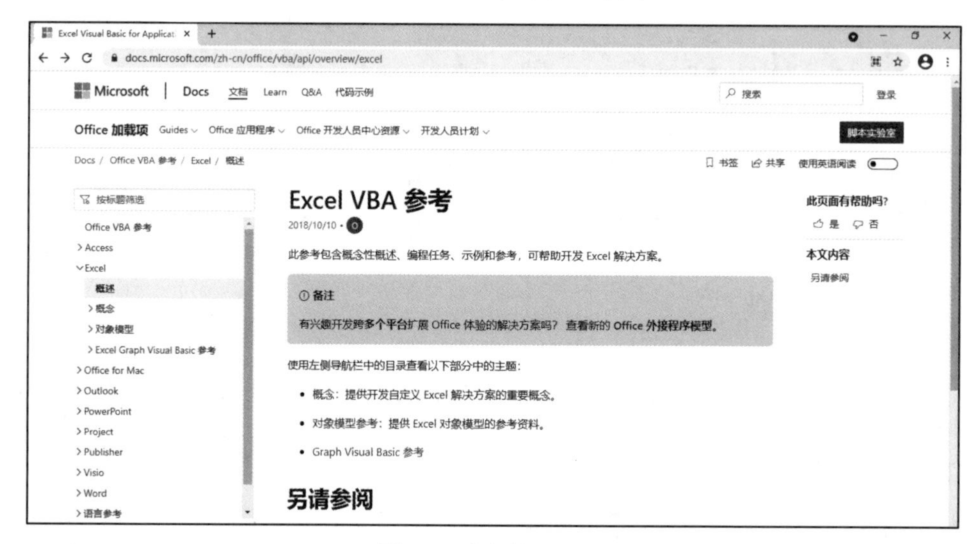

图 4-8　微软的 MSDN

注意图 4-8 左侧的“按标题筛选”搜索框，如果想知道 Workbook.Close 方法的用法，则可以在搜索框中输入关键字 Workbook，在搜索列表中选择 Workbook，如图 4-9 所示。

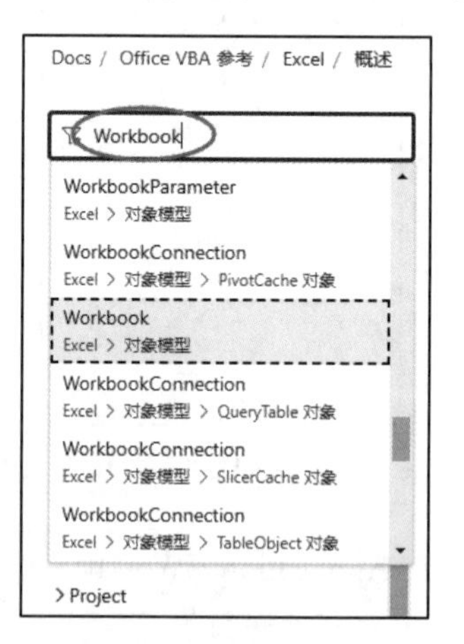

图 4-9　搜索关键字

单击后将跳转到如下网页：

https://docs.microsoft.com/zh-cn/office/vba/api/excel.workbook

页面中的内容很多，主要列出了 Workbook 对象的各种属性、方法、事件。从中找到 Close 方法并且单击，如图 4-10 所示。

图 4-10　Workbook 的 Close 方法

便可看到 Close 方法的作用、所需参数、返回值类型，如图 4-11 所示。

语法

表达式。**关闭**(*SaveChanges*、 *FileName*、 *RouteWorkbook*)

_表达式_一个代表**工作簿** 对象的变量。

参数

名称	必需/可选	数据类型	说明
SaveChanges	可选	Variant	如果工作簿无更改，则忽略该参数。 如果工作簿存在更改且其在其他打开的窗口中显示，则忽略此参数。 如果工作簿中有改动且工作簿未显示在任何其他打开的窗口中，则由此参数指定是否应保存更改。 如果设为 True，则保存对工作簿所做的更改。 如果还没有与工作簿关联的文件名, 则使用_文件名_。 如果省略_FileName_ , 则要求用户提供文件名。
FileName	可选	Variant	保存此文件名下的更改。
RouteWorkbook	可选	Variant	如果无须将工作簿路由到下一收件人（在其没有传送名单或已路由的情况下），忽略此参数。 否则，Microsoft Excel 根据此参数的值传送工作簿。

图 4-11　Close 方法的参数说明

继续往下滚动页面，还有具体的代码示例。

所以说，从 MSDN 学习语法是最可靠的路径之一。

4.2　集合对象与个体对象的概念

个体对象本质是类型库中的一个类，如 Workbook、Worksheet、Shape 都是 Excel 类型库中定义的类（至于这些类是如何定义的，微软不对外公开）。

集合对象是指由多个相同或近似类型构成的总体。VBA 中通常用英文单词的复数形式表示集合对象。例如，Workbooks 表示所有的 Workbook，Shapes 表示工作表上所有的图形。

不过，并不是任何一种个体对象都有对应的集合对象。例如，VBE 是 Application 对象下面的成员对象，它只有单数形式，并没有 VBEs 这个集合，因为一个 Excel 应用程序只能打开一个 VBA 编程环境。

理解集合对象，需要从以下两个方面掌握：

- 集合对象的上级是谁。
- 从集合对象中如何定位个体对象。

本节通过伪代码介绍集合对象与个体对象。

4.2.1 从集合对象中引用个体对象

为了形象地比喻集合和个体的关系，以一家成员的组成结构为例介绍，如图 4-12 所示。

图 4-12 家庭成员示意图

根据图 4-12，可以将其整理成一个表格，见表 4-1。

表 4-1 家庭成员

序 号	家庭角色	年 龄
1	爷爷	75
2	奶奶	74
3	妈妈	55
4	爸爸	50
5	婶婶	未知
6	叔叔	未知
7	自己	38
8	妹妹	37
9	表妹	未知

可以在表 4-1 中看到每个人的角色、年龄等属性。假设人的类型是 Person，那么以上 9 个人就形成了集合对象 Persons，并且还要想到这个集合对象的上一级是什么？是家（用 MyHome 表示）。

因此，集合对象的完整表达形式是 MyHome.Persons。

VBA 中所有集合对象都具有 Count 和 Item 属性，Count 表示集合中个体的数量，Item 用来引用或指代某一个体。因此，MyHome.Persons.Count 返回一个 Integer 数值 9；MyHome.Persons.Item(2)返回的是一个 Person 个体对象“奶奶”；MyHome.Persons.Item("爸爸")返回的也是 Person 个体对象，是表格中第 4 个人。

另外，VBA 集合对象后面的.Item 可以省略，也就是说 MyHome.Persons.Item(2)可以简化为 MyHome.Persons(2)或 MyHome.Persons("奶奶")。

图 4-13 与图 4-14 所示的代码演示了如何使用 Count 和 Item 属性。

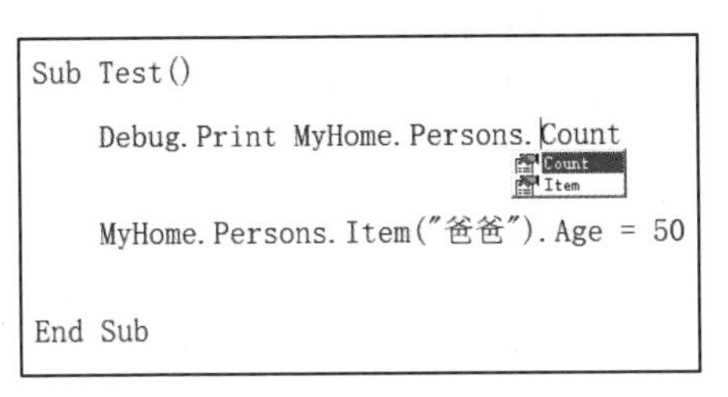

图 4-13　访问 Count 属性

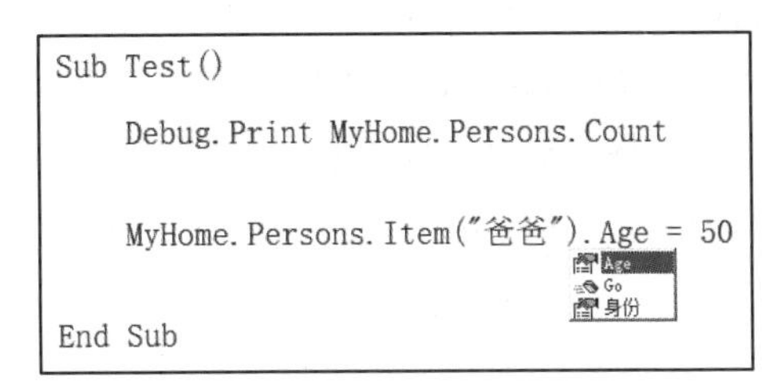

图 4-14　使用 Item 引用一个对象

集合对象是有序序列，既可以用序号引用个体也可以用名称引用个体。如果要表达最后一个成员时，使用 MyHome.Persons.Item(MyHome.Persons.Count)。

可以看出，集合对象起到承上启下的作用，对于 Persons 集合，它的上级对象是 MyHome，通过 Item 引出某一个体。Excel VBA 中大多数对象都是使用这种逻辑。

4.2.2　使用对象变量

前面已经学过变量的声明和赋值，以及如 String、Integer、Boolean 等基本数据类型。

下面学习对象变量的用法。

对象变量是指类型是某种对象的变量，在声明和赋值阶段，与普通变量的做法有所不同。声明对象变量时，As 后面需要声明为对象类型，如 As Person。也可以声明为通用对象类型 Object。为对象变量赋值时，必须使用 Set 关键字，而不是 Let。使用完对象变量以后，要把 Nothing 赋给它，从而释放内存。

例如，引用一个人，并且读/写这个人的若干属性，一般写法如下：

```
Sub 一般写法()
    MyHome.Persons.Item("爸爸").Age = 50
    MsgBox MyHome.Persons.Item("爸爸").身份
End Sub
```

可以看到代码中 MyHome.Persons.Item("爸爸")这一部分反复出现多次。使用对象变量可以用一个单词来代替这一长串。例如，在下面的代码中，可以反复使用 Baba 这个变量。

```
Sub 使用对象变量()
    Dim Baba As Person
    Set Baba = MyHome.Persons.Item("爸爸")
    Baba.Age = 50
    MsgBox Baba.身份
    Set Baba = Nothing
End Sub
```

4.2.3 遍历集合中的所有个体对象

面向对象编程中，遍历（Enumeration 或 Looping）是处理集合对象中最常用的思路和做法。遍历的目的是一次性访问所有个体的属性，或者执行所有个体的方法等。

集合对象的 Item 属性可以按序号或名称指代某一个体，因此只需要遍历序号就可以访问到任何一个个体。具体应用如实例 4-2 所示。

实例 4-2：访问每个对象的属性

```
Sub 访问每个对象的属性()
    Dim index As Integer
    For index = 1 To MyHome.Persons.Count
        Debug.Print MyHome.Persons.Item(index).Age
    Next index
End Sub
```

上述程序的功能是打印每个人的年龄。

除了使用数字序号循环，还可以用 For…Each 结构来遍历集合，在这种情形下必须声明和使用对象变量。具体应用如实例 4-3 所示。

实例 4-3：遍历集合

```
Sub 遍历集合()
    Dim P As Person
    For Each P In MyHome.Persons
        Call P.Go
    Next P
End Sub
```

上述程序的功能是遍历每个人并执行每个人的 Go 方法。

4.3 应用程序 Application 对象

Excel VBA 对象模型中，Application 代表 Excel 应用程序，是对象模型中的顶级对象，该对象的类型名是 Excel.Application，不需要创建，可以直接使用 Application 来访问 Excel。

任何对象都具有以下 3 个方面：

- 属性：对象的简单属性和成员属性。
- 方法：对象包含的过程或函数。
- 事件：对象支持的事件。

本节讲解 Application 对象常用的属性和方法。

4.3.1 从对象浏览器查看用法

Excel VBA 中包括很多对象，熟悉和理解对象的最好方法是通过对象浏览器查看。在 VBA 中按下快捷键 F2，打开对象浏览器，在上面的组合框中选择 Excel，在左侧的类列表中找到 Application，右侧显示出了它的所有成员，如图 4-15 所示。

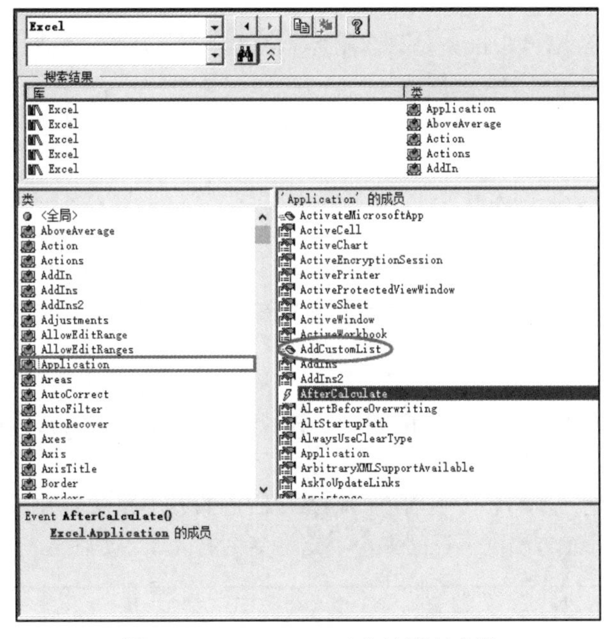

图 4-15 Application 对象的所有成员

这些成员中，图标是属性，图标是方法，图标是事件。默认情况下属性、方法、事件按字母顺序混杂显示在一起。

如果在右键菜单中勾选了“组成员”，那么成员中所有的属性列表会按字母排序，然后是方法列表，最后是事件列表，如图 4-16 所示。

1. 对象的属性

属性用来描述对象的一个方面。例如，年龄是人的属性。

在对象浏览器中选中一个属性，窗口底部有详细的声明方式，例如：

```
Property ActiveWindow As Window
    只读
```

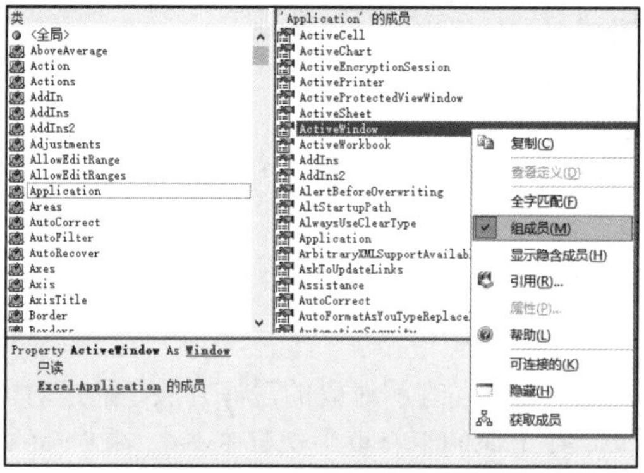

图 4-16　组成员

这表示 Application.ActiveWindow 是只读属性。可以看到该属性后面的 As Window，表示它的类型不是简单数据类型，因此属于成员属性。

对于成员属性，不仅要知道 ActiveWindow 是 Application 的成员，还需要进一步学习 Window 对象相关的知识。

再看 Caption 属性，它的声明是：

```
Property Caption As String
```

没有“只读”二字，那说明既可以读，也可以修改该属性，返回类型是 String，因此属于简单属性。

2. 对象的方法

对象的方法名称往往是一个动词，用来执行一个行为，如 Baby.Cry，这里的 Cry 就是 Baby 的一个方法。

对象的方法分为有返回值的和无返回值的，有返回值的方法往往是用 Function 声明的。例如，Application 对象的 Intersect 方法用于返回多个单元格交集的区域，如图 4-17 所示。

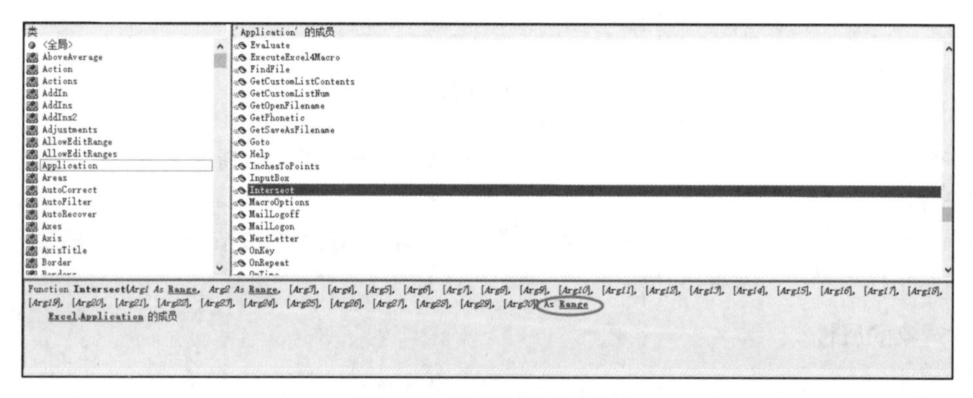

图 4-17　有返回值的方法

从对象浏览器可以看到声明方式是：

```
Function Intersect(…) As Range
```

由于具有返回值，因此使用该方法时，要先声明一个对象变量来接收它的返回值。

另一类是用 Sub 声明的、没有返回值的方法。例如，Application 对象的 Quit 方法，声明方式为：

```
Sub Quit()
```

该方法没有参数，也没有返回值。因此，只需要运行 Application.Quit，就可以退出 Excel。

3. 事件

事件是用 Event 关键字声明的，如图 4-18 所示。

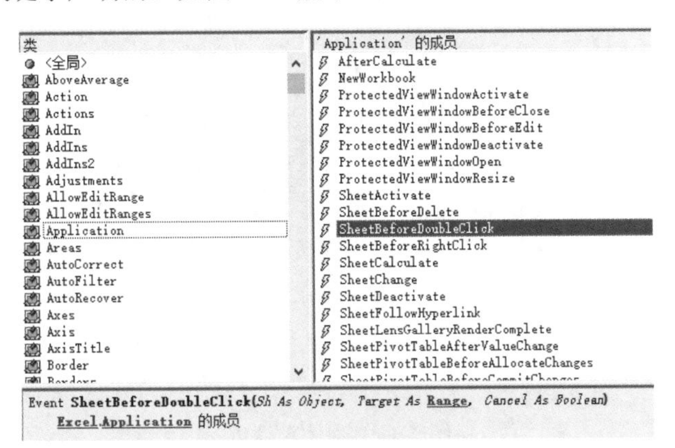

图 4-18　对象的事件

例如，SheetBeforeDoubleClick 事件的声明方式如下：

```
Event SheetBeforeDoubleClick(Sh As Object, Target As Range, Cancel As Boolean)
```

括号中是参数列表。

4.3.2　Application 对象的作用

Excel VBA 中 Application 对象出现得很频繁，这个对象究竟起了哪些作用呢？

Application 对象的功能大致归纳为以下 4 个方面：

- 引出 Excel 中的各种对象，从而访问 Excel 中的各个方面。
- 管理和设置 Excel。
- 调出 Excel 中的对话框，有利于自动化。
- 允许其他软件和编程语言访问 Excel。

要想通过 VBA 访问和控制 Excel 的各个方面，都需要从 Application 进入。例如，收到了他人制作的一个 xlam 格式的加载宏文件，用 VBA 实现自动加载该文件的代码如下：

```
Application.AddIns.Add FileName:="D:\temp\实用工具箱.xlam"
```

其中，AddIns 表示所有加载宏，是 Application 下面的一个集合对象。

Excel 软件有很多设置选项，如计算方式、新工作簿中工作表的个数等。非编程人员可以通过“选项”对话框进行查看和设置。此外，VBA 可以用代码的方式更改 Excel 的选项，例如：

```
Application.Calculation =Excel.XlCalculation.xlCalculationManual '手动计算
Application.SheetsInNewWorkbook = 1 '新工作簿中只有 1 个工作表
```

Excel 中有各种各样的对话框，如单元格格式对话框、文件打开对话框、函数向导对话框等。可以通过 Application 对象让这些对话框自动弹出，例如：

```
Application.Dialogs(Excel.XlBuiltInDialog.xlDialogFont).Show
```

运行该行代码，将会弹出“字体”对话框，如图 4-19 所示。

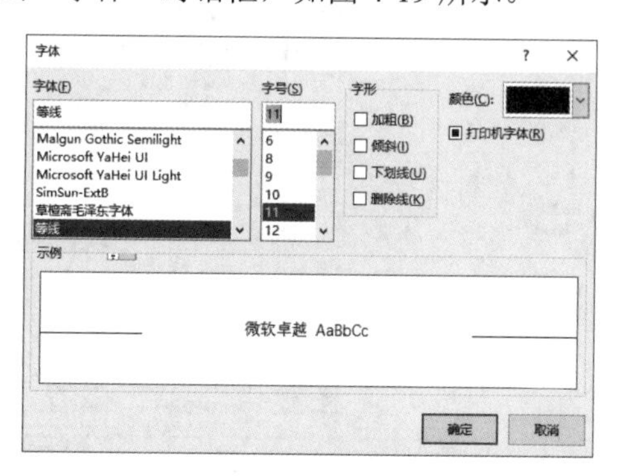

图 4-19　字体对话框

例如：

```
bOpened = Application.FindFile
```

运行这行代码，将会弹出一个“打开”对话框，如图 4-20 所示。

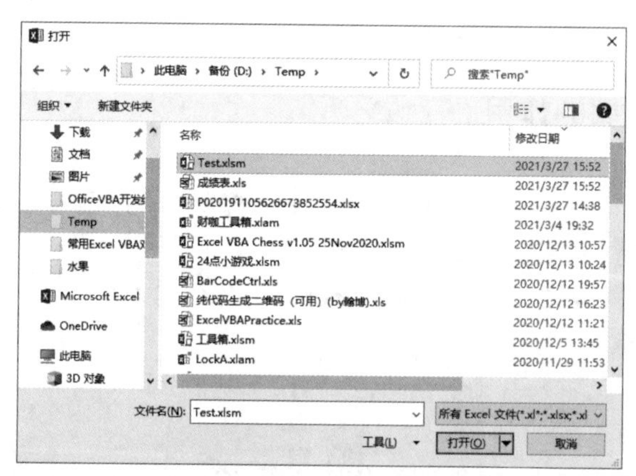

图 4-20　FindFile 弹出“打开”对话框

例如：

```
Application.ActiveCell.FunctionWizard
```

运行上述代码，将会弹出一个“插入函数”对话框，如图 4-21 所示。

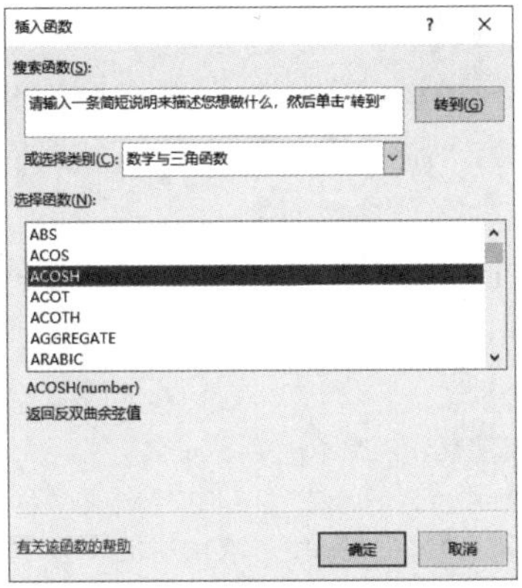

图 4-21 “插入函数”对话框

Application 对象还有一个重要的功能是允许 Excel 以外的程序语言操作 Excel，如 Office 中的 Word VBA、VBS、VB6 等。

实例 4-4 演示了如何使用 VBS 让 Excel 最小化。

实例 4-4：使用 VBS 让 Excel 最小化

新建记事本，在记事本中录入代码后，将其另存为 MinimizeExcel.vbs，如图 4-22 所示。

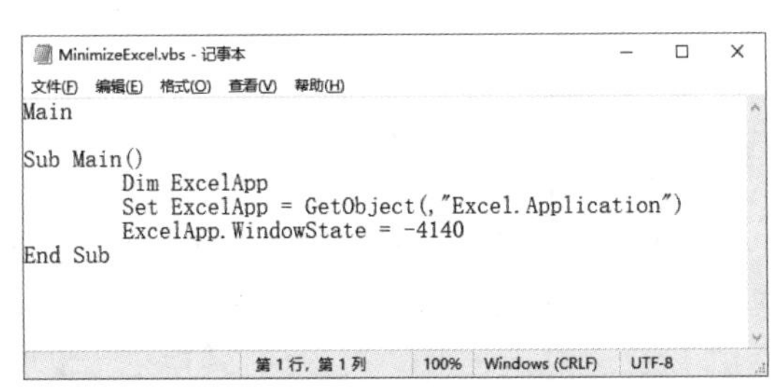

图 4-22 VBS 控制 Excel 的窗口状态

双击该脚本文件，会看到 Excel 自动最小化了。

```
Set ExcelApp = GetObject(,"Excel.Application")
```

这行代码是整个程序的关键，表示通过 GetObject 获取运行中的 Excel 应用程序。

另一方面，还可以通过 COM 加载项的方式来读/写 Excel。例如，在 VB6 或 VSTO 项目中，入口函数就提供了一个宿主程序的 Application 对象。

因此，Application 是 Excel VBA 的重中之重。

4.3.3 读/写应用程序的属性

1. Application 对象常用的可读/写属性

Application 对象一部分属性是只读的。例如，ProductCode 代表 Excel 的产品号，Version 代表

Excel 版本，这些属性只能读取不能修改。

还有一部分属性是可读/写的，需要注意的是，某些属性使用代码修改后，再次启动 Excel 时会自动恢复为默认属性，这类属性称为“临时属性”。还有一些属性 Excel 会保存修改，这类属性称为“记忆属性”，它具有“恒久性”。

例如，DisplayAlerts 是临时属性，即使用 VBA 把它设置为 False，下次启动 Excel 时还会自动恢复为 True。而 SheetsInNewWorkbook 属性是记忆属性，用 VBA 修改后，这个设置被保存在计算机中，除非它再次被修改。

Application 对象常用的可读/写属性见表 4-2。

表 4-2　Application 对象常用的可读/写属性

临时属性		记忆属性	
名　称	含　义	名　称	含　义
Caption	应用程序的标题	Calculation	计算方式
DisplayAlerts	是否显示警告对话框	DefaultFilePath	默认文件路径
EnableEvents	是否启用事件	DefaultSaveFormat	默认保存格式
ScreenUpdating	是否屏幕刷新	Iteration	启用迭代计算
DisplayStatusBar	是否显示状态栏	SheetsInNewWorkbook	新工作簿中工作表个数
StatusBar	状态栏的文字	ShowDevTools	显示“开发工具”
Visible	应用程序的可见性	UserName	用户名

“记忆属性”还有个特点是可以在 Excel 的选项对话框中找到相应修改的地方。例如，“包含的工作表数”对应于 SheetsInNewWorkbook 属性，“用户名”对应于 UserName 属性，如图 4-23 所示。

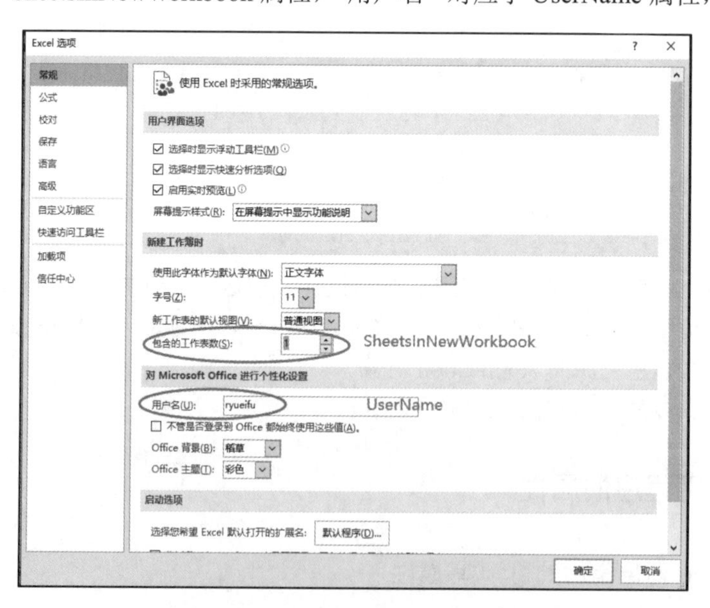

图 4-23　“Excel 选项”对话框

在“Excel 选项”对话框中找不到的属性，往往是“临时属性”。例如，EnableEvents 只用于编程。

2. Application 对象的 UserControl 属性和 Visible 属性

UserControl 是 Application 对象的用户控制属性，Visible 是应用程序的可见属性。当用户手动启动 Excel 后，Excel 窗口显示在屏幕上，Visible 属性为 True，UserControl 属性也为 True。

用户（编程人员）在其他程序语言中采用 GetObject、CreateObject 等方式启动 Excel，那么被启动的 Excel 默认是不可见的，此时 UserControl 和 Visible 属性均为 False。这种情况下如果代码中执行的 Set ExcelApp = Nothing 对象的引用被释放后，Excel 进程将自动退出（即使它没有执行 ExcelApp.Quit 方法）。

反之，如果代码中刻意把 UserControl 和 Visible 设置成 True，执行了 Set ExcelApp = Nothing，那么只是变量被释放了，被创建的 Excel 的进程还没有退出。

例如，在文本文件中输入代码，另存为 vbs 脚本文件，如图 4-24 所示。

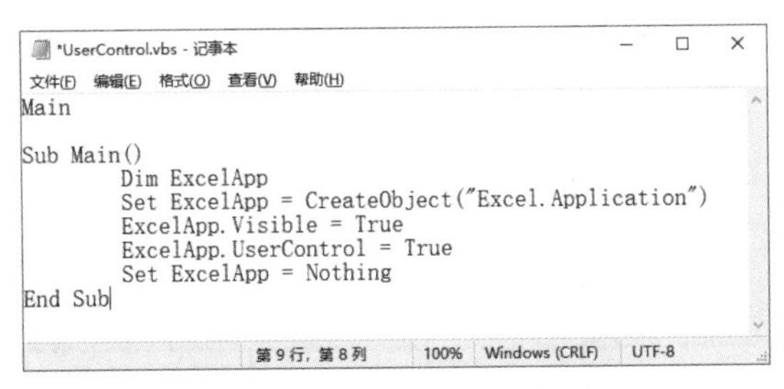


```
Main

Sub Main()
        Dim ExcelApp
        Set ExcelApp = CreateObject("Excel.Application")
        ExcelApp.Visible = True
        ExcelApp.UserControl = True
        Set ExcelApp = Nothing
End Sub
```

图 4-24 UserControl 属性的影响

上述脚本执行完毕，Excel 窗口仍然留在屏幕上。

如果改成 ExcelApp.UserControl = False，则自动退出 Excel。

4.3.4 Application 对象的快捷对象

一般情况下，Excel VBA 按照 Application、Workbook、Worksheet、Range 的顺序逐级定位，不能越级。然而 Application 是一个特殊的对象，它可以直接返回处于活动状态的一些对象，这些对象称为“快捷对象”。

Application 对象常用的快捷对象见表 4-3。

表 4-3 Application 对象常用的快捷对象

快捷对象	类　型	含　义
ActiveWorkbook	Excel.Workbook	活动工作簿
ActiveSheet	Excel.Worksheet 等 Object	活动表
ActiveCell	Excel.Range	活动单元格
Selection	Object	选中的对象
ActiveWindow	Excel.Window	活动窗口
ActiveChart	Excel.Chart	活动图表

例如，要想向活动单元格中写入内容，无须在工作簿、工作表中定位，可以直接编写：

```
Application.ActiveCell.Value = 123
```

需要注意的是，当在 Excel 中没有打开任何工作簿时，以上快捷对象都不可用。可以在立即窗口中使用 Is Nothing 来验证，如图 4-25 所示。

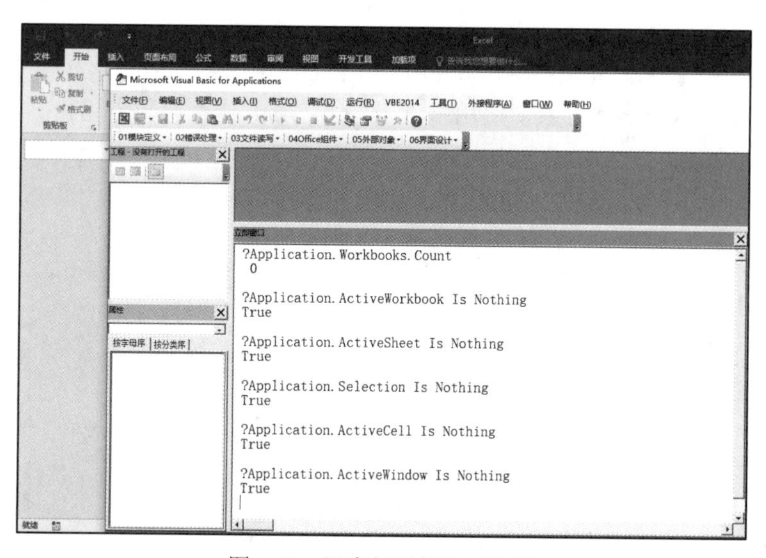

图 4-25　没有打开任何工作簿

因此，在编程过程中，要先判断一下这些快捷对象是否存在。如果工作簿都没有了，就不能访问活动单元格。

4.3.5　使用 Evaluate 方法评价公式

Application 对象具有很多方法，此处以 Evaluate 和 Run 方法为例讲解。

Evaluate 方法用于将字符串转换为对象或数值、数组。返回值的类型与具体的评价内容有关系。

Excel 中有一种叫作纯数组的数据，通常用在工作表的公式、名称、图表中。一维纯数组的各个元素用逗号隔开，如{3,5,7,9}是包含 4 个元素的一维纯数组。如果元素是文本，则需要用双引号括起来。二维纯数组每行用分号隔开，如{"Name","Age";"张晨",38}是一个 2 行 2 列的二维纯数组。

纯数组既可以当作数组使用，也可以当作矩阵运算方面的参数使用。

在工作表中选中同一行的 4 个单元格，在公式编辑栏中输入={3,5,7,9}，按下快捷键 Ctrl+Shift+Enter，就把纯数组写入单元格了，如图 4-26 所示。

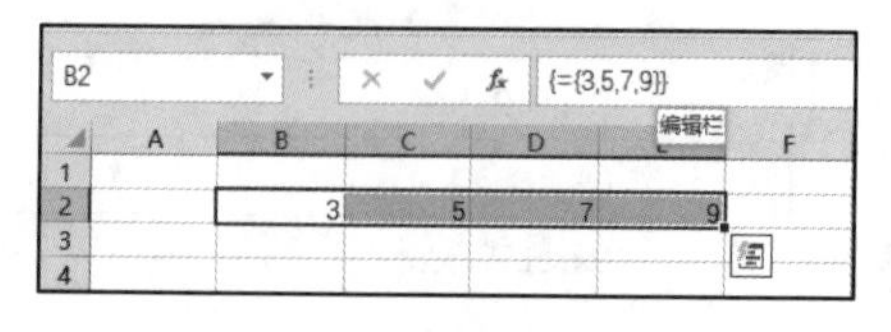

图 4-26　输入数组公式

如果在其他单元格中输入=SUM({3,5,7,9})，直接按下回车键，就会返回纯数组的元素之和。

选中 2 行 2 列，然后输入数组公式=TRANSPOSE({"姓名","出生日期";"张晨","1998/7/5"})，按下快捷键 Ctrl+Shift+Enter，就可以在单元格中看到这个数组的转置结果，如图 4-27 所示。

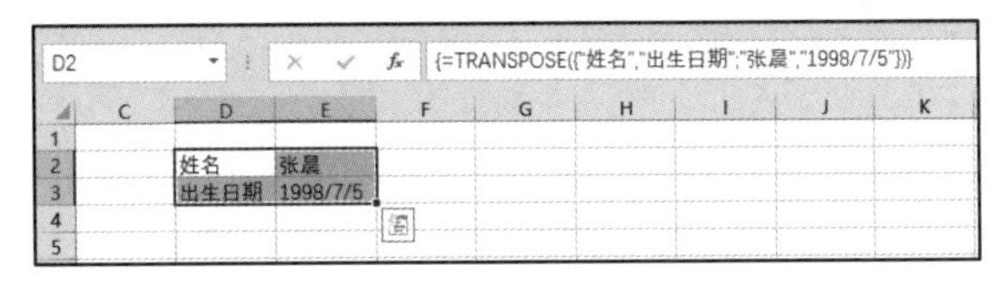

图 4-27　二维纯数组的转置结果

Excel VBA 中的 Evaluate 方法把公式与 VBA 变量建立了联系。具体应用如实例 4-5 所示。

实例 4-5：Evaluate 方法

```
Sub Evaluate 方法()
    Dim v As Variant
    v = Application.Evaluate("{3,5,7,9}")          '纯数组转换为 VBA 一维数组
    v = Application.Evaluate("A1:B2")              '单元格转换为 VBA 二维数组
    v = Application.Evaluate("=SUM(A1:B2)")        '返回公式的计算结果
    Application.Evaluate("文本框 1").Delete        '删除“文本框 1”
End Sub
```

另外，还可以使用隐式的 Evaluate 方法，如 Application.Evaluate("something")可以简写为[something]。[A2:D4].ClearContents 表示清除单元格内容。Evaluate 的另一种写法如实例 4-6 所示。

实例 4-6：Evaluate 的另一种写法

```
Sub Evaluate 的另一种写法()
    Dim v As Variant
    v = [{3,5,7,9}]
    v = [A1:B2]
    v = [=SUM(A1:B2)]
    [文本框 1].Delete
End Sub
```

Evaluate 的简写形式看起来简短，但它的缺点是无法将 VBA 中的字符串作为参数传递进去，如图 4-28 所示。

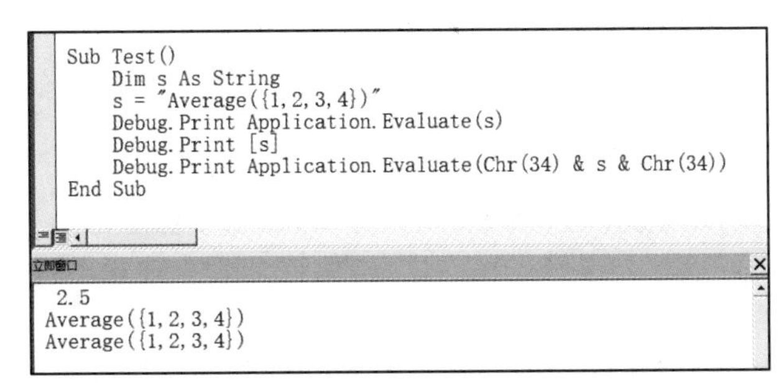

图 4-28　Evaluate 方法

可以看到在 3 次打印结果中，第 1 行成功求出了平均值。后面两行均输出了字符串 s 本身，并没有对公式进行解析。

4.3.6 使用 Call 和 Run 调用 VBA 工程中的宏

在编程开发过程中经常需要调用过程和函数。调用分为工程内部调用和工程外部调用两种情形。

Call 是 VBA 中的一个术语，用于调用同一 VBA 工程内部的过程和函数。Call 和 Application 对象无关。

假设 VBA 工程中有一个“模块 1”，其中有一个 MyName 过程：

```
Sub MyName(FirstName As String, LastName As String)
    MsgBox "Hello, " & FirstName & " " & LastName
End Sub
```

在该工程的其他地方运行代码：

```
Call 模块1.MyName(FirstName:="Yongfu", LastName:="Liu")
```

就调用到了上述过程，如图 4-29 所示。

图 4-29 使用 Call 调用另一个过程

Excel VBA 中，Application 对象的 Run 方法以字符串的形式调用 VBA 工程中的宏。它不仅可以调用其他模块中的宏，还可以跨工作簿调用其他工程中的宏。

Run 方法的第 1 个参数是被调用的过程或函数的名称，后面紧跟着这个过程所需的参数值，例如：

```
Application.Run "MyName", "Liu", "Yongfu"
```

如果用 Run 调用有返回值的 Function，还需要使用变量或对象变量来接收 Run 方法的返回值。具体应用如实例 4-7 所示。

实例 4-7：接收 Run 方法的返回值

假设有一个工作簿 1，里面有 1 个标准“模块 1”，其中包含 1 个 MyAge 函数：

```
Function MyAge(birthday As Date) As Integer
    MyAge = Year(Date) - Year(birthday)
End Function
```

在 Excel VBA 的其他场所运行以下过程：

```
Sub 接收Run方法的返回值()
    Dim age As Integer
    age = Application.Run("工作簿1!模块1.MyAge", #7/15/1981#)
    MsgBox age
End Sub
```

对话框中将显示出年龄。

在跨组件或跨程序语言编程中，无法使用 Call 调用 Excel VBA 中的宏，但是可以利用 Excel 应用程序的 Run 方法进行调用。

例如，启动 Word，新建一个文档，在它的 VBA 工程中输入一个 Main 过程，如图 4-30 所示。

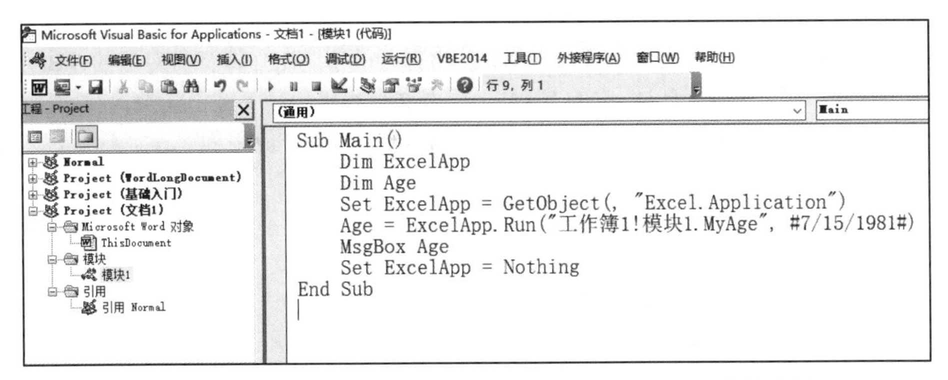

图 4-30　在 Word VBA 中使用 Run 方法调用 Excel VBA 中的过程

运行 Main 过程，可以看到成功调用了 Excel 中的自定义函数 MyAge。从这个例子可以看到，在其他软件中访问 Excel 的内容最关键的就是获取 Excel 的 Application 对象。

4.4　工作簿 Workbook 对象

工作簿是指在 Excel 中打开的文件。通常是扩展名为.xls、.xlsx、.xlsm 等常见的 Excel 文件，还有扩展名为.csv、.txt、.xml 等的文本文件。另外，在 Excel 中新建的、尚未保存的也属于工作簿。但是，Excel 中的加载宏不属于工作簿。

在 Excel VBA 编程模型中，Excel 中的所有工作簿使用集合对象 Workbooks 来表示，其中每一个工作簿使用个体对象 Workbook 来表示。

Workbooks 集合对象的常用成员有 4 个。

- Count：工作簿总数，只读。
- Item：引用（Cite）其中一个工作簿。
- Add：新建工作簿。
- Open：打开工作簿。

Workbook 个体对象的常用成员有 8 个。

- Name、Path、FullName：工作簿文件的名称及路径，只读。
- CodeName：代码名称，设计期间可读/写，运行期间只读。
- Saved：工作簿的保存状态，可读/写。
- Save：保存工作簿。
- SaveAs：工作簿另存为。
- Windows：窗口集合对象。

本节重点介绍与 Workbooks 集合对象与 Workbook 个体对象相关的主要操作。

4.4.1 引用一个工作簿

Excel VBA 是以 VBA 工程为单位的，在 Excel 中打开的每个工作簿都有对应的 VBA 工程，即使扩展名为.xlsx 的工作簿，也可以在它的 VBA 工程中书写代码，只不过不能被保存而已。

一个工作簿中保存的 VBA 代码，可以访问的范围是整个 Excel 应用程序，而不限于宏所在的工作簿。

通过 Workbooks 集合对象引用其中一个工作簿，既可以用序号，也可以用工作簿名称作为引用依据。

假设启动 Excel 以后，手动执行了以下 5 步操作：

第一步，打开了“合并单元格.xlsm”。

第二步，打开了“报名名单.xlsx”。

第三步，新建了“工作簿 1”。

第四步，关闭了“报名名单.xlsx”。

第五步，打开了“成绩表.xls”。

以上操作完成后，可以看到 3 个工作簿，每个窗口顶部显示了工作簿的名称，如图 4-31 所示。

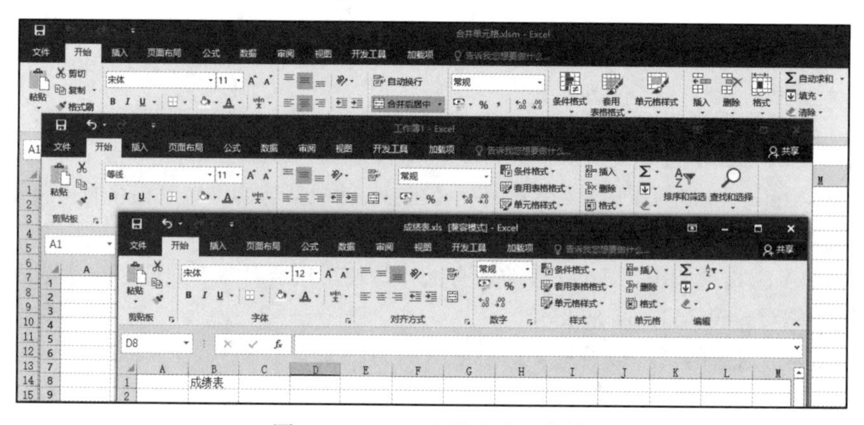

图 4-31 Excel 中的多个工作簿

工作簿的序号是按照打开的先后次序决定的，而与工作簿的名称无关。当某个工作簿被关闭时，它后面工作簿的序号会顺次向前调整。

因此，上述窗口中工作簿的序号和名称如下：

1——合并单元格.xlsm。

2——工作簿 1。

3——成绩表.xls。

接着可以用 Item 引用任意工作簿对象，如实例 4-8 所示。

实例 4-8：只访问一个工作簿的信息

```
Sub 只访问一个工作簿的信息()
```

```
    Debug.Print Application.Workbooks.Item(3).Name
    Debug.Print Application.Workbooks.Item("成绩表.xls").Name
End Sub
```

也可以用 For…Each 循环遍历所有工作簿，如实例 4-9 所示。

实例 4-9：遍历所有工作簿

```
Sub 遍历所有工作簿()
    Dim w As Excel.Workbook
    Dim i As Integer
    i = 1
    For Each w In Application.Workbooks
        Debug.Print i, w.Name
        i = i + 1
    Next w
End Sub
```

上述程序运行后，立即窗口的打印结果如图 4-32 所示。

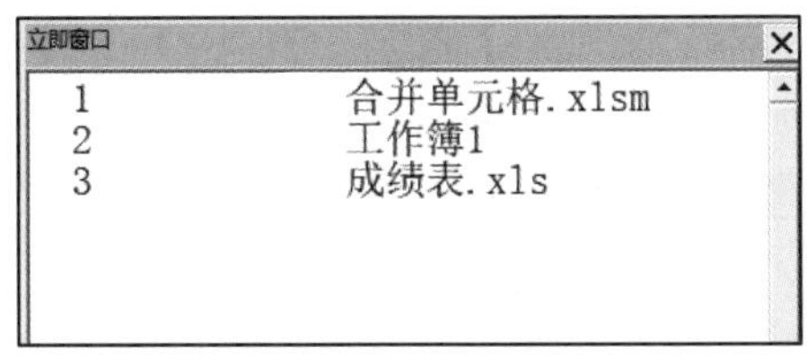

图 4-32　遍历所有工作簿的打印结果

4.4.2　新建工作簿

在 Excel 中按下快捷键 Ctrl+N 可以新建一个工作簿。该操作在 VBA 中对应的代码是：

```
Application.Workbooks.Add
```

其中，Add 方法返回 Workbook 对象，因此应该用 Workbook 类型的对象变量接收返回值。具体应用如实例 4-10 所示。

实例 4-10：新建指定数量工作表的工作簿

```
Sub 新建指定数量工作表的工作簿()
    Dim wbk As Excel.Workbook
    Application.SheetsInNewWorkbook = 4
    Set wbk = Application.Workbooks.Add
    wbk.Worksheets(2).Activate
    Application.SheetsInNewWorkbook = 3 '恢复默认设置
End Sub
```

上述代码运行后，新建的工作簿中默认存在 4 个工作表，并且第二个表处于激活状态，如图 4-33 所示。

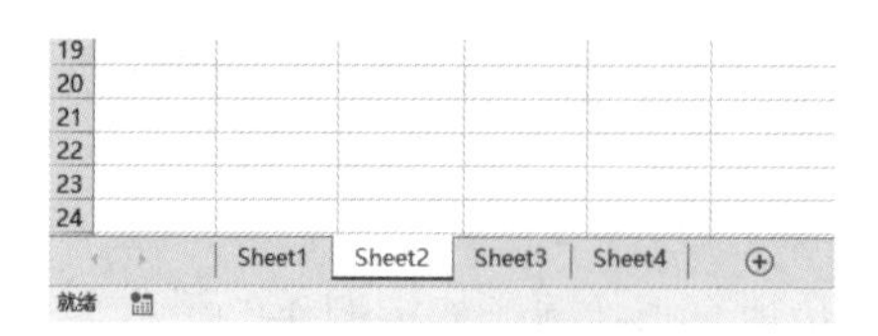

图 4-33　新建工作簿

Excel 工作簿经过设计后，可以另存为模板文件，Excel 模板文件的扩展名中通常包含字母 t，如.xltx、.xltm 等。

双击模板文件的图标，可以快速新建一个新的工作簿，不过这个工作簿相当于将模板文件再次克隆了一份。

利用 VBA 代码同样可以创建基于模板的工作簿，具体应用如实例 4-11 所示。

实例 4-11：新建指定模板的工作簿

```
Sub 新建指定模板的工作簿()
    Dim wbk As Excel.Workbook
    Set wbk = Application.Workbooks.Add(Template:=ThisWorkbook.Path &
    "\Template20170624.xltx")
End Sub
```

新建工作簿使 Workbooks 集合中个体对象的数量增加了 1。

4.4.3　打开工作簿

通过 Workbooks 集合对象可以打开磁盘上已经存在的各种文件，具体包括以下 4 种。

- Open：打开 Excel 文件，返回 Workbook 对象。
- OpenDatabase：打开数据库文件，返回 Workbook 对象。
- OpenText：打开文本文件。
- OpenXML：打开 XML 文件，返回 Workbook 对象。

1. Open 方法

首先通过对象浏览器了解一下 Open 方法的构成，该方法有很多参数，但是最主要的参数是 FileName，它用来指定被打开文件的完整路径，其他参数都是可选的，如图 4-34 所示。

具体应用如实例 4-12 所示。

实例 4-12：以只读方式打开 Excel 文件

```
Sub 以只读方式打开 Excel 文件()
    Dim wbk As Excel.Workbook
    Set wbk = Application.Workbooks.Open(Filename:="D:\Temp\工具箱.xlsm",
    ReadOnly:=True)
    wbk.Activate
End Sub
```

上述程序运行后，在 Excel 中打开了该文件，标题显示“只读”，如图 4-35 所示。

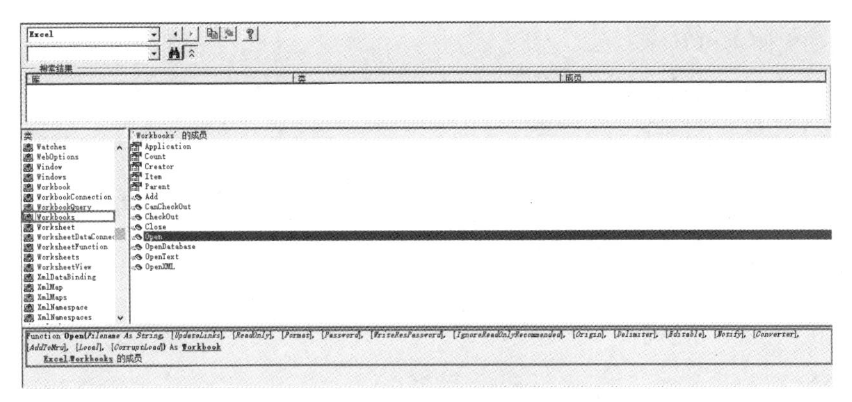

图 4-34　用于打开文件的有关方法

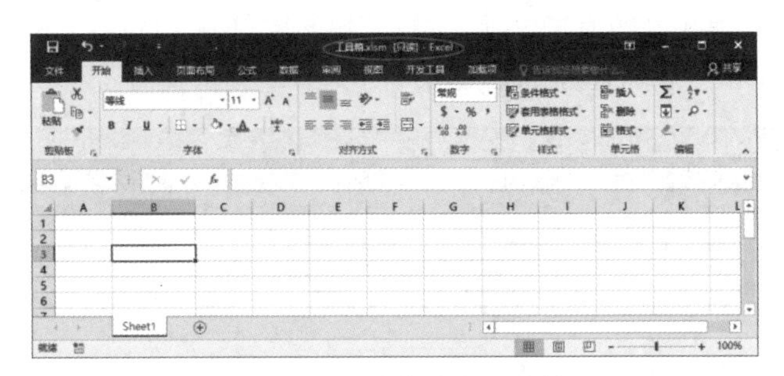

图 4-35　只读方式打开文件

2．OpenDatabase 方法

OpenDatabase 方法可以查询 Access 格式的数据库文件中包含的数据表。假设磁盘上有一个名称为 ChinaProvince.accdb 的数据库，里面包含一个名为 Detail 的表。

Detail 表中有“省会/地区”“区域”等字段，如图 4-36 所示。

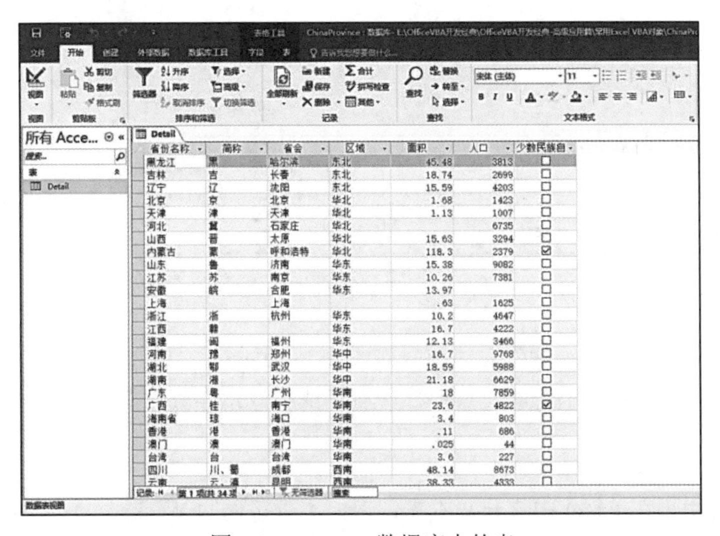

图 4-36　Access 数据库中的表

具体应用如实例 4-13 所示。

实例 4-13：查询 Access 数据库

```
Sub 查询Access数据库()
    Dim wbk As Excel.Workbook
    Set wbk = Application.Workbooks.OpenDatabase(Filename:=ThisWorkbook.Path &
    "\ChinaProvince.accdb", CommandText:="Select * From Detail Where 区域='华北'",
    CommandType:=Excel.XlCmdType.xlCmdSql, BackgroundQuery:=True, ImportDataAs:=
    Excel.XlImportDataAs.xlQueryTable)
    Debug.Print wbk.Name
End Sub
```

运行上述代码，Excel 会新建一个工作簿，该工作簿中显示的是 SQL 语句查询的结果记录集。需要注意的是，这个工作簿不是普通工作簿，它在数据区域有一个 QueryTable 对象，与 Access 文件之间有查询连接。在单元格区域右击，在右键菜单中选择“编辑查询”选项，如图 4-37 所示。

图 4-37 “编辑查询”选项

接着弹出“编辑 OLE DB 查询”对话框，如图 4-38 所示。

也就是说，只要该工作簿不关闭，其他程序就不能对数据库进行访问、删除等操作。

3．OpenText 方法

OpenText 方法用于在 Excel 中打开文本文件，但不直接返回 Workbook 对象。

假设磁盘上有一个使用 Tab 制表位分隔的文本文件，如图 4-39 所示。

编辑 OLE DB 查询

连接(C):

Provider=Microsoft.ACE.OLEDB.12.0;User ID=Admin;Data Source=E:\OfficeVBA开发经典\OfficeVBA开发经典-高级应用篇\常用Excel VBA对象\ChinaProvince.accdb;Mode=Share Deny Write;Extended Properties="";Jet OLEDB:System database="";Jet OLEDB:Registry Path="";Jet OLEDB:Engine Type=6;Jet OLEDB:Database Locking Mode=

命令类型(T):

SQL

命令文本(E):

Select * From Detail Where 区域='华北'

确定　取消

图 4-38　“编辑 OLE DB 查询”对话框

Tab分隔表.txt - 记事本

HG201802	黎帅	92	82	91
HG201803	钟松富	88	96	53
HG201804	汤克宏	88	76	58
HG201805	杨兰泉	57	76	76
HG201806	黎书松	71	85	93
HG201807	武平	83	95	95
HG201808	潘青	84	57	86
HG201809	杨英忠	90	54	93
HG201810	贾雄	55	71	68
HG201811	白芬	96	74	93
HG201812	严力	75	74	59
HG201813	韦维风	90	86	94
HG201814	郭辉	54	61	74
HG201815	钱祖兰	94	80	65
HG201816	于超	74	66	54
HG201817	邓阳	83	61	96
HG201818	蒋敬美	60	91	73
HG201819	孟坤	66	90	92
HG201820	阎岩	63	75	91

第 3 行，第 22 列　100%　Windows (CRLF)　ANSI

图 4-39　文本文件

下面用 OpenText 方法打开该文件（从第三行开始读取），如实例 4-14 所示。

实例 4-14：使用 OpenText 方法打开文本文件

```
Sub 使用OpenText方法打开文本文件()
    Dim wbk As Excel.Workbook
    Call Application.Workbooks.OpenText(Filename:=ThisWorkbook.Path & "\Tab分隔
    表.txt", Origin:=Excel.XlPlatform.xlWindows, StartRow:=3, DataType:=
    Excel.XlTextParsingType.xlDelimited, Tab:=True)
    Set wbk = ActiveWorkbook
    Debug.Print wbk.Name
End Sub
```

代码中的 Tab:=True 表示该文件按 Tab 制表位分隔。

Excel VBA 在打开某个文件时，被打开的那个文件会自动激活变成 ActiveWorkbook。当上述程序运行后，在 Excel 中打开了该文本文件，如图 4-40 所示。

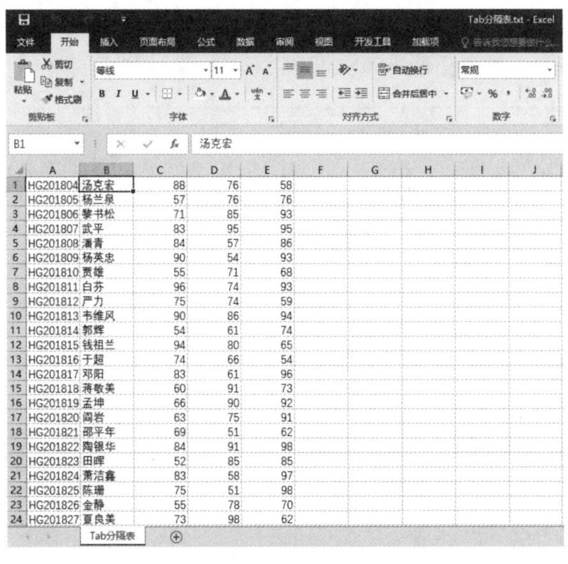

	A	B	C	D	E
1	HG201804	汤克宏	88	76	58
2	HG201805	杨兰泉	57	76	76
3	HG201806	黎书松	71	85	93
4	HG201807	武平	83	95	95
5	HG201808	潘青	84	57	86
6	HG201809	杨英忠	90	54	93
7	HG201810	贾雄	55	71	68
8	HG201811	白芬	96	74	93
9	HG201812	严力	75	74	59
10	HG201813	韦维风	90	86	94
11	HG201814	郭辉	54	61	74
12	HG201815	钱祖兰	94	80	65
13	HG201816	于超	74	66	54
14	HG201817	邓阳	83	61	96
15	HG201818	蒋敬美	60	91	73
16	HG201819	孟坤	66	90	92
17	HG201820	阎岩	63	75	91
18	HG201821	邵平年	69	51	62
19	HG201822	陶银华	84	91	98
20	HG201823	田晖	52	85	85
21	HG201824	萧洁鑫	83	58	97
22	HG201825	陈珊	75	51	98
23	HG201826	金静	55	78	70
24	HG201827	夏良美	73	98	62

图 4-40　在 Excel 中打开文本文件

4. OpenXML 方法

OpenXML 方法用于打开 XML 文件，并且把数据显示在 Excel 中。

假设磁盘上有一个 XML 文件，在浏览器中的预览效果如图 4-41 所示。

```
- <root name="中国">
  - <province name="北京市" postcode="110000">
    - <city name="市辖区" postcode="110100">
        <area name="东城区" postcode="110101" />
        <area name="西城区" postcode="110102" />
        <area name="崇文区" postcode="110103" />
        <area name="宣武区" postcode="110104" />
        <area name="朝阳区" postcode="110105" />
        <area name="密云区" postcode="110228" />
        <area name="延庆区" postcode="110229" />
      </city>
    </province>
  - <province name="天津市" postcode="120000">
    - <city name="市辖区" postcode="120100">
        <area name="和平区" postcode="120101" />
        <area name="河东区" postcode="120102" />
        <area name="河西区" postcode="120103" />
        <area name="南开区" postcode="120104" />
      </city>
    </province>
  </root>
```

图 4-41　XML 文件内容

具体应用如实例 4-15 所示。

实例 4-15：使用 OpenXML 方法打开 XML 文件

```
Sub 使用OpenXML方法打开XML文件()
    Dim wbk As Excel.Workbook
    Set wbk = Application.Workbooks.OpenXML(Filename:=ThisWorkbook.Path & "\行政
    区县.xml", LoadOption:=Excel.XlXmlLoadOption.xlXmlLoadImportToList)
End Sub
```

上述程序运行后，在 Excel 中正确地读入了数据，如图 4-42 所示。

J15

	A	B	C	D	E	F	G
1	name	name2	postcode	name3	postcode4	name5	postcode6
2	中国	北京市	110000	市辖区	110100	东城区	110101
3	中国	北京市	110000	市辖区	110100	西城区	110102
4	中国	北京市	110000	市辖区	110100	崇文区	110103
5	中国	北京市	110000	市辖区	110100	宣武区	110104
6	中国	北京市	110000	市辖区	110100	朝阳区	110105
7	中国	北京市	110000	市辖区	110100	密云区	110228
8	中国	北京市	110000	市辖区	110100	延庆区	110229
9	中国	天津市	120000	市辖区	120100	和平区	120101
10	中国	天津市	120000	市辖区	120100	河东区	120102
11	中国	天津市	120000	市辖区	120100	河西区	120103
12	中国	天津市	120000	市辖区	120100	南开区	120104

图 4-42　在 Excel 中读入 XML 数据

4.4.4 关闭工作簿

Excel VBA 中可以通过两种途径关闭工作簿，第一种途径是使用 Workbooks.Close 方法，这种方法会关闭 Excel 中打开的所有工作簿。第二种途径是使用 Workbook 对象的 Close 方法，哪一个工作簿调用了该方法就关闭哪一个，如果关闭之前被修改过，会弹出“保存”对话框。

第一种方法的具体应用如实例 4-16 所示。

实例 4-16：关闭所有工作簿

```
Sub 关闭所有工作簿()
    Application.DisplayAlerts = False
    Application.Workbooks.Close
    Application.DisplayAlerts = True
End Sub
```

为了防止出现由于某个工作簿没有保存而弹出对话框导致代码暂停的情况，需要将 Application.DisplayAlerts 属性修改为 False。

上述程序运行后，所有工作簿都会被关闭，如图 4-43 所示。

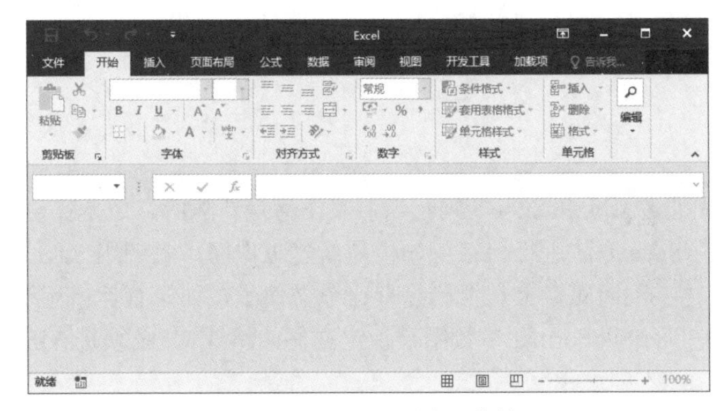

图 4-43 关闭了所有工作簿

第二种方法的具体应用如实例 4-17 所示。

实例 4-17：关闭一个工作簿

```
Sub 关闭一个工作簿()
    Dim wbk As Excel.Workbook
    Set wbk = Application.Workbooks.Item(2)
    wbk.Saved = True
    wbk.Close
End Sub
```

上述代码中的 wbk.Saved = True 表示 Excel 这个工作簿已经保存过了（事实上未必）。

运行上述程序，第 2 个工作簿会被关闭。

还可以使用 SaveChanges 参数代替 wbk.Saved 参数，当该参数为 True 时表示保存后再关闭，为 False 时表示放弃更改直接关闭。例如，wbk.Close SaveChanges:=False。

4.4.5 保存和另存工作簿

与工作簿保存相关的方法是 Workbook 的 Save 和 SaveAs 方法。

Save 方法用于保存一个工作簿，不需要任何参数。但是，对于新建的工作簿，没有具体的路径，执行 Save 方法会弹出保存文件的对话框。因此，要根据 Workbook 的 Path 是否为空字符串，采用保存或另存的方式。具体应用如实例 4-18 所示。

实例 4-18：保存或另存工作簿

```
Sub 保存或另存工作簿()
    Dim wbk As Excel.Workbook
    Dim filepath As String
    Set wbk = Application.ActiveWorkbook
    If wbk.Path = "" Then
        filepath = "D:\Temp\Test.xlsm"
        If Dir(filepath) <> "" Then Kill filepath
        wbk.SaveAs Filename:=filepath, FileFormat:=
        Excel.XlFileFormat.xlOpenXMLWorkbookMacroEnabled
    Else
        wbk.Save
    End If
End Sub
```

上述程序中，首先通过 wbk.Path = ""判断当前工作簿是新建的，还是在磁盘上存在的。如果是在磁盘上，就直接调用 Save 方法进行保存；如果是新建工作簿，就调用 SaveAs 方法另存为“启用宏的工作簿”。期间还需要判断磁盘上是否已经有这个文件了，如果有，就用 Kill 方法删除。

另外，SaveAs 方法中的 FileFormat 参数用于指定文件的格式，其必须是 XlFileFormat 枚举常量，常用的枚举常量有：

- xlWorkbookDefault 51 默认工作簿 *.xlsx。
- xlWorkbookNormal -4143 常规工作簿 *.xls。
- xlOpenXMLWorkbookMacroEnabled 52 启用宏的工作簿 *.xlsm。

4.4.6 读/写工作簿的属性

Workbook 个体对象具有很多属性，这些属性有的可读/写，有的只读。下面介绍常见且重要的属性。

1. CodeName、Name、Path、FullName 属性

CodeName、Name、Path、FullName 属性均为只读属性。FullName 指工作簿的完整路径，可以看成将 Path 属性与 Name 属性连接在一起。例如，“D:\Temp\工具箱.xlsm”文件在 Excel 中打开后，该工作簿的各项属性如下：

- Name：工具箱.xlsm。

- Path：D:\Temp。
- FullName：D:\Temp\工具箱.xlsm。

如果是新建工作簿，那么 Path 属性为空字符串，Name 与 FullName 属性值相同。

Excel 中工作簿的 CodeName 一律为 ThisWorkbook，该属性只能在属性窗口中手动修改。新建一个工作簿，在 VBA 的资源管理器中选中 ThisWorkbook，在属性窗口中将“名称”修改为 TW，如图 4-44 所示。

在该工作簿的 VBA 工程中，可以使用 TW 来代替 ThisWorkbook，例如：

```
Sub Test()
    MsgBox TW.CodeName & vbNewLine & TW.Name
End Sub
```

一般情况下没有必要修改 Workbook 的 CodeName 属性。在 VBA 的资源管理器中选中 ThisWorkbook，在属性窗口中可以看到或者修改这些属性，如图 4-45 所示。

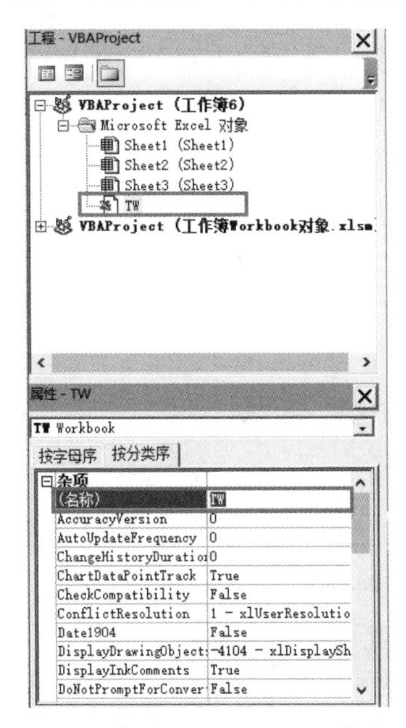

图 4-44　修改 ThisWorkbook 的名称

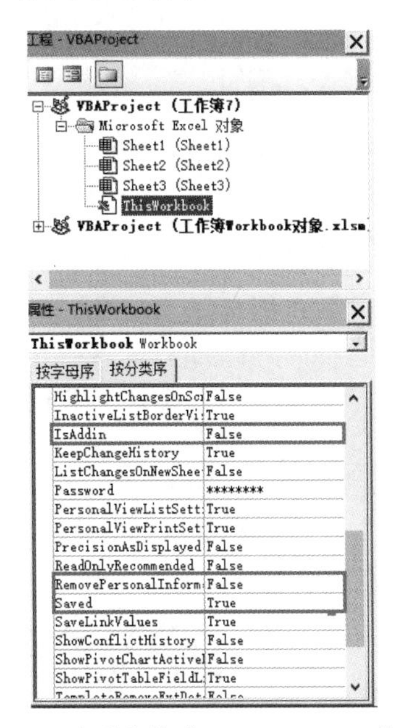

图 4-45　查看和修改 ThisWorkbook 的属性

2. IsAddin 属性

IsAddin 属性表示是否为加载宏。一般的工作簿，IsAddIn 属性为 False。如果另存为加载宏，则该属性自动变为 True。

3. RemovePersonalInformation 属性

RemovePersonalInformation 属性表示是否从指定的工作簿中删除个人信息，是布尔值，可读/写。默认值是 False。

平时在执行工作簿的保存操作时，经常会弹出如下提示对话框，如图 4-46 所示。

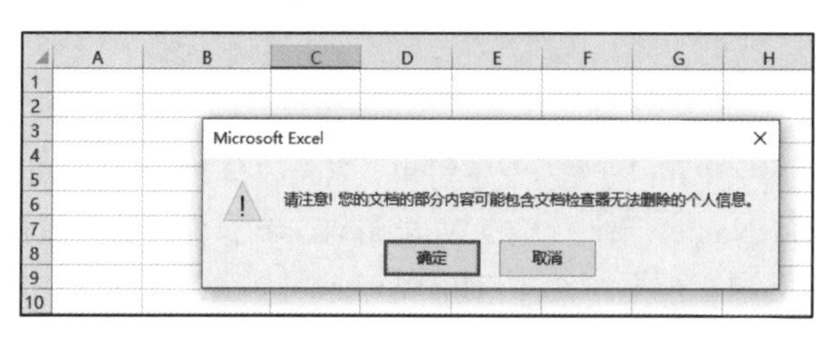

图 4-46　提示对话框

产生这个对话框的原因是该工作簿的 RemovePersonalInformation 属性被修改为 True 了。因此，只要在立即窗口中执行 ActiveWorkbook.RemovePersonalInformation=False，按下回车键保存就不再弹出了。

4．Saved 属性

Saved 属性用来表示工作簿自上次保存以来是否发生过任何更改，是布尔值，可读/写。

一般情况下，工作簿被编辑后，Saved 属性自动变为 False。当用户保存了工作簿后，该属性自动变为 True。

VBA 开发人员可以利用该属性来自行修改。例如，某些场合下工作簿没有被修改，但是它的 Saved 属性为 False，那么关闭工作簿时会弹出“保存”提示对话框。反之，如果工作簿被修改了，但 Saved 属性为 True，则关闭工作簿时不会弹出提示对话框。因此，要谨慎使用该属性，以免造成数据丢失。

4.5　工作表 Worksheet 对象

Excel 中，一个工作簿由 1 个及以上的表构成，对于新建的工作簿，默认有 3 个普通工作表。在工作簿窗口的底部有一排选项卡形式的标签，用以表示每个表名称，如图 4-47 所示。

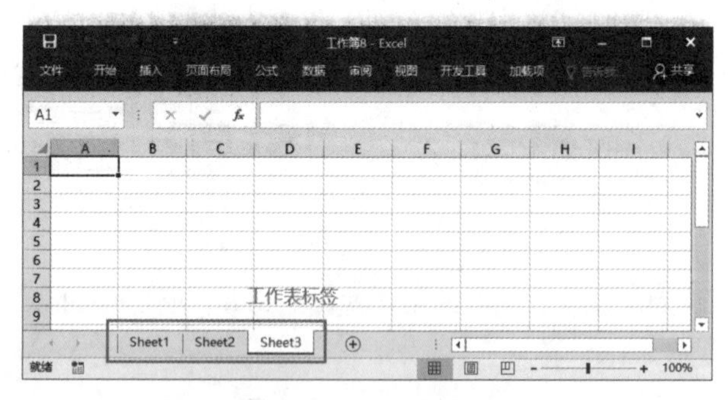

图 4-47　工作表标签

Excel 对工作簿中的表有以下规则：

- 一个工作簿中可以有多种不同类型的表。
- 任意两个表的名称不能相同。

- 所有表都可以被删除、隐藏，但是至少要有 1 个可见的表。

在工作表标签附近右击，弹出与工作表操作有关的右键菜单，如图 4-48 所示。

如果选择“插入”选项，将弹出“插入”对话框，如图 4-49 所示。

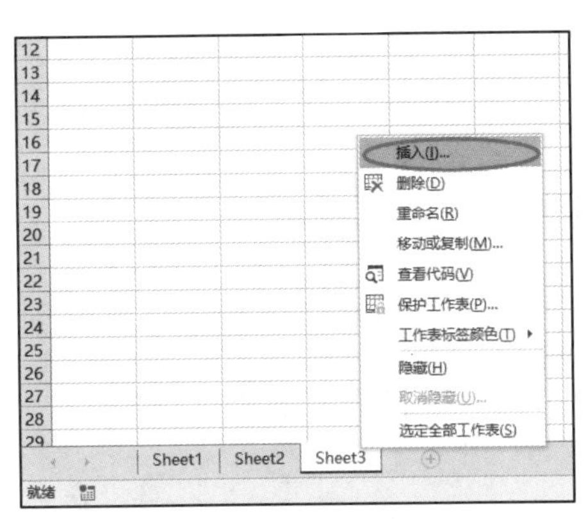

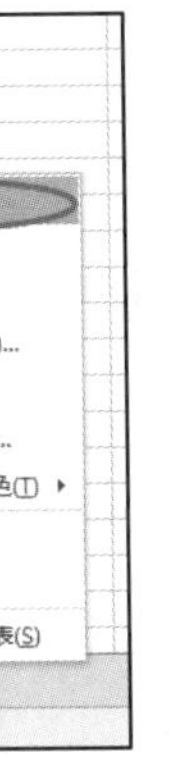

图 4-48　工作表标签的右键菜单

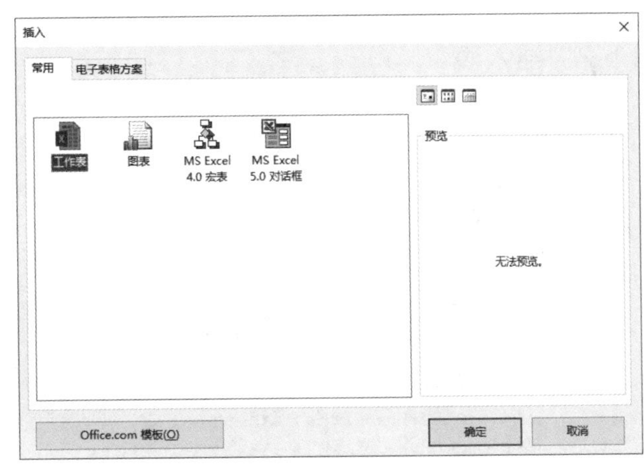

图 4-49　“插入”对话框

其中最左侧的“工作表”就是平时常用的、具有单元格的普通工作表，其他类型的表还有图表、MS Excel 4.0 宏表、MS Excel 5.0 对话框等。

本节介绍 Excel VBA 中关于表的处理对应的代码知识。

4.5.1　表的类型

由于 Excel 的工作簿允许 4 种类型的表同时存在，因此学习 VBA 时有必要搞清楚每种类型的表在 VBA 对象模型中的具体含义。

一个工作簿中的所有工作表构成 Worksheets 集合，所有图表构成 Charts 集合，所有宏表构成 Excel4MacroSheets 集合，所有对话框构成 DialogSheets 集合。

每种表的类型、集合、个体、Type 属性见表 4-4。

表 4-4　Excel 的表类型

类　型	集　合	个　体	Type
工作表	Worksheets	Worksheet	XlSheetType.xlWorksheet
图表	Charts	Chart	XlSheetType.xlChart
MS Excel 4.0 宏表	Excel4MacroSheets	Object	XlSheetType. xlExcel4MacroSheet
MS Excel 5.0 对话框	DialogSheets	DialogSheet	XlSheetType. xlDialogSheet

另外，Workbook 对象下面有个 Sheets 集合，它是 4 种集合对象的总和，也就是：

Sheets = Worksheets + Charts + Excel4MacroSheets + DialogSheets

由于后面 3 种类型的表用得比较少，因此 Excel VBA 编程需重点学习以下 3 个对象：

- Sheets：各种表形成的总体集合。
- Worksheets：所有工作表形成的集合。
- Worksheet 对象：一个工作表对象。

4.5.2 插入表

根据 4.5.1 小节，与表相关的集合对象有 5 个，这些集合对象均有 Add 方法。如果使用 Worksheets.Add，不需要提供任何参数就可以为工作簿增加一个工作表。添加每一种表都返回相应的对象，因此需要注意对象变量的正确用法。具体应用如实例 4-19～实例 4-21 所示。

实例 4-19：插入不同类型的表 1

假设当前工作簿已有 Sheet1、Sheet2、Sheet3 这三个工作表。

```
Sub 插入不同类型的表 1()
    Dim ws As Excel.Worksheet
    Set ws = ActiveWorkbook.Worksheets.Add

    Dim ct As Excel.Chart
    Set ct = ActiveWorkbook.Charts.Add

    Dim ms As Object
    Set ms = ActiveWorkbook.Excel4MacroSheets.Add

    Dim ds As Excel.DialogSheet
    Set ds = ActiveWorkbook.DialogSheets.Add

End Sub
```

上述程序运行后，在 Sheet1 的左侧分别添加了 4 种不同类型的表，如图 4-50 所示。

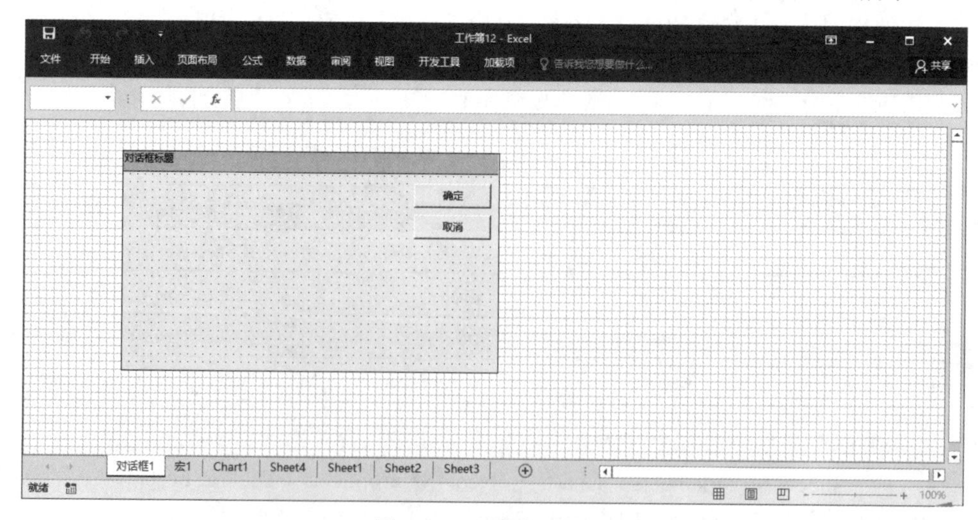

图 4-50　不同类型的表

Add 方法默认往活动工作表的左侧插入新表，因此新加入的表是倒序排列的。

插入表的另外一种方式是使用 Sheets.Add 方法，这种情况下必须提供 Type 属性来指定具体添加哪一种表。

实例 4-20：插入不同类型的表 2

```
Sub 插入表_方式2()
    Dim ws As Excel.Worksheet
    Set ws = ActiveWorkbook.Sheets.Add(Type:=Excel.XlSheetType.xlWorksheet)
    ws.Name = "工作表4"
    Dim ct As Excel.Chart
    Set ct = ActiveWorkbook.Sheets.Add(Type:=Excel.XlSheetType.xlChart)
    ct.Name = "图表5"
    Dim ms As Object
    Set ms = ActiveWorkbook.Sheets.Add(Type:=Excel.XlSheetType.xlExcel4MacroSheet)
    ms.Name = "宏表6"
    Dim ds As Excel.DialogSheet
    Set ds = ActiveWorkbook.Sheets.Add(Type:=Excel.XlSheetType.xlDialogSheet)
    ds.Name = "对话框7"
End Sub
```

上述程序，在插入表的同时，还自动为新表重命名，如图 4-51 所示。

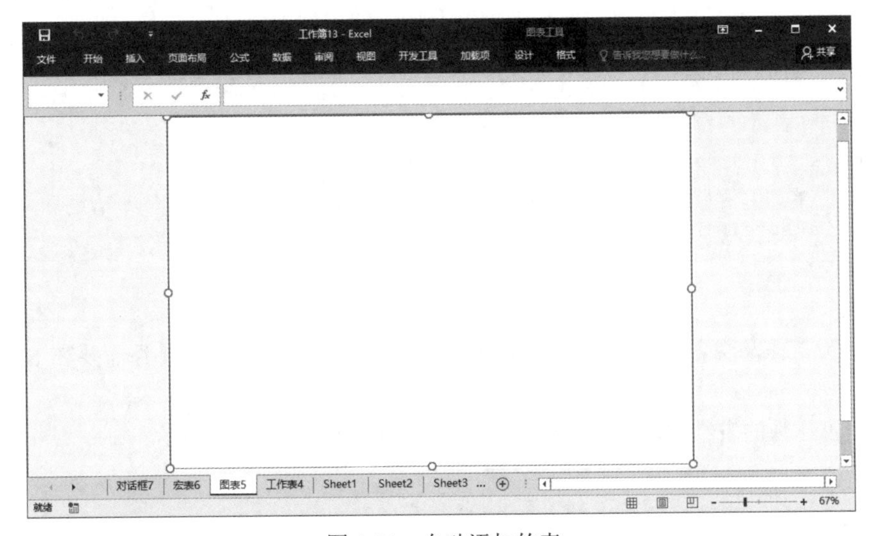

图 4-51 自动添加的表

在实际编程过程中，添加普通工作表的应用居多，因此要重点掌握普通表的添加方法。

Add 方法具有以下 4 个参数：

- After：新表出现在某个表之后。
- Before：新表出现在某个表之前。
- Count：添加新表的数目。
- Type：新表的类型。

实例 4-21：一次性添加多个表

```
Sub 一次性添加多个表()
    Call ActiveWorkbook.Sheets.Add(After:=ActiveWorkbook.Worksheets.Item
    ("Sheet3"), Count:=4, Type:=Excel.XlSheetType.xlWorksheet)
End Sub
```

上述程序运行后，会自动在 Sheet3 之后插入 4 个工作表，如图 4-52 所示。

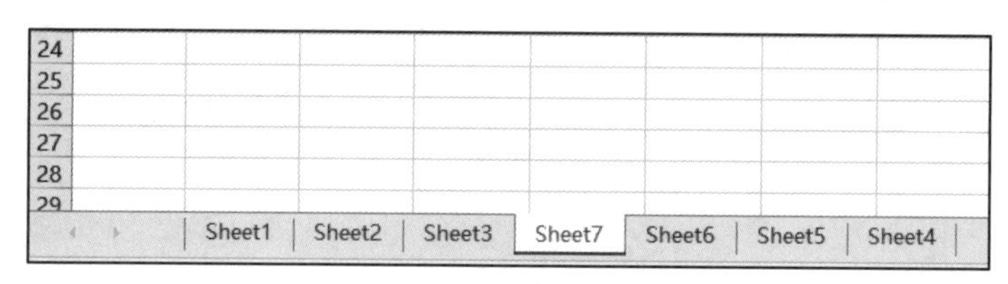

图 4-52　一次性添加多个表

4.5.3　遍历表和引用表

工作簿中表的遍历操作也非常普遍，遍历表有助于了解工作簿的结构信息。由于 Workbook 下面有 5 个集合对象，因此，既可以遍历相同类型的表，也可以所有表一起遍历。

假设仅仅遍历工作表，不包含其他类型的表，如实例 4-22 所示。

实例 4-22：遍历工作表

```
Sub 遍历工作表()
    Dim ws As Worksheet
    For Each ws In ActiveWorkbook.Worksheets
        'Do something
    Next ws
End Sub
```

如果要遍历工作簿中各种类型的表，个体对象需要声明为 Object，并且需要在 Sheets 集合中遍历。

假设一个工作簿的表结构，如图 4-53 所示。具体应用如实例 4-23 所示。

实例 4-23：遍历所有表

```
Sub 遍历所有表()
    Dim st As Object
    Debug.Print "序号", "表名", "类型"
    For Each st In ActiveWorkbook.Sheets
        Debug.Print st.Index, st.Name, TypeName(st)
    Next st
End Sub
```

上述程序运行后，立即窗口从左到右打印出每个表的序号、表名、类型，如图 4-54 所示。

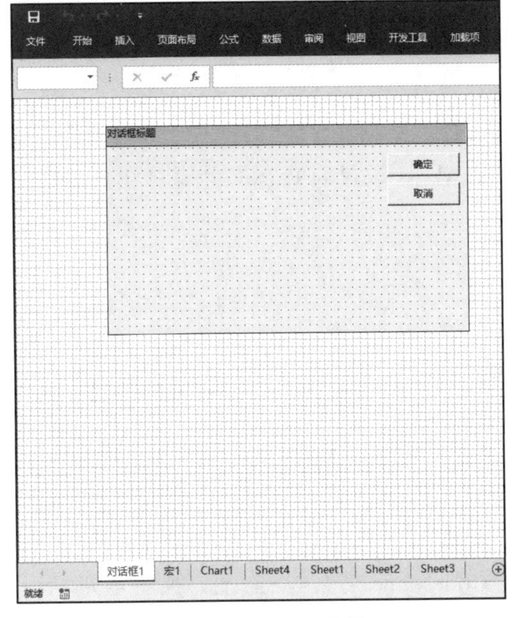

图 4-53　示例工作簿

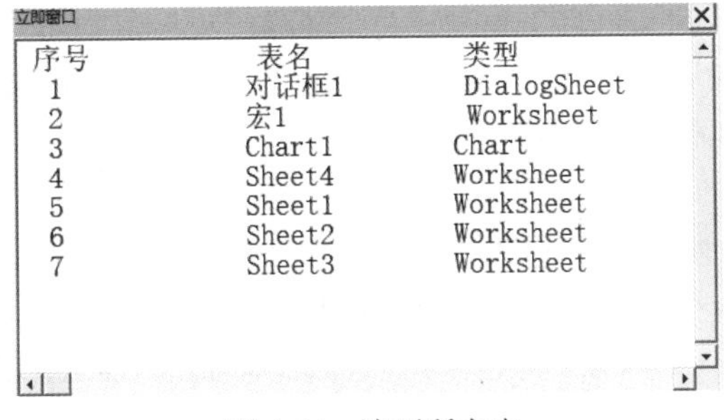

图 4-54　遍历所有表

同时，引用一个表的方法也有很多种。

最简单的方法莫过于使用 Name 属性。例如，ActiveWorkbook.DialogSheets.Item("对话框 1")就返回一个 DialogSheet 对象。

如果通过序号索引一个表，则容易出错。例如，图表 Chart1 可以使用 ActiveWorkbook.Charts.Item(1)表示，也可以使用 ActiveWorkbook.Sheets.Item(3)表示。因为它是工作簿中第 1 个图表，但从总体来看，它是第 3 个表。

4.5.4　删除表

编程过程中，经常需要根据某些特征删除表，在 VBA 中，需要通过表对象的 Delete 方法来删除表。具体应用如实例 4-24 所示。

实例 4-24：删除表

```
Sub 删除表()
    Dim st As Object
    For Each st In ActiveWorkbook.Sheets
        If TypeOf st Is Excel.Worksheet Then
            If st.Type = Excel.XlSheetType.xlWorksheet Then
            Else
                st.Delete
            End If
        Else
            st.Delete
```

```
        End If
    Next st
End Sub
```

上述程序，先判断表是否是工作表，如果不是就删除。

执行 Delete 操作前，最好先将 Application.DisplayAlerts 设置为 False，以免弹出提示对话框。

4.5.5 重命名表

Excel 的工作表有两个名称：Name 与 CodeName。

工作簿默认的工作表名称是 Sheet1、Sheet2、…、Sheet*N*。这些工作表对应的 CodeName 与 Name 相同。

但是，如果手动修改工作表名称，这个表的 CodeName 不会自动随之改变。工作表的 CodeName 必须让 VBA 开发人员通过属性窗口来查看和修改。

假设将第 1 个工作表的标签手动修改为“表 1”，如图 4-55 所示。

在 VBA 的工程资源管理器看到的 Sheet1(表 1)的 CodeName 仍然是 Sheet1，如图 4-56 所示。

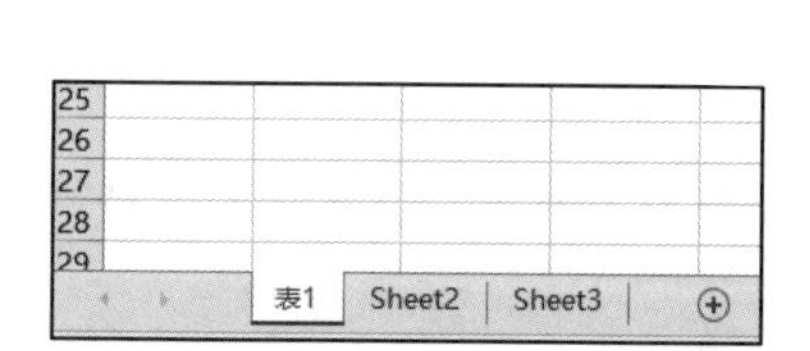

图 4-55 修改工作表的名称

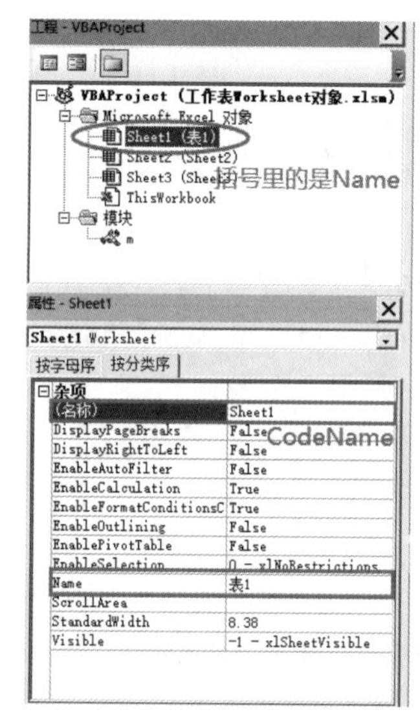

图 4-56 Name 和 CodeName 的关系

在属性窗口中，可以对 CodeName 和 Name 进行手动修改，但是在代码的运行过程中只能对 Name 进行修改。

另外，还可以使用工作表的 CodeName 表示一个工作表。

例如：

```
Sub 使用 CodeName 表示工作表()
    Sheet1.Range("A1").Value = "Hello"
End Sub
```

ThisWorkbook 或 Sheet1 这种使用 CodeName 的代码写法并不推荐，因为这种用法只限于 Excel VBA 工程内部。如果在其他程序语言中访问 Excel，其他程序语言是完全不识别这些术语的。

4.5.6 复制和移动表

Worksheet 对象表示一个工作表，它的 Move 方法可以将其自身移动到其他表的前面或后面。Move 方法具有 After 和 Before 参数，具体应用如实例 4-25 所示。

实例 4-25：同一个工作簿中表的移动

```
Sub 同一个工作簿中表的移动()
    'Sheet1.Move After:=Sheet3
    ActiveWorkbook.Worksheets("Sheet1").Move After:=ActiveWorkbook.Worksheets
    ("Sheet3")
End Sub
```

上述程序运行后，Sheet1 跑到了 Sheet3 的右侧。

复制表与移动表的语法非常相似，只不过用的是 Copy 方法，如实例 4-26 所示。

实例 4-26：复制工作表

```
Sub 复制表()
    ActiveWorkbook.Worksheets("Sheet1").Copy After:=ActiveWorkbook.Worksheets
    ("Sheet3")
End Sub
```

上述程序运行后，Sheet1 被复制到了 Sheet3 右侧，如图 4-57 所示。

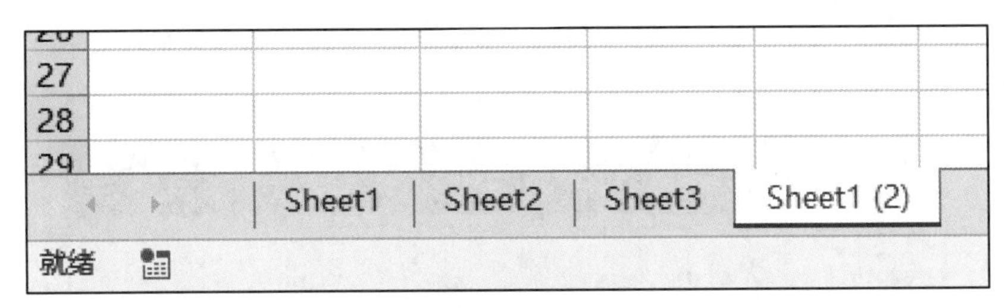

图 4-57　复制工作表

Move 与 Copy 方法也可用于两个工作簿之间工作表的移动和复制。

4.5.7 显示和隐藏表

Worksheet 对象的 Visible 有以下 3 种取值。

- XlSheetVisibility. xlSheetHidden：一般的隐藏工作表。
- XlSheetVisibility. xlSheetVeryHidden：深度隐藏工作表，手动操作无法恢复可见。
- XlSheetVisibility. xlSheetVisible：工作表可见。

假设工作簿中包含 3 个工作表，除了第 1 个，其他工作表都隐藏，如实例 4-27 所示。

实例 4-27：隐藏表

```
Sub 隐藏表()
    Dim ws As Excel.Worksheet
    For Each ws In ActiveWorkbook.Worksheets
       If ws.Index > 1 Then ws.Visible = Excel.XlSheetVisibility.xlSheetHidden
    Next ws
End Sub
```

上述代码运行后，只有 Sheet1 可见，如图 4-58 所示。

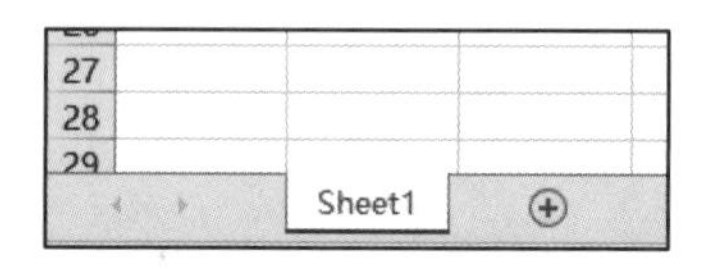

图 4-58　隐藏工作表

4.6　单元格 Range 对象

Excel 的工作表是由若干行、若干列交叉形成的单元格构成的主体。每个版本的工作表总行数和总列数是不相同的。

Excel 2003 的最后一列是 IV 列（2^8=256 列），最后一行是 2^{16}=65536 行。

Excel 2007 及以上版本，最后一列是 XFD 列（2^{14}=16384），最后一行是 2^{20}=1048576 行。

本书使用的是 Excel 2016，新建工作簿然后按下快捷键 Ctrl+→、Ctrl+↓快速定位到最右下角的单元格，如图 4-59 所示。

图 4-59　定位到最右下角的单元格

可以看到该单元格的地址是 XFD1048576。从而可以计算出工作表中单元格的总数是 16384*1048576=2^{34}=17179869184 个，约为 171 亿。

Excel VBA 中可以使用 Range 对象描述和表达工作表中的一个单元格，或者多个连续的单元格区域。通过 Range 对象可以实现使用代码读取单元格、写入单元格、单元格的格式设置等。因此单元格的大多数手动操作都可以用 VBA 来自动完成。

本节讲解 Range 对象相关的编程知识。

4.6.1 单元格的表达

Excel VBA 中表达单元格的最基础形式是 Range 和 Cells，其余术语属于扩展和延伸用法。无论使用哪一个术语，返回的类型是唯一的，都是 Excel.Range 对象。

Excel VBA 中的一切对象都应从 Application 开始编写，Range 对象也不例外。在 VBA 中运行以下这行代码：

```
Application.Workbooks(1).Worksheets(1).Range("B2").Select
```

会看到第 1 个工作簿的第 1 个工作表的单元格 B2 被自动选中。

从语法上看，只要有一个确切的 Worksheet 对象，就可以在后面接着写 Range。如果要表达活动工作表上的单元格，可以使用以下 4 种写法：

- Application.ActiveSheet.Range("B2").Select。
- Application.Range("B2").Select。
- ActiveSheet.Range("B2").Select。
- Range("B2").Select。

Excel VBA 代码中如果缺少主体对象，就默认主体对象是 Application。为了便于讲解，本节均采用简写形式，直接从 Range 开始写起。但在实际开发中尽量使用完整形式。

Range 后面的括号内有两种写法，一种是把地址字符串传递进来，例如：

```
Range("B1:C10").Select                  '矩形区域
Range("B1:C10,E5:F20,H15").Select       '多个不连续的矩形
Range("B:D,F:H").Select                 '多个整列
Range("2:4,6:7").Select                 '多个整行
```

如果区域是不连续的，地址之间用逗号隔开。

另一种写法是把两个单元格作为区域的左上角和右下角，构成一个矩形，例如：

```
Range(Range("B3"), Range("D5")).Select
Range(Cells(3, 2), Cells(5, 4)).Select
```

上述两行代码的作用是等价的，表示以 B3 为左上角，D5 为右下角的矩形区域，相当于 Range("B3:D5")。

接下来讲解 Cells 的用法。

Cells 既是 Worksheet 的成员，也是 Range 对象的成员。它有 3 种用法，分为无参数、有 1 个参数、有 2 个参数三种情况。

当 Cells 无参数时，表示父级对象的所有单元格，例如：

```
ActiveSheet.Cells.Select 可以全选工作表中的所有单元格
Range("B1:C10").Cells.Select 选择对应单元格区域的所有单元格
```

当 Cells 包含 1 个参数时，表示父级对象纵向偏移后的某个单元格，例如：

```
Sub 选中和激活()
    Range("B5:D10").Select
    Range("B5:D10").Cells(8).Activate
End Sub
```

运行上述程序后，会看到单元格 C7 变成反白，处于激活状态，如图 4-60 所示。

Cells(8)是什么含义呢？它表示一个矩形区域从左上角第一个单元格起，以从左到右、从上到下的顺序经过 8 个单元格，也就是先经过 B5、C5、D5，然后到 B6、C6、D6、B7、C7。

再看一下 Cells 具有两个参数的情形，Cells(r,c)表示以上级对象为坐标原点的新坐标系中第 r 行第 c 列的单元格，例如：

```
Range("B5:D10").Cells(4, 2).Activate
```

这行代码会激活 C8 单元格，Cells(4, 2)表示以 B5 为原点，往下数 4 行，往右数 2 列的单元格，如图 4-61 所示。

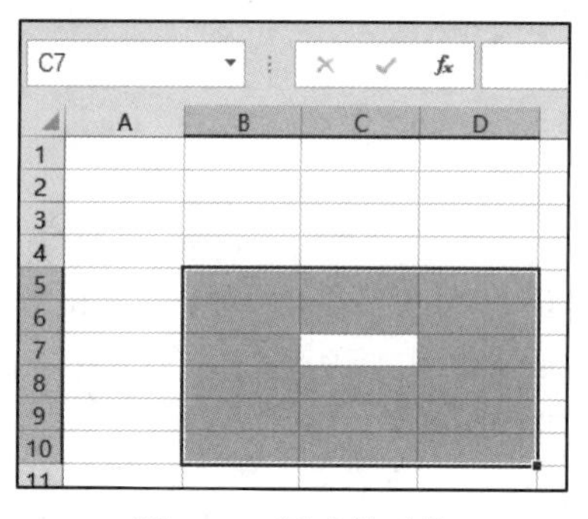

图 4-60　活动单元格

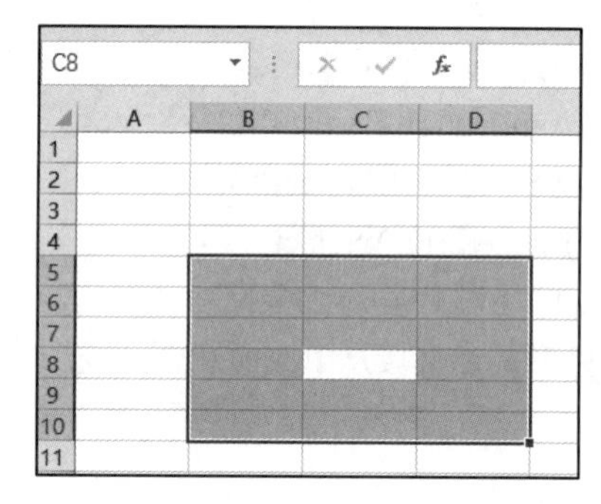

图 4-61　激活单元格

另外，Range、Cells 具有无限嵌套性，也就是说彼此之间可以互相嵌套，最终还是 Range 对象，例如：

```
Range("B5:D10").Range("B2:C5").Range("B3").Activate
```

这行代码激活了 D8 单元格，读者可自行分析一下原理。

4.6.2　读/写 Range 对象的属性

Range 对象具有很多属性，这些属性中有的是简单属性，如 Address 返回的是字符串；有的属性是对象，如 CurrentRegion 等。

Range 对象的常用属性见表 4-5。

表 4-5 Range 对象的常用属性

属性名称	含义
Address/AddressLocal	返回单元格的地址
Areas	分离的单元格区域
Cells	区域的所有单元格
CurrentRegion	与当前单元格连续的区域
Column/Row	单元格区域左上角的行列值
Columns/Rows	单元格区域的所有列和行
ColumnWidth/RowHeight	单元格的列宽和行高
Count	单元格区域中单元格的个数
End	以当前单元格为起点，上、下、左、右四个端点的单元格
EntireColumn/EntireRow	整列或整行
Formula/FormulaArray	单元格的公式或数组公式
HasArray/HasFormula	有数组/有公式
Height/Width	单元格区域的高度和宽度
Item	与 Cells 类似，返回 Range 对象
Left/Top	单元格区域左上角的坐标
NumberFormat	数字格式
Offset/Resize	扩展单元格
Parent	返回单元格所在的工作表
Text/Value	文本或值
HorizontalAlignment/VerticalAlignment	水平或垂直对齐方式
WrapText	是否自动换行

在诸多属性中，用于获取单元格属性的功能比较重要，如实例 4-28 所示。

实例 4-28：读/写单元格属性

```
Sub 读/写单元格属性()
    Dim rg As Excel.Range
    Set rg = Range("B5:D10")
    With rg
        .Select
        Debug.Print "地址", .Address, .Address(False, False)
        Debug.Print "数量", .Cells.Count
        Debug.Print "行数", .Rows.Count
        Debug.Print "列数", .Columns.Count
        Debug.Print "行号", .Row
        Debug.Print "列号", .Column
        Debug.Print "位置", .Left, .Top, .Width, .Height
    End With
```

```
End Sub
```

上述程序运行后，立即窗口打印出相应的结果，如图 4-62 所示。

```
立即窗口
地址          $B$5:$D$10     B5:D10
数量           18
行数          6
列数          3
行号          5
列号          2
位置          54             57             162   85.5
```

图 4-62　读取单元格的属性

4.6.3　扩展单元格

一般来说，使用地址来引用或表示一个单元格。在某些场合下需要从某个单元格区域引申出与之有关的其他单元格，常用的术语有以下 7 种：

- WorkSheet.UsedRange：工作表中已使用的区域。
- CurrentRegion：当前区域相连的区域。
- EntireColumn：整列。
- EntireRow：整行。
- Offset：向上、下、左、右四个方向偏移。
- Resize：向上、下、左、右四个方向变更区域的行数和列数。
- End：上、下、左、右四个方向的端点。

实例 4-29 将通过一个销售业绩表，介绍经过各种扩展后形成新的单元格区域的方法，如图 4-63 所示。

文件　开始　插入　页面布局　公式　数据　审阅　视图　开发工具　加载项　告诉我您想要做什么...

E8　湖北

	A	B	C	D	E	F	G	H	I	J	K
1											
2					销售业绩统计			2021年版			
3											
4			单号	下单日期	客户地址	商品名称	销售额	商品类别	销售员	部门	
5			A006	2017/9/7	新疆	数码相机	2800	旅游	唐丹	零售部	
6			A007	2017/9/8	湖北	电饭锅	3400	家用电器	刘龙	零售部	
7			A008	2017/9/8	新疆	电饭锅	4200	家用电器	唐丹	零售部	
8			A009	2017/9/9	湖北	台式机	4400	电脑耗材	张强	营业一部	
9			A010	2017/9/10	辽宁	微波炉	5400	家用电器	董子仲	营业一部	
10			A011	2017/9/11	山东	笔记本	2000	电脑耗材	曹学凯	营业二部	
11			A012	2017/9/11	广东	剃须刀	6000	其他类	郑惟桐	市场部	
12			A013	2017/9/11	广东	电风扇	5600	家用电器	曹学凯	营业二部	
13			A014	2017/9/12	黑龙江	书柜	5200	家具	王昊	零售部	
14			A015	2017/9/13	新疆	剃须刀	5600	其他类	王昊	零售部	
15			A016	2017/9/13	山东	电热毯	3800	家具	刘龙	零售部	
16											

图 4-63　扩展单元格

实例 4-29：扩展单元格

```
Sub 扩展单元格()
    Dim rg1 As Excel.Range, rg2 As Excel.Range
    Set rg1 = Range("E8:F10")

    Set rg2 = ActiveSheet.UsedRange
    Debug.Print "UsedRange", rg2.Address(False, False)

    Set rg2 = rg1.CurrentRegion
    Debug.Print "CurrentRegion", rg2.Address(False, False)

    Set rg2 = rg1.EntireColumn
    Debug.Print "EntireColumn", rg2.Address(False, False)

    Set rg2 = rg1.EntireRow
    Debug.Print "EntireRow", rg2.Address(False, False)

    Set rg2 = rg1.Offset(RowOffset:=2, ColumnOffset:=-1)
    Debug.Print "Offset(2,-1)", rg2.Address(False, False)

    Set rg2 = rg1.Resize(RowSize:=4, ColumnSize:=3)
    Debug.Print "Resize(4,3)", rg2.Address(False, False)

    Set rg2 = rg1.End(Direction:=Excel.XlDirection.xlUp)
    Debug.Print "End(xlUp)", rg2.Address(False, False)

    Set rg2 = rg1.End(Direction:=Excel.XlDirection.xlDown)
    Debug.Print "End(xlDown)", rg2.Address(False, False)

    Set rg2 = rg1.End(Direction:=Excel.XlDirection.xlToLeft)
    Debug.Print "End(xlToLeft)", rg2.Address(False, False)

    Set rg2 = rg1.End(Direction:=Excel.XlDirection.xlToRight)
    Debug.Print "End(xlToRight)", rg2.Address(False, False)
End Sub
```

上述程序中，rg1 表示单元格区域 E8:F10。基于它扩展后形成了 rg2，然后在立即窗口中打印 rg2 的地址，如图 4-64 所示。

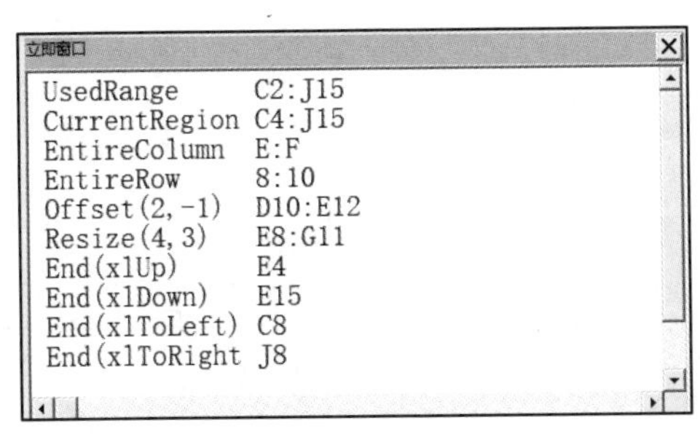

图 4-64　运行结果

4.6.4　读/写单元格

Excel 单元格的主要作用就是容纳数据，在日常办公中经常要录入数据、修改数据、删除数据，这些操作在 VBA 中都有对应的语句。手动修改单元格和使用 VBA 修改单元格的对应关系见表 4-6。

表 4-6　修改单元格常用的方法

手动修改	使用 VBA 修改
直接编辑单元格	更改 Range 的 Value 属性
输入公式、函数、数组公式	更改 Range 的 Formula 属性或 FormulaArray 属性
复制粘贴	Range 的 Copy 方法
自动填充	Range 的 AutoFill 方法
清除单元格	Range 的 Clear 系列方法

1. Range 的 Value 属性

首先认识一下 Range 的 Value 属性。

如果是一个单元格的 Value，则返回值的类型取决于单元格的值对应的类型。例如，如果单元格中是整数，则其 Value 的类型就是 Integer；如果单元格中是字符串，则其 Value 的类型就是 String。

如果是单元格区域的 Value，则返回值是二维数组，数组的行数和列数与单元格区域的行列数完全一致。

假设有一个销售业绩的工作表数据，如图 4-65 所示。

文件　开始　插入　页面布局　公式　数据　审阅　视图　开发工具　加载项　告诉我您想要做什么...

D5　　　2017/9/7

	A	B	C	D	E	F	G	H	I	J	K
1											
2					销售业绩统计			2021年版			
3											
4			单号	下单日期	客户地址	商品名称	销售额	商品类别	销售员	部门	
5			A006	2017/9/7	新疆	数码相机	2800	旅游	唐丹	零售部	
6			A007	2017/9/8	湖北	电饭锅	3400	家用电器	刘龙	零售部	
7			A008	2017/9/8	新疆	电饭锅	4200	家用电器	唐丹	零售部	
8			A009	2017/9/9	湖北	台式机	4400	电脑耗材	张强	营业一部	
9			A010	2017/9/10	辽宁	微波炉	5400	家用电器	董子仲	营业一部	
10			A011	2017/9/11	山东	笔记本	2000	电脑耗材	曹学凯	营业二部	
11			A012	2017/9/11	广东	剃须刀	6000	其他类	郑惟桐	市场部	
12			A013	2017/9/11	广东	电风扇	5600	家用电器	曹学凯	营业二部	
13			A014	2017/9/12	黑龙江	书柜	5200	家具	王昊	零售部	
14			A015	2017/9/13	新疆	剃须刀	5600	其他类	王昊	零售部	
15			A016	2017/9/13	山东	电热毯	3800	家具	刘龙	零售部	
16											

图 4-65　示例数据

在 VBA 程序中先后读取单元格 D5、E5、D5:F7 的 Value，如图 4-66 所示。

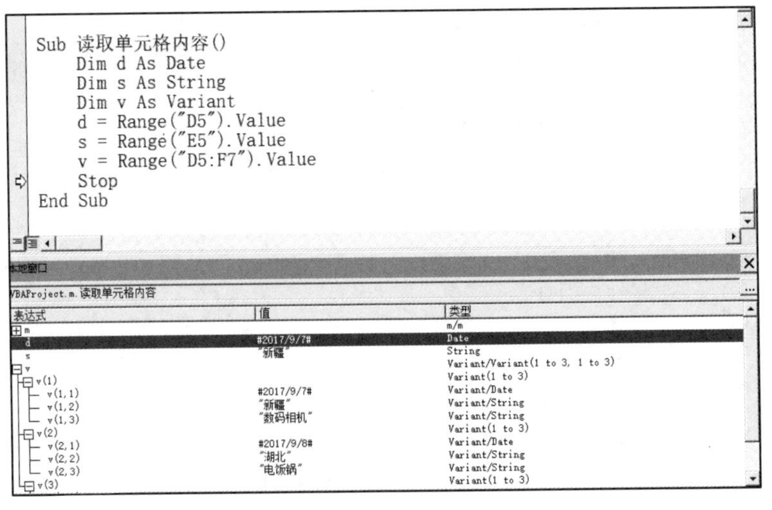

图 4-66　读取单元格的值

从本地窗口中可以看到 v 是 3 行 3 列的二维数组。

向单元格中写入内容时，需要根据单元格区域的形状使用不同的方法写入。

向一个单元格输入内容，使用基本数据类型修改其 Value 属性即可。例如，Range("A1").Value= "姓名"。

向一行、一列、矩形区域中输入内容，严格地讲也应该传递二维数组，如实例 4-30 所示。

实例 4-30：将二维数组写入单元格

```
Sub 将二维数组写入单元格()
    Dim title(1 To 1, 1 To 7) As String
    title(1, 1) = "星期一"
    title(1, 2) = "星期二"
    title(1, 3) = "星期三"
    title(1, 4) = "星期四"
    title(1, 5) = "星期五"
    title(1, 6) = "星期六"
    title(1, 7) = "星期日"
    Range("B1").Resize(, 7).Value = title

    Dim RowLabel(2 To 4, 1 To 1) As String
    RowLabel(2, 1) = "上午"
    RowLabel(3, 1) = "下午"
    RowLabel(4, 1) = "晚上"
    Range("A2:A4").Value = RowLabel

    Range("A1").Value = "课程表"

    Dim Course(2 To 4, 1 To 7) As String
    Course(2, 1) = "Maths"
```

```
    Course(3, 1) = "Chinese"
    Course(4, 1) = "English"

    Course(2, 3) = "English"
    Course(3, 3) = "Chinese"
    Course(4, 3) = "Maths"

    Course(2, 7) = "Music"
    Course(3, 7) = "Holiday"
    Course(4, 7) = "Holiday"
    Range("B2").Resize(3, 7).Value = Course
End Sub
```

上述程序中采用了 3 个二维数组，使用 title 填充 B1:H7，使用 RowLabel 填充 A2:A4，使用 Course 填充中心区域。在声明和构造数组时，要和实际单元格区域的行列数匹配上，这样才能恰好填充，如图 4-67 所示。

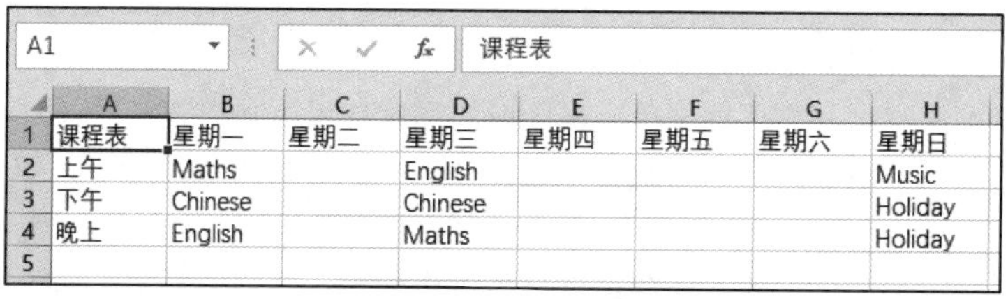

A1 课程表

	A	B	C	D	E	F	G	H
1	课程表	星期一	星期二	星期三	星期四	星期五	星期六	星期日
2	上午	Maths		English				Music
3	下午	Chinese		Chinese				Holiday
4	晚上	English		Maths				Holiday
5								

图 4-67　将数组写入单元格

然而，实际编程过程中一维数组使用得比较多，一维数组如何写入单元格呢？

2. 一维数组的写入

对于一行单元格，可以直接把一维数组写入。对于一列单元格需要用 Transpose 函数转置后再写入。具体应用如实例 4-31 所示。

实例 4-31：将一维数组写入单元格

```
Sub 将一维数组写入单元格()
    Dim Title(1 To 4) As String
    Title(1) = "姓名": Title(2) = "性别": Title(3) = "出生年月": Title(4) = "职务"
    Range("A1:D1").Value = Title

    Dim Record As Variant
    Record = Array("钱亮", "男", #7/8/1984#, "工程师")
    Range("A2:D2").Value = Record
    Record = Array("刘艳波", "女", #7/8/1989#, "副总监")
    Range("A3:D3").Value = Record

    Dim Memo(1 To 3) As String
    Memo(1) = "备注": Memo(2) = "有 MOS 证书": Memo(3) = "有不良记录"
    Range("E1:E3").Value = Application.WorksheetFunction.Transpose(Memo)
```

```
    ActiveSheet.UsedRange.EntireColumn.AutoFit
End Sub
```

上述代码中用到了 3 个一维数组，并使用 Title 填充 A1:D1，使用 Record 填充下面两行记录，最后使用 Memo 填充 E 列，如图 4-68 所示。

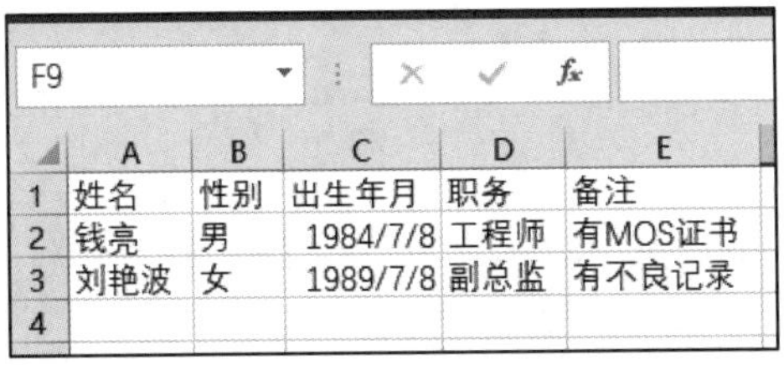

F9

	A	B	C	D	E
1	姓名	性别	出生年月	职务	备注
2	钱亮	男	1984/7/8	工程师	有MOS证书
3	刘艳波	女	1989/7/8	副总监	有不良记录
4					

图 4-68　将一维数组写入单元格

如果是两个区域之间内容的复制，可以直接使用 Value 属性，如实例 4-32 所示。

实例 4-32：两个区域内容的交换

```
Sub 两个区域内容的交换()
    Dim rg1 As Range
    Dim rg2 As Range
    Dim v As Variant
    Set rg1 = Application.Workbooks(1).Worksheets(1).Range("A1:B2")
    Set rg2 = Application.Workbooks(2).Worksheets(2).Range("C1:D2")
    v = rg1.Value '临时存储
    rg1.Value = rg2.Value
    rg2.Value = v
End Sub
```

上述程序演示了两个行列数相同的区域（不同工作簿、不同工作表中）内容如何发生互换。代码运行后，rg1 的内容与 rg2 的内容互换。

3. 单元格的复制和粘贴

通过 Value 属性只能传递单元格的值，要想复制和粘贴格式，需要用到 Copy 或 Cut 方法。

Range 的 Copy 方法有两种用法：一种是复制单元格，放到剪贴板上，然后执行 Worksheet 的 Paste 方法进行粘贴。另一种是使用 Range1.Copy Destination:=Range2 这种形式，不经过剪贴板直接复制过去。具体应用如实例 4-33 所示。

实例 4-33：单元格的复制和粘贴

```
Sub 单元格的复制和粘贴()
    Dim rg1 As Range
    Set rg1 = Sheet2.Range("A1:B3")
    rg1.Copy
    Sheet3.Activate
    Sheet3.Range("C2").Select
```

```
    Sheet3.Paste

    Sheet3.Range("F2").Select
    Sheet3.Paste

    Application.CutCopyMode = False

    '另一种方法
    rg1.Copy Destination:=Sheet3.Range("C12")
End Sub
```

运行上述程序，先后在 Sheet3 的 C2 和 F2 处进行了内容的粘贴。

利用另一种方法复制到 C12。

在运用工作表的 Paste 方法时，需要事先激活目标工作表，并且选中要粘贴的目标单元格才行，如图 4-69 所示。

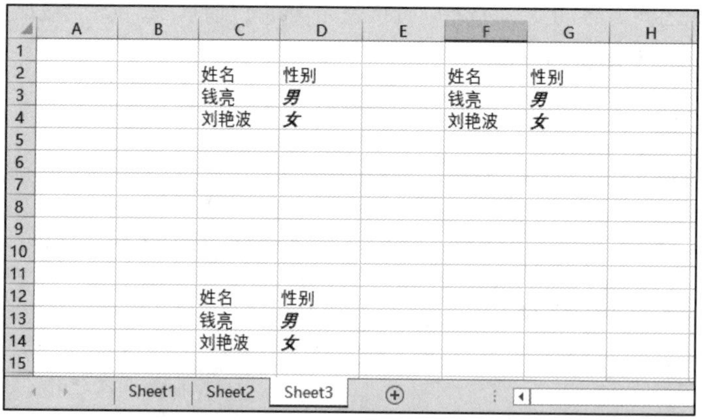

	A	B	C	D	E	F	G	H
1								
2			姓名	性别		姓名	性别	
3			钱亮	男		钱亮	男	
4			刘艳波	女		刘艳波	女	
5								
6								
7								
8								
9								
10								
11								
12			姓名	性别				
13			钱亮	男				
14			刘艳波	女				
15								

Sheet1　Sheet2　Sheet3

图 4-69　复制粘贴单元格

4．利用 AutoFill 方法实现自动填充

自动填充功能在 Excel 中具有很重要的作用。用户通过填充可以向上、下、左、右四个方向自动填充序列、公式等。

如果向单元格中输入公式，则需要更改 Range 的 Formula 属性；如果输入数组公式，则更改 FormulaArray 属性。例如，输入 Range("G3").Formula = "=SUM(D3:F3)"，就可以向 G3 输入求和公式。

自动填充用 AutoFill 方法，该方法是基于基准区域填充到目标区域，目标区域必须包含基准区域。例如，Range("B3").AutoFill Destination:=Range("B3:B8")实现的功能是从 B3 填充到 B8。具体应用如实例 4-34 所示。

实例 4-34：自动填充

假设数据表中 B 列有若干学号没有填充，G 列总分没有输入公式，现在要求用 VBA 自动填充 B 列和 G 列，并且调用 Excel 工作表函数 Transpose 把整个成绩表转置到 B11 单元格，如图 4-70 所示。

	A	B	C	D	E	F	G	H
1								
2		学号	姓名	语文	数学	英文	总分	
3		ST001	刘小光	84	88	89		
4			宋文超	59	95	57		
5			马良	85	67	98		
6			赵四	59	64	56		
7			宁溪	72	79	92		
8			萧十一	67	95	61		
9								
10								
11								
12								
13								

图 4-70　自动填充之前的数据

```
Sub 自动填充()
    Dim rg1 As Range
    Set rg1 = Range("B2:G8")
    Range("B3").AutoFill Destination:=Range("B3:B8"), Type:=Excel.XlAutoFillType.
    xlFillDefault

    Range("G3").Formula = "=SUM(D3:F3)"
    Range("G3").AutoFill Destination:=Range("G3:G8"), Type:=Excel.XlAutoFillType.
    xlFillDefault

    Range("B11").Resize(rg1.Columns.Count, rg1.Rows.Count).FormulaArray = "=Transpose
    (B2:G8)"
End Sub
```

上述程序运行后，数据表结果如图 4-71 所示。

B11　{=TRANSPOSE(B2:G8)}

	A	B	C	D	E	F	G	H
1								
2		学号	姓名	语文	数学	英文	总分	
3		ST001	刘小光	84	88	89	261	
4		ST002	宋文超	59	95	57	211	
5		ST003	马良	85	67	98	250	
6		ST004	赵四	59	64	56	179	
7		ST005	宁溪	72	79	92	243	
8		ST006	萧十一	67	95	61	223	
9								
10								
11		学号	ST001	ST002	ST003	ST004	ST005	ST006
12		姓名	刘小光	宋文超	马良	赵四	宁溪	萧十一
13		语文	84	59	85	59	72	67
14		数学	88	95	67	64	79	95
15		英文	89	57	98	56	92	61
16		总分	261	211	250	179	243	223
17								

图 4-71　自动填充之后的数据

公式编辑栏中显示了一个数组公式。

4.6.5　读/写单元格的字体

在 Excel 的“设置单元格格式”对话框中可以对选中的单元格或选中的字符进行格式设置。在“字体”选项卡中，可以选择字体、字号、颜色等，如图 4-72 所示。

图 4-72 “设置单元格格式”对话框

VBA 中 Range 或 Characters 对象下面有成员 Font，它的类型是 Excel.Font，是专门用来描述字体方面的对象类型。具体应用如实例 4-35 所示。

实例 4-35：修改字体

```
Sub 修改字体()
    Dim ft As Excel.Font
    Set ft = Range("C3").Font
    With ft
        .Name = "隶书"
        .Size = 20
        .Italic = True
    End With

    Set ft = Range("C8").Characters(Start:=2, Length:=2).Font
    With ft
        .Name = "华文新魏"
        .Size = 20
        .Bold = True
    End With

    Set ft = Nothing
End Sub
```

上述程序中，首先修改单元格 C3 的字体，然后修改 C8 单元格中后两个字的字体，如图 4-73 所示。

	A	B	C	D	E	F	G
1							
2		学号	姓名	语文	数学	英文	总分
3		ST001	刘小光	84	88	89	261
4		ST002	宋文超	59	95	57	211
5		ST003	马良	85	67	98	250
6		ST004	赵四	59	64	56	179
7		ST005	宁溪	72	79	92	243
8		ST006	杜十娘	67	95	61	223

图 4-73　修改单元格中字符的格式

4.6.6　读/写单元格的边框

在日常办公中经常会对 Excel 单元格的边框进行设置，在编程过程中也经常需要批量设置或取消边框线，如图 4-74 所示。

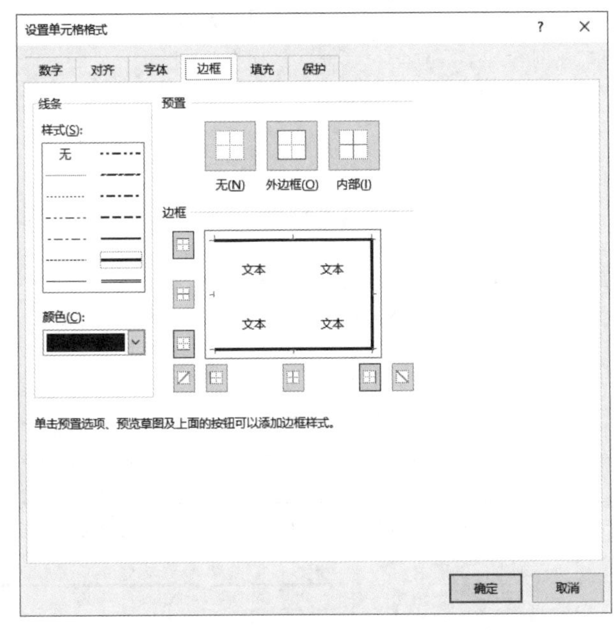

图 4-74　“设置单元格格式”对话框

VBA 中，Excel.Border 对象表示单元格的一条边框线，对于任何一个单元格都有以下 8 条可以使用的边框线。

- xlDiagonalDown：斜向下对角线。
- xlDiagonalUp：斜向上对角线。
- xlEdgeTop：外侧上边框线。
- xlEdgeBottom：外侧下边框线。
- xlEdgeLeft：外侧左边框线。
- xlEdgeRight：外侧右边框线。

- xlInsideHorizontal：内部水平线。
- xlInsideVertical：内部竖直线。

对于每一条边框线，都可以对其设置线条样式、粗细、颜色等属性。具体应用如实例 4-36 所示。

实例 4-36：自动设置边框线

```
Sub 自动设置边框线()
    Dim bd As Excel.Border
    Set bd = Range("D3:G8").Borders.Item(Excel.XlBordersIndex.xlEdgeTop)
    With bd
        .LineStyle = Excel.XlLineStyle.xlContinuous
        .Weight = Excel.XlBorderWeight.xlThick
        .Color = vbBlue
    End With

    Set bd = Range("D3:G8").Borders.Item(Excel.XlBordersIndex.xlEdgeBottom)
    With bd
        .LineStyle = Excel.XlLineStyle.xlContinuous
        .Weight = Excel.XlBorderWeight.xlThick
        .Color = vbBlue
    End With

    Set bd = Range("D3:G8").Borders.Item(Excel.XlBordersIndex.xlEdgeRight)
    With bd
        .LineStyle = Excel.XlLineStyle.xlContinuous
        .Weight = Excel.XlBorderWeight.xlThick
        .Color = vbBlue
    End With
End Sub
```

上述程序运行后，给成绩区域加了上、下、右 3 条边框线，如图 4-75 所示。

	A	B	C	D	E	F	G
1							
2		学号	姓名	语文	数学	英文	总分
3		ST001	刘小光	84	88	89	261
4		ST002	宋文超	59	95	57	211
5		ST003	马良	85	67	98	250
6		ST004	赵四	59	64	56	179
7		ST005	宁溪	72	79	92	243
8		ST006	杜十娘	67	95	61	223

图 4-75　自动设置边框线

如果要清除边框线，则把要清除边框线的线条样式设置为 xlLineStyleNone。

4.6.7　读/写单元格的填充颜色

单元格的填充内容分为背景色填充、图案样式填充、图案颜色填充 3 部分，如图 4-76 所示。

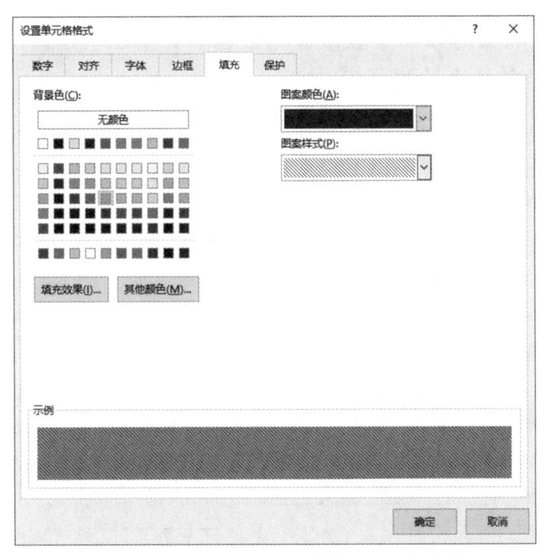

图 4-76 “设置单元格格式”对话框

VBA 中，使用 Excel.Interior 对象表示单元格的内部填充，如实例 4-37 所示。

实例 4-37：内部填充

```
Sub 内部填充()
    Dim It As Excel.Interior
    Set It = Range("C3:C8").Interior
    With It
        .Color = RGB(200, 0, 0)
        .Pattern = Excel.XlPattern.xlPatternCrissCross
        .PatternColor = vbBlue
    End With
End Sub
```

上述程序运行后，给指定区域设置了交叉线和图案颜色，如图 4-77 所示。

	A	B	C	D	E	F	G
1							
2		学号	姓名	语文	数学	英文	总分
3		ST001	[illegible]	84	88	89	261
4		ST002	[illegible]	59	95	57	211
5		ST003	[illegible]	85	67	98	250
6		ST004	[illegible]	59	64	56	179
7		ST005	[illegible]	72	79	92	243
8		ST006	[illegible]	67	95	61	223

图 4-77 自动设置填充色

4.6.8 遍历单元格

以下介绍的是比较常规的遍历方法。

Range 对象下面有 4 个成员对象，也经常被用于遍历对象，具体说明如下：

- Areas：单元格区域的所有分离区域。
- Cells：单元格区域中的每个单元格。
- Columns：单元格区域的每列。
- Rows：单元格区域的每行。

1. Areas 的含义

假设有一个单元格区域是 Range("B2:D3,E5:F6,B7:B10,D10:E12")，可以看到地址中包含 3 个逗号，显然该区域由 4 个分离的连续区域构成，如图 4-78 所示。

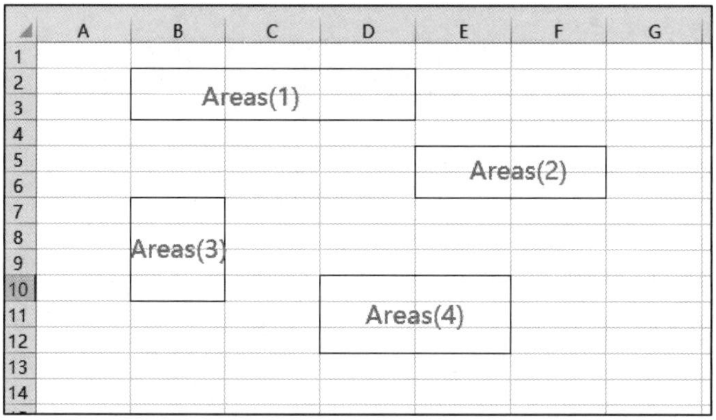

图 4-78　多个区域

按照图示，图中的 Areas(1)就相当于 Range("B2:D3")，以此类推，这样就可以实现按连续区域遍历。具体应用如实例 4-38 所示。

实例 4-38：按区域遍历

```
Sub 按区域遍历()
    Dim Source As Excel.Range
    Set Source = ActiveSheet.Range("B2:D3,E5:F6,B7:B10,D10:E12")
    Dim area As Excel.Range
    For Each area In Source.Areas
        area.Select
        Debug.Print area.Address(False, False)
    Next area
End Sub
```

上述程序中 For...Each 结构的两行代码用于测试，在实际开发中可以换成别的，立即窗口打印结果如下：

```
B2:D3
E5:F6
B7:B10
```

```
D10:E12
```

2. Cells 的特性

Cells 表示上级对象的每个单元格。具体应用如实例 4-39 所示。

实例 4-39：使用 Cells 遍历每个单元格

对于一个矩形区域 B2:D5，其中包含 12 个单元格，Cells(1)表示左上角第 1 个，如图 4-79 所示。

```
Sub 使用Cells遍历每个单元格()
    Dim i As Integer
    Dim Source As Excel.Range
    Set Source = ActiveSheet.Range("B2:D5")
    Dim rg As Excel.Range
    i = 0
    For Each rg In Source.Cells
        rg.Value = rg.Address(False, False)
        i = i + 1
        rg.Interior.ColorIndex = i
    Next rg
End Sub
```

上述程序中变量 i 称为“伴随变量”，通常在 For...Each 循环中作为计数器使用。

运行结果如图 4-80 所示。

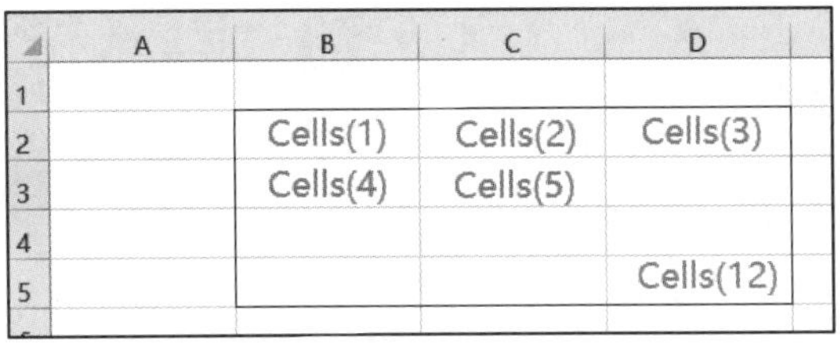

	A	B	C	D
1				
2		Cells(1)	Cells(2)	Cells(3)
3		Cells(4)	Cells(5)	
4				
5				Cells(12)

图 4-79　Cells 的示意图

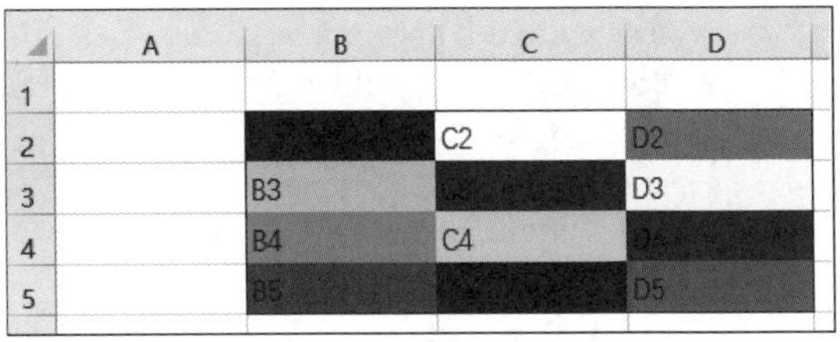

	A	B	C	D
1				
2			C2	D2
3		B3		D3
4		B4	C4	
5		B5		D5

图 4-80　使用 Cells 遍历每个单元格

3. Columns 的含义和用法

Columns 是把上级对象划分为多列。具体应用如实例 4-40 所示。

实例 4-40：使用 Columns 遍历

假设原始区域是 B2:B5，那么它的 Columns(2)表示该区域的第 2 列，也就是 C2:C5，如图 4-81 所示。

```
Sub 使用Columns遍历()
    Dim i As Integer
    Dim Source As Excel.Range
    Set Source = ActiveSheet.Range("B2:D5")
```

```
    Dim rg As Excel.Range
    i = 1
    For Each rg In Source.Columns
        rg.Value = i
        i = i + 1
    Next rg
End Sub
```

上述程序运行结果如图 4-82 所示。

A	B	C	D	E
	Columns(1)	Columns(2)	Columns(3)	

图 4-81　Columns 示意图

	A	B	C	D
1				
2		1	2	3
3		1	2	3
4		1	2	3
5		1	2	3

图 4-82　运行结果

4. Rows 的用法

Rows 与 Columns 概念相同，只不过按行处理。具体应用如实例 4-41 所示。

实例 4-41：使用 Rows 遍历

```
Sub 使用 Rows 遍历()
    Dim i As Integer
    Dim Source As Excel.Range
    Set Source = ActiveSheet.Range("B2:D5")
    Dim rg As Excel.Range
    i = 1
    For Each rg In Source.Rows
        rg.Value = i
        i = i + 1
    Next rg
End Sub
```

上述程序运行结果如图 4-83 所示。

	A	B	C	D
1				
2	Rows(1)	1	1	1
3	Rows(2)	2	2	2
4	Rows(3)	3	3	3
5	Rows(4)	4	4	4

图 4-83　运行结果

4.7 习　　题

1．阅读以下程序，横线上应该填写的类型名称是（　　）。

A．Workbook　　B．Workbooks　　C．Count　　D．Application

程序代码如下：

```
Sub Test()
   Dim wbks As Excel.________
   Set wbks = Application.Workbooks
   MsgBox "工作簿的个数是" & wbks.Count
End Sub
```

2．运行以下代码。

```
ActiveSheet.Range("D4").Offset(-2).Select
```

Excel中处于选中状态的单元格是（　　）。

A．D2　　B．D4　　C．B2　　D．B4

3．编写程序，实现自动将所有表逆序排列的功能。假设工作簿中原有Sheet1、Sheet2、Sheet3这三个工作表，逆序排列后顺序变成Sheet3、Sheet2、Sheet1。

扫一扫，看视频

第 5 章　其他 Excel 对象

第 4 章学习了 Excel VBA 中最常用的 4 类对象。

声明变量时，输入 As Excel.会自动弹出下拉菜单，下拉菜单中的每一项都是 Excel VBA 中的一类对象，如图 5-1 所示。这些对象往往与 Excel 中的某个实体有关系，如 Shape 就是一类很重要的对象，它表示工作表上放置的各种图片、图形。

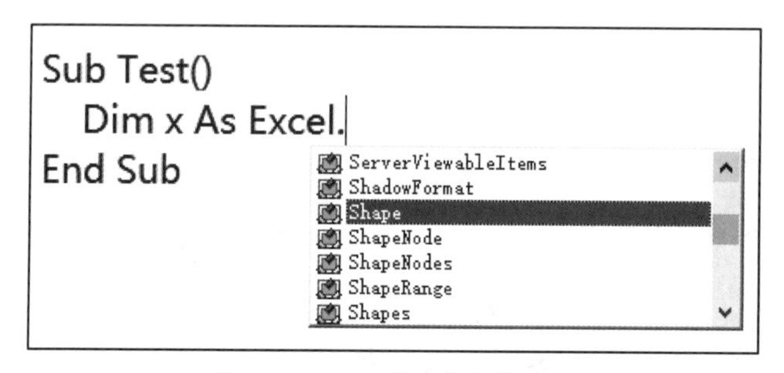

图 5-1　Excel 类型库中的对象

本章选择性地讲解几类常用 Excel 对象的 VBA 编程方法。

本章关键词：Shape、Chart、Window。

5.1　图形 Shape 对象

Excel 工作表的主要作用是使用单元格保存数据，因此 Range 对象是 Worksheet 下面的主要成员。

此外，工作表上还可以插入单元格以外的内容，如磁盘中的图片、文本框、SmartArt、数学公式、表单控件、图表等。Excel VBA 中把大多数浮动在单元格上的这些图形笼统地归为 Excel.Shape 对象，一个工作表中所有的图形使用 Worksheet.Shapes 集合来描述。

本节讲述如何使用 VBA 自动处理常用图形。

5.1.1　图形的常用属性

Shape 对象有以下 4 个常用属性：

- Name：图形的名称，任何两个图形名称不能相同。
- TopLeftCell：图形所在区域左上角的单元格。
- Left、Top、Width、Height：图形的位置和大小。

- Type：图形的类型，是 Office.msoShapeType 枚举常量之一，见表 5-1。
- Visible：可见性。

Office.msoShapeType 枚举常量见表 5-1。

表 5-1　Office.msoShapeType 枚举常量

名　称	值	说　明
msoShapeTypeMixed	-2	混合形状类型
msoAutoShape	1	自 Shape
msoCallout	2	标注
msoChart	3	图表
msoComment	4	批注
msoFreeform	5	任意多边形
msoGroup	6	Group
msoEmbeddedOLEObject	7	嵌入式 OLE 对象
msoFormControl	8	表单控件
msoLine	9	线条
msoLinkedOLEObject	10	链接 OLE 对象
msoLinkedPicture	11	链接图片
msoOLEControlObject	12	OLE 控件对象
msoPicture	13	图片
msoPlaceholder	14	占位符
msoTextEffect	15	文本效果
msoMedia	16	媒体
msoTextBox	17	文本框
msoScriptAnchor	18	脚本定位标记
msoTable	19	表格
msoCanvas	20	Canvas
msoDiagram	21	图表
msoInk	22	墨迹
msoInkComment	23	墨迹批注
msoIgxGraphic	24	SmartArt 图形
msoSlicer	25	切片器
msoWebVideo	26	Web 视频
msoContentApp	27	内容 Office 加载项
msoGraphic	28	图形
msoLinkedGraphic	29	链接图形
mso3DModel	30	3D 模型
msoLinked3DModel	31	链接的 3D 模型

假设一个工作表上放置了一些图形，如图 5-2 所示。遍历这些图形的操作如实例 5-1 所示。

复选框 1
A
B
C
D
E
F
G
文本框
复选框 1

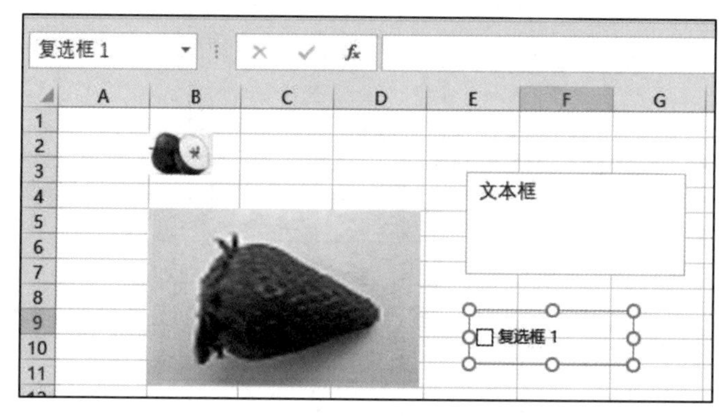

图 5-2　工作表上的图形

实例 5-1：遍历工作表上的图形

```
Sub 遍历工作表上的图形()
    Dim ws As Excel.Worksheet
    Dim sp As Excel.Shape
    Set ws = ActiveSheet
    For Each sp In ws.Shapes
        Debug.Print sp.Name, sp.Type, sp.Visible, sp.TopLeftCell.Address(False,
        False)
    Next sp
End Sub
```

上述程序运行后，每个图形的名称、类型、可见性、左上角单元格地址打印到立即窗口中，如图 5-3 所示。

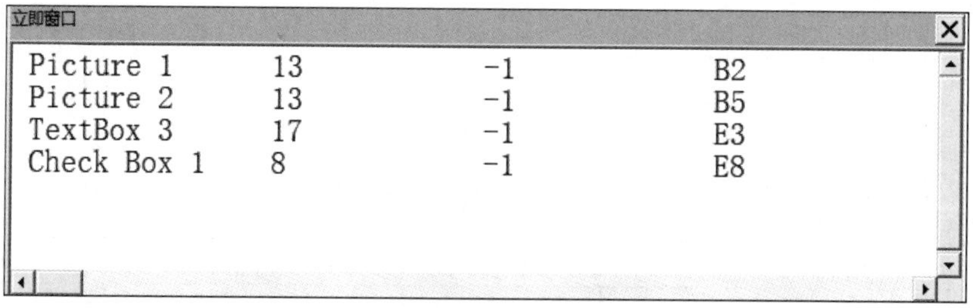

立即窗口
Picture 1　13　-1　B2
Picture 2　13　-1　B5
TextBox 3　17　-1　E3
Check Box 1　8　-1　E8

图 5-3　遍历图形的属性

5.1.2　插入图形

根据图形类型的不同，向工作表中添加图形的操作和代码也不相同。Worksheet 对象下面的 Shapes 集合具有很多 Add 开头的方法，用来添加各种类型的图形。

Shapes 对象用于添加各种类型图形，其方法见表 5-2。

表 5-2 Shapes 添加各种类型图形的方法

方法名称	作 用
AddCallout	创建一个无边框的线形标注
AddChart	创建一个图表
AddConnector	添加一个连接符
AddCurve	添加一条贝塞尔曲线
AddFormControl	添加表单控件
AddLabel	添加水平或垂直标签
AddLine	添加线条
AddOLEObject	添加嵌入式 OLE 对象
AddPicture	添加磁盘图片
AddPolyline	添加多边形
AddShape	添加自选图形
AddSmartArt	添加 SmartArt
AddTextBox	添加水平或垂直文本框
AddTextEffect	添加艺术字
Add3DModel	添加 3D 模型

下面仅以磁盘图片文件和表单控件的插入为例进行讲解。

1. 图片文件

图片文件的类型是 msoPicture，使用 AddPicture 或 AddPicture2 向工作表中插入图片，如实例 5-2 所示。

实例 5-2：插入图片

```
Sub 插入图片()
    Dim ws As Excel.Worksheet
    Dim area As Excel.Range
    Dim sp As Excel.Shape
    Set ws = ActiveSheet
    Set area = ws.Range("B2:F10")
    Set sp = ws.Shapes.AddPicture(Filename:="D:\temp\Picture 1.jpg", linktofile: =
    msoFalse, savewithdocument:=msoTrue, Left:=area.Left, Top:=area.Top,
    Width:=area.Width, Height:=area.Height)
    Set area = ws.Range("B12:H25")
    Set sp = ws.Shapes.AddPicture2(Filename:="http://www.syuct.edu.cn/__local
    /6/68/57/D99489B9B242EB997C5A2C7DB14_05A452E5_14A34.jpg", linktofile:=
    msoFalse, savewithdocument:=msoTrue, Left:=area.Left, Top:=area.Top,
    Width:=area.Width, Height:=area.Height, Compress:=msoPictureCompressFalse)
    sp.Select
End Sub
```

上述程序先后把磁盘图片和网络图片插入指定区域，如图 5-4 所示。

图 5-4　自动添加图片

如果文件夹中有多个图片需要批量处理，在遍历文件的过程中循环使用上述代码即可。

2. 表单控件

表单控件是从“开发工具”选项卡中添加进来的，如图 5-5 所示。

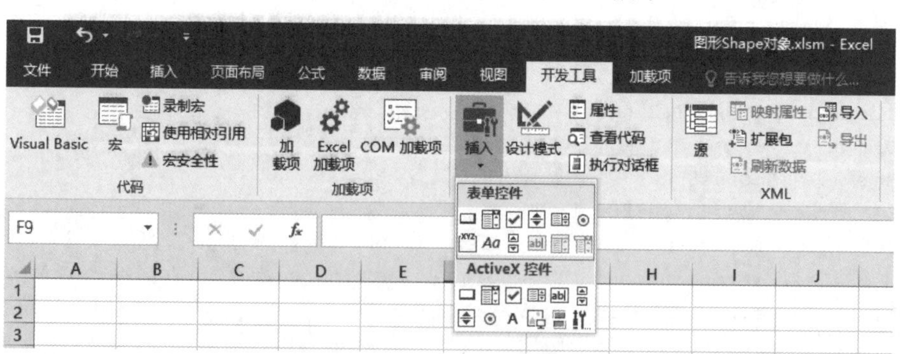

图 5-5　表单控件

表单控件的宏观类型是 msoFormControl，具体是哪一种表单控件，使用枚举常量 Excel.XlFormControl 来识别。

Excel.XlFormControl 枚举常量见表 5-3。

表 5-3 Excel.XlFormControl 枚举常量

枚举常量	含　义
xlButtonControl	按钮
xlCheckBox	复选框
xlDropDown	下拉框
xlEditBox	编辑框
xlGroupBox	分组框
xlLabel	标签
xlListBox	列表框
xlOptionButton	单选按钮
xlScrollBar	滚动条

表单控件主要用于链接单元格，让控件的值与单元格的值联系起来。具体应用如实例 5-3 所示。

实例 5-3：插入表单控件

```
Sub 插入表单控件()
    Dim ws As Excel.Worksheet
    Dim area As Excel.Range
    Dim sp As Excel.Shape
    Dim ck As Excel.CheckBox
    Set ws = ActiveSheet
    Set area = ws.Range("B2:C2")
    Set sp = ws.Shapes.AddFormControl(Type:=Excel.XlFormControl.xlCheckBox,
    Left:=area.Left, Top:=area.Top, Width:=area.Width, Height:=area.Height)
    sp.Name = "CheckBox_A2"
    Set ck = sp.OLEFormat.Object
    ck.Caption = "唱歌"
    ck.LinkedCell = "Sheet1!A2"
    ws.Range("A2").Value = True
    Debug.Print sp.FormControlType

    Set area = ws.Range("B4:C4")
    Set sp = ws.Shapes.AddFormControl(Type:=Excel.XlFormControl.xlCheckBox,
    Left:=area.Left, Top:=area.Top, Width:=area.Width, Height:=area.Height)
    sp.Name = "CheckBox_A4"
    Set ck = sp.OLEFormat.Object
    ck.Caption = "跳舞"
    ck.LinkedCell = "Sheet1!A4"
    ck.Value = True

End Sub
```

上述程序中变量 sp 是宏观的图形，变量 ck 是具体的复选框。使用 AddFormControl 方法向工作表中插入两个复选框，分别链接到单元格 A2 和 A4，当勾选“唱歌”时 A2 自动变为 True，当取消勾选时 A2 变为 False，如图 5-6 所示。

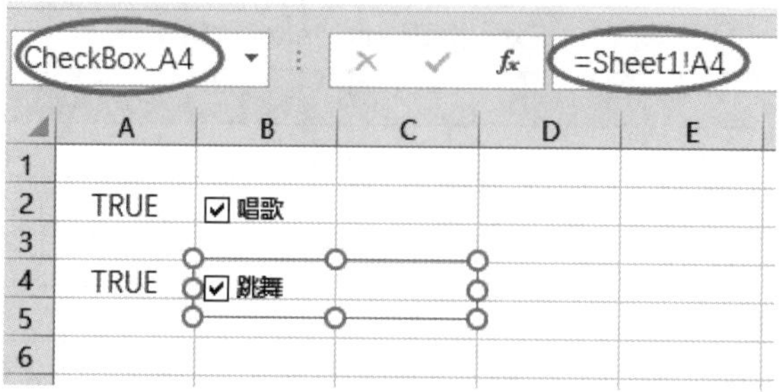

图 5-6　复选框与单元格的联动

鼠标选择“跳舞”复选框，在名称框中可以看到它的名称，在公式编辑栏中看到链接的单元格。

Worksheet 包含很多控件集合对象，具体有：

- Buttons：工作表上的所有按钮。
- CheckBoxes：工作表上的所有复选框。
- DropDowns：工作表上的所有下拉框。
- TextBoxes：工作表上的所有文本框。
- GroupBoxes：工作表上的所有分组框。
- Labels：工作表上的所有标签。
- OptionButtons：工作表上的所有单选按钮。
- ScrollBars：工作表上的所有滚动条。

每个集合都有 Count 属性和 Add 方法。具体应用如实例 5-4 所示。

可以不通过 Shapes 添加表单控件，操作如下。

实例 5-4：插入具体的表单控件

```
Sub 插入具体的表单控件()
    Dim ws As Excel.Worksheet
    Dim bt As Excel.Button
    Dim ck As Excel.CheckBox
    Dim dd As Excel.DropDown
    Dim eb As Excel.EditBox
    Dim tb As Excel.TextBox
    Dim gb As Excel.GroupBox
    Dim lb As Excel.Label
    Dim ob As Excel.OptionButton
    Dim sb As Excel.ScrollBar
    Set ws = ActiveSheet

    '添加按钮
    Set area = ws.Range("B2:C2")
    Set bt = ws.Buttons.Add(Left:=area.Left, Top:=area.Top, Width:=area.Width,
Height:=area.Height)
    bt.Caption = "提交"                          '修改标题
    bt.ShapeRange.Item(1).Name = "Button_B2"    '修改名称
```

```
'添加复选框
Set area = ws.Range("B4:C4")
Set ck = ws.CheckBoxes.Add(Left:=area.Left, Top:=area.Top, Width:=area.Width,
Height:=area.Height)
ck.Caption = "参加评选"
ck.ShapeRange.Item(1).Name = "CheckBox_B4"

'添加下拉框
Set area = ws.Range("B6:C6")
Set dd = ws.DropDowns.Add(Left:=area.Left, Top:=area.Top, Width:=area.Width,
Height:=area.Height)
dd.ShapeRange.Item(1).Name = "DropDown_B6"
dd.AddItem "北京市", 1
dd.AddItem "天津市", 2
dd.AddItem "上海市", 3
dd.ListIndex = 2

'添加文本框
Set area = ws.Range("B10:C10")
Set tb = ws.TextBoxes.Add(Left:=area.Left, Top:=area.Top, Width:=area.Width,
Height:=area.Height)
tb.Text = "文本"
tb.ShapeRange.Item(1).Name = "TextBox_B10"

'添加分组框
Set area = ws.Range("B12:C14")
Set gb = ws.GroupBoxes.Add(Left:=area.Left, Top:=area.Top, Width:=area.Width,
Height:=area.Height)
gb.Caption = "设置"
gb.ShapeRange.Item(1).Name = "GroupBox_B12"

'添加标签
Set area = ws.Range("B16:C16")
Set lb = ws.Labels.Add(Left:=area.Left, Top:=area.Top, Width:=area.Width,
Height:=area.Height)
lb.Caption = "注意事项"
lb.ShapeRange.Item(1).Name = "Label_B16"

'添加单选按钮
Set area = ws.Range("B18")
Set ob = ws.OptionButtons.Add(Left:=area.Left, Top:=area.Top, Width:=area.Width,
Height:=area.Height)
ob.Caption = "Yes"
ob.ShapeRange.Item(1).Name = "Option_B18"
Set area = ws.Range("C18")
Set ob = ws.OptionButtons.Add(Left:=area.Left, Top:=area.Top, Width:=area.Width,
```

```
    Height:=area.Height)
    ob.Caption = "No"
    ob.ShapeRange.Item(1).Name = "Option_C18"
    ob.Value = True

    '添加滚动条
    Set area = ws.Range("B20:C20")
    Set sb = ws.ScrollBars.Add(Left:=area.Left, Top:=area.Top, Width:=area.Width,
    Height:=area.Height)
    sb.Min = 60
    sb.Max = 100
    sb.Value = 75
    sb.ShapeRange.Item(1).Name = "Scroll_B16"

    Application.ActiveWindow.DisplayGridlines = False
End Sub
```

上述程序运行后，活动工作表上自动出现了多个表单控件。为了看得清楚，隐藏了网格线，如图 5-7 所示。

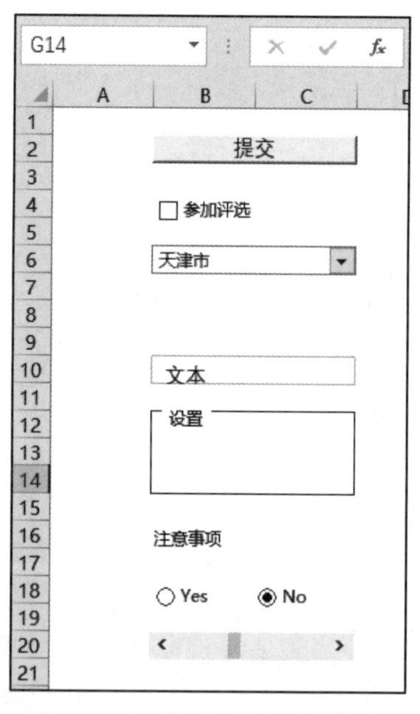

图 5-7　自动添加多个表单控件

5.1.3　给图形指定宏

Excel 中的 Shape 对象大多数支持“指定宏”，指定宏就是把 VBA 工程中的一个公有过程与图形关联起来，当用户单击图形时自动运行关联的宏。

使用 Shape 对象或具体的控件（如 Button 对象均有 OnAction 属性），把宏名赋给这个属性就完成了关联。具体应用如实例 5-5 所示。

实例 5-5：指定宏

```
Sub 指定宏()
    Dim ws As Excel.Worksheet
    Dim bt As Excel.Button
    Set ws = ActiveSheet
    '添加按钮
    Set area = ws.Range("B2:C2")
    Set bt = ws.Buttons.Add(Left:=area.Left, Top:=area.Top, Width:=area.Width,
    Height:=area.Height)
    bt.Caption = "增加条目"                    '修改标题
    bt.ShapeRange.Item(1).Name = "Button_B2"   '修改名称
    bt.OnAction = "AddItem"

    '添加按钮
    Set area = ws.Range("B4:C4")
    Set bt = ws.Buttons.Add(Left:=area.Left, Top:=area.Top, Width:=area.Width,
    Height:=area.Height)
    bt.Caption = "移除条目"                    '修改标题
    bt.ShapeRange.Item(1).Name = "Button_B4"   '修改名称
    bt.OnAction = "RemoveItem"
End Sub

Public Sub AddItem()
    MsgBox "AddItem"
End Sub
Public Sub RemoveItem()
    MsgBox "RemoveItem"
End Sub
```

上述程序包括一个用于创建按钮的过程，以及 AddItem 和 RemoveItem 两个测试过程。

程序运行后，看到工作表上产生了两个按钮，单击其中任何一个按钮都能弹出一个对话框，说明关联成功，如图 5-8 所示。

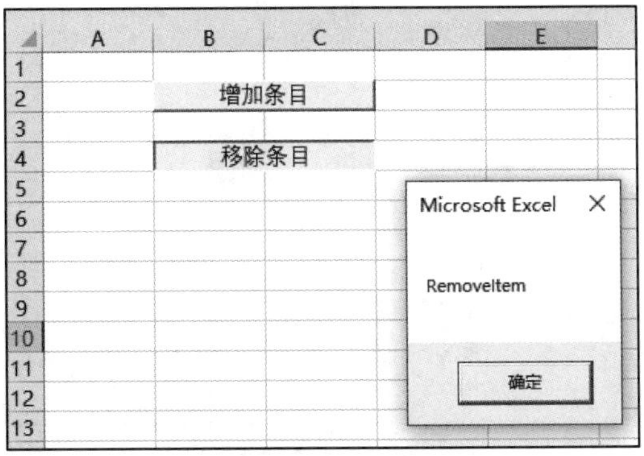

图 5-8　为控件指定宏

5.1.4　删除图形

编程过程中经常遇到从包含多个图形的工作表中可选择性地把具有某些特征的图形删除，可以根据图形的名称、位置、大小、类型来区别是否删除该图形。具体应用如实例 5-6 所示。

实例 5-6：删除图形

```
Sub 删除图形()
    Dim sp As Excel.Shape
    For Each sp In ActiveSheet.Shapes
        If sp.Type = Office.msoFormControl Then                    '如果是表单控件
            If TypeOf sp.OLEFormat.Object Is Excel.Button Then  '如果是表单控件中的按钮
                Debug.Print sp.Name & "被删除。"
                sp.Delete
            End If
        End If
    Next sp
End Sub
```

上述程序中，如果遇到表单控件中的 Button 就删除，其他类型的不处理。

5.2　图表 Chart 对象

图表是微软 Office 的一大特色，Excel 图表功能的命令集中在“插入”选项卡中，如图 5-9 所示。

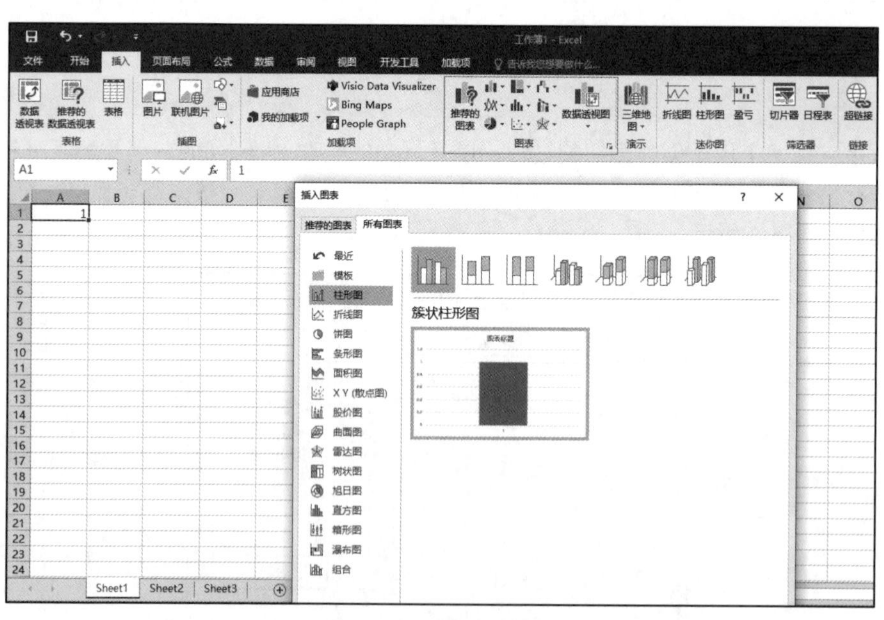

图 5-9　插入图表对话框

图表具有非常多的选项，最主要包括以下 3 个方面。

- 图表的类型：是柱形图，还是饼图。
- 图表的数据源：用户绘图的数据来源于单元格区域，还是数组。
- 图表的位置：图表是嵌入在工作表中，还是与工作表相对独立。

图表从创建、维护到删除都可以通过手动完成，然而有很多实际项目需要自动生成图表，或者对已存在的图表自动进行修改数据源等操作。Excel VBA 中图表的对象类型是 Chart，本节将讲述 Chart 对象的创建、属性的读/写等知识点。

5.2.1 创建图表

Excel 的图表既可以和工作表一样具有独立的标签（相当于工作簿中的一个表），也可以嵌入在一个工作表中。

Excel VBA 中，Charts 类似于 Worksheets，是 Workbook 下面的成员，通过 Charts.Add 添加的图表会显示在独立的表中。

ChartObjects 是 Worksheet 下面的成员，它的 Add 方法可以为工作表中新增一个图表对象，每个 ChartObject 中都有一个 Chart 对象。

独立的图表和嵌入的图表可以相互移动，通过使用 Chart 对象的 Location 方法可以变更场所。

图表的作用是把数据以各种形状显示出来，绘图的数据来源一般是工作表中的单元格数据，也可以是纯粹的内存数组。Chart 对象的 SetSourceData 方法可以设置和修改数据源。一个图表中可以显示多个系列，每个系列具有一个图表公式，通过 Series 对象的 Formula 属性也可以修改系列的公式。对于散点图还可以直接修改 XValues 和 YValues 的值。

图表具有很多种类型，Excel VBA 中使用 Excel.xlChartType 枚举常量作为图表类型的判别依据，如 xlPie 表示饼图。具体应用如实例 5-7 所示。

实例 5-7：基于数组的独立散点图

下面使用数组 x 保存时间，数组 y 保存气温的数据，自动向当前工作簿插入 1 个图表，使用 x 和 y 作为数据源。

```
Sub 基于数组的独立散点图()
    Dim ct As Excel.Chart
    Dim x(1 To 6) As Integer
    Dim y(1 To 6) As Integer
    x(1) = 1
    x(2) = 3
    x(3) = 6
    x(4) = 10
    x(5) = 15
    x(6) = 21
    y(1) = 10
    y(2) = 12
    y(3) = 15
```

```
    y(4) = 24
    y(5) = 22
    y(6) = 17
    Set ct = ActiveWorkbook.Charts.Add
    With ct
        .Name = "散点图"                                    '表名
        .ChartType = Excel.XlChartType.xlXYScatter          'XY 散点图
        Set ser = .SeriesCollection.NewSeries               '添加一个系列
        ser.XValues = x
        ser.Values = y
        .HasTitle = True
        .ChartTitle.Text = "气温变化图"                      '图表标题
    End With
    Dim ws As Excel.Worksheet
    Application.DisplayAlerts = False
    Do While ActiveWorkbook.Worksheets.Count > 0            '删除所有工作表
        Set ws = ActiveWorkbook.Worksheets(1)
        ws.Delete
    Loop
    Application.DisplayAlerts = True
End Sub
```

上述程序运行后，在创建了 1 个图表的同时把所有工作表删除了。产生的效果是工作簿中只包含 1 个独立的图表，并且它不依赖工作表数据，如图 5-10 所示。

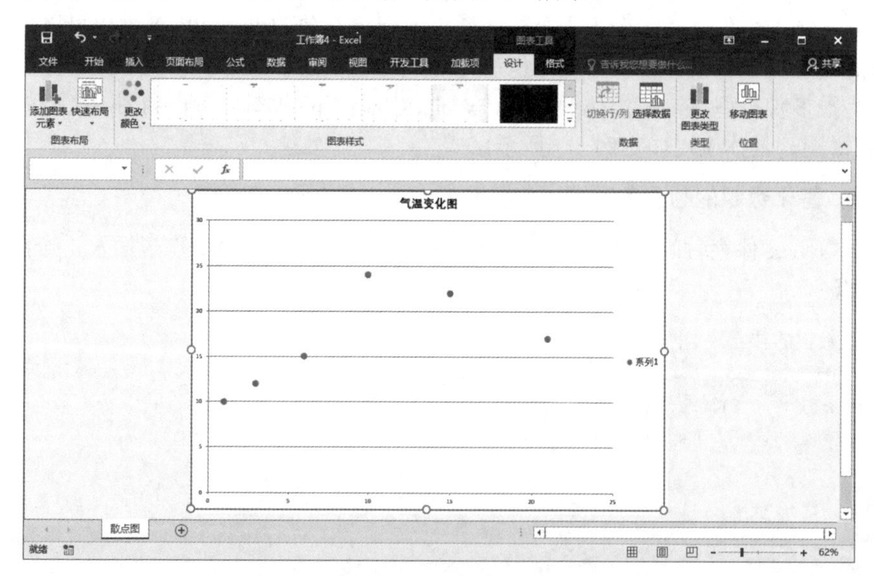

图 5-10　使用纯数组作为图表的数据源

注意

除了使用内存数组作为数据源，还可以使用 Application 的 Evaluate 方法产生的纯数组作为数据源。

代码中加粗倾斜的部分可以改写为：

```
ser.XValues = [{1,3,6,10,15,21}]
ser.Values = [{10,12,15,24,22,17}]
```

这样就不需要声明 x 和 y 这两个数组了。

接下来讲述嵌入在工作表中的图表的创建方法。

对象模型的包含关系是 Worksheet→ChartObject→Chart。必须先创建一个 ChartObject，因为这种对象是图表的容器。具体应用如实例 5-8 所示。

实例 5-8：基于单元格数据的嵌入饼图

```
Sub 基于单元格数据的嵌入饼图()
    Dim co As Excel.ChartObject
    Dim ct As Excel.Chart
    Dim area As Excel.Range
    Set area = ActiveWorkbook.Worksheets(1).Range("D2:G12")
    Set co = ActiveWorkbook.Worksheets(1).ChartObjects.Add(Left:=area.Left,
    Top:=area.Top, Width:=area.Width, Height:=area.Height)
    Set ct = co.Chart
    With ct
        .ChartType = Excel.XlChartType.xlPie
        .SetSourceData Source:=ActiveWorkbook.Worksheets(1).Range("A1:B6"),
        PlotBy:=Excel.XlRowCol.xlColumns
        .HasTitle = True
        .ChartTitle.Text = "某公司员工学历分布"
    End With
End Sub
```

事先在工作表中输入数据，然后执行上述程序，看到 D2:G12 单元格区域出现了一个饼图，如图 5-11 所示。

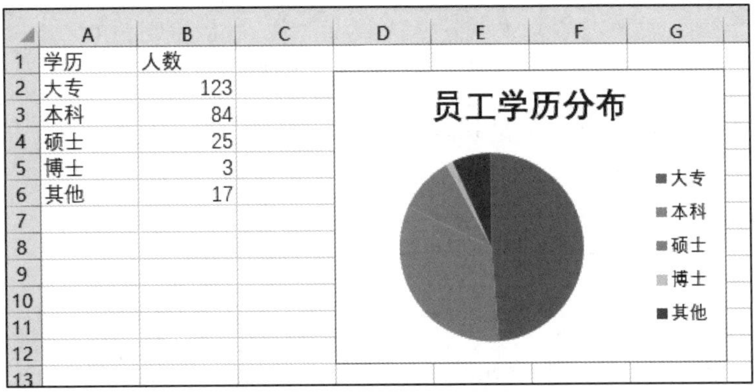

	A	B
1	学历	人数
2	大专	123
3	本科	84
4	硕士	25
5	博士	3
6	其他	17

员工学历分布

大专
本科
硕士
博士
其他

图 5-11　自动插入饼图

使用 ChartObjects.Add 方法时，必须提供该对象的位置和大小。后期也可以通过改变 ChartObject 对象的 Left 等属性重新调整图表在工作表上的位置。

5.2.2 修改图表数据源

Chart 对象的很多属性可以修改，如图表类型、位置、数据源等。

通过使用图表的 SetSourceData 方法可以从整体上修改产生图表的数据源，如实例 5-9 所示。

实例 5-9：修改图表的数据源

```
Sub 修改图表的数据源()
    Dim co As Excel.ChartObject
    Dim ct As Excel.Chart
    Set co = ActiveWorkbook.Worksheets(1).ChartObjects.Item(1)
    Set ct = co.Chart
    With ct
        .SetSourceData Source:=ActiveWorkbook.Worksheets(1).Range("A1:B5"),
        PlotBy:=Excel.XlRowCol.xlColumns
    End With
End Sub
```

上述程序还是以前面已经存在的图表为例，首先定位到这个图表，然后修改数据源。执行后，看到饼图的数据源从原来的 B6 变到了 B5，如图 5-12 所示。

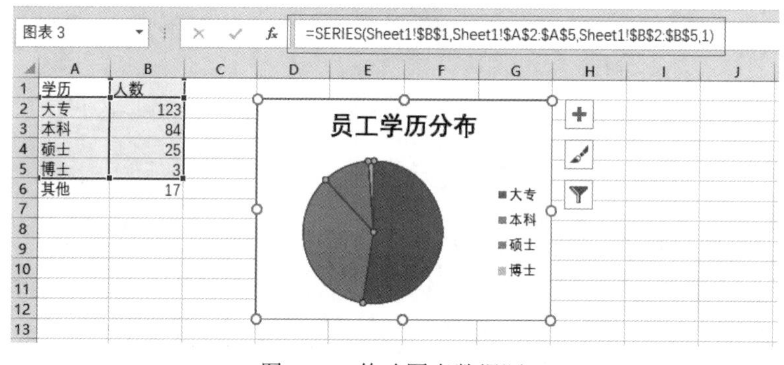

图 5-12　修改图表数据源

一个图表往往包含多个系列，如果只需要修改某个系列，则直接修改其 Formula 即可，如实例 5-10 所示。

实例 5-10：修改系列的公式

```
Sub 修改系列的公式()
    Dim ct As Excel.Chart
    Dim ser As Excel.Series
    Set ct = Application.ActiveChart '执行此行代码前，必须选中图表
    Set ser = ct.SeriesCollection.Item(1)
    ser.Formula = "=SERIES(Sheet1!$B$1,Sheet1!$A$2:$A$6,Sheet1!$B$2:$B$6,1)"
End Sub
```

执行上述代码后，图表的数据源再次把 A6:B6 这行加了进去。

5.2.3 将图表导出为图片

在 Excel 的图表上方右击，右键菜单中没有“另存为图片”的命令。但是很多情况下需要把生成的图表另存为磁盘上的图片文件。

Excel VBA 中 Chart 对象的 Export 方法可以把图表导出为 jpg、png、gif 等格式文件。具体应用如实例 5-11 所示。

实例 5-11：将图表导出为图片文件

```
Sub 将图表导出为图片文件()
    Dim co As Excel.ChartObject
    Dim ct As Excel.Chart
    For Each co In ActiveWorkbook.Worksheets(1).ChartObjects
        Set ct = co.Chart
        ct.Export Filename:="D:\temp\" & co.Index & ".jpg", Filtername:="jpg",
        Interactive:=False
    Next co
End Sub
```

上述程序通过遍历工作表上的所有 ChartObject 定位到每个图表，然后导出。导出后的文件在画图软件中打开的效果如图 5-13 所示。

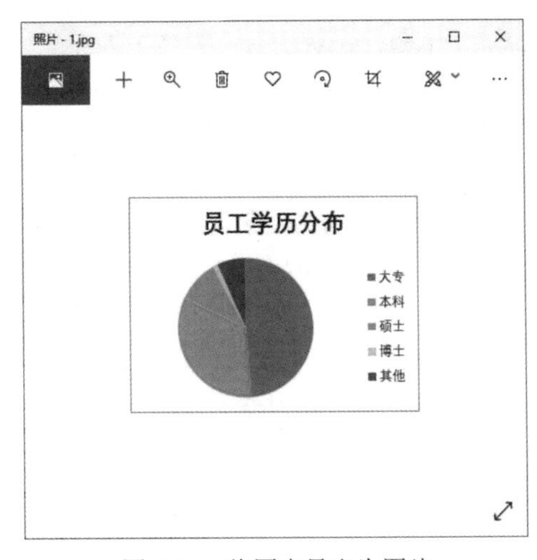

图 5-13　将图表导出为图片

5.2.4 将文件导出为图片

在办公过程中，经常遇到工作表上有大量插入的截图或风景图片，Excel 没有提供把工作表上的图片导出到磁盘中的功能。但是用户可以先复制图片到剪贴板，然后选中图表后按下快捷键 Ctrl+V 把图片粘贴到图表中，最后再利用 Chart 的 Export 方法导出。具体应用如实例 5-12 所示。

假设某工作表上有若干图片，如图 5-14 所示。

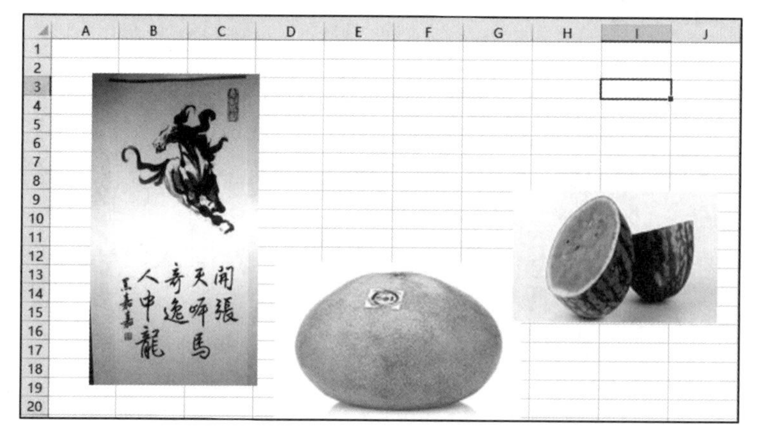

图 5-14　工作表上的图片

实例 5-12：将文件中的图形导出为图片

```
Sub 将文件中的图形导出为图片()
    Dim area As Excel.Range
    Dim co As Excel.ChartObject
    Dim ct As Excel.Chart
    Dim sp As Excel.Shape
    Set area = ActiveSheet.Range("D2:G12")
    Set co = ActiveSheet.ChartObjects.Add(Left:=area.Left, Top:=area.Top,
    Width:=area.Width, Height:=area.Height)
    Set ct = co.Chart
    For Each sp In ActiveSheet.Shapes
        If sp.Type = Office.MsoShapeType.msoPicture Then '如果是插入的图片
        With co
            .Width = sp.Width      '调整图表的大小，与图片恰好对齐
            .Height = sp.Height
        End With
        sp.Copy                    '复制图片到剪贴板
        ct.Paste                   '粘贴到图表中
        ct.Export Filename:="D:\temp\" & sp.Name & ".jpg", Filtername:="jpg",
        Interactive:=False
        Application.Selection.Delete
        End If
    Next sp
    co.Delete                      '删除图表
End Sub
```

上述程序首先向活动工作表添加 1 个图表，然后遍历图片，遍历过程中反复调整图表的尺寸，使之与图片一样大。在不断复制、粘贴的过程中同时导出文件。最后把一开始添加的图表删除，恢复原状。

运行上述程序，磁盘上产生了相应的图片文件，如图 5-15 所示。

备份 (D:) › Temp			
名称	修改日期	类型	大小
Picture 1.jpg	2021/4/1 20:22	JPG 文件	16 KB
Picture 3.jpg	2021/4/1 20:22	JPG 文件	9 KB
Picture 4.jpg	2021/4/1 20:22	JPG 文件	8 KB

图 5-15　将文件中的图形导出为图片

5.2.5　将单元格数据导出为图片

Excel 没有提供将单元格区域另存为图片文件的功能，人们通常利用截屏工具截取单元格区域保存文件。

Excel VBA 中的 Range 对象具有 CopyPicture 方法，可以把单元格复制到剪贴板，然后再利用 Chart 对象的 Paste 和 Export 方法导出。

在实际办公过程中，工作簿有多个工作表，每个工作表里面都有一些数据，可以通过遍历工作表的方式逐一导出。具体应用如实例 5-13 所示。

实例 5-13：将单元格区域导出为文件

```
Sub 将单元格区域导出为文件()
    Dim area As Excel.Range
    Dim rg As Excel.Range
    Dim co As Excel.ChartObject
    Dim ct As Excel.Chart
    Dim sp As Excel.Shape
    Set area = Sheet1.Range("D2:G12")
    Set co = Sheet1.ChartObjects.Add(Left:=area.Left, Top:=area.Top,
    Width:=area.Width, Height:=area.Height)
    Set ct = co.Chart
    Dim ws As Excel.Worksheet
    For Each ws In ActiveWorkbook.Worksheets
        Set rg = ws.UsedRange
        With co
            .Width = rg.Width    '调整图表的大小，与已使用区域恰好对齐
            .Height = rg.Height
        End With
        rg.CopyPicture xlScreen, xlBitmap
        ct.Paste                 '粘贴到图表中
        ct.Export Filename:="D:\temp\" & ws.Name & ".png", Filtername:="png",
        Interactive:=False
        Application.Selection.Delete
    Next ws
    co.Delete                    '删除图表
End Sub
```

运行上述程序，磁盘上产生了 Sheet1.png、Sheet2.png 等图片，用画图软件打开其中一个，可以看到里面显示的是单元格内容，如图 5-16 所示。

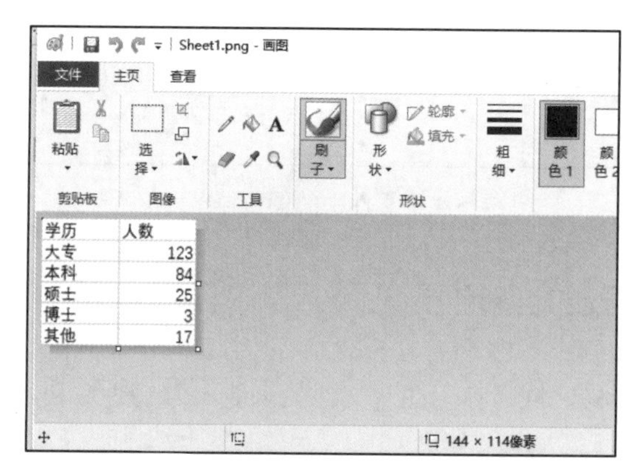

图 5-16　将单元格区域导出为图片文件

5.3　窗口 Window 对象

Excel VBA 中有一种窗口对象，类型名称是 Excel.Window，集合对象的类型是 Excel.Windows。

在 Excel 中一个工作簿可以创建多个窗口。对于特定的一个工作簿，用户每次只能看到其中一个工作表，如果要对比 Sheet1 和 Sheet2 数据的差别，就需要让这几个表同时显示出来。Excel 的“视图”选项卡中大多数控件与窗口管理有关。单击“新建窗口”按钮就可以为当前工作簿创建新窗口，每个窗口的标题后面标记有冒号和数字，如“销售表.xlsx:2”表示第 2 个窗口，如图 5-17 所示。

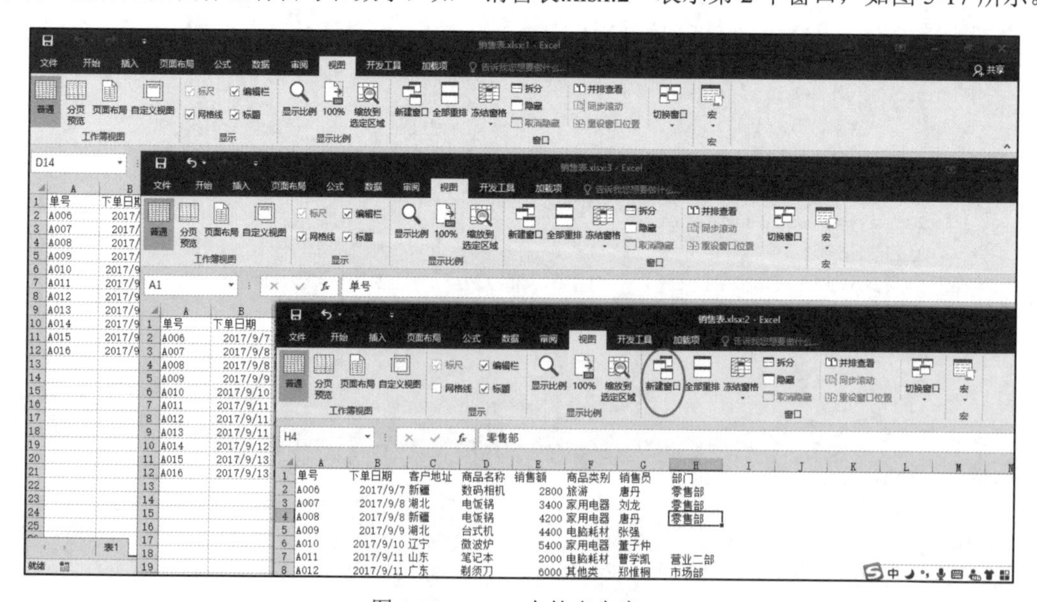

图 5-17　Excel 中的多个窗口

一个工作簿中可有多个窗口，每一个窗口可以独立设置网格线、分页符、缩放比例等，但是单元格中的数据是联动变化的，因为它们是同一个文件的数据。

工作簿的窗口可以创建，就可以关闭，但是至少要保留 1 个窗口。

在 Excel VBA 中，Workbook.Windows 表示一个工作簿的所有窗口，而 Application.Windows 表示所有工作簿的所有窗口。

本节介绍使用 VBA 操作和控制 Excel 窗口的方法。

5.3.1 创建新窗口

VBA 中需要使用 NewWindow 来返回一个新窗口，前面的主体对象可以是 Workbook，也可以是已存在的一个窗口。具体应用如实例 5-14 所示。

实例 5-14：创建新窗口

```
Sub 创建新窗口()
    Dim window4 As Excel.Window
    Dim window5 As Excel.Window
    Set window4 = ActiveWorkbook.Windows(2).NewWindow
    Set window5 = ActiveWorkbook.NewWindow
    Debug.Print ActiveWorkbook.Windows.Count
End Sub
```

假设当前工作簿已经有 3 个窗口，上述程序运行后，又增加了两个新窗口，如图 5-18 所示。

图 5-18　为工作簿增加窗口

5.3.2 激活窗口

在工作簿的所有窗口中，任何时刻只有 1 个是活动窗口。对于手动操作，可以通过功能区命令“切换窗口”来选择活动窗口，如图 5-19 所示。

VBA 中，Window 对象的 Activate 方法可以让某个窗口变成活动窗口，执行该方法后 ActiveWindow 指代的窗口也发生改变。具体应用如实例 5-15 所示。

实例 5-15：激活窗口

```
Sub 激活窗口()
    ActiveWorkbook.Windows(2).Activate
    Debug.Print Application.ActiveWindow.Caption
End Sub
```

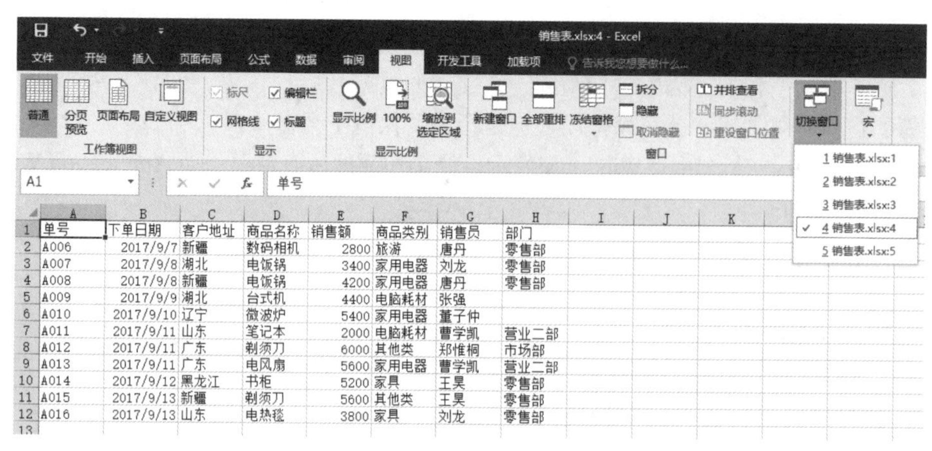

	A	B	C	D	E	F	G	H
1	单号	下单日期	客户地址	商品名称	销售额	商品类别	销售员	部门
2	A006	2017/9/7	新疆	数码相机	2800	旅游	唐丹	零售部
3	A007	2017/9/8	湖北	电饭锅	3400	家用电器	刘龙	零售部
4	A008	2017/9/8	新疆	电饭锅	4200	家用电器	唐丹	零售部
5	A009	2017/9/9	湖北	台式机	4400	电脑耗材	张强	
6	A010	2017/9/10	辽宁	微波炉	5400	家用电器	董子仲	
7	A011	2017/9/11	山东	笔记本	2000	电脑耗材	曹学凯	营业二部
8	A012	2017/9/11	广东	剃须刀	6000	其他类	郑惟桐	市场部
9	A013	2017/9/11	广东	电风扇	5600	家用电器	曹学凯	营业二部
10	A014	2017/9/12	黑龙江	书柜	5200	家具	王昊	零售部
11	A015	2017/9/13	新疆	剃须刀	5600	其他类	王昊	零售部
12	A016	2017/9/13	山东	电热毯	3800	家具	刘龙	零售部

图 5-19 窗口的切换

5.3.3 窗口属性设置

Window 对象具有很多属性，常用的有以下 8 个属性。

- Caption：标题。
- DisplayFormulas：是否显示公式编辑栏。
- DisplayGridlines：是否显示网格线。
- DisplayHorizontalScrollBar：是否显示水平滚动条。
- Hwnd：窗口的句柄。
- View：显示视图。
- Visible：可见性。
- Zoom：缩放比例。

具体应用如实例 5-16 所示。

实例 5-16：改变窗口属性

```
Sub 改变窗口属性()
    Dim aw As Excel.Window
    Set aw = Application.ActiveWindow
    With aw
        .DisplayFormulas = False
        .DisplayGridlines = False
        .View = Excel.XlWindowView.xlPageLayoutView
        .Zoom = 150
    End With
End Sub
```

上述程序隐藏窗口的公式编辑栏、网格线，并且设置窗口视图为“页面布局”，缩放比例为 150%，如图 5-20 所示。

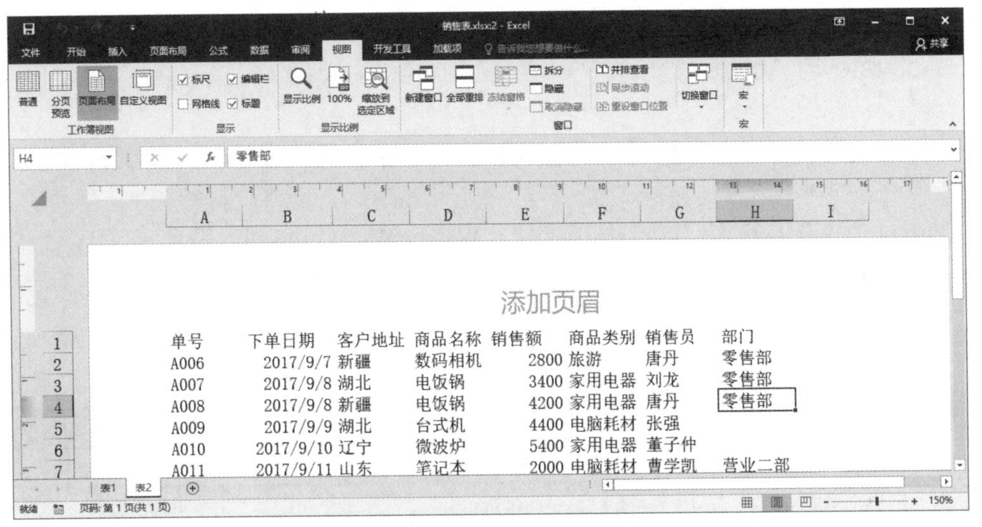

图 5-20　修改窗口的显示比例

5.3.4　显示、隐藏、关闭窗口

Excel 工作簿的窗口可以隐藏，也可以关闭。隐藏是指用户看不到，但是该对象还在 Windows 集合中；而关闭窗口是销毁窗口，该窗口将从集合中被移除。具体应用如实例 5-17 所示。

实例 5-17：隐藏和关闭窗口

```
Sub 隐藏和关闭窗口()
    Dim aw As Excel.Window
    Set aw = Application.ActiveWindow
    With aw
        .Visible = False
        .Close
    End With
End Sub
```

上述程序的流程是首先隐藏某个窗口，然后关闭窗口。

注意

任何一个工作簿不能关闭它的所有窗口，至少要保留一个。当试图关闭最后一个窗口时，Excel 认为这个操作是关闭工作簿。

5.4　与 Activate 和 Select 相关的术语

Excel VBA 中的很多对象都有 Activate 方法和 Select 方法，作用分别是激活和选择对象。由这两个方法派生出的术语有很多，而且在编程过程中很常用，本节围绕这两个方法展开讨论和剖析。

5.4.1 Activate 与 Active

Activate 是动词，表示使某个对象处于活动状态。与之对应的 Active 是形容词，常常接在其他名词之前。

假设 Excel 中打开了多个工作簿，如果执行了 Workbooks(2).Activate，那么只有第 2 个工作簿成为 ActiveWorkbook，其他工作簿都不是。也就是说，活动的工作簿有且只有一个。

Excel 中支持 Activate 方法的常用对象见表 5-4。

表 5-4　Excel 中支持 Activate 方法的常用对象

主体对象	执行 Activate 方法后	含　义
Workbook	ActiveWorkbook	成为活动工作簿
Worksheet	ActiveSheet	成为活动表
Window	ActiveWindow	成为活动窗口
Chart	ActiveChart	成为活动图表
Range	ActiveCell	成为活动单元格

5.4.2 Select 与 Selection

Select 是动词，表示选择、选中。Selection 表示选中的事物，是名词。

Excel VBA 中有很多对象支持 Select 方法。某个对象执行了 Select 方法以后，功能相当于用光标选择了这个对象。

Select 方法可以选择工作表标签，也可以选择工作表里面的对象，如单元格、图形、图表等。

Selection 通常是指工作表中被选中的一个或多个对象，如多个单元格、多个图形等。

RangeSelection 表示在窗口中虽然选中了图形等其他类型的对象，但是 RangeSelection 只返回选中的单元格。

1. Select 在工作表中的用法

Select 方法可以选择工作簿中一个或多个工作表，但是不能选择隐藏的工作表。

假设一个工作簿包括 3 个工作表和 1 个图表，实例 5-18 表示自动选中 Sheet1 和 Sheet3，然后一起删除。

实例 5-18：同时选中多个表

```
Sub 同时选中多个表()
    ActiveWorkbook.Worksheets(Array(1, 3)).Select
    ActiveWorkbook.Sheets(Array(1, 4)).Select
    ActiveWorkbook.Worksheets(Array("Sheet1", "Sheet3")).Select

    Dim st As Object
    For Each st In ActiveWindow.SelectedSheets
```

```
        Debug.Print st.Index, st.Name
    Next st

    ActiveWindow.SelectedSheets.Delete
End Sub
```

上述程序中，前面3行代码的功能是等价的，留一行使用即可。其中ActiveWindow.SelectedSheets表示选中了的所有表。当多个表被选中后，可以遍历。

上述程序运行后，首先看到两个表被选中，然后被删除掉，如图5-21所示。

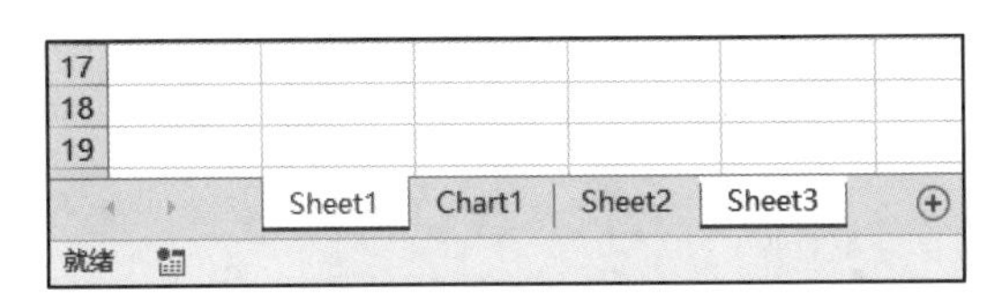

图5-21　运行结果

2. 单元格的选中和激活

虽然在Excel中允许同时打开多个工作簿，每个工作簿包括多个工作表，但是任何时刻只能有1个单元格是活动单元格，并且活动单元格反白显示。

对于Range对象，Activate方法会直接导致ActiveCell变化，如果ActiveCell不在原先选定的区域内部，Selection也随之变化。

而Range对象的Select方法会直接导致Selection变化，ActiveCell也一定随之变化。

假设执行Range("A1:C4").Select，此时默认左上角的单元格成为活动单元格，也就是ActiveCell是A1，Selection是A1:C4。如果继续执行Range("B3").Activate，此时ActiveCell变成B3，但Selection仍然是原先的A1:C4，因为B3在它的内部，所以Selection不变，如图5-22所示。

但是Selection对象并非永远表示单元格区域。当手动或者用代码选择了其他类型的对象时，Selection返回的就不是Range类型。

假设工作表上有几张图片，按住Ctrl键用鼠标选中这些图片，如图5-23所示。

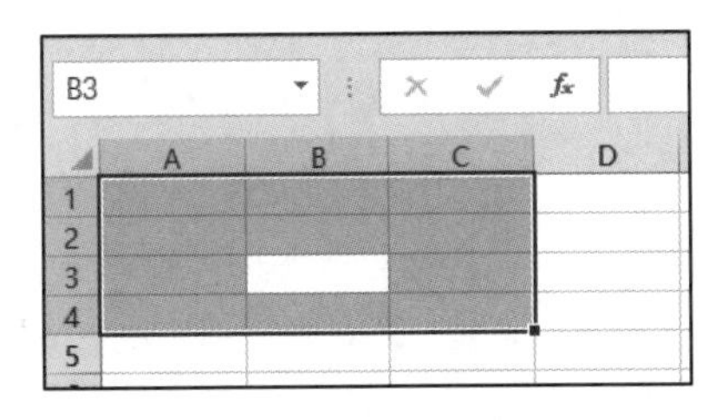

图5-22　活动单元格

图5-23　同时选中多个图片

此时看不到选中的单元格区域有哪些，实例 5-19 演示了如何判断选中对象的类型。

实例 5-19：判断选中对象的类型

```
Sub 判断选中对象的类型()
    Dim Sel As Object
    Set Sel = Selection
    Debug.Print TypeName(Sel)
    Debug.Print ActiveWindow.RangeSelection.Address
End Sub
```

上述程序运行后，打印结果是：

```
DrawingObjects
$A$5:$C$8
```

5.5 习　　题

1．枚举常量 MsoShapeType 中的 msoComment 代表的形状是（　　）。
   A．自选图形　　B．标注　　C．图表　　D．批注
2．枚举常量 XlChartType 中用于表示簇状柱形图的成员是（　　）。
   A．xlLine　　B．xlPie　　C．xlColumnClustered　　D．xlSurface
3．编写一个程序，基于工作表数据生成一个柱状图。

第 6 章　Excel 事件编程

扫一扫，看视频

Excel 事件是指 Excel 对象因发生了某种变化而触发的过程。事件的主体往往是支持事件的对象类。

一般情况下，执行 Excel VBA 中的一个过程，会把宏指定到工作表上的一个图形或按钮上，或者直接在代码区按下快捷键 F5 运行宏。学习了本章知识，就可以实现当打开一个工作簿、激活一个工作表或选择单元格区域时自动触发宏，从而实现特殊需求。

本章主要讲解 Worksheet、Workbook、Application 这 3 个常用对象的事件用法。

本章关键词：事件、EnableEvents、WithEvents。

6.1　事件编程的基础知识

事件（Event）是在指定的场所中定义的一个 VBA 过程。该过程的外壳的声明格式如下：

```
Private Sub Worksheet_SelectionChange(ByVal Target As Range)

End Sub
```

该主体框架是 VBA 编辑器自动生成的，不能修改。开发人员可以在该过程内部追加自己的代码。

看到该主体框架，读者可能会有如下疑问：

- 这个事件的执行主体是谁。
- 事件名称是谁。
- 事件代码写在何处。

本节就以上问题逐一解答。

6.1.1　支持事件编程的 Excel 对象

事件的执行主体是对象，那么有哪些 Excel 对象支持事件编程？

WithEvents 关键字是 Visual Basic 语言在类模块中声明支持事件的对象的类型的。读者可以利用该关键字尝试声明，As 后面列出的对象就是支持事件的对象。

在 VBA 中插入一个类模块，或者直接在工作表或工作簿的事件模块顶部输入：

```
Private WithEvents xxx As Excel.
```

可以看到小数点后面弹出的成员列表比往常短了很多。这是因为没有列出不支持事件编程的类型成员，如 Range、Shape 等，如图 6-1 所示。

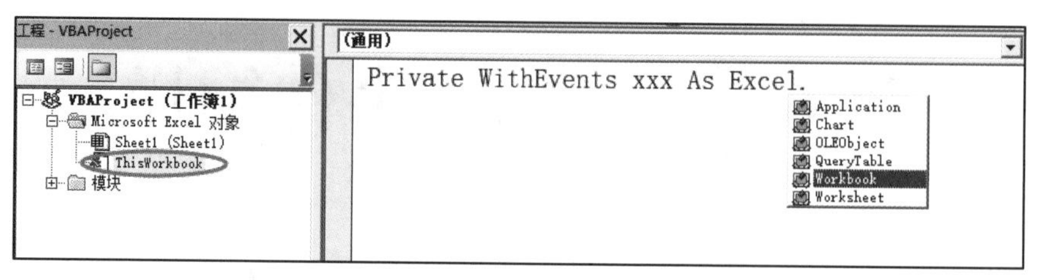

图 6-1　支持事件编程的对象

注意

WithEvents 不能用于标准模块中。

从图 6-1 中可以看到 Excel 对象库中有以下 6 个对象支持事件：

- Application 是应用程序对象。
- Chart 是图表对象。
- OLEObject 是嵌入对象。
- QueryTable 是查询表对象。
- Workbook 是工作簿对象。
- Worksheet 是工作表对象。

这些对象具体支持哪些事件呢？下面以 Chart 对象为例，在对象浏览器中可以看一下，在该对象的成员中，具有闪电图标的就是对象支持的事件，如图 6-2 所示。

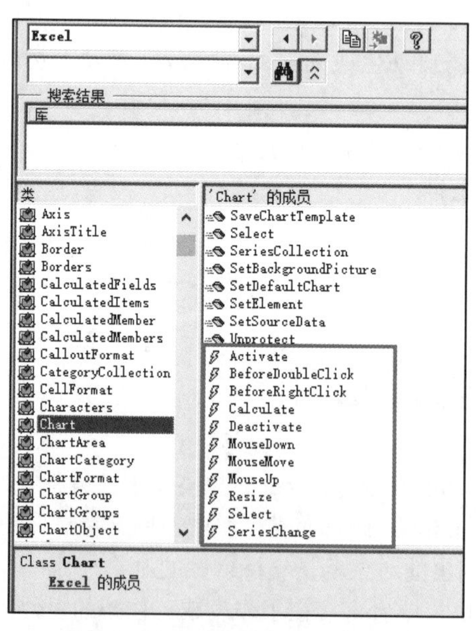

图 6-2　在对象浏览器中查看事件

从图中可以看出 Chart 图表对象支持 11 个事件。

6.1.2 利用文档模块定义事件

事件过程必须定义在类模块或具有类模块特征的模块中。Excel VBA 的工程对于工作表和图表都设计了专用的模块，如 Sheet1、Chart1。此外，对于工作簿自身也设计了 ThisWorkbook 模块。这些统称为“文档模块”，文档模块具有类模块的特性，但是它不需要创建新实例，可以直接使用，这一点和标准模块很相似。

实际上，文档模块的主要作用就是允许开发人员在里面书写事件代码。因此，图表、工作表、工作簿级别的事件，无须额外插入其他模块，可以直接在对应的文档模块中编写事件。具体应用如实例 6-1 所示。

实例 6-1：创建图表的激活事件

（1）新建工作簿，在工作表标签右侧右击，在菜单中选择“插入”命令，在对话框中选中“图表”，如图 6-3 所示。

图 6-3　插入图表

（2）回到 VBA 编程窗口，在工程资源管理器中双击“图表 1”，打开它的文档模块，在右侧代码区组合框中选择 Chart，在右侧下拉框内可以看到图表支持的事件列表。分别选择 Activate 和 Deactivate，代码区会自动插入两个空过程，如图 6-4 所示。

（3）在空白处插入测试代码。

```
Private Sub Chart_Activate()
   Application.StatusBar = "图表被激活"
End Sub

Private Sub Chart_Deactivate()
   MsgBox "再见!"
End Sub
```

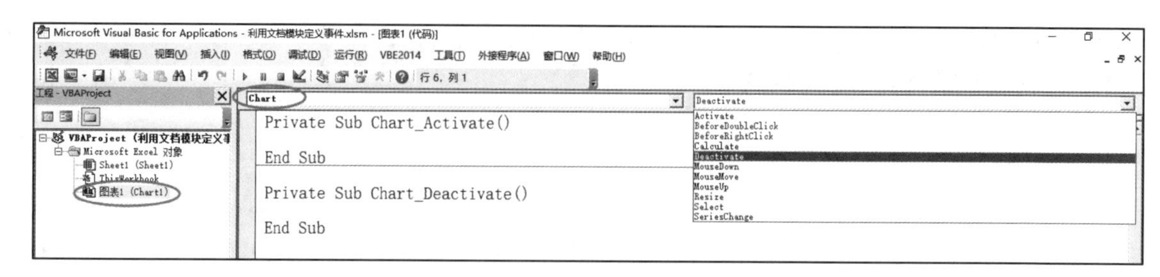

图 6-4　事件列表

（4）在 Excel 中单击工作表标签中的 Chart1，会看到状态栏中的文字发生了变化，如图 6-5 所示。

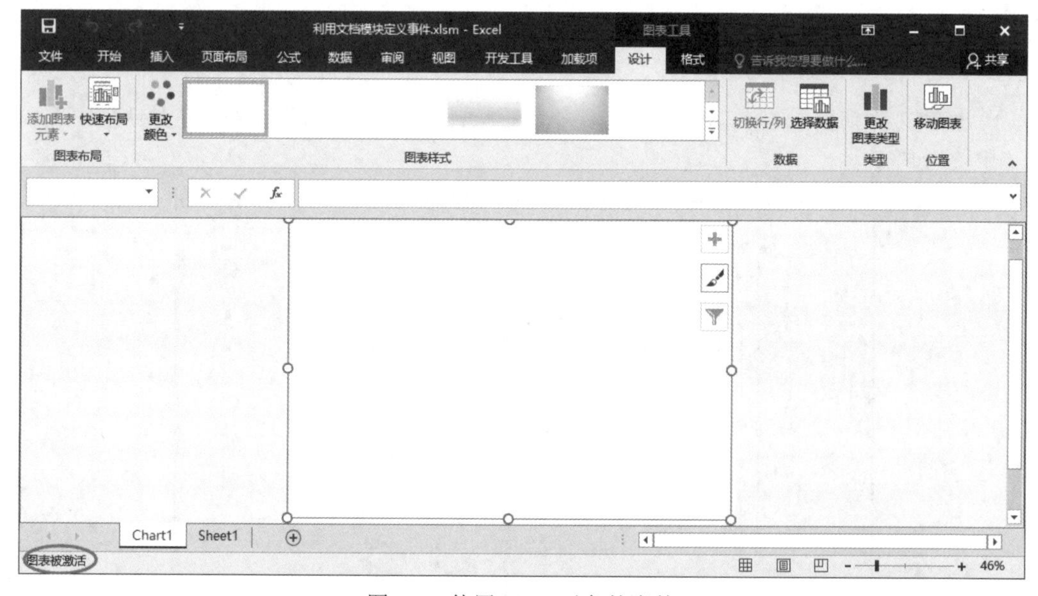

图 6-5　使用 Chart 对象的事件

（5）切换到 Sheet1，由于图表失去了焦点，Excel 中会弹出一个对话框，并且状态栏中的文字恢复为默认状态“就绪”状态，如图 6-6 所示。

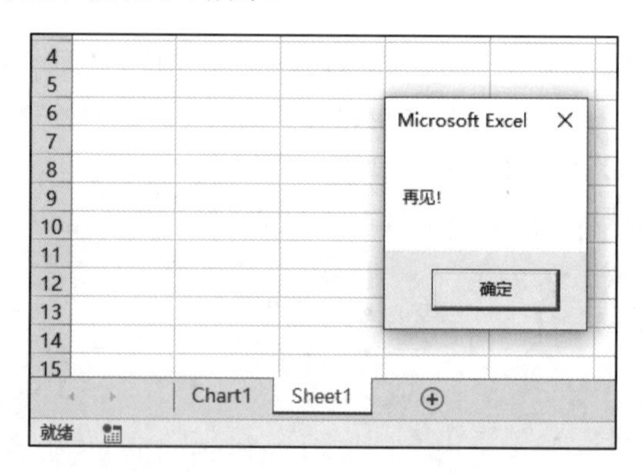

图 6-6　运行结果

从实例6-1可以看出，以上事件的执行主体是Chart1图表，事件名称是Activate和Deactivate，它们分别在图表被激活和失去焦点时触发。

Worksheet 的事件可以写在 Sheet1、Sheet2、……文档模块中，Workbook 的事件可以写在ThisWorkbook模块中。用法与上例相似。

其他对象 Application、OLEObject、QueryTable 没有对应的文档模块，必须借用 Sheet 或ThisWorkbook文档模块，或者插入一个类模块。后面将详细介绍。

6.1.3 Application.EnableEvents 属性

EnableEvents是Excel VBA中特有的属性，用来设置是否启用事件，默认值是True。如果该属性被设置为False，则定制的事件都将被禁用，不被触发。

6.2 工作表事件

Worksheet对象的常用事件见表6-1。

表6-1 Worksheet对象的常用事件

事 件	含 义
Activate	当激活工作表、图表或嵌入式图表时发生
BeforeDelete	在工作表被删除之前发生
BeforeDoubleClick	当双击工作表时发生，此事件先于默认的双击操作
BeforeRightClick	当右击工作表时发生，此事件先于默认的右击操作
Calculate	在重新计算工作表之后发生
Change	当工作表中的单元格发生更改，或由外部链接引起单元格的更改时发生
Deactivate	当图表、工作表或工作簿被停用时发生
FollowHyperlink	当选择工作表上的任何超链接时发生
SelectionChange	当工作表上的选定区域发生改变时发生

工作表级别的事件的有效范围是事件所在的工作表。

下面以BeforeRightClick、Change、SelectionChange事件为例进行说明。

6.2.1 BeforeRightClick 事件

在单元格区域中右击时触发该事件。

新建一个工作簿，在Sheet1的文档模块中选中Worksheet，在右侧下拉框中选择BeforeRightClick，如图6-7所示。

BeforeRightClick 事件过程有 Target 和 Cancel 两个参数，它们的作用和意义非常重要。

- Target：光标选中的单元格区域。
- Cancel：是否取消 Excel 的默认行为，默认值是 False。

BeforeRightClick 事件的具体应用如实例 6-2 所示。

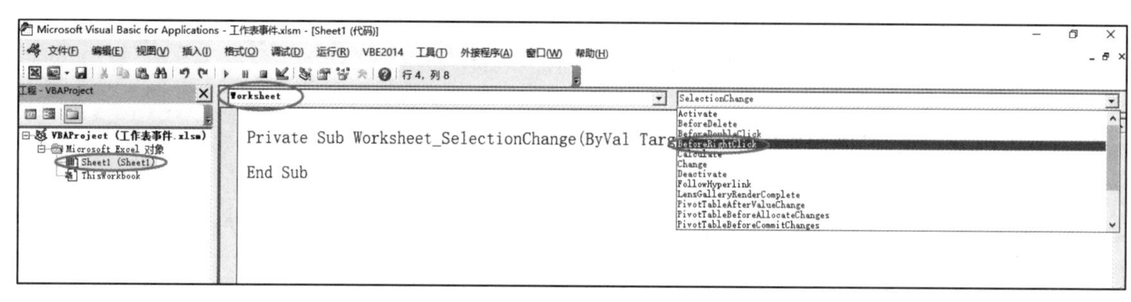

图 6-7 Worksheet 的事件列表

实例 6-2：右击事件

```
Private Sub Worksheet_BeforeRightClick(ByVal Target As Range, Cancel As Boolean)
    Target.Interior.Color = vbRed
    Cancel = True
End Sub
```

在该事件内部填充若干代码后，回到 Excel 界面。选中一部分区域后右击，不会弹出单元格右键菜单，但是选中的区域自动涂上了红色，如图 6-8 所示。

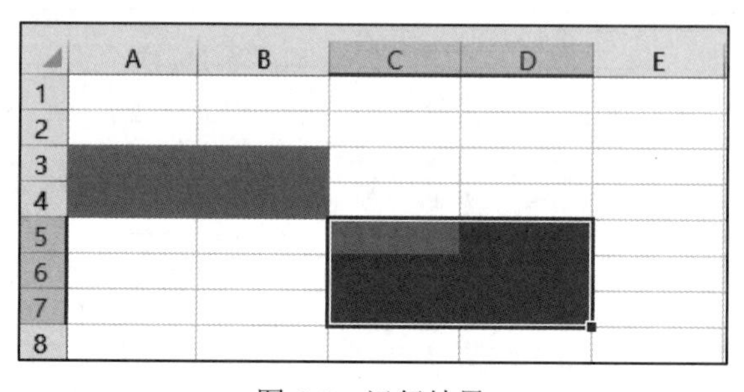

图 6-8 运行结果

注意

如果工作表上有图形，右击图形不会触发该事件。

6.2.2 Change 事件

当单元格的内容发生变化时触发 Change 事件。只要编辑、修改了单元格就会自动运行工作表的 Change 事件。

Change 事件的具体应用如实例 6-3 所示。

实例 6-3：自动计算提成

假设有一个销售表，D 列“提成金额”中没有输入公式。用 VBA 实现当 C 列“提点”被修改后，自动计算出对应的 D 列，如图 6-9 所示。

	A	B	C	D	E
1	业务员	销售额	提点	提成金额	
2	洋洋	3000	10%	300	
3	丽丽	6500	5%	325	
4	蕾蕾	2000	12%	240	
5	平平	8400	8%	672	
6	美清	9622	6%		
7	进霞	10000	50%		
8					

图 6-9 利用 Change 事件

```
Private Sub Worksheet_Change(ByVal Target As Range)
    Application.EnableEvents = False
    If Target.Column = 3 Then
        Target.Offset(, 1).Value = Target.Offset(, -1).Value * Target.Value
    End If
    Application.EnableEvents = True
End Sub
```

代码分析：该事件过程中采用 If 结构对发生修改的单元格进行了判断，只有 C 列发生修改才自动计算 D 列。

由于事件过程内部仍然有修改单元格的代码，可能会引发事件的递归调用。因此在事件开头使用代码 Application.EnableEvents = False 禁用事件，执行完代码后再开启事件。这是 Excel 事件编程的常用技巧。

6.2.3 SelectionChange 事件

当选择了其他单元格时触发 SelectionChange 事件。SelectionChange 事件与 Change 事件非常相似，区别是 SelectionChange 事件不用修改单元格的内容，只要选择就能触发。

SelectionChange 事件的具体应用如实例 6-4 所示。

实例 6-4：识别选中区域

```
Private Sub Worksheet_SelectionChange(ByVal Target As Range)
    Target.Value = "我也愿意学习蝴蝶"
    Application.StatusBar = Target.Address(False, False)
End Sub
```

当用光标在工作表中选择单元格区域时，单元格区域中自动输入了内容，状态栏中显示选中区域的地址，如图 6-10 所示。

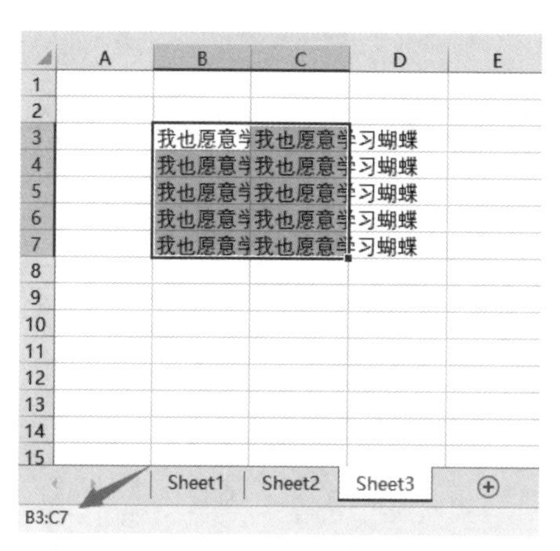

图 6-10　利用 SelectionChange 事件

6.3　工作簿事件

工作簿事件是指 Workbook 对象的事件，其有效范围是整个工作簿，常用的工作簿事件见表 6-2。

表 6-2　Workbook 对象的常用事件

事　件	含　义
Activate	激活工作簿时发生
AddInInstall	作为加载宏加载时发生
AddInUnInstall	作为加载宏卸载时发生
AfterSave	保存工作簿之后发生
BeforeClose	在工作簿关闭之前发生。如果工作簿已更改，则在询问用户是否保存更改之前发生
BeforePrint	在打印指定工作簿（或者其中的任何内容）之前发生
BeforeSave	在保存工作簿之前发生
Deactivate	当工作簿失去焦点时发生
NewChart	在工作簿中创建新图表时发生
NewSheet	当在工作簿中新建工作表时发生
Open	当打开工作簿时发生
SheetActivate	当激活任意工作表时发生
SheetBeforeDelete	删除任意工作表时发生
SheetBeforeDoubleClick	当双击任意工作表时发生，先于默认的双击操作发生
SheetBeforeRightClick	右击任意工作表时发生此事件，先于默认的右击操作
SheetCalculate	在重新计算工作表时或在图表上绘制更改的数据之后发生
SheetChange	任意工作表中的单元格被修改时发生
SheetDeactivate	任意工作表失去焦点时发生
SheetFollowHyperlink	任意工作表中的超链接被单击时发生

续表

事件	含义
SheetSelectionChange	当工作表上的选定区域发生更改时发生
WindowActivate	当工作簿窗口被激活时发生
WindowDeactivate	当工作簿窗口失去焦点时发生
WindowResize	当工作簿窗口调整大小时发生

下面以 BeforeClose、Open、SheetSelectionChange 事件为例进行讲解。

6.3.1 Open 事件

当打开工作簿时触发 Open 事件。Open 事件的具体应用如实例 6-5 所示。

实例 6-5：打开工作簿弹出对话框

在工程资源管理器中双击 ThisWorkbook 文档模块，然后在右侧组合框中选择 Workbook，在下拉列表框选择 Open，如图 6-11 所示。

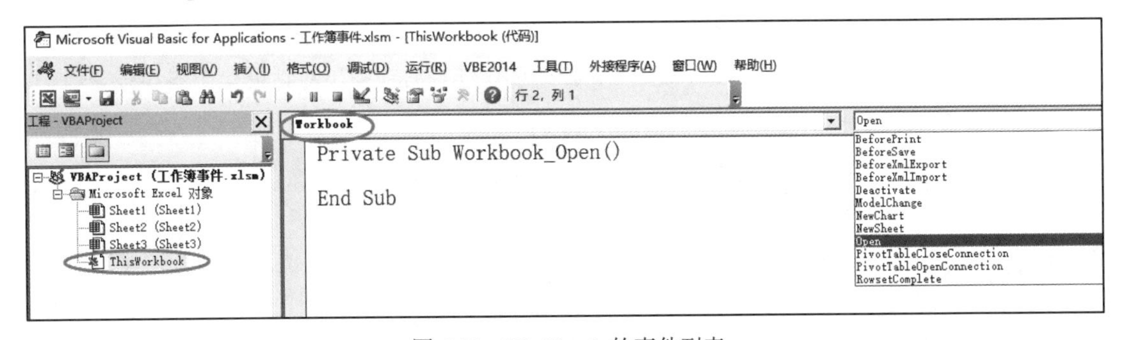

图 6-11　Workbook 的事件列表

在过程内部可以编写 VBA 代码，也可以调用另外一个过程或函数。

```
Private Sub Workbook_Open()
    MsgBox Now
End Sub
```

当再次打开该工作簿时，会弹出一个显示时间的对话框。

在实际开发过程中，Open 事件很常用。例如，在打开工作簿时弹出一个用户窗口，或作为加载宏被加载时进行变量的初始化操作等。

6.3.2 BeforeClose 事件

在关闭工作簿之前触发 BeforeClose 事件。BeforeClose 事件与 Open 事件是对应的，不过 BeforeClose 事件包含 Cancel 参数，如果设置 Cancel 为 True，则会使工作簿无法关闭。

实例 6-6 中同时使用了 Open 事件和 BeforeClose 事件。当打开工作簿时把当前秒数赋给变量

OpenTime，当关闭工作簿时把秒数赋给 CloseTime，对二者进行减法操作，如果差值小于 30 秒，则拒绝关闭工作簿。

实例 6-6：判断工作簿是否可以关闭

```
Private OpenTime As Long
Private CloseTime As Long
Private Sub Workbook_BeforeClose(Cancel As Boolean)
    CloseTime = Timer
    If CloseTime - OpenTime < 30 Then
        Cancel = True
        MsgBox "你仅仅看了" & (CloseTime - OpenTime) & "秒。" & vbNewLine & "不能关
        闭!", vbCritical
    End If
End Sub

Private Sub Workbook_Open()
    OpenTime = Timer
End Sub
```

上述代码中，Timer 表示当天从午夜到现在经过的秒数，如果是凌晨 1 点，对应的 Timer 是 3600。当编写好如上代码后，重新打开该工作簿。在关闭工作簿时会弹出对话框，如图 6-12 所示。

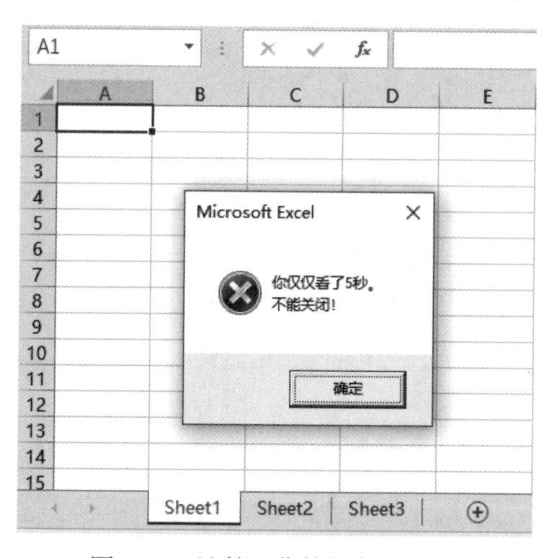

图 6-12　计算工作簿的使用时间

6.3.3　SheetSelectionChange 事件

Workbook 事件中有大量以 Sheet 开头的事件，这些事件与 Worksheet 对象对应事件的功能相同。例如，Workbook 的 SheetSelectionChange 事件与 Worksheet 的 SelectionChange 事件都是在选择单元格时触发。Workbook 事件与 Worksheet 对象的事件不同的是工作簿级别的事件在所有工作表中都有效。

实例 6-7 实现了在任何一个工作表中选择区域时，自动把工作表名称和地址输入对应的单元格。

实例 6-7：在单元格中输入相应地址

```
Private Sub Workbook_SheetSelectionChange(ByVal Sh As Object, ByVal Target As Range)
    Dim ws As Excel.Worksheet
    Dim rg As Excel.Range
    Set ws = Sh
    For Each rg In Target.Cells
        rg.Value = ws.Name & " " & rg.Address(False, False)
    Next rg
End Sub
```

上述代码中参数 Sh 表示发生选中行为的工作表对象，Target 表示发生选中行为的单元格区域。在 Sheet1、Sheet2、Sheet3 中选择区域时，可以看到会自动输入内容，如图 6-13 所示。

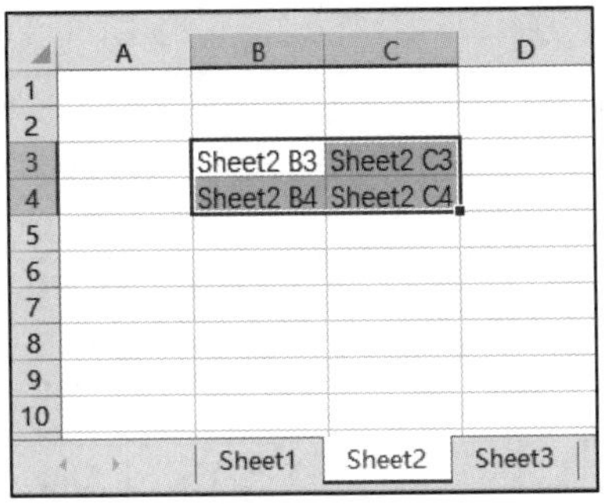

图 6-13　在单元格中显示地址

SheetBeforeRightClick 之类的事件与 Worksheet 对象的 BeforeRightClick 事件含义相同，故不再重复举例。

6.4　应用程序事件

应用程序事件是最高级别的事件，其有效范围是整个 Excel，包括所有工作簿、工作表。Application 对象的常用事件见表 6-3。

表 6-3　Application 对象的常用事件

事　件	含　义
NewWorkbook	当新建一个工作簿时发生
SheetActivate	当激活任意工作表时发生
SheetBeforeDelete	在删除任意工作表之前发生
SheetBeforeDoubleClick	当双击任意工作表时发生，先于默认的双击操作
SheetBeforeRightClick	右击任意工作表时发生，先于默认的右击操作
SheetCalculate	在重新计算工作表之后发生
SheetChange	任意工作表中的单元格被修改时发生

续表

事　件	含　义
SheetDeactivate	任意工作表被停用时发生
SheetFollowHyperlink	单击 Microsoft Excel 中的任何超链接时发生
SheetSelectionChange	任意工作表上的选定区域发生更改时发生
WindowActivate	当工作簿窗口被激活时发生
WindowDeactivate	任意工作簿窗口失去焦点时发生
WindowResize	任意工作簿窗口大小被调整时发生
WorkbookActivate	当激活任意工作簿时发生
WorkbookAddInInstall	当工作簿作为加载宏安装时发生
WorkbookAddInUnInstall	当作为加载宏的任意工作簿卸载时发生
WorkbookAfterSave	保存工作簿之后发生
WorkbookBeforeClose	在任意打开的工作簿关闭之前发生
WorkbookBeforePrint	在打印任意打开的工作簿之前发生
WorkbookBeforeSave	在保存任意打开的工作簿之前发生
WorkbookDeactivate	当打开的工作簿转为非活动状态时发生
WorkbookNewChart	在任意打开的工作簿中创建新图表时发生
WorkbookNewSheet	在任意打开的工作簿中新建工作表时发生
WorkbookOpen	当打开一个工作簿时发生

Application 没有自己独立的文档模块，但有两种方案可以使用。一种是借用 ThisWorkbook 模块，另一种是使用类模块。

6.4.1　WindowActivate 事件

WindowActivate 事件的具体应用如实例 6-8 所示。

实例 6-8：切换窗口时将标题写入状态栏

（1）在工程资源管理器中，双击 ThisWorkbook 模块，模块顶部使用 WithEvents 声明一个支持事件的变量 App，然后在下拉列表框中选择 WindowActivate 事件，如图 6-14 所示。

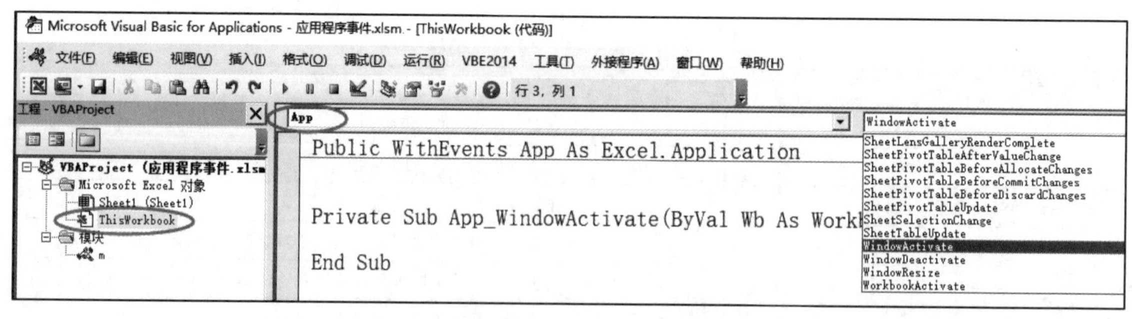

图 6-14　Application 对象的事件列表

（2）ThisWorkbook 中的代码如下：

```
Public WithEvents App As Excel.Application

Private Sub App_WindowActivate(ByVal Wb As Workbook, ByVal Wn As Window)
    Application.StatusBar = Wn.Caption
End Sub
```

以上代码的作用是：当切换 Excel 各个工作簿窗口时，自动在状态栏中显示当前窗口的标题。

由于变量 App 是空的，没有把任何实际的内容赋给它，所以目前上述事件不起作用，还需要在其他地方为 App 赋值才行。

（3）在 VBA 工程中插入标准模块，重命名后，输入如下代码。

```
Sub Main()
    Set ThisWorkbook.App = Application
End Sub

Sub StopEvent()
    Application.StatusBar = vbNullString
    Set ThisWorkbook.App = Nothing
End Sub
```

其中 Main 过程用于把 Excel 应用程序赋给 App，这样事件就有效了。如果不想实现这种效果，直接运行 StopEvent。

（4）编写完上述代码后，运行 Main 过程。无论新建或打开多少个工作簿，只要切换窗口，状态栏中就显示当前窗口的标题，如图 6-15 所示。

图 6-15　运行结果

可以看出 Application 级别的事件作用于整个 Excel，而不限于宏所在的工作簿。

6.4.2　WindowResize 事件

当任意个窗口的宽度或高度发生改变时触发 WindowResize 事件。

具体的设计方法与 WindowActivate 事件相同，代码如下：

```
Private Sub App_WindowResize(ByVal Wb As Workbook, ByVal Wn As Window)
    Application.StatusBar = "左上角:" & Wn.Left & "," & Wn.Top & " 宽度: " &
    Wn.Width & " 高度: " & Wn.Height
End Sub
```

当某个窗口大小发生变化时，状态栏中显示当前窗口在屏幕上的位置，如图 6-16 所示。

图 6-16　窗口尺寸改变事件

除了众多事件，Application 还有其他方法来执行宏，如 OnKey、OnTime、Wait 等方法。

6.5　习　　题

1．以下不支持事件编程的对象是（　　）。

A．Application　　B．Workbook　　C．Worksheet　　D．Range

2．Worksheet 对象的 BeforeRightClick 事件的触发条件是（　　）。

A．在单元格区域右击时

B．右击工作表标签时

C．在常用功能区中右击时

D．在单元格区域按下键盘上的右箭头时

3．利用 Workbook 对象的事件编写一个程序实现如下功能：如果用户切换到工作表 Sheet1，则可以看到功能区中的“开发工具”选项卡；如果用户激活了其他工作表，则看不到“开发工具”选项卡。

第 7 章　调用 Excel 工作表函数

扫一扫，看视频

微软的 Excel 中允许使用大量的工作表函数参与计算，因此公式和函数方面的学习成为广大办公人员在 Office 方面最感兴趣的话题之一。

相比之下，VBA 虽然经历了很多版本，但是可以用的函数很少。如果要计算数组元素的平均值，开发人员必须借助 For 循环，编写大量的代码才能实现。

幸运的是，Excel VBA 中可以借助 Evaluate 和 WorksheetFunction 把 Excel 函数接入 VBA 中。

本章讲解常用的几类 Excel 函数，以及在 VBA 程序中工作表函数的调用。同时，讲解数据分析中使用最频繁的统计函数的理论基础和具体用法。

本章关键词：数据分析、Evaluate、WorksheetFunction、WebService、FilterXML、回归。

7.1　Excel 函数概述

Excel 单元格中不仅能输入公式，实现最简单的加减乘除四则运算，还能使用大量的函数参与更复杂的运算。这些实用的函数使得人们不需要关注函数的细节，只要掌握参数的个数和类型、函数的返回值即可解决日常办公中的很多问题。

7.1.1　函数的类别

Excel 2016 共有 13 类函数，分别是：财务、日期与时间、数学与三角函数、统计、查找与引用、数据库、文本、逻辑、信息、工程、多维数据集、兼容性、Web。

7.1.2　数组公式

通常情况下，使用公式计算后是 1 个结果，而不是数组，这时只需要 1 个单元格接收计算结果即可。

而某些情况下，公式的计算结果是数组，此时需要多个单元格才能容纳数组，这就需要用到数组公式。

下面举例说明数组公式的用法。假设要计算 1、2、3、4 与 5、6、7、8 对应数字的乘积。由于两个乘数都是 2 行 2 列的数组，因此结果也是 2 行 2 列。

选中 B6:C7 单元格区域，在公式编辑栏中输入=B2:C3*{5,6;7,8}，按下 Ctrl+Shift+Enter 快捷键，就得到了计算结果，如图 7-1 所示。

B6 {=B2:C3*{5,6;7,8}}

	A	B	C	D	E
1					
2		1	2		
3		3	4		
4					
5					
6		5	12		
7		21	32		
8					

图 7-1　输入数组公式

上述公式中{5,6;7,8}是一个纯数组。

7.1.3　函数的学习方法

微软官方网站提供了 Excel 函数的帮助信息，在网页浏览器中打开以下网址：

https://support.microsoft.com/zh-cn/office/excel-%E5%87%BD%E6%95%B0%EF%BC%88%E6%8C%89%E7%B1%BB%E5%88%AB%E5%88%97%E5%87%BA%EF%BC%89-5f91f4e9-7b42-46d2-9bd1-63f26a86c0eb

可以看到 Excel 函数的帮助和用法示例，如图 7-2 所示。

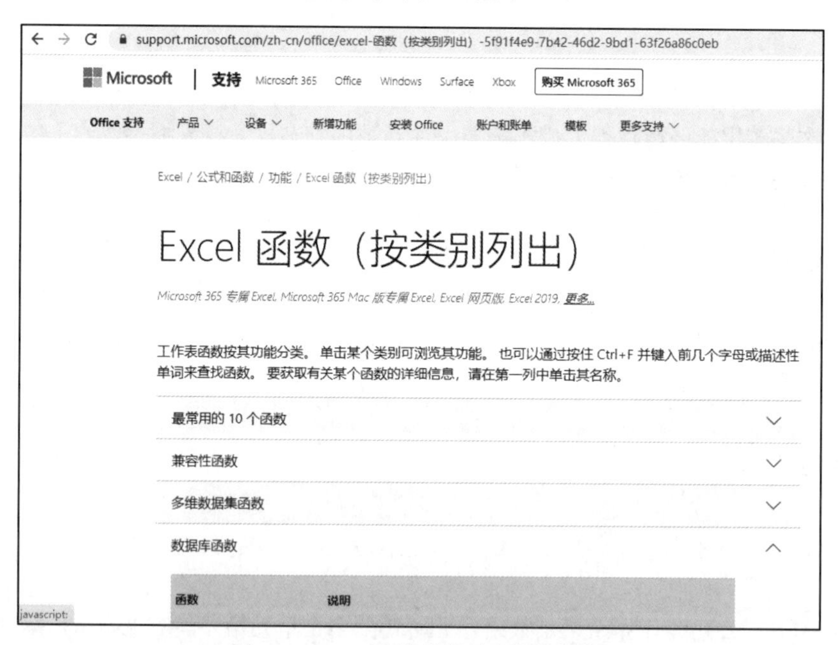

图 7-2　Excel 函数的帮助和用法示例

7.1.4　VBA 中调用 Excel 函数的方法

Excel VBA 中调用 Excel 函数的方法是 Evaluate、WorksheetFunction。

Evaluate 方法需要的参数是一个公式字符串，这个字符串中可以包含 1 个以上的函数。例如，单元格区域 B2:G2 有一些数据，现需要计算最大值与最小值的差，如图 7-3 所示。

下面两行代码是等价的。

```
MsgBox Application.Evaluate("=Max(B2:G2)-Min(B2:G2)")
MsgBox [=Max(B2:G2)-Min(B2:G2)]
```

对话框中弹出结果，如图 7-4 所示。

	A	B	C	D	E	F	G
1							
2		76	86	20	14	24	55
3							

图 7-3　示例数据

图 7-4　运行结果

如果参数是 VBA 中的数组，则无法使用 Evaluate，因为 VBA 中的数组与单元格区域不同，不能用地址表达。

WorksheetFunction 中传递的参数类型往往是 Range 对象或数组。例如，下面两行代码分别返回最大值与最小值之差，以及数组元素之和。

```
MsgBox Application.WorksheetFunction.Max(Range("B2:G2")) -
Application.WorksheetFunction.Min(Range("B2:G2"))
MsgBox Application.WorksheetFunction.Sum(Array(4, 6, 8))
```

可以看出，通过 WorksheetFunction 调用函数，参数传递非常方便，看起来像是直接把 Excel 函数当作 VBA 函数来使用。

7.1.5 WorksheetFunction 包括哪些函数

在单词 WorksheetFunction 后输入小数点，弹出可以使用的函数列表，如图 7-5 所示。

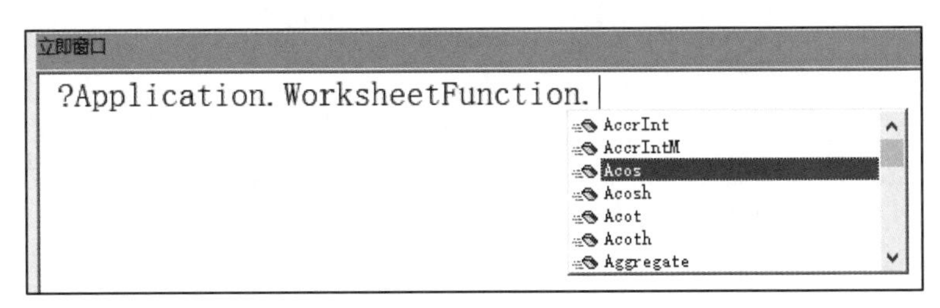

图 7-5　VBA 中可以使用的工作表函数

实际上，这个列表中的函数比 Excel 中的函数少很多。一般来说，如果工作表函数与 VBA 内置函数的功能相同，则函数不会出现在 WorksheetFunction 下面。

Excel 与 VBA 中功能相同的一部分函数见表 7-1。

表 7-1　Excel 与 VBA 中功能相同的一部分函数

Excel 中的函数	VBA 中的函数	作　用
Abs	Abs	返回绝对值
Exp	Exp	返回 e 的 n 次方
Left	Left	返回字符串左侧的一部分
Sqrt	Sqr	返回算术平方根
Year	Year	返回年

反之，如果是 Excel 中的函数，但在 VBA 中没有对应功能的函数，则函数会出现在 WorksheetFunction 下面。例如，Excel 中的 Asin、Pi、RandBetween、Sum、VLookup 等。

具体应用如实例 7-1 所示。

实例 7-1：WorksheetFunction 举例

```
Sub WorksheetFunction 举例()
    Debug.Print WorksheetFunction.Asin(1 / 2) * 180 / WorksheetFunction.Pi()
                                                          '1/2 的反正弦
    Debug.Print WorksheetFunction.Average(Array(4, 6, 8, 9))  '求平均数
    Debug.Print WorksheetFunction.RandBetween(60, 100)        '生成随机整数
End Sub
```

7.2　查找与引用类函数

在 Excel 功能区中选择“公式”→“函数库”，展开“查找与引用”菜单，可以看到这类函数，如图 7-6 所示。

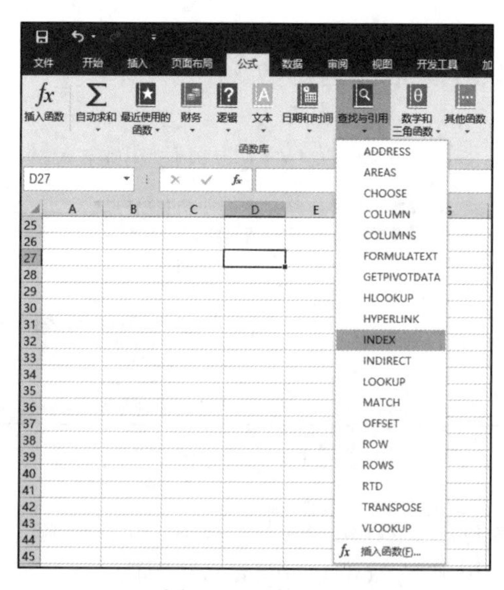

图 7-6　函数列表

还有一个方法是单击公式编辑栏左侧的 *fx*，弹出“插入函数”对话框。类别选择“查找与引用”，如图 7-7 所示。

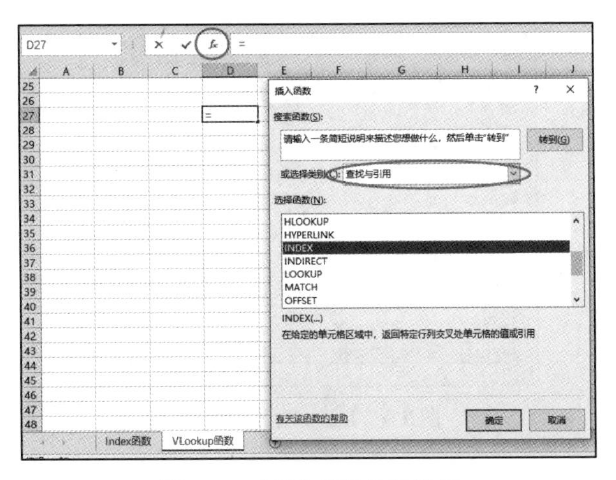

图 7-7 “插入函数”对话框

其中使用频率较高的是 Index 函数和 VLookup 函数。

7.2.1 Index 函数

Index 函数返回数据区域中一个指定行、列的单元格，或者一行、一列的引用，包括以下 3 个参数。

（1）Array：数据区域。

（2）Row_num：行号。

（3）Column_num：列号。

其中，Row_num 和 Column_num 不能同时为 0。

该函数有 3 种使用场合，当 Row_num 和 Column_num 都大于 0 时，返回一个单元格。当 Row_num 为 0 时，返回指定的一列。当 Column_num 为 0 时返回指定的一行。

假设有一个学生成绩表，输入如下公式：

=INDEX(A1:E11,3,2)

即可返回第 3 行第 2 列单元格的值，如图 7-8 所示。

H2　=INDEX(A1:E11,3,2)　编辑栏

	A	B	C	D	E	F	G	H	I
1	学号	姓名	性别	数学	语文			提取一个单元格	
2	CY001	姚晨梦	女	99	96			吴虹羽	
3	CY002	吴虹羽	女	88	94				
4	CY003	尤福根	男	65	96				
5	CY004	王秋月	男	81	82				
6	CY005	赵梦琦	女	92	82				
7	CY006	卢佳建	男	72	65				
8	CY007	陈梦迪	男	98	61				
9	CY008	杨鸿翔	男	62	58				
10	CY009	卢雨晴	女	83	71				
11	CY010	金磊	男	74	98				
12									

图 7-8 Index 函数的用法

如果公式中参数 Column_num 为 0，则返回数据区域的一行。选中 A14:E14 并输入公式，按下快捷键 Ctrl+Shift+Enter，如图 7-9 所示。

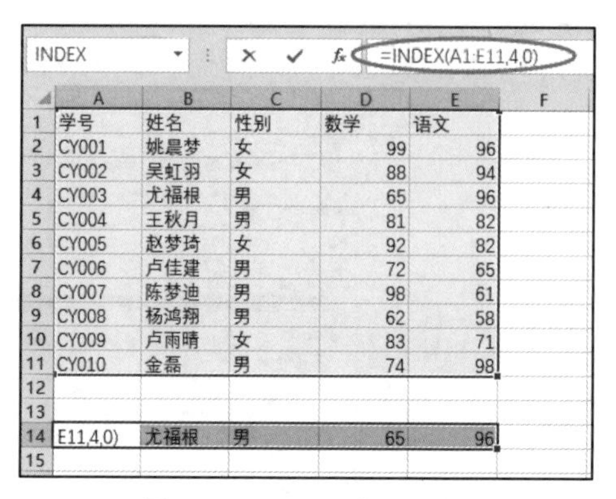

INDEX　=INDEX(A1:E11,4,0)

	A	B	C	D	E	F
1	学号	姓名	性别	数学	语文	
2	CY001	姚晨梦	女	99	96	
3	CY002	吴虹羽	女	88	94	
4	CY003	尤福根	男	65	96	
5	CY004	王秋月	男	81	82	
6	CY005	赵梦琦	女	92	82	
7	CY006	卢佳建	男	72	65	
8	CY007	陈梦迪	男	98	61	
9	CY008	杨鸿翔	男	62	58	
10	CY009	卢雨晴	女	83	71	
11	CY010	金磊	男	74	98	
12						
13						
14	E11,4,0)	尤福根	男	65	96	
15						

图 7-9　Index 函数的用法

同理，Row_num 为 0 时返回一列。选中单元格 H1:H11 并输入公式，按下快捷键 Ctrl+Shift+Enter，返回数据区域第 3 列的所有值，如图 7-10 所示。

INDEX　=INDEX(A1:E11,0,3)

	A	B	C	D	E	F	G	H
1	学号	姓名	性别	数学	语文			E11,0,3)
2	CY001	姚晨梦	女	99	96			女
3	CY002	吴虹羽	女	88	94			女
4	CY003	尤福根	男	65	96			男
5	CY004	王秋月	男	81	82			男
6	CY005	赵梦琦	女	92	82			女
7	CY006	卢佳建	男	72	65			男
8	CY007	陈梦迪	男	98	61			男
9	CY008	杨鸿翔	男	62	58			男
10	CY009	卢雨晴	女	83	71			女
11	CY010	金磊	男	74	98			男

图 7-10　公式的结果

7.2.2　VLookup 函数

Vlookup 函数用于检索数据，以数据区域左侧的第 1 列为检索条件，返回指定列号对应的结果。

假设想要得到学号为 CY003 的学生的数学成绩，需要输入公式：

=VLOOKUP("CY003",$A$1:$E$11,4,FALSE)

"CY003"表示将 A 列作为检索条件，$A$1:$E$11 表示数据区域是 A1:E11。公式中的 4 表示数据区域的第 4 列，也就是数学。最后一个参数 FALSE 表示精确匹配，必须从 A 列中查找恰好等于 CY003 的记录，如图 7-11 所示。

如果要用姓名作为检索条件，则数据区域应改为 B1:E11。下面的公式返回学生的性别。

=VLOOKUP("赵梦琦",$B$1:$E$11,2,FALSE)

在 VBA 中调用 VLookup 函数时，第 2 个参数（表示数据区域）既可以传递 Range 对象，也可以传递二维数组。具体应用如实例 7-2 所示。

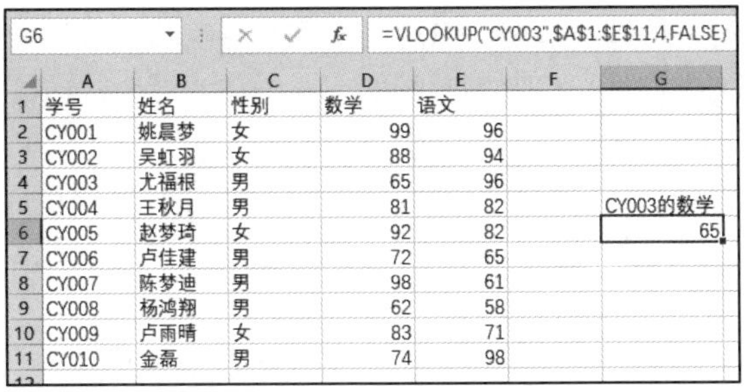

G6 =VLOOKUP("CY003",$A$1:$E$11,4,FALSE)

	A	B	C	D	E	F	G
1	学号	姓名	性别	数学	语文		
2	CY001	姚晨梦	女	99	96		
3	CY002	吴虹羽	女	88	94		
4	CY003	尤福根	男	65	96		
5	CY004	王秋月	男	81	82		CY003的数学
6	CY005	赵梦琦	女	92	82		65
7	CY006	卢佳建	男	72	65		
8	CY007	陈梦迪	男	98	61		
9	CY008	杨鸿翔	男	62	58		
10	CY009	卢雨晴	女	83	71		
11	CY010	金磊	男	74	98		

图 7-11　VLookup 函数的用法

实例 7-2：调用 VLookup 函数

```
Sub 调用VLookup函数()
    Dim data(1 To 5, 1 To 3) As String
    data(1, 1) = "姓名": data(1, 2) = "年龄": data(1, 3) = "住址"
    data(2, 1) = "李少庚": data(2, 2) = "32": data(2, 3) = "河南"
    data(3, 1) = "姚宏新": data(3, 2) = "42": data(3, 3) = "湖北"
    data(4, 1) = "王昊": data(4, 2) = "22": data(4, 3) = "天津"
    data(5, 1) = "李小龙": data(5, 2) = "35": data(5, 3) = "陕西"
    MsgBox Application.WorksheetFunction.VLookup("CY007", Sheet1.Range
    ("A1:E11"), 2, False)
    MsgBox Application.WorksheetFunction.VLookup("王昊", data, 3, False)
End Sub
```

上述程序运行后，先后弹出两次对话框，结果分别是“陈梦迪”“天津”。

7.3　统计类函数

Excel 中统计类函数包括对数据进行统计分析的函数。例如，求取一组数据中的平均值、最大值，用到的 Average、Max 就属于比较基础、简单的统计函数。

在统计学中，回归分析（Regression Analysis)指的是确定两种或两种以上变量间相互依赖的定量关系的一种统计分析方法。职场中经常需要对实验结果数据、客户数据进行因果关系的分析，最后给出分析报告。因此，掌握和理解回归分析的基本理论知识以及如何将回归分析在 Excel 中实现尤为重要。

本节首先介绍回归分析的基础知识，然后介绍 Excel 中实现回归功能的途径，最后介绍回归分析方面的常用函数。

7.3.1　回归分析的基础知识

回归分析是利用数学方面的工具或知识来研究一个或多个自变量对因变量的影响。

世界上很多事物之间存在因果关系，如降雨量与蔬菜的价格、山的高度与温度，都存在明显的规律。如果不进行回归分析，就搞不清楚变量之间是如何影响的，就认识不到事物之间的规律。

通过回归分析，可以把因变量与自变量之间的关系描述成一个数学函数，形如：

$$y = f(x_1, x_2, \cdots, x_n)$$

这个数学函数叫作“回归方程”。通过回归方程，可以把一组自变量代入方程中，预测这组自变量对应的因变量。

下面介绍一下回归的分类。

按照自变量个数，可以分为一元回归和多元回归。例如，研究山体处在不同高度的温度，其中，自变量只有高度，因变量是温度，属于一元回归。再比如化学反应中的转化率与温度、压力、反应物浓度这 3 个条件都有关系，属于多元回归。

按照函数形式分类，可以分为线性回归和非线性回归。线性回归就是自变量与因变量之间存在明显的一次函数的关系。而非线性回归是指存在其他函数形式，如降雨量太少或太多，蔬菜价格可能上涨，而降雨量适中蔬菜价格下降，存在的关系可能是二次函数抛物线关系。

因此，回归类型可分为以下 4 种：

- 一元线性回归。
- 多元线性回归。
- 一元非线性回归。
- 多元非线性回归。

在处理非线性回归的问题时，把自变量经过转换以后，可以变成线性回归的问题。因此，重点学习多元线性回归这种情况，因为一元线性回归是它的一个特例。

7.3.2 回归分析的步骤和方法

回归分析一般包括以下 5 个步骤：

- 准备基础数据。
- 绘制散点图。
- 分析相关系数。
- 执行回归得到回归方程和统计信息。
- 对基础数据之外的情形进行预测。

其中，相关系数是用来描述变量之间线性程序的量，用字母 R 表示。如果自变量增加，因变量随之减少，称为“负相关”，此时 R 接近于-1。反之，如果因变量随着自变量同方向变化，称为“正相关”，R 接近于 1。如果 R 的绝对值或 R 的平方接近于 0，远离 1，说明两个变量之间线性关系不明显。

Excel 中使用 Correl 函数计算两个变量的相关系数。

回归分析过程本质上与 Excel 没有关系，手动在纸上也能完成回归。Excel 提供了很多回归方面的功能和函数，用户不需要研究细节就可以得到准确的回归结果。

Excel 中实现回归有以下 3 个途径：

- 散点图中添加趋势线。

- 加载分析工具。
- 利用回归方面的函数。

下面以一元线性回归为例，依次讲解这几个途径的用法。

假设有一座山，在不同海拔测量的温度数据见表 7-2。

表 7-2　不同海拔的山体温度

Height/m	Temperature/℃
80	24.5
160	24.1
240	23.5
320	22.9
400	22.3
480	21.8

根据上述数据，回答以下两个问题：

（1）预测海拔为 800 米时温度可能是多少？

（2）当在山顶测量的温度是 18℃时，预测这座山有多高？

7.3.3　绘制散点图并添加趋势线

通过绘制散点图，可以观测变量之间是否有明显的线性关系。通过趋势线可以得到回归方程和线性相关系数的平方。

首先在工作表中录入基础数据，然后插入图表，选择“XY（散点图）”，如图 7-12 所示。

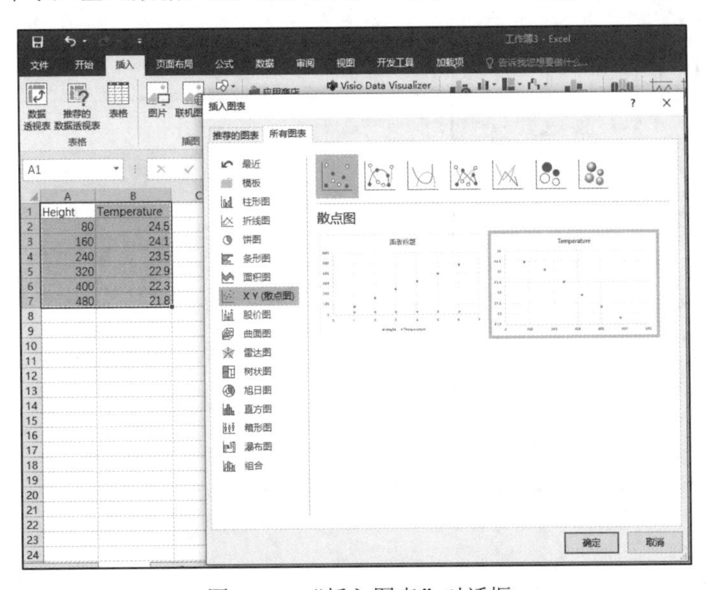

图 7-12　“插入图表”对话框

工作表上产生散点图以后，使用光标选中系列，在右键菜单中选择“添加趋势线”，如图 7-13 所示。

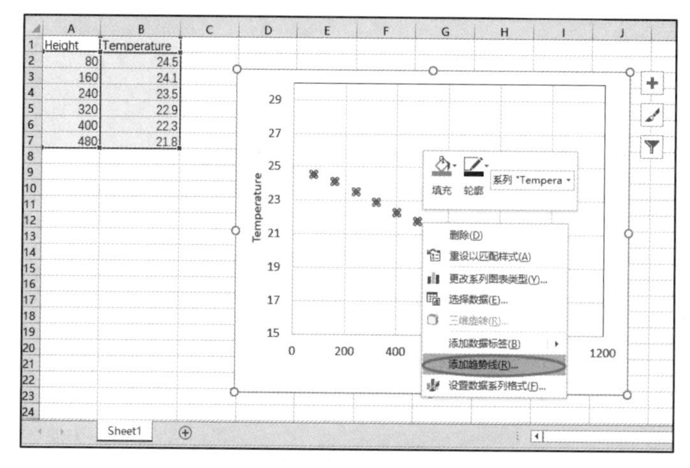

图 7-13　添加趋势线

之后右侧弹出任务窗格，在“趋势线选项”中选择“线性”，勾选最下面的“显示公式”“显示 R 平方值”，如图 7-14 所示。

图表上出现了回归方程 y=−0.007x+25.133，相关系数的平方为 0.997。说明线性关系非常显著，如图 7-15 所示。

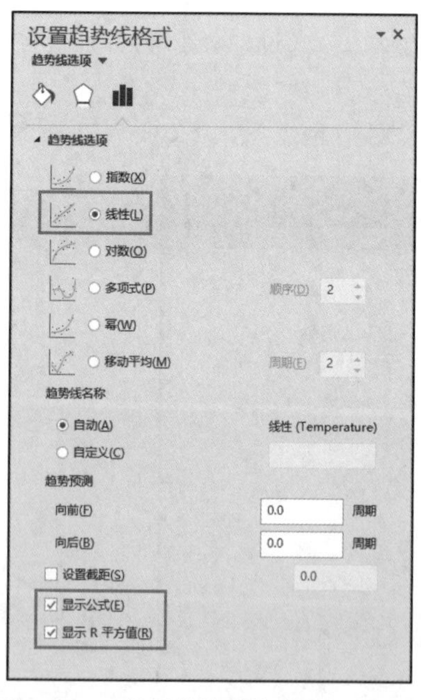

图 7-14　“设置趋势线格式”任务窗格

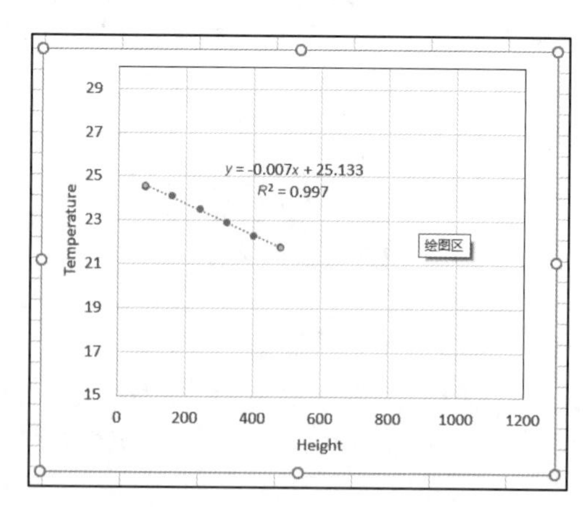

图 7-15　散点图中显示趋势线

此处便可回答题目中的两个问题，求 800 米处的温度，把x=800 代入回归方程中计算，得出y=19.5。计算山的高度，可以把 y=18 代入到回归方程中，解出 x=1019。

7.3.4 利用分析工具中的回归

Excel 自带一个“分析工具”的加载宏，默认情况下 Excel 不启用该加载宏。

单击功能区“Excel 加载项”命令，如图 7-16 所示。

弹出“加载宏”对话框，勾选“分析工具库”，如图 7-17 所示。

图 7-16 Excel 加载项按钮

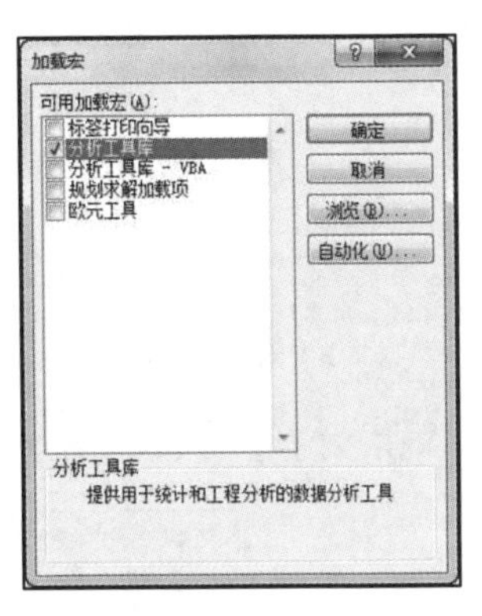

图 7-17 “加载宏”对话框

然后切换到“数据”选项卡，在最右侧看到多了一个“数据分析”按钮，如图 7-18 所示。

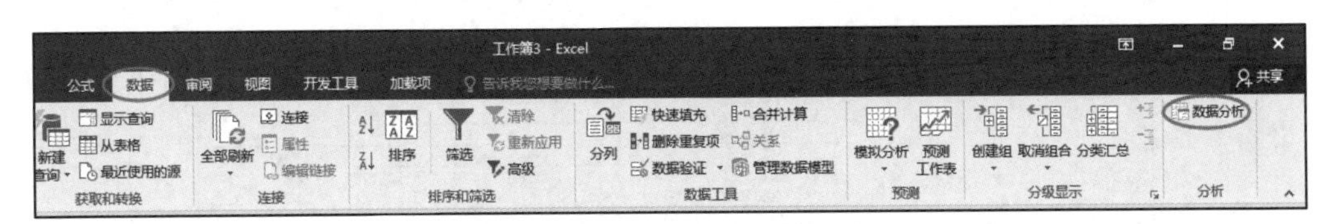

图 7-18 “数据分析”按钮

单击“数据分析”按钮，弹出“数据分析”对话框，选择“回归”，单击“确定”按钮，如图 7-19 所示。

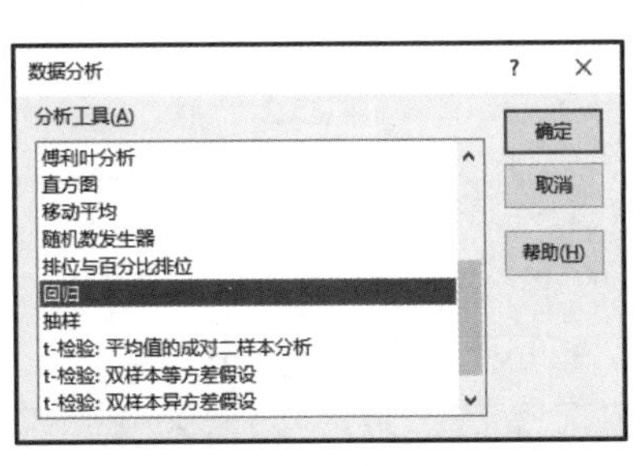

图 7-19 回归

在“回归”对话框的 Y 值输入区域输入因变量的单元格地址，也就是 Temperature 列。X 值输入区域选择或输入自变量，此处选择 A 列的地址。

由于数据区域具有 Height 和 Temperature 标题行，因此要勾选“标志”，如图 7-20 所示。

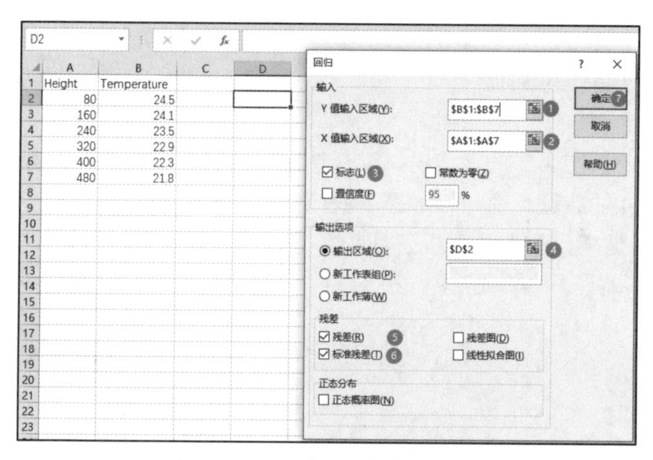

图 7-20 “回归”对话框的设置

单击“确定”按钮，在当前工作表的 D2 单元格出现了回归结果，如图 7-21 所示。

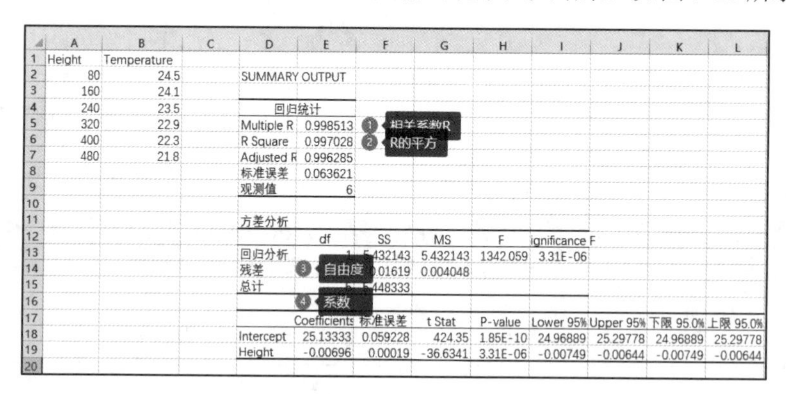

图 7-21 回归结果

根据得到的系数结果得到了回归方程：

$$Temperature = -0.00696*Height+25.133$$

7.3.5 利用回归方面的函数

在统计函数中用于回归方面的函数见表 7-3。

表 7-3 Excel 中常用的回归函数

函数名称	作　用	使用范围
CORREL	返回两组值的相关系数	一元线性回归
FORECAST.LINEAR	根据现有的数据预测未来的值	一元线性回归
INTERCEPT	返回线性回归方程的截距	一元线性回归
LINEST	返回线性回归方程的参数	一元线性回归、多元线性回归

续表

函数名称	作　用	使用范围
RSQ	返回相关系数的平方	一元线性回归
SLOPE	返回线性回归方程的斜率	一元线性回归
TREND	根据现有的数据预测未来的值	一元线性回归、多元线性回归

以上大部分函数都有 known_y's 和 known_x's 这两个参数，使用时需要把因变量的数据区域和自变量的数据区域的地址传递进去（不包括标题行）。

例如，根据已有的山的高度和温度的数据，利用 INTERCEPT 函数计算回归方程的截距，在单元格中输入公式：=INTERCEPT(B2:B7,A2:A7)，如图 7-22 所示。

ENCODEURL　=INTERCEPT(B2:B7,A2:A7)

	A	B	C	D
1	Height	Temperature		
2	80	24.5		=INTERCEPT(B2:B7,A2:A7)
3	160	24.1		
4	240	23.5		
5	320	22.9		
6	400	22.3		
7	480	21.8		
8				

图 7-22　INTERCEPT 函数的用法

同样的做法，可以把相关系数、截距、斜率一起算出。公式和计算结果如图 7-23 所示。

	A	B	C	D
1	Height	Temperature	公式	结果
2	80	24.5	=CORREL(B2:B7,A2:A7)	-0.999
3	160	24.1	=RSQ(B2:B7,A2:A7)	0.997
4	240	23.5	=INTERCEPT(B2:B7,A2:A7)	25.133
5	320	22.9	=SLOPE(B2:B7,A2:A7)	-0.007
6	400	22.3		
7	480	21.8		
8				

图 7-23　回归函数的用法

相关系数是−0.999，可以看出两列数据呈现明显的负相关。通过截距和斜率的结果可以得到回归方程为 $y=-0.007x+25.133$。

接下来讲解 FORECAST.LINEAR 和 TREND 函数的用法。这两个函数传递 3 个参数，假设要预测 800 米处的温度，可以把 800 作为参数传递进去，如图 7-24 所示。

	A	B	C	D
1	Height	Temperature	公式	结果
2	80	24.5	=FORECAST.LINEAR(800,B2:B7,A2:A7)	19.562
3	160	24.1	=TREND(B2:B7,A2:A7,800)	19.562
4	240	23.5		
5	320	22.9		
6	400	22.3		
7	480	21.8		
8				

图 7-24　预测函数的用法

以上两个函数的计算结果相同。

最后讲解 LINEST 这个回归函数。

LINEST 函数可通过使用最小二乘法计算与现有数据最佳拟合的直线来计算某直线的统计值，然后返回此直线的数组，语法是：

=LINEST(known_y's, known_x's, const, stats)

前面两个参数分别是因变量和自变量数据。

参数 const 指截距是否设置为 0，如果设置为 False，那么回归直线通过原点，截距按 0 处理。因此，该参数一般设置为 True。

参数 stats 指是否显示附加的统计信息。如果设置为 False，结果中只包含系数和截距信息。如果设置为 True，还包括相关系数、残差等信息。

LINEST 函数返回的是一个数组，数组的列数与参与回归的变量个数相同，如果是一元线性回归，该函数的结果包含 2 列。数组的行数与 stats 参数有关，如果 stats 为 False，结果只有 1 行。如果为 True，结果有 5 行。

选中水平方向的 2 个单元格，输入公式：

=LINEST(B2:B7,A2:A7,TRUE,FALSE)

按下快捷键 Ctrl+Shift+Enter，只得到了斜率和截距，如图 7-25 所示。

D2 {=LINEST(B2:B7,A2:A7,TRUE,FALSE)}

	A	B	C	D	E	F
1	Height	Temperature				
2	80	24.5		-0.00696	25.13333	
3	160	24.1				
4	240	23.5				
5	320	22.9				
6	400	22.3				
7	480	21.8				

图 7-25 LINEST 函数用法

如果最后一个参数设置为 True，就需要先选中 5 行 2 列再输入公式，如图 7-26 所示。

D2 {=LINEST(B2:B7,A2:A7,TRUE,TRUE)}

	A	B	C	D	E	F
1	Height	Temperature		结果		
2	80	24.5		(0.007)	25.133	
3	160	24.1		0.000	0.059	
4	240	23.5		0.997	0.064	
5	320	22.9		1342.059	4.000	
6	400	22.3		5.432	0.016	
7	480	21.8				
8						

图 7-26 LINEST 函数用法

综上所述，可以看出 LINEST 函数给出的信息最全面。

7.3.6 多元线性回归

多元线性回归就是自变量个数大于 1 时的情形。例如，某个化学反应的收率 Y 会受到温度 T、压力 P、浓度 C 的影响。如果 Y 和这些自变量的影响关系都是线性的，那么期望的回归方程是

$$Y = k_1T + k_2P + k_3C + b$$

其中，Y 是因变量，T、P、C 是自变量，k_1、k_2、k_3 是斜率，b 是截距。

在多元线性回归方面，Excel 中仍然可以使用分析工具库中的回归功能。在“回归”对话框中，X 值输入区域要把所有自变量的地址都写上，如图 7-27 所示。

	A	B	C	D
1	T	P	C	Y
2	30	1	0.4	0.055
3	30	1	0.8	0.219
4	30	1	1.2	0.427
5	30	2	0.4	0.068
6	30	2	0.8	0.286
7	30	2	1.2	0.408
8	30	3	0.4	0.009
9	30	3	0.8	0.178
10	30	3	1.2	0.445
11	60	1	0.4	0.445
12	60	1	0.8	0.636
13	60	1	1.2	0.860
14	60	2	0.4	0.436
15	60	2	0.8	0.646
16	60	2	1.2	0.824
17	60	3	0.4	0.372
18	60	3	0.8	0.583
19	60	3	1.2	0.804

回归
输入
Y 值输入区域(Y): $D$1:$D$19
X 值输入区域(X): $A$1:$C$19
☑ 标志(L) ☐ 常数为零(Z)
☐ 置信度(F) 95 %
输出选项
◉ 输出区域(O): $F$2
○ 新工作表组(P):
○ 新工作薄(W)
残差
☑ 残差(R) ☐ 残差图(D)
☑ 标准残差(T) ☐ 线性拟合图(I)
正态分布
☐ 正态概率图(N)
确定 取消 帮助(H)
一元线性回归 Sheet1 多元线性

图 7-27 回归设置

单击“确定”按钮后，工作表上生成回归报告，如图 7-28 所示。

SUMMARY OUTPUT

回归统计	
Multiple R	0.995255
R Square	0.990532
Adjusted R	0.988503
标准误差	0.028184
观测值	18

方差分析

	df	SS	MS	F	ignificance F
回归分析	3	1.163497	0.387832	488.2345	2.13E-14
残差	14	0.011121	0.000794		
总计	17	1.174618			

	Coefficients	标准误差	t Stat	P-value	Lower 95%	Upper 95%	下限 95.0%	上限 95.0%
Intercept	-0.51277	0.031159	-16.4567	1.48E-10	-0.5796	-0.44594	-0.5796	-0.44594
T	0.013007	0.000443	29.37	5.59E-14	0.012057	0.013957	0.012057	0.013957
P	-0.02093	0.008136	-2.57194	0.022154	-0.03838	-0.00348	-0.03838	-0.00348
C	0.496358	0.02034	24.4027	7.14E-13	0.452732	0.539984	0.452732	0.539984

图 7-28 回归报告

根据 Coefficients 列的结果，可以得到回归方程为：

$$Y=0.013T-0.021P+0.496C-0.513$$

在回归函数中，可以使用 TREND 函数预测其他温度、压力、浓度下的收率。例如，想要预测 45℃、2.5MPa、0.9mol/L 时的收率，输入公式：

=TREND(D2:D19,A2:C19,{45,2.5,0.9})

得到的收率为 0.467。

也可以使用 LINEST 函数得到回归系数和统计结果，由于本例变量总数是 4，所以选定 5 行 4 列的单元格区域，输入公式：=LINEST(D2:D19,A2:C19,TRUE,TRUE)，即可得到统计信息，结果中的第 1 行是各个自变量的系数以及截距，如图 7-29 所示。

LINEST函数			
0.496	-0.021	0.013	-0.513
0.020	0.008	0.000	0.031
0.991	0.028	#N/A	#N/A
488.234	14.000	#N/A	#N/A
1.163	0.011	#N/A	#N/A

图 7-29　LINEST 函数的用法

Excel VBA 中调用 LINEST 函数也非常简单，如实例 7-3 所示。

实例 7-3：调用 LINEST 函数

```
Sub 调用 LINEST 函数()
    Dim result As Variant
    result = Application.WorksheetFunction.LinEst(Range("D2:D19"), Range("A2:C19"),
    True, True)
    Stop
    Debug.Print "相关系数的平方", result(3, 1)
End Sub
```

在中断的情况下从本地窗口可以看到数组 result 元素的值，如图 7-30 所示。

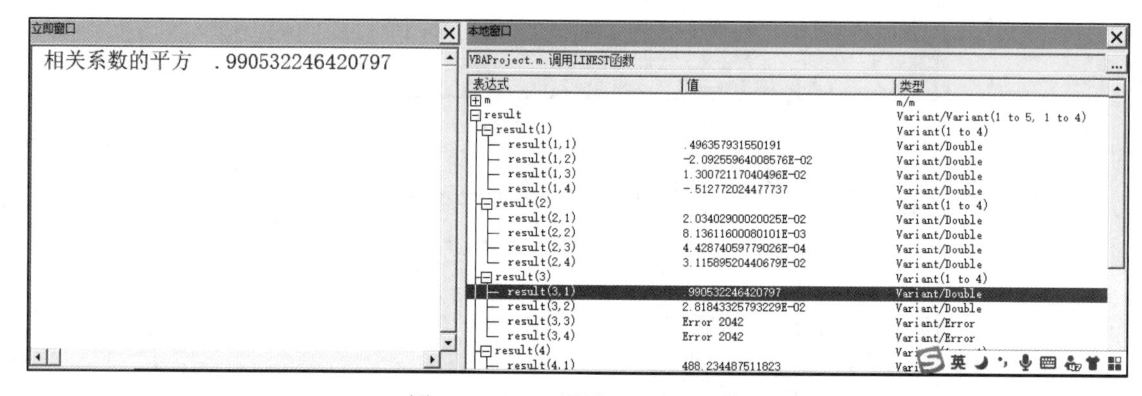

图 7-30　VBA 调用 LINEST 函数

7.3.7　一元多项式回归

一元多项式回归属于非线性回归，这种回归适用于因变量随着自变量呈现波浪形曲线的情形，回归方程形如

$$y=k_1x+k_2x^2+k_3x^3+b$$

方程中 k_1、k_2、k_3、b 是回归系数。

首先要根据散点图的特点来决定多项式的次数，如果散点图是抛物线形状的，应使用一元二次回归，如果散点图既有波峰又有波谷，应使用三次回归。

假设用硝酸浸出煤矸石中的 Pb 元素，根据硝酸浓度 C 与 Pb 元素的含量 Y 对应的数据绘制散点图，可以看到一个波峰和一个波谷，如图 7-31 所示。

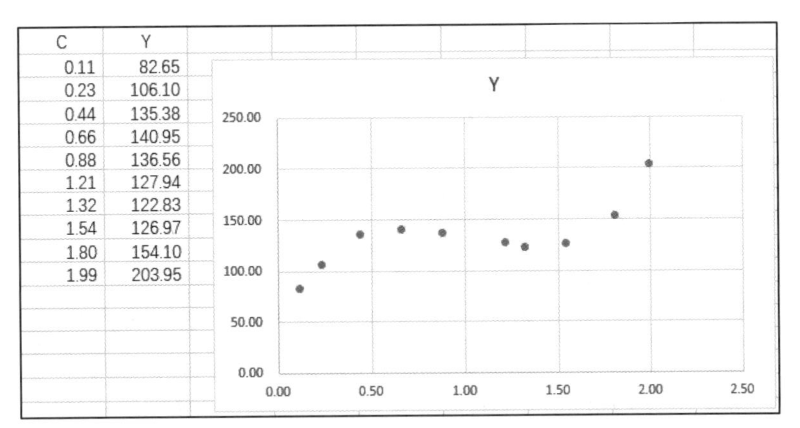

C	Y
0.11	82.65
0.23	106.10
0.44	135.38
0.66	140.95
0.88	136.56
1.21	127.94
1.32	122.83
1.54	126.97
1.80	154.10
1.99	203.95

图 7-31　示例数据

设置该系列的趋势线，选择“多项式”，“顺序”设置为 3，勾选“显示公式”“显示 R 平方值”，如图 7-32 所示。

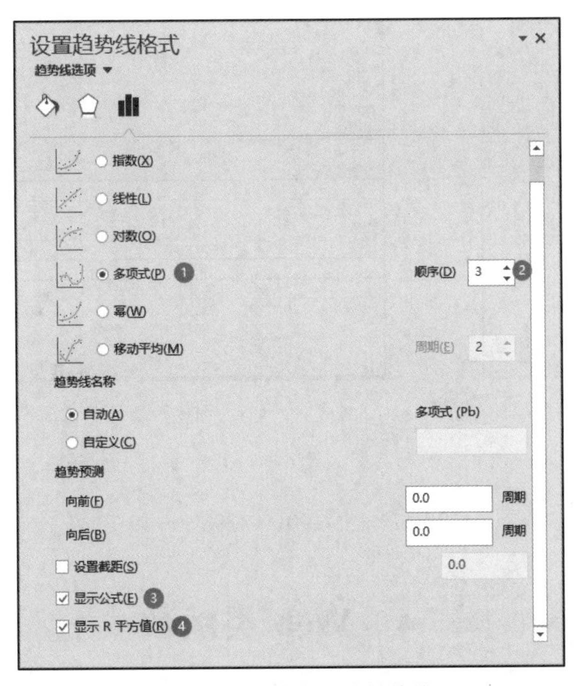

图 7-32　三次多项式趋势线

可以看到回归方程和相关系数的平方，如图 7-33 所示。

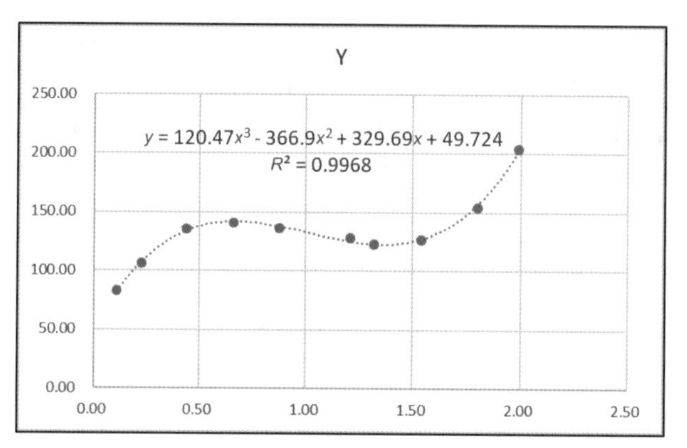

图 7-33　三次多项式趋势线

如果要利用分析工具库中的回归功能处理非线性回归问题，需要进行数据转换，从而变成线性回归的问题。

首先在数据区域的 A 列右侧插入 2 列，然后用公式计算出 A 列的平方和立方。具体步骤是：在 B2 单元格输入=A2^2，然后向下填充，在 C2 单元格输入=A2^3 向下填充，如图 7-34 所示。

这样 D 列就是因变量，A、B、C 列都是自变量，就可以当作多元线性回归的问题来解决。

回归分析报告如图 7-35 所示。

B2　=A2^2

	A	B	C	D
1	C	C^2	C^3	Y
2	0.11	0.0121	0.001331	82.65
3	0.23	0.0529	0.012167	106.10
4	0.44	0.1936	0.085184	135.38
5	0.66	0.4356	0.287496	140.95
6	0.88	0.7744	0.681472	136.56
7	1.21	1.4641	1.771561	127.94
8	1.32	1.7424	2.299968	122.83
9	1.54	2.3716	3.652264	126.97
10	1.80	3.2400	5.832000	154.10
11	1.99	3.9601	7.880599	203.95

图 7-34　增加辅助列

SUMMARY OUTPUT

回归统计	
Multiple R	0.998397
R Square	0.996796
Adjusted R	0.995194
标准误差	2.189634
观测值	10

方差分析

	df	SS	MS	F	ignificance F
回归分析	3	8950.491	2983.497	622.2751	7.18E-08
残差	6	28.76699	4.794499		
总计	9	8979.258			

	Coefficients	标准误差	t Stat	P-value	Lower 95%	Upper 95%	下限 95.0%	上限 95.0%
Intercept	49.72397	2.838917	17.51512	2.22E-06	42.77739	56.67055	42.77739	56.67055
C	329.6908	12.53199	26.30794	1.99E-07	299.0262	360.3555	299.0262	360.3555
C2	-366.899	13.94886	-26.3031	1.99E-07	-401.03	-332.767	-401.03	-332.767
C3	120.4703	4.35782	27.64462	1.48E-07	109.8071	131.1335	109.8071	131.1335

图 7-35　一元三次回归结果

因此，回归方程是

$$y=120.47x^3-366.90x^2+329.69x+49.72$$

7.4　Web 类函数

Excel 2013 版本以后，新增了 Web 类函数，包括 EncodeURL、WebService、FilterXML 三个函数。

7.4.1 EncodeURL 函数

EncodeURL 函数用于返回 URL 编码的字符串。

HTTP 协议中参数的传输是“key=value”这种键值对形式的。例如，搜索 Mathematica 时，其 url 是：https://www.baidu.com/s?wd=Mathematica12.0。

这个网址中全是英文、数字和标点符号。如果搜索英语单词以外的关键字，服务器端的解析会变得困难。因此为了解决世界各国语言编码的问题，把数据提交到服务器之前先进行 URL 编码，把各国语言的文字都转换成用%、数字、字母来表示的字符串。

EncodeURL 函数只需要提供 1 个参数即可完成转换。例如，在单元格中输入公式：=ENCODEURL("なら時代")，如图 7-36 所示。

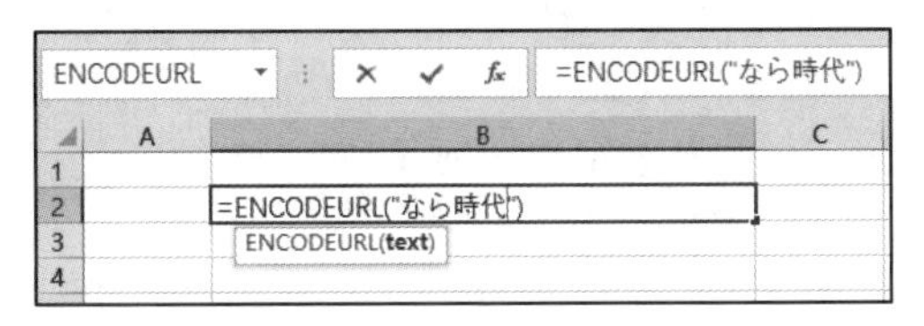

图 7-36　EncodeURL 函数用法

即可得到如下编码后的结果：

```
%E3%81%AA%E3%82%89%E6%99%82%E4%BB%A3
```

如果把这个结果和百度搜索的 URL 连接起来就形成：

https://www.baidu.com/s?wd=%E3%81%AA%E3%82%89%E6%99%82%E4%BB%A3

在浏览器中打开，看到搜索的结果是“奈良时代”，如图 7-37 所示。

图 7-37　编码后的网址

7.4.2 WebService 函数

WebService 函数从网络服务上返回数据，该函数有 1 个 URL 参数。

有很多网页返回的内容是 XML。在单元格中输入公式：

=WEBSERVICE("http://flash.weather.com.cn/wmaps/xml/china.xml")

就可以在单元格中显示很多省会城市的天气情况，如图 7-38 所示。

图 7-38　使用 WebService 函数获取天气

根据网址的不同，返回内容的多少也不同，所以需要把单元格设置为“自动换行”才能看全一点。然而返回这么多内容不便于进一步利用，因此该函数往往和 FilterXML 函数结合使用。

7.4.3　FilterXML 函数

FilterXML 函数在 XML 内容中根据指定的 XPath 返回数据。

假设有一个 XML，根节点 root 下面包含两个 person 元素，如图 7-39 所示。

```
<root>
  <person>张三</person>
  <person>李四</person>
</root>
```

图 7-39　示例 XML 数据

在单元格中输入公式：

=FILTERXML("<root><person>张三</person><person>李四</person></root>", "root/person[2]")

得到的结果是：“李四”。

其中，root/person[2]是一个 XPath。XPath 与磁盘的路径很相像，使用斜杠分隔每一级元素，[2]表示同级中第 2 个。

实际应用中，FilterXML 经常和 WebService 函数一起使用，WebService 函数根据 URL 得到完整的网页源代码（整个 XML），FilterXML 函数从中抽取有用的信息出来。

如果在单元格中输入如下公式：

=FILTERXML(WEBSERVICE("http://fanyi.youdao.com/translate?&i="&"沙尘暴"&"&doctype= xml&version"), "//translation")

得到的结果是：Dust Storms。这样就调用有道翻译实现了汉英翻译。

下面剖析一下原理。首先把上述公式的外层去掉，在另一个单元格输入公式：

=WEBSERVICE("http://fanyi.youdao.com/translate?&i="&"沙尘暴"&"&doctype= xml&version")

会得到如下 XML：

```
<?xml version=""1.0"" encoding=""UTF-8""?>
<response type=""ZH_CN2EN"" errorCode=""0"" elapsedTime=""0"">
```

```
    <input>
        <![CDATA[沙尘暴]]>
    </input>
        <translation>
            <![CDATA[Dust Storms]]>
        </translation>
</response>
```

可以看到原始单词位于<input>元素中，而翻译结果位于<translation>元素中。所以 XPath 是 //translation，这是一个绝对路径，意思是找到第一个名称是 translation 的节点。

为了让这个翻译函数更容易使用，将其改写成自定义函数 Fanyi，如实例 7-4 所示。

实例 7-4：英汉互译

```
Public Function Fanyi(data As String) As String
    Dim xml As String
    xml = Application.WorksheetFunction.WebService
    ("http://fanyi.youdao.com/translate?&i=" & data & "&doctype=xml&version")
    Fanyi = Application.WorksheetFunction.FilterXML(xml, "response/translation")
End Function
```

测试该函数时，在 A 列输入原始句子，在 B7 输入公式=Fanyi(A7)，然后向下填充，如图 7-40 所示。

	A	B
5		
6	**原始句子**	**翻译结果**
7	流程图	The flow chart
8	Format Conversion	格式转换
9	今天我要花3个小时学习日语	Today it takes me three hours to study Japanese
10	Have a good trip	祝你旅途愉快
11		

图 7-40　翻译函数

7.5　习　　题

1．程序 Test 用于计算两个数组中对应数字的乘积之和，横线处的函数名称是（　　）。

A．Sum　　B．Product　　C．SumProduct　　D．CrossProduct

程序代码如下：

```
Sub Test()
    Dim a As Variant
    Dim b As Variant
    Dim c As Variant
    a = Array(1, 2, 3, 4, 5)
    b = Array(6, 7, 8, 9, 10)
    c = Application.WorksheetFunction.______ (a, b)
```

```
    Debug.Print c
End Sub
```

2．代码 Application.WorksheetFunction.Oct2Bin(23)返回的结果是 10011，实现的功能是（　　）。

A．将二进制转换为八进制　　B．将八进制转换为二进制

C．将二进制转换为十进制　　D．将十进制转换为二进制

3．某公司的广告费与销售额数据见表 7-4。

表 7-4　示例数据

广告费/万元	销售额/万元
100	3154
200	6268
300	9902
400	13348
500	16216
600	20137
700	23502
800	26099

编写程序，预测当广告费是 1000 万元、1500 万元时销售额分别是多少。

第 8 章　Excel VBA 编程常用技巧

编程过程中，对于简短的代码测试，编写一个 Sub 执行，或者直接在立即窗口，就可以看到运行效果。在开发大型项目时，一个 VBA 工程中涉及很多程序单元，代码量也很大，连续运行程序往往发现不了出错的原因。

本章讲述 VBA 编程过程中常用的代码调试技巧和错误处理等知识。

本章关键词：代码优化、程序调试、错误处理。

8.1　优化代码的性能

在这个时间就是金钱、效率就是生命的时代，浪费时间就是罪恶。在 VBA 开发的各种程序中，如果代码编写得不合适，那么运行期间会出现卡顿、运行慢的现象。本节介绍一些提高运行速度、减少代码行数的方法和技巧。

8.1.1　使用 With 关键字减少对象的书写次数

VBA 语言中在对象或对象变量后面输入小数点，后面会自动弹出该对象支持的成员（具体包括属性、方法）。不过对象的某个成员可能是另一个对象，这样就形成了多级关系。

假设对象 A 有 B、C、D 这三个成员，对比如下两个过程：

```
Sub 一般写法()
    A.B = "b"
    A.C = "c"
    Call A.D
End Sub

Sub 使用With结构()
    With A
        .B = "b"
        .C = "c"
        Call .D
    End With
End Sub
```

可以看到代码中的主要对象是 A，在一般写法中写了 3 次 A，而在使用 With 结构中只写了 1 次。

With 结构还可以多层嵌套，这种情况需要注意内层 With 访问外层 With 的成员时，需要补充完整的对象名，如图 8-1 所示。

Excel VBA 中，Application 的常用成员有 ScreenUpdating、ActiveWorkbook、UserName 等。而 Workbook 对象的常用成员有 FullName、Saved 等。

```
Sub 多层With结构()
  With Application
    .ScreenUpdating = False
    With .ActiveWorkbook '''内层
      Debug.Print .FullName
      Debug.Print .Saved
      Debug.Print Application.UserName
      Debug.Print .UserName '''这行错误
    End With
    Debug.Print .UserName
  End With
End Sub
```

图 8-1　内外嵌套的 With 结构

如果在内层 With 结构中访问应用程序的 UserName 属性，必须用 Application.UserName，而不能直接写.UserName，否则该属性会被认为是 ActiveWorkbook.UserName，而在 VBA 中不存在这个属性。这也体现了属性在内层环境的优先性。

8.1.2　临时关闭屏幕刷新等属性

关闭应用程序的某些选项，可以显著减少程序的运行时间。待程序运行结束，再复原选项即可。具体应用如实例 8-1 所示。

实例 8-1：切换应用程序的选项

```
Sub 切换应用程序的选项()
    With Application
        .Calculation = Excel.XlCalculation.xlCalculationManual '手动计算
        .DisplayAlerts = False      '不显示各种警告
        .EnableEvents = False       '不启用事件
        .ScreenUpdating = False     '不刷新屏幕
    End With
    Call 制作工资条                 '此处可以是任何代码
    '重设回默认设置
    With Application
        .Calculation = Excel.XlCalculation.xlCalculationAutomatic
        .DisplayAlerts = True
        .EnableEvents = True
        .ScreenUpdating = True
    End With
End Sub
```

上述程序分为 3 部分：修改设置、运行代码、重置设置。

8.1.3 声明具体的变量类型

代码中用到的一般变量应显式声明为具体的数据类型，不声明或者声明为 Variant 会影响运行速度。例如，Dim i,j,k 或 Dim i As Variant 应改为 Dim i As Integer。

对象变量也尽量声明为具体对象类型，不推荐使用 Object。例如，Dim wbk As Object 应改为 Dim wbk As Workbook。

8.1.4 If 结构与布尔型属性

程序设计中经常遇到将某个事物的属性与一个条件表达式关联起来的问题。假设窗体有一个 CheckBox 复选框，使用该控件设置活动窗口是否显示网格线。常规思维是利用 If 结构，当窗口网格线可见时，就勾选复选框，否则去掉勾选。

```
If Application.ActiveWindow.DisplayGridlines = True Then
    Me.CheckBox1.Value = True
ElseIf Application.ActiveWindow.DisplayGridlines = False Then
    Me.CheckBox1.Value = True
End If
```

对于这种布尔值选项的值传递，可以简写为 1 行代码：

```
Me.CheckBox1.Value = Application.ActiveWindow.DisplayGridlines
```

还有一种情况是关联两个恰好相反的布尔值。

```
Dim b1 As Boolean
Dim b2 As Boolean
If b1 = True Then
    b2 = False
ElseIf b1 = False Then
    b2 = True
End If
```

上述程序片段中，变量 b2 总是与 b1 的值相反。故以上 If 结构也可以简化为 1 行代码：

```
b2 = Not b1
```

8.1.5 使用数组代替循环读/写单元格数据

循环结构是任何编程语言都有的语法结构。Excel VBA 中经常利用循环结构遍历工作簿、工作表、单元格。遍历这些实体对象往往比较花费时间。

Excel VBA 中 Range 对象的 Value 属性与内存数组可以很方便地进行数据交换。能使用数组的情况下尽量避免一个一个地遍历单元格。具体应用如实例 8-2 所示。

实例 8-2：单元格读/写速度对比

假设工作表 Sheet1 的 A1:G7 单元格区域有一些数字，如图 8-2 所示。

现在需要计算这些数字的平方，并将结果放置于工作表 Sheet2 对应的位置。

	A	B	C	D	E	F	G
1	17	1	16	7	3	19	7
2	20	10	19	9	16	20	18
3	4	5	11	9	9	18	5
4	20	17	10	14	20	18	10
5	17	13	18	6	11	11	13
6	19	1	18	6	14	18	19
7	5	19	8	6	7	9	9

图 8-2　示例数据

```
Sub Test1()
    Dim r As Integer, c As Integer
    For r = 1 To 7
        For c = 1 To 7
            Sheet2.Cells(r, c).Value = Sheet1.Cells(r, c).Value ^ 2
        Next c
    Next r
End Sub

Sub Test2()
    Dim r As Integer, c As Integer
    Dim Array1 As Variant, Array2 As Variant
    Array1 = Sheet1.Range("A1:G7").Value
    Array2 = Array1
    For r = 1 To 7
        For c = 1 To 7
            Array2(r, c) = Array1(r, c) ^ 2
        Next c
    Next r
    Sheet2.Range("A1:G7").Value = Array2
End Sub
```

在上述程序中，Test1 是逐个处理单元格。Test2 是把数据区域整体赋给数组 Array1，循环中将 Array1 的每个元素的平方的结果赋给 Array2，最后把 Array2 一次性写入单元格。

8.2　良好的编码习惯

VBA 编程环境是一个自由开放的开发平台，程序员可以发挥自己的想象进行各种程序和算法设计。而且 VBA 语言并没有固定每一个功能实现的代码写法，因此开发人员可以根据个人经验和习惯来开发。

开发人员在学习初期就应该养成良好的编写代码的习惯。格式优美的代码，既可以方便日后查验，又可以体现程序员的专业程度。

8.2.1 使用完整的对象变量类型名称

VBA 的对象变量名称由类型库名和类名两部分构成，两者中间用小数点隔开。例如，Excel.Workbook，其中 Excel 是类型库名，Workbook 是类名，类型库和类名决定了这种对象具有哪些成员。

下面是比较推荐的声明方式：

```
Dim A As Excel.AddIn
Dim C As Office.COMAddIn
```

从中可以看出 AddIn 来自 Excel 类型库，COMAddIn 来自 Office 类型库。

虽然不写类型库名只写类名代码也没问题，但是不推荐下面的写法：

```
Dim A As AddIn
Dim C As COMAddIn
```

特别是当一个 VBA 工程中引用了众多外部类型库，且类型库之间有重名时，如果不写类型库名容易造成歧义。

例如，Dim rg As Range，而 Excel 和 Word VBA 中都有 Range 对象，因此可能会出问题。

8.2.2 使用完整路径引用 Excel 对象

Excel VBA 的顶级对象是 Application，而且引用 Excel 对象时 VBA 允许使用简写形式。

```
Dim rg As Excel.Range
Set rg = Range("A1")
Set rg = Application.Range("A1")
Set rg = Application.Workbooks(1).Worksheets(1).Range("A1")
```

上述程序中有 3 行赋值代码。前两行指的是活动工作表的单元格 A1，而最后一行指明了具体是哪一个工作簿、哪一个工作表的单元格。

8.2.3 使用显式属性

有很多对象具有默认属性，所谓默认属性，就是指写代码时不写出具体是哪一个属性。例如，Person 具有 Age、Name、Address 等属性，其中 Name 是默认属性，那么：

```
Person.Age = 33
Person = "赵天山"
Person.Address = "塞罕坝林场"
```

其中，Person = "赵天山"等价于 Person.Name = "赵天山"。

单元格对象或者窗体上的控件，Value 属性是默认的，例如：

```
Application.Range("A1") = 100
UserForm1.CheckBox1 = True
```

其等价于：

```
Application.Range("A1").Value = 100
UserForm1.CheckBox1.Value = True
```

8.2.4 使用枚举常量代替数字

枚举常量是在代码中使用一个有意义的名字，而不是直接使用数字表示。枚举常量在程序中的作用有两种。一种是用于对象属性的读/写，另一种是用于函数或过程的参数。

Excel 类型库中枚举常量均以 xl 开头。在对象浏览器中搜索 xl，就可以查看到所有枚举常量，如图 8-3 所示。

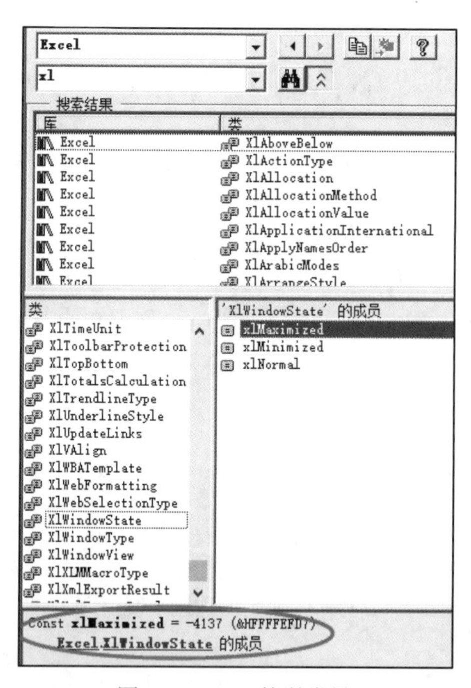

图 8-3　Excel 枚举常量

例如，XlWindowState 下面包含 3 个枚举成员：

- xlMaximized = −4137。
- xlMinimized = −4140。
- xlNormal = −4143。

在代码中书写枚举常量时，应使用两个小数点写成 3 级的方式，如图 8-4 所示。

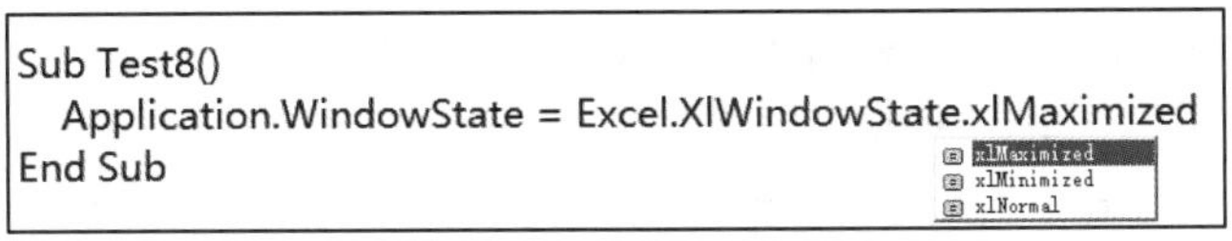

```
Sub Test8()
    Application.WindowState = Excel.XlWindowState.xlMaximized
End Sub
```

```
xlMaximized
xlMinimized
xlNormal
```

图 8-4　使用 Excel 枚举常量

与枚举常量具有等价意义的是对应的常数，例如：

```
Application.WindowState = -4137
```

但是这种写法的可读性差，而且很容易写成枚举成员以外的数字，如果写成-4173 就出错了。

枚举常量通常还用作其他函数的参数。例如，Range 对象的 Delete 方法用于删除单元格，Insert 方法用于插入单元格。这两个方法都需要规定 Shift 参数来告诉代码单元格的移动方向。

假设工作表原始单元格内容，如图 8-5 所示。

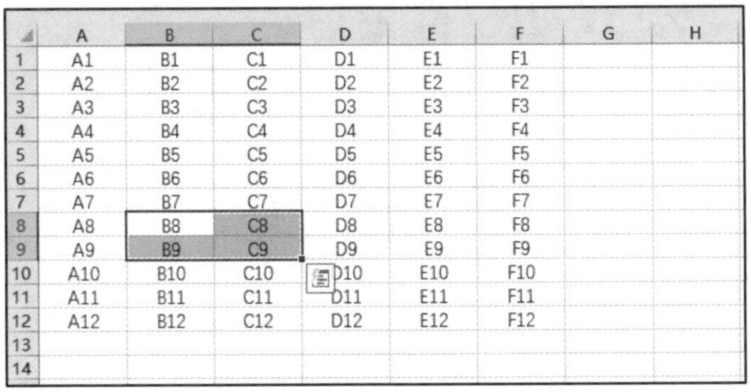

	A	B	C	D	E	F	G	H
1	A1	B1	C1	D1	E1	F1		
2	A2	B2	C2	D2	E2	F2		
3	A3	B3	C3	D3	E3	F3		
4	A4	B4	C4	D4	E4	F4		
5	A5	B5	C5	D5	E5	F5		
6	A6	B6	C6	D6	E6	F6		
7	A7	B7	C7	D7	E7	F7		
8	A8	B8	C8	D8	E8	F8		
9	A9	B9	C9	D9	E9	F9		
10	A10	B10	C10	D10	E10	F10		
11	A11	B11	C11	D11	E11	F11		
12	A12	B12	C12	D12	E12	F12		
13								
14								

图 8-5　示例数据

运行代码：

```
Range("B8:C9").Delete Shift:=Excel.XlDeleteShiftDirection.xlShiftToLeft
```

随后单元格区域 B8:C9 被删除，右侧的单元格向左平移，如图 8-6 所示。

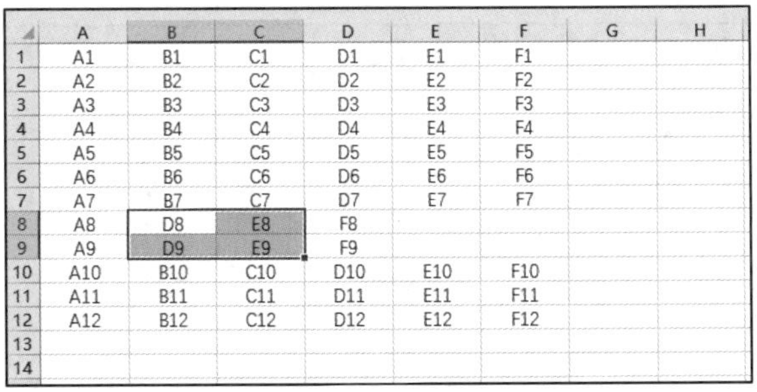

	A	B	C	D	E	F	G	H
1	A1	B1	C1	D1	E1	F1		
2	A2	B2	C2	D2	E2	F2		
3	A3	B3	C3	D3	E3	F3		
4	A4	B4	C4	D4	E4	F4		
5	A5	B5	C5	D5	E5	F5		
6	A6	B6	C6	D6	E6	F6		
7	A7	B7	C7	D7	E7	F7		
8	A8	D8	E8	F8				
9	A9	D9	E9	F9				
10	A10	B10	C10	D10	E10	F10		
11	A11	B11	C11	D11	E11	F11		
12	A12	B12	C12	D12	E12	F12		
13								
14								

图 8-6　删除单元格（活动单元格向左移动）

如果运行代码：

```
Range("B8:C9").Delete Shift:=Excel.XlDeleteShiftDirection.xlShiftUp
```

则单元格自动向上平移，如图 8-7 所示。

如果要插入单元格，则使用 XlInsertShiftDirection 枚举常量。

假设原始单元格内容，如图 8-8 所示。

	A	B	C	D	E	F	G	H
1	A1	B1	C1	D1	E1	F1		
2	A2	B2	C2	D2	E2	F2		
3	A3	B3	C3	D3	E3	F3		
4	A4	B4	C4	D4	E4	F4		
5	A5	B5	C5	D5	E5	F5		
6	A6	B6	C6	D6	E6	F6		
7	A7	B7	C7	D7	E7	F7		
8	A8	B10	C10	D8	E8	F8		
9	A9	B11	C11	D9	E9	F9		
10	A10	B12	C12	D10	E10	F10		
11	A11			D11	E11	F11		
12	A12			D12	E12	F12		
13								
14								

图 8-7　删除单元格（活动单元格向上移动）

	A	B	C	D	E	F	G	H
1	A1	B1	C1	D1	E1	F1		
2	A2	B2	C2	D2	E2	F2		
3	A3	B3	C3	D3	E3	F3		
4	A4	B4	C4	D4	E4	F4		
5	A5	B5	C5	D5	E5	F5		
6	A6	B6	C6	D6	E6	F6		
7	A7	B7	C7	D7	E7	F7		
8	A8	B8	C8	D8	E8	F8		
9	A9	B9	C9	D9	E9	F9		
10	A10	B10	C10	D10	E10	F10		
11	A11	B11	C11	D11	E11	F11		
12	A12	B12	C12	D12	E12	F12		
13								
14								

图 8-8　示例数据

运行代码：

```
Range("C7:E9").Insert Shift:=Excel.XlInsertShiftDirection.xlShiftToRight
```

看到单元格区域 C7:E9 插入了空白单元格区域，并且原先的区域向右平移，如图 8-9 所示。

	A	B	C	D	E	F	G	H	I	J
1	A1	B1	C1	D1	E1	F1				
2	A2	B2	C2	D2	E2	F2				
3	A3	B3	C3	D3	E3	F3				
4	A4	B4	C4	D4	E4	F4				
5	A5	B5	C5	D5	E5	F5				
6	A6	B6	C6	D6	E6	F6				
7	A7	B7				C7	D7	E7	F7	
8	A8	B8				C8	D8	E8	F8	
9	A9	B9				C9	D9	E9	F9	
10	A10	B10	C10	D10	E10	F10				
11	A11	B11	C11	D11	E11	F11				
12	A12	B12	C12	D12	E12	F12				
13										

图 8-9　插入单元格区域

运行代码：

```
Range("C7:E9").Insert Shift:=Excel.XlInsertShiftDirection.xlShiftDown
```

则看到单元格区域向下平移，如图 8-10 所示。

	A	B	C	D	E	F	G	H
1	A1	B1	C1	D1	E1	F1		
2	A2	B2	C2	D2	E2	F2		
3	A3	B3	C3	D3	E3	F3		
4	A4	B4	C4	D4	E4	F4		
5	A5	B5	C5	D5	E5	F5		
6	A6	B6	C6	D6	E6	F6		
7	A7	B7				F7		
8	A8	B8				F8		
9	A9	B9				F9		
10	A10	B10	C7	D7	E7	F10		
11	A11	B11	C8	D8	E8	F11		
12	A12	B12	C9	D9	E9	F12		
13			C10	D10	E10			
14			C11	D11	E11			
15			C12	D12	E12			
16								

图 8-10　平移单元格区域

8.2.5　降低语言转换的成本

除了 VBA 语言以外，微软公司开发的其他编程语言也能够操作访问 Excel，这些编程语言的对象模型与 VBA 是一样的，只是语法格式不同。

Excel VBA 在实现一个功能时，不同的开发人员写出的代码差别很大，因为在 Excel VBA 中允许各种简写和默认写法。

在用其他编程语言编写操作 Excel 方面的代码时，需要以相应的 VBA 代码作为依据和出发点。但是简写形式的 VBA 代码要转换为或翻译为目标语言花费的成本很大。

下面以自动生成 Excel 模板文件为例，举例说明将简写形式和完整形式的 Excel VBA 代码转换为 VB.NET 和 C#语言的难易程度。

WorkBook 对象的 SaveAs 方法用于把一个工作簿对象另存为指定格式的磁盘文件。模板文件是 Excel 中很重要的概念，因为基于模板可以创建文件。到目前为止，Excel 模板文件有 3 种格式和扩展名：

- .xlt：Excel 97-2003 模板。
- .xltx：模板。
- .xltm：启用宏的模板。

当手动另存工作簿时，从“另存为”对话框的“保存类型”下拉列表中可以看到以上 3 种格式，如图 8-11 所示。

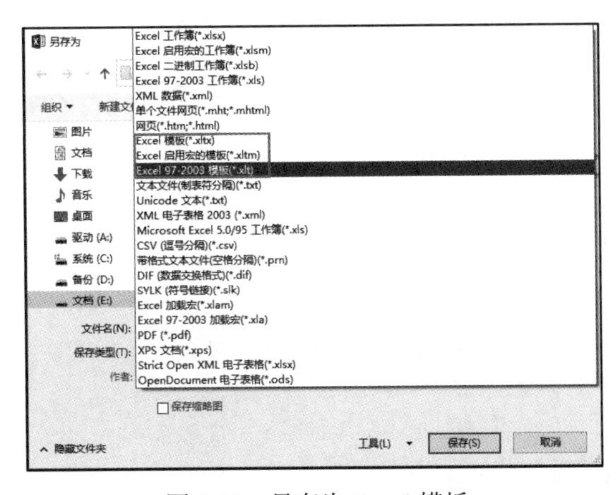

图 8-11　另存为 Excel 模板

如果使用代码生成模板，则不会弹出“另存为”对话框，可以在 SaveAs 方法中传递 FileFormat 参数，例如：

```
wbk.SaveAs Filename:="D:\Temp\期末成绩-模板 1.xlt", FileFormat:=
Excel.XlFileFormat.xlTemplate
wbk.SaveAs Filename:="D:\Temp\期末成绩-模板 2.xltx", FileFormat:=
Excel.XlFileFormat.xlOpenXMLTemplate
wbk.SaveAs Filename:="D:\Temp\期末成绩-模板 3.xltm", FileFormat:=
Excel.XlFileFormat.xlOpenXMLTemplateMacroEnabled
```

具体应用如实例 8-3 和实例 8-4 所示。

实例 8-3：VBA 代码的简写形式

```
Sub 自动生成模板_简写版()
    Dim wbk As Workbook
    Set wbk = Workbooks.Add
    wbk.Worksheets(1).Name = "成绩录入"
    wbk.SaveAs "D:\Temp\期末成绩-模板 3.xltm", xlOpenXMLTemplateMacroEnabled
    wbk.Close False
End Sub
```

上述代码的功能是新建一个工作簿，把工作表名称修改为“成绩录入”，然后另存为启用宏的模板文件，最后关闭工作簿。

实例 8-4：VBA 代码的完整形式

```
Sub 自动生成模板_完整版()
    Dim wbk As Excel.Workbook
    Set wbk = Application.Workbooks.Add
    wbk.Worksheets(1).Name = "成绩录入"
    wbk.SaveAs Filename:="D:\Temp\期末成绩-模板 3.xltm", FileFormat:=
Excel.XlFileFormat.xlOpenXMLTemplateMacroEnabled
    wbk.Close SaveChanges:=False
End Sub
```

在 VB.NET 语言中实现生成模板的代码如下：

```
Private Sub Button1_Click(sender As Object, e As EventArgs) Handles Button1.Click
    Dim Application As Excel.Application
    Dim wbk As Excel.Workbook
    Application = GetObject(, "Excel.Application")
    wbk = Application.Workbooks.Add()
    wbk.Worksheets(1).Name = "成绩录入"
    wbk.SaveAs(Filename:="D:\Temp\期末成绩-模板 3.xltm", FileFormat:=
    Excel.XlFileFormat.xlOpenXMLTemplateMacroEnabled)
    wbk.Close(SaveChanges:=False)
End Sub
```

在 C#语言中实现生成模板的代码如下：

```
private void button1_Click(object sender, EventArgs e)
{
    Excel.Application ExcelApp;
    Excel.Workbook wbk;
    ExcelApp = (Excel.Application)Marshal.GetActiveObject("Excel.Application");
    wbk = ExcelApp.Workbooks.Add();
    wbk.Worksheets[1].Name="成绩录入";
    wbk.SaveAs(Filename: @"D:\Temp\期末成绩-模板3.xltm", FileFormat:
    Excel.XlFileFormat.xlOpenXMLTemplateMacroEnabled);
    wbk.Close(SaveChanges: false);
}
```

不难看出，将完整形式的 VBA 代码翻译为其他编程语言更容易，修改量较小。

8.3 程序调试

开发人员在编写代码时，是一行一行输入、编辑的，而其运行时完全不同，往往在 1s 内执行了非常多操作。代码是否正常运行在运行期间很难看出来。VBA 的程序调试功能允许开发人员一行、一行地运行代码。

本节讲解 VBA 程序运行的 3 种模式。

8.3.1 了解 VBA 的 3 种模式

VBA 编程环境具有以下 3 种模式：

（1）设计模式。编写代码期间，没有运行任何代码，属于设计模式。

（2）运行模式。VBA 正在执行程序，处于忙碌状态，Excel 也不能让用户触碰，属于运行模式。

（3）暂停模式。已经进入了程序执行阶段，但是由于各种原因程序处于停滞状态，等待程序设计人员的修改和处理，属于暂停模式。

对于开发人员来说，暂停模式很重要，程序设计中大多数语法和逻辑错误是在暂停模式下发现和解决的。

进入暂停模式有以下几种方式：

- 运行模式中长按 Esc 键。
- 出现了运行错误但没有错误处理机制。
- 代码中执行到 Stop 语句。
- 代码中执行到断点行。

若程序员由于疏忽忘记添加循环结构或某个程序单元的退出条件，从而引起无限循环，会导致 VBA 一直处于运行模式，例如：

```
Sub Test1()
    Dim i As Integer
    For i = 1 To 10
```

```
        Debug.Print i, i ^ 2
        i = i - 1
    Next i
End Sub
```

一般情况下，在立即窗口中应该看到 10 行打印结果。但是运行上述程序时会连续不断地打印数字 1。

VBA 编辑器无法判断这是无限循环，因此不会主动退出。此时可以按 Esc 键，在 VBA 编辑器中会弹出对话框，如图 8-12 所示。

该对话框有以下 3 个按钮供开发人员选择。

（1）继续：再度进入运行模式。

（2）结束：完全终止程序的运行，进入设计模式。

（3）调试：进入暂停模式。

因此，在该对话框中单击“调试”按钮，会返回 VBA 中正在运行的行，如图 8-13 所示。

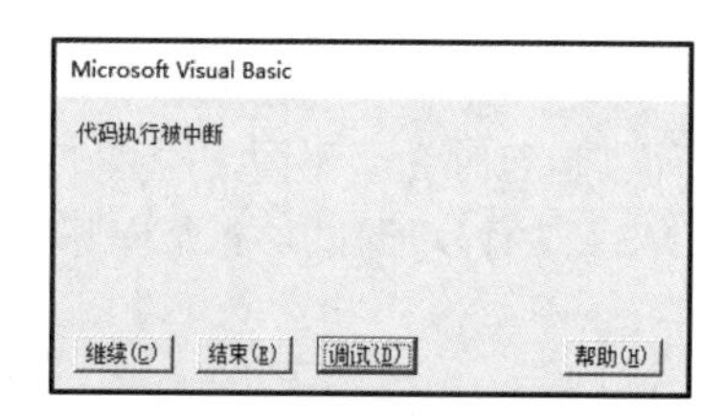

图 8-12　代码执行被中断

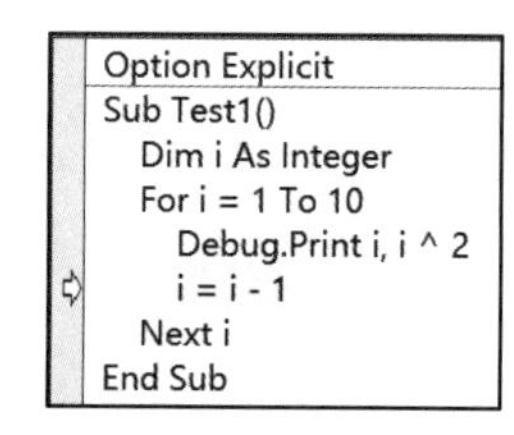

图 8-13　调试代码

还有一种常见的情况是出现了运行时错误，例如：

```
Sub Test2()
    Dim i As Integer, j As Integer
    For i = 1 To 10000
        j = i ^ 2
        Debug.Print i, j
    Next i
End Sub
```

运行时会弹出对话框，如图 8-14 所示。

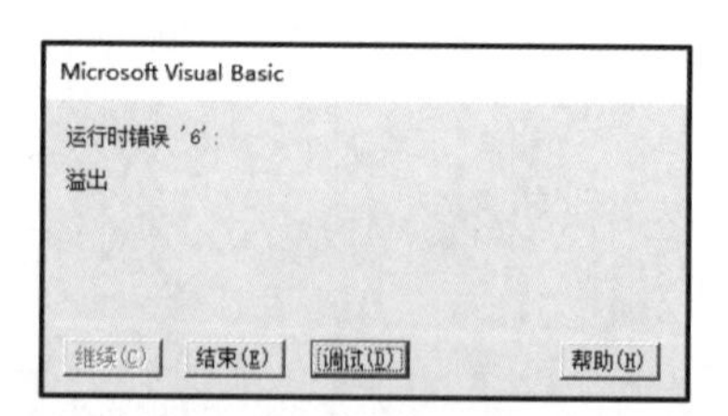

图 8-14　对话框

原因是某些数字的平方已经超过了 Integer 的范围，而且该过程没有设置错误处理机制，所以弹出了错误对话框，从而使程序进入暂停模式。

8.3.2 设置断点暂停代码运行

VBA 中用于调试代码的快捷键有 F5 和 F8，如果按下快捷键 F5 运行一个过程，会从 Sub 连续运行到 End Sub，中途不停顿。

如果需要对某些关键的代码行进行关注，可以对这些代码行设置断点（设计模式下按下快捷键 F9），也可以在该代码行之前插入 Stop 语句。下次运行程序时，程序会卡在断点处或 Stop 语句处进入暂停模式，如图 8-15 所示。

暂停模式下，把光标移动到代码中某个变量附近，会自动弹出该变量当前的值。而且暂停模式下可以充分利用本地窗口、立即窗口的功能，查看和修改变量的值。

另外，暂停模式下还可以重设即将运行的代码行。方法是单击暂停模式中当前代码行左侧的黄色箭头。既可以将箭头向上拖动，也可以向下拖动，从而改变要运行的代码行位置。

如果不想让程序执行循环结构中的代码，想让其从 End Sub 行开始执行，则可以把黄色箭头拖放到最后一行，如图 8-16 所示。

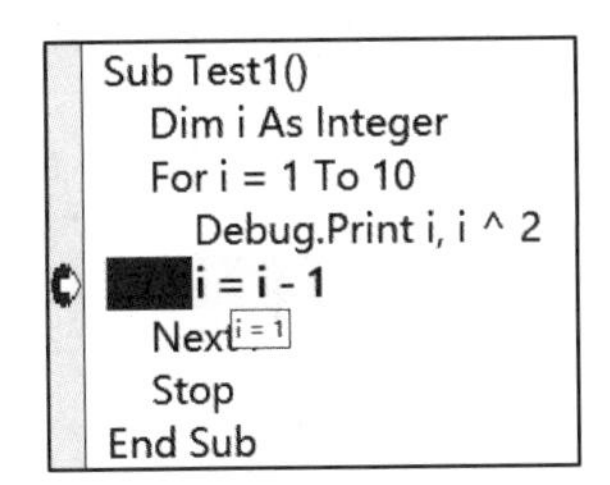

```
Sub Test1()
    Dim i As Integer
    For i = 1 To 10
        Debug.Print i, i ^ 2
        i = i - 1
    Next i
    Stop
End Sub
```

图 8-15　运行到断点处

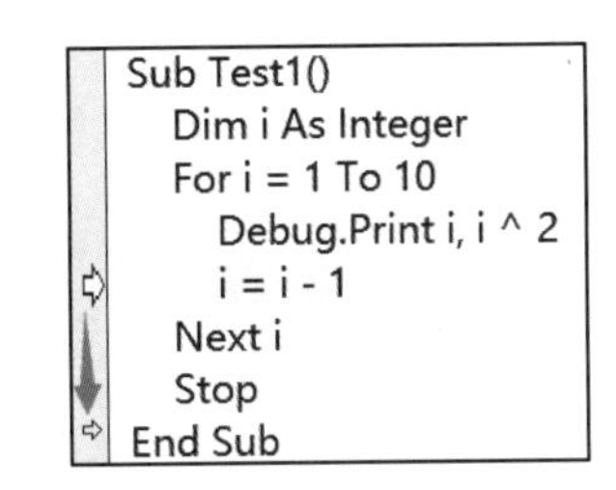

```
Sub Test1()
    Dim i As Integer
    For i = 1 To 10
        Debug.Print i, i ^ 2
        i = i - 1
    Next i
    Stop
End Sub
```

图 8-16　更改要运行的代码行

这样就不需要强制终止程序，使程序跳过了很多行，达到正常停止代码运行的目的。

8.4 错误处理

一个大型的 VBA 项目，通常包含多个模块、函数，而且每个函数的代码量很大。测试过程中出现错误和异常是很正常的事情，如何快速找到出错代码行的位置非常关键。本节介绍几种快速定位错误的方法。

8.4.1 VBA 中错误的分类

VBA 中常见的错误类型有编译错误、运行时错误、逻辑错误。

编译错误指拼写错误、变量名称错误、函数参数错误等，一般是比较低级的错误。程序运行前，编辑器会先检查语法错误。发生了编译错误时通常会弹出错误对话框，要求开发人员立即更正错误。

要想解决编译错误，只有根据错误描述修改代码。只有解决了编译错误，才能继续向下运行。

例如，变量的类型关键字写错、For 循环中 To 写错、For 循环缺少对应的 Next 语句，都会引起编译错误，如图 8-17 所示。

运行时错误指程序在运行途中出现的错误，如数组下标越界、访问的文件或路径不存在等，如图 8-18 所示。

图 8-17　编译错误

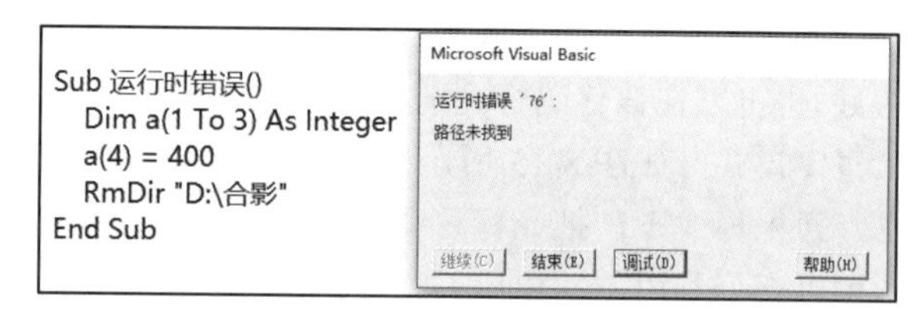

图 8-18　运行时错误

出现了运行时错误，可以单击“调试”按钮进入代码的暂停模式，可以在暂停模式下修改代码，之后继续运行代码。

逻辑错误指运行期间没有出现任何错误，但是运行的结果与设计思路不一致。这种错误和具体业务有关，需要把代码和运行结果进行相互对照才能找到错误原因。

假设活动工作簿有 Sheet1、Sheet2、……、Sheet5 五个工作表（从左到右），计划用以下代码删除前 3 个工作表。

```
Sub 删除工作表()
    Dim i As Integer
    For i = 1 To 3
        ActiveWorkbook.Worksheets(i).Delete
    Next i
End Sub
```

运行结束后，发现保留下来的不是 Sheet4 和 Sheet5，这属于逻辑错误，如图 8-19 所示。

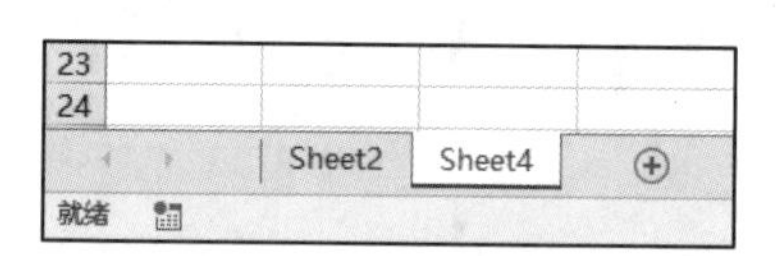

图 8-19　逻辑错误

8.4.2　认识 Err 对象

VBA 类型库中 Information 类下面有一个 Err 对象，它包含了运行时错误的信息。

Err 对象是一个内置的全局对象，在程序单元中不需要创建实例就可以直接使用。

Err 对象常用以下 3 个属性、2 个方法。

- Description：用于描述错误信息的文本，String 类型，可读/写。
- Number：用于描述错误信息的号码，Long 类型，可读/写。
- Source：用于描述错误信息的来源，String 类型，可读/写。

- Clear：重置错误对象。
- Raise：引发错误。

即将运行一个过程或函数时，Err 对象的 3 个属性都自动重置为默认值。Description 是空字符串"",Number 是 0，Source 也是空字符串""。Err 对象的应用如实例 8-5 所示。

实例 8-5：认识 Err 对象 1

```
Sub 认识Err对象1()
    With VBA.Information.Err
        Debug.Print "错误描述：", .Description
        Debug.Print "错误号：", .Number
        Debug.Print "错误源：", .Source
    End With
End Sub
```

上述程序访问了 Err 对象的 3 个属性，运行结果如图 8-20 所示。

Err 对象也可以赋给另一个对象变量，如实例 8-6 中的 E 与 Err 等价。

立即窗口
错误描述:
错误号: 0
错误源:

图 8-20　运行结果

实例 8-6：认识 Err 对象 2

```
Sub 认识Err对象2()
    Dim E As VBA.ErrObject
    Set E = VBA.Information.Err
    With E
        Debug.Print "错误描述：", .Description
        Debug.Print "错误号：", .Number
        Debug.Print "错误源：", .Source
    End With
End Sub
```

在代码运行期间，不仅可以人为修改 Err 对象的 3 个属性值，还可以使用 Clear 方法重置 Err 对象，如实例 8-7 所示。

实例 8-7：修改 Err 对象的属性

```
Sub 修改Err对象的属性()
    With VBA.Information.Err
        .Description = "写错了收货地址"
        .Number = 2021
        .Source = "发件人"
        Debug.Print "错误描述：", .Description
        Debug.Print "错误号：", .Number
        Debug.Print "错误源：", .Source
        .Clear
        Debug.Print "错误描述：", .Description
        Debug.Print "错误号：", .Number
        Debug.Print "错误源：", .Source
    End With
End Sub
```

上述代码中 Clear 方法用于清除错误，功能相当于：

```
.Description = ""
.Number=0
.Source=""
```

最终程序的运行结果如图 8-21 所示。

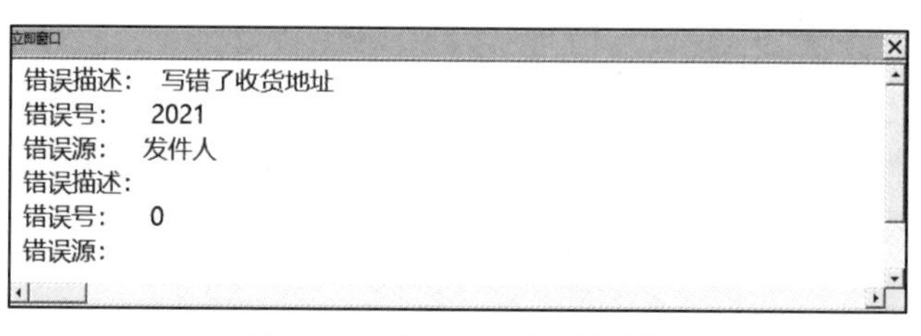

图 8-21　更改 Err 对象的属性

以上讲解的是显式修改 Err 的 3 个属性。实际开发过程中，发生任何一个运行时错误，都会自动修改上述 3 个属性。

例如，代码中出现除数为零的情况，运行到 i=i/0 这行代码时弹出错误对话框。对话框中的数字 11 就是 Err.Number，“除数为零”就是 Err.Description，如图 8-22 所示。

接下来单击“调试”按钮，进入代码的暂停模式。在立即窗口中查询 Err 对象的有关属性，如图 8-23 所示。

图 8-22　错误号和错误描述

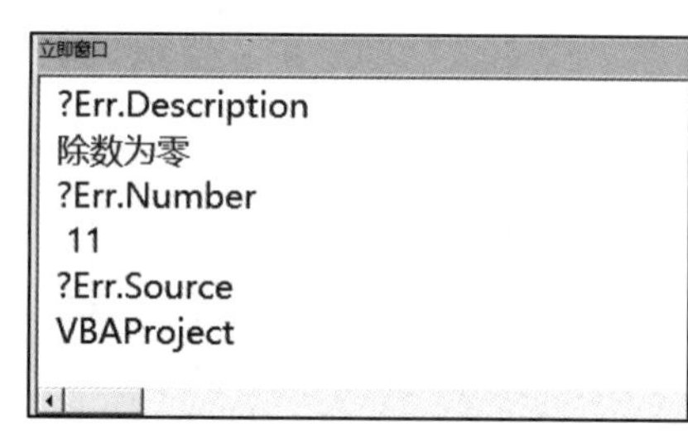

图 8-23　读取 Err 的属性

其中 Source 属性是当前 VBA 工程的名称：VBAProject。

从以上几个例子可以看出，Err 对象的 3 个属性既可以人为地修改，也可以由某个运行时错误自动修改。

8.4.3　使用错误处理机制

一般情况下，当程序中某行代码出现了“运行时错误”时，VBA 会弹出对话框，并且阻止程序继续运行。

如果 VBA 工程设置了密码，并且是用户通过 Excel 界面单击按钮执行的宏，当发生运行时错误时，用户只能单击“结束”按钮，此时“调试”按钮是灰色不可用的，因为用户无法进入 VBA 工程查看代码，如图 8-24 所示。

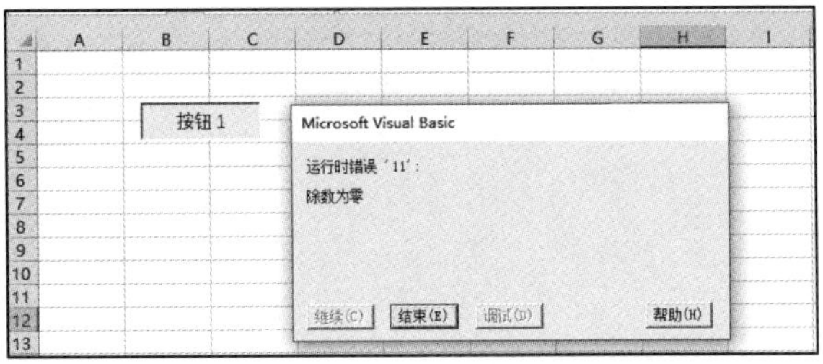

图 8-24 设置了密码 VBA 工程出错

开发人员之外的人看到这样的现象往往不知所措，为了避免弹出这种错误对话框，VBA 设计了错误处理机制。

错误处理机制是通过 On Error 语句让错误重定向，有以下 3 种处理机制。

（1）On Error Goto Label：发生错误时跳转到指定的行号或标签处运行。

（2）On Error Goto 0：禁用在当前程序单元中使用的所有错误处理机制。

（3）On Error Resume Next：发生错误时，出错的代码行不执行，继续运行下一行。

首先讲解 On Error Resume Next 的用法。这种错误处理机制的特点是：当某行代码发生了运行时错误时，不弹出任何提示，只是跳过这行代码执行下一行。具体应用如实例 8-8 所示。

实例 8-8：计算任意类型数据的算术平方根

```
Sub 计算任意类型数据的算术平方根()
    On Error Resume Next
    Debug.Print Sqr("北京市")
    Debug.Print Sqr(64)
    Debug.Print Sqr(-100)
    Debug.Print Sqr(7.29)
    Debug.Print Sqr(True)
End Sub
```

根据数学知识，只有 0 和正数才能计算算术平方根，即 Sqr 函数，负数或其他数据类型不能使用 Sqr 函数。

由于上述过程一开始就添加了 On Error Resume Next，遇到运行时错误会直接跳过。因此，上述程序运行后立即窗口打印出两个数字：

```
8
2.7
```

On Error Resume Next 有个缺点，代码在运行期间难以确认哪些代码正确执行了、哪些由于出错而未执行。这种情况可以借助 Err 的 Number 或 Description 来进一步判断，如实例 8-9 所示。

实例 8-9：根据 Err 属性判断 Word 是否打开

```
Sub 根据Err属性判断Word是否打开()
    On Error Resume Next
    Dim WordApp As Object
    Err.Clear
```

```
    Set WordApp = GetObject(, "Word.Application")
    If Err.Number = 429 Then
        MsgBox "计算机上未打开 Word"
    ElseIf Err.Number = 0 Then
        MsgBox "获取了 Word"
    End If
End Sub
```

上述程序的判断原理是：当发生了运行时错误时，Err.Number 一定是大于 0 的。如果等于 0，说明每行代码都没有出错。因此可以判断计算机上是否开启了 Word，如图 8-25 所示。

接下来讲解 On Error Goto 0 的用法。当在程序中添加了这行代码时，运行时会屏蔽和禁用前面设置过的错误处理机制。从而使得 On Error Goto 0 之后再出现运行时错误时，不再使用前面设置了的处理机制。

例如，在 Debug.Print Sqr(7.29)的前面插入一行 On Error Goto 0，后面运行至 Debug.Print Sqr(True)时弹出“运行时错误”对话框，如图 8-26 所示。

图 8-25　运行结果

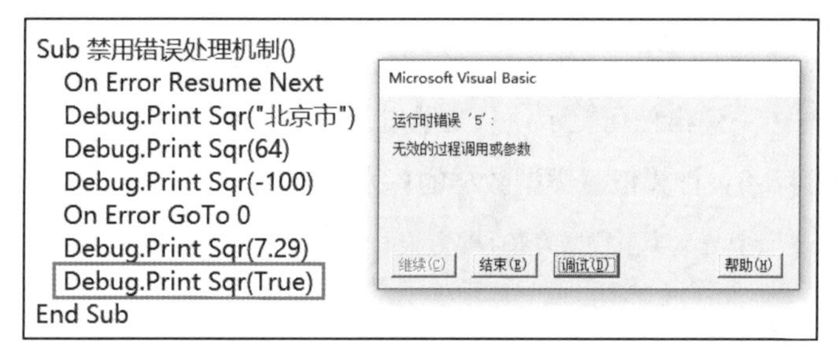

图 8-26　禁用错误处理机制

最后讲解 On Error Goto Label 错误处理机制的用法，这种用法是使用最广泛的。当发生运行时错误时，程序会向上或向下（通常向下）跳转到指定的行号或标号处继续运行，如实例 8-10 所示。

实例 8-10：出错时跳转到行号

```
Sub 出错时跳转到行号()
0:      On Error GoTo 404
101:        Debug.Print Sqr(1)
102:        Debug.Print Sqr(64)
103:        Debug.Print Sqr(-100)
104:        Debug.Print Sqr(7.29)
105:        Debug.Print Sqr(True)
Exit Sub
404:  MsgBox "错误行：" & VBA.Information.Erl & vbNewLine & " 错误号：" &
Err.Number & vbNewLine & " 错误描述：" & Err.Description, vbCritical, "计算出错"
End Sub
```

上述代码中，每行代码前面都加了行号。On Error GoTo 404 表示该过程中只要遇到错误就跳转到 404 行继续执行。通过 VBA.Information.Erl 可以监测到出错行的行号。

运行上述程序，弹出的是开发人员自定义的消息对话框，而不是“运行时错误”对话框，如

图 8-27 所示。

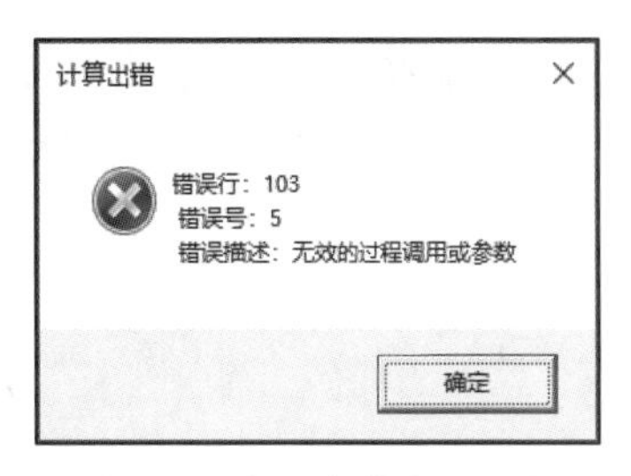

图 8-27　自定义警告对话框

注意

On Error Goto Label 这种错误处理机制所在的程序单元，结尾往往有 Exit Function 或 Exit Sub 语句。否则，即使从未遇到错误也会执行 Label 这行的代码。

8.4.4　使用 Resume 或 Resume Next 语句

在 VBA 的程序单元中，经常使用 On Error Goto Label 机制来处理错误。例如，下面的代码，当某一行代码出错时，将自动跳转到指定标签处继续运行。

```
Sub Test()
    On Error GoTo Err1
    Dim a As Single
    a = 12 / -3
    a = 12 / -2
    a = 12 / -1
    a = 12 / 0
    a = 12 / 1
    a = 12 / 0
    Exit Sub
Err1:
    MsgBox Err.Description, vbCritical
End Sub
```

运行上述代码，将自动跳转到 Err1 标签处运行，此时弹出一个对话框，如图 8-28 所示。

但是看到这个对话框并不知道具体是哪一行代码出错了。此时可以把 MsgBox 行的代码换为 Resume 或 Resume Next，让程序再返回出错的位置继续运行，如图 8-29 所示。

图 8-28　警告对话框

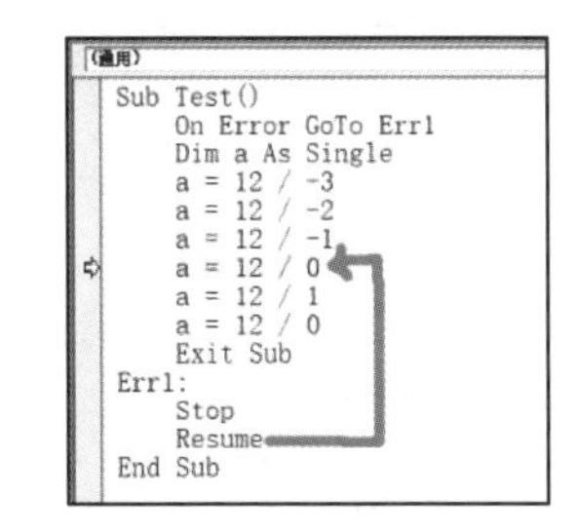

图 8-29　返回出错行继续运行

注意

如果使用这种策略，要按下快捷键 F8 逐行运行，否则可能出现死循环而无法结束运行。

8.4.5　使用行号和 Erl

Err 是 VBA 中最常用的用于描述错误的对象，但 Erl 的作用是返回出错代码行的行号。

要想在可能发生错误的代码行前面手动添加行号，输入一个数字和冒号，如图 8-30 所示。然后在错误处理中获取 Erl 的值即可。

```
(通用)
Sub Test()
    On Error GoTo Err1
    Dim a As Single
4:    a = 12 / -3
5:    a = 12 / -2
6:    a = 12 / -1
7:    a = 12 / 0
8:    a = 12 / 1
9:    a = 12 / 0
    Exit Sub
Err1:
    MsgBox VBA.Information.Erl
End Sub
```

图 8-30　返回出错的行号

运行上述程序，对话框会弹出数字 7，说明这个函数的第 7 行存在问题。

8.4.6　互相调用的多个程序单元的错误处理

一个 VBA 程序中经常会出现几个程序单元互相调用的情况，可以把执行调用的程序单元称为“主程序”，被调用的程序单元称为“子程序”。主程序和子程序都可以使用错误处理机制。但是在大多数情况下，只有一个设置了错误处理机制，出错时如何处理呢？原则是：

- 当子程序中设置了错误处理机制，主程序中调用的子程序出错时，按子程序错误处理。
- 当子程序中未设置错误处理机制，主程序中调用的子程序出错时，按主程序的错误处理。
- 如果主程序和子程序都未设置错误处理机制，则会弹出“运行时错误”对话框。

具体应用如实例 8-11 所示。

实例 8-11：多个过程调用时的错误处理

```
Sub Main()
    On Error GoTo Err1
    Call Unit1
    Call Unit2
    Exit Sub
Err1:
    MsgBox Err.Description, vbExclamation, "Main"
End Sub

Sub Unit1()
    On Error GoTo Err1
    Kill ThisWorkbook.FullName
    Exit Sub
Err1:
    MsgBox Err.Description, vbCritical, "Unit"
End Sub
```

```
Sub Unit2()
    Dim d(1) As Double
    d(2) = 2
End Sub
```

上述程序中包含主程序 Main、子程序 Unit1 和 Unit2。Main 过程和 Unit1 设置了错误处理机制，但是 Unit2 未设置。

当运行 Main 过程时，执行到 Call Unit1 时出现“拒绝的权限”错误，因为宏所在的工作簿还在使用中，无法删除。这个对话框来自 Unit1 中的错误处理，如图 8-31 所示。

执行到 Call Unit2 时，出现“下标越界”错误，因为数组的上界是 1。该警告对话框来自主程序，如图 8-32 所示。

图 8-31　“拒绝的权限”错误

图 8-32　“下标越界”错误

因此，在实际开发过程中需要注意这些特性。

8.4.7　利用错误处理实现特定功能

程序在运行过程中出现运行时错误，Err.Number 一定大于 0，根据这一特点可以实现很多功能。例如，根据 Integer 类型的变量允许赋值的最小数字、最大数字分别是多少，就可以利用错误处理来实现。具体原理是声明一个 Integer 变量 i，从 0 开始逐渐自减 1，i 越来越小直到超过 Integer 允许的最小值，此时发生“溢出”。其应用如实例 8-12 所示。

实例 8-12：确定 Integer 的有效范围

```
Sub 确定Integer的有效范围()
    On Error Resume Next
    Dim i As Integer
    Err.Clear
    Do
        i = i - 1
    Loop Until Err.Number > 0
    Debug.Print "Integer的最小取值是：", i

    Err.Clear
    i = 0
    Do
        i = i + 1
```

```
    Loop Until Err.Number > 0
    Debug.Print "Integer 的最大取值是：", i
End Sub
```

上述程序运行后，结果如图 8-33 所示。

立即窗口

Integer的最小取值是：　-32768
Integer的最大取值是：　32767

图 8-33　运行结果

8.5　VBA 数据处理真实案例

Excel VBA 能够操作和处理的领域非常广泛，最常用的功能莫过于与 Excel 有关的数据处理。数据的合并和拆分是每个 VBA 开发人员都应该掌握的能力，本节以根据工资表自动生成工资条为例，讲解一个完整 VBA 案例的设计制作过程。

8.5.1　工资表的设计和制作

工资表是公司按单位、部门编制的，用于核算员工工资的表格，每月一张。一个工资表主要由员工基本信息、各项工资收入、扣款项、代缴项等几大部分构成。

应发合计是各项工资收入（基本工资、奖金提成、加班费）的总和。实发金额是从应发合计中减去扣款项和代缴项剩余的金额。

假设某公司有 18 个员工，在 Excel 工作簿的 Sheet1 中制作工资表。从第 3 行开始是各个员工的工资明细，如图 8-34 所示。

H3　=SUM(C3:G3)

	A	B	C	D	E	F	G	H	I	J	K	L	M	N	O
1	基本信息		工资部分						扣款项		代缴项				实发金额
2	姓名	工号	基本工资	职务工资	加班费	全勤奖	工龄工资	应发工资	迟到早退	事病假	医疗保险	养老保险	失业保险	公积金	
3	冯程	ZM01	3900	5000	170	76	300	9446	44	67	220	280	460	570	7805
4	覃雪梅	ZM02	4600	9300	933	63	700	15596	40	98	260	610	140	640	13808
5	纪秀荣	ZM03	7400	5000	517	94	400	13411	54	74	230	330	480	410	11833
6	沈梦茵	ZM04	8000	5900	450	56	800	15206	74	41	550	730	830	350	12631
7	那大奎	ZM05	4900	5400	413	50	700	11463	45	82	760	320	770	130	9356
8	武延生	ZM06	3400	3100	206	73	600	7379	72	54	950	440	360	820	4683
9	孟月	ZM07	6900	5100	991	74	700	13765	83	72	700	370	490	930	11120
10	于正来	ZM08	9700	6300	510	37	700	17247	53	39	980	680	820	790	13885
11	赵天山	ZM09	8200	3700	875	88	500	13363	77	54	790	580	690	940	10232
12	魏富贵	ZM10	5800	4900	39	35	600	11374	90	52	420	810	140	610	9252
13	曲和	ZM11	7400	4700	986	41	400	13527	48	81	400	550	340	150	11958
14	李铁牛	ZM12	8100	8200	344	94	400	17138	42	91	630	790	650	920	14015
15	张福林	ZM13	7800	4100	218	52	700	12870	53	96	730	740	320	890	10041
16	唐琦	ZM14	3000	7500	870	40	400	11810	66	45	500	770	530	420	9479
17	宋小四	ZM15	7300	8100	219	84	800	16503	78	32	740	200	270	130	15053
18	张森	ZM16	6800	8000	617	95	900	16412	99	40	530	650	570	810	13713
19	郭科长	ZM17	3900	4400	870	95	900	10165	90	90	310	680	870	800	7325
20	班车司机	ZM18	4700	9500	564	61	300	15125	55	69	530	500	110	910	12951

图 8-34　示例数据

其中，单元格 H3 的公式是：=SUM(C3:G3)，单元格 O3 的公式是：=H3-SUM(I3:N3)。

可以看出，一张工资表的标题行只有上面两行。

工资条是公司发给员工反映工资的纸条。工资条上只有员工本人的工资情况。要给每个员工都发工资条，并且每个工资条上方都应该有标题行，这时就需要用到 VBA 代码来批量处理。

8.5.2 工资条的制作思路

用代码制作工资条的思路是：

把 Sheet1 的 A1:O3 单元格区域复制到剪贴板，然后在 Sheet2 中粘贴 18 次。每次粘贴时向下平移 4 行，因为一个工资条占据 3 行，两个工资条之间需要留一个空白行以便裁剪。还需要注意，粘贴时应选择“粘贴值”选项，不要把 Sum 公式粘贴过去。

粘贴结束后，工资条的雏形就做出了，但是每个数据条显示的都是工号为 ZM01 的员工的。接下来还需要把 Sheet1 中每个员工的数据发送到 Sheet2 的每个工资条相应的行。

最后一步是添加边框线，在每个员工的工资条区域设置“所有框线”。

8.5.3 多次粘贴标题行

复制粘贴标题行的代码如下：

```
Sub 复制粘贴类别项目数据条()
    Sheet1.Range("A1:O3").Copy
    Dim r As Integer
    For r = 3 To 20
        Sheet2.Range("A1:O3").Offset((r - 3) * 4).PasteSpecial _
        Paste:=XlPasteType.xlPasteValues
    Next r
    Application.CutCopyMode = False
End Sub
```

在上述代码中，原始标题行只需要复制 1 次，循环每个人时，多次粘贴。利用 Offset 向下偏移，Offset((r - 3) * 4)是一个很有用的公式，r - 3 是因为第一个员工的数据起始于第 3 行，*4 是因为工资条之间的偏移量是 4 行。

运行以后，Sheet2 中的结果如图 8-35 所示。

G58　工龄工资

	A	B	C	D	E	F	G	H	I	J	K	L	M	N	O
1	基本信息		工资部分						扣款项		代缴项				实发金额
2	姓名	工号	基本工资	职务工资	加班费	全勤奖	工龄工资	应发工资	迟到早退	事病假	医疗保险	养老保险	失业保险	公积金	
3	冯程	ZM01	3900	5000	170	76	300	9446	44	67	220	280	460	570	7805
4															
5	基本信息		工资部分						扣款项		代缴项				实发金额
6	姓名	工号	基本工资	职务工资	加班费	全勤奖	工龄工资	应发工资	迟到早退	事病假	医疗保险	养老保险	失业保险	公积金	
7	冯程	ZM01	3900	5000	170	76	300	9446	44	67	220	280	460	570	7805
8															
9	基本信息		工资部分						扣款项		代缴项				实发金额
10	姓名	工号	基本工资	职务工资	加班费	全勤奖	工龄工资	应发工资	迟到早退	事病假	医疗保险	养老保险	失业保险	公积金	
11	冯程	ZM01	3900	5000	170	76	300	9446	44	67	220	280	460	570	7805
12															
13	基本信息		工资部分						扣款项		代缴项				实发金额
14	姓名	工号	基本工资	职务工资	加班费	全勤奖	工龄工资	应发工资	迟到早退	事病假	医疗保险	养老保险	失业保险	公积金	
15	冯程	ZM01	3900	5000	170	76	300	9446	44	67	220	280	460	570	7805

图 8-35　运行结果

可以看到标题行没问题，但数据都是第一个人的，故需要替换。

8.5.4 替换数据条

替换数据条是指把工资表中整行的值发送到工资条中。

```
Sub 替换数据条()
    Dim r As Integer
    For r = 3 To 20
        Sheet2.Range("A3:O3").Offset((r - 3) * 4).Value = Sheet1.Range("A3:O3").Offset(r - 3).Value
    Next r
End Sub
```

上述代码运行后，Sheet2 中的效果如图 8-36 所示。

	A	B	C	D	E	F	G	H	I	J	K	L	M	N	O
1	基本信息		工资部分						扣款项		代缴项				实发金额
2	姓名	工号	基本工资	职务工资	加班费	全勤奖	工龄工资	应发工资	迟到早退	事病假	医疗保险	养老保险	失业保险	公积金	
3	冯程	ZM01	3900	5000	170	76	300	9446	44	67	220	280	460	570	7805
4															
5	基本信息		工资部分						扣款项		代缴项				实发金额
6	姓名	工号	基本工资	职务工资	加班费	全勤奖	工龄工资	应发工资	迟到早退	事病假	医疗保险	养老保险	失业保险	公积金	
7	覃雪梅	ZM02	4600	9300	933	63	700	15596	40	98	260	610	140	640	13808
8															
9	基本信息		工资部分						扣款项		代缴项				实发金额
10	姓名	工号	基本工资	职务工资	加班费	全勤奖	工龄工资	应发工资	迟到早退	事病假	医疗保险	养老保险	失业保险	公积金	
11	纪秀荣	ZM03	7400	5000	517	94	400	13411	54	74	230	330	480	410	11833
12															
13	基本信息		工资部分						扣款项		代缴项				实发金额
14	姓名	工号	基本工资	职务工资	加班费	全勤奖	工龄工资	应发工资	迟到早退	事病假	医疗保险	养老保险	失业保险	公积金	
15	沈梦茵	ZM04	8000	5900	450	56	800	15206	74	41	550	730	830	350	12631

图 8-36 运行结果

为了美观，给每个工资条区域添加边框线。

8.5.5 添加边框线

Excel VBA 中为 Range 添加边框的代码比较长，下面把添加边框制作成一个单独的带参数过程 AddBorder，让主程序循环每个工资条的区域，设置边框线。

```
Sub 添加边框()
    Dim r As Integer
    For r = 3 To 20
        Call AddBorder(Sheet2.Range("A1:O3").Offset((r - 3) * 4))
    Next r
End Sub

Sub AddBorder(rg As Excel.Range)
    With rg.Borders(xlEdgeLeft)
        .LineStyle = xlContinuous
        .ColorIndex = 0
        .TintAndShade = 0
        .Weight = xlThin
    End With
```

```
    With rg.Borders(xlEdgeTop)
        .LineStyle = xlContinuous
        .ColorIndex = 0
        .TintAndShade = 0
        .Weight = xlThin
    End With
    With rg.Borders(xlEdgeBottom)
        .LineStyle = xlContinuous
        .ColorIndex = 0
        .TintAndShade = 0
        .Weight = xlThin
    End With
    With rg.Borders(xlEdgeRight)
        .LineStyle = xlContinuous
        .ColorIndex = 0
        .TintAndShade = 0
        .Weight = xlThin
    End With
    With rg.Borders(xlInsideVertical)
        .LineStyle = xlContinuous
        .ColorIndex = 0
        .TintAndShade = 0
        .Weight = xlThin
    End With
    With rg.Borders(xlInsideHorizontal)
        .LineStyle = xlContinuous
        .ColorIndex = 0
        .TintAndShade = 0
        .Weight = xlThin
    End With
End Sub
```

上述代码运行后，为工资条区域添加了边框线，如图 8-37 所示。

	A	B	C	D	E	F	G	H	I	J	K	L	M	N	O
1	基本信息		工资部分						扣款项		代缴项				实发金额
2	姓名	工号	基本工资	职务工资	加班费	全勤奖	工龄工资	应发工资	迟到早退	事病假	医疗保险	养老保险	失业保险	公积金	
3	冯程	ZM01	3900	5000	170	76	300	9446	44	67	220	280	460	570	7805
4															
5	基本信息		工资部分						扣款项		代缴项				实发金额
6	姓名	工号	基本工资	职务工资	加班费	全勤奖	工龄工资	应发工资	迟到早退	事病假	医疗保险	养老保险	失业保险	公积金	
7	覃雪梅	ZM02	4600	9300	933	63	700	15596	40	98	260	610	140	640	13808
8															
9	基本信息		工资部分						扣款项		代缴项				实发金额
10	姓名	工号	基本工资	职务工资	加班费	全勤奖	工龄工资	应发工资	迟到早退	事病假	医疗保险	养老保险	失业保险	公积金	
11	纪秀荣	ZM03	7400	5000	517	94	400	13411	54	74	230	330	480	410	11833
12															
13	基本信息		工资部分						扣款项		代缴项				实发金额
14	姓名	工号	基本工资	职务工资	加班费	全勤奖	工龄工资	应发工资	迟到早退	事病假	医疗保险	养老保险	失业保险	公积金	
15	沈梦茵	ZM04	8000	5900	450	56	800	15206	74	41	550	730	830	350	12631
16															
17	基本信息		工资部分						扣款项		代缴项				实发金额
18	姓名	工号	基本工资	职务工资	加班费	全勤奖	工龄工资	应发工资	迟到早退	事病假	医疗保险	养老保险	失业保险	公积金	
19	那大奎	ZM05	4900	5400	413	50	700	11463	45	82	760	320	770	130	9356
20															
21	基本信息		工资部分						扣款项		代缴项				实发金额
22	姓名	工号	基本工资	职务工资	加班费	全勤奖	工龄工资	应发工资	迟到早退	事病假	医疗保险	养老保险	失业保险	公积金	
23	武延生	ZM06	3400	3100	206	73	600	7379	72	54	950	440	360	820	4683

图 8-37　制作完成的工资条

之后根据公司和具体需要，可以在此基础上进一步优化。

8.6 疑难问题辨析

VBA 语言涉及的数据类型复杂多变，对象模型和语法众多。编程过程中往往有一些频繁出现的单词和术语困扰着很多 VBA 编程人员。

本节剖析几个典型的疑难问题。

8.6.1 Object 与 Variant 的使用场合

VBA 编程过程中，在声明变量时经常看到 Object 和 Variant 这两个单词。下面讲述一下使用这两者的场合和注意事项。

Variant 称作变体型，是指代码中从未声明过的变量，或者声明了但是未指定具体的类型名称。这种变量可以接收任何类型的数据和表达式，因此可以把任何基本数据类型或对象赋给 Variant 变量，如实例 8-13 所示。

实例 8-13：给 Variant 变量赋值

```
Sub 给Variant变量赋值()
    Dim A
    Dim B As Variant

    Let A = "老百姓的好日子"
    Set A = Application.Workbooks.Item(1)
    Let B = "老百姓的好日子"
    Set B = Application.Workbooks.Item(1)
    Let C = "老百姓的好日子"
    Set C = Application.Workbooks.Item(1)
End Sub
```

上述代码中，变量 A 未指定类型，相当于将其指定为 Variant。变量 C 也未声明，默认也是 Variant 类型。

如果模块顶部未添加 Option Explicit，那么变量 C 可以正常使用。

Object 是通用的对象类型，在编写代码时可以使用 Set 关键字将任何对象赋给 Object 变量，如实例 8-14 所示。

实例 8-14：给 Object 对象变量赋值

```
Sub Test2()
    Dim O As Object
    Set O = Application.Workbooks.Item(1)
    Set O = Application.ActiveSheet
    Set O = Nothing
```

```
    Let O = 3.14
End Sub
```

上述代码中，最后一句 Let O =3.14 是错误的，因为只能把对象型的数据赋给 O。

Variant 和 Object 的使用场合和包含关系如图 8-38 所示。

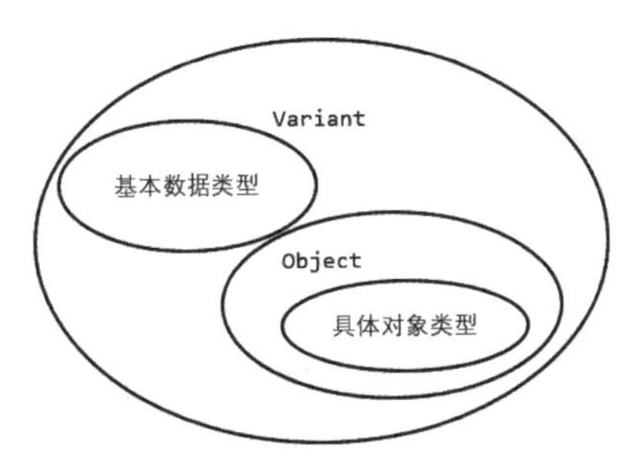

图 8-38　Object 和 Variant 的使用场合和包含关系

还有一个需要重点掌握的内容是数组与对象的关系。数组是一种可以容纳多个数据的结构，数组在声明时指定了类型后，在为其元素赋值时必须传递相应类型的数据。当声明数组时指定的类型是一种对象类型时，那么形成的数组叫作“对象数组”。

例如，Dim a(1 To 3) As Workbook。

a 是一个对象数组，但 a 不是对象。a(1)是对象，但不是数组。具体应用如实例 8-15 所示。

实例 8-15：对象数组的使用

```
Sub 对象数组的使用()
    Dim a(1 To 3) As Workbook
    Set a(1) = Application.Workbooks(1)
    Set a(2) = Application.Workbooks(2)
    Set a(3) = Nothing
    Debug.Print IsArray(a)          'True
    Debug.Print IsObject(a)         'False
    Debug.Print IsArray(a(1))       'False
    Debug.Print IsObject(a(1))      'True
End Sub
```

在编程过程中，如果知道赋值表达式的具体类型，则应避免使用 Object 和 Variant。

8.6.2　Parent 的用处

VBA 中的 Parent 用于返回一个对象的父级对象。例如，Range 的 Parent 是 Worksheet，Worksheet 的 Parent 是 Workbook，如图 8-39 所示。

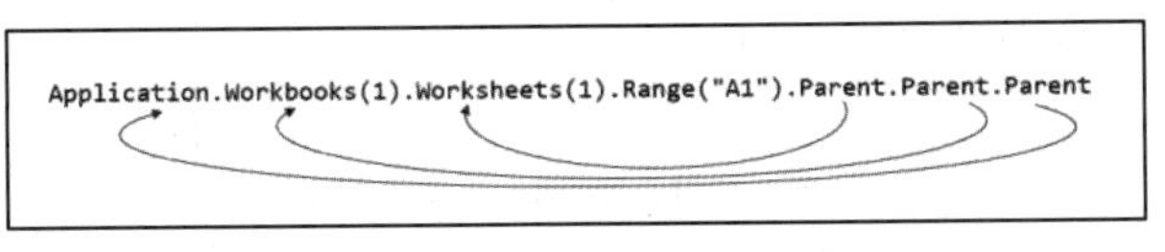

图 8-39　Parent 示意图

具体应用如实例 8-16 所示。

实例 8-16：使用 Parent 返回上级对象

```
Sub 使用Parent返回上级对象()
    Dim App As Excel.Application
    Set App = Application.Workbooks(1).Worksheets(1).Range("A1").Parent.Parent.Parent
    Debug.Print App.UserName
End Sub
```

8.6.3 Range 的 Value、Value2 和 Text 属性的区别

Excel 单元格中的数字可以呈现为多种格式，如日期时间、货币等。

Excel 单元格中的数字 1 与日期 1900 年 1 月 1 日是相等的，数字 44321.25 与时间 2021/5/5 6:00 AM 是相等的。

如果一个单元格的内容是一个日期时间，那么在 VBA 中使用 Range 对象的 Value 属性读取该单元格，得到的是一个 Date 类型。用 Value2 属性读取，得到的是这个日期对应的数字。

使用 Text 属性返回的是单元格中显示的文本，也就是设置了自定义格式后直接看到的内容。

假设在单元格 B2 中输入了一个时间，如图 8-40 所示。

之后在立即窗口读取该单元格的属性，如图 8-41 所示。

	A	B
1		
2		2021/5/5 6:00 AM

图 8-40　在单元格中输入时间

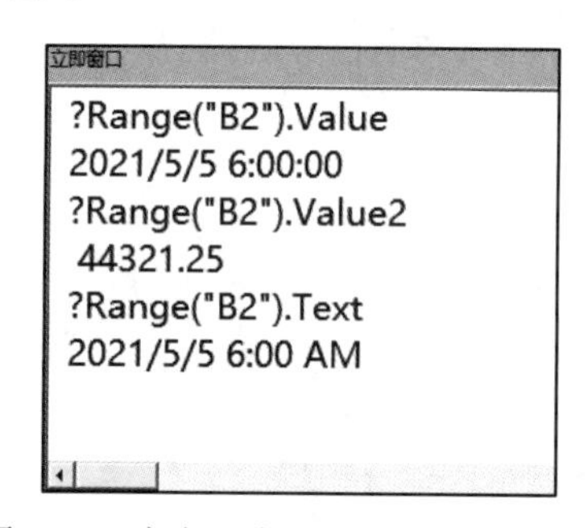

图 8-41　在立即窗口中读取单元格属性

还有很重要的一个区别是，Text 属性是只读属性，不能通过修改 Range 的 Text 属性来修改单元格，如实例 8-17 所示。

实例 8-17：在单元格输入值并设置格式

```
Sub 在单元格输入值并设置格式()
    Range("A1").Value = #1/1/2022#
    Range("A2").Value2 = 3.14
    Range("A2").NumberFormat = "0.0000"
    MsgBox Range("A2").Text
End Sub
```

上述程序表示向单元格 A1 输入一个日期，向单元格 A2 输入一个小数，设置小数位数为 4，运行结果如图 8-42 所示。

	A	B	C	D
1	2022/1/1			
2	3.1400			
3				
4				

图 8-42　运行结果

8.7　习　　题

1．程序 Test 把一个数组赋给变量 x，横线处的代码应该是（　　）。

A．Dim x As Variant　　B．Dim x() As Variant

C．Dim x As Object　　D．Dim x() As String

程序代码如下：

```
Sub Test()
    ___________
    x = Array("姓名", "年龄", "住址")
End Sub
```

2．运行如下代码：

```
Sub Test()
    Application.Version = "17.0"
End Sub
```

将会出现（　　）。

A．编译错误　　B．运行时错误

C．逻辑错误　　D．可以正常运行

3．运行如下代码：

```
Sub Test()
    On Error GoTo Err1
    Dim i As Integer
    For i = -3 To 3
        Debug.Print 6 / i
    Next i
    Exit Sub
Err1:
    Debug.Print "#DIV/0"
    Resume Next
End Sub
```

立即窗口中显示的打印结果是（　　）。

A.

```
-2
-3
-6
```

B.

```
-2
-3
-6
#DIV/0
6
3
2
```

C.

```
-2
-3
-6
#DIV/0
```

D.

```
-2
-3
-6
6/0
6
3
2
```

第 9 章　常用 Office 对象

扫一扫，看视频

微软 Office 办公软件包括很多组件，这些组件在很多方面的设计是相同或类似的。例如，COM 加载项管理、菜单栏和工具栏、Office 剪贴板和 SmartArt 在 Excel、Word、PPT 中呈现的用户界面几乎是一样的。

既然这些方面的理念和使用方式是相同的，微软便采用“Office 对象库”统一定义这些实体的编程对象模型。

本章首先讲述引用 Office 对象库的作用，然后讲述常用访问 Office 对象的编程方法。

本章关键词：Office、COMAddIn、DocumentProperty、LanguageSettings、SmartArt。

9.1　Office 对象库概述

Office 对象库是一个外部引用，当新建一个 Excel 工作簿或 Word 文档时，它的 VBA 工程默认包含 Microsoft Office x.0 Object Library 引用。其实这个引用是可选的，不是内置引用，由于编程过程中经常使用 Office 方面的对象，所以微软默认添加了这个引用，如图 9-1 所示。

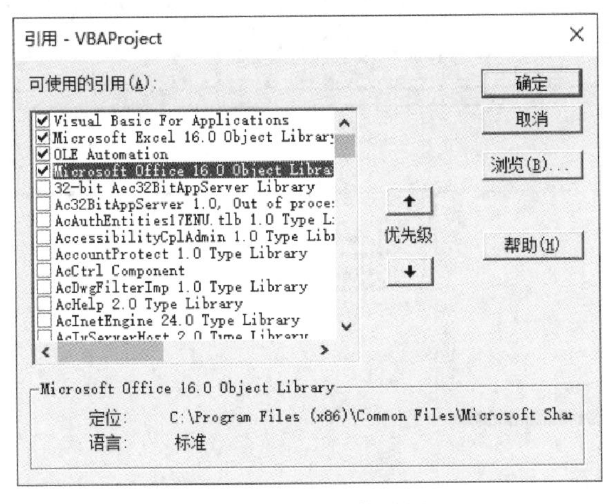

图 9-1　Office 的引用

该引用的动态链接库路径是：C:\Program Files (x86)\Common Files\Microsoft Shared\OFFICE16\MSO.DLL。

如果开发过程中不需要该引用，也可以把它移除。

Office 对象库包含的内容可以通过对象浏览器来查看。打开对象浏览器查看 Office 对象库能看见两个方面内容。一方面是 Office 方面的对象类，常见的有 Office.COMAddIn、Office.CommandBar 等，如图 9-2 所示。

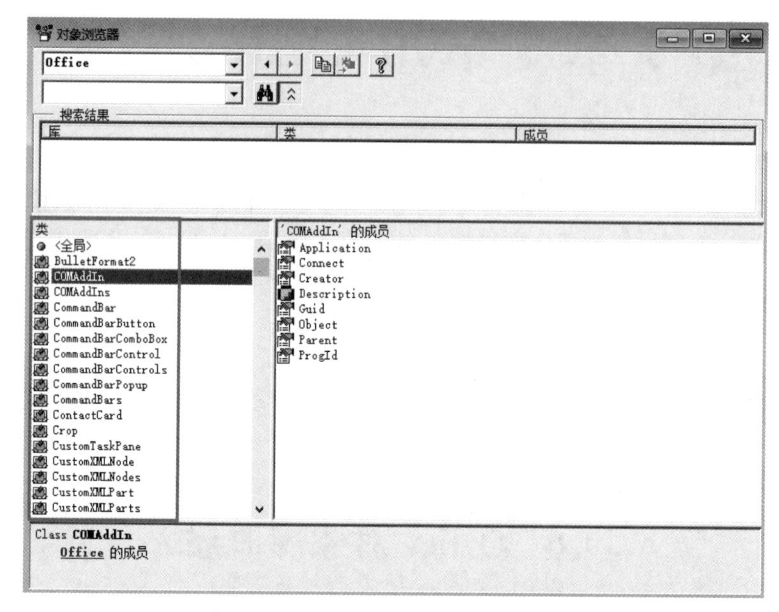

图 9-2　Office 类型库中的类和成员

另一方面是 Office 提供的枚举常量，如图 9-3 所示。

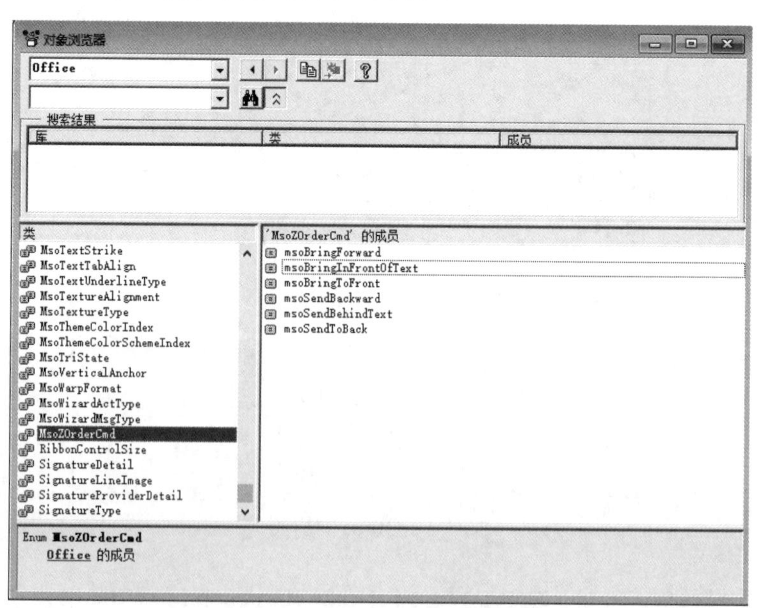

图 9-3　Office 类型库中的枚举常量

可见这些枚举常量都以 mso 开头。

9.1.1 声明 Office 对象

声明变量时，在 As 后面输入“Office.”就会弹出所有可用的成员对象，如图 9-4 所示。

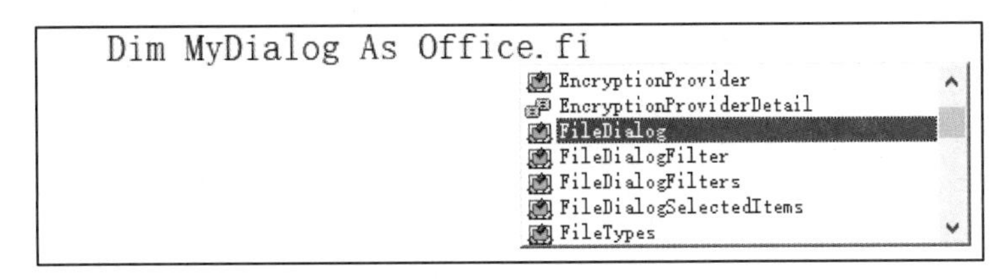

图 9-4 声明 Office 对象

如果不输入“Office.”，那么各个对象库的成员将混杂在一起显示。

9.1.2 使用 Office 枚举常量

Office 枚举常量也是以 Office 开头。例如，Office.MsoFileDialogType 下面就包括 4 个枚举成员，如图 9-5 所示。

```
(通用)                                    选择文件对话框
Sub 选择文件对话框()
    Dim MyDialog As Office.FileDialog
    Set MyDialog = Application.FileDialog(filedialogtype:=Office.MsoFileDialogType.msoFileDialogOpen)
    With MyDialog
        .InitialFileName = "D:\temp"
        .Title = "选择照片"
    End With
    MyDialog.Show
End Sub
                                        msoFileDialogFilePicker
                                        msoFileDialogFolderPicker
                                        msoFileDialogOpen
                                        msoFileDialogSaveAs
```

图 9-5 使用 Office 枚举常量

具体应用如实例 9-1 所示。

实例 9-1：选择文件对话框

```
Sub 选择文件对话框()
    Dim MyDialog As Office.FileDialog
    Set MyDialog = Application.FileDialog(filedialogtype:=Office.
    MsoFileDialogType.msoFileDialogOpen)
    With MyDialog
        .InitialFileName = "D:\temp"
        .Title = "选择照片"
    End With
    MyDialog.Show
End Sub
```

上述程序运行后，Excel 会弹出一个选择照片的对话框，如图 9-6 所示。

Office 对象库包含了很多的枚举常量，这些枚举常量的用法需要读者多参考网上资源学习理解。

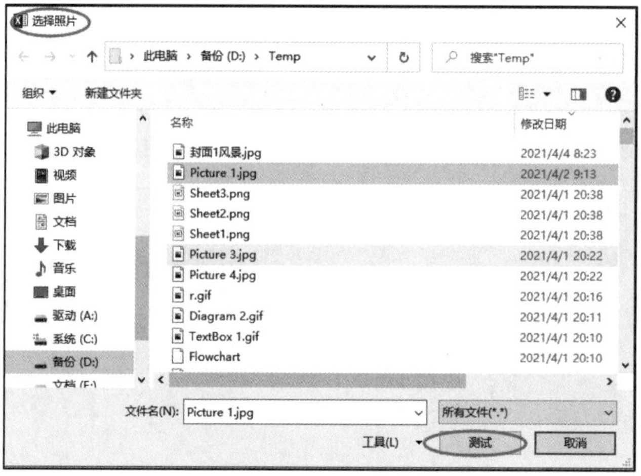

图 9-6　文件选择对话框

9.1.3　Office 对象库的特点

Office 对象库是 Office 所有办公软件通用的类库，其中各个组件之间的代码具有通用性。例如，文件选择对话框的代码，在 Excel VBA、Word VBA、PowerPoint VBA 中完全一样。

另外，代码中如果声明和定义了 Office 对象库方面的变量、常量，那么 VBA 工程中一定要引用 Microsoft Office x.0 Object Library。如果移除该引用，再次运行代码则会出错，如图 9-7 所示。

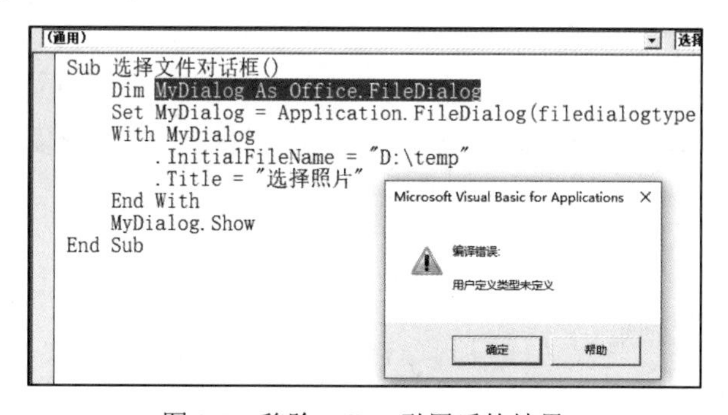

图 9-7　移除 Office 引用后的结果

遇到这种编译错误时，有两种解决方案。一种是终止调试，重新添加引用。另一种是修改代码，把变量都声明为 Object，将枚举常量都替换为具体的数字，也就是处理包含 Office 或 mso 的相关术语，修改如下：

```
Sub 选择文件对话框()
    Dim MyDialog As Object
    Set MyDialog = Application.FileDialog(filedialogtype:=1)
    With MyDialog
        .InitialFileName = "D:\temp"
        .Title = "选择照片"
```

```
    End With
    MyDialog.Show
End Sub
```

再次运行上述程序，程序不再报错。

9.2 使用 COMAddIn 对象管理 COM 加载项

COM 加载项是用其他高级编程语言开发的一种动态链接库，这种动态链接库不能独立运行，需要寄生在 Office 软件中。Microsoft Office 的大多数组件都支持 COM 加载项，在“开发工具”选项卡中，可以打开 COM 加载项管理器，如图 9-8 所示。

图 9-8 “COM 加载项”按钮

在弹出的“COM 加载项”对话框中列出了 Excel 中所有可用的 COM 加载项，如图 9-9 所示。

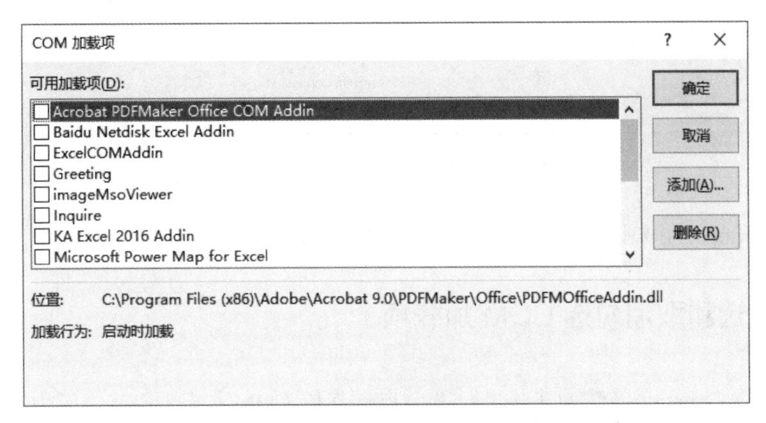

图 9-9 “COM 加载项”对话框

本节讲解利用 VBA 代码管理 COM 加载项的方法。

9.2.1 遍历 COM 加载项

Excel VBA 中 Application 对象具有 COMAddIns 这个成员属性，它表示 Excel 中所有的 COM 加载项。但是每个单独的 COM 加载项类型都是 Office.COMAddIn。具体应用如实例 9-2 所示。

实例 9-2：遍历所有 COM 加载项

```
Sub 遍历所有 COM 加载项()
    Dim com As Office.COMAddIn
    Dim i As Integer
    i = 1
    ActiveSheet.Range("A1:C1").Value = Array("Description", "progID", "Connect")
    For Each com In Application.COMAddIns
        ActiveSheet.Range("A1:C1").Offset(i).Value = Array(com.Description,
        com.progID, com.Connect)
        i = i + 1
    Next com
    ActiveSheet.Columns("A:C").AutoFit
End Sub
```

上述程序运行后，会首先向活动工作表的第一行写入标题行。然后在循环的过程中再把每个 COM 加载项的描述、progID、连接状态写入单元格，如图 9-10 所示。

	A	B	C
1	Description	progID	Connect
2	Microsoft Power View for Excel	AdHocReportingExcelClientLib.AdHocReportingExcelClientAddIn.1	FALSE
3	ExcelCOMAddin	ExcelCOMAddin.Connect	FALSE
4	Microsoft Power Map for Excel	ExcelPlugInShell.PowerMapConnect	FALSE
5	Greeting	Greeting.Connect	FALSE
6	imageMsoViewer	imageMsoViewer.Connect	FALSE
7	KA Excel 2016 Addin	KA Excel 2016 Addin	FALSE
8	Inquire	NativeShim.InquireConnector.1	FALSE
9	Acrobat PDFMaker Office COM Addin	PDFMaker.OfficeAddin	FALSE
10	Microsoft Power Pivot for Excel	PowerPivotExcelClientAddIn.NativeEntry.1	FALSE
11	RibbonTestforOffice	RibbonTestforOffice.Connect	FALSE
12	RibbonXML	RibbonXML.Connect	FALSE
13	TableConverter	TableConverter.Connect	FALSE
14	中文转换加载项	TCSCConv.SharedAddin.16	FALSE
15	Team Foundation Add-in	TFCOfficeShim.Connect.15	FALSE
16	Visual Studio Tools for Office Design-Time Adaptor for Excel	VS15ExcelAdaptor	FALSE
17	Baidu Netdisk Excel Addin	YunOfficeAddin.YunExcelConnect	FALSE

图 9-10　遍历 COM 加载项的信息

其中 C 列 Connect 用来识别 COM 加载项是否被勾选。

9.2.2　自动勾选和取消勾选 COM 加载项

COMAddIn 的 Connect 属性为 True 时，就会自动连接 COM 加载项。具体应用如实例 9-3 所示。

实例 9-3：定位并勾选 COM 加载项

```
Sub 定位并勾选 COM 加载项()
    Dim com As Office.COMAddIn
    Set com = Application.COMAddIns.Item("Greeting.Connect")  '根据 progID 定位
    com.Connect = True
End Sub
```

运行上述程序，再次打开“COM 加载项”对话框，可以看到 Greeting 处于勾选状态，如图 9-11 所示。

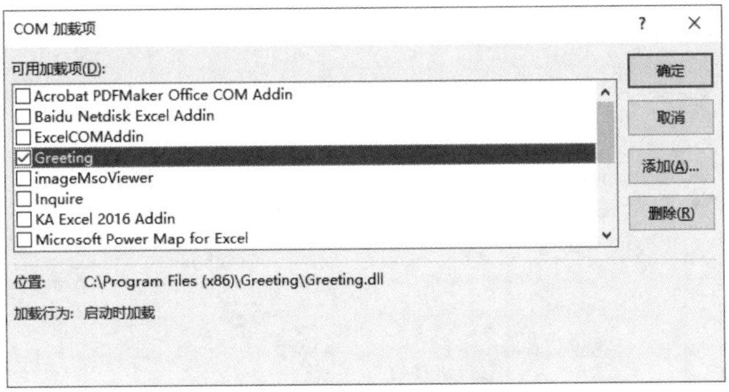

图 9-11　自动勾选 COM 加载项

9.3　使用 DocumentProperty 对象管理文档属性

文档属性是 Microsoft Office 文件的补充说明信息，Excel 工作簿、PPT 演示文稿、Word 文件都有相应的文档属性。

文档属性有很多作用。在文件夹中找到一个 Excel 文件，光标悬停在文件图标上方，可以看到浮动提示中有文档属性信息，如图 9-12 所示。

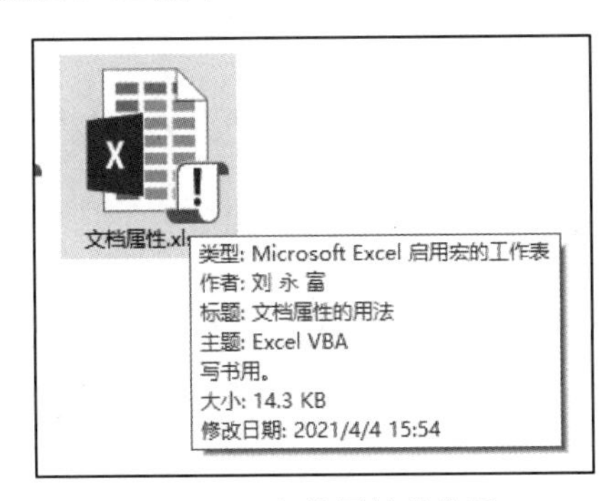

图 9-12　文档属性的作用

文档属性分为内置和自定义两种，本节讲解通过 VBA 访问文档属性的技术。

9.3.1　“文档属性”对话框

在“文档属性”对话框中可以查看和修改文档属性，打开该对话框的方法有两个，一个是手动操作，另一个是执行 VBA 代码。

打开一个 Excel 文件，然后单击文件菜单中的“信息”，在右侧的“属性”下拉框中选择“高级属性”，如图 9-13 所示。

在“摘要”选项卡中可以看到各项属性，如“作者”是属性名，ryueifu 是属性值，如图 9-14 所示。

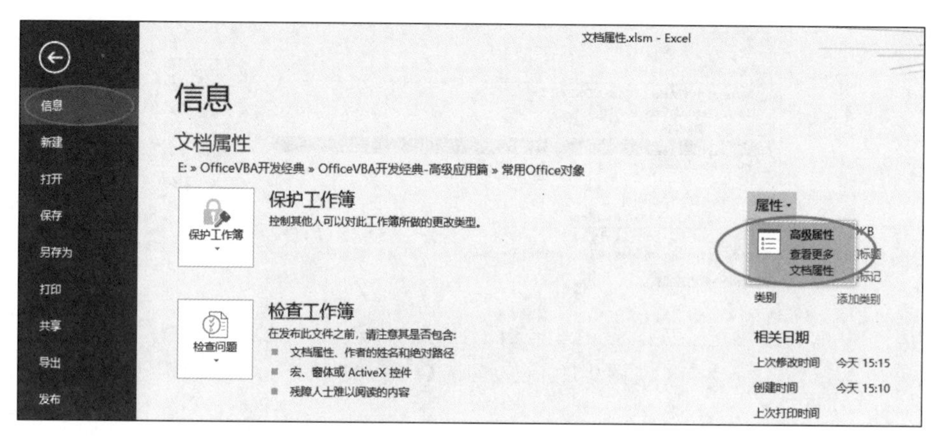

图 9-13　高级属性

图 9-14　“文档属性”对话框

打开该对话框的另一种方式是在立即窗口或其他地方运行如下代码：

```
Application.Dialogs(xlDialogProperties).Show
```

运行结束后就可以直接弹出上述对话框。

9.3.2　内置文档属性

“摘要”选项卡中显示的全是内置属性。内置属性的个数是固定的，不能增加也不能删除。

Excel VBA 中 Workbook 下面有个 BuiltinDocumentProperties 集合，该集合表示工作簿的所有内置属性。与之对应的个体对象的类型是 Office.DocumentProperty。开发人员既可以遍历这些属性，也可以修改属性的值，如实例 9-4 所示。

实例 9-4：修改并遍历内置属性

```
Sub 修改并遍历内置属性()
    On Error Resume Next
    Dim All As Office.DocumentProperties
    Set All = ActiveWorkbook.BuiltinDocumentProperties
    Dim dp As Office.DocumentProperty
    Set dp = All.Item("Author")                                    '作者
    dp.Type = Office.MsoDocProperties.msoPropertyTypeString       '类型是文本
    dp.Value = "刘 永 富"
    For Each dp In All
        Debug.Print dp.Name, dp.Value
    Next dp
End Sub
```

使用 On Error Resume Next 的原因是某些属性的 Value 不是简单数据类型，不能直接输出，所以使用了错误处理机制。

在上述程序中，首先修改了 Author 属性的值，然后遍历了所有属性，如图 9-15 所示。

再次打开“文档属性”对话框，可以看到属性“作者”的值已修改，如图 9-16 所示。

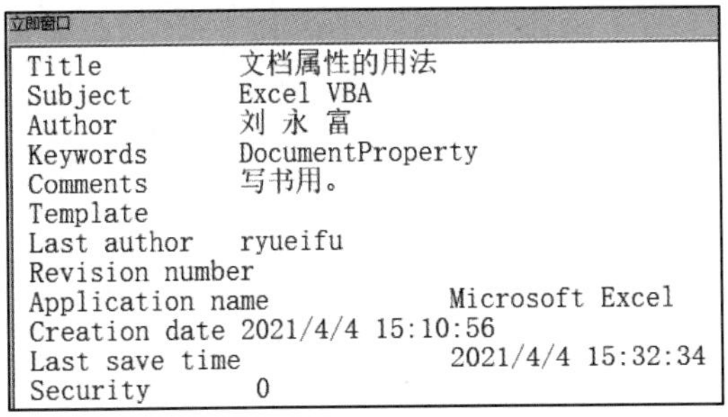

```
立即窗口
Title           文档属性的用法
Subject         Excel VBA
Author          刘 永 富
Keywords        DocumentProperty
Comments        写书用。
Template
Last author     ryueifu
Revision number
Application name              Microsoft Excel
Creation date 2021/4/4 15:10:56
Last save time                2021/4/4 15:32:34
Security        0
```

图 9-15　遍历内置文档属性

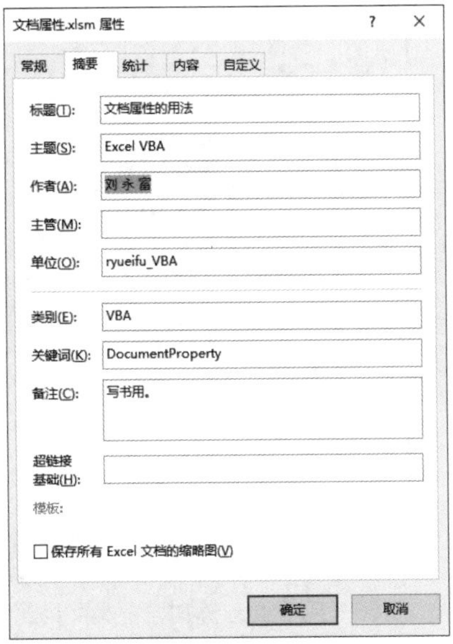

文档属性.xlsm 属性
常规　摘要　统计　内容　自定义
标题(T): 文档属性的用法
主题(S): Excel VBA
作者(A): 刘 永 富
主管(M):
单位(O): ryueifu_VBA
类别(E): VBA
关键词(K): DocumentProperty
备注(C): 写书用。
超链接基础(H):
模板:
保存所有 Excel 文档的缩略图(V)
确定　取消

图 9-16　修改后的结果

9.3.3　自定义文档属性

在“文档属性”对话框中，切换到“自定义”选项卡，就可以添加自己想加的属性，添加方法如图 9-17 所示。

Excel VBA 中 Workbook 对象的 CustomDocumentProperties 表示自定义属性的集合。通过 Add 方法可以自动添加一个自定义属性，如实例 9-5 所示。

实例 9-5：添加自定义属性

```
Sub 添加自定义属性()
    Dim All As Office.DocumentProperties
    Set All = ActiveWorkbook.CustomDocumentProperties
    Dim dp As Office.DocumentProperty
    Set dp = All.Add(Name:="印刷日期", LinkToContent:=False, Type:=Office.
    MsoDocProperties.msoPropertyTypeDate, Value:=#4/4/2021#)
    For Each dp In All
       Debug.Print dp.Name, dp.Value
    Next dp
End Sub
```

在上述程序中添加了一个名为“印刷日期”的自定义属性。运行上述程序后，再次查看文档属性，可以看到其有 2 个自定义属性，如图 9-18 所示。

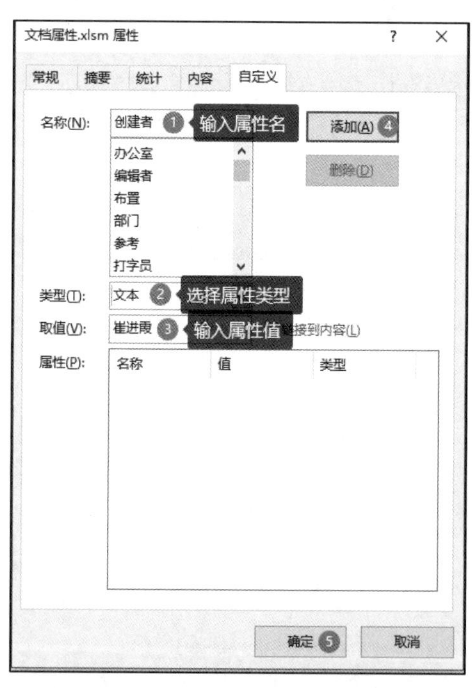

图 9-17　添加自定义文档属性

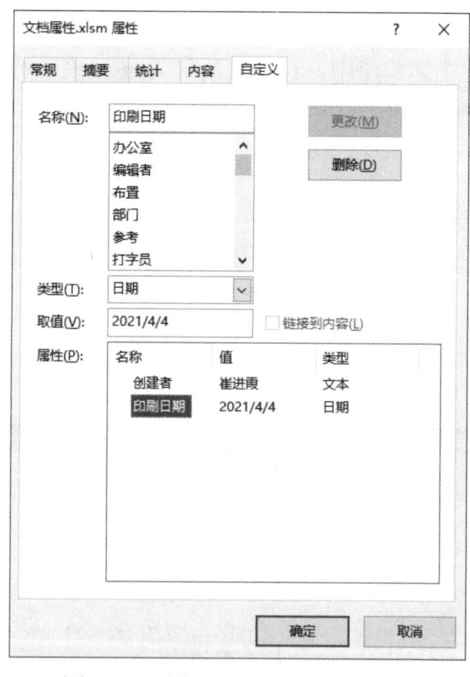

图 9-18　自动添加自定义文档属性

9.4　使用 LanguageSettings 对象识别 Excel 界面语言

LanguageSettings 对象返回 Microsoft Office 应用程序中关于语言设置方面的信息。

可使用 LanguageID(MsoAppLanguageID)进行编译，其中 MsoAppLanguageID 是一个常量，用于将区域设置标识符 (LCID) 信息返回到指定的应用程序。

MsoAppLanguageID 枚举常量见表 9-1。

表 9-1　MsoAppLanguageID 枚举常量

枚举常量	值	含　义
msoLanguageIDInstall	1	安装语言
msoLanguageIDUI	2	用户界面语言
msoLanguageIDHelp	3	帮助语言
msoLanguageIDExeMode	4	执行模式语言
msoLanguageIDUIPrevious	5	在当前用户界面语言之前使用的用户界面语言

具体应用如实例 9-6 所示。

实例 9-6：判断 Excel 界面语言

```
Sub 判断Excel界面语言()
    Dim LanguageID As Office.MsoLanguageID
    Dim LS As Office.LanguageSettings
    Set LS = Application.LanguageSettings
    LanguageID = LS.LanguageID(ID:=Office.MsoAppLanguageID.msoLanguageIDUI)
    Select Case LanguageID
        Case Office.MsoLanguageID.msoLanguageIDSimplifiedChinese
        Debug.Print "中文简体"
        Case Office.MsoLanguageID.msoLanguageIDJapanese
        Debug.Print "日文"
        Case Office.MsoLanguageID.msoLanguageIDEnglishUS
        Debug.Print "英文美国"
        Case Else
        Debug.Print "其他"
    End Select
End Sub
```

上述程序运行后，打印结果是“中文简体”。

9.5　使用 SmartArt 对象

SmartArt 是 Microsoft Office 2007 中新加入的特性，用户可在 PowerPoint、Word、Excel 中使用该特性创建各种图形图表。SmartArt 图形是信息和观点的视觉表示形式。可以通过在多种不同布局中进行选择来创建 SmartArt 图形，从而快速、轻松、有效地传达信息。

Excel 工作表中插入 SmartArt 图形的方法是：切换至“插入”选项卡，在“插图”组中找到 SmartArt 按钮并单击。弹出“选择 SmartArt 图形”对话框，从中选择一个需要的图形即可，如图 9-19 所示。

接下来编辑每个节点中的文字，也可以通过功能区中的相关命令修改字体、颜色、线条样式等，如图 9-20 所示。

SmartArt 也属于 Office 对象，在各个组件中都能用 VBA 代码来创建和修改 SmartArt。一个 SmartArt 的格式主要由版式（Layout）、颜色（Color）、快速样式（QuickStyle）三部分属性进行控制。

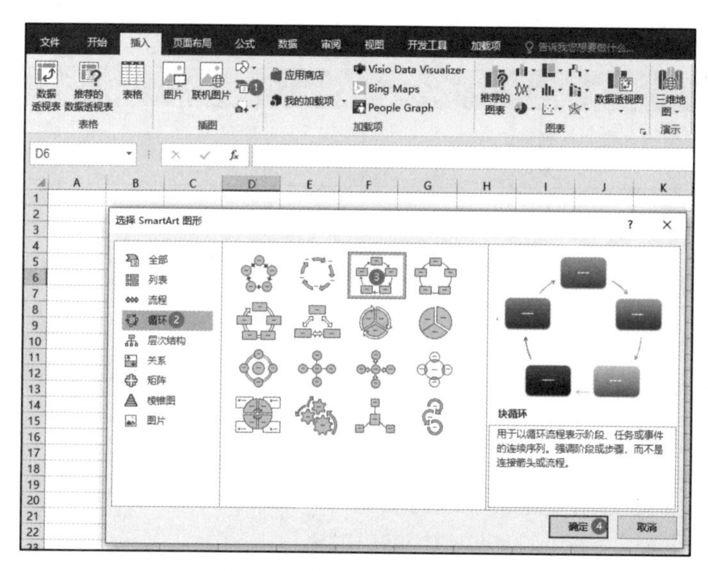

图 9-19　插入 SmartArt 图形

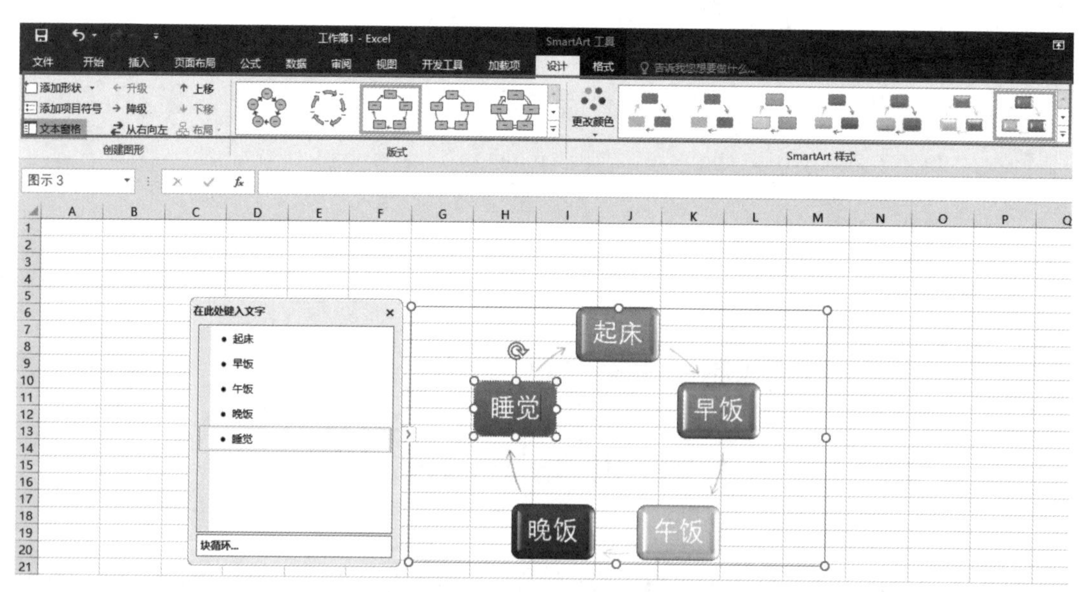

图 9-20　SmartArt 的相关设置

本节介绍自动操作 SmartArt 的技术。

9.5.1　遍历所有内置 SmartArt 版式

Office 2016 的 SmartArt 包括 134 个内置版式，这些版式分为 8 类：

- 列表（list）。
- 流程（process）。

- 循环（cycle）。
- 层次结构（hierarchy）。
- 关系（relationship）。
- 矩阵（matrix）。
- 棱锥图（pyramid chart）。
- 图片（picture）。

VBA 中版式的对象类型是 Office.SmartArtLayout，该对象的常用属性是：Name（名称）、Id（唯一识别字符串）、Category（类别）、Description（描述）。

Excel VBA 中 Application.SmartArtLayouts 用于描述 Excel 中所有的版式集合，如实例 9-7 所示。

实例 9-7：遍历 SmartArt 布局

```
Sub 遍历 SmartArt 布局()
    Dim SAL As Office.SmartArtLayout
    Dim i As Integer
    ActiveSheet.Range("A1:D1").Value = Array("Name", "Id", "Category", "Description")
    For i = 1 To Application.SmartArtLayouts.Count
        Set SAL = Application.SmartArtLayouts.Item(i)
        With SAL
            Debug.Print i, .Name, .Id, .Category, .Description
            ActiveSheet.Range("A1:D1").Offset(i).Value = Array(.Name, .Id, .Category,
            .Description)
        End With
    Next i
    ActiveSheet.Columns("A:D").AutoFit
End Sub
```

上述程序在运行的过程中把遍历结果写入工作表中，便于查看，如图 9-21 所示。

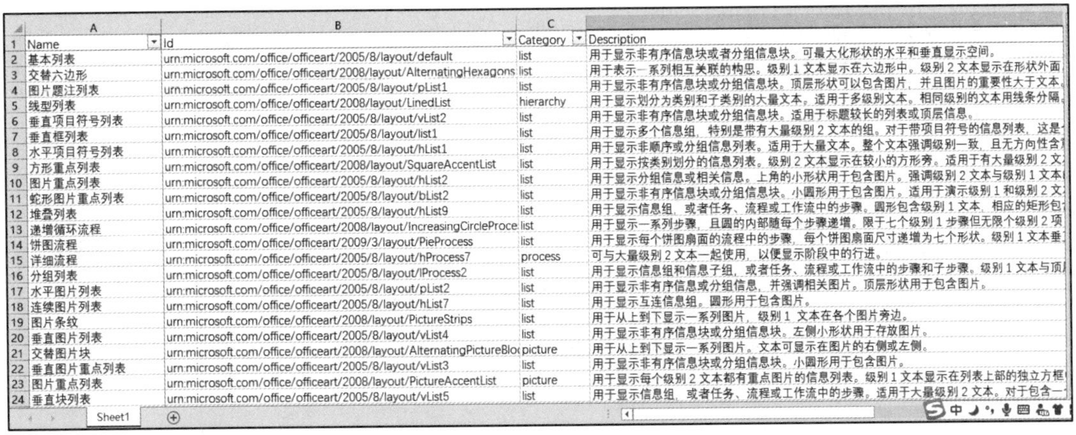

	A	B	C	D
1	Name	Id	Category	Description
2	基本列表	urn:microsoft.com/office/officeart/2005/8/layout/default	list	用于显示非有序信息块或者分组信息块。可最大化形状的水平和垂直显示空间。
3	交替六边形	urn:microsoft.com/office/officeart/2008/layout/AlternatingHexagons	list	用于表示一系列相互关联的构思。级别 1 文本显示在六边形中。级别 2 文本显示在形状外面
4	图片题注列表	urn:microsoft.com/office/officeart/2005/8/layout/pList1	list	用于显示非有序信息块或分组信息块。顶层形状可以包含图片，并且图片的重要性大于文本。
5	线型列表	urn:microsoft.com/office/officeart/2008/layout/LinedList	hierarchy	用于显示划分为类别和子类别的大量文本。适用于多级别文本。相同级别的文本用线条分隔。
6	垂直项目符号列表	urn:microsoft.com/office/officeart/2005/8/layout/vList2	list	用于显示非有序信息块或分组信息块。适用于标题较长的列表或顶层信息。
7	垂直框列表	urn:microsoft.com/office/officeart/2005/8/layout/list1	list	用于显示多个信息组，特别是带有大量级别 2 文本的组。对于带项目符号的信息列表，这是
8	水平项目符号列表	urn:microsoft.com/office/officeart/2005/8/layout/hList1	list	用于显示非顺序或分组信息列表。适用于大量文本。整个文本强调级别一致，且无方向性含
9	方形重点列表	urn:microsoft.com/office/officeart/2008/layout/SquareAccentList	list	用于显示按类别划分的信息列表。级别 2 文本显示在较小的方形旁。适用于有大量级别 2 文
10	图片重点列表	urn:microsoft.com/office/officeart/2005/8/layout/hList2	list	用于显示分组信息或相关信息。上角的小形状用于包含图片。强调级别 2 文本与级别 1 文本
11	蛇形图片重点列表	urn:microsoft.com/office/officeart/2005/8/layout/bList2	list	用于显示非有序信息块或分组信息块。小圆形用于包含图片。适用于演示级别 1 和级别 2 文
12	堆叠列表	urn:microsoft.com/office/officeart/2005/8/layout/hList9	list	用于显示信息组，或者任务、流程或工作流中的步骤。圆形包含级别 1 文本，相应的矩形包
13	递增循环流程	urn:microsoft.com/office/officeart/2008/layout/IncreasingCircleProce	list	用于显示一系列步骤，且圆的内部随每个步骤递增。限于七个级别 1 步骤但无限个级别 2 项
14	饼图流程	urn:microsoft.com/office/officeart/2009/3/layout/PieProcess	list	用于显示每个饼图扇面的流程中的步骤，每个饼图扇面尺寸递增为七个形状。级别 1 文本垂
15	详细流程	urn:microsoft.com/office/officeart/2005/8/layout/hProcess7	process	可与大量级别 2 文本一起使用，以便显示阶段中的行进。
16	分组列表	urn:microsoft.com/office/officeart/2005/8/layout/lProcess2	list	用于显示信息组和信息子组，或者任务、流程或工作流中的步骤和子步骤。级别 1 文本与顶
17	水平图片列表	urn:microsoft.com/office/officeart/2005/8/layout/pList2	list	用于显示非有序信息或分组信息，并强调相关图片。顶层形状用于包含图片。
18	连续图片列表	urn:microsoft.com/office/officeart/2005/8/layout/hList7	list	用于显示互连信息组。圆形用于包含图片。
19	图片条纹	urn:microsoft.com/office/officeart/2008/layout/PictureStrips	list	用于从上到下显示一系列图片，级别 1 文本在各个图片旁边。
20	垂直图片列表	urn:microsoft.com/office/officeart/2005/8/layout/vList4	list	用于显示非有序信息块或分组信息块。左侧小形状用于存放图片。
21	交替图片块	urn:microsoft.com/office/officeart/2008/layout/AlternatingPictureBlo	picture	用于从上到下显示一系列图片。文本可显示在图片的右侧或左侧。
22	垂直图片重点列表	urn:microsoft.com/office/officeart/2005/8/layout/vList3	list	用于显示非有序信息块或分组信息块。小圆形用于包含图片。
23	图片重点列表	urn:microsoft.com/office/officeart/2008/layout/PictureAccentList	picture	用于显示每个级别 2 文本都有重点图片的信息列表。级别 1 文本显示在列表上部的独立方框
24	垂直块列表	urn:microsoft.com/office/officeart/2005/8/layout/vList5	list	用于显示信息组，或者任务、流程或工作流中的步骤。适用于大量级别 2 文本。对于包含一

Sheet1

图 9-21　所有 SmartArt 版式

需要注意 B 列中以 urn 开头的字符串，这些 Id 是创建新 SmartArt 版式的依据。

9.5.2 遍历 SmartArt 颜色

SmartArt 颜色的概念类似于主题（Theme），用于统一设置每个节点的配色。工作表中选中一个 SmartArt，在功能区命令中单击“更改颜色”下拉框，可以看到“个性色 2”～“个性色 6”这些大类别，每个类别中包含 5 个颜色，如图 9-22 所示。

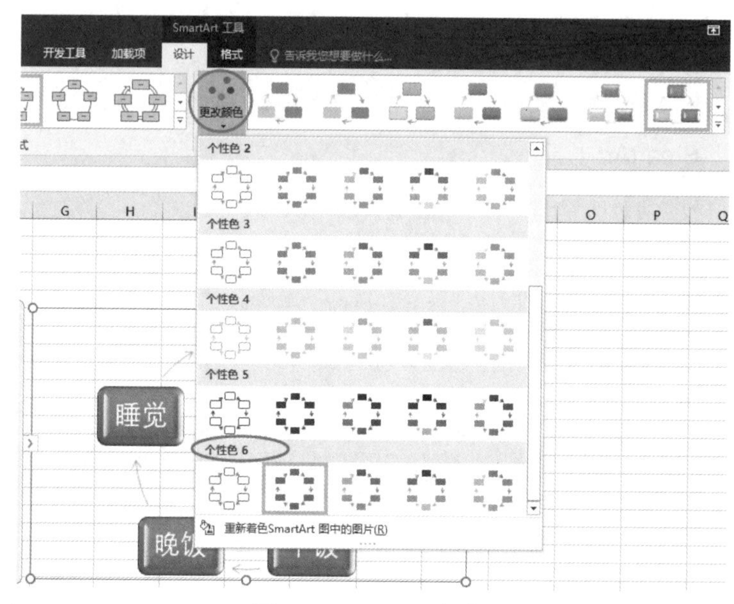

图 9-22　SmartArt 颜色

VBA 中 SmartArt 颜色的类型是 Office.SmartArtColor。Excel 的 Application.SmartArtColors 表示所有内置 SmartArt 颜色。具体应用如实例 9-8 所示。

实例 9-8：遍历 SmartArt 颜色

```
Sub 遍历 SmartArt 颜色()
    Dim i As Integer
    Dim SAC As Office.SmartArtColor
    i = 1
    ActiveSheet.Range("A1:D1").Value = Array("Name", "Id", "Category", "Description")
    For Each SAC In Application.SmartArtColors
        Debug.Print SAC.Name, SAC.Id, SAC.Category, SAC.Description
        ActiveSheet.Range("A1:D1").Offset(i).Value = Array(SAC.Name, SAC.Id,
        SAC.Category, SAC.Description)
        i = i + 1
    Next
    ActiveSheet.Columns("A:D").AutoFit
End Sub
```

运行上述程序，将所有内置颜色的信息提取到工作表中，如图 9-23 所示。

	A	B	C	D
1	Name	Id	Category	Description
2	深色 1 轮廓	urn:microsoft.com/office/officeart/2005/8/colors/accent0_1	mainScheme	Dark 1 Outline
3	深色 2 轮廓	urn:microsoft.com/office/officeart/2005/8/colors/accent0_2	mainScheme	Dark 2 Outline
4	深色 2 填充	urn:microsoft.com/office/officeart/2005/8/colors/accent0_3	mainScheme	Dark 2 Fill
5	彩色 - 个性色	urn:microsoft.com/office/officeart/2005/8/colors/colorful1	colorful	Colorful - Accent Colors
6	彩色范围 - 个性色 2 至 3	urn:microsoft.com/office/officeart/2005/8/colors/colorful2	colorful	Colorful Range - Accent Colors 2 to 3
7	彩色范围 - 个性色 3 至 4	urn:microsoft.com/office/officeart/2005/8/colors/colorful3	colorful	Colorful Range - Accent Colors 3 to 4
8	彩色范围 - 个性色 4 至 5	urn:microsoft.com/office/officeart/2005/8/colors/colorful4	colorful	Colorful Range - Accent Colors 4 to 5
9	彩色范围 - 个性色 5 至 6	urn:microsoft.com/office/officeart/2005/8/colors/colorful5	colorful	Colorful Range - Accent Colors 5 to 6
10	彩色轮廓 - 个性色 1	urn:microsoft.com/office/officeart/2005/8/colors/accent1_1	accent1	Colored Outline - Accent 1
11	彩色填充 - 个性色 1	urn:microsoft.com/office/officeart/2005/8/colors/accent1_2	accent1	Colored Fill - Accent 1
12	渐变范围 - 个性色 1	urn:microsoft.com/office/officeart/2005/8/colors/accent1_3	accent1	Gradient Range - Accent 1
13	渐变循环 - 个性色 1	urn:microsoft.com/office/officeart/2005/8/colors/accent1_4	accent1	Gradient Loop - Accent 1
14	透明渐变范围 - 个性色 1	urn:microsoft.com/office/officeart/2005/8/colors/accent1_5	accent1	Transparent Gradient Range - Accent 1
15	彩色轮廓 - 个性色 2	urn:microsoft.com/office/officeart/2005/8/colors/accent2_1	accent2	Colored Outline - Accent 2
16	彩色填充 - 个性色 2	urn:microsoft.com/office/officeart/2005/8/colors/accent2_2	accent2	Colored Fill - Accent 2
17	渐变范围 - 个性色 2	urn:microsoft.com/office/officeart/2005/8/colors/accent2_3	accent2	Gradient Range - Accent 2
18	渐变循环 - 个性色 2	urn:microsoft.com/office/officeart/2005/8/colors/accent2_4	accent2	Gradient Loop - Accent 2
19	透明渐变范围 - 个性色 2	urn:microsoft.com/office/officeart/2005/8/colors/accent2_5	accent2	Transparent Gradient Range - Accent 2
20	彩色轮廓 - 个性色 3	urn:microsoft.com/office/officeart/2005/8/colors/accent3_1	accent3	Colored Outline - Accent 3
21	彩色填充 - 个性色 3	urn:microsoft.com/office/officeart/2005/8/colors/accent3_2	accent3	Colored Fill - Accent 3
22	渐变范围 - 个性色 3	urn:microsoft.com/office/officeart/2005/8/colors/accent3_3	accent3	Gradient Range - Accent 3
23	渐变循环 - 个性色 3	urn:microsoft.com/office/officeart/2005/8/colors/accent3_4	accent3	Gradient Loop - Accent 3
24	透明渐变范围 - 个性色 3	urn:microsoft.com/office/officeart/2005/8/colors/accent3_5	accent3	Transparent Gradient Range - Accent 3

版式 颜色

图 9-23　所有 SmartArt 颜色

9.5.3　遍历 SmartArt 快速样式

SmartArt 的内置快速样式分为简单（Simple）和三维（3D）两大类别。给 SmartArt 图形应用快速样式，可以呈现出不同的风格，如图 9-24 所示。

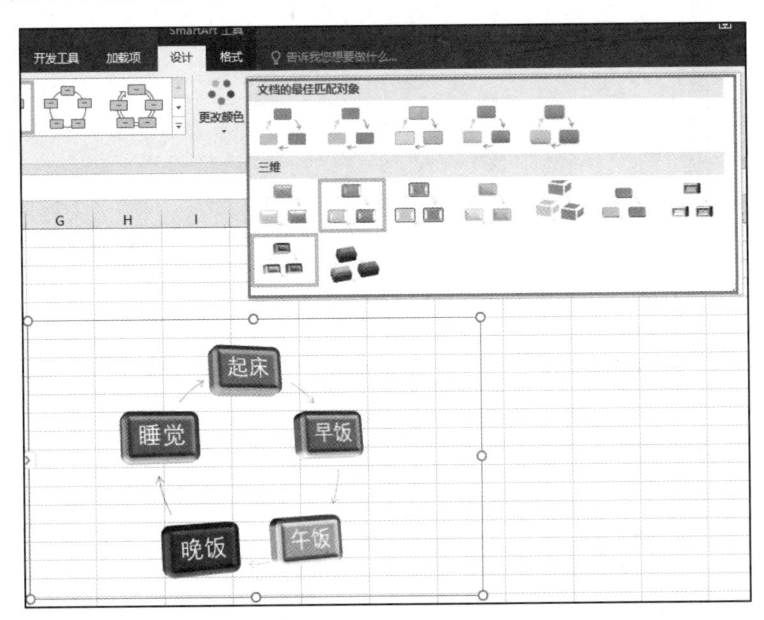

图 9-24　SmartArt 快速样式

VBA 中快速样式的对象类型是 Office.SmartArtQuickStyle，Application.SmartArtQuickStyles 表示所有内置样式。具体应用如实例 9-9 所示。

实例 9-9：遍历 SmartArt 快速样式

```
Sub 遍历SmartArt快速样式()
    Dim i As Integer
    Dim SAQS As Office.SmartArtQuickStyle
    i = 1
    ActiveSheet.Range("A1:D1").Value = Array("Name", "Id", "Category", "Description")
    For Each SAQS In Application.SmartArtQuickStyles
        Debug.Print SAQS.Name, SAQS.Id, SAQS.Category, SAQS.Description
        ActiveSheet.Range("A1:D1").Offset(i).Value = Array(SAQS.Name, SAQS.Id,
        SAQS.Category, SAQS.Description)
        i = i + 1
    Next SAQS
    ActiveSheet.Columns("A:D").AutoFit
End Sub
```

运行上述程序，将所有快速样式的信息提取到工作表中，如图 9-25 所示。

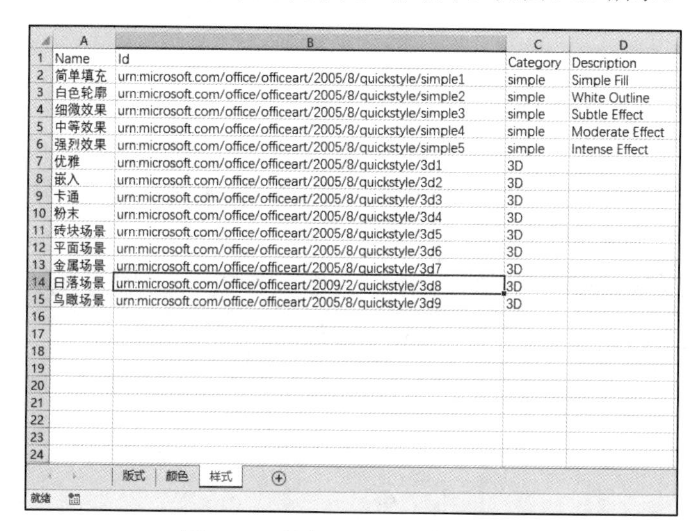

	A	B	C	D
1	Name	Id	Category	Description
2	简单填充	urn:microsoft.com/office/officeart/2005/8/quickstyle/simple1	simple	Simple Fill
3	白色轮廓	urn:microsoft.com/office/officeart/2005/8/quickstyle/simple2	simple	White Outline
4	细微效果	urn:microsoft.com/office/officeart/2005/8/quickstyle/simple3	simple	Subtle Effect
5	中等效果	urn:microsoft.com/office/officeart/2005/8/quickstyle/simple4	simple	Moderate Effect
6	强烈效果	urn:microsoft.com/office/officeart/2005/8/quickstyle/simple5	simple	Intense Effect
7	优雅	urn:microsoft.com/office/officeart/2005/8/quickstyle/3d1	3D	
8	嵌入	urn:microsoft.com/office/officeart/2005/8/quickstyle/3d2	3D	
9	卡通	urn:microsoft.com/office/officeart/2005/8/quickstyle/3d3	3D	
10	粉末	urn:microsoft.com/office/officeart/2005/8/quickstyle/3d4	3D	
11	砖块场景	urn:microsoft.com/office/officeart/2005/8/quickstyle/3d5	3D	
12	平面场景	urn:microsoft.com/office/officeart/2005/8/quickstyle/3d6	3D	
13	金属场景	urn:microsoft.com/office/officeart/2005/8/quickstyle/3d7	3D	
14	日落场景	urn:microsoft.com/office/officeart/2009/2/quickstyle/3d8	3D	
15	鸟瞰场景	urn:microsoft.com/office/officeart/2005/8/quickstyle/3d9	3D	

图 9-25　所有 SmartArt 快速样式

获取版式、颜色、快速样式的信息后，就可以使用代码从头添加一个 SmartArt 了。

9.5.4　添加并修改 SmartArt

Worksheet 对象的 Shapes 集合中有 AddSmartArt 方法，用于向工作表中插入新的 SmartArt。编写代码之前，需要先从内置版式、颜色、快速样式中查询想要的效果，尤其是 Id 列，因为在 AddSmartArt 方法中需要用到这些参数。具体应用如实例 9-10 所示。

实例 9-10：添加并修改 SmartArt 的格式

```
Sub 添加并修改SmartArt的格式()
    Dim SP As Excel.Shape
```

```
    Dim SA As Office.SmartArt
    Set SP = ActiveSheet.Shapes.AddSmartArt(Layout:=Application.SmartArtLayouts.
    Item("urn:microsoft.com/office/officeart/2005/8/layout/radial6"), Left:=10,
    Top:=10, Width:=300, Height:=300)
    If SP.HasSmartArt Then
        Set SA = SP.SmartArt
        With SA
            .Layout = Application.SmartArtLayouts.Item("urn:microsoft.com/office/
            officeart/2005/8/layout/radial6")          '射线循环
            .Color = Application.SmartArtColors.Item("urn:microsoft.com/office/
            officeart/2005/8/colors/colorful4")        '彩色范围 - 个性色 4 至 5
            .QuickStyle = Application.SmartArtQuickStyles.Item("urn:microsoft.com/
            office/officeart/2005/8/quickstyle/3d2")   '嵌入
        End With
    End If
End Sub
```

上述程序运行后，工作表上自动产生了一个 SmartArt，如图 9-26 所示。

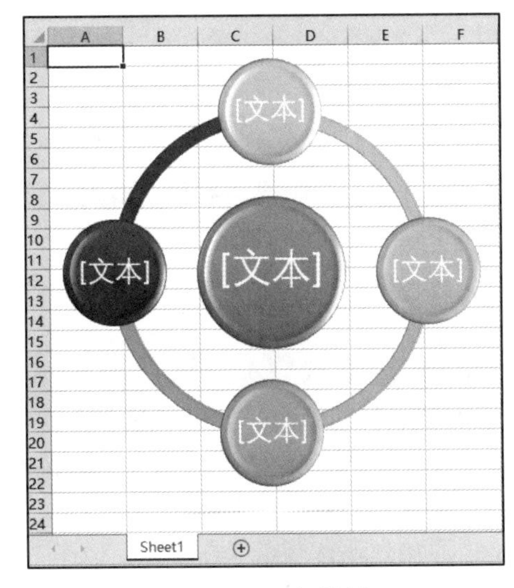

图 9-26　运行结果

在刚刚添加的 SmartArt 中，节点中的内容都是“文本”，如果修改这些文字，必须理解节点的概念和编程访问的方法。

9.5.5　删除节点

一个 SmartArt 由多个节点（SmartArtNode）构成。

SmartArt 对象本身就有下属节点，节点下面还可以继续包含节点，任何一个节点都是一个 SmartArtNode 对象，该对象的 Nodes 用来表达一个节点的直属节点，也就是子节点。AllNodes 则用来表达一个节点包含的所有子孙节点。

例如，向工作表添加一个版式为“组织结构图”的 SmartArt，那么这个 SmartArt 的 Nodes 只包含最上面的那个节点，而 AllNodes 包含所有节点。删除节点的应用如实例 9-11 所示。

实例 9-11：SmartArt 节点的删除

```
Sub SmartArt节点的删除()
    Dim SP As Excel.Shape
    Dim SA As Office.SmartArt
    Dim Node As Office.SmartArtNode
    Dim Col As New Collection
    Set SP = ActiveSheet.Shapes.Item(1)
    If SP.HasSmartArt Then
        Set SA = SP.SmartArt
        With SA
            For Each Node In .AllNodes
                Col.Add Node '添加到集合
            Next Node
        End With
        For Each Node In Col
            Node.Delete
        Next Node
    End If
End Sub
```

运行上述程序，SmartArt 还在工作表上，但是没有任何节点了。

9.5.6 添加节点

给 SmartArt 添加节点有以下两种方法：

（1）使用 Nodes.Add，向已有节点下面添加一个子节点。

（2）使用 AddNode，可以灵活地指定添加的场所，其中 Position 参数可以是以下枚举常量。

- msoSmartArtNodeAbove：添加到现有节点上方。
- msoSmartArtNodeBelow：添加到现有节点下方。
- msoSmartArtNodeAfter：添加到现有节点之后。
- msoSmartArtNodeBefore：添加到现有节点之前。

实例 9-12 中首先为 SmartArt 添加一个节点作为根节点，将文字修改为“总经理”；然后添加 3 个一级节点：财务部、行政部、生产部；最后在财务部下面继续添加 2 个子节点，在行政部下面添加 3 个子节点。

实例 9-12：SmartArt 节点的添加

```
Sub SmartArt节点的添加()
    Dim SP As Excel.Shape
    Dim SA As Office.SmartArt
    Dim Node(10) As Office.SmartArtNode
    Set SP = ActiveSheet.Shapes.Item(1)
```

```
    If SP.HasSmartArt Then
        Set SA = SP.SmartArt
        SA.Layout = Application.SmartArtLayouts.Item("urn:microsoft.com/office/
        officeart/2005/8/layout/hierarchy1")                    '层次结构
        Set Node(0) = SA.Nodes.Add
        Node(0).TextFrame2.TextRange.Text = "总经理"
        Set Node(1) = Node(0).Nodes.Add                         '根节点添加完成
        Node(1).TextFrame2.TextRange.Text = "财务部"
        Set Node(2) = Node(0).Nodes.Add
        Node(2).TextFrame2.TextRange.Text = "行政部"
        Set Node(3) = Node(0).Nodes.Add
        Node(3).TextFrame2.TextRange.Text = "生产部"            '一级节点添加完成
        Set Node(4) = Node(1).Nodes.Add
        Node(4).TextFrame2.TextRange.Text = "出纳"
        Set Node(5) = Node(1).Nodes.Add
        Node(5).TextFrame2.TextRange.Text = "会计"
        Set Node(6) = Node(2).Nodes.Add
        Node(6).TextFrame2.TextRange.Text = "人力"
        Set Node(7) = Node(2).Nodes.Add
        Node(7).TextFrame2.TextRange.Text = "采购"
        Set Node(8) = Node(7).AddNode(Position:=Office.MsoSmartArtNodePosition.
        msoSmartArtNodeBefore, Type:=Office.MsoSmartArtNodeType.
        msoSmartArtNodeTypeDefault)
        Node(8).TextFrame2.TextRange.Text = "后勤"
    End If
End Sub
```

运行上述程序，工作表上产生了一个组织结构图，如图 9-27 所示。

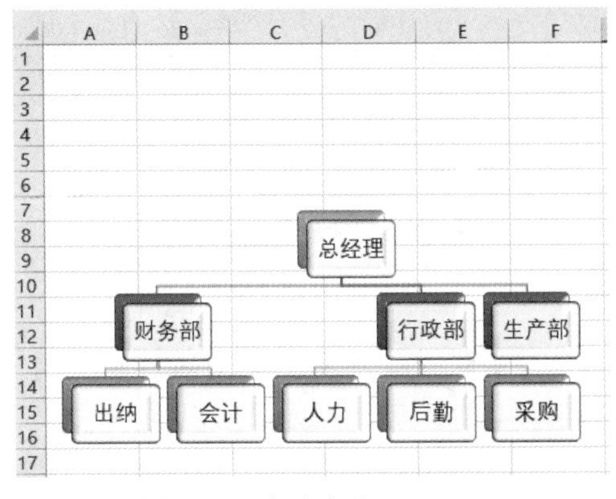

图 9-27　自动生成 SmartArt

9.5.7　遍历节点

SmartArtNode 对象的 Nodes 用来表示一个节点下面的直属子节点，ParentNode 用来表示一个节点的父节点（上级节点）。Level 属性表示一个节点的级别，根节点的级别是 1。

实例 9-13 中遍历一个 SmartArt 的所有节点，遍历过程中打印节点的文字、级别、直属子节点个数。

实例 9-13：SmartArt 节点的遍历

```
Sub SmartArt节点的遍历()
    Dim SP As Excel.Shape
    Dim SA As Office.SmartArt
    Dim Node As Office.SmartArtNode
    Set SP = ActiveSheet.Shapes.Item(1)
    If SP.HasSmartArt Then
        Set SA = SP.SmartArt
        Debug.Print "节点文字", "级别", "直属子节点个数"
        For Each Node In SA.AllNodes
            Debug.Print Node.TextFrame2.TextRange.Text, Node.Level, Node.Nodes.Count
        Next Node
    End If
End Sub
```

运行上述程序，结果如图 9-28 所示。

立即窗口

节点文字	级别	直属子节点个数
总经理	1	3
财务部	2	2
出纳	3	0
会计	3	0
行政部	2	3
人力	3	0
后勤	3	0
采购	3	0
生产部	2	0

图 9-28　遍历节点信息

9.6　习　　题

1. 程序 Test 用于实现显示一个文件选择对话框。在该对话框中用户可以一次选择多个文件，那么横线上的代码应该是（　　）。

A. flg.Title = True　　　　B. flg.Title = False

C. flg.AllowMultiSelect =False　　　　D. flg.AllowMultiSelect = True

程序代码如下：

```
Sub Test()
    Dim flg As Office.FileDialog
    Set flg = Application.FileDialog(Office.MsoFileDialogType.msoFileDialogOpen)
    ________________
```

```
    If flg.Show Then
        Debug.Print flg.SelectedItems.Count
    End If
End Sub
```

2．可以在光标附近弹出工作表标签的右键菜单的代码是（　　），效果如图 9-29 所示。

A．Application.CommandBars.Item("Cell").ShowPopup

B．Application.CommandBars.Item("Worksheet").ShowPopup

C．Application.CommandBars.Item("Ply").ShowPopup

D．Application.CommandBars.Item("RightClick").ShowPopup

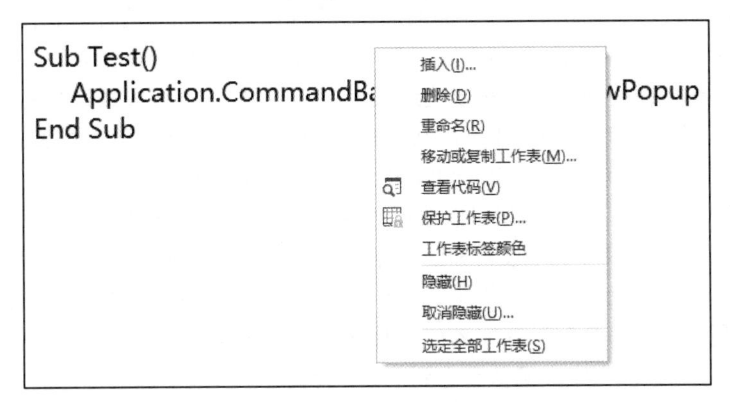

图 9-29　弹出工作表标签的右键菜单

3．编写一个程序，实现的功能是自动向工作表中插入自选图形中的矩形、等腰三角形。再插入一个“肘形箭头连接符”，把矩形下部中点和三角形左边的中点连接起来，如图 9-30 所示。

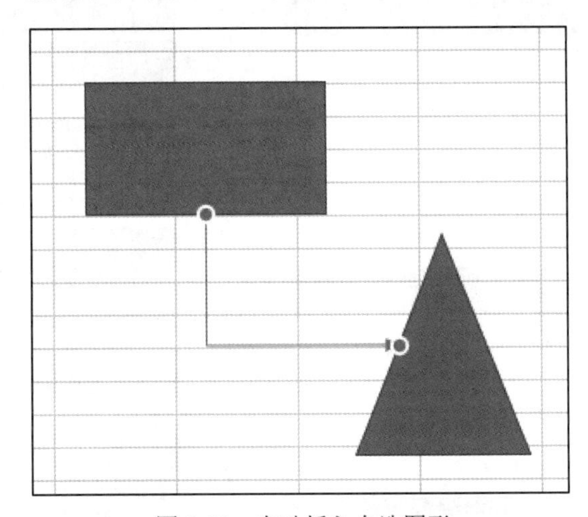

图 9-30　自动插入自选图形

第三部分　VBA 界面设计

对于 VBA 初学者，会写代码、会运行代码就够了。然而，对于成熟、完善的 VBA 产品，不能直接把 VBA 代码发给一般用户操作。这就需要设计界面来对代码进行包装。Excel VBA 中的宏的执行方式有多种，最简单的方式是给工作表上的图形、按钮指定宏，然而这种方式会占据单元格区域，而且效果太过简陋。另外两种执行宏的方式是自定义功能区和设计用户窗体。

自定义功能区技术采用 XML 字符串表达选项卡、组、控件这三级关系，再用回调函数将 VBA 工程中的宏关联起来。例如，button 控件的 onAction="Button1_Click"，这就需要在 VBA 的标准模块中设计 Sub Button1_Click(control As Office.IRibbonControl)这样一个过程。

用户窗体就像一张画布，开发人员可以放置各种控件，然而每种类型的控件，支持的属性、方法有所不同，需要根据实际需要正确地设置和使用控件。例如，CommandButton 控件有 Caption 属性但是没有 Text 属性，而 ComboBox 控件没有 Caption 属性却有 Text 属性，需要想明白这是为什么。

Excel 加载宏是将工作簿文件另存为.xla 或.xlam 格式的文件，通过"加载宏"对话框进行管理。可以将上述界面设计技术以及自定义函数整合到 Excel 加载宏中，Excel 加载宏是应用程序全局级别的，由于隐藏了自身的工作簿结构，所以每个打开的工作簿都能使用 Excel 加载宏中的功能。

这部分的主要知识点如下：

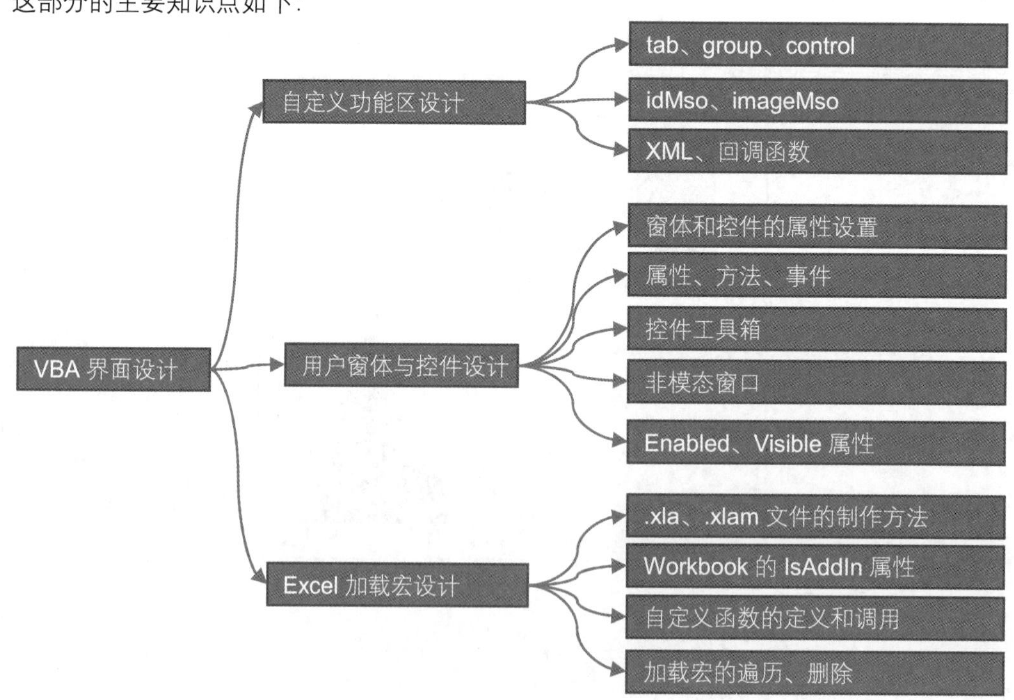

第 10 章　自定义功能区设计

扫一扫，看视频

微软 Office 自 2007 版开始使用功能区代替传统的菜单栏、工具栏作为用户界面，而且允许编程人员对功能区进行自定义修改。

通过学习本章知识，读者可以设计属于自己的功能区界面，增强程序和用户的交互效果，从而使 VBA 作品更加专业。

本章关键词：自定义功能区、Ribbon XML、选项卡、组、控件、回调函数。

10.1　功能区的概念

功能区是指 Office 上方的带状区域，由若干选项卡组成，每个选项卡中包含若干组，每个组中包含若干控件。

例如，Excel 的界面有“开始”“插入”“页面布局”等选项卡，无论有多少个，在同一时刻只能看见一个选项卡中的内容。如果想看见“公式”选项卡中的命令，必须让该选项卡处于激活状态，如图 10-1 所示。

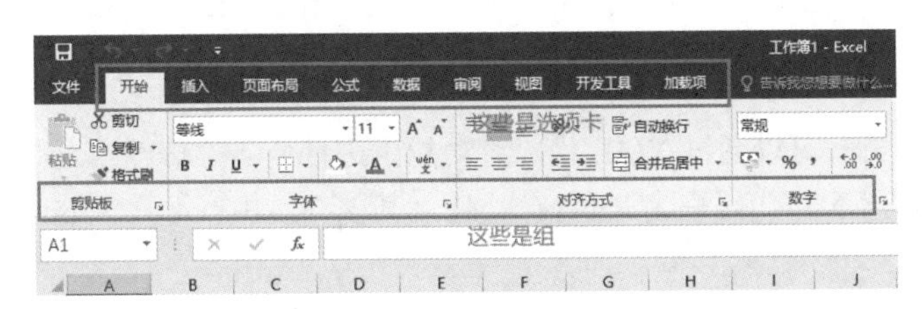

图 10-1　Excel 内置选项卡

“开始”选项卡中又包括“剪贴板”“字体”“对齐方式”等组，组与组之间可以看到一条竖线。

每个组中包含各种控件，如“剪贴板”组中包含“粘贴”“剪切”等控件。

功能区是由选项卡、组、控件这三级元素构成，而且这三者必须逐级包括，不能越级。也就是说选项卡中不能直接包含控件。

10.2　自定义功能区的方法和意义

自定义功能区是指一般用户或开发人员通过某种手段，对现有功能区进行修改，或者增加新的选项卡、组、控件。

对于非专业编程人士，一般通过使用 Excel 的选项对话框，可以隐藏内置选项卡，或者对选项卡进行重命名，如图 10-2 所示。

图 10-2　通过手动自定义功能区

对于 VBA 开发人员，可以通过 XML 代码对功能区进行全方位修改。这是本章的主要内容。

用于定制功能区的 XML 代码称为 Ribbon XML，其核心是由<tab>、<group>、<control>三级节点逐级嵌套，从而自定义功能区。

Ribbon XML 保存在何处？

如果是使用其他编程语言开发的 COM 加载项，Ribbon XML 存在于 COM 加载项的类中。而使用 VBA 开发的作品，Ribbon XML 保存于 Excel 工作簿文件中，但是从 VBA 窗口中看不到这些代码。

10.3　安装 Ribbon XML Editor

自定义功能区的软件有很多，此处介绍笔者开发的 Ribbon XML Editor，从本书配套资源中下载安装包 RibbonXmlEditor2020.06.01-Setup.exe，双击安装，如图 10-3 所示。

依次单击“下一步”按钮，直至安装完成。

安装完成后，从开始菜单启动该软件，软件界面如图 10-4 所示。

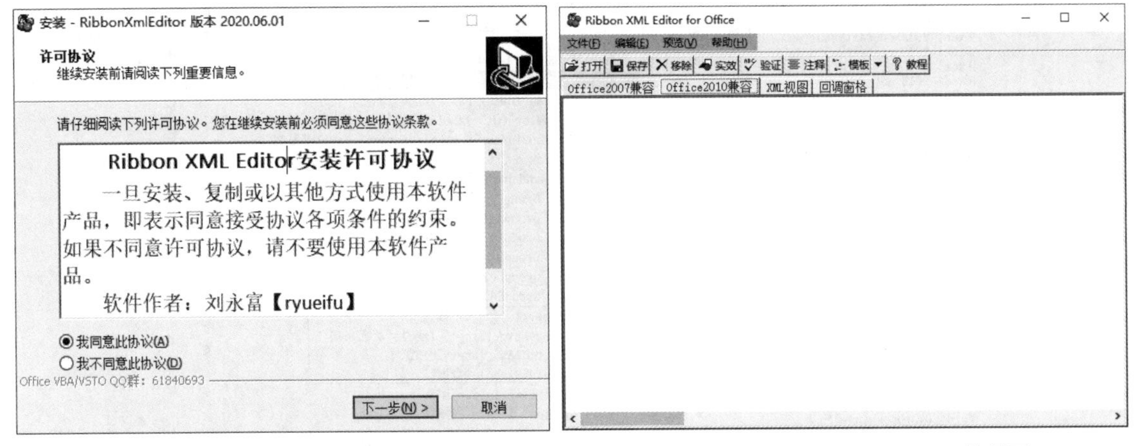

图 10-3　Ribbon XML Editor 的安装

图 10-4　Ribbon XML Editor 的界面

该软件实现的主要功能有：

- Ribbon XML 的编辑。
- Ribbon XML 的有效性验证。
- Ribbon XML 存入 Office 文档。
- 生成回调函数。
- 实时查看与 Ribbon XML 对应的 Office 界面。

10.4　修改内置功能区元素

Office 自带的界面元素叫作内置功能区元素，用户可以隐藏内置功能区元素，也可以修改内置功能区元素的标题等属性。

下面举例说明，具体需求是：

- 把 Excel 的“开始”选项卡下面的“剪贴板”和“字体”这两个组隐藏。
- 把 Excel 的“插入”选项卡的标题修改为 Insert。
- 把 Excel 的“页面布局”选项卡的标题修改为 Layout。
- 把 Excel 的“公式”选项卡隐藏。
- 把 Excel 的“数据”选项卡隐藏。

隐藏，需要把元素的 visible 属性的值修改为 false。

修改标题，是通过修改元素的 label 属性。

微软 Office 使用 idMso 属性来唯一标识内置功能区元素，如 TabHome 指“开始”选项卡。

要查看全部元素的内置名称，需要下载本书配套资源中的 OfficeidMsoViewer.exe，该工具适用于 Office 2013 及以上版本。双击打开该工具，在左侧工作区选中 Excel_2013_tabs_cn，右侧工作区会以树形结构显示出所有内置功能区元素，如图 10-5 所示。

图 10-5　OfficeidMsoViewer 界面

从该软件中记录需要变更的元素名称：

（1）“开始”选项卡是 TabHome。

（2）“剪贴板”组是 GroupClipboard。

（3）“字体”组是 GroupFont。

（4）“插入”选项卡是 TabInsert。

（5）“页面布局”选项卡是 TabPageLayoutExcel。

（6）“公式”选项卡是 TabFormulas。

（7）“数据”选项卡是 TabData。

然后回到 Ribbon XML Editor 软件，切换到 Office 2010 兼容的编辑器，录入以下 XML 代码：

```
<customUI xmlns="http://schemas.microsoft.com/office/2009/07/customui">
    <ribbon startFromScratch="false">
        <tabs>
            <tab idMso="TabHome">
                <group idMso="GroupClipboard" visible="false">
                </group>
                <group idMso="GroupFont" visible="false">
                </group>
            </tab>
            <tab idMso="TabInsert" label="Insert">
            </tab>
            <tab idMso="TabPageLayoutExcel" label="Layout">
            </tab>
            <tab idMso="TabFormulas" visible="false">
            </tab>
            <tab idMso="TabData" visible="false">
            </tab>
        </tabs>
    </ribbon>
</customUI>
```

然后单击菜单“预览”、Microsoft.Excel.Workbook 命令，如图 10-6 所示。

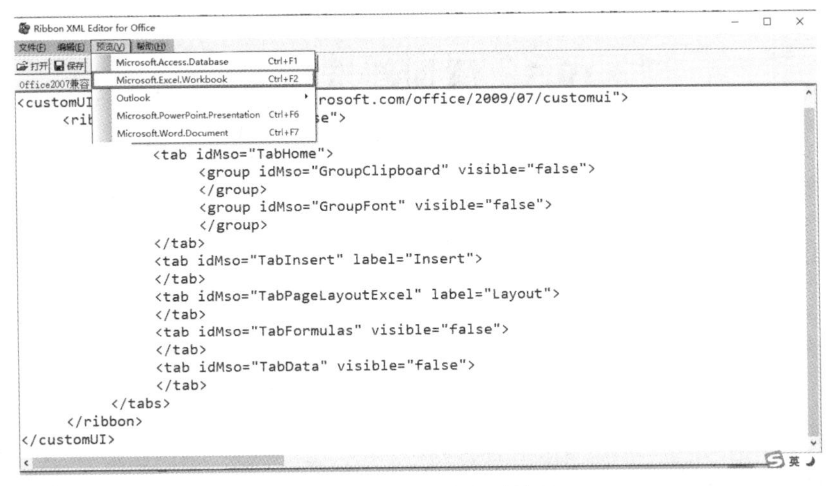

图 10-6 Excel 中查看效果

在 Excel 中可以看到“开始”选项卡中少了两个组，“插入”和“页面布局”被改成英文，“公式”和“数据”选项卡也不见了，如图 10-7 所示。

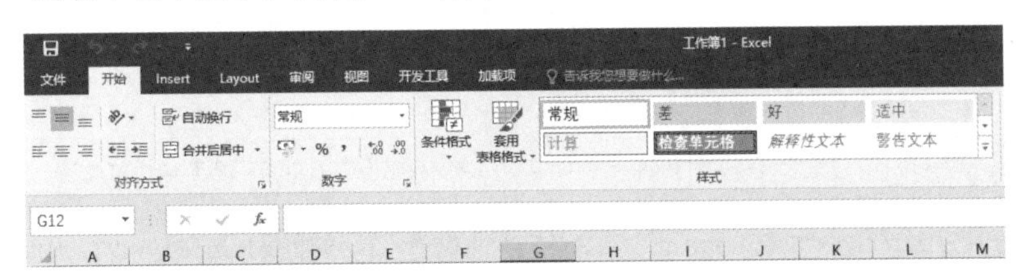

图 10-7 效果图

注意

预览功能是通过一个叫作 RibbonTestforOffice 的 COM 加载项实现的，在 COM 加载项对话框中去掉前面的勾选，即可撤销功能区的自定义效果，如图 10-8 所示。

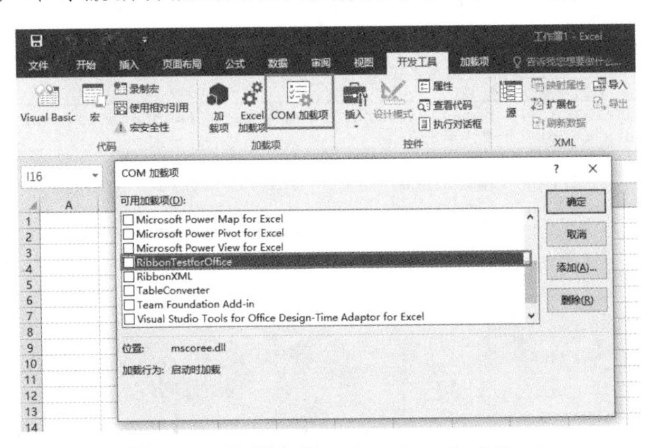

图 10-8 取消勾选 RibbonTestforOffice

以上操作可以在编写 Ribbon XML 代码时随时对比对应的界面效果，并未保存到任何文档中。

10.5　添加新选项卡

选项卡对应的 XML 元素是<tab>，该元素必须位于<tabs>元素之下。<tab>元素主要有如下 3 个属性：

（1）id/idMso：为选项卡分配一个 ID。

（2）label：选项卡的标题。

（3）insertAfterMso/insertBeforeMso：该选项卡位于某个内置选项卡之后或之前。

实例 10-1 演示了如何向 Excel 中添加自定义的选项卡，顺便讲解向 Excel 工作簿中保存 Ribbon XML 代码的方法。

实例 10-1：向 Excel 中添加自定义的选项卡

首先在 Excel 中新建一个工作簿，将其另存为.xlsx 或.xlsm 的文件，前者不能保存 VBA 代码。假设保存为“新选项卡.xlsx”，在 Excel 中关闭该文件。

然后在 Ribbon XML Editor 的编辑器中输入以下代码：

```
<customUI xmlns="http://schemas.microsoft.com/office/2009/07/customui">
    <ribbon startFromScratch="false">
        <tabs>
            <tab id="Tab1" label="Tab1" insertAfterMso="TabHome">
            </tab>
            <tab id="TabInsert" label="Tab2" insertBeforeMso="TabData">
            </tab>
        </tabs>
    </ribbon>
</customUI>
```

然后在 Ribbon XML Editor 软件中选择“文件”→“保存”命令，如图 10-9 所示。

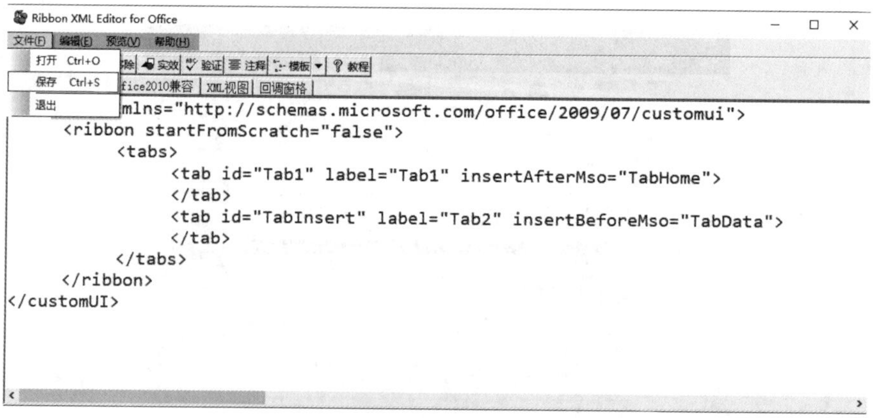

图 10-9　保存 Ribbon XML 到 Excel 工作簿

在“另存为”对话框中，保存类型选择“Excel 工作簿”，选中文件夹中的“新选项卡.xlsx”文件，如图 10-10 所示。

确定以后，软件弹出一个对话框，再次单击“确定”按钮，如图 10-11 所示。

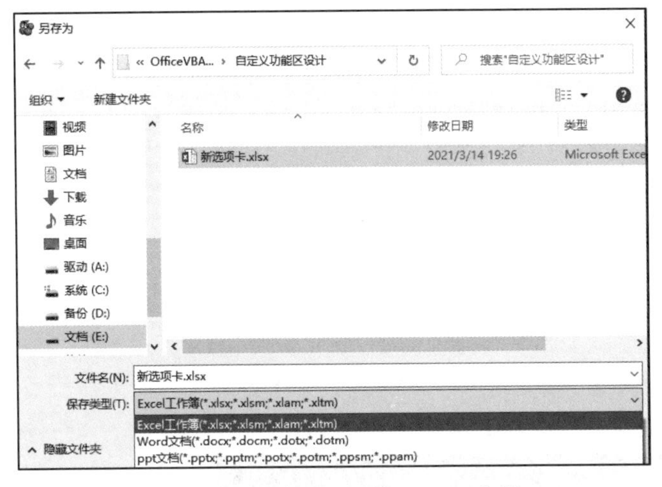

图 10-10　保存 XML 到 Excel 工作簿

图 10-11　对话框

这样就完成了 Ribbon XML 的压缩操作。

在 Excel 中打开上述工作簿，可以看到在“开始”的右侧以及“数据”的左侧分别添加了一个新选项卡，如图 10-12 所示。

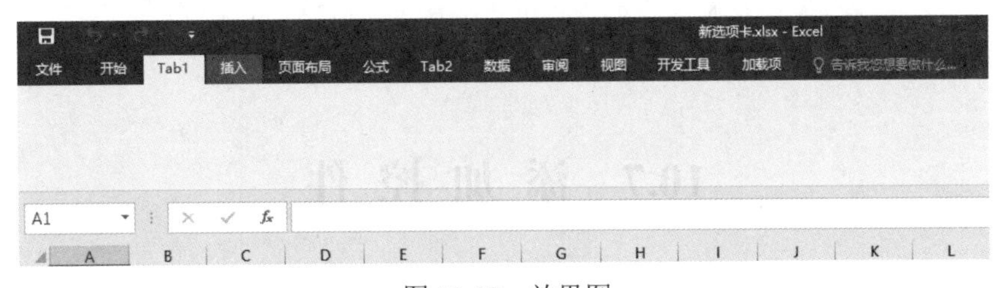

图 10-12　效果图

注意

保存在工作簿文件中的 Ribbon XML，只有在 Excel 打开该工作簿，并且该工作簿是活动工作簿时才能看到相应的自定义界面。如果希望在 Excel 中一直看到自定义界面，需要把含有 Ribbon XML 的工作簿另存为加载宏来使用。

10.6　添加新组

组的 Ribbon XML 元素名称是<group>，组是各种控件的容器，组的上级是<tab>，下级是各种控件。可以向新选项卡下面添加自定义组，也可以把已存在的内置组复制到选项卡下面。

下面的 XML 代码表示新建一个选项卡，然后在下面新建一个组，组中放入一个按钮。然后把 Excel 内置的剪贴板组复制到该选项卡下面。

```
<customUI xmlns="http://schemas.microsoft.com/office/2009/07/customui">
    <ribbon startFromScratch="false">
        <tabs>
            <tab id="Tab1" label="Tab1" insertAfterMso="TabHome">
                <group id="Group1" label="Group1">
                    <button id="Button1" label="Button1" size="large"/>
                </group>
                <group idMso="GroupClipboard">
                </group>
            </tab>
        </tabs>
    </ribbon>
</customUI>
```

对应的界面如图 10-13 所示。

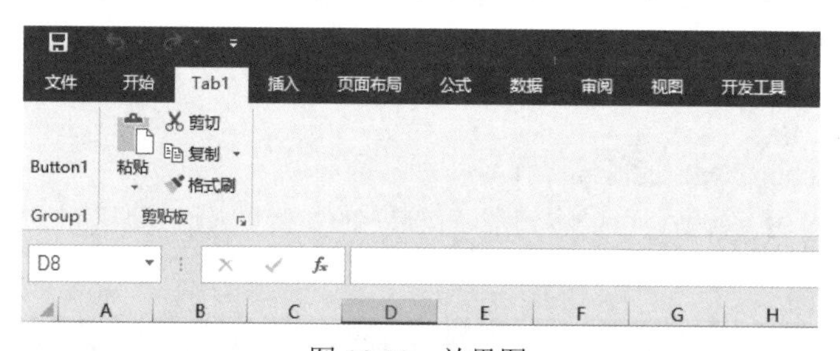

图 10-13　效果图

10.7　添 加 控 件

组下面可以添加控件，控件的种类大约有 16 种，其中常见的控件有按钮、文本框、标签框、复选框等。每种控件可以使用的属性不完全相同，需要根据具体情况使用。

同样，在<group>元素下面既可以添加新的控件，也可以把内置控件复制到组中。

下面的 XML 代码表示向自定义组中添加两个文本框和一个按钮。

```
<customUI xmlns="http://schemas.microsoft.com/office/2009/07/customui">
    <ribbon startFromScratch="false">
        <tabs>
            <tab id="Tab1" label="扩展功能" insertAfterMso="TabHome">
                <group id="Group1" label="文本工具">
                    <editBox id="Edit1" label="源字符串" showLabel="true"/>
                    <button id="Button1" label="转为大写" size="normal"/>
                    <editBox id="Edit2" label="转换结果" showLabel="true"/>
                </group>
```

```
            </tab>
        </tabs>
    </ribbon>
</customUI>
```

对应的界面如图 10-14 所示。

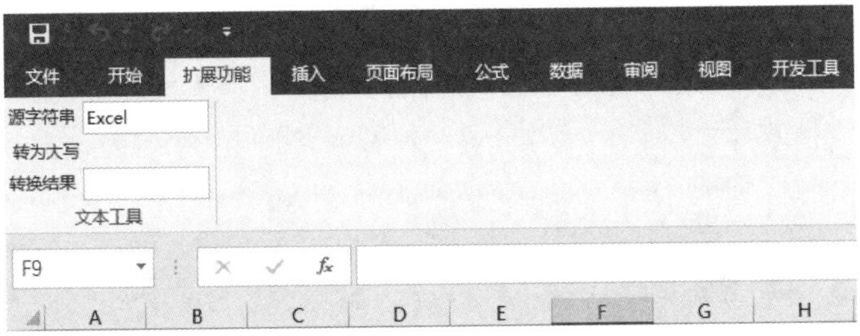

图 10-14　效果图

在文本框中可以输入内容，但是单击“转为大写”按钮后，没有任何反应，这是因为尚未添加回调函数。

10.8　使用内置图标

<button>元素默认只显示标题，不显示图标。为了美观，还可以在标题左侧显示图标，可以使用微软提供的内置图标，也可以把计算机中的图片设置为图标。

Ribbon XML 代码中<button>元素的 imageMso 属性用来指定内置图标的名称，但是 Office 每个版本的图标名称列表不相同，如 Office 2016 中有些内置图标用于 Office 2010 中却不能正常显示。

在本书配套资源中下载 imageMsoViewer.zip，解压后按照使用说明操作，即可在 Excel 中看到该 COM 加载项，如图 10-15 所示。

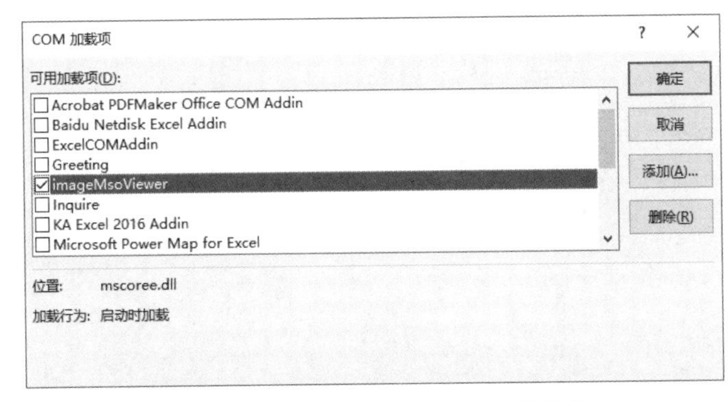

图 10-15　勾选 imageMsoViewer 复选框

同时，在 Excel 中看到很多图标，如图 10-16 所示。

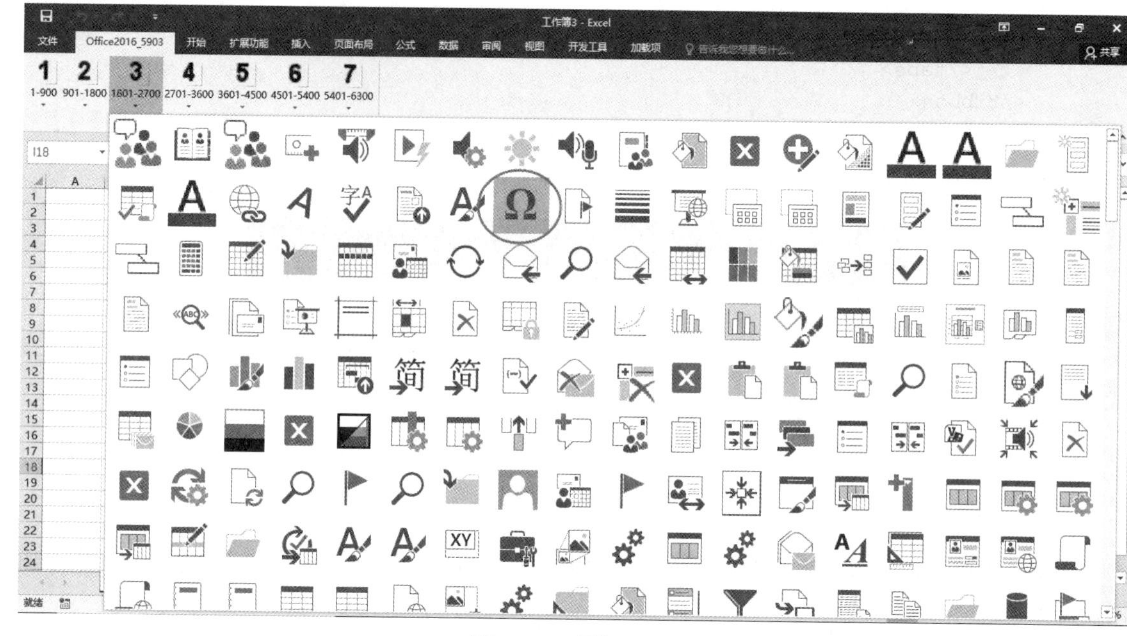

图 10-16　图标预览

任意选择其中一个图标，假设选中 Ω，将会自动把该图标的名称复制到剪贴板上，在可以打字的地方按下快捷键 Ctrl+V，即可看到 GroupBlogSymbols。

下面的 Ribbon XML 代码在自定义组中添加了 4 个按钮，并且都使用了内置图标。

```
<customUI xmlns="http://schemas.microsoft.com/office/2009/07/customui">
    <ribbon startFromScratch="false">
        <tabs>
            <tab id="Tab1" label="扩展功能" insertAfterMso="TabHome">
                <group id="Group1" label="内置图标">
                    <button id="Button1" label="按钮 1" size="normal" imageMso=
                    "GroupBlogSymbols"/>
                    <button id="Button2" label="按钮 2" size="normal" imageMso=
                    "GroupBlogSymbols"/>
                    <button id="Button3" label="按钮 3" size="normal" imageMso=
                    "GroupBlogSymbols"/>
                    <button id="Button4" label="笑脸" size="large" imageMso=
                    "HappyFace"/>
                </group>
            </tab>
        </tabs>
    </ribbon>
</customUI>
```

对应的界面如图 10-17 所示。

图 10-17　效果图

10.9　添加回调函数

Ribbon XML 代码是静态的 XML 代码，如果在 VBA 工程中没有对应的回调函数，那么自定义功能区的结果是只显示出外观效果，而没有实际的功能。

Ribbon XML 可以与 VBA 过程协同配合，从而让用户单击自定义功能区中的控件，自动引发 VBA 中的过程或函数。这是自定义功能区的主要目的。

前面已经讲过功能区控件的诸多属性，如 label、idMso 等都是静态属性，在 XML 中指定后就不变了。还有一些动态属性，这些动态属性要配合 VBA 中的回调函数才能起作用。

回调函数在 XML 中是以控件的属性出现的，通常以 get 或 on 开头。而在 VBA 中则以过程或函数出现，并且过程或函数必须定义在标准模块中。

get 类的回调函数是利用 VBA 中函数的返回值作为功能区控件的属性值，而 on 类的函数用来响应 VBA 中的过程，通常没有返回值。

例如，labelControl 控件的 label 属性是静态属性，对应的 getLabel 是动态属性；button 控件的 imageMso 是静态属性，对应的 getImage 是动态属性。

下面制作一个工具，功能是单击按钮控件，让第二个标签框自动显示当前时刻。

在 Excel 中新建一个工作簿，保存为“回调函数.xlsm”，在 Excel 中关闭该工作簿。

然后在 Ribbon XML Editor 中编写以下代码：

```
<customUI xmlns="http://schemas.microsoft.com/office/2009/07/customui" onLoad="OL">
    <ribbon startFromScratch="false">
        <tabs>
            <tab id="Tab1" label="扩展功能" insertAfterMso="TabHome">
                <group id="Group1" label="各种回调">
                    <labelControl id="Label1" label="现在时刻：" showLabel="true"/>
                    <button id="Button1" label="单击更新" size="normal" getImage=
                    "GI" showImage="true" onAction="OA"/>
                    <labelControl id="Label2" getLabel="GL" showLabel="true"/>
                </group>
            </tab>
        </tabs>
    </ribbon>
</customUI>
```

注意

上述代码中共出现了 4 处回调函数：

- customUI 的 onLoad 对应于 VBA 中的 OL 过程，作用是提供全局 UI 对象，并用来更新控件。
- button 的 getImage 对应于 VBA 中的 GI 过程，作用是将自定义图片作为按钮图标。
- button 的 onAction 对应于 VBA 中的 OA 过程，作用是单击按钮后自动执行该过程。
- labelControl 的 getLabel 对应于 VBA 中的 GL 过程，作用是把 VBA 中的返回值作为标签库的标题。

然后利用 Ribbon XML Editor 软件把上述 XML 代码压缩到“回调函数.xlsm”这个文件。

Ribbon XML Editor 可以自动生成与 XML 代码对应的 VBA 回调函数的主体，在编辑器中右击，选择“查看回调”→VBA 命令，如图 10-18 所示。

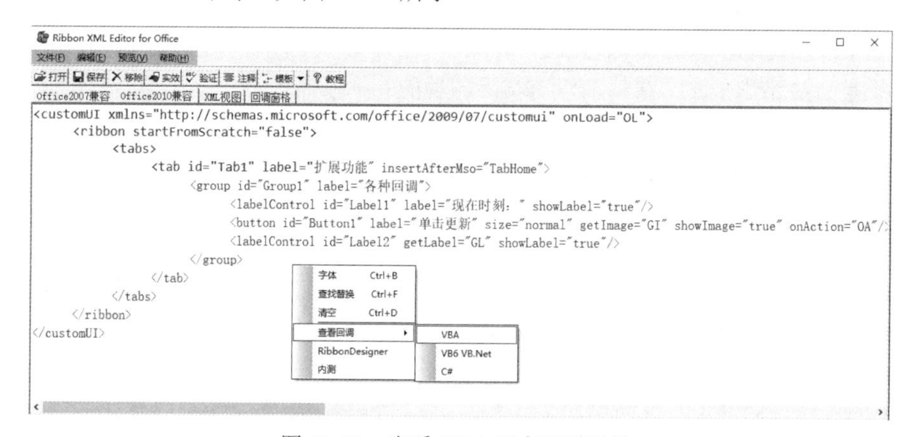

图 10-18 查看 VBA 语言回调函数

此时自动切换到“回调窗格”中，可以看到产生的 VBA 代码，如图 10-19 所示。

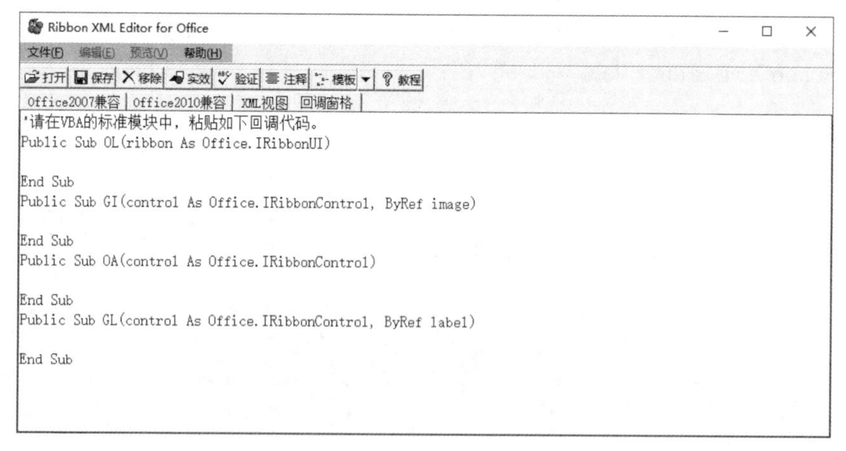

图 10-19 VBA 语言回调函数

接下来在 Excel 中打开“回调函数.xlsm”，插入一个标准模块，把上述代码粘贴进来，并且做适当调整：

```
Public R As Office.IRibbonUI

Public Sub OL(ribbon As Office.IRibbonUI)
    Set R = ribbon
End Sub

Public Sub GI(control As Office.IRibbonControl, ByRef image)
    Set image = LoadPicture(ThisWorkbook.Path & "\2008.jpg")
End Sub

Public Sub OA(control As Office.IRibbonControl)
    R.InvalidateControl controlid:="Label2"
End Sub

Public Sub GL(control As Office.IRibbonControl, ByRef label)
    label = Now
End Sub
```

注意

需要事先在工作簿所在的文件夹中准备一张名为 2008.jpg 的图片。

最后，保存工作簿。

当再次打开工作簿时，可以看到相应的界面，如图 10-20 所示。

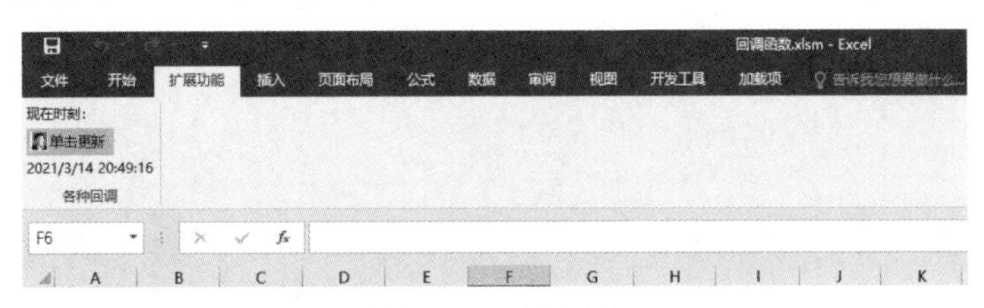

图 10-20　效果图

单击“单击更新”按钮，可以看到标签框中的时间在动态改变。

这个例子充分说明了常用回调函数的用法。

10.10　习　　题

1．Excel 的某个选项卡的内容如图 10-21 所示。

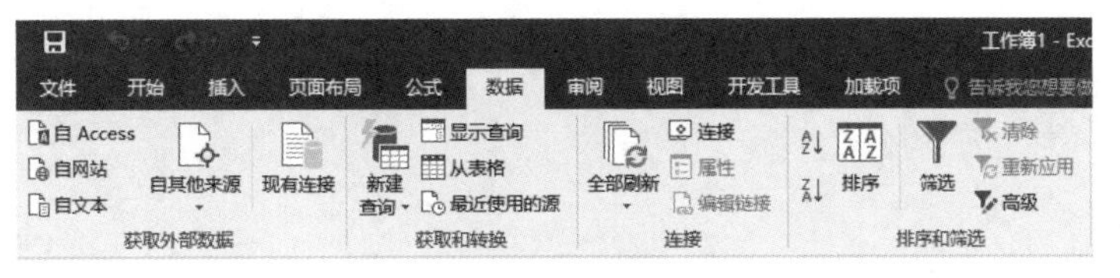

图 10-21　效果图

下列说法正确的是（　　）。

A．“数据”是组　　B．“获取和转换”是选项卡

C．“显示查询”是控件　　D．“新建查询”是组

2．要实现如图 10-22 所示的自定义界面。

图 10-22　效果图

其中，用于定义按钮的 Ribbon XML，正确的是（　　）。

A．<button id="Button1" label="Calculate" imageMso="HappyFace" size="large"/>

B．<button id="Calculate" label="Button1" imageMso="HappyFace" size="large"/>

C．<button id="Button1" Label="Calculate" imageMso="HappyFace" size="large"/>

D．<button id="Calculate" Label="Button1" imageMso="HappyFace" size="large"/>

3．在 Ribbon XML 中，用于把一个 VBA 过程绑定给功能区的按钮，其 button 元素需要设置的回调属性是（　　）。

A．getLabel　　B．onLoad

C．getImage　　D．onAction

第 11 章　用户窗体与控件设计

用户在使用 Excel 的过程中，经常看到各种窗口和对话框，如“单元格格式”对话框、“查找和替换”对话框等。这些与用户交互的界面元素是内置对话框，用户只能使用，但是无法修改对话框中各个控件的布局。

VBA 工程不仅能够添加标准模块、类模块等代码组件，还能添加用户窗体。开发人员可以在用户窗体上添加需要的控件。在合适的时机让窗体显示出来呈现在用户眼前，增强了程序设计的灵活程度。

本章讲述 VBA 开发过程中自定义用户窗体和控件的设计。

本章关键词：用户窗体、控件、工具箱。

11.1　用户窗体设计入门知识

用户窗体就像一张画布（Canvas），开发人员可以把各种类型的控件放在用户窗体上。

本节讲解如何向 VBA 工程中添加用户窗体，设计视图和代码视图以及显示和关闭窗体。

11.1.1　添加用户窗体

在 VBA 工程节点右击，在右键菜单中选择“插入”→“用户窗体”命令，如图 11-1 所示。

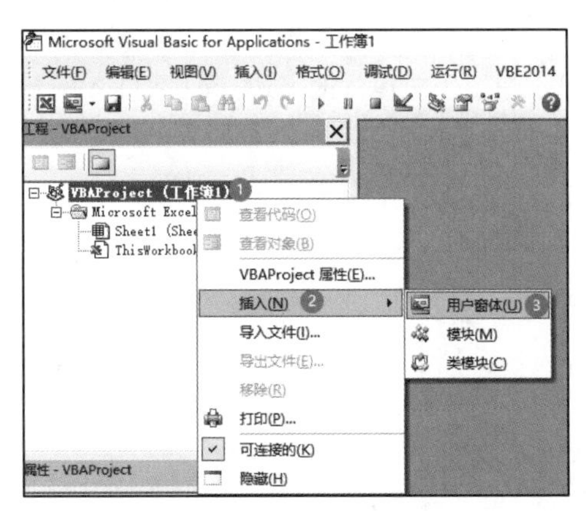

图 11-1　插入用户窗体

随后 VBA 工程中多了 UserForm1 模块，这个名称是微软默认的，如果再插入一个窗体，名称是 UserForm2，如图 11-2 所示。

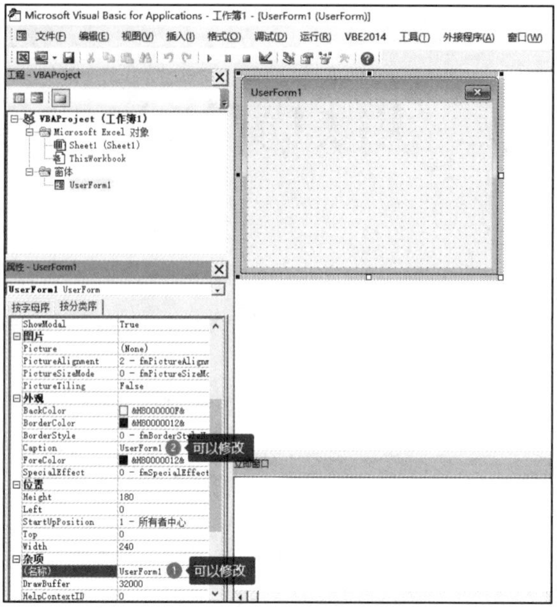

图 11-2　窗体的属性列表

在设计期间，用户窗体就像标准模块一样，既可以修改它的代码名称，也可以修改窗体左上角的标题。

11.1.2　使用控件工具箱

默认的用户窗体上面没有放置任何控件，开发人员可以从控件工具箱中选择控件放入窗体中。

控件工具箱只有在打开用户窗体的设计视图时才能使用。但有些时候设计窗体时看不到控件工具箱，这时可以选择“视图”→“工具箱”菜单命令使其再次显示出来，如图 11-3 所示。

这样“工具箱”窗口就显示在了用户窗体的旁边，如图 11-4 所示。

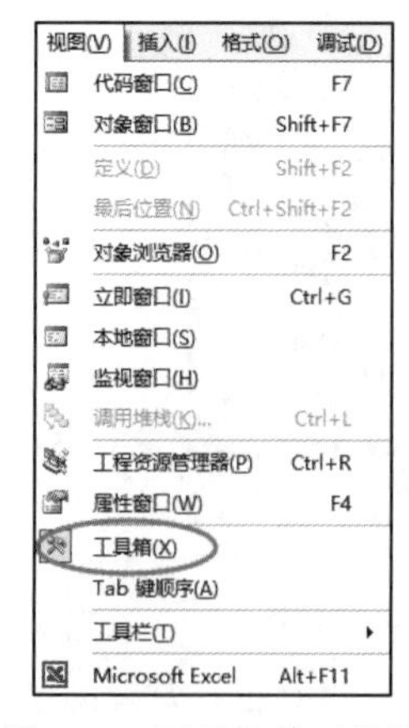

图 11-3　显示控件工具箱

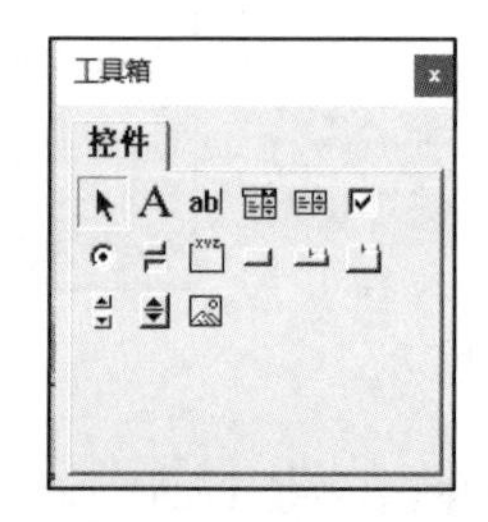

图 11-4　控件工具箱

工具箱中包含内置的14个控件，它们分别是标签（Label）、文本框（TextBox）、组合框（ComboBox）、列表框（ListBox）、复选框（CheckBox）、单选按钮（OptionButton）、切换按钮（ToggleButton）、分组框（Frame）、命令按钮（CommandButton）、TabStrip、Multipage、滚动条（ScrollBar）、旋转按钮（SpinButton）、图像（Image）。

11.1.3 设计视图和代码视图

用户窗体是一种特殊的模块，它有两种视图：

（1）设计视图。设计视图的作用是修改和设置窗体、控件的各种属性，也可以增加、删除控件。

（2）代码视图。代码视图的作用是编写窗体和控件的事件代码，以及窗体内部的自定义过程、函数等。

在工程资源管理器中选中窗体模块，在右键菜单中如果选择“查看代码”，则进入代码视图；如果选择“查看对象”，则进入设计视图，如图11-5所示。

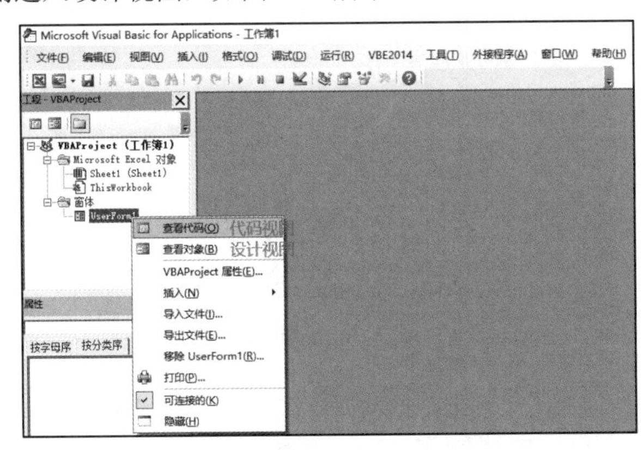

图11-5 打开窗体的代码视图

另外，在设计视图中按下快捷键F7可以快速进入代码视图。

各个视图可以层叠显示。当退出最大化显示时，可以同时看到设计视图和代码视图，如图11-6所示。

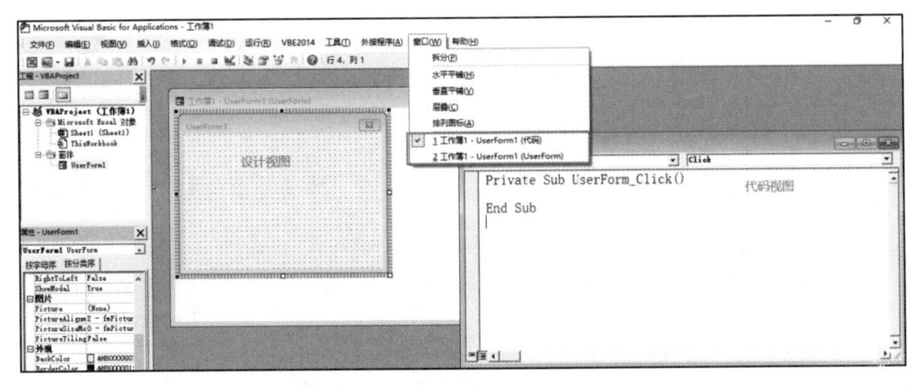

图11-6 同时查看设计视图和代码视图

11.1.4 用户窗体的显示、隐藏、关闭

用户窗体具有两种显示模式。

- 模态窗口：窗体显示出来后，用户只能在窗体上操作，随后必须关闭窗体后才能返回 Excel 中。
- 非模态窗口：窗体以浮动对话框的形式显示，用户可以不理会窗体直接回到 Excel 中操作。

在设计期间可以在属性窗口中设置 ShowModal 属性，该属性默认值是 True，也就是模态窗口。如果修改为 False，则变成非模态窗口，如图 11-7 所示。

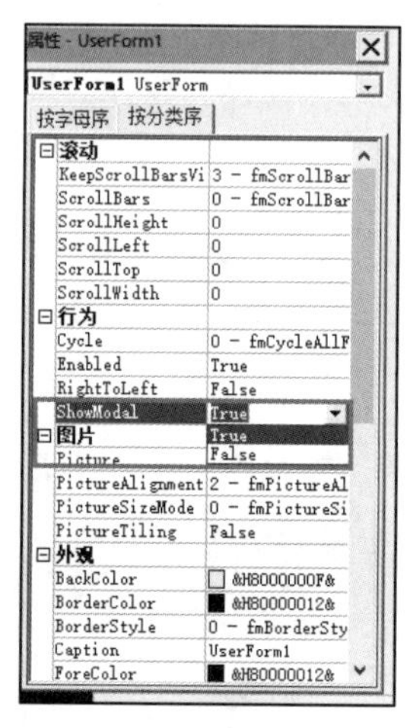

图 11-7 ShowModal 属性

显示窗体，就是把窗体运行起来，让窗体从设计模式进入运行模式。因为面向用户开发 VBA 项目，所以不能让用户看到 VBA 窗口，更不能让用户查看和修改 VBA 工程，因此让用户使用窗体，必须让窗体运行起来。

运行窗体，一般要通过代码在其他模块中调用 Show 方法才能显示窗体。一般做法是再插入一个标准模块，在该模块中编写一个过程：

```
Sub ShowUserForm1()
    UserForm1.Show
End Sub
```


如果直接用不带参数的 Show 方法，那么窗体将根据设计期间的 ShowModal 属性来决定是模态窗口还是非模态窗口。

如果 Show 方法后面带上参数，则忽略设计期间的设置，按照参数值来决定，如图 11-8 所示。

```
Sub ShowUserForm1()
    UserForm1.Show VBA.FormShowConstants.vbModeless
End Sub
```

vbModal
vbModeless

图 11-8 运行期间改变窗体的模态

最后，执行宏 ShowUserForm1，会看到 Excel 上面弹出一个窗口，如图 11-9 所示。

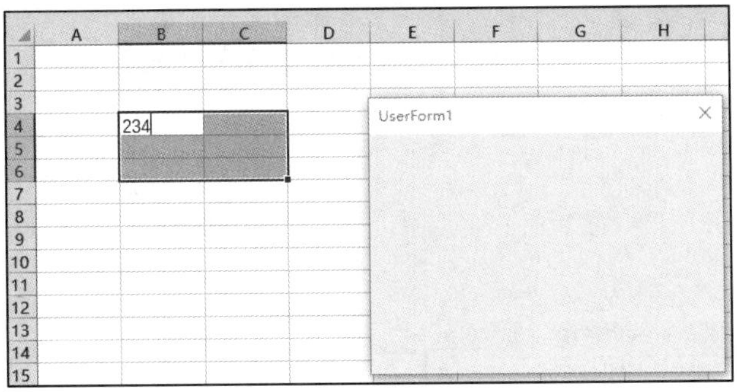

图 11-9　非模态窗口

由于是非模态窗口，用户可以在单元格中进行编辑等操作。而且，在窗体显示的情况下，还可以继续运行 VBA 中的其他宏。

对于运行着的窗体，可以用 UserForm1.Hide 方法将其隐藏，如果要再次显示，需要再运行 UserForm1.Show 方法。

如果要完全退出用户窗体，既可以让用户单击窗体右上角的☒按钮，也可以按下快捷键 Alt+F4 退出窗体，还可以通过代码 Unload UserForm1 卸载窗体。

11.2　理解控件的三个重要方面

窗体，具有控件的一般特性，可以把窗体看作一个特殊的控件。窗体和控件都是对象，因此也具有属性、方法、事件。

本节讲解控件的属性、方法、事件的使用方法。

11.2.1　属性

窗体和控件具有很多属性，在设计期间可以通过属性窗口查看和修改控件的属性。不同类型的控件，支持的属性也不同。例如，命令按钮有 Caption 属性，没有 Text 属性。而文本框没有 Caption 属性，却有 Text 属性。

但是，所有控件（包括窗体）都有属性 Name，该属性好比是变量的名称，或者工作表的 CodeName，是只读属性，只能在设计期间通过属性窗口来设定，运行期间不能修改 Name 属性。另外，控件的 Name 属性不对用户开放，也就是说窗体在运行期间用户感受不到每个控件的名称是什么，当然也无须知道。

下面讲解如何使用属性窗口修改属性。假设窗体上放置了一个命令按钮，想要修改按钮的标题。首先在设计视图中用光标选中这个按钮，然后在属性窗口的组合框中找到 CommandButton1，这样才能进入该控件的属性列表，如图 11-10 所示。

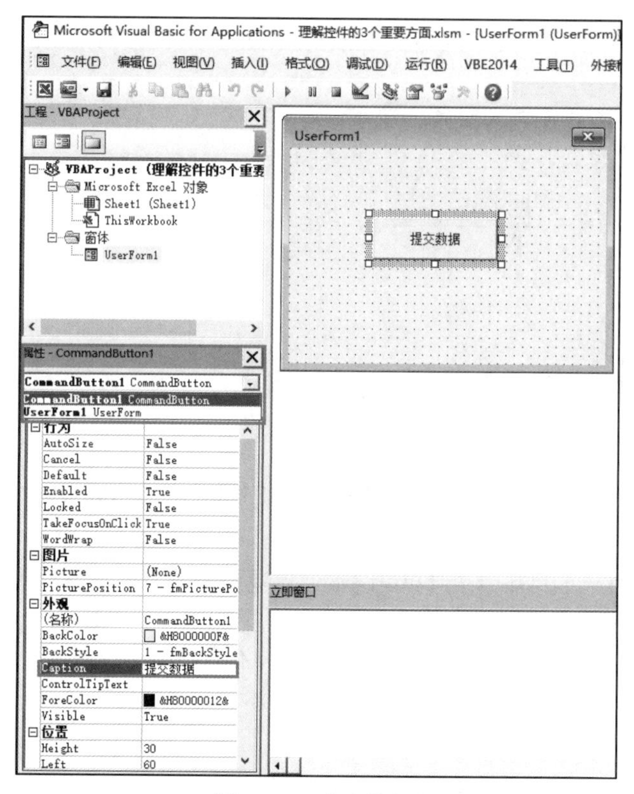

图 11-10　命令按钮

将 Caption 修改为“提交数据”。

如果在 VBA 窗口中看不见属性窗口，按下快捷键 F4 即可。

做大型开发时，一个窗体上往往有众多控件，为了避免“张冠李戴”，设置属性前首先从组合框中选择目标控件。

对于像 Name 这样的只读属性，只能在设计期间修改。对于像 Caption、Text 这种可写属性，既可以在设计期间进行初期设定，还可以在运行时让代码修改其属性。

另外，还需要注意通用属性和专用属性的问题。通用属性是指各种控件都具有的普遍属性，而专用属性是某类控件特有的属性。

常见的通用属性有 Name（名称）、Enabled（可用性）、Visible（可见性）、Left、Top、Width、Height、Font（字体）。

专用属性与控件的具体类型有关，如 ListBox 有 ListCount 属性，Image 控件有 Picture 属性等。

11.2.2　方法

控件的通用方法有以下 3 种：

（1）Move：同时修改控件的 Left、Top、Width、Height 属性。

（2）SetFocus：让控件具有输入焦点。

（3）ZOrder：让控件置于最前或最后。

专用方法与具体的控件类型有关，如 ListBox 控件的 Clear 方法用于清空所有条目。

控件的方法只能当窗体进入运行模式时在代码里调用。

11.2.3 事件

当单击了控件或在控件上按下某个按键时，可以自动执行用户窗体代码模块中的某个过程，这就是控件的事件机制。

事件不是必须使用的，要根据开发的需要选择使用。默认情况下用户窗体的代码视图中没有任何代码，也就是没有定制任何事件。

事件是窗体代码视图中的一个私有过程，其语法格式是：

```
Private Sub 控件名称_事件名称(参数列表)

End Sub
```

窗体的常用事件有：Initialize、Terminate 等。

按钮的常用事件有：Click、DblClick 等。

下面演示如何定制窗体和控件的事件。

首先在 VBA 中插入一个用户窗体，窗体上放置 1 个 CommandButton 和其他的控件，然后按下快捷键 F7 进入代码视图。

代码视图的上方有两个组合框，左侧组合框列出了该窗体中所有的控件，从中选择 UserForm，如图 11-11 所示。

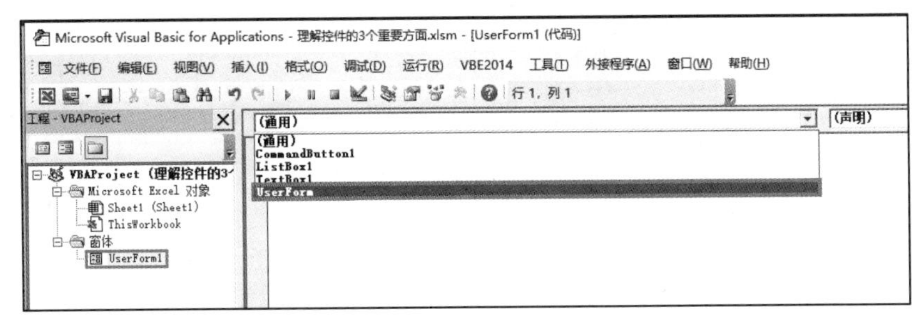

图 11-11 控件列表

然后展开右侧的事件列表，选择 Initialize，如图 11-12 所示。

UserForm | Click

```
Private Sub UserForm_Click()

End Sub
```

Click
DblClick
Deactivate
Error
Initialize
KeyDown
KeyPress
KeyUp
Layout
MouseDown
MouseMove
MouseUp

图 11-12 UserForm 的事件列表

同样的做法，把 Terminate 事件也添加上。最后，把刚开始默认添加的 Click 事件整体删除，如图 11-13 所示。

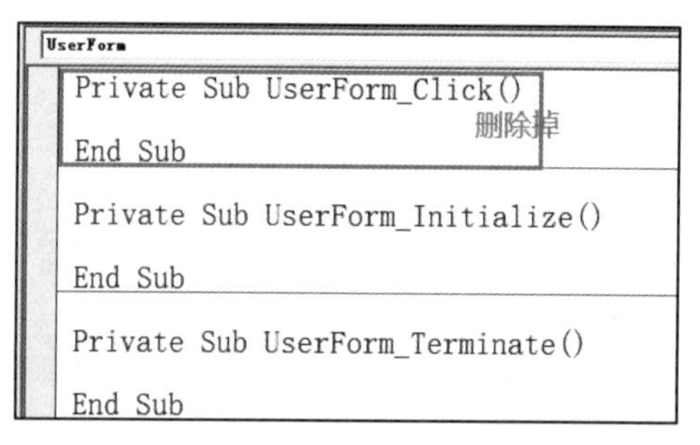

图 11-13　窗体的初始化和终止事件

再为 CommandButton1 创建 Click 事件。在控件列表中选择 CommandButton1，如图 11-14 所示。

```
(通用)                                   (声明)
(通用)
CommandButton1
ListBox1
TextBox1
UserForm
Private Sub UserForm_Initialize()

End Sub

Private Sub UserForm_Terminate()

End Sub
```

图 11-14　控件列表

在右侧的事件列表中选择 Click。

代码视图中最终代码如下：

```
Private cap As String

Private Sub CommandButton1_Click()
   MsgBox cap, vbInformation
End Sub

Private Sub UserForm_Initialize()
   Me.Caption = "我做的第一个窗体"
   cap = Me.Caption
End Sub

Private Sub UserForm_Terminate()

End Sub
```

上述代码中，模块级变量 cap 用于保存窗体的标题。当窗体启动后，看到标题被修改了。单击"测试按钮"，在输出对话框中弹出了修改后的标题，如图 11-15 所示。

以上示例是比较简单的事件。

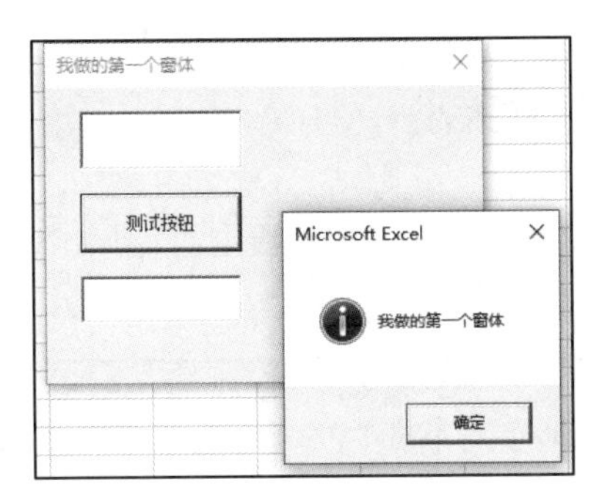

图 11-15　运行结果

11.3　窗体和控件的设计原则

窗体和控件，最终要呈现到用户的眼前，能否引起用户的注意和好感很重要。本节介绍几种增强窗体效果的一些方法。

11.3.1　统一设定控件的字体风格

有很多控件都能显示文字，如 TextBox、ListBox、Label 等。如果一个窗体上需要用到很多的文本框、标签，那么字体的设置就很重要。如果程序已经开发完了，才发现字体太小，一个接一个地重新设置字体很浪费时间。而且很容易造成同一个窗体中各个控件字体不统一。

其实，用户窗体也有 Font 属性。如果 VBA 中添加了用户窗体，就立即设置窗体的字体，那么后面再添加各种控件，那些控件的字体都和窗体字体一致，因为继承了窗体的属性，这样就无须单独为每个控件设置字体。

在窗体的设计视图的属性窗格中找到 Font，单击右面的 3 个黑点按钮，如图 11-16 所示。

当弹出“字体”对话框后，自行设置即可，如图 11-17 所示。

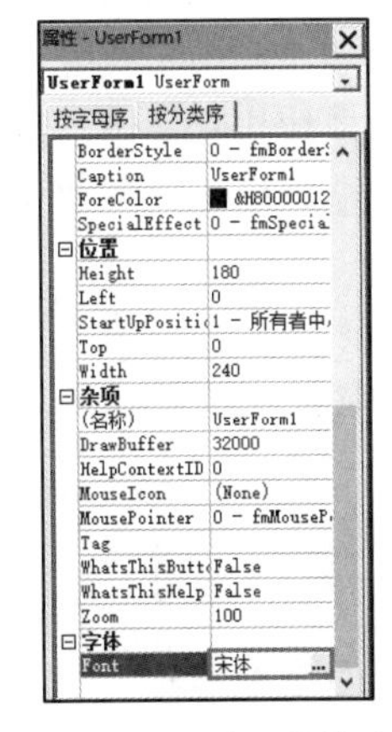

图 11-16　设置窗体的字体

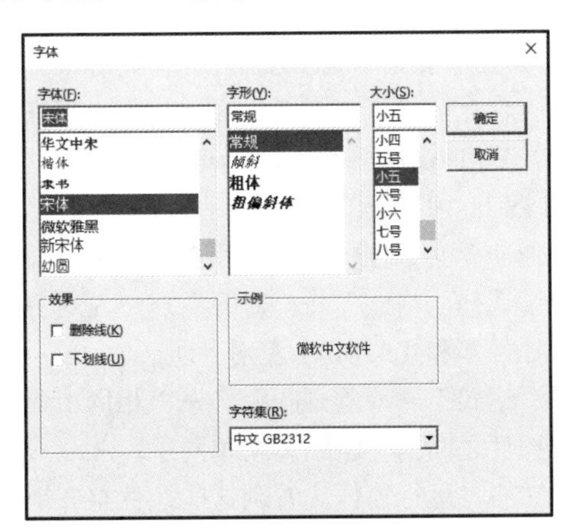

图 11-17　“字体”对话框

11.3.2 统一设定控件的位置和大小

所有控件的位置，由该控件的 Left 和 Top 属性决定，大小由 Width 和 Height 决定。在窗体中选定一个控件后，在属性窗口中的“位置”组可以修改这 4 个数值，如图 11-18 所示。

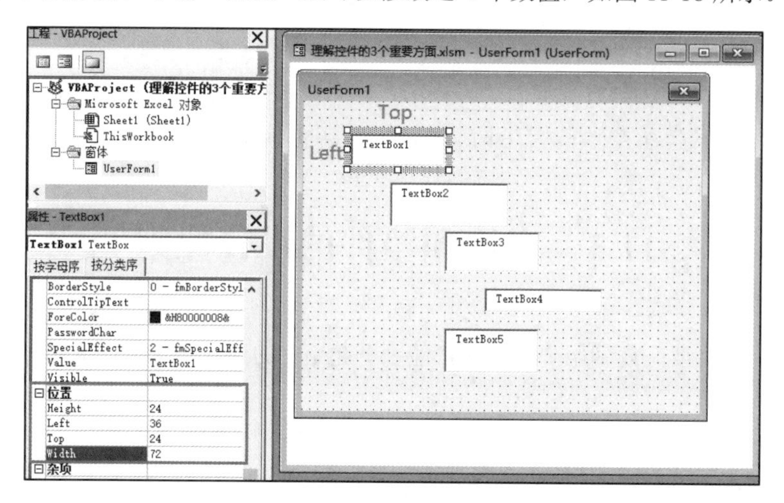

图 11-18　设置控件的位置和大小

如果窗体上放置了多个同类的控件，可以用光标框选或点选所有控件，然后在属性窗口中一次性设置多个控件的位置和大小。

不过，VBA 编程窗口的“格式”菜单提供了很多设置控件格式的实用功能。如果窗体上有多个格式杂乱的控件，可以按照以下步骤来快速调整。

- 统一尺寸：让所有控件宽度相同，或高度相同，或两者都相同。
- 对齐：让所有控件左对齐、右对齐、上对齐或下对齐。
- 间距：让所有控件的左右间距或上下间距相同。

这里要注意基准控件的问题，选定多个控件时，以最后选择的那个控件作为基准控件。也就是说无论统一尺寸还是对齐，都把这个控件作为标准。

假设窗体上任意放置了 5 个 TextBox 控件，现在要统一设置格式。按住 Ctrl 键，用光标依次选择 TextBox5、TextBox4、……、TextBox1，再选择“格式”→“统一尺寸”→“两者都相同”菜单命令，如图 11-19 所示。

会看到其他 4 个文本框的大小都和 TextBox1 相同了。

接下来继续选择“格式”→“对齐”→“左对齐”菜单命令，如图 11-20 所示。

随后这些控件都和 TextBox1 左对齐了。

最后选择“格式”→“垂直间距”→“相同”命令，如图 11-21 所示。

这样每个控件之间的空隙距离就相同了。

快速设置完毕，运行窗体，看到这些控件整齐地排列在窗体中，如图 11-22 所示。

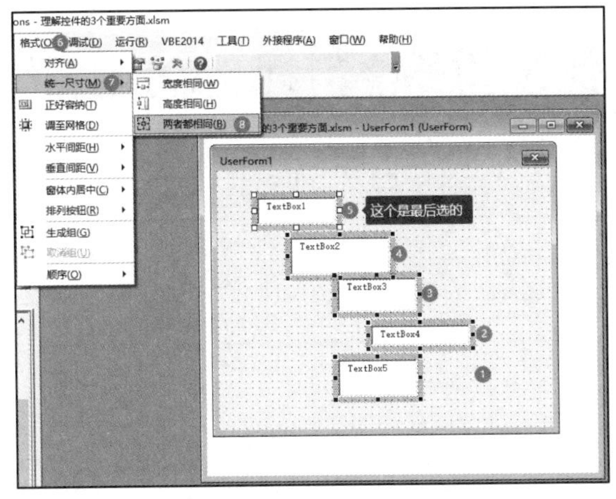

图 11-19　统一调整多个控件的位置大小

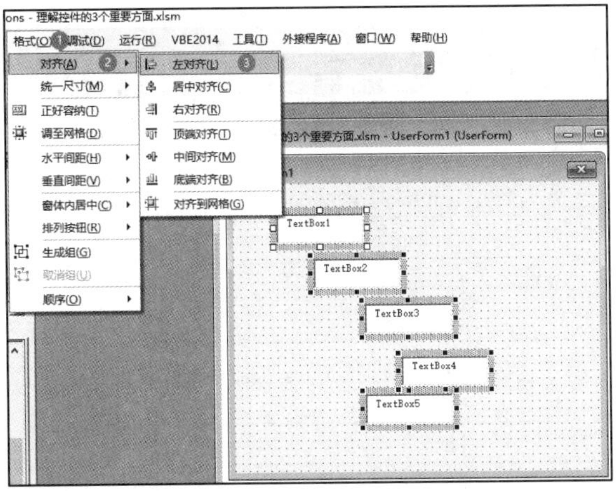

图 11-20　统一对齐各个控件

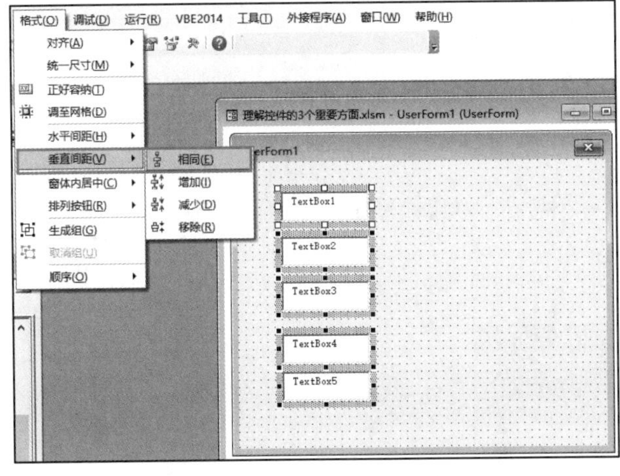

图 11-21　统一设置各个控件的间距

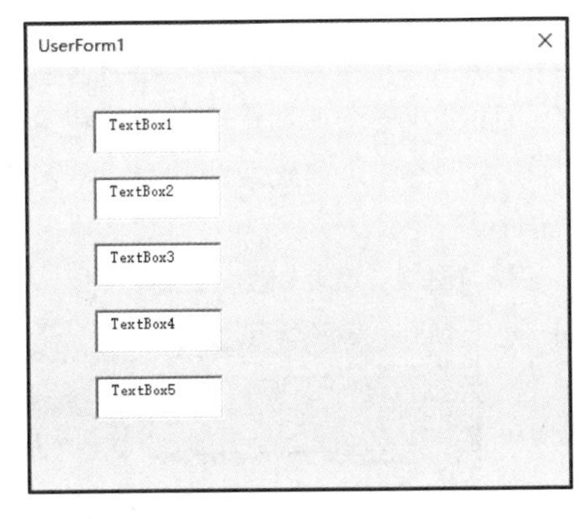

图 11-22　运行结果

注意

设置格式的过程中，如果设置错误，可以按下快捷键 Ctrl+Z 撤销操作。

11.3.3　使用体现具体功能的名称

窗体和控件都有名称，一般情况下都使用 VBA 提供的默认名称。但如果做大型开发，直接使用默认名称对于后期的程序维护很不利。

因此，要养成添加控件之后马上修改其 Name 属性的习惯。给控件设置 Name，与声明变量是一样的原则，名称由类型和具体的功能相结合，如果要制作一个登录窗体，把默认的 UserForm1 修改为 usfLogin 更为合适。

各种控件建议的命名方式见表 11-1。

表 11-1　窗体和控件默认的命名前缀

窗体或控件	名称前缀	示　例
UserForm	usf	usfLogin
Label	lbl	lblName
TextBox	txt	txtPassword
ComboBox	cmb	cmbAreas
ListBox	lst	lstCitys
CheckBox	chk	chkIgnoreCase
OptionButton	opt	optYes
ToggleButton	tgl	tglSelected
Frame	frm	frmSettings
CommandButton	cmd	cmdOK
TabStrip	tab	tab1
MultiPage	mlp	mlp1
ScrollBar	scr	scrVolume
SpinButton	spb	spbIncrement
Image	img	imgPhoto

下面设计一个考勤管理系统的登录界面。

在用户窗体上放置两个标签、两个文本框、一个按钮。然后通过属性窗口修改每个控件的名称，如图 11-23 所示。

启动窗体，效果如图 11-24 所示。

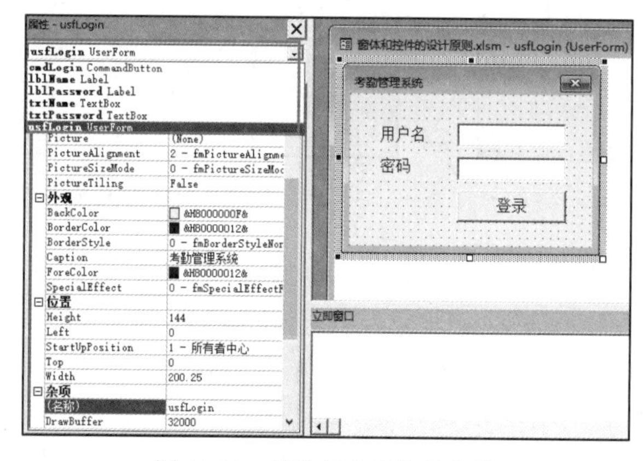

图 11-23　修改每个控件的名称

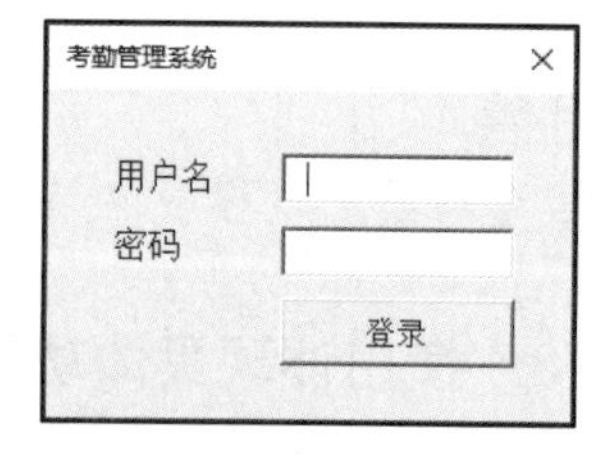

图 11-24　运行结果

11.4　用类和对象的角度认识窗体和控件

Excel VBA 工程，默认的引用有 4 个。如果向工程中添加了一个用户窗体，那么会同时自动增加一个名为 Microsoft Forms 2.0 Object Library 的外部引用，如图 11-25 所示。

打开对象浏览器，在组合框中可以找到 MSForms。可以看到该类型库中还定义了很多控件的类及其成员，如图 11-26 所示。

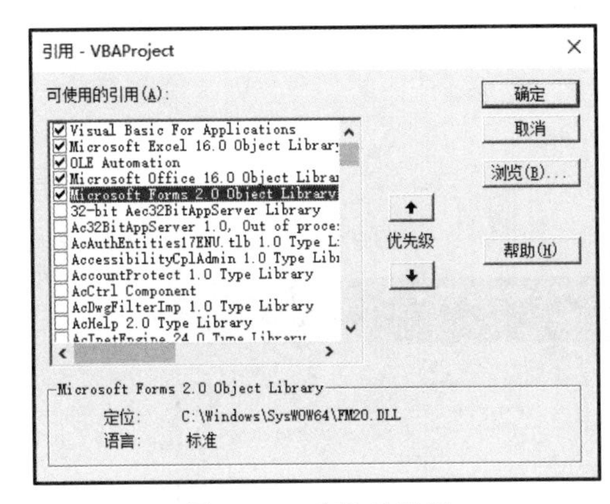

图 11-25　窗体的引用

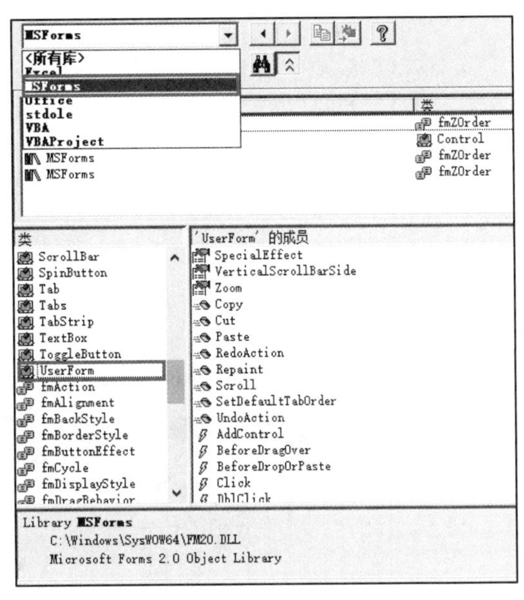

图 11-26　MSForms 类型库中的成员

本节讲解使用代码来了解窗体和控件。

11.4.1　使用 New 创建窗体

用户窗体可以看作一个类，使用 New 关键字创建类实例，而不是使用窗体自身。

假设有一个用户窗体 UserForm1，在其他模块中可以使用以下代码显示该窗体：

```
Dim UF1 As UserForm1
Set UF1 = New UserForm1
UF1.Show
```

也可以使用对象数组创建多个实例。

实例 11-1 演示了如何使用 New 创建多个窗体。

首先向 VBA 工程中添加 1 个用户窗体 UserForm1，然后在设计视图中放入 1 个 Image 图像控件，设置 Image1 的 AutoSize 属性为 True。然后在 ThisWorkbook 模块的 Open 和 BeforeClose 事件中编写创建窗体和卸载窗体的代码。

实例 11-1：使用 New 创建窗体

```
Private UF(1 To 6) As UserForm1
Private i As Integer
Private Sub Workbook_Open()
    For i = 1 To 6
```

```
        Set UF(i) = New UserForm1
        UF(i).Image1.Picture = LoadPicture(ThisWorkbook.Path & "\" & i & ".bmp")
        UF(i).Show vbModeless
        UF(i).Caption = "扑克" & i
        UF(i).Left = 90 * i
        UF(i).Top = 20 * i
    Next i
End Sub
Private Sub Workbook_BeforeClose(Cancel As Boolean)
    For i = 1 To 6
        Unload UF(i)
    Next i
End Sub
```

当打开该工作簿时，看到 Excel 上出现了 6 个窗体，如图 11-27 所示。

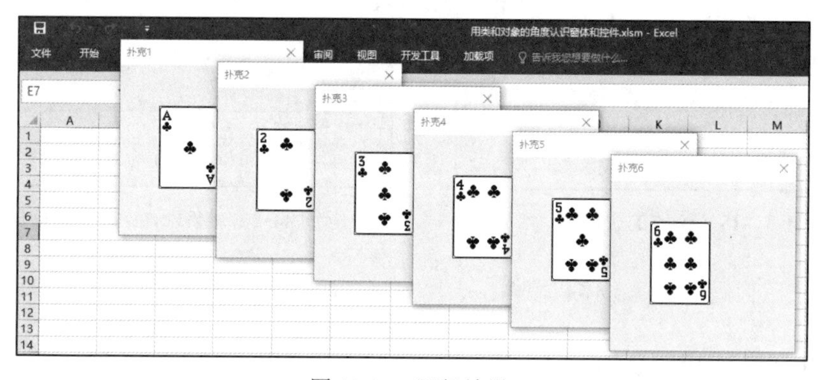

图 11-27　运行结果

11.4.2　遍历控件的名称和类型

各种类型的控件都有具体的类型名称，如按钮的类型名称是 MSForms.CommandButton，文本框的类型名称是 MSForms.TextBox。此外，还有一种 MSForms.Control 的通用控件类型，各种控件都可以赋给这种变量。

实例 11-2 演示了如何遍历用户窗体上所有控件的名称和类型。

用户窗体上放置 1 个文本框 TextBox1、1 个命令按钮 CommandButton1。

实例 11-2：遍历控件

```
Private Sub CommandButton1_Click()
    Dim C As MSForms.Control
    Dim T As MSForms.TextBox
    Set C = Me.TextBox1
    Set C = Me.Controls.Item("TextBox1")
    Set T = Me.TextBox1
    For Each C In Me.Controls
```

```
        Debug.Print C.Name, TypeName(C)
    Next C
End Sub
```

代码中的 Me 表示用户窗体自身。

11.5 常用控件用法举例

本节讲解各类控件的基本用法。

11.5.1 CommandButton 命令按钮

命令按钮用于执行一个过程，默认事件是 Click。在窗体上插入一个 CommandButton 控件，必须在代码视图中定制它的 Click 事件才能起作用。

执行按钮中的 Click 事件，一般由用户单击鼠标左键来触发这个事件。不过按钮具有 Default 和 Cancel 属性，可以让用户在窗体上按下 Enter 键和 Esc 键来触发事件。

窗体上放置两个命令按钮 CommandButton1 和 CommandButton2。然后把第一个按钮的 Default 属性设置为 True，如图 11-28 所示。

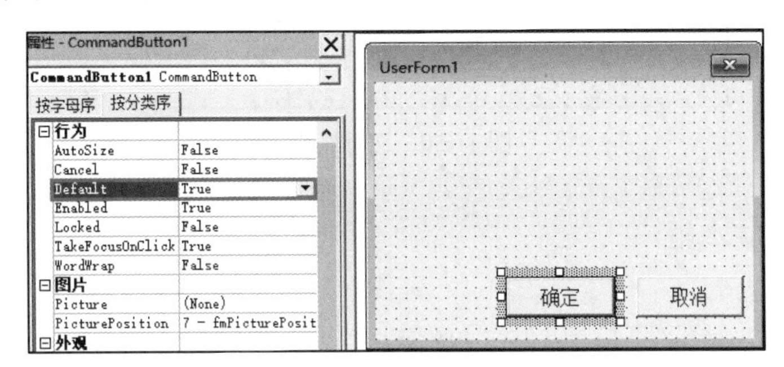

图 11-28 设置 Default 属性

把第二个按钮的 Cancel 属性设置为 True，如图 11-29 所示。

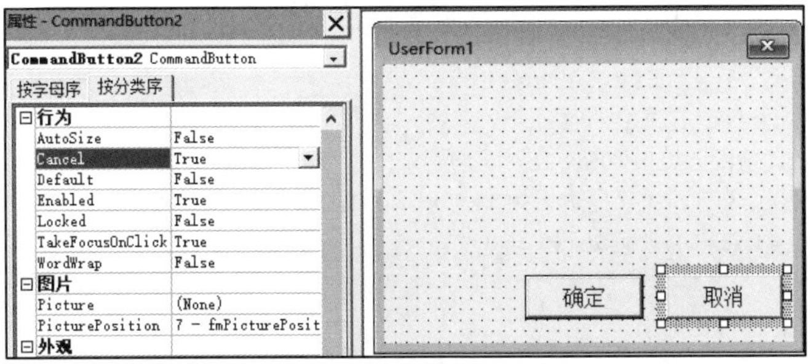

图 11-29 设置 Cancel 属性

进入代码视图，定制两个按钮的 Click 事件。

```
Private Sub CommandButton1_Click()
    Me.Caption = Time
End Sub

Private Sub CommandButton2_Click()
    Me.Caption = "即将退出"
    MsgBox "确定要退出本程序吗?", vbYesNo + vbQuestion, "询问"
End Sub
```

启动窗体，当按下 Enter 键时，看到窗体标题变成了当前时间。当按下 Esc 键时，弹出一个询问对话框，如图 11-30 所示。

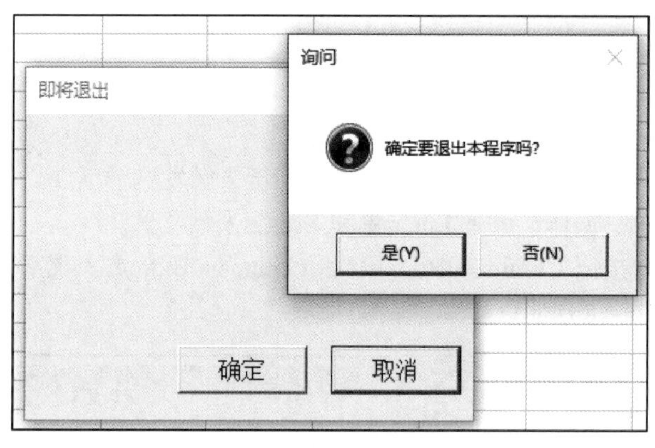

图 11-30　运行结果

11.5.2　TextBox 文本框

文本框控件用来存储纯文本信息，TextBox 控件的 Text 属性可以与字符串互相赋值。

该控件默认是单行模式，如用于输入用户的姓名、手机号等适合使用单行模式。如果要输入多段文字，就需要把 Multiline 属性设置为 True。文本框中按下 Enter 键的默认行为是焦点移动到另一个控件，如果要实现按下 Enter 键在文本框中增加新行，必须设置 EnterKeyBehavior = True。

用户窗体上放置一个 TextBox 控件，手动调整好位置和大小、字体等。

```
Private Sub UserForm_Initialize()
    Me.TextBox1.MultiLine = True                '多行模式
    Me.TextBox1.EnterKeyBehavior = True         '按下 Enter 键创建新行
    Me.TextBox1.Text = "菩提本无树" & vbNewLine & "明镜亦非台" & vbNewLine & "本来无
    一物" & vbNewLine & "何处惹尘埃"
End Sub

Private Sub UserForm_Terminate()
    Me.TextBox1.Text = ""                       '清空
```

```
End Sub
```

窗体启动后，看到文本框中显示一首诗。在其中任何插入点按下 Enter 键，插入新行，如图 11-31 所示。

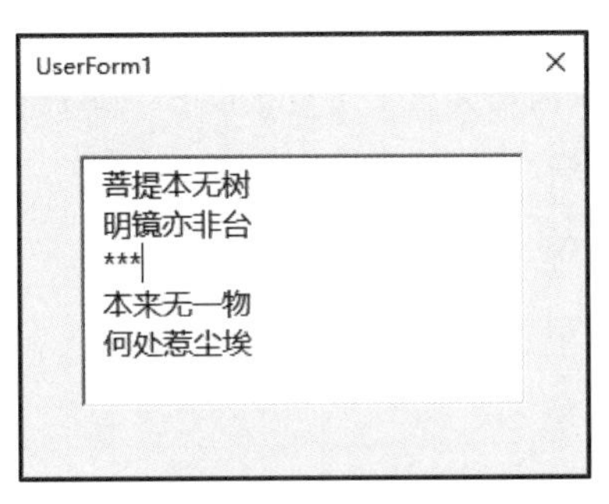

图 11-31　多行文本框

11.6　选项类控件

用户通过选框来决定选项的控件，属于选项类控件。具体包括 CheckBox、OptionButton、ToggleButton 控件。这类控件最重要的属性是 Value，因为它返回一个布尔值。

11.6.1　CheckBox 复选框

窗体设计中 CheckBox 是很常见的选项控件，该控件由左侧的复选框和右侧的标题构成，如图 11-32 所示。左侧的白色方框与该控件的 Value 属性关联，当前面有对钩时 Value 为 True，取消对钩时 Value 为 False。右侧的“中国”是与该控件的 Caption 属性关联。

☑ 中国

图 11-32　复选框示意图

CheckBox 控件在编程开发过程中一般从两个方面体现它的价值。一方面是当勾选或取消勾选时就直接触发该控件的 Click 事件，另一方面是勾选或取消勾选时不执行任何代码，而后面其他控件执行代码时根据 Value 属性判断这些复选框哪一个是勾选的，哪一个是没被勾选的。

CheckBox 控件的特点是当同一个窗体上有多个复选框时，这些复选框之间互不影响，相对独立，因此可以同时勾选多个复选框。

实例 11-3 演示了如何使用 CheckBox 控件制作一道多项选择题。

实例 11-3：制作一道多选项选择题

用户窗体上从上到下放置 4 个 CheckBox 控件，修改其 Caption 属性。然后设置 CheckBox1 的 Click 事件：

```
Private Sub CheckBox1_Click()
    If Me.CheckBox1.Value = True Then
```

```
        Me.CheckBox1.ForeColor = vbBlack
    Else
        Me.CheckBox1.ForeColor = vbRed
    End If
End Sub
```

该事件的作用是，当勾选或取消勾选第 1 个复选框时，如果勾选就设置黑色，否则设置红色。然后为命令按钮添加事件代码：

```
Private Sub CommandButton1_Click()
    If Me.CheckBox1.Value = True And Me.CheckBox2.Value = False And
    Me.CheckBox3.Value = True And Me.CheckBox4.Value = False Then
        MsgBox "答对了"
        Unload Me
    Else
        MsgBox "答错了"
    End If
End Sub
```

设置当用户勾选了第 1 个和第 3 个复选框，并且第 2 个和第 4 个未勾选，就是答对了。其他情况按答错处理。

启动窗体，勾选若干选项，单击“交卷”按钮，弹出消息对话框，如图 11-33 所示。

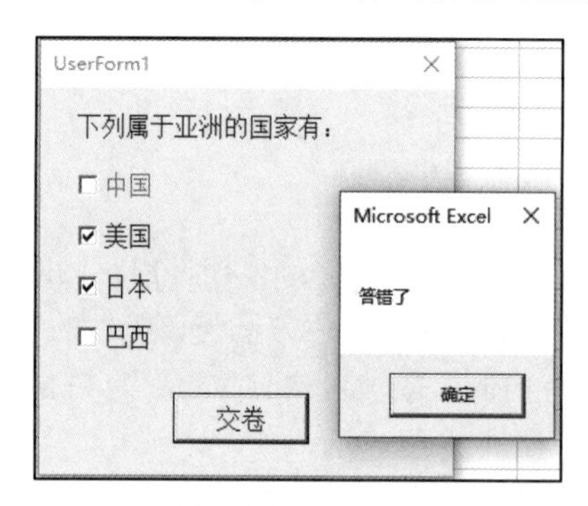

图 11-33　复选框的运行效果

11.6.2　TripleState 属性与三态问题

通常情况下，CheckBox 的 Value 属性只有两种可能：True 和 False。实际上，还可以把 CheckBox 设置为“三态”的形式，也就是 Value 属性还可以是 Null。

在属性窗口中把 CheckBox 的 TripleState 设置为 True，复选框就具有了三态的特点，如图 11-34 所示。

窗体上放置 1 个复选框和 1 个按钮，按钮的单击事件如下：

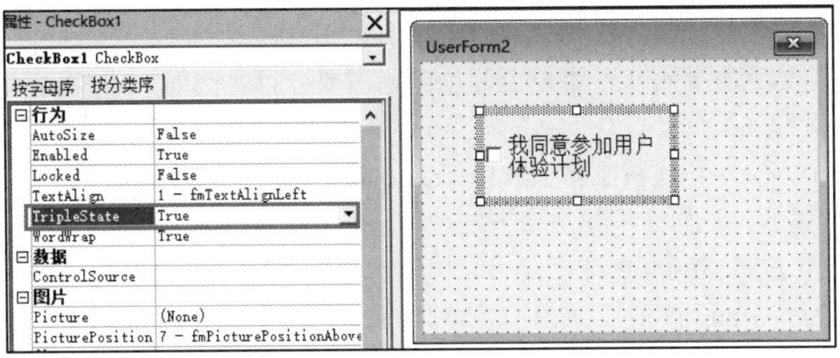

图 11-34　TripleState 属性

```
Private Sub CommandButton1_Click()
    If IsNull(Me.CheckBox1.Value) Then
        Me.Caption = "模棱两可"
    Else
        If Me.CheckBox1.Value = True Then
            Me.Caption = "同意"
        ElseIf Me.CheckBox1.Value = False Then
            Me.Caption = "不同意"
        End If
    End If
End Sub
```

启动窗体，当单击复选框时，它的状态会在“勾选”“未勾选”“变灰”三者之间切换。单击“提交”按钮时，窗体的标题变成“模棱两可”，如图 11-35 所示。

图 11-35　复选框的中间态效果

具有 TripleState 属性的控件还有 CheckBox、OptionButton、ToggleButton。

11.6.3　OptionButton 单选按钮

单选按钮用于让用户在多个选项中只选择其中 1 个，因此一般情况下在同一个窗体上会使用两个以上的 OptionButton 控件。因为只使用 1 个这样的控件没有意义。

OptionButton 控件由左侧的圆圈和右侧的标题两部分构成，分别关联控件的 Value 和 Caption 属性。

Option 控件的特点是互斥。在同一个组中的多个单选按钮，最多只能有 1 个处于选定状态。可以使用这个控件制作单项选择题。

如果在同一个窗体上需要制作一组以上的选项，需要分组。例如，需要让用户选择性别，然后选择学历。如果不进行分组，5 个控件中只能有 1 个控件处于选择状态。

实现分组有两个方法，一是在窗体上放置 Frame 分组框控件；二是给同一组的 OptionButton 控件设置 GroupName 属性。下面介绍第 2 个方法。

窗体上放置 5 个 OptionButton 控件，用光标框选前面两个，在属性窗口中找到 GroupName 属性，后面输入组名为“Group 性别”，如图 11-36 所示。

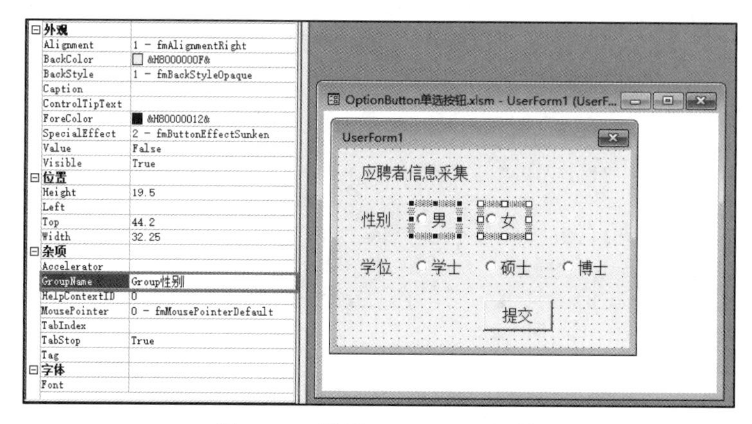

图 11-36　设置 GroupName 属性

类似地，把后三个控件选中，设定 GroupName 为“Group 学位”，如图 11-37 所示。

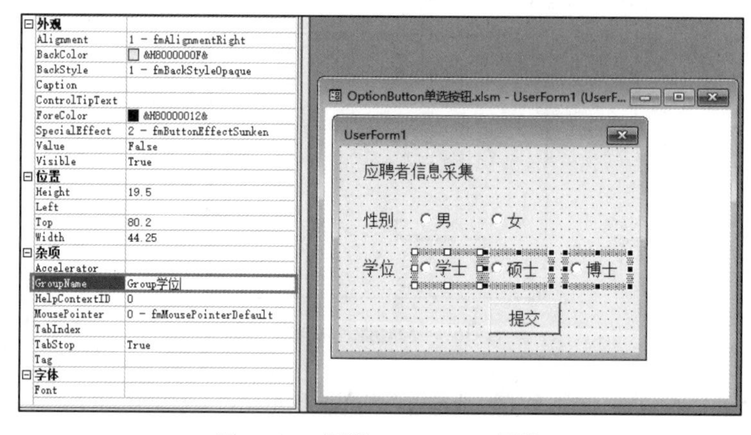

图 11-37　设置 GroupName 属性

“提交”按钮的事件代码如下：

```
Private Sub CommandButton1_Click()
    Dim s As String
    Dim t As String
    If Me.OptionButton1.Value Then
        s = "男"
```

```
    ElseIf Me.OptionButton2.Value Then
        s = "女"
    End If

    If Me.OptionButton3.Value Then
        t = Me.OptionButton3.Caption
    ElseIf Me.OptionButton4.Value Then
        t = Me.OptionButton4.Caption
    ElseIf Me.OptionButton5.Value Then
        t = Me.OptionButton5.Caption
    End If

    MsgBox "选择的是: " & s & t
End Sub
```

上述程序中，变量 s 存储性别，变量 t 存储学位。

启动窗体，用户选择后单击“提交”按钮，弹出选择的结果，如图 11-38 所示。

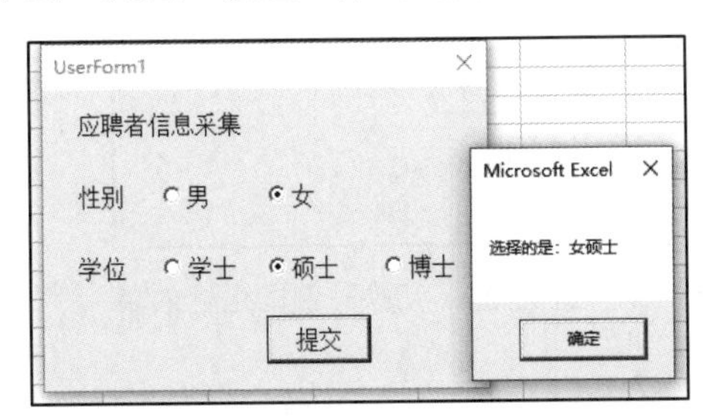

图 11-38　单选按钮的运行效果

11.6.4 ToggleButton 切换按钮

ToggleButton 的外观与 CommandButton 很像，两者不同的是切换按钮具有陷入和凸起两种外观。当单击切换按钮时，会使控件在陷入和凸起两种状态之间切换。陷入时控件的 Value 为 True，凸起时为 False。

实例 11-4 演示了如何使用 ToggleButton 控制文本框的可用性和可见性。

实例 11-4：控制文本框的可用性和可见性

窗体上放置 1 个 TextBox 控件和 2 个 ToggleButton 控件。

切换按钮的单击事件如下：

```
Private Sub ToggleButton1_Click()
    Me.TextBox1.Enabled = Me.ToggleButton1.Value
End Sub

Private Sub ToggleButton2_Click()
    Me.TextBox1.Visible = Me.ToggleButton2.Value
```

```
End Sub
```

当窗体启动时，应该确保切换按钮不是三态的。由于窗体启动时文本框可用而且可见，因此还需要把两个切换按钮都设置为陷入状态。

```
Private Sub UserForm_Initialize()
    Me.ToggleButton1.TripleState = False
    Me.ToggleButton2.TripleState = False
    Me.ToggleButton1.Value = True
    Me.ToggleButton2.Value = True
End Sub
```

启动窗体，如果“可用”按钮处于凸起、“可见”按钮处于陷入，则文本框不能被操作，如图 11-39 所示。

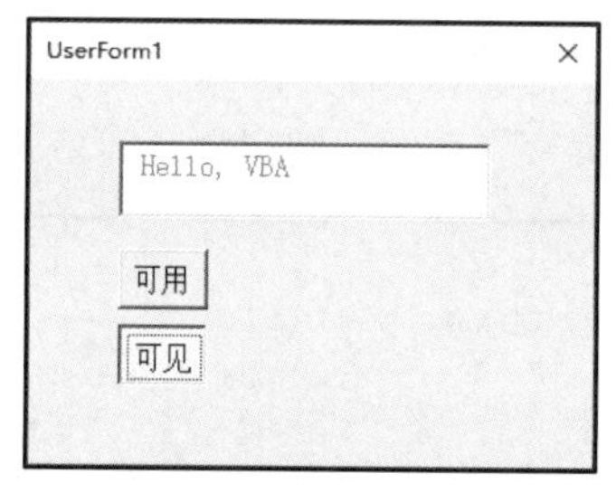

图 11-39　切换按钮的运行效果

11.7　列表数据类控件

在实际开发过程中，经常要处理同类的数据条目。如果数据条目总数少于 5 条，把它们以复选框或单选按钮的形式排列在窗体上即可。如果多于 5 条，应该采用列表类的控件来容纳这些数据。

11.7.1　ComboBox 组合框

组合框是一种能够容纳多条数据并且一次只显示一条数据的控件。如果单击组合框，可以展开列表看到其他条目。

ComboBox 控件的常规属性有以下两种：

- ListIndex：获取或设置当前选中的条目序号。
- ListCount：获取条目总数。

常用的方法有以下几种：

- Clear：清空所有条目。
- AddItem：增加 1 个条目。
- RemoveItem：移除 1 个条目。

为 ComboBox 控件添加条目有以下 3 种途径：

- 为控件的 List 赋值，允许把一维数组赋给组合框。
- 使用 AddItem 逐条添加。
- 为控件的 RowSource 赋值，允许把 Excel 单元格地址赋给组合框。

添加和移除 ComboBox 的条目既可以在设计期间，也可以在窗体启动时，还可以在运行时动态增删。

实例 11-5 演示了如何通过 3 种途径添加条目。

实例 11-5：添加条目

```
Private Sub UserForm_Initialize()
    Me.ComboBox1.List = Array("Red", "Orange", "Yellow", "Green", "Cyan", "Blue",
    "Purple")
    Me.ComboBox1.ListIndex = 1 '选中第 2 个

    Me.ComboBox2.Clear
    Me.ComboBox2.AddItem "北京"
    Me.ComboBox2.AddItem "上海"
    Me.ComboBox2.AddItem "广州"
    Me.ComboBox2.AddItem "深圳"
    Me.ComboBox2.ListIndex = Me.ComboBox2.ListCount - 1 '选中最后一条

    Me.ComboBox3.ColumnHeads = True '有列标
    Me.ComboBox3.RowSource = "Sheet1!A2:A5"
    Me.ComboBox3.ListIndex = 0        '选中 “中国”
End Sub
```

窗体启动后，可以看到每个组合框中都有了内容，如图 11-40 所示。

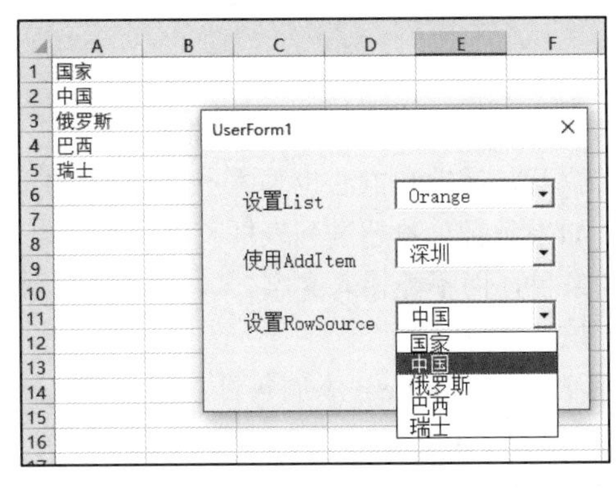

图 11-40　多种方式添加列表条目

如果要让组合框中的条目不选中，只需设置 ListIndex = -1 即可。

ComboBox 常用的事件有 Change 和 Click 事件。当用户选择了其中一个条目时，Change 和 Click 事件都触发，而当用户向组合框中输入其他文字时触发 Change 事件。

实例 11-6，演示了在窗体启动时如何将所有工作表的名称添加到组合框中，并且当选择了其中

1 个条目时激活相应的工作表。

实例 11-6：将所有工作表的名称添加到组合框

```
Private Sub ComboBox1_Change()
    Me.Caption = Me.ComboBox1.Text
End Sub

Private Sub ComboBox1_Click()
    ActiveWorkbook.Worksheets(Me.ComboBox1.Text).Activate
End Sub

Private Sub UserForm_Initialize()
    Dim wst As Worksheet
    For Each wst In ActiveWorkbook.Worksheets
        Me.ComboBox1.AddItem wst.Name
    Next wst
End Sub
```

当选择 Sheet1 时就会自动激活工作表 Sheet1，如图 11-41 所示。

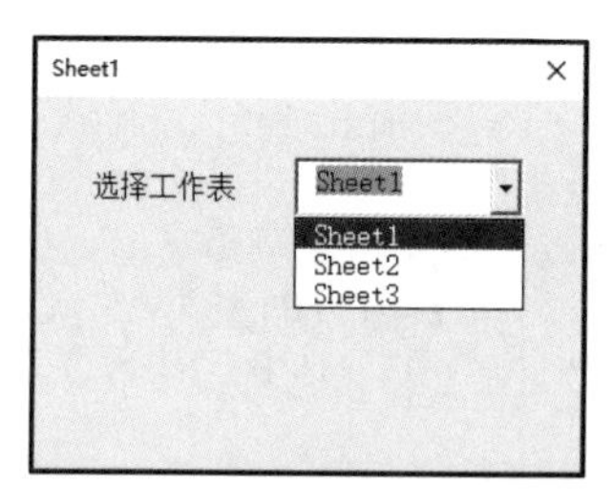

图 11-41　组合框的运行效果

11.7.2　ListBox 列表框

ListBox 与 ComboBox 非常相似，属性和方法也基本一样。最大的不同是 ListBox 要比 ComboBox 高，可以同时显示很多条目，如果条目总数超过列表框高度，则会自动出现滚动条。另外，列表框不支持输入，也就是只能添加条目，而不能输入文字。

添加条目时，ListBox 也有 3 种方法。

实例 11-7 演示了如何使用 List 和 AddItem 添加条目。

实例 11-7：使用 List 和 AddItem 添加条目

```
Private Sub CommandButton1_Click()
    Me.ListBox1.List = Array("甲", "乙", "丙", "丁")
    Me.ListBox1.AddItem "戊己庚辛"
    Me.ListBox1.AddItem "壬癸"
    Me.ListBox1.ListIndex = 0
End Sub
```

```
Private Sub CommandButton2_Click()
    Me.ListBox1.RemoveItem Me.ListBox1.ListCount - 1 '总是移除最下面的那条
End Sub

Private Sub CommandButton3_Click()
    Me.ListBox1.Clear
End Sub
```

启动窗体，单击“添加条目”按钮，自动添加了 6 个条目，如图 11-42 所示。

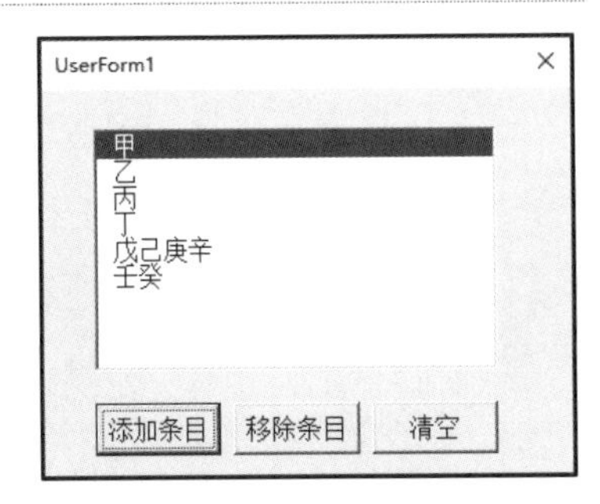

图 11-42　添加和移除条目

另外，ListBox 还可以设置很多属性，可以显示多列数据。下面的实例演示了如何在多列列表框中显示工作表中的数据。

首先在工作表 Sheet1 中输入数据，然后在属性窗口中设置 ListBox 的以下属性：

- MultiSelect=0-fmMultiSelectSingle：每次只能选择一条。
- ColumnCount=3：设置为 3 列。
- ColumnHeads=True：具有列标。
- ListStyle=1 - fmListStyleOption：前面带有单选圆圈。
- RowSource=Sheet1!A2:C10：设置数据源。

设计期间效果如图 11-43 所示。

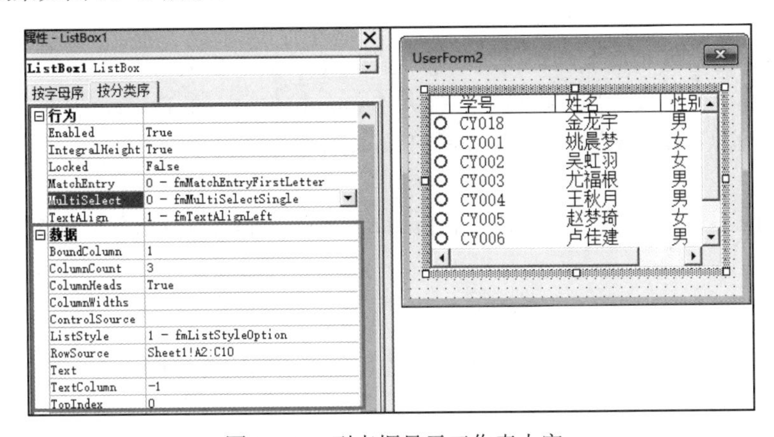

图 11-43　列表框显示工作表内容

ListBox 的默认事件是 Click，代码如下：

```
Private Sub ListBox1_Click()
    Me.Caption = Me.ListBox1.Text & " - " & Me.ListBox1.Column(1) & " - " &
    Me.ListBox1.Column(2)
End Sub
```

启动窗体，选择任何一条记录，窗体的标题都显示这条记录的内容，如图 11-44 所示。

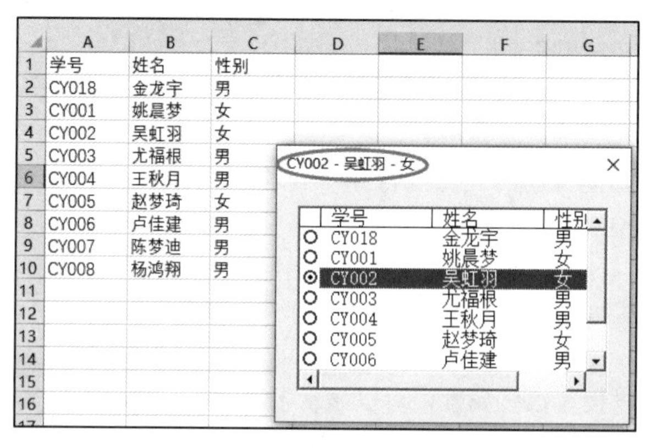

图 11-44　列表框显示工作表内容

11.8　容器类控件

容器类控件是指其他控件可以放在这个容器中，而不是直接放在窗体上的一种控件。

11.8.1　Frame 分组框

Frame 控件会把功能相同或相似的控件框起来，把其他不相关的控件隔离开。修改 Frame 控件的 Caption 属性可以更改标题。在窗体上插入 Frame 控件后，在 Frame 的内部可以继续插入其他控件，当然也可以在 Frame 中嵌套 Frame。Frame 控件的 Controls 集合表示框架中包含的所有控件。

实例 11-8 演示了如何在窗体上放置 1 个 Frame，并在 Frame 控件内部放置 2 个 CheckBox 和 2 个 OptionButton。

实例 11-8：使用 Frame 控件制作分组框。

窗体的单击事件，用于遍历窗体上的所有控件和框架中的所有控件。

```
Private Sub UserForm_Click()
    Dim ct As MSForms.Control
    For Each ct In Me.Controls
        Debug.Print ct.Name
    Next ct

    For Each ct In Me.Frame1.Controls
        Debug.Print ct.Name
    Next ct
End Sub
```

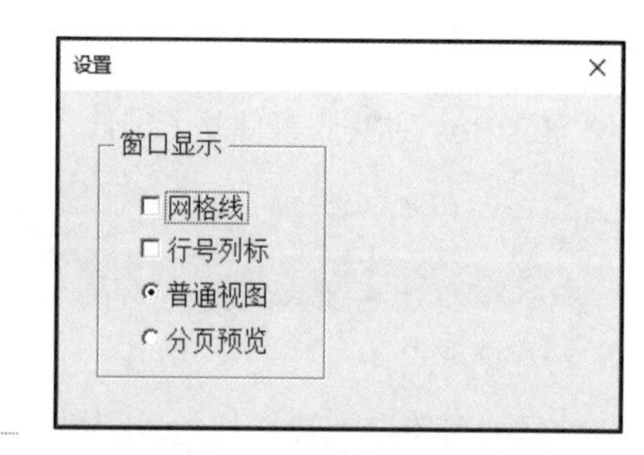

图 11-45　分组框的运行效果

启动窗体，效果如图 11-45 所示。

11.8.2 MultiPage 多页

MultiPage 控件可以看成是多个 Frame 的组合。该控件由多个“页”构成，每个页是 1 个选项卡，在每个选项卡中可以添加不同的控件。

设计期间，在选项卡附近右击，可以添加和删除页，也可以重命名页，如图 11-46 所示。

运行期间，用户可以切换不同的页，看到不同的控件。

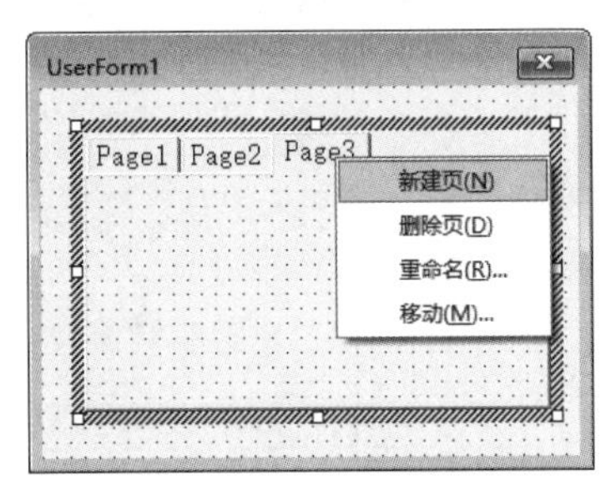

图 11-46 多页控件的重要操作

11.8.3 TabStrip 多标签

TabStrip 控件也具有多个标签。但是切换每个标签的时候，看到的控件都是同一个，如图 11-47 所示。

多标签控件的默认属性是 Value，左侧第 1 个选项卡的 Value 为 0 时，默认事件是 Change 事件。当切换标签时触发 Change 事件，代码如下：

```
Private Sub TabStrip1_Change()
    Me.TextBox1.Text = Me.TabStrip1.Value & " - " & Me.TabStrip1.SelectedItem.Caption
End Sub
```

启动窗体，当单击每个 Tab 按钮时，文本框中会显示选项卡的序号及其标题，如图 11-48 所示。

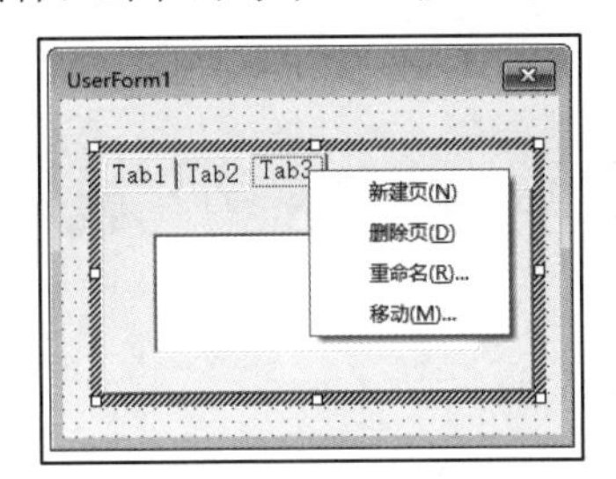

图 11-47 多标签控件的重要操作

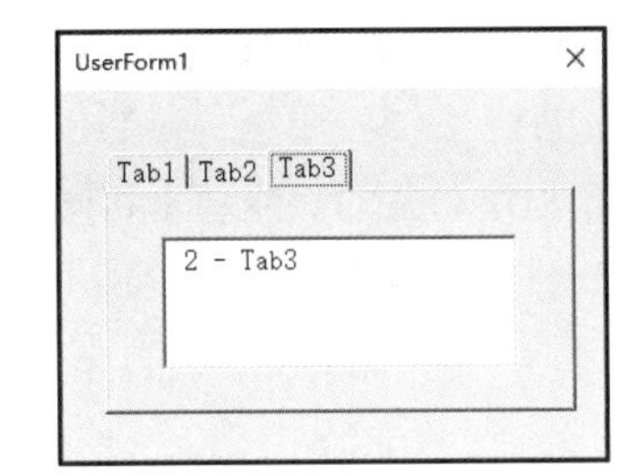

图 11-48 多标签控件的运行效果

11.9 数值调节类控件

本节讲解用于数值调节的控件。

11.9.1 ScrollBar 滚动条

滚动条的用途很广泛，用户通过拖动滑块就可以改变 ScrollBar 控件的 Value。在属性窗口中可以设置滚动条的最小值和最大值。修改 Orientation 属性可以设置滚动条的显示方向，如水平或垂直，如图 11-49 所示。

滚动条的默认事件是 Change，当用户拖动滑块修改了滚动条的值时会触发 Change 事件。

```
Private Sub ScrollBar1_Change()
    Me.Caption = Me.ScrollBar1.Value
End Sub
```

启动窗体，改变左侧滚动条的值时，窗体标题自动变化，如图 11-50 所示。

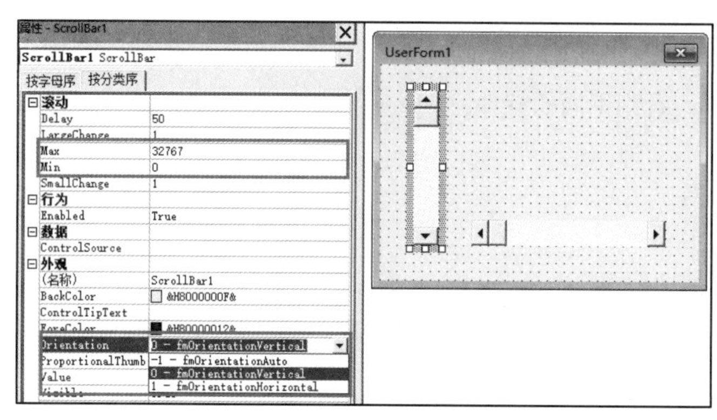

图 11-49　滚动条的 Orientation 属性

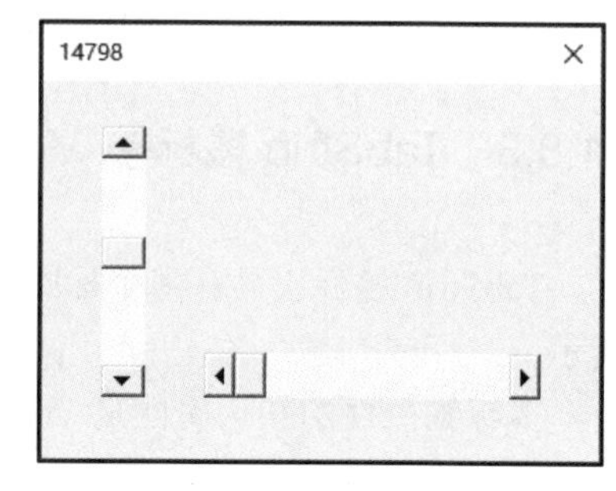

图 11-50　滚动条的运行效果

此外，还可以设置 LargeChange 和 SmallChange 这两个属性，除了拖动滑块外，单击滚动条两端的箭头或者箭头与滑块中间的空白区域，也会修改滚动条的值。

11.9.2　SpinButton 旋转按钮

SpinButton 与滚动条的功能基本相同，但是 SpinButton 看起来非常小，只有两端的箭头，没有滑块。通常该控件与文本框一起联合使用。

```
Private Sub SpinButton1_Change()
    Me.TextBox1.Text = Me.SpinButton1.Value
End Sub

Private Sub TextBox1_Change()
    Me.SpinButton1.Value = Val(Me.TextBox1.Text)
End Sub

Private Sub UserForm_Initialize()
    With Me.SpinButton1
        .Min = 8
        .Max = 72
    End With
End Sub
```

启动窗体，窗体启动时自动设置旋转按钮的取值范围。当单击旋转按钮的箭头时，看到文本框的值在改变。同时，向文本框中输入数字，旋转按钮的值也随之改变，如图 11-51 所示。

图 11-51　旋转按钮与文本框联动

11.10　控件工具箱的维护

VBA 的控件工具箱，默认只有“控件”这一个页（Page），这一页中包含了 14 个常用控件。

微软允许开发人员对每一页中的控件进行删除和增加，也允许添加新页、删除已有页。

如果开发人员没有认识和理解工具箱维护的重要性，则可能出现找不到内置的 14 个控件，或者页丢失等问题，而且也不知道该如何修复出现的这些问题。

本节介绍控件工具箱维护方面的常用操作。

11.10.1　添加和删除控件

实际上，页中包含多少个控件，与在附加控件中勾选了多少个有关系。在控件工具箱的“控件”页上右击，选择“附加控件”命令，如图 11-52 所示。

弹出“附加控件”对话框后，向下拖动滚动条，可以看到 14 个以 Microsoft Forms 2.0 开头的条目，而且前面的方框中显示×。可以看出来，只要前面勾选，就会出现在这页中，如果取消勾选，就从页中消失，如图 11-53 所示。

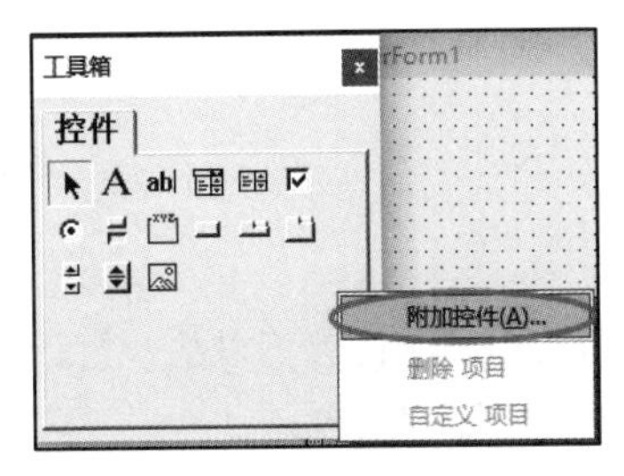

图 11-52　管理控件工具箱

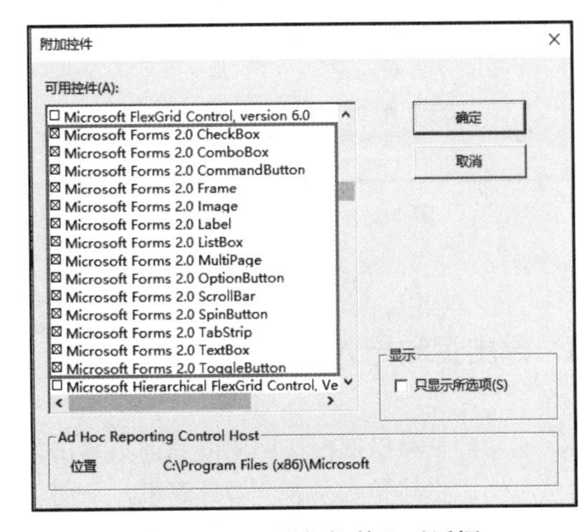

图 11-53　“附加控件”对话框

11.10.2　新建页和删除页

工具箱还可以新建空白页，具体操作是在工具箱上部右击，在弹出的右键菜单中，选择“新建页”命令，如图 11-54 所示。

接下来对新建的页进行重命名，如图 11-55 所示。

在弹出的“重命名”对话框中，输入页的名称为“选项类”，如图 11-56 所示。

刚创建的页是空白的，需要选择“附加控件”命令，如图 11-57 所示。

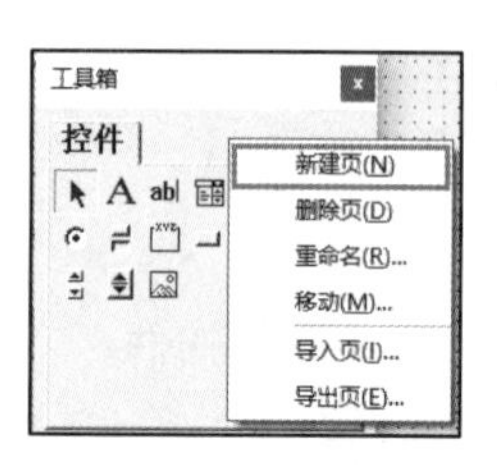

图 11-54　新建页

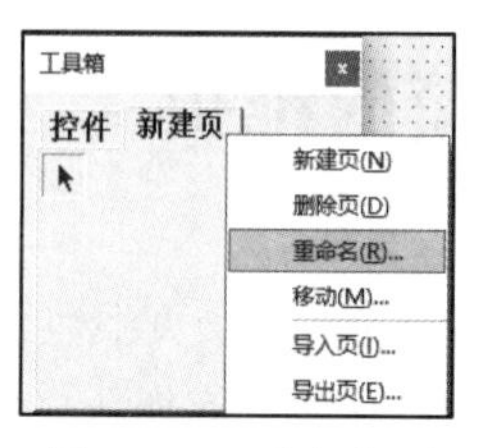

图 11-55　重命名页

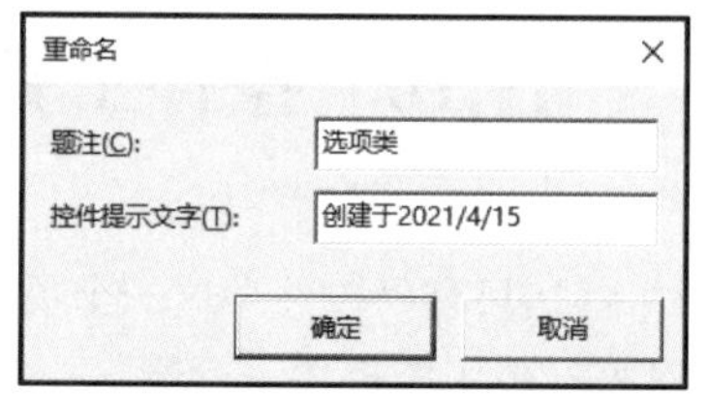

图 11-56　输入新名称

图 11-57　添加其他控件

勾选一些常用的控件，单击“确定”按钮，如图 11-58 所示。

这样就做成了一个自定义的页，如图 11-59 所示。

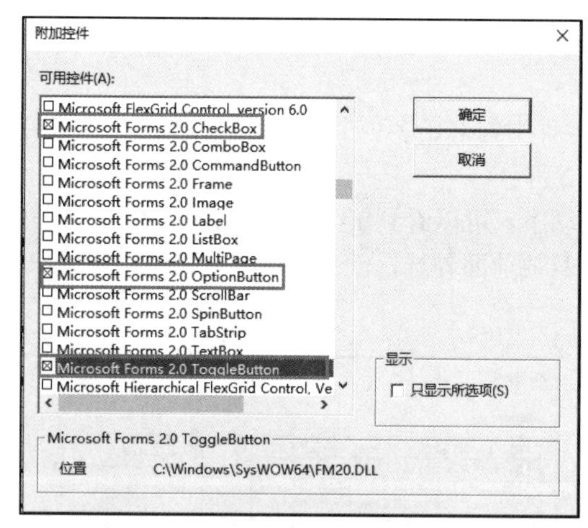

图 11-58　勾选一部分控件

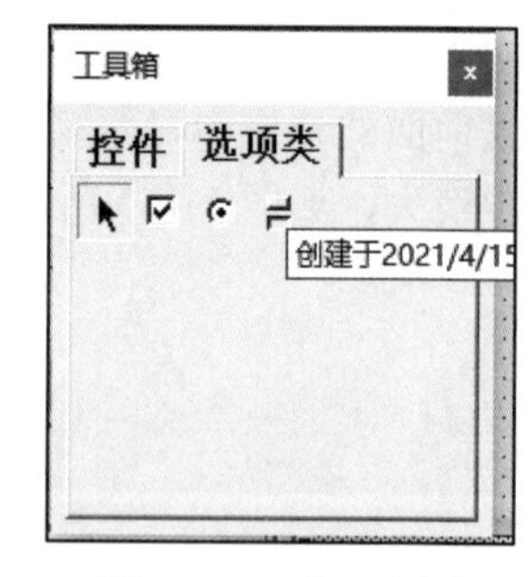

图 11-59　自定义页

11.10.3　导出页和导入页

导出页的功能是可以把控件箱中的当前页导出为.pag 格式的文件。这样就可以从一台计算机导出控件信息，然后将其导入另外一台计算机，从而让另一台计算机快速创建页。

在想要导出的那页的右键菜单中选择“导出页”命令，如图 11-60 所示。

在弹出的文件保存对话框中输入“选项类.pag”，单击右下角的“保存”按钮，如图 11-61 所示。

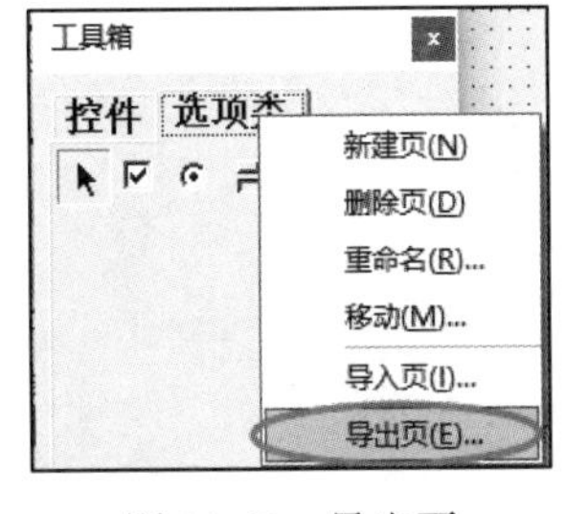

图 11-60　导出页

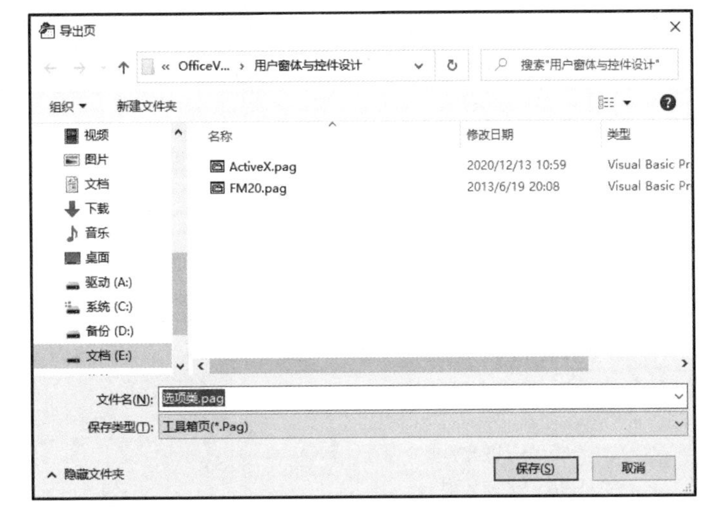

图 11-61　导出页为.pag 文件

这样磁盘上就产生了这样一个文件。

与之相反的操作是导入页，在另一台计算机上单击“导入页”命令，选中刚才的文件。这样就又多了一页，如图 11-62 所示。

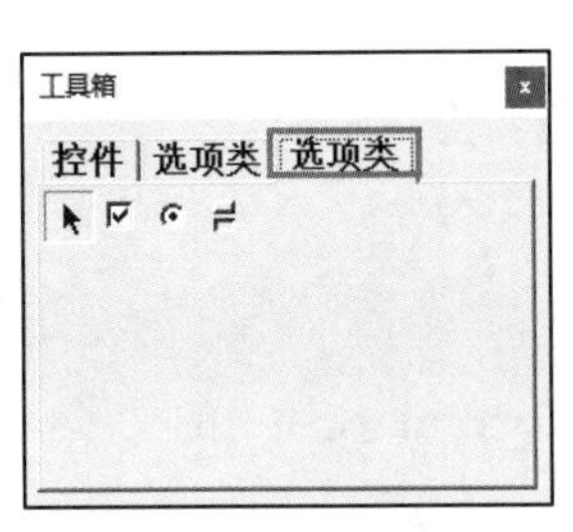

图 11-62　导入页操作

11.10.4　修复工具箱

如果一台计算机的工具箱里面的页或者页里面的控件遭到破坏，可以删除所有页，然后把正常计算机里的“控件”页导入即可修复。

11.11　习　　题

1．如图 11-63 所示，可以在窗体启动时，让窗体标题处显示当前时间的代码是（　　）。

图 11-63　在窗体标题处显示当前时间

A.

```
Private Sub UserForm_Click()
    Me.Caption = Now
End Sub
```

B.

```
Private Sub UserForm_Initialize()
    Me.Caption = Now
End Sub
```

C.

```
Private Sub UserForm_Click()
    Me.Text = Now
End Sub
```

D.

```
Private Sub UserForm_Initialize()
    Me.Text = Now
End Sub
```

2．如图 11-64 所示，可以让 TextBox 控件中的文本水平居中的语句是（　　）。

A．Me.TextBox1.TextAlign = msforms.fmTextAlign.fmTextAlignCenter

B．Me.TextBox1.AutoSize = True

C．Me.TextBox1.MultiLine = True

D．Me.TextBox1.WordWrap = True

3．开发一个用户窗体，实现当用户单击按钮时可以把左边 ListBox 的所有条目逆序显示在右边的 ListBox 中，如图 11-65 所示。

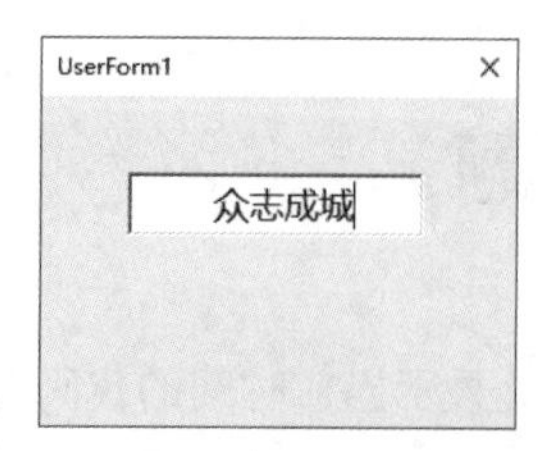

图 11-64　文本框的水平居中

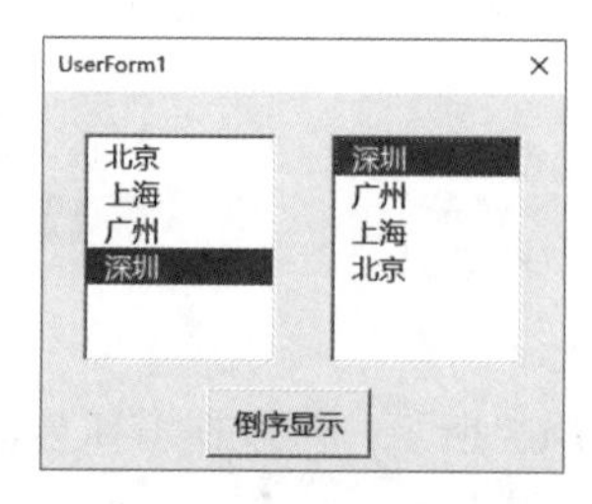

图 11-65　倒序显示

第 12 章　Excel 加载宏的开发与设计

Excel 加载宏是将利用 Excel VBA 开发的工作簿文件另存为扩展名为.xlam 的文件。由于加载宏具有开发简单、易于使用和维护、作用范围大等特点，是 Excel VBA 专业开发形成的、面向用户的最终产品。

本章首先讲述 Excel 加载宏的基本概念，然后通过“我的工具箱”这个加载宏，分步骤讲解 Excel 加载宏的制作和使用方法。

本章关键词：加载宏、自定义函数、IsAddIn。

12.1　加载宏概述

Excel 加载宏的生成非常简单，只需要在 Excel 中把一般的工作簿文件另存为.xlam 文件即可。因此，Excel 加载宏源于工作簿，工作簿中的 VBA 功能都能用于加载宏。

工作簿与加载宏之间的区别主要有 6 处，见表 12-1。

表 12-1　工作簿与加载宏的区别

比 较 项 目	工 作 簿	加 载 宏
扩展名	.xlsm	.xlam
工作簿结构	可见	不可见
作用范围	工作簿级	应用程序级
使用方式	Excel 中打开	Excel 中加载
ThisWorkbook 的 IsAddIn 属性	False	True
VBA 对象	Excel.Workbook	Excel.AddIn

一个加载宏被加载后，它的工作簿窗口是隐藏的。开发加载宏时可以在工作表中存储必要的数据，加载宏的 VBA 工程可以访问自身的工作表以及单元格数据，但是用户使用加载宏的时候完全看不到里面的工作表。

工作簿的作用范围是工作簿本身，而加载宏的作用范围是整个 Excel。从以下两个方面体现出来。

- 自定义函数

工作簿的 VBA 工程中的自定义函数只能在该工作簿的工作表的公式中使用，在其他工作簿的公式中不识别这个函数。而定义在加载宏中的自定义函数可以作用于 Excel 打开的任何工作簿中。

● 自定义功能区

工作簿中定制的 Ribbon XML，只有在 Excel 中打开这个工作簿并且该工作簿窗口处于激活状态才能呈现相应的自定义界面。而定制在加载宏中的 Ribbon XML，只要该加载宏处于加载状态，Excel 中可以恒久地看到自定义界面。

工作簿与加载宏的使用方式不同。对于存储在磁盘上的.xlsm 文件，用户可以双击文件图标，从而在 Excel 中打开。而存储在磁盘上的.xlam 文件，切勿双击，应该从 Excel 的加载宏对话框中浏览。

工作簿与加载宏在 Excel VBA 中使用不同的对象来描述。Workbooks 表示应用程序下面所有的工作簿集合，AddIns 表示应用程序中所有加载宏的集合。

12.2 加载宏的具体开发步骤

一个加载宏可以从以下几个方面来定制自定义功能：

- 自定义函数。
- 应用程序、工作簿、工作表级别的事件。
- 用户窗体。
- 自定义功能区。

在一个工作簿中将以上功能开发完成，之后另存为加载宏即可。

本章首先在工作簿 Test20210415.xlsm 中开发了以下功能：

- 自定义函数：用于计算汉字笔画数的函数 StrokesNumber。
- 用户窗体：用于批量显示公式的工具。
- 自定义功能区：用户单击自定义功能区中的按钮，调出“显示公式”工具。

以上 3 项全部开发完成以后，将其另存为“我的工具箱.xlam”。

12.3 自定义函数的开发

这里开发一个可以计算汉字笔画数的自定义函数 StrokesNumber，用户可以在单元格中输入公式：=StrokesNumber("刘")，返回结果为 6。

技术原理：所有汉字中笔画数最少的只有 1 笔，如“乙”。最多的有 26 笔。事先把所有汉字录入工作表形成字典，笔画数相同的字放在同一行的单元格中，如图 12-1 所示。

这样就把所有汉字放入单元格区域 B1:B26 里面了。

如果要查某个字是多少笔，只需要利用 Excel 的查找功能，设置为部分匹配，假设在 B6 单元格中查找到“刘”，那这个字就是 6 笔。

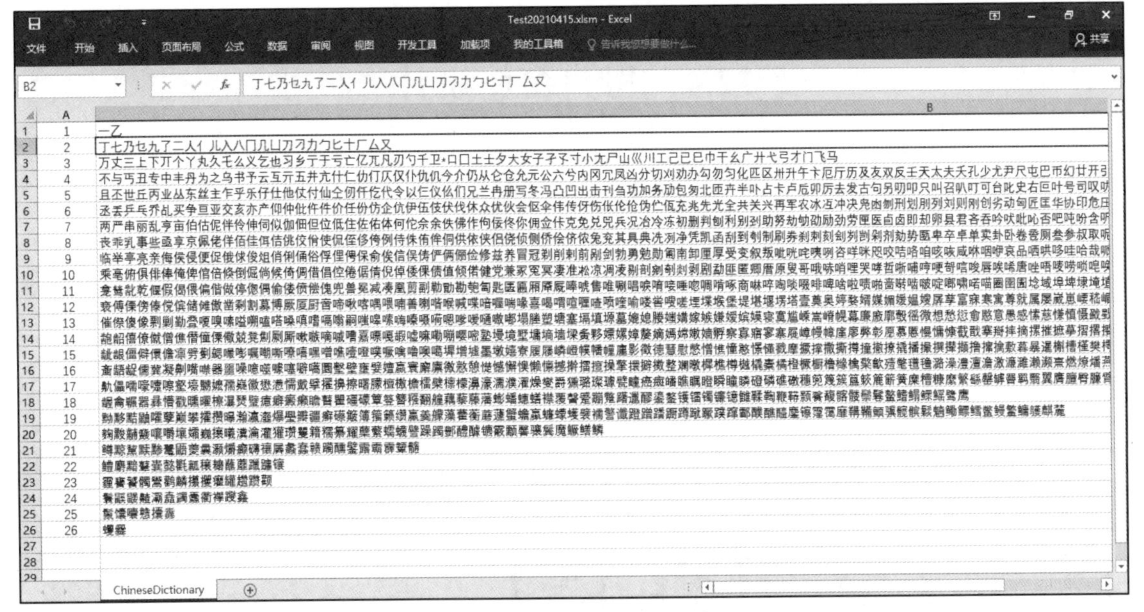

图 12-1　所有汉字按笔画数形成的字典

开发时，首先编写一个测试过程，看看能否实现。

```
Private Sub Test()
    Dim rg As Range
    Set rg = Sheet1.Range("B1:B26").Find(What:="刘", LookAt:=Excel.XlLookAt.xlPart)
    If rg Is Nothing Then
        Debug.Print "Not found."
    Else
        Debug.Print rg.Row
    End If
End Sub
```

以上代码没有问题，就把它改写为函数：

```
Public Function StrokesNumber(Character As String) As Integer
    Dim rg As Range
    Set rg = Sheet1.Range("B1:B26").Find(What:=Character, LookAt:=Excel.
    XlLookAt.xlPart)
    If rg Is Nothing Then
        StrokesNumber = 0
    Else
        StrokesNumber = rg.Row
    End If
End Function
```

12.4　用户窗体设计

这里设计一个批量显示公式的工具。

众所周知，在 Excel 的单元格中输入公式，单元格显示的是公式计算后的值，而不是公式自身。很多场合下，需要在计算结果旁边显示公式本身。如图 12-2 所示，G 列使用公式计算出总分，希望在 H 列中显示 G 列里的公式。

手动操作时，可以在 H2 中输入 '=E2+F2。也就是等号前面加 1 个单引号，Excel 按照文本处理，就可以显示公式了。但是每个单元格都手动操作很浪费时间。下面利用窗体制作一个自动显示公式的工具。

窗体上主要包括 4 个单选按钮，让用户决定公式显示在目标单元格的哪个方向，如图 12-3 所示。

G2　=E2+F2

	A	B	C	D	E	F	G	H
1	学号	姓名	性别	班级	数学	语文	总分	公式
2	CY018	金龙宇	男	初一1班	81	58	139	
3	CY001	姚晨梦	女	初一1班	99	96	195	
4	CY002	吴虹羽	女	初一1班	88	94	182	
5	CY003	尤福根	男	初一1班	65	96	161	
6	CY004	王秋月	男	初一1班	81	82	163	
7	CY005	赵梦琦	女	初一1班	92	82	174	
8	CY006	卢佳建	男	初一1班	72	65	137	
9	CY007	陈梦迪	男	初一1班	98	61	159	

图 12-2　成绩求和

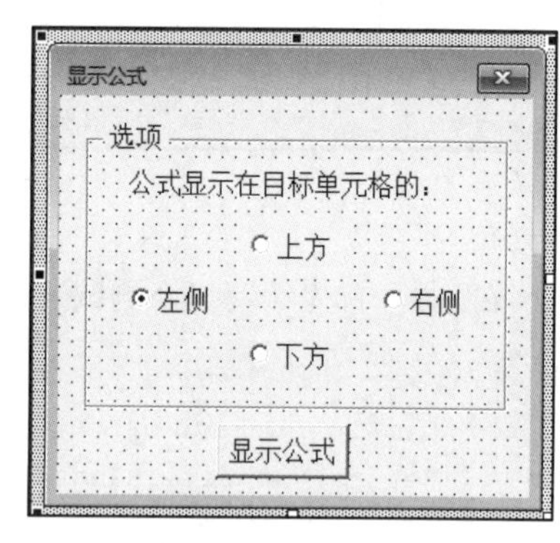

图 12-3　窗体设计

最下面的“显示公式”代码如下：

```
Private Sub CommandButton1_Click()
    Dim rg As Excel.Range
    For Each rg In Application.Selection
        If Me.OptionButton1.Value Then
            rg.Offset(-1).Value = "'" & rg.Formula        '上方
        ElseIf Me.OptionButton2.Value Then
            rg.Offset(1).Value = "'" & rg.Formula         '下方
        ElseIf Me.OptionButton3.Value Then
            rg.Offset(, -1).Value = "'" & rg.Formula      '左侧
        ElseIf Me.OptionButton4.Value Then
            rg.Offset(, 1).Value = "'" & rg.Formula       '右侧
        End If
    Next rg
End Sub
```

在窗体的启动事件中，要对 4 个单选按钮进行预设。如果所选的目标区域是 1 列，那么“上方”和“下方”这两个单选按钮应该禁用。

```
Private Sub UserForm_Initialize()
    If TypeOf Selection Is Excel.Range Then
        If Selection.Rows.Count = 1 Then
            Me.OptionButton3.Enabled = False: Me.OptionButton4.Enabled = False
            Me.OptionButton1.Value = True
        ElseIf Selection.Columns.Count = 1 Then
            Me.OptionButton1.Enabled = False: Me.OptionButton2.Enabled = False
            Me.OptionButton3.Enabled = True
        End If
    Else
        MsgBox "所选的不是单元格区域。请重试。", vbExclamation
        Unload Me
    End If
End Sub
```

12.5 自定义功能区设计

自定义功能区中 button 控件的主要功能是通过回调函数调用 VBA 工程中的过程。当然，也可以用于启动 VBA 的窗体。这里设计 1 个按钮，当用户单击这个按钮时可以弹出“显示公式”的窗体。

Ribbon XML 中的关键代码如下：

```
<button id="Button10" label="显示公式 onAction="InsertFormula"/>
```

对应的回调函数为：

```
Public Sub InsertFormula(control As Office.IRibbonControl)
    UserForm1.Show
End Sub
```

12.6 生成加载宏文件

以上所有功能开发完毕，把 Test20210415.xlsm 工作簿另存为 Excel 加载宏(*.xlam)类型，如图 12-4 所示。

在“另存为”对话框中，先选定保存路径，再输入加载宏的名字：我的工具箱.xlam，如图 12-5 所示。

单击“保存”按钮以后，磁盘上产生了加载宏文件，如图 12-6 所示。

随后 Excel 可以完全退出。另外，用于生成加载宏的原始.xlsm 文件也可以删掉。

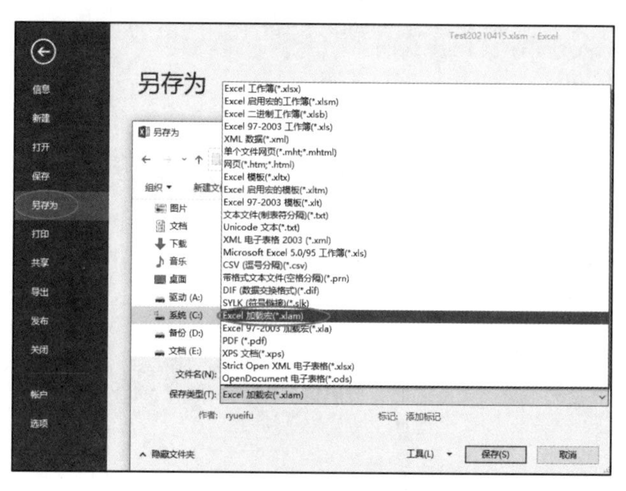

图 12-4　工作簿另存为加载宏

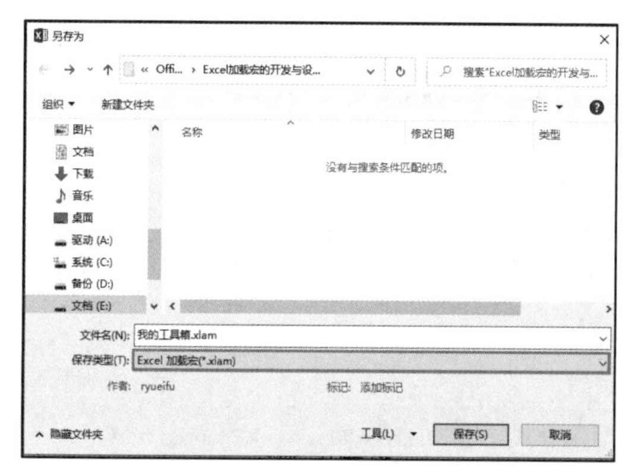

图 12-5　保存加载宏

图 12-6　加载宏文件

12.7　功能测试

重启 Excel，单击功能区“开发工具”中的“Excel 加载项”按钮，如图 12-7 所示。

图 12-7　“Excel 加载项”按钮

以上操作的前提是至少新建 1 个工作簿。如果没打开任何工作簿，则无法打开加载项对话框。

弹出“加载宏”对话框后，单击“浏览”按钮，在对话框中找到前面生成的加载宏，单击“确定”按钮关闭对话框，如图 12-8 所示。

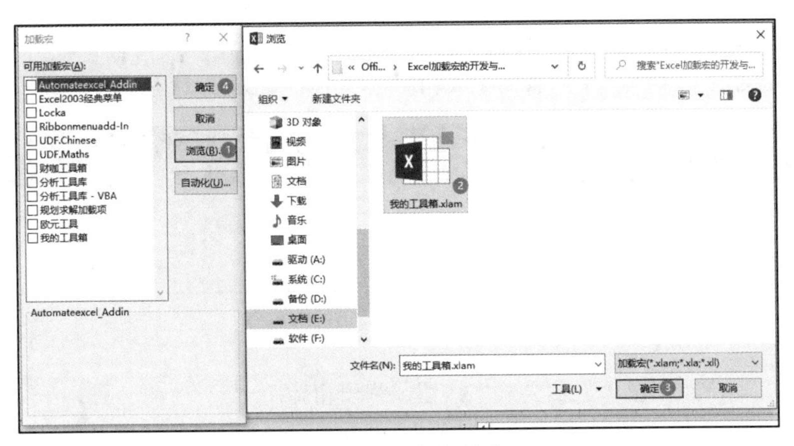

图 12-8　选择加载宏

加载之后，首先测试一下汉字笔画函数是否正常运行。在任意一个工作簿的工作表中单击公式编辑栏中的 *fx* 按钮，弹出“插入函数”对话框，类别选择“用户定义”，可以看到 StrokesNumber 函数，如图 12-9 所示。

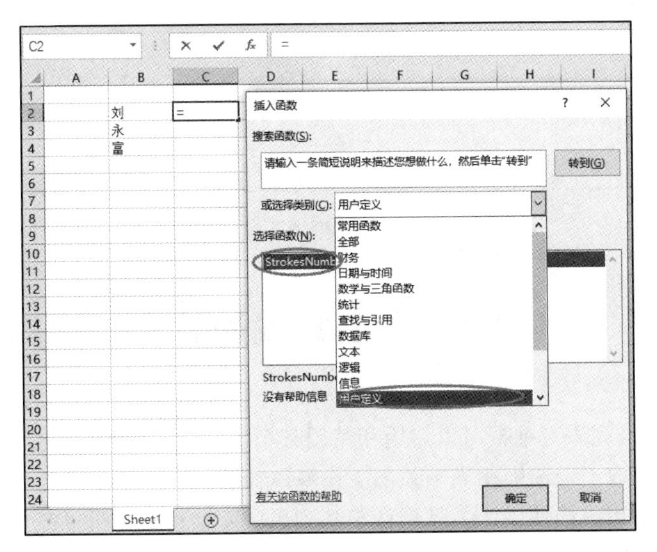

图 12-9　“插入函数”对话框

在 C2 中输入公式后，向下填充，一次性计算出多个汉字的笔画数，如图 12-10 所示。

C2　=StrokesNumber(B2)

	A	B	C	D	E	F
1						
2		刘	6			
3		永	5			
4		富	12			
5						

图 12-10　自定义函数的运行效果

接下来测试“显示公式”的功能是否正常。

在 Excel 的功能区中多了一个“我的工具箱”选项卡，如图 12-11 所示。

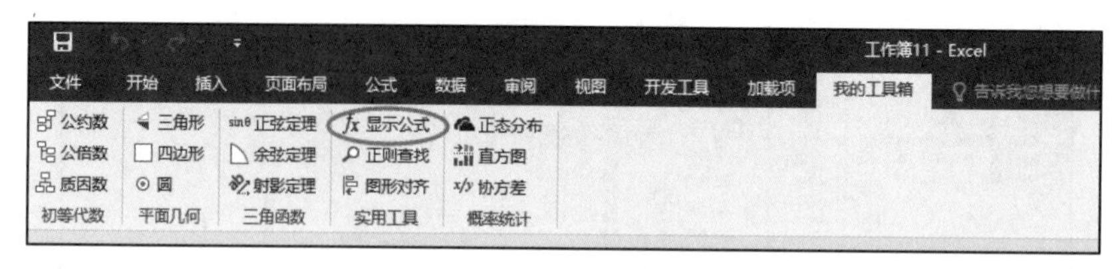

图 12-11 自定义功能区

单击“实用工具”组中的“显示公式”按钮，弹出窗体。

在窗体中选中“右侧”，单击“显示公式”按钮，可以看到 C 列的右侧出现公式，如图 12-12 所示。

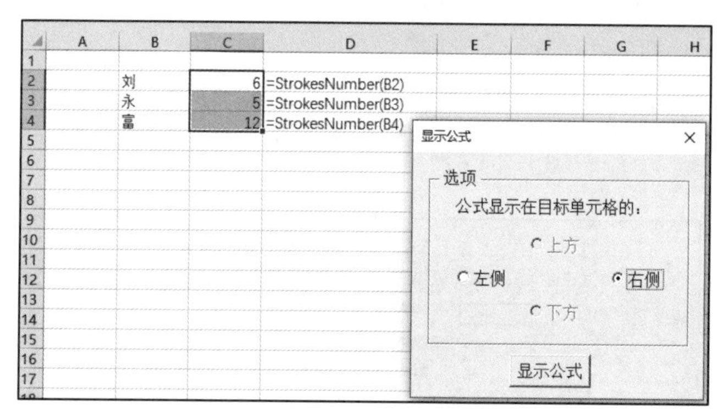

图 12-12 自动显示单元格中的公式

12.8 完全卸载加载宏

通过 Excel 的加载宏列表对话框可以启用和禁用某个加载宏，在加载宏名称前面打钩表示启用，相当于打开工作簿。而取消勾选则相当于关闭工作簿，如图 12-13 所示。

如果某个加载宏不想继续使用，并且想让它从列表中完全消失，可以完全卸载加载宏。下面介绍完全卸载“财咖工具箱”这个加载宏的步骤。

由于从对话框中难以看出这些加载宏在磁盘的哪个路径下面，所以利用 VBA 遍历所有加载宏的完整路径以及连接状态，代码如下：

```
Sub 遍历所有加载宏()
    Dim a As AddIn
    For Each a In Application.AddIns
        Debug.Print a.FullName, a.Installed
    Next a
End Sub
```

立即窗口打印结果如图 12-14 所示。

加载宏
?
可用加载宏(A):
Automateexcel_Addin
Excel2003经典菜单
Locka
Ribbonmenuadd-In
UDF.Chinese
UDF.Maths
财咖工具箱
分析工具库
分析工具库 - VBA
规划求解加载项
欧元工具
我的工具箱
确定
取消
浏览(B)...
自动化(U)...
财咖工具箱

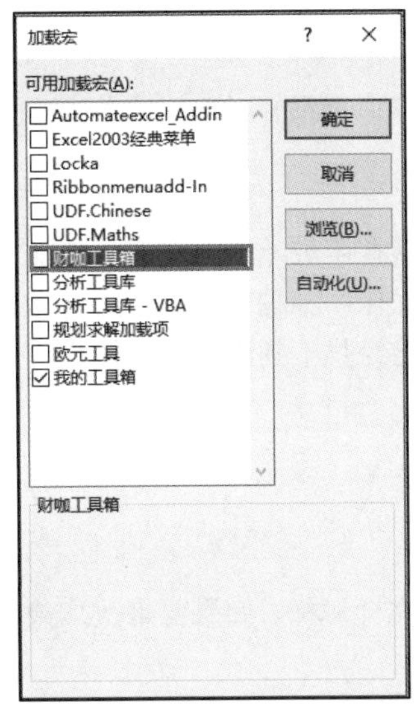

图 12-13　Excel 加载项对话框

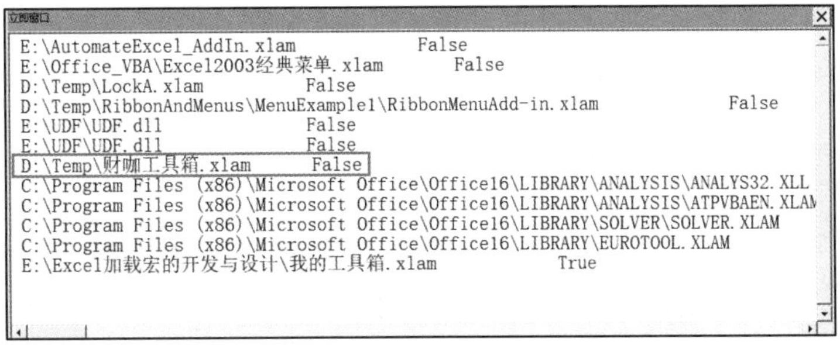

立即窗口
E:\AutomateExcel_AddIn.xlam False
E:\Office_VBA\Excel2003经典菜单.xlam False
D:\Temp\LockA.xlam False
D:\Temp\RibbonAndMenus\MenuExample1\RibbonMenuAdd-in.xlam False
E:\UDF\UDF.dll False
E:\UDF\UDF.dll False
D:\Temp\财咖工具箱.xlam False
C:\Program Files (x86)\Microsoft Office\Office16\LIBRARY\ANALYSIS\ANALYS32.XLL
C:\Program Files (x86)\Microsoft Office\Office16\LIBRARY\ANALYSIS\ATPVBAEN.XLAM
C:\Program Files (x86)\Microsoft Office\Office16\LIBRARY\SOLVER\SOLVER.XLAM
C:\Program Files (x86)\Microsoft Office\Office16\LIBRARY\EUROTOOL.XLAM
E:\Excel加载宏的开发与设计\我的工具箱.xlam True

图 12-14　遍历所有 Excel 加载宏

可以看到财咖工具箱.xlam 位于 D:\Temp。

接下来完全退出 Excel，然后在资源管理器中找到“财咖工具箱.xlam”文件，将其删除或者重命名。

重启 Excel，再次打开“加载宏”对话框，单击“财咖工具箱”条目，弹出一个询问对话框，单击“是（Y）”按钮，如图 12-15 所示。

加载宏
?
可用加载宏(A):
Automateexcel_Addin
Excel2003经典菜单
Locka
Ribbonmenuadd-In
UDF.Chinese
UDF.Maths
财咖工具箱
分析工具库
分析工具库 - VBA
规划求解加载项
欧元工具
我的工具箱
确定
取消
浏览(B)...
自动化(U)...
财咖工具箱
Microsoft Excel
找不到加载宏"D:\Temp\财咖工具箱.xlam"，从列表中删除吗?
是(Y)
否(N)

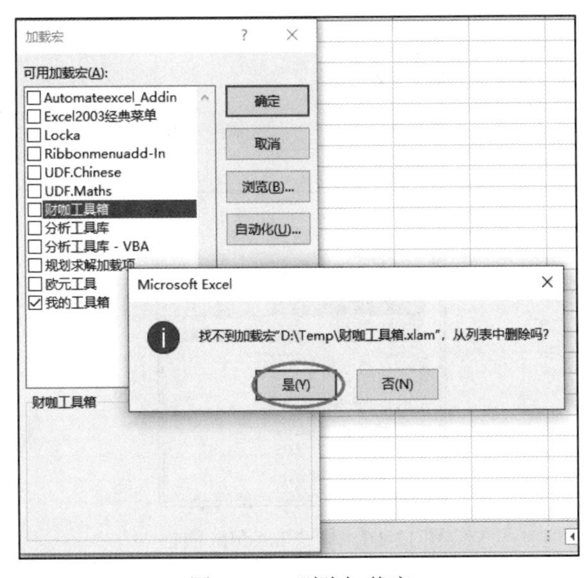

图 12-15　删除加载宏

这样操作以后加载宏“财咖工具箱”就卸载了。

12.9 如何修改加载宏

加载宏的本质就是由启用宏的工作簿另存而成，在加载状态下可以看作是一个隐藏的工作簿。

然而，很多情况下加载宏的功能或者外观不够完美，需要修改、优化。一种方法是直接修改用于生成加载宏的那个原始工作簿，然后再次另存为加载宏即可。如果已经找不到原始工作簿文件，那就只能直接修改加载宏。可能需要修改的场所有以下 3 处：

- 工作簿、工作表。
- VBA 工程。
- 自定义功能区。

其中，VBA 工程与自定义功能区的修改与工作簿级别的工具修改完全一样。如果要修改加载宏的工作簿结构、工作表数据，需要将其在 Excel 中显示出来才行。

下面以查看和修改“我的工具箱.xlam”为例讲解。

首先，在 Excel 中加载它，此时在 Excel 中看不到工作簿结构。

其次，进入 VBA 编程窗口，在工程资源管理器中选中 ThisWorkbook，将 IsAddIn 属性由 True 改为 False，如图 12-16 所示。

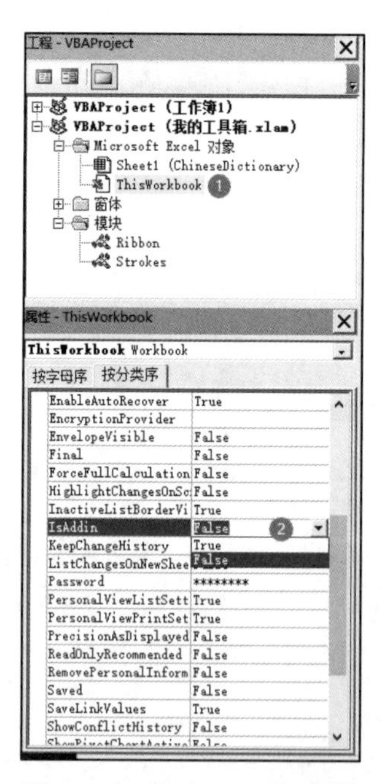

图 12-16　修改 IsAddIn 属性

此时加载宏的各个工作表都显示出来了，便可在工作表中进行各种编辑修改。修改完毕，再回到 VBA 窗口中将 IsAddIn 属性恢复为 True。

最后，一定要在 VBA 窗口中按下快捷键 Ctrl+S 保存，而不是在 Excel 窗口中保存。

12.10 习　　题

1．关于.xlam 格式的加载宏的生成方法，下列说法正确的是（　　）。

A．是用其他编程语言编译生成的

B．是微软公司提供的，开发人员无法制作这种文件

C．是用一般的 Excel 工作簿另存而成的

D．把.xlsx 格式的文件扩展名修改为.xlam 即可

2．在下列扩展名的文件中，一定不是 Excel 加载宏的是（　　）。

A．.xla　　　　B．.xlam

C．.xll　　　　D．.dll

3．编写一个自定义函数 IsPrime，用于判断一个整数是否为素数，效果如图 12-17 所示。

注：素数是指只能被 1 和自身整除的数，没有其他约数，如 31 是素数、32 是合数。

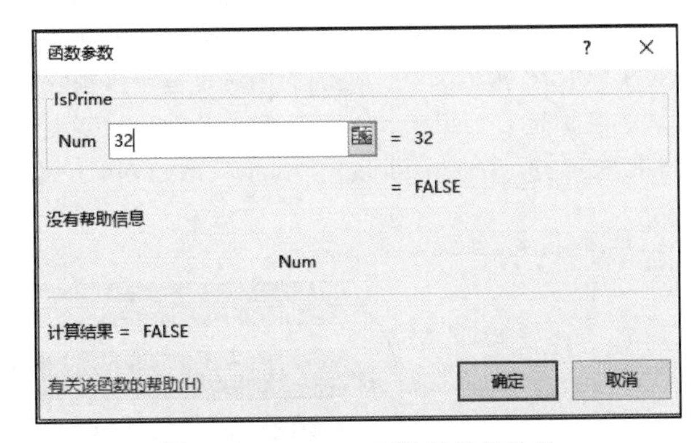

图 12-17　IsPrime 函数的运行效果

第四部分　VBA 提高

ADO 是访问数据库的 COM 组件，包含了打开数据库、执行 SQL 查询、关闭数据库等实用方法。本部分介绍 Microsoft Access 数据库的基本操作、使用 Connection 对象连接数据库、使用 RecordSet 对象执行查询并返回结果记录集、遍历结果记录集中的字段和记录等知识。

微软的 VBA 编程环境，一般情况下是让开发人员手工操作 VBA 窗口中的内容，例如按下 F4 显示属性窗口、按下 Ctrl+G 显示立即窗口，通过"工程引用对话框"可以手工添加和移除当前工程中的某个引用，也可以像在记事本中对代码进行编辑和修改。不过，微软提供了 VBIDE 编程接口，通过 Application.VBE 可以访问到 Excel VBA 的编程窗口，进一步可以访问到每个工程、模块，甚至每行代码。本部分讲解如何自动添加和移除模块、自动添加和删除代码、自动创建窗体添加控件等知识。

类是面向对象程序设计实现信息封装的基础，是对象的模板，VBA 不能直接使用和运行类模块中的过程、函数。类像 Excel、Word 模板文件，正确的用法是基于该模块创建新文档，而不是直接编辑模板。假设一个类模块的名称是 ClassPerson，其中包含 SayHello 这样一个过程。要想在其他模块中调用这个过程，需要先通过 Set Instance = New ClassPerson 创建一个实例，再通过 Instance.SayHello()来调用。

这部分的主要知识点如下：

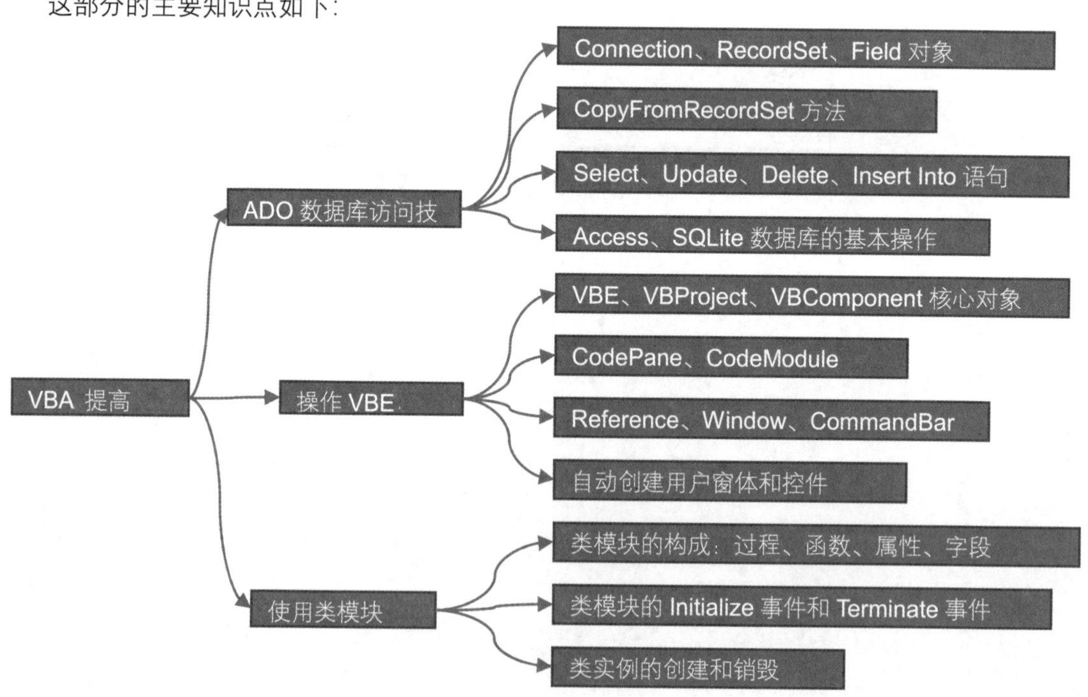

第 13 章 ADO 数据库访问技术

扫一扫，看视频

在 Excel VBA 编程过程中，一部分数据来源于 VBA 代码，另一部分数据来源于工作表的单元格。然而，目前很少有人依靠工作表作为数据源来做开发。尽管 Excel 工作表有非常多的单元格，也能自由地调整行高、列宽，设置单元格格式，但是因为太过自由，Excel 工作表缺乏数据的严谨性。而且，当一个工作表中有成千上万行和列的数据时，文件的打开非常迟钝缓慢。也就是说，把非常多的数据存储在 Excel 文件中不是最好的选择。

数据库，顾名思义就是保存数据的文件。与 Excel 文件相比，数据库与代码相对分离，代码可以自由地从数据库中查询，也可以维护数据库。

本章以 Access 数据库为例，讲解在 VBA 中通过 ADO 技术结合 SQL 查询语句访问数据库的方法。

另外，SQLite 数据库以短小著称，是当今很受欢迎的一款数据库，本章也介绍了 ADO 访问 SQLite 的知识和技术。

本章关键词：数据库、ADO、SQL、Access、SQLite。

13.1 数据表的基础知识

数据表是数据库的主要组成单元。如果把数据库比作 Excel 的工作簿文件，那么数据表类似于 Excel 的工作表。一个数据库中可以有 0 个以上的数据表，每个数据表由若干行、列构成。

与 Excel 单元格不同的是，数据库中数据表没有空白行，也没有空白列，都是按需使用。

数据表的列叫作字段（Field），行叫作记录（Record）。本节介绍字段和记录的基本概念。

13.1.1 字段

字段是指数据表的列名，假设有一个表，如图 13-1 所示。

名字	出生日期	性别	相片名称	文件
高莹 女士	1986/7/8	女	GY.jpg	Package
陈初夏 女士	1967/9/11	女	CCX.jpg	Package
刘丹 女士	1995/8/23	女	LD.jpg	Package
梁艳婷 女士	2011/8/4	女	LYT.jpg	长二进制数据
曹岩磊	2010/1/5	男	CYL.jpg	长二进制数据
刘永富	1981/7/15	男	刘永富2.jpg	Package

图 13-1 示例数据表

其中包括名字、出生日期等字段，每个字段有特定的数据类型，如名字是文本类型，出生日期是日期时间类型。

在 ADO 中，字段用 Field 对象表达，如“名字”这一列就是 Fields(0)。

13.1.2 记录

记录是指数据行，一个数据表最少可以有 0 条记录。可以新增记录，也可以编辑修改已经存在的记录，还可以删除记录。

在每条记录的编辑过程中，有些字段是必填项，不能为空；有些字段不允许重复。这些规则都定义在字段中。

13.2 ADO 简 介

ADO 是指 ActiveX Data Objects。它是一种程序对象，用于表示用户数据库中的数据结构和所包含的数据。

在 VBA 中，通过向工程中引入 Microsoft ActiveX Data Objects 2.8 Library，可以把 ADO 对象模型导入 VBA 中。

ADO 的核心对象是 Connection 对象，用于通过连接字符串打开指定的数据库。其他的重要对象有 RecordSet、Command、Field 等。

13.2.1 Connection 对象

Connection 对象具有 1 个重要属性、3 个重要方法。

- ConnectionString 属性：用来描述访问数据库的驱动以及目标数据库位置的字符串。
- Open 方法：用于打开数据库。如果打开失败则报错。
- Close 方法：关闭已经打开的 Connection，与 Open 方法呼应。
- Execute 方法：执行 SQL 语句，同时返回一个 RecordSet 结果记录集。

13.2.2 RecordSet 对象

RecordSet 对象表示执行 SQL 查询后返回的结果记录集，该对象具有很多实用的方法，可以实现结果记录的移动。

RecordSet 对象的常用属性有以下 4 个：

- RecordCount 属性：记录条数。
- BOF 属性：当前位置在首条记录之前。
- EOF 属性：当前位置在最后记录之后。
- Fields 集合对象：所有字段。

RecordSet 对象的常用方法有以下 5 个：

- Open：打开指定查询的结果记录集。

- Close：关闭结果记录集。
- AddNew：新增一条记录。
- Update：更新记录到数据库（通常与 AddNew 方法一起出现）。
- Move 系列方法：在记录行之间移动，使得某一行成为活动记录。

13.2.3 Command 对象

Command 对象通常用于执行 SQL。常用属性有以下 3 个：

- ActiveConnection：活动连接。需要把 Connection 对象赋给它。
- CommandType：命令类型。
- CommandText：要执行的 SQL 语句。

常用方法有 Execute 方法。

一般情况下，Connection 对象执行 SQL 语句的代码都可以改写成 Command 形式，例如：

```
Connection.Execute "Select * From Table"
```

这行代码可以改写为以下 4 行：

```
Command.ActiveConnection = Connection
Command.CommandType = adCmdText
Command.CommandText = " Select * From Table "
Command.Execute
```

13.2.4 Field 对象

RecordSet 对象的 Fields 表示所有字段，Field 对象表示 1 个字段，字段包括字段名称、字段类型、字段值这 3 方面的信息。其中字段值来源于活动记录的值。

具体代码形如：

```
    Dim f As ADODB.Field
    Set f = rst.Fields(0)
    With f
       Debug.Print f.Name, f.Value, f.Type
    End With
```

以上就是 ADO 中主要对象的简单介绍。

在实际编程之前，先熟悉一下 Access 软件的手动操作。

13.3 Access 数据库操作基础

Access 是 Microsoft Office 办公组件之一，是微软发布的关系型数据库管理系统。Access 以数据库文件为存储单位，Access 2016 数据库的扩展名是.accdb。

本节讲解数据库的创建、表设计、字段设计、记录的编辑等内容。

13.3.1 数据库的创建

在开始菜单中找到 Microsoft Office 的程序组，单击 Access 图标，屏幕上弹出 Access 的启动画面。在右侧选择并单击“空白桌面数据库”上面的大按钮，如图 13-2 所示。

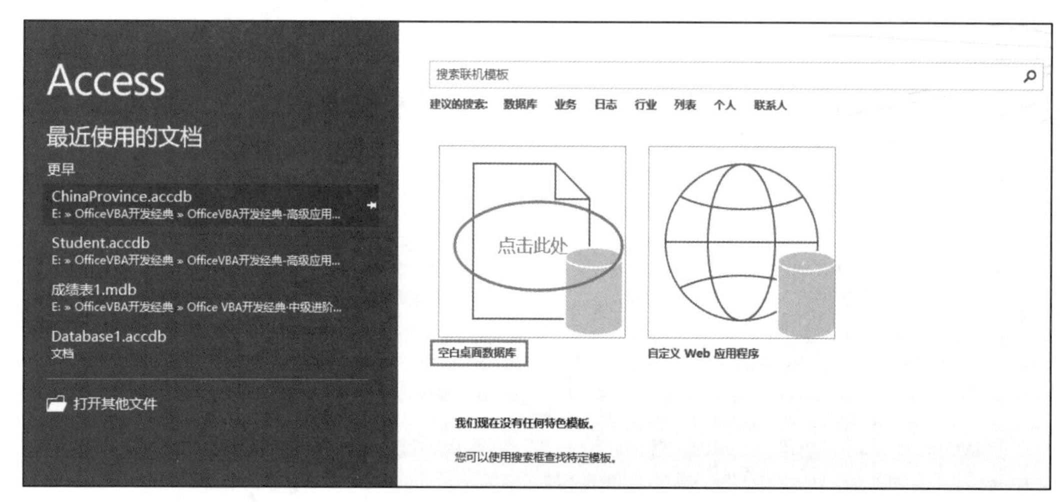

图 13-2　创建空白数据库

弹出一个浮动对话框，单击右侧的“打开”按钮，在文件打开对话框中选择一个路径和数据库名称，如 StudentInfo.accdb。单击“创建”按钮，如图 13-3 所示。

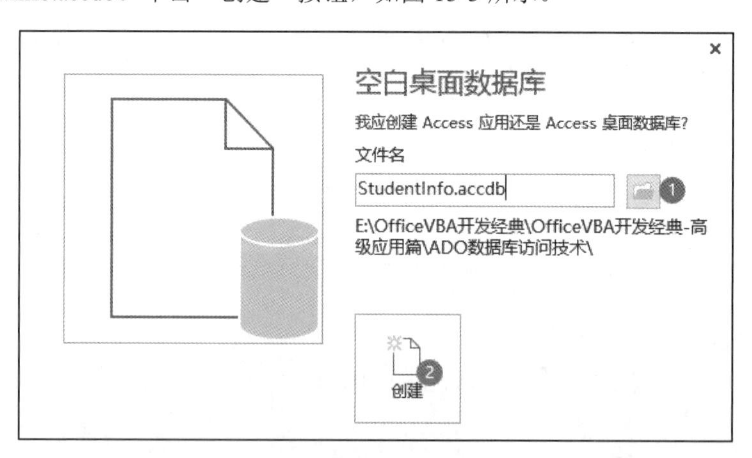

图 13-3　给数据库设置名称

单击“创建”按钮后，数据库中默认添加了一个“表 1”。不过 Access 数据库允许没有任何表，因此单击该表右上角的小×，这样就保证数据库是空白的，如图 13-4 所示。

完全退出 Access，在磁盘上可以看到数据库文件，如图 13-5 所示。

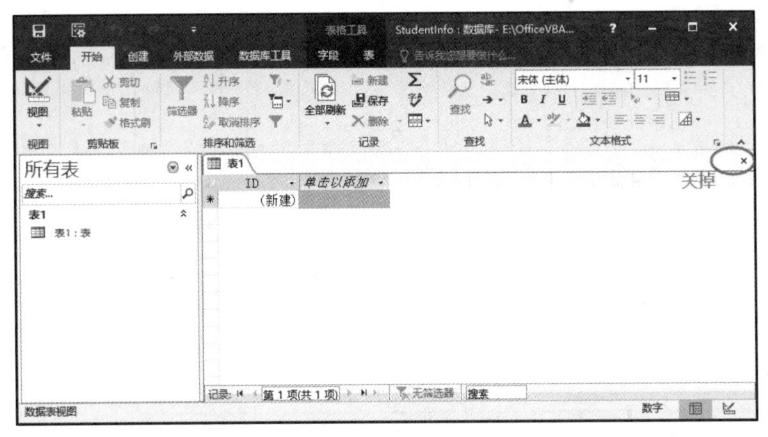

图 13-4　空白表

图 13-5　数据库文件

如果双击该文件，将自动启动 Access 并且打开它。

13.3.2　表设计

Access 数据库可以添加“表”“查询”等部件。表的概念类似于 Excel 中的工作表，是存储数据的容器。不过 Access 表要严格得多，Access 表的每一列都有特定的数据类型，且每一列必须输入相同类型的数据。

一个数据库中可以添加 1 个以上的表。

在 Access 中切换至“创建”选项卡，单击“表设计”按钮，如图 13-6 所示。

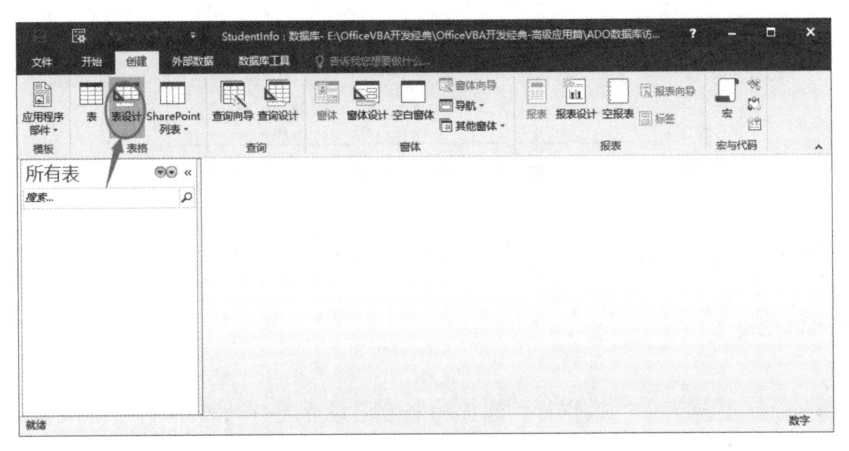

图 13-6　表设计

这样就创建了一个“表 1”，不过尚未保存到数据库中。需要先把各个字段的信息完善，再保存。

在设计视图中，规定每一列的名称和类型。学生信息管理系统需要存储每个学生的出生日期、性别，而且要把学生照片保存到数据库中。因此，“文件”字段的类型选择“OLE 对象”，如图 13-7 所示。

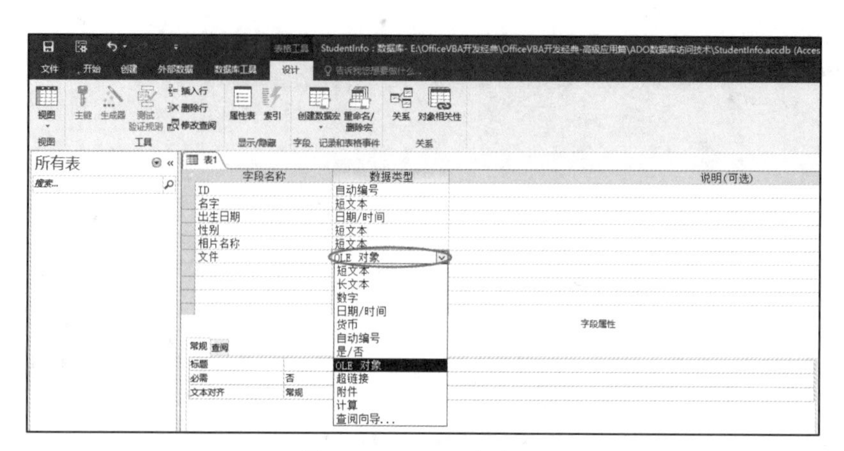

图 13-7　OLE 对象字段

另外，学生姓名可能会重复，为保证记录的唯一性，要把 ID 字段设置为“自动编号”。

然后单击 Access 左上角的“保存”按钮，弹出“另存为”对话框。输入表名 Table1，单击“确定”按钮，如图 13-8 所示。

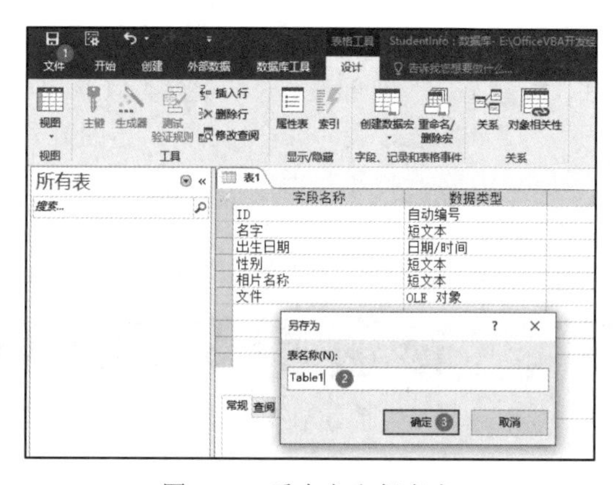

图 13-8　重命名和保存表

这样就创建了一个表，但目前只有列的定义，还没有任何记录。

13.3.3　编辑记录

记录是指 Access 数据表中的数据行。添加和修改记录需要打开表，选中 Table1，在右键菜单中选择“打开”（如果选择“设计视图”，又将回到字段设计画面），如图 13-9 所示。

打开后的界面看上去和 Excel 工作表很像。在单元格中依次录入信息，最后一列“文件”需要上传照片，不能直接输入，右击单元格，选择“插入对象”，如图 13-10 所示。

在弹出的对话框中选择“由文件创建”，单击“浏览”按钮，在磁盘上找到一个文件（任意格式），此处上传一张.jpg 格式的图片，单击“确定”按钮，如图 13-11 所示。

如果需要，可以继续追加新记录，如图 13-12 所示。

图 13-9　打开表

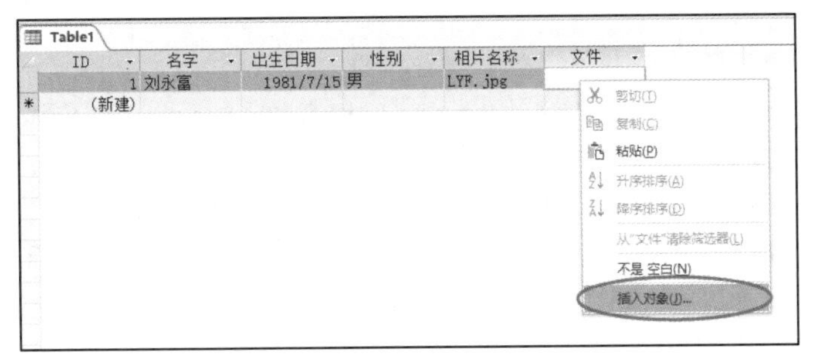

图 13-10　插入文件

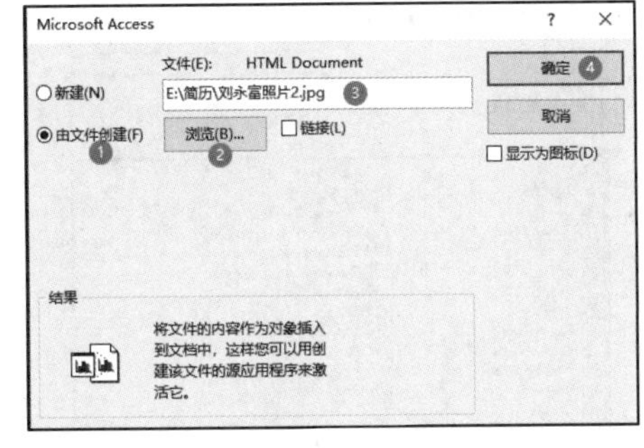

图 13-11　向数据表中插入文件的步骤

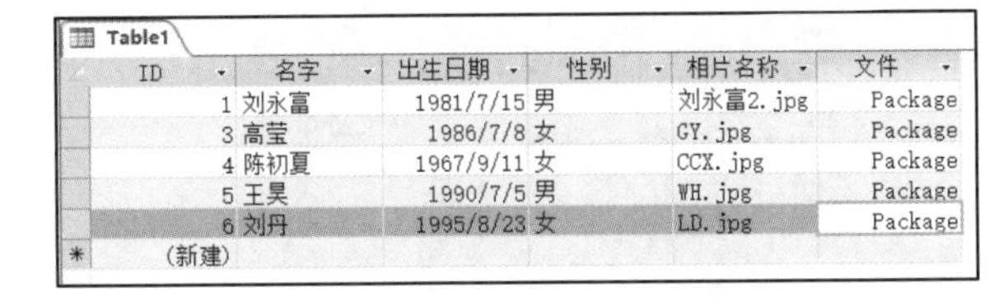

Table1

ID	名字	出生日期	性别	相片名称	文件
1	刘永富	1981/7/15	男	刘永富2.jpg	Package
3	高莹	1986/7/8	女	GY.jpg	Package
4	陈初夏	1967/9/11	女	CCX.jpg	Package
5	王昊	1990/7/5	男	WH.jpg	Package
6	刘丹	1995/8/23	女	LD.jpg	Package
(新建)					

图 13-12　编辑表中的记录

注意

把文件上传到 OLE 字段以后，数据库和磁盘上的文件就没有了关联。此时相当于把磁盘上的文件复制到数据库中。

单击 Access 的"文件"菜单，单击"关闭"按钮，这样就关闭数据库了，如图 13-13 所示。

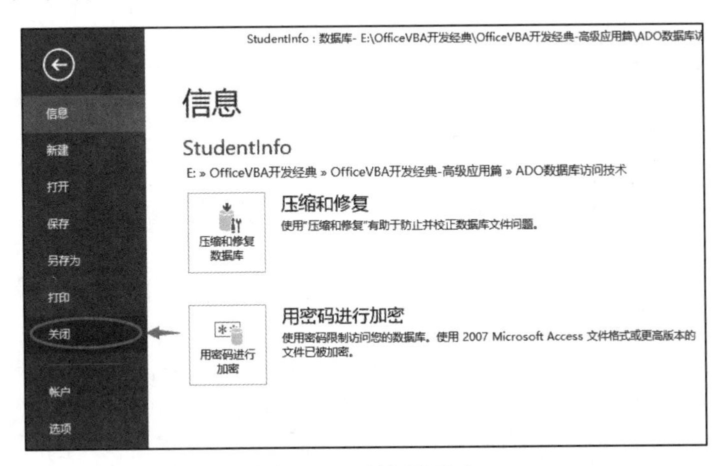

图 13-13　关闭数据库

13.4　ADO 访问 Access 数据库

要把 ADO 技术接入 VBA 中，需要添加 ADO 的引用。

在 Excel 中新建工作簿，打开 VBA 编程环境，添加引用 Microsoft ActiveX Data Objects 2.8 Library，如图 13-14 所示。

实际上，添加引用不是必需的，采用后期绑定方式也可以调用 ADO。此处只是为了方便编写代码。

添加引用以后，在对象浏览器中切换到 ADODB 选项，可以看到该类型库中类和成员的信息，如图 13-15 所示。

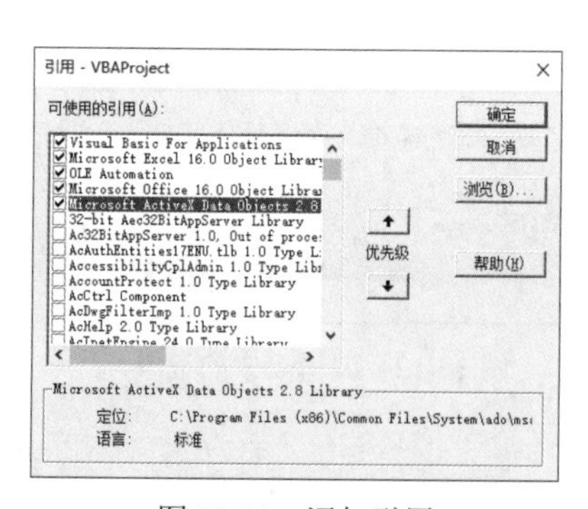

图 13-14　添加引用

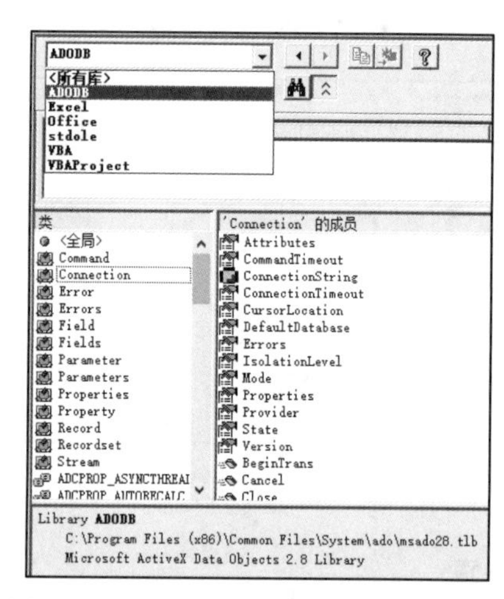

图 13-15　类型库 ADODB 中的成员信息

13.4.1　使用 Connection 对象打开数据库

ADODB.Connection 使用连接字符串去连接数据库，Open 方法打开数据库，Close 方法关闭与数据库的连接。

```
Public cnn As ADODB.Connection
Sub 连接 Access 数据库()
    Set cnn = New ADODB.Connection
    With cnn
        .ConnectionString = "Provider=Microsoft.ACE.OLEDB.12.0;Data Source=" &
        ThisWorkbook.Path & "\StudentInfo.accdb;Persist Security Info=False;"
        .Open
        If .State = ADODB.ObjectStateEnum.adStateOpen Then
            MsgBox "成功连接到数据库！", vbInformation
            .Close '只有处于打开的 Connection，才能执行 Close
        Else
```

```
            MsgBox "失败!", vbExclamation
        End If
    End With
End Sub
```

图 13-16　连接测试

运行上述代码，如果弹出对话框，说明连接成功。之后会自动关闭连接，如图 13-16 所示。

上述代码中的 ConnectionString 的值很长，实际上它是用分号把多个字符串连在了一起。下面介绍一种分开书写的方式。

```
Sub 另一种方式创建 Connection()
    Set cnn = New ADODB.Connection
    With cnn
        .Provider = "Microsoft.ACE.OLEDB.12.0"
        .Properties.Item("Data Source").Value = ThisWorkbook.Path & "\StudentInfo.accdb"
        .Properties.Item("Persist Security Info").Value = False
        .Open
        If .State = ADODB.ObjectStateEnum.adStateOpen Then
            MsgBox "成功连接到数据库!", vbInformation
            .Close'只有处于打开的 Connection，才能执行 Close
        Else
            MsgBox "失败!", vbExclamation
        End If
    End With
End Sub
```

如果以上测试程序没有正常运行，原因可能是连接字符串有问题，或者数据库路径书写有误，根据具体错误原因分析解决即可。

13.4.2　使用 RecordSet 对象产生结果记录集

RecordSet 是数据表查询后的结果记录集对象，该对象有 Move 开头的一些方法，可以移动游标。

Excel VBA 中的 Range 对象有 CopyFromRecordset 方法，该方法可以把整个结果记录集直接复制到单元格中。

```
Sub 查询表()
    Dim rst As ADODB.Recordset
    Set cnn = New ADODB.Connection
    With cnn
        .Provider = "Microsoft.ACE.OLEDB.12.0"
        .Properties.Item("Data Source").Value = ThisWorkbook.Path & "\StudentInfo.accdb"
        .Properties.Item("Persist Security Info").Value = False
        .Open
        Set rst = New ADODB.Recordset
        rst.CursorLocation = ADODB.CursorLocationEnum.adUseClient
        rst.Open Source:="Select * From Table1", ActiveConnection:=cnn, CursorType:=
        ADODB.CursorTypeEnum.adOpenKeyset,
```

```
        LockType:=ADODB.LockTypeEnum.adLockOptimistic
        Range("A2").CopyFromRecordset rst
        .Close
    End With
End Sub
```

上述程序中变量 rst 就是结果记录集对象，必须使用 Connection 对象打开数据库之后再使用 rst 的 Open 方法。

"Select * From Table1"叫作 SQL 查询语句，表示查询 Table1 中的所有记录。

运行上述程序，Excel 中显示出 Table1 中的所有记录，如图 13-17 所示。

	A	B	C	D	E	F
1						
2	3	高莹	1986/7/8	女	GY.jpg	
3	4	陈初夏	1967/9/11	女	CCX.jpg	
4	5	王昊	1990/7/5	男	WH.jpg	
5	6	刘丹	1995/8/23	女	LD.jpg	
6	1	刘永富	1981/7/15	男	刘永富2.jpg	
7						

图 13-17　结果记录集复制到单元格中

13.5　SQL 查询

SQL 是访问和处理数据库的标准的计算机语言。通过 SQL 查询语句可以在编程语言中自动进行增加记录、删除记录、修改记录、查询记录等操作。

13.5.1　增加记录

使用 RecordSet 对象的 AddNew 方法可以新增一条记录，该方法的优点是可以为每个字段单独赋值。对于 OLE 字段，需要先把本地文件读出赋给字节数组，再把字节数组赋给 OLE 字段。

```
Sub 使用AddNew增加记录()
    Dim rst As ADODB.Recordset
    Set cnn = New ADODB.Connection
    Dim photo() As Byte
    Dim length As Long
    With cnn
        .Provider = "Microsoft.ACE.OLEDB.12.0"
        .Properties.Item("Data Source").Value = ThisWorkbook.Path & "\StudentInfo.accdb"
        .Properties.Item("Persist Security Info").Value = False
        .Open
        Set rst = New ADODB.Recordset
        With rst
            .CursorLocation = ADODB.CursorLocationEnum.adUseClient
```

```
        .Open Source:="Table1", ActiveConnection:=cnn, CursorType:=
        ADODB.CursorTypeEnum.adOpenKeyset,
        LockType:=ADODB.LockTypeEnum.adLockOptimistic
        .AddNew
        .Fields.Item("名字").Value = "梁艳婷"
        .Fields.Item("出生日期").Value = #8/4/2011#
        .Fields.Item("性别").Value = "女"
        .Fields.Item("相片名称").Value = "LYT.jpg"
        Open ThisWorkbook.Path & "\LYT.jpg" For Binary As #1
            length = LOF(1)                      '得到文件的长度
            ReDim photo(0 To length - 1)
            Get #1, , photo()                    '把磁盘文件赋给字节数组
        Close #1
        .Fields.Item("文件").Value = photo       '把字节数组赋给字段
        .Update                                  '更新
        .Close                                   '关闭结果记录集
      End With
      .Close                                     '关闭数据库连接
   End With
End Sub
```

上述程序中，变量photo就是字节型数组。

另外，还可以使用Inset Into这个SQL语句来插入新记录，该方法的优点是可以使整行记录都写入SQL语句中。

```
Sub 使用InertInto增加记录()
    Dim cmd As ADODB.Command
    Dim para As ADODB.Parameter
    Set cnn = New ADODB.Connection
    Dim photo() As Byte
    Dim length As Long
    Open ThisWorkbook.Path & "\CYL.jpg" For Binary As #1
        length = LOF(1)   '得到文件的长度
        ReDim photo(0 To length - 1)
        Get #1, , photo() '把磁盘文件赋给字节数组
    Close #1
    With cnn
        .Provider = "Microsoft.ACE.OLEDB.12.0"
        .Properties.Item("Data Source").Value = ThisWorkbook.Path & "\StudentInfo.accdb"
        .Properties.Item("Persist Security Info").Value = False
        .Open
        Set cmd = New ADODB.Command
        With cmd
            .ActiveConnection = cnn
            .CommandType = ADODB.CommandTypeEnum.adCmdText
            .CommandText = "Insert Into Table1(名字,出生日期,性别,相片名称,文件) values
            ('曹岩磊','2010/1/5','男','CYL.jpg',@File)"
            Set para = .CreateParameter("@File", ADODB.DataTypeEnum.adBinary, ,
```

```
            length, photo)
            .Parameters.Append para
            .Execute
        End With
        .Close '关闭数据库连接
    End With
End Sub
```

以上两个过程运行后，数据表中多了两条新记录，如图 13-18 所示。

名字	出生日期	性别	相片名称	文件
高莹	1986/7/8	女	GY.jpg	Package
陈初夏	1967/9/11	女	CCX.jpg	Package
王昊	1990/7/5	男	WH.jpg	Package
刘丹	1995/8/23	女	LD.jpg	Package
梁艳婷	2011/8/4	女	LYT.jpg	长二进制数据
曹岩磊	2010/1/5	男	CYL.jpg	长二进制数据
刘永富	1981/7/15	男	刘永富2.jpg	Package
*				

图 13-18　使用代码添加记录

13.5.2　删除记录

删除记录不需要返回结果记录集，因此使用 Connection 对象的 Execute 方法来执行 Delete 语句即可。

```
Sub 删除记录()
    Set cnn = New ADODB.Connection
    With cnn
        .Provider = "Microsoft.ACE.OLEDB.12.0"
        .Properties.Item("Data Source").Value = ThisWorkbook.Path & "\StudentInfo.accdb"
        .Properties.Item("Persist Security Info").Value = False
        .Open
        .Execute CommandText:="Delete From Table1 Where 名字 Like '王%'"
        '删除姓王的人的记录
        .Close
    End With
End Sub
```

上述程序执行后，姓王的人的记录被整行删除。

13.5.3　更新记录

SQL 中的 Update 命令可以修改记录。例如，下面的语句在性别是女的名字后面追加“女士”。

```
"Update Table1 Set 名字=名字+'女士' Where 性别 = '女'"
```

运行后结果如图 13-19 所示。

名字	出生日期	性别	相片名称	文件
高莹 女士	1986/7/8	女	GY.jpg	Package
陈初夏 女士	1967/9/11	女	CCX.jpg	Package
刘丹 女士	1995/8/23	女	LD.jpg	Package
梁艳婷 女士	2011/8/4	女	LYT.jpg	长二进制数据
曹岩磊	2010/1/5	男	CYL.jpg	长二进制数据
刘永富	1981/7/15	男	刘永富2.jpg	Package

图 13-19　修改记录

13.5.4　查询记录

SQL 语句中用于查询记录的是 Select 语句。查询后返回结果记录集，符合查询条件的有可能是 0 条，因此查询结束后要用 RecordCount 判断一下。

```
Sub 查询记录()
    Dim photo() As Byte
    Dim length As Long
    Dim rst As ADODB.Recordset
    Set cnn = New ADODB.Connection
    With cnn
        .Provider = "Microsoft.ACE.OLEDB.12.0"
        .Properties.Item("Data Source").Value = ThisWorkbook.Path & "\StudentInfo.accdb"
        .Properties.Item("Persist Security Info").Value = False
        .Open
        Set rst = New ADODB.Recordset
        rst.CursorLocation = ADODB.CursorLocationEnum.adUseClient
        rst.Open Source:="Select * From Table1 Where 名字='曹岩磊'", ActiveConnection:=
        cnn, CursorType:=ADODB.CursorTypeEnum.adOpenKeyset, LockType:=
        ADODB.LockTypeEnum.adLockOptimistic
        If rst.RecordCount > 0 Then
            Debug.Print rst.Fields("名字").Value, rst.Fields("出生日期").Value,
rst.Fields("性别").Value, rst.Fields("相片名称").Value
            photo = rst.Fields("文件").Value
            Open ThisWorkbook.Path & "\temp.jpg" For Binary As #1
            Put #1, , photo()
            Close #1
        End If
        .Close
    End With
End Sub
```

上述程序运行后，立即窗口打印了该条记录，如图 13-20 所示。

并且，程序自动把 OLE 字段的文件下载到了磁盘上，如图 13-21 所示。

立即窗口

曹岩磊　　2010/1/5　　男　　CYL.jpg

图 13-20　查询记录

图 13-21　下载数据表中的文件

13.6 学生管理系统的开发

前面的知识介绍了 ADO 技术的代码实现原理，实际开发中软件的使用者往往是不懂代码的一般用户。如果软件的使用者需要从数据库中搜索某个特征的记录，可开发者不能让用户把 SQL 语句作为搜索条件，如果遇到不懂 SQL 语句的使用者，就无法使用开发出的产品。

Excel VBA 编程中，通常采用 UserForm 作为软件使用者与程序代码交互的界面。

本节以 StudentInfo 中的 Table1 为数据源，讲解学生管理系统中的界面开发。从开发的各个环节中体会数据表中各个字段和窗体控件的关联和对应的方法。

13.6.1 窗体和控件设计

在 VBA 工程中插入一个用户窗体，按照一定布局加入必要的控件，控件名称如图 13-22 所示。

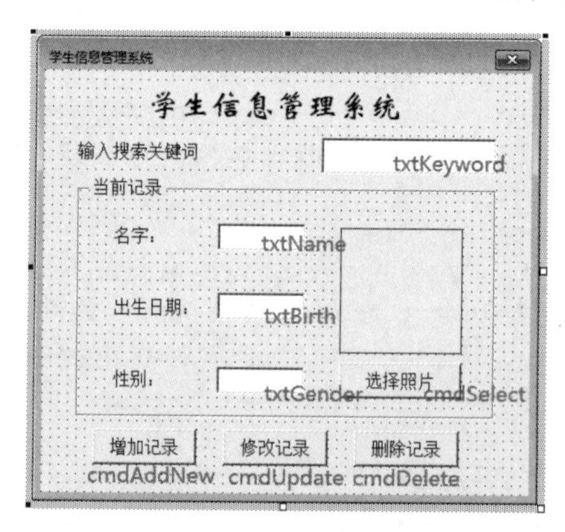

图 13-22 控件及其名称

13.6.2 窗体的显示和关闭

为了一打开这个工作簿就弹出该系统的画面，在 ThisWorkbook 的 Open 事件中启动用户窗体。

```
Private Sub Workbook_Open()
    UserForm1.Show
End Sub
```

一般情况下，窗体启动时要尝试去连接并打开数据库，窗体退出前要断开数据库的连接，因此要在 UserForm 的 Initialize 和 Terminate 事件中输入代码：

```
Private cnn As ADODB.Connection, rst As ADODB.Recordset
Private Sub UserForm_Initialize()
    Set cnn = New ADODB.Connection
```

```
    With cnn
        .Provider = "Microsoft.ACE.OLEDB.12.0"
        .Properties.Item("Data Source").Value = ThisWorkbook.Path & "\StudentInfo.accdb"
        .Properties.Item("Persist Security Info").Value = False
        .Open
    End With
End Sub

Private Sub UserForm_Terminate()
    If cnn.State = ADODB.adStateOpen Then
        cnn.Close
    End If
    Set cnn = Nothing
End Sub
```

其中，变量 cnn 和 rst 是模块级变量。

13.6.3 查询功能设计

查询是通过窗口上面的 txtKeyword 文本框的 KeyDown 事件实现的，当按下 Enter 键时，执行 Select 语句。

```
Private Sub txtKeyword_KeyDown(ByVal KeyCode As MSForms.ReturnInteger, ByVal
Shift As Integer)
    If KeyCode = vbKeyReturn Then
        Set rst = New ADODB.Recordset
        rst.CursorLocation = ADODB.CursorLocationEnum.adUseClient
        rst.Open Source:="Select * From Table1 Where 名字 Like '%" &
        Me.txtKeyword.Text & "%'", ActiveConnection:=cnn, CursorType:=
        ADODB.CursorTypeEnum.adOpenKeyset, LockType:=
        ADODB.LockTypeEnum.adLockOptimistic
        If rst.RecordCount > 0 Then
            Me.txtName.Text = rst.Fields("名字").Value
            Me.txtBirth.Text = rst.Fields("出生日期").Value
            Me.txtGender.Text = rst.Fields("性别").Value
        Else
            Me.txtName.Text = ""
            Me.txtBirth.Text = ""
            Me.txtGender.Text = ""
            Me.imgPhoto.Picture = Nothing
        End If
        rst.Close
    End If
End Sub
```

如果查询到一条符合搜索条件的记录，就把该条记录的各项数据显示在对应的文本框中。如果未找到，就清空各个文本框。

13.6.4　删除功能设计

单击“删除记录”按钮，将删除数据表中名字与 txtName 文本框中一致的那个人。

```
Private Sub cmdDelete_Click()
    cnn.Execute CommandText:="Delete From Table1 Where 名字 = '" & Me.txtName.Text
    & "'"
End Sub
```

13.6.5　新增功能设计

单击“新增记录”按钮，将按各个文本框的内容形成一条新记录，添加到数据表中。

```
Private Sub cmdAddNew_Click()
    Set rst = New ADODB.Recordset
    With rst
        .CursorLocation = ADODB.CursorLocationEnum.adUseClient
        .Open Source:="Table1", ActiveConnection:=cnn, CursorType:=ADODB.
        CursorTypeEnum.adOpenKeyset, LockType:=ADODB.LockTypeEnum.adLockOptimistic
        .AddNew
        .Fields.Item("名字").Value = Me.txtName.Text
        .Fields.Item("出生日期").Value = CDate(Me.txtBirth.Text)
        .Fields.Item("性别").Value = Me.txtGender.Text
        .Fields.Item("相片名称").Value = "any.jpg"
        .Update
        .Close
    End With
End Sub
```

运行时的画面如图 13-23 所示。

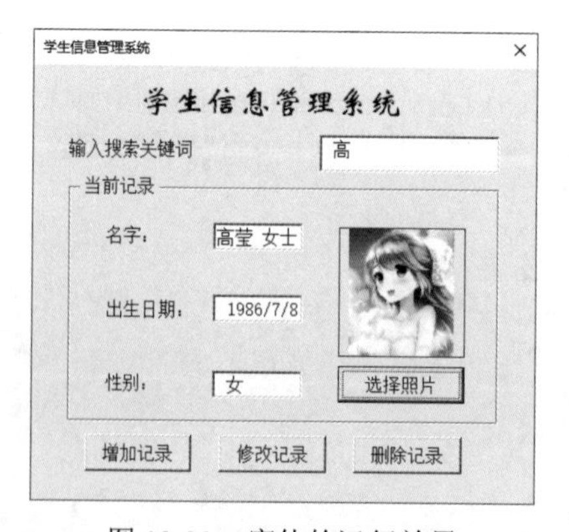

图 13-23　窗体的运行效果

由于照片的下载、上传和显示代码较长，此处不再展示。

13.7 ADO 访问 SQLite 数据库

SQLite 是一款轻型的、遵守 ACID 原则的关系型数据库管理系统。

SQLite 第一个 Alpha 版本诞生于 2000 年 5 月。至 2021 年已经接近 21 个年头，SQLite 也迎来了一个新版本 SQLite3。

本节首先介绍 SQLite 驱动的安装，然后介绍使用 ADO 访问 SQLite 的方法，最后介绍 DB Browser for SQLite 这款数据库浏览器的下载。

13.7.1 SQLite 简介

SQLite 是一个进程内的库，实现了自给自足、无服务器、零配置、事务性的 SQL 数据库引擎。它是一个零配置的数据库，这意味着与其他数据库不一样，不需要用户在系统中配置。

SQLite 具有以下优势和特点：

- 不需要一个单独的服务器进程或操作的系统（无服务器的）。
- SQLite 不需要配置，这意味着不需要安装或管理。
- 一个完整的 SQLite 数据库是存储在一个单一的跨平台的磁盘文件中。
- SQLite 非常小，是轻量级的。
- SQLite 是自给自足的，这意味着不需要任何外部的依赖。
- SQLite 事务是完全兼容 ACID 的，允许从多个进程或线程安全访问。
- SQLite 支持 SQL92（SQL2）标准的大多数查询语言的功能。
- SQLite 是使用 ANSI-C 编写的，并提供了简单和易于使用的 API。

目前 SQLite 可以被 C#、Python 等主流语言调用，也能在 VBA 中通过 ADO 技术访问。

13.7.2 SQLiteODBC 驱动的安装

ADO 访问 SQLite 需要事先安装 SQLite 的 ODBC 驱动程序。如果没有安装驱动程序，就运行以下代码：

```
Sub SQLite()
    Dim cnn As ADODB.Connection
    Dim rs As ADODB.Recordset
    Set cnn = New ADODB.Connection
    cnn.ConnectionString = "DRIVER=SQLite3 ODBC Driver;Database=D:\temp\d1.db"
    cnn.Open
    cnn.Close
End Sub
```

当运行至 cnn.Open 时，弹出如下“运行时错误”对话框，如图 13-24 所示。

安装本书配套资源中提供的可执行文件 sqliteodbc.exe。

双击文件图标进行安装。在 SQLite ODBC Driver Setup 对话框中单击 Next 按钮，如图 13-25 所示。

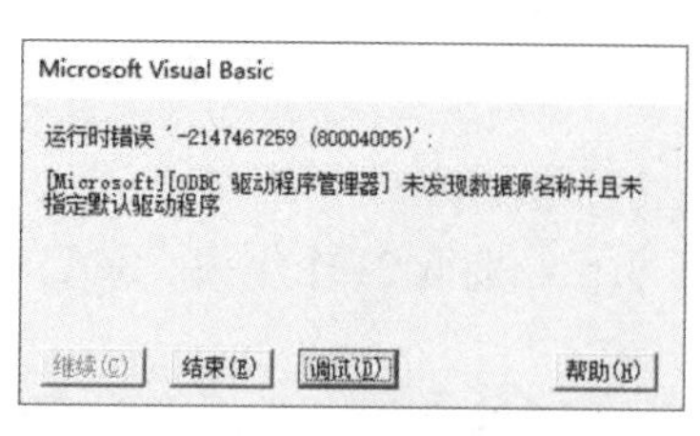

图 13-24　“运行时错误”对话框

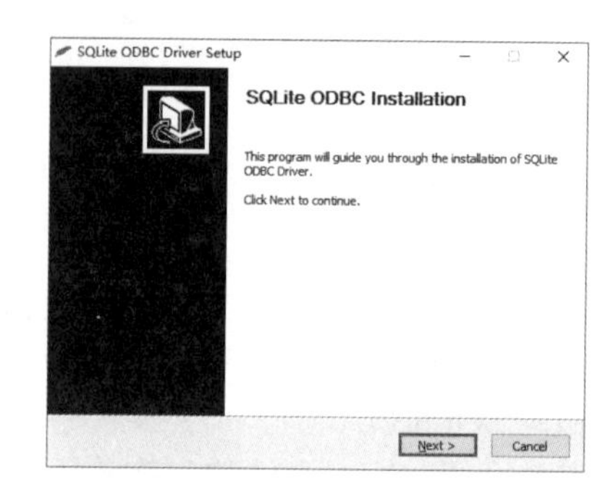

图 13-25　ODBC 驱动的安装

勾选 SQLite 2 Drivers 复选框，单击 Install 按钮，如图 13-26 所示。

提示安装已完成，单击 Finish 按钮关闭对话框，如图 13-27 所示。

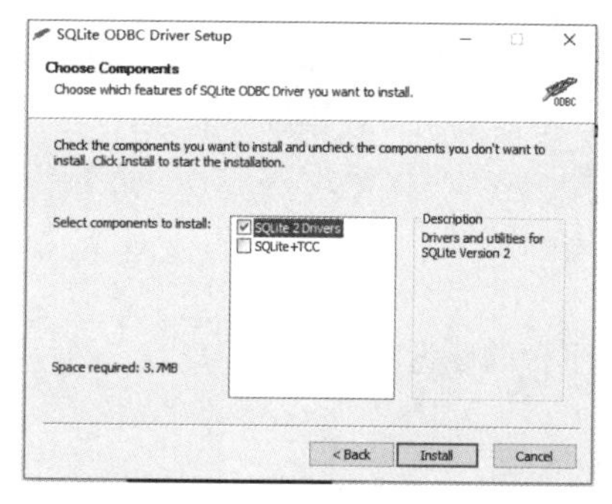

图 13-26　安装画面

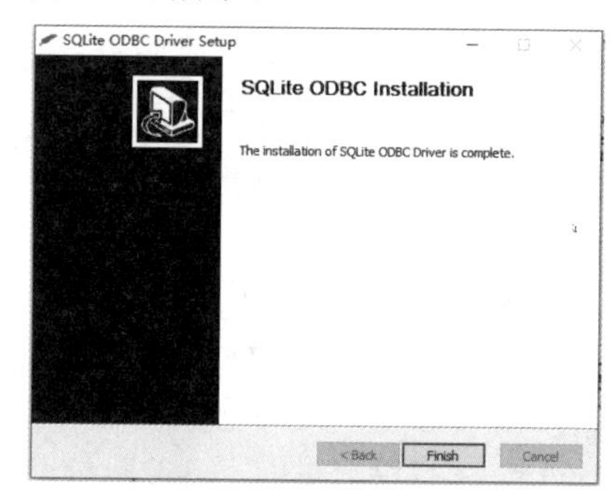

图 13-27　完成安装

安装结束后，打开文件资源管理器，定位到路径：C:\Program Files (x86)\SQLite ODBC Driver。可以看到产生了很多文件。如果不需要该驱动，则可以卸载，如图 13-28 所示。

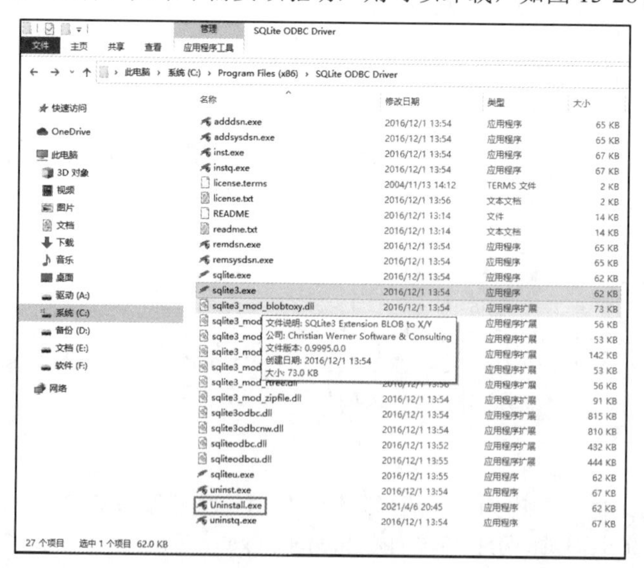

图 13-28　安装后产生的文件

经过以上步骤，SQLite 的 ODBC 驱动安装完成。

13.7.3 创建表

SQLite 的数据库文件扩展名是.db。

ADODB.Connection 对象的 Open 方法会自动新建一个数据库（如果之前不存在数据库）。

SQLite 常用的字段类型有 int（整数）、real（浮点数）、text（文本）等。

使用 Create Table 命令创建表时，先写字段名称，再写字段类型，最后写一些字段的约束条件。例如，BookName text not null 中 BookName 是文本类型的字段，用于表示书名，而且该字段是必填项，不能为空。

实例 13-1 演示了如何利用 ADO 技术在磁盘上创建名为 BookInfo.db 的 SQLite 数据库，然后创建一个名为 TB1 的表。图书信息数据库设计见表 13-1。

表 13-1　图书信息数据库设计

字段名称	含　义	类　型
ISBN	书号	int
BookName	书名	text
Author	作者	text
Press	出版社	text
Price	定价	real
PublicationDate	出版日期	text

实例 13-1：创建表并且插入记录

```
Sub 创建表并且插入记录()
    Dim cnn As ADODB.Connection
    Set cnn = New ADODB.Connection
    cnn.ConnectionString = "DRIVER=SQLite3 ODBC Driver;Database=D:\temp\BookInfo.db"
    cnn.Open
    cnn.Execute "Create Table TB1(ISBN int primary key,BookName text not null,
    Author text,Press text,Price real,PublicationDate text)" '创建 TB1 表
    cnn.Execute "insert into TB1(ISBN,BookName,Author,Press,Price,PublicationDate)
    values(9787302491231,'程序员教程','张淑萍','北京大学出版社',137.80,'2019/8/7')"
    cnn.Execute "insert into TB1(ISBN,BookName,Author,Press,Price,PublicationDate)
    values(9787302551959,'中文版 Excel2019 高级编程宝典','Michel Alexander','清华大学出版
    社', 108.80,'2020/4/1')"
    cnn.Execute "insert into TB1(ISBN,BookName,Author,Press,Price,PublicationDate)
    values(9787301300725,'Word/Excel/PPT 2019 办公应用从入门到精通','龙马高新','北京大
    学出版社',44.10,'2019/1/1')"
    cnn.Execute "insert into TB1(ISBN,BookName,Author,Press,Price,PublicationDate)
    values(9787517075271,'移动办公 office 5 合 1','IT 教育研究室','中国水利水电出版社',
    76.30, '2019/6/1')"
    cnn.Execute "insert into TB1(ISBN,BookName,Author,Press,Price,PublicationDate)
    values(9787115546081,'Python 编程从入门到实践','Eric Matthes','人民邮电出版社',
    137.80, '2020/10/1')"
```

```
    cnn.Close
End Sub
```

ADO 操作 SQLite 数据库是通过执行 SQL 语句完成的。上述代码中先执行 Create Table 创建一个表，再执行 Insert Into 向该表中插入 5 条记录。

磁盘上产生了 BookInfo.db 文件，使用 DB Browser for SQLite 软件查看该数据库，可以看到已经新增了 5 条图书记录，如图 13-29 所示。

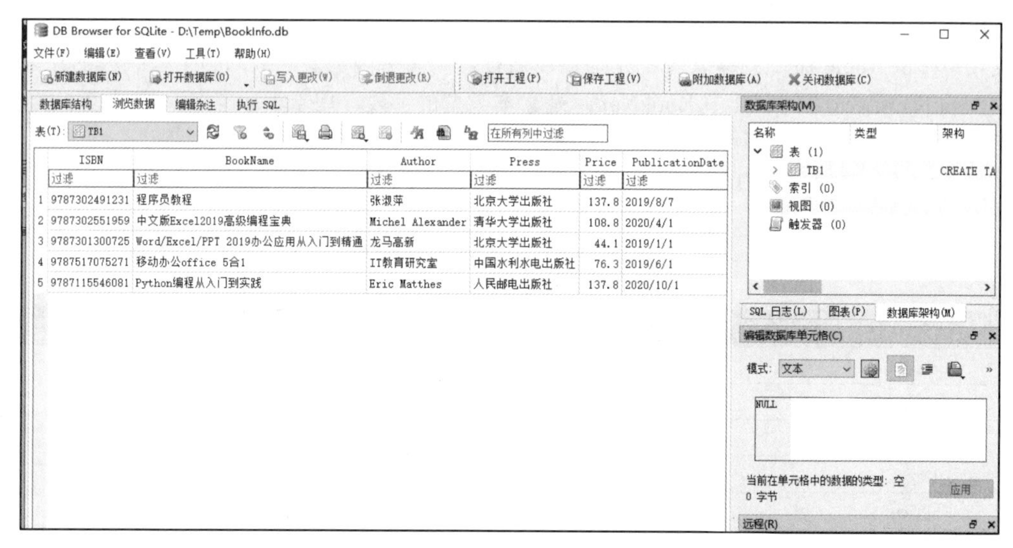

图 13-29　使用 DB Browser for SQLite 软件查看数据表

关于该数据库浏览器的下载在后面讲述。

13.7.4　记录修改和删除

利用 ADO 修改和删除已有记录同样非常方便。

实例 13-2 演示了如何对数据表的记录进行修改和删除。首先把指定 ISBN 的书的作者和出版社名称进行了修改。然后把指定作者和出版社的记录删除。

实例 13-2：修改和删除记录

```
Sub 修改和删除记录()
    Dim cnn As ADODB.Connection
    Set cnn = New ADODB.Connection
    cnn.ConnectionString = "DRIVER=SQLite3 ODBC Driver;Database=D:\temp\BookInfo.db"
    cnn.Open
    cnn.Execute "update TB1 set Author ='张淑平',Press='清华大学出版社' where ISBN =
    9787302491231"
    cnn.Execute "delete from TB1 where Author='龙马高新' and Press = '北京大学出版社'"
    cnn.Close
End Sub
```

上述程序运行后，在数据库浏览器中进行查看，总共 4 条记录，如图 13-30 所示。

	ISBN	BookName	Author	Press	Price	PublicationDate
	过滤	过滤	过滤	过滤	过滤	过滤
1	9787302491231	程序员教程	张淑平	清华大学出版社	137.8	2019/8/7
2	9787302551959	中文版Excel2019高级编程宝典	Michel Alexander	清华大学出版社	108.8	2020/4/1
3	9787517075271	移动办公office 5合1	IT教育研究室	中国水利水电出版社	76.3	2019/6/1
4	9787115546081	Python编程从入门到实践	Eric Matthes	人民邮电出版社	137.8	2020/10/1

图 13-30　记录的修改和删除

13.7.5　查询记录

实例 13-3 演示了如何使用 Select 语句查询指定出版社的所有记录，并把查询到的数据复制到 A2 单元格，字段信息写入第 1 行。

实例 13-3：查询记录

```
Sub 查询记录()
    Dim cnn As ADODB.Connection
    Dim rst As ADODB.Recordset
    Dim fld As ADODB.Field
    Dim c As Integer
    Set cnn = New ADODB.Connection
    cnn.ConnectionString = "DRIVER=SQLite3 ODBC Driver;Database=D:\temp\BookInfo.db"
    cnn.Open
    Set rst = New ADODB.Recordset
    rst.Open "Select * from TB1 where Press = '清华大学出版社'", cnn, 1, 3
    c = 1
    For Each fld In rst.Fields
        Cells(1, c).Value = fld.Name
        c = c + 1
    Next fld
    Range("A2").CopyFromRecordset rst
    rst.Close
    cnn.Close
End Sub
```

上述程序运行后，指定出版社的记录将自动写入单元格，如图 13-31 所示。

	A	B	C	D	E	F
1	ISBN	BookName	Author	Press	Price	PublicationDate
2	9787302491231	程序员教程	张淑平	清华大学出版社	137.8	2019/8/7
3	9787302551959	中文版Excel2019高级编程宝典	Michel Alexander	清华大学出版社	108.8	2020/4/1
4						
5						
6						

图 13-31　把 SQLite 数据表中的数据写入单元格

13.7.6 使用 DB Browser for SQLite 查看数据表

在网页浏览器中打开如下 url：

http://www.sqlitebrowser.org/dl/

网页上提供了 4 个下载链接，如果是 64 位系统，应下载下面的两个链接之一，如图 13-32 所示。

本书选择最后一个压缩包，不需要安装，解压后就可以使用。单击超链接，弹出“另存为”对话框，将其保存到磁盘上，如图 13-33 所示。

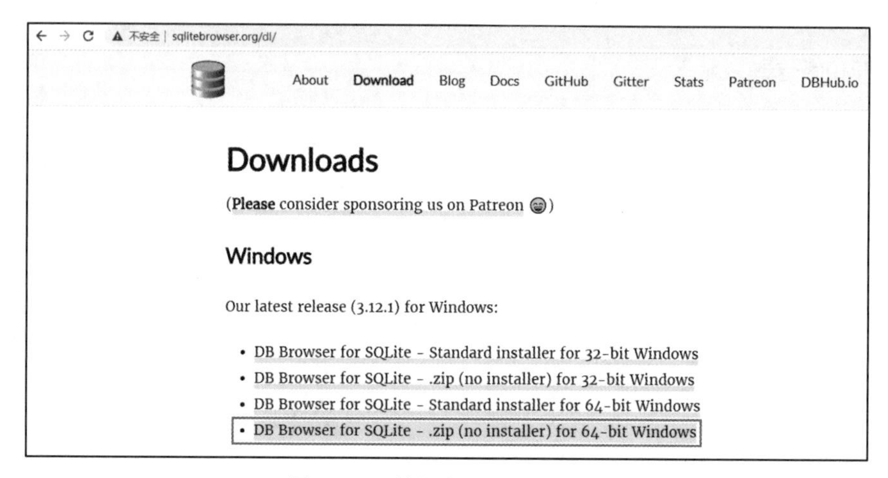

图 13-32 数据表浏览器的下载

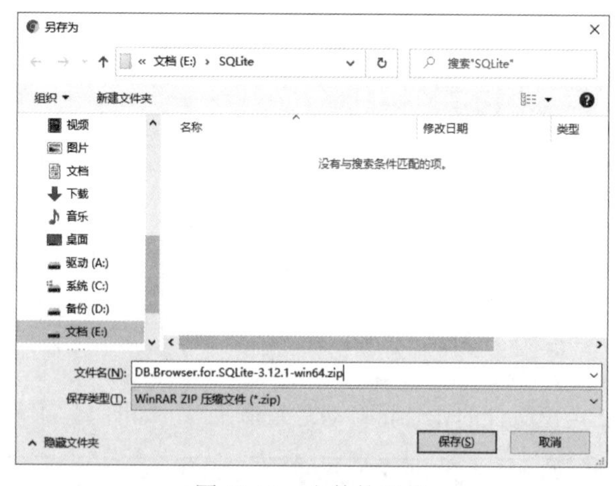

图 13-33 文件的下载

解压缩后，在文件夹中可以找到以下文件：

DB Browser for SQLite.exe

双击打开。选择“文件”→“打开数据库”菜单命令，如图 13-34 所示。

在磁盘上浏览到一个.db 的数据库文件即可打开查看。

图 13-34　选择数据库

13.8　习　　题

1．ADO 中用于描述查询结果中的每个字段的对象是（　　）。

　A．Connection　　　　B．Command

　C．Field　　　　　　D．RecordSet

2．用于向现有表中插入新记录的 SQL 命令是（　　）。

　A．Delete　　　　　B．Insert Into

　C．Select　　　　　D．Update

3．下面的 SQL 查询语句：

```
SELECT DISTINCT Company FROM Orders
```

该语句的作用是（　　）。

　A．从 Orders 表中查询第一个 Company

　B．从 Company 表中查询第一个 Orders

　C．从 Orders 表中查询唯一的 Company

　D．从 Company 表中查询唯一的 Orders

扫一扫，看视频

第 14 章　操作 VBE

VBA 除了可以操作访问 Office 对象外，还允许使用代码操作访问 VBA 工程。例如，遍历 VBA 工程中的每个模块，自动插入和删除模块，自动获取代码行数、自动插入和删除代码都可以通过本章的知识来实现。

操作 VBE 的理论基于 VBIDE 对象模型，该对象模型提供了完整丰富的与 VBA 部件对应的对象。

另外，VBE 编程环境用的是外接程序的制作，都是基于该对象模型。换言之，如果没有操作 VBE 的技术，那么 VBE 插件将无法开发。

本章关键词：VBIDE、VBE2019。

14.1　编程前的设定

要保证操作 VBE 的代码能够正常运行，需要在相应的 Office 应用程序中进行有关设定。

例如，在 Excel VBA 中运行 Debug.Print Application.VBE.VBProjects.Count 这行代码，代码的作用是返回 VBA 工程的数量，但是在执行代码时会弹出运行时错误的提示，提示“不信任到 Visual Basic Project 的程序连接”，如图 14-1 所示。

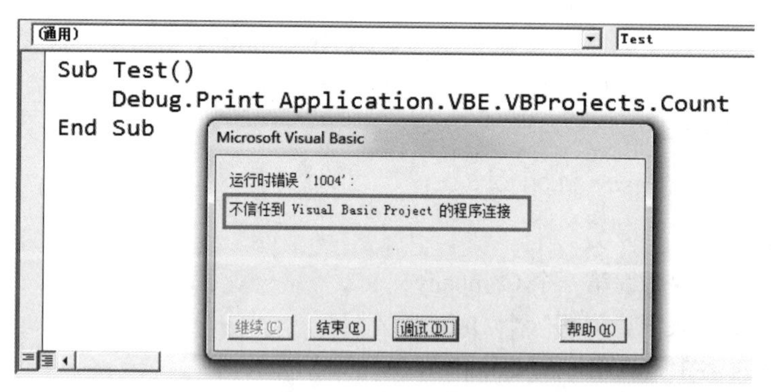

图 14-1　运行时错误

发生上述错误不是代码的问题，而是 Excel 安全性设置存在问题。

14.1.1　信任对 VBA 工程对象模型的访问

在 Excel 中依次单击“开发工具”“宏安全性”按钮，如图 14-2 所示。

图 14-2　“宏安全性”按钮

在弹出的“信任中心”对话框中，默认不勾选“信任对 VBA 工程模型的访问”复选框。如果要操作访问 VBA 工程，必须勾选这个选项，如图 14-3 所示。

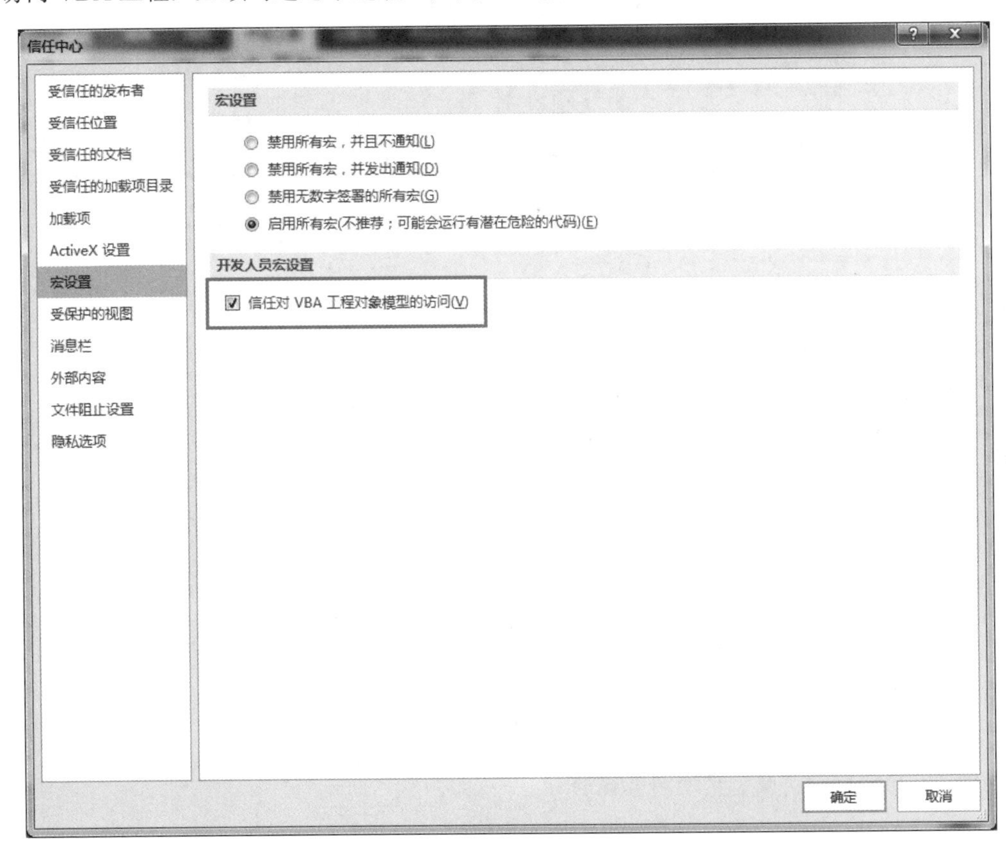

图 14-3　勾选“信任对 VBA 工程对象模型的访问”复选框

14.1.2　添加 VBIDE 的引用

如果要以前期绑定的形式使用 VBA 工程中的各种对象，则需要在“引用”对话框中添加 Microsoft Visual Basic for Applications Extensibility 5.3 引用，如图 14-4 所示。

添加了上述引用以后，在对象浏览器中切换到 VBIDE 对象库，可以看到操作 VBE 能够用到的所有对象及其成员，如图 14-5 所示。

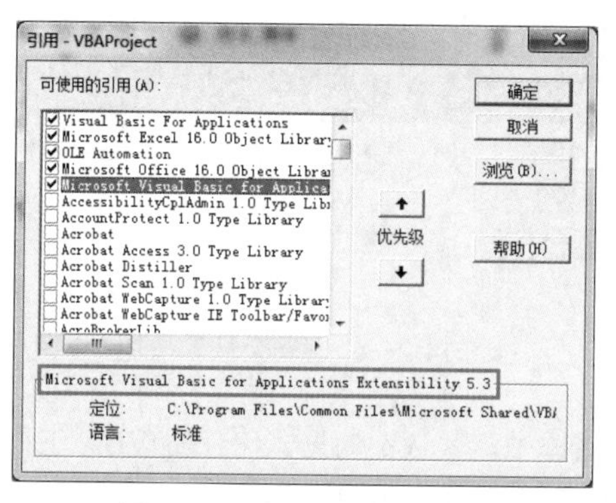

图 14-4　添加 VBIDE 引用

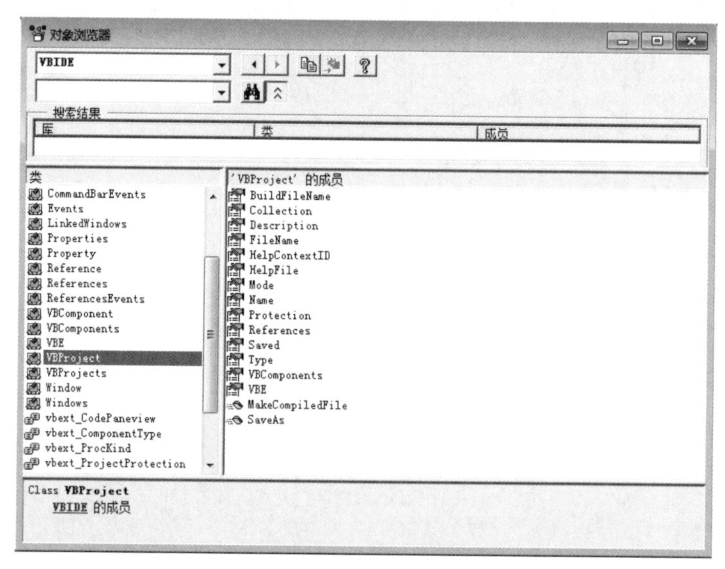

图 14-5　在对象浏览器中查看 VBIDE 中的成员信息

14.1.3　VBIDE 对象模型

VBIDE 对象模型的所属关系如图 14-6 所示。

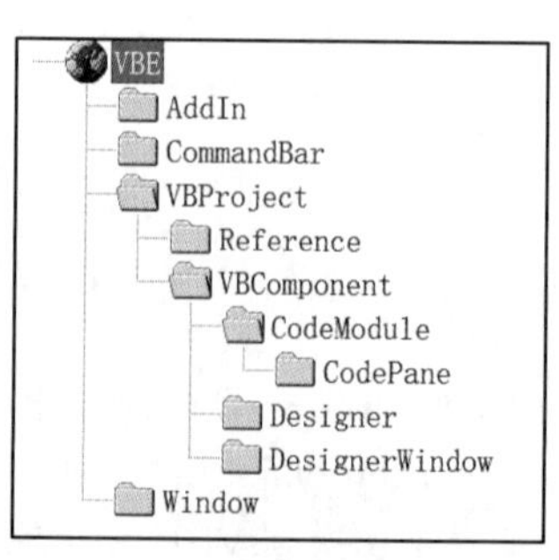

图 14-6　VBIDE 中的常用对象

这个对象模型图与 VBA 开发环境对应得很好。在 VBA 窗口中，菜单栏和工具栏属于 Commandbar 对象。工程资源管理器中呈现的树形结构与 VBProject、VBComponent 对象呼应。打开任意一个模块的代码，右侧显示的代码窗格就是 CodePane 对象，如图 14-7 所示。

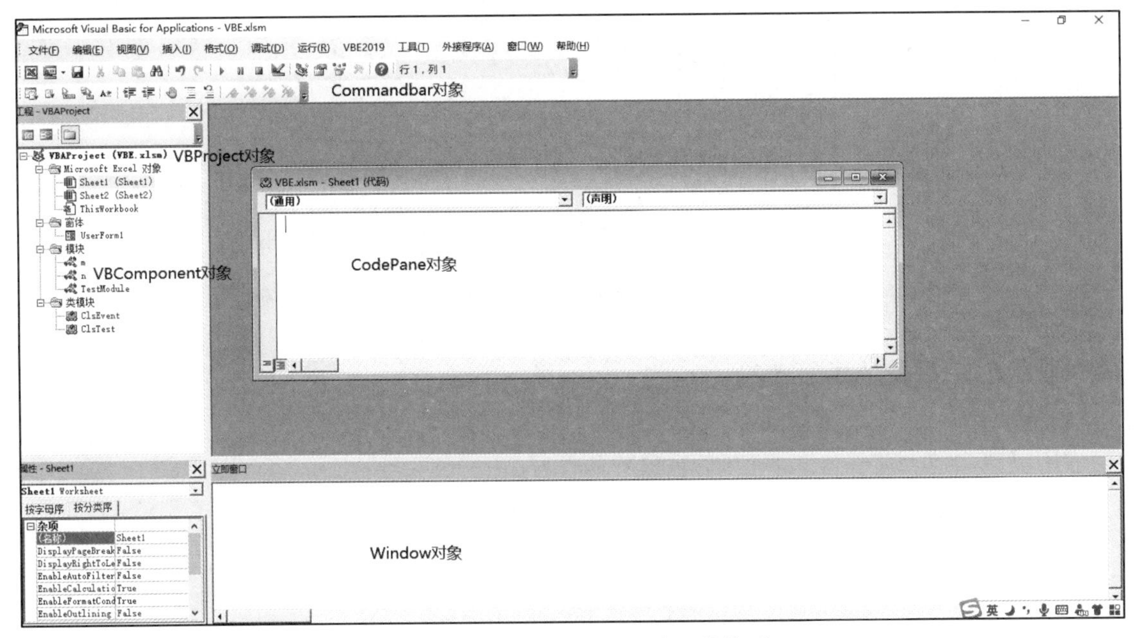

图 14-7 对象模型与 VBE 窗口的关系

而 VBA 窗口中的属性窗口、立即窗口等都是 Window 对象。

14.2 VBE 应用程序对象

VBA 开发环境的顶级对象是 VBIDE.VBE 对象，对于 Excel VBA，可以使用 Application.VBE 返回该顶级对象。为了编程方便，可以声明一个模块级的顶级对象变量 VBEApp。

代码如下：

```
Public VBEApp As VBIDE.VBE

Sub 返回 VBE 对象的信息()
    Set VBEApp = Application.VBE
    With VBEApp
        Debug.Print .AddIns.Count
        Debug.Print .VBProjects.Count
        Debug.Print .Version
    End With
End Sub
```

以上程序打印了 VBE 中外接程序的个数、VBA 工程的个数及 VBA 的版本号。

手动确认 VBA 版本的方法是选择 VBA 的“帮助”→“关于 Microsoft Visual Basic for Applications”命令，弹出“关于 Microsoft Visual Basic for Applications”对话框，如图 14-8 所示。

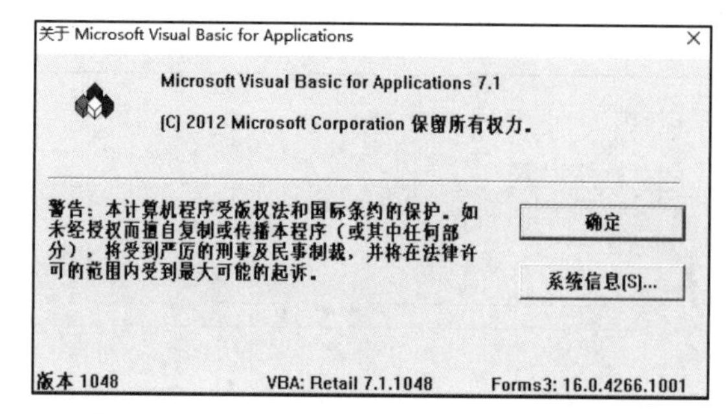

图 14-8　VBA 的“关于 Microsoft Visual Basic for Applications”对话框

14.2.1　VBE 对象的重要集合

VBE 对象下面包含 4 个以 s 结尾的集合对象。

- AddIns：外接程序集合。
- CommandBars：工具栏集合。
- VBProjects：工程集合。
- Windows：窗口集合。

以上 4 个都是可遍历的集合，通过循环结构可以遍历到每一个具体的对象。

14.2.2　通过 VBE 对象快速访问活动对象

VBE 对象包含下面 4 个以 Active 开头的对象，利用这个特点可以快速定位处于活动状态的对象。

- ActiveCodePane：返回当前代码窗格，类型是 CodePane。
- ActiveVBProject：返回当前工程，类型是 VBProject。
- ActiveWindow：返回活动窗口，类型是 Window。
- SelectedVBComponent：返回选定的模块，类型是 VBComponent。

实例 14-1 演示了如何在立即窗口返回了上述几种重要对象的信息。

实例 14-1：返回活动对象的信息

```
Sub 返回活动对象的信息()
    Set VBEApp = Application.VBE
    With VBEApp
        Debug.Print "当前代码窗格标题：", .ActiveCodePane.window.Caption
        Debug.Print "当前工程的路径：", .ActiveVBProject.Filename
        Debug.Print "活动窗口的标题", .ActiveWindow.Caption
        Debug.Print "选定的模块名称", .SelectedVBComponent.Name
    End With
End Sub
```

然后事先选中模块 TestModule，在立即窗口中输入：

```
Call m.返回活动对象的信息
```

按下 Enter 键后，可以看到选定的模块是 TestModule，如图 14-9 所示。

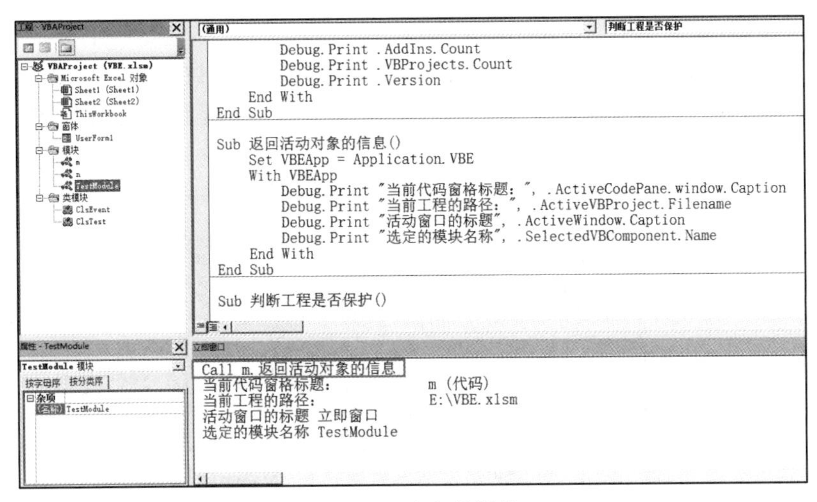

图 14-9 选中的模块

也就是说，当前打开的代码窗格与选定的模块是不同的。SelectedVBComponent 是指工程资源管理器树形结构中目前处于选定的模块。

14.3 VBA 工程对象

Office VBA 工程与文档对象具有一一对应的关系，如 Excel、PowerPoint、Word 都是基于文档的应用程序。在一个应用程序中可以同时打开多个文档，每个文档具有与之对应的 VBA 工程。除此以外，Excel 或 PowerPoint 加载宏、Word 模板通常是隐藏的文档，但是它们也有自己的 VBA 工程。也就是说，VBA 工程的数量与打开的文档数量、加载宏个数有关。如果在 Excel 中关闭了所有工作簿，VBA 工程的数量可能会是 0。

然而某些应用程序不是这样，如 Outlook 不是基于文档的应用程序，一个应用程序有且只有一个 VBA 工程。也就是说，只要启动了 Outlook，VBA 工程数量就是 1。

VBA 工程的个数可以从 VBA 的工程资源管理器中看到。

VBIDE 对象模型中的 VBProject 对象表示一个 VBA 工程，VBE 应用程序对象下面的 VBProjects 集合表示所有工程。

14.3.1 VBProject 对象的重要属性

VBProject 对象的重要属性如下：

- FileName：VBA 工程所在的工作簿的路径。
- Name：VBA 工程的名称，可以修改。默认值是 VBAProject。
- Protection：是否有密码保护。
- Saved：指示 VBA 工程是否已保存。
- Type：工程类型。

其中，访问 FileName 属性在某些场合下会出现运行时错误。当被访问的 VBA 工程是一个新建的工作簿，还没有保存到磁盘时就会出现这个错误。也就是说，不是任何情况都能访问文件路径属性，如图 14-10 所示。

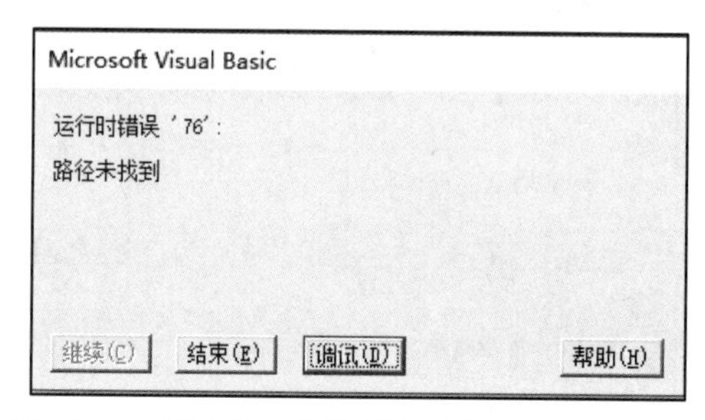

图 14-10　新建的工作簿不能访问 FileName 属性

Name 属性指的是 VBA 工程的名字，通常在工程资源管理器中可以看到这个名字（括号外面的部分），如图 14-11 所示。

这个名字可以在属性窗口直接修改，也可以在“工程属性”对话框中设置，如图 14-12 所示。

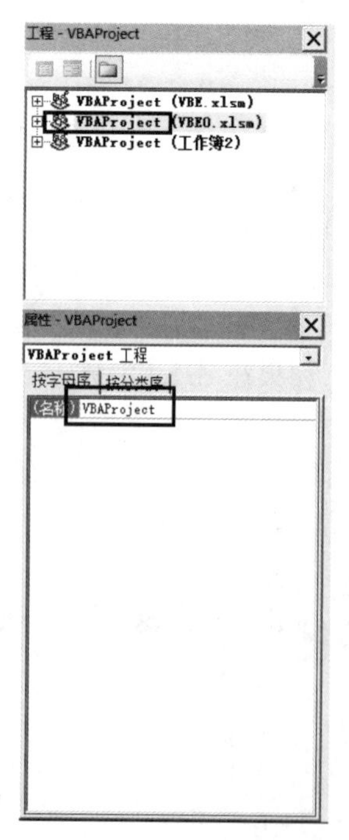

图 14-11　工程的名称

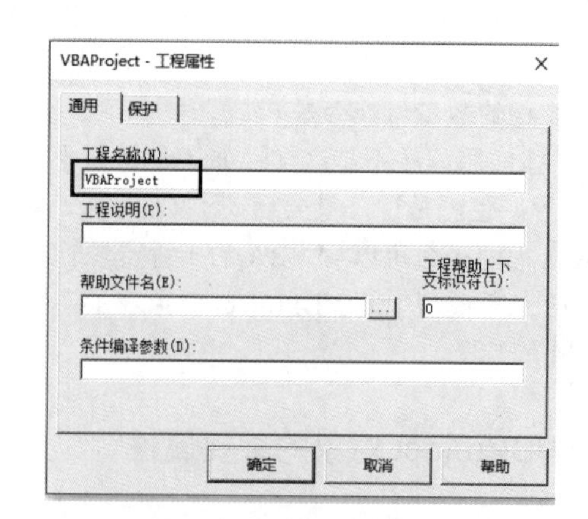

图 14-12　修改工程名称

还可以使用代码自动修改工程的名字。

例如，运行代码 VBEApp.VBProjects.Item(2).Name = "常用代码"，就可以把第二个 VBA 工程的名字改掉。

Protection 是一个只读属性，用来指示当前 VBA 工程是否处于密码保护状态。该属性是 vbext_ProjectProtection 枚举常量之一，具体应用如实例 14-2 所示。

实例 14-2：判断工程是否保护

```
Sub 判断工程是否保护()
    Set VBEApp = Application.VBE
    Dim vbp As VBIDE.VBProject
    Set vbp = VBEApp.VBProjects.Item(1)
    If vbp.Protection = VBIDE.vbext_ProjectProtection.vbext_pp_locked Then
        Debug.Print "处于保护"
    ElseIf vbp.Protection = VBIDE.vbext_ProjectProtection.vbext_pp_none Then
        Debug.Print "未设密码"
    End If
End Sub
```

Type 属性是一个只读属性，其值为 VBIDE.vbext_ProjectType 枚举下面的成员：

```
Const vbext_pt_HostProject = 100 (&H64)
Const vbext_pt_StandAlone = 101 (&H65)
```

Office VBA 工程的类型通常为 vbext_pt_HostProject，也就是基于宿主应用程序的工程。如果是 VB6 工程，其类型为 vbext_pt_StandAlone，表示的是一个独立的工程。

14.3.2 遍历每个 VBA 工程

VBProjects 是 VBE 顶级对象下面的一个集合，表示所有 VBA 工程，如实例 14-3 所示。

实例 14-3：VBE 的所有工程

```
Sub VBE 的所有工程()
    Dim vbp As VBIDE.VBProject
    Set VBEApp = Application.VBE
    Debug.Print VBEApp.VBProjects.Count
    For Each vbp In VBEApp.VBProjects
        Debug.Print vbp.Filename, vbp.Name, vbp.Protection, vbp.Saved
    Next vbp
End Sub
```

除了从 VBE 对象向下返回一个 VBProject 对象以外，还可以用 Workbook 的 VBProject 方法返回工作簿对应的工程，如 ThisWorkbook.VBProject。也可以用 VBEApp.ActiveProject 方法返回当前活动的 VBA 工程。

14.3.3 了解工程下面的组件和引用

一个 VBA 工程允许添加和移除模块、类模块、用户窗体，通常使用 VBProject.VBComponents 集合对象表示。

VBA 工程中，允许添加和移除引用，使用 VBProject.References 集合对象表示。

组件和引用的访问和操作在后面将陆续讲解。

14.4 VBA 组 件

组件指的是模块，具体包括文档的事件模块、标准模块、类模块、用户窗体等。VBIDE 中使用 VBComponent 表示一个模块。

VBComponent 对象的 Type 属性是枚举常量 vbext_ComponentType 之一。

- vbext_ct_ClassModule = 2：类模块。
- vbext_ct_Document = 100：文档模块。
- vbext_ct_MSForm = 3：用户窗体。
- vbext_ct_StdModule = 1：标准模块。

使用代码可以实现添加模块、移除模块、重命名模块等操作。

14.4.1 遍历模块

VBProject 对象下面的 VBComponents 集合对象表示该工程中的所有模块，如实例 14-4 所示。

实例 14-4：VBProject 的所有组件

```
Sub VBProject的所有组件()
    Dim vbp As VBIDE.VBProject
    Dim vbc As VBIDE.VBComponent
    Set VBEApp = Application.VBE
    Set vbp = VBEApp.ActiveVBProject
    For Each vbc In vbp.VBComponents
        Debug.Print vbc.Name, vbc.Type
    Next vbc
End Sub
```

运行上述程序，立即窗口打印出每个模块的名称和类型：

```
ThisWorkbook  100
Sheet1        100
m             1
```

第二列打印结果中，100 表示文档模块，1 表示标准模块。

14.4.2　模块的添加和移除

VBComponents 对象的 Add 方法用于添加一个模块，Remove 方法用于移除一个模块，具体应用如实例 14-5 所示。

实例 14-5：模块的增删

```
Sub 模块的增删()
    Dim vbc As VBIDE.VBComponent
    Set VBEApp = Application.VBE
    Set vbc = VBEApp.ActiveVBProject.VBComponents.Add(ComponentType:=
    VBIDE.vbext_ComponentType.vbext_ct_StdModule)
    vbc.Name = "常用函数"
    Set vbc = Application.VBE.ActiveVBProject.VBComponents.Item("常用函数")
    Application.VBE.ActiveVBProject.VBComponents.Remove vbc
End Sub
```

逐行运行上述程序，可以看到添加了一个“常用函数”的标准模块。运行到最后一行又自动删除了这个模块，如图 14-13 所示。

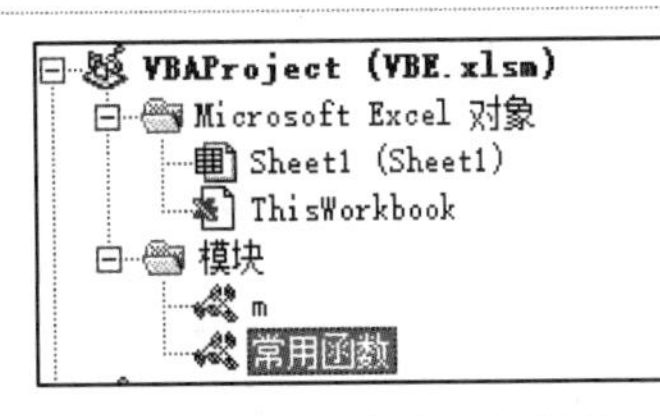

图 14-13　自动添加的模块

注意

Excel VBA 中的文档模块不能添加也不能移除，如 Sheet1、ThisWorkbook 等。

14.4.3　模块的导出和导入

VBA 工程中的各个模块可以导出为本地文件，反过来本地文件也可以导入 VBA 工程中，如图 14-14 所示。

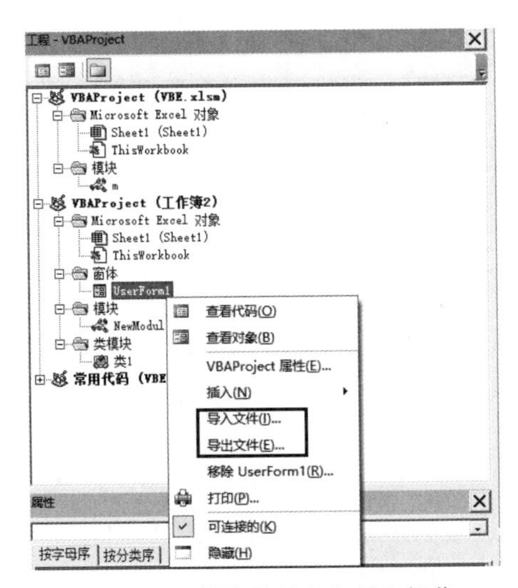

图 14-14　模块的导出和导入操作

各种类型的模块导出后的文件扩展名不一样。文档事件模块（Sheet1、ThisWorkbook）与类模块导出的文件扩展名是.cls，用户窗体导出的扩展名是.frm，标准模块导出的扩展名是.bas。

VBComponent 模块对象的 Export 方法可以把模块导出为文件。

VBComponents 集合对象的 Import 方法用于把外部文件导入本工程中。

实例 14-6 演示了如何对模块进行导出和导入。首先把工程 2 下面的 NewModule 模块导出到磁盘文件，然后把该文件导入到工程 1 中，这样就实现了不同工程之间模块的迁移。

实例 14-6：模块的导出和导入

```
Sub 模块的导出和导入()
    Dim vbc As VBIDE.VBComponent
    Set VBEApp = Application.VBE
    Set vbc = VBEApp.VBProjects.Item(2).VBComponents.Item("NewModule")
    vbc.Export Filename:="D:\Temp\NewModule.bas"
    Set vbc = VBEApp.VBProjects.Item(1).VBComponents.Import(Filename:=
    "D:\Temp\NewModule.bas")
    vbc.Name = "新模块"
End Sub
```

运行上述程序后，在文件夹中可以看到多了一个文件，如图 14-15 所示。

图 14-15　自动导出模块

14.4.4　模块的打开和关闭

手动操作时，双击工程资源管理器中的模块节点即可打开并查看代码。VBComponent 的 Activate 方法可以快速打开一个模块，也可以自动关闭一个已经打开的模块，如实例 14-7 所示。

实例 14-7：模块的打开和关闭

```
Sub 模块的打开和关闭()
    Dim vbc As VBIDE.VBComponent
    Set VBEApp = Application.VBE
    Set vbc = VBEApp.VBProjects.Item(1).VBComponents.Item("TestModule")
    vbc.Activate
```

```
    vbc.CodeModule.CodePane.Show
    Application.Wait Now + TimeValue("00:00:03")
    vbc.CodeModule.CodePane.window.Close
End Sub
```

上述程序首先自动打开名叫 TestModule 的标准模块，3 秒后自动关闭。

对于一个用户窗体，它本身也是 VBComponent 对象，但是用户窗体有设计窗口和代码窗口。VBComponent 对象的 DesignerWindow 用来表示设计窗口，CodeModule 表示代码窗口。具体应用如实例 14-8 所示。

实例 14-8：窗体的打开和关闭

```
Sub 窗体的打开和关闭()
    Dim vbc As VBIDE.VBComponent
    Set VBEApp = Application.VBE
    Set vbc = VBEApp.VBProjects.Item(1).VBComponents.Item("UserForm1")
    vbc.DesignerWindow.Visible = True
    vbc.CodeModule.CodePane.window.Visible = True
    Application.Wait Now + TimeValue("00:00:03")
    vbc.DesignerWindow.Visible = False
    vbc.CodeModule.CodePane.window.Visible = False
End Sub
```

上述程序运行后会自动打开用户窗体的设计窗口和代码窗口，3 秒后关闭设计窗口和代码窗口，如图 14-16 所示。

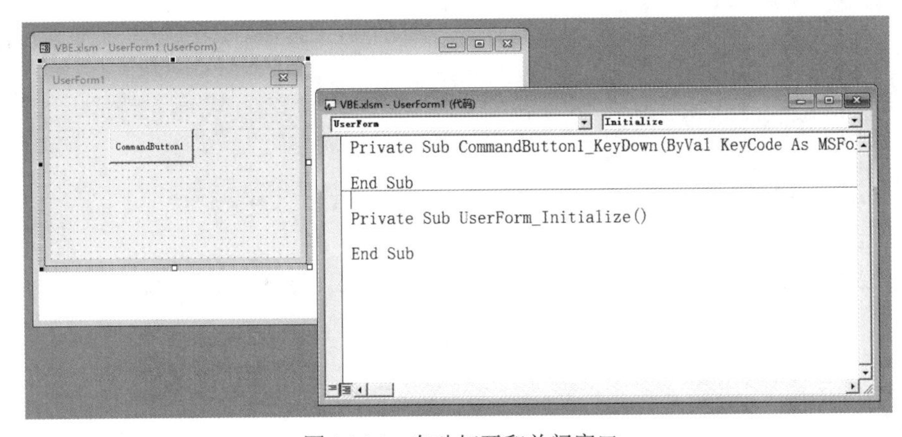

图 14-16　自动打开和关闭窗口

14.5　读/写代码模块

CodeModule 是 VBComponent 对象的成员，表示模块中的代码。该对象的主要属性有以下 7 点：

- CountOfDeclarationLines：声明部分的总行数。

- CountOfLines：代码的总行数（声明部分加上过程和函数部分）。
- Lines(StartLine As Long, Count As Long)：返回从指定行开始连续多行的代码。
- ProcBodyLine(ProcName As String, ProcKind As vbext_ProcKind)：指定过程的声明处的行号。
- ProcStartLine(ProcName As String, ProcKind As vbext_ProcKind)：指定过程的开始处的行号。
- ProcCountLines(ProcName As String, ProcKind As vbext_ProcKind)：指定过程的代码行数。
- ProcOfLine(Line As Long, ProcKind As vbext_ProcKind)：返回指定行号处的过程名称，其中参数 ProcKind 按引用传递。

利用上述属性和方法可以获取代码中有用的信息。

14.5.1 获取模块中的代码信息

为了测试方便，先添加一个模块 TestModule，然后声明几个 API 函数，并且创建一个过程和一个函数。

该模块总共包含 21 行代码，在每行代码前面标注了行号，如图 14-17 所示。

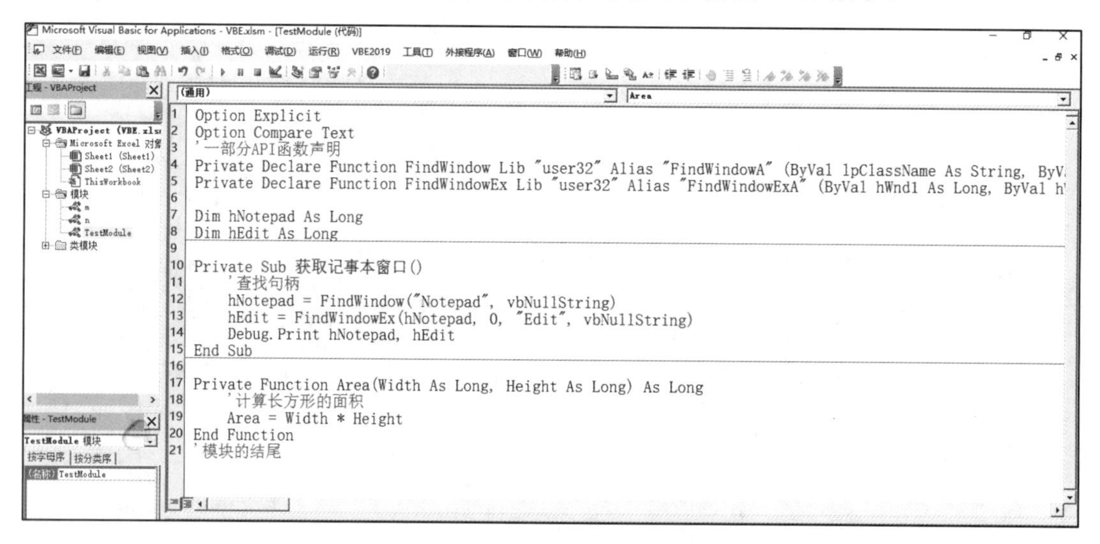

图 14-17 示例模块

一个代码模块通常由模块声明和过程函数这两部分构成，过程函数必须书写在模块声明之下。模块声明部分用来声明以下 5 种：

- Option Explicit、Option Base 1 等。
- 使用 Declare 声明的 API 函数和过程。
- 使用 Type 声明的自定义类型。
- 使用 Enum 声明的枚举。
- 使用 Public、Private、Dim、Const 声明的模块级变量和常量。

过程函数部分可以包括：

- 使用 Function 声明的函数。

- 使用 Sub 声明的过程。
- 使用 Property 声明的属性过程（出现于类模块中）。

模块声明和过程函数之间有明显的分界线，对于图 14-17 所示模块，上面 8 行为模块声明部分，第 9 行以下为过程函数部分。

ProcStartLine 用于返回一个过程或函数的开始行号。例如，图 14-17 所示的“获取记事本窗口”这个过程的开始行号是 9，因为要包括过程上方的若干空白行或者注释行。而 ProcBodyLine 返回一个过程或函数的定义行号，也就是 Function 或 Sub 关键字出现的那行。

ProcCountLines 返回的是过程或函数的行数，包括从 ProcStartLine 的开始行号开始，到过程或函数的结束行处，也就是 End Function 或 End Sub 那行结束。

ProcOfLine 的用法与其他几个有所不同，该方法虽然包含两个参数，实际上后一个参数是用于返回过程类型的。

接下来在其他模块中编写以下程序，用于提取模块 TestModule 中的代码信息。

```
Sub 获取指定名称的过程或函数信息()
    Dim vbc As VBIDE.VBComponent
    Dim cm As VBIDE.CodeModule
    Set VBEApp = Application.VBE
    Set vbc = VBEApp.VBProjects.Item(1).VBComponents.Item("TestModule")
    Set cm = vbc.CodeModule
    With cm
        Debug.Print .CountOfDeclarationLines                              '返回 8
        Debug.Print .CountOfLines                                         '返回 21
        Debug.Print .ProcStartLine("获取记事本窗口",vbext_pk_Proc)         '返回 9
        Debug.Print .ProcBodyLine("获取记事本窗口", vbext_pk_Proc)         '返回 10
        Debug.Print .ProcCountLines("获取记事本窗口", vbext_pk_Proc) '返回 7
    End With
End Sub
```

代码分析：

CountOfDeclarationLines 表示模块顶部声明部分的总行数，总共是 8 行。

ProcCountLines 表示一个过程或函数用掉的总行数。本实例由于事先知道过程的名称是“获取记事本窗口”，而且种类是一个过程，所以可以直接使用常量 vbext_pk_Proc。

14.5.2 返回过程的种类

一个模块或类模块中通常包含多个过程、函数、属性，如果要提取指定行处的信息，必须事先判断此处的代码块是哪一种类型。

VBIDE.vbext_ProcKind 枚举包含以下 4 个常量：

- Const vbext_pk_Proc = 0：表示 Function 或 Sub 声明的函数或过程。
- Const vbext_pk_Let = 1：表示 Property Let 属性过程。
- Const vbext_pk_Set = 2：表示 Property Set 属性过程。
- Const vbext_pk_Get = 3：表示 Property Get 属性过程。

实例 14-9 还是以分析 TestModule 模块中的代码为例，获取第 19 行处的代码信息。

实例 14-9：获取某个过程或函数全部代码

```
Sub 获取某个过程或函数全部代码()
    Dim vbc As VBIDE.VBComponent
    Dim cm As VBIDE.CodeModule
    Dim ProcKind As VBIDE.vbext_ProcKind
    Dim ProcName As String
    Dim code As String
    Set VBEApp = Application.VBE
    Set vbc = VBEApp.VBProjects.Item(1).VBComponents.Item("TestModule")
    Set cm = vbc.CodeModule
    With cm
        ProcName = .ProcOfLine(19, ProcKind) '返回 Area
        code = .Lines(startline:=.ProcStartLine(ProcName, ProcKind), Count:=
        .ProcCountLines(ProcName, ProcKind))
        Debug.Print code
    End With
End Sub
```

代码分析：

ProcName = .ProcOfLine(19, ProcKind)这一行是核心代码，其作用有两个，一个作用是根据 19 返回 Area，另一个作用是把此处的代码块种类返回给变量 ProcKind。那么在后续的代码中继续使用 ProcKind 即可。

运行上述程序，立即窗口中打印出了 Area 函数的全部代码，如图 14-18 所示。

```
立即窗口

Private Function Area(Width As Long, Height As Long) As Long
    '计算长方形的面积
    Area = Width * Height
End Function
'模块的结尾
```

图 14-18　获取程序单元的内容

14.5.3　获取类模块中的属性过程

类模块中除了可以使用 Function、Sub 以外，还可以使用 Property 来创建属性过程。属性过程既可以手动书写，也可以利用 VBA 编辑器提供的过程助手来快速构建。

在 VBA 工程中插入一个类模块，重命名为“ClsTest”。然后选择“插入”→“过程”菜单命令，如图 14-19 所示。

在“添加过程”对话框中输入名称 Price，类型设置为“属性”，如图 14-20 所示。

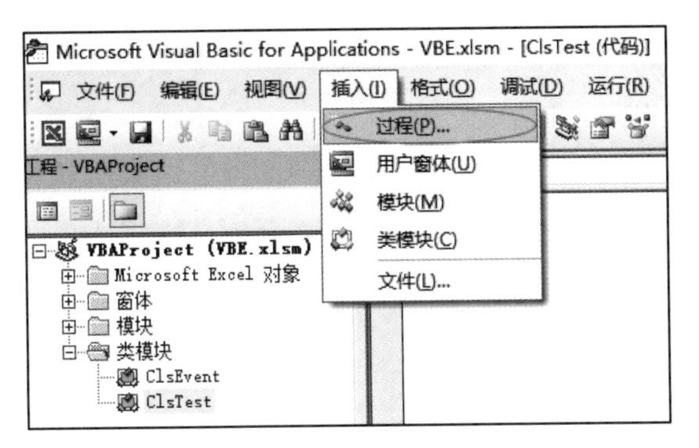

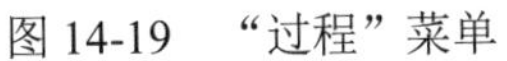
图 14-19 “过程”菜单

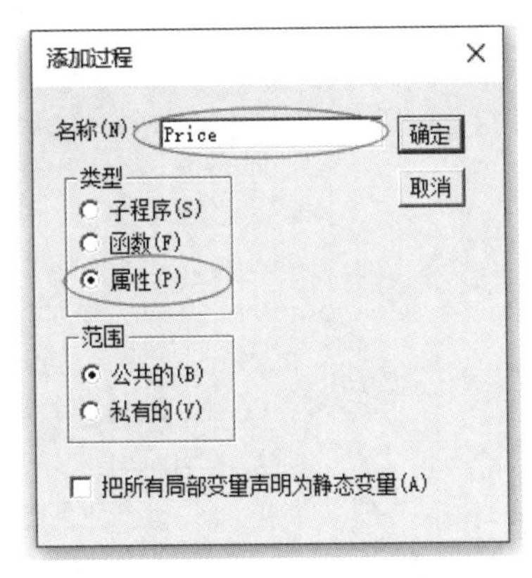

图 14-20 插入一个属性

单击“确定”按钮后，自动生成了属性过程，如图 14-21 所示。

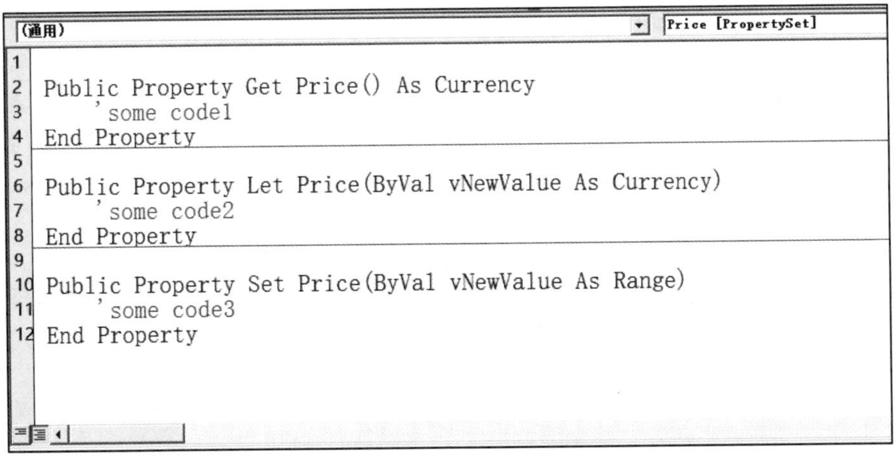

```
(通用)                                    Price [PropertySet]
1
2  Public Property Get Price() As Currency
3      'some code1
4  End Property
5
6  Public Property Let Price(ByVal vNewValue As Currency)
7      'some code2
8  End Property
9
10 Public Property Set Price(ByVal vNewValue As Range)
11     'some code3
12 End Property
```

图 14-21 Price 属性

实例 14-10 演示了如何使用 CodeModule 的相关方法提取第 6 行的相关信息。

实例 14-10：获取类模块中的代码信息

```
Sub 获取类模块中的代码信息()
    Dim vbc As VBIDE.VBComponent
    Dim cm As VBIDE.CodeModule
    Dim ProcKind As VBIDE.vbext_ProcKind
    Dim ProcName As String
    Dim code As String
    Set VBEApp = Application.VBE
    Set vbc = VBEApp.VBProjects.Item(1).VBComponents.Item("ClsTest")
    Set cm = vbc.CodeModule
    With cm
        ProcName = .ProcOfLine(6, ProcKind) '返回 Price
```

```
        Select Case ProcKind
            Case VBIDE.vbext_ProcKind.vbext_pk_Proc
                Debug.Print "是一个过程或函数"
            Case VBIDE.vbext_ProcKind.vbext_pk_Let
                Debug.Print "是一个 Let 属性过程"
            Case VBIDE.vbext_ProcKind.vbext_pk_Set
                Debug.Print "是一个 Set 属性过程"
            Case VBIDE.vbext_ProcKind.vbext_pk_Get
                Debug.Print "是一个 Get 属性过程"
        End Select
        code = .Lines(startline:=.ProcStartLine(ProcName, ProcKind), Count:=
        .ProcCountLines(ProcName, ProcKind))
        Debug.Print code
    End With
End Sub
```

代码分析：

标准模块中不能有多个同名过程，否则会出现二义性问题。然而在类模块中，可以有多个同名的属性过程，如 ClsTest 类模块中 Price 出现了 3 次。在使用 ProcOfLine 时，不仅要获取到过程的名字，还要获取到代码块的种类并赋给 ProcKind。接下来在 Select Case 结构中根据 ProcKind 的值进行打印。

运行上述程序，立即窗口的打印结果如图 14-22 所示。

```
立即窗口
是一个Let属性过程

Public Property Let Price(ByVal vNewValue As Currency)
    'some code2
End Property
```

图 14-22　获取属性的代码

14.5.4　插入代码行

CodeModule 对象有以下 6 种方法：

- AddFromFile：从文本文件读取文本并追加到现有模块声明下面，在第一个过程上面。
- AddFromString：把字符串追加到模块，与 AddFromFile 的规则相同。
- DeleteLines(StartLine As Long, [Count As Long = 1])：删除指定行处连续多行代码。
- InsertLines(Line As Long, String As String)：在指定行处插入新的代码。
- ReplaceLine(Line As Long, String As String)：把指定行替换为新的代码。

- CreateEventProc(EventName As String, ObjectName As String)：创建事件过程。

利用上述方法，可以实现自动修改现有代码的功能。

实例 14-11 演示了如何同时使用 AddFromFile、AddFromString、InsertLines 这 3 个方法。

实例 14-11：插入代码行

首先在记事本中输入若干想要添加的代码，保存在 Code1.txt 文件中，如图 14-23 所示。

```
Code1.txt - 记事本
文件(F) 编辑(E) 格式(O) 查看(V) 帮助(H)
Private Type RECT
        Left As Long
        Top As Long
        Right As Long
        Bottom As Long
End Type
Private Declare Function GetWindowRect Lib "user32" Alias "GetWindowRect" (ByVal hwnd As Long,
第1行，第1列
```

图 14-23　文本文件中的代码

然后在其他模块中编写以下程序，用于向 TestModule 模块中插入新的代码。

```
Sub 修改模块中的代码()
    Dim vbc As VBIDE.VBComponent
    Dim cm As VBIDE.CodeModule
    Set VBEApp = Application.VBE
    Set vbc = VBEApp.VBProjects.Item(1).VBComponents.Item("TestModule")
    Set cm = vbc.CodeModule
    With cm
        .InsertLines Line:=1, String:="Option Base 1" & vbNewLine & "Option
        Private Module"
        .AddFromFile Filename:="D:\Temp\Code1.txt"
        .AddFromString String:="Private Const pi As Double = 3.14"
        .InsertLines Line:=.CountOfLines + 1, String:="Public Sub Msg()" &
        vbNewLine & vbTab & "MsgBox Now" & vbNewLine & "End Sub"
    End With
End Sub
```

代码分析：

如果要在现有模块的最上面、最下面追加代码，应该使用 InsertLines 方法。使用 AddFromFile 和 AddFromString 方法会追加到第一个过程上面。

运行上述程序，TestModule 模块中插入了新的代码，图中的方框中是新增内容，如图 14-24 所示。

执行上述程序还自动向模块底部新增了一个 Msg 过程。

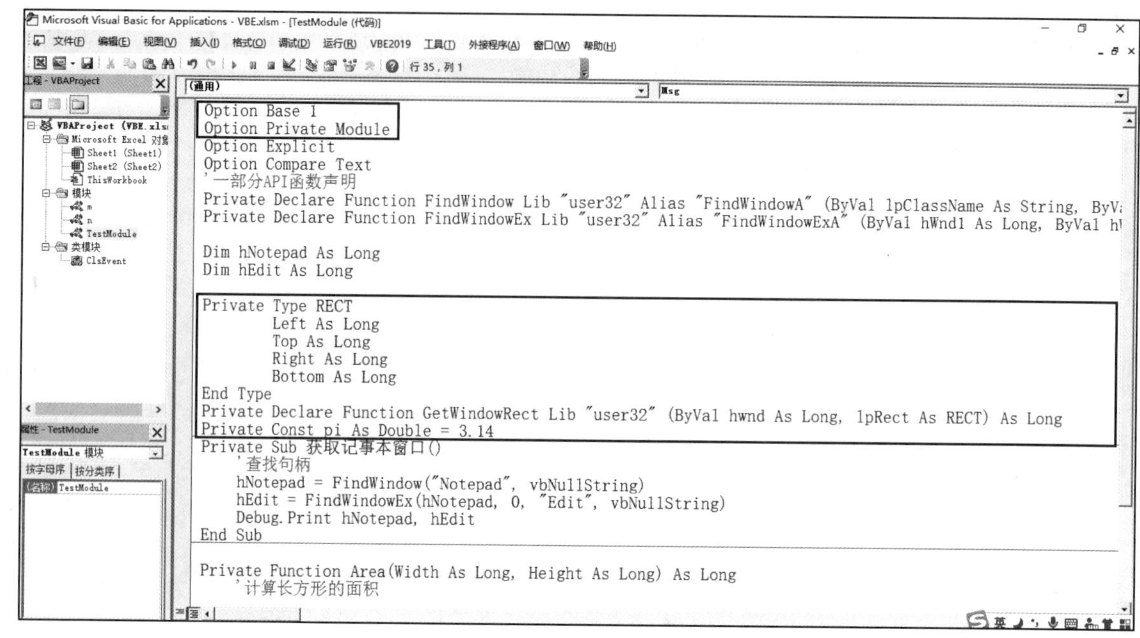

图 14-24 自动将文本文件中的代码添加到 VBA 中

14.5.5 删除代码

DeleteLines 方法用于删除若干行代码，如实例 14-12 所示。

实例 14-12：删除模块中的代码

```
Sub 删除模块中的代码()
    Dim vbc As VBIDE.VBComponent
    Dim cm As VBIDE.CodeModule
    Set VBEApp = Application.VBE
    Set vbc = VBEApp.VBProjects.Item(1).VBComponents.Item("TestModule")
    Set cm = vbc.CodeModule
    With cm
        .DeleteLines startline:=1, Count:=.CountOfDeclarationLines
    End With
End Sub
```

上述程序运行后会自动把 TestModule 中模块级的声明全部删除。如果把第二个参数改为 CountOfLines，则会清空模块中的所有代码。

14.5.6 替换代码

ReplaceLine 方法用于把某一行代码替换为指定的字符串。

实例 14-13 演示了如何把模块中最上面的那行代码替换为 Option Compare Text。

实例 14-13：替换模块中的代码

```
Sub 替换模块中的代码()
    Dim vbc As VBIDE.VBComponent
    Dim cm As VBIDE.CodeModule
    Set VBEApp = Application.VBE
    Set vbc = VBEApp.VBProjects.Item(1).VBComponents.Item("TestModule")
    Set cm = vbc.CodeModule
    With cm
        .ReplaceLine Line:=1, String:="Option Compare Binary"
    End With
End Sub
```

14.5.7 创建控件的事件过程

CodeModule 对象的 CreateEventProc 方法可以给指定的控件自动编写事件过程。该方法包含两个参数，需要分别指定事件的名称和事件的宿主控件名称。

在 VBA 工程中插入一个用户窗体 UserForm1，然后放入一个 CommandButton1 控件，如图 14-25 所示。

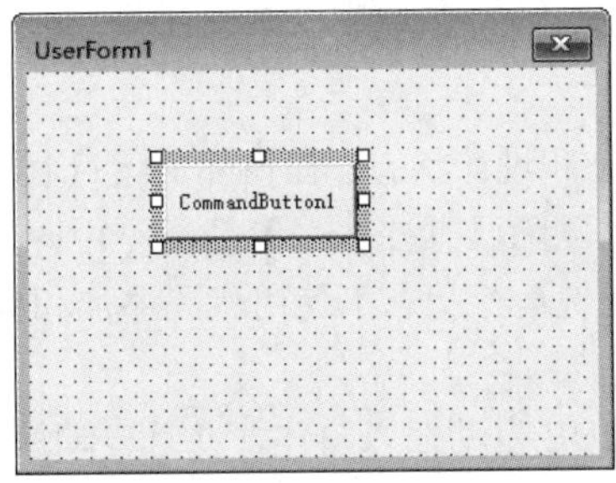

图 14-25 插入一个按钮

接下来在标准模块中输入以下代码：

```
Sub 创建事件过程()
    Dim vbc As VBIDE.VBComponent
    Dim cm As VBIDE.CodeModule
    Set VBEApp = Application.VBE
    Set vbc = VBEApp.VBProjects.Item(1).VBComponents.Item("UserForm1")
    Set cm = vbc.CodeModule
    With cm
        .CreateEventProc EventName:="Initialize", ObjectName:="UserForm"
        .CreateEventProc EventName:="KeyDown", ObjectName:="CommandButton1"
    End With
End Sub
```

代码分析：

代码中的变量 vbc 代表用户窗体，变量 cm 代表用户窗体的代码模块。以上程序为窗体创建初始化事件，并且为按钮创建点击事件。

运行上述程序后，查看窗体的事件代码，可以看到自动添加了 UserForm_Initialize 和 CommandButton1_KeyDown 这两个事件过程，如图 14-26 所示。

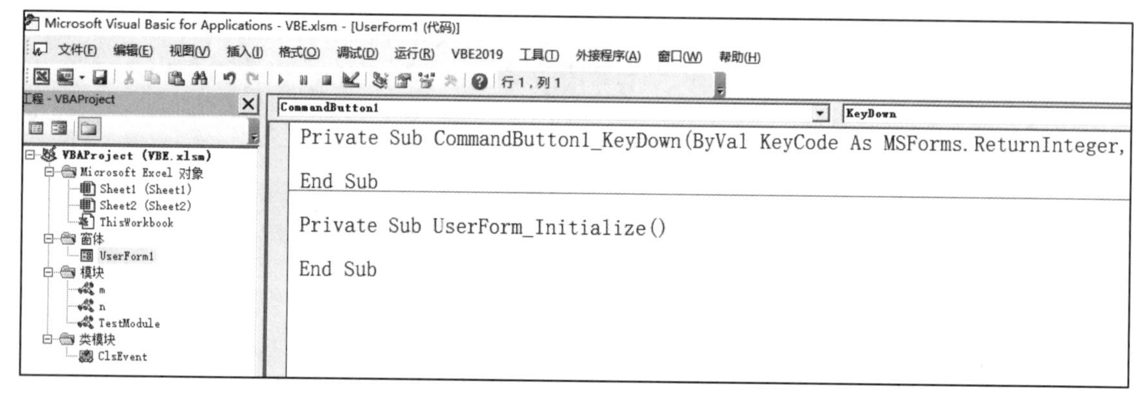

图 14-26　自动创建按钮的事件过程

14.6　自动创建用户窗体和控件

VBA 中的用户窗体有运行状态和设计状态。在窗体的运行状态，可以使用 Controls.Add 方法添加控件，也可以使用 Remove 方法删除已有控件。但是当停止窗体的运行回到设计状态时，窗体上的控件仍然是最初的控件，也就是说运行状态下使用代码添加和移除的控件以及对控件的属性修改都不会被保存。

本节介绍在设计期间利用 VBIDE 自动插入窗体，并且自动放置控件、设置有关属性等内容。

14.6.1　窗体的设计器窗口

VBComponent 对象泛指标准模块、窗体等，而窗体是一种比较特殊的模块。与标准模块相比，窗体除了具有代码模块外，还有一个设计器窗口。

在 VBIDE 对象模型中，用户窗体的代码部分使用 VBComponent.CodeModule 返回，设计器使用 VBComponent.Designer 对象描述，该对象的类型是 MSForms.UserForm，通过该对象可以向窗体进行控件的增删操作。VBComponent.HasOpenDesigner 用来判断一个组件是否有设计器，通常只有在窗体的情况下该属性为 True。VBComponent.DesignerWindow 对象返回一个 VBIDE.Window 对象，可以实现自动打开窗体的设计窗口。

假设当前 VBA 工程已经有一个用户窗体 UserForm1，实例 14-14 演示了如何自动打开该窗体的设计画面。

实例 14-14：自动打开窗体设计画面

```
Sub 自动打开窗体设计画面()
```

```
    Dim vbc As VBIDE.VBComponent
    Dim DW As VBIDE.window
    Set vbc = Application.VBE.ActiveVBProject.VBComponents.Item("UserForm1")
    If vbc.Type = vbext_ct_MSForm And vbc.HasOpenDesigner Then
        Set DW = vbc.DesignerWindow
        With DW
            .Visible = True
            .SetFocus
        End With
    End If
End Sub
```

运行上述程序，显示 UserForm1 的设计窗口，如图 14-27 所示。

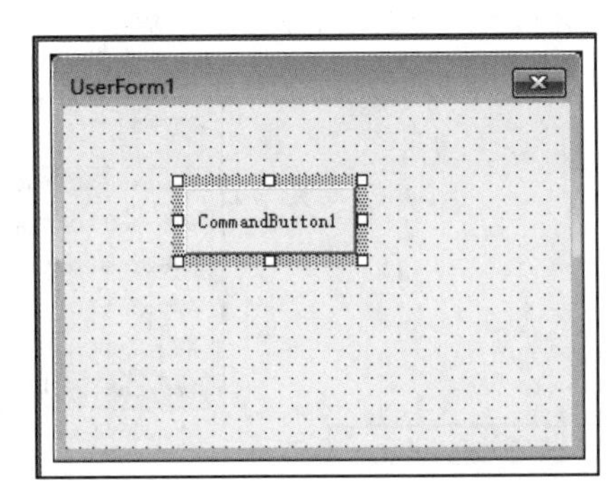

图 14-27　自动显示窗体的设计画面

14.6.2　添加和删除控件

VBA 工程中默认没有用户窗体，如果添加了用户窗体，该工程的引用列表中会自动添加 Microsoft Forms 2.0 Object Library 引用。

用户窗体上通常可以添加十多种内置控件，如命令按钮、文本框、列表框等。此外，还可以向用户窗体添加第三方的 ActiveX 控件，如富文本框。然而，无论添加内置基本控件还是第三方控件，需要事先知道控件对应的 ProgID，ProgID 通常保存在注册表中。此处推荐一种获取控件 ProgID 的简单方法。

新建一个工作簿，在功能区中选择“开发工具”→“插入”命令，在 ActiveX 控件组中任选一个控件，如“命令”按钮，如图 14-28 所示。

将其拖动到工作表，就添加了一个控件。选中该按钮，在公式栏中可以看到 ProgID 是 Forms.CommandButton.1，如图 14-29 所示。

如果要查询第三方控件，要单击 ActiveX 控件组右下角的按钮，会弹出“其他控件”对话框，如图 14-30 所示。

例如，选中 Microsoft Rich Textbox Control.version 6.0 选项并单击“确定”按钮，将向工作表添加一个富文本框控件，如图 14-31 所示。

同样在公式栏看到了该控件的 ProgID。

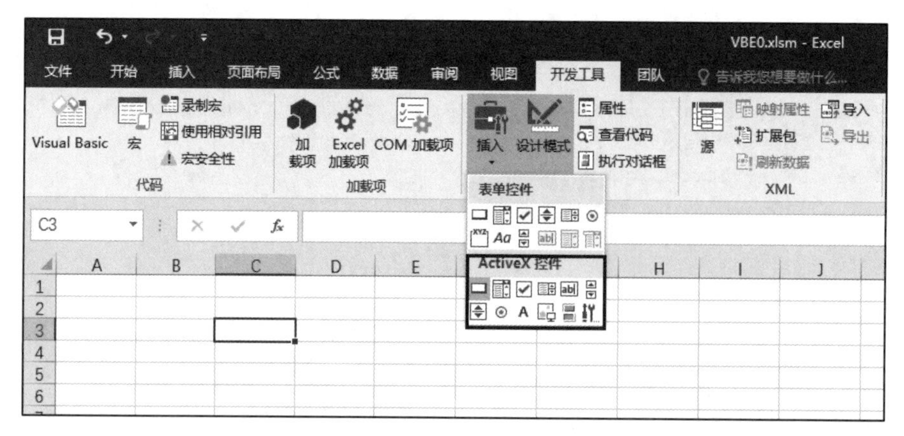

图 14-28　插入一个 ActiveX 按钮控件

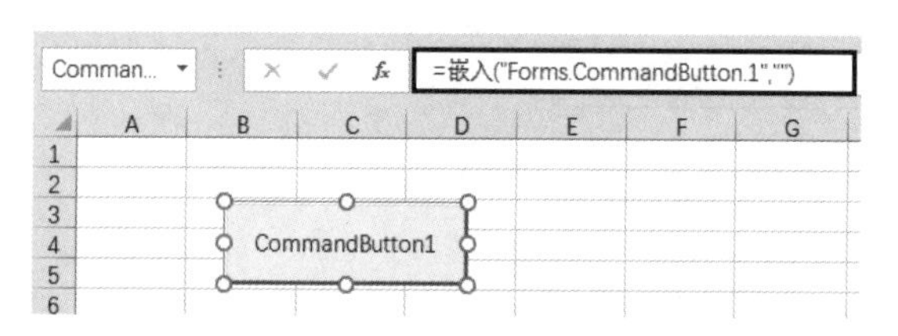

图 14-29　从公式中得知按钮的 ProgID

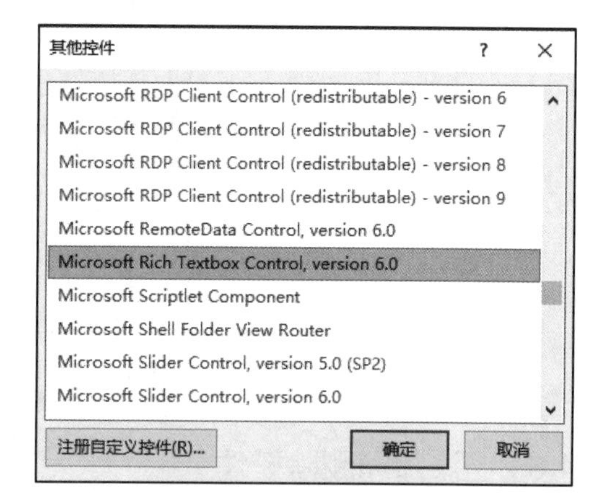

图 14-30　第三方控件

接下来讲述如何向用户窗体中自动添加控件。

首先在“引用”对话框中确认是否添加了以下两个引用，如图 14-32 所示。

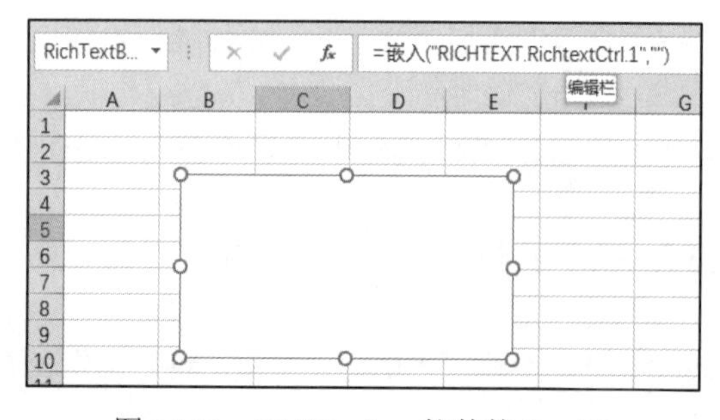

图 14-31　RichTextbox 控件的 ProgID

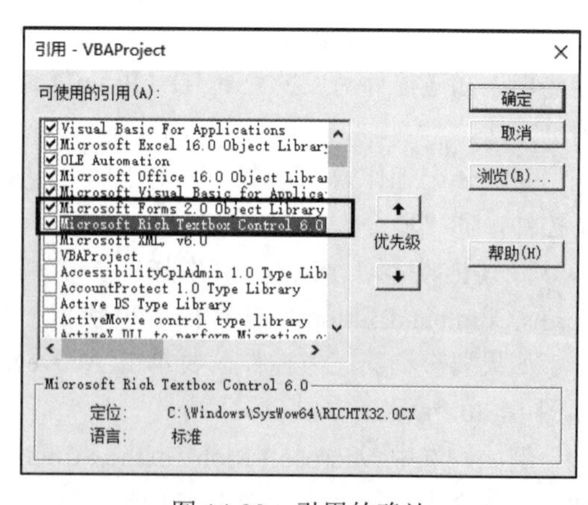

图 14-32　引用的确认

然后编写以下代码：

```
Sub 添加用户窗体和控件()
    Dim Form2 As MSForms.UserForm
    Dim vbc As VBIDE.VBComponent
    Dim Button1 As MSForms.CommandButton
    Dim RichTextBox1 As Object
    Dim ct As MSForms.Control
    Set vbc = Application.VBE.ActiveVBProject.VBComponents.Add(VBIDE.vbext_
    ComponentType.vbext_ct_MSForm)
    vbc.Properties.Item("Caption") = "Form2"
    vbc.Properties.Item("Width") = 500
    vbc.Properties.Item("Height") = 300
    vbc.Name = "UserForm2"
    If vbc.HasOpenDesigner Then
        Set Form2 = vbc.Designer
        With Form2
            .BackColor = vbWhite
            For Each ct In .Controls
                .Controls.Remove ct.Name
            Next ct
        End With
        Set Button1 = Form2.Controls.Add("Forms.CommandButton.1")
        'RICHTEXT.RichtextCtrl.1 也可以添加 ActiveX 控件
        With Button1
            .Caption = "测试"
            .Width = 60
            .Height = 36
            .Left = 24
            .Top = 24
            .Name = "CommandButton1"
        End With
        Set RichTextBox1 = Form2.Controls.Add("RICHTEXT.RichtextCtrl.1")
        With RichTextBox1
            .Width = 400
            .Height = 100
            .Left = 24
            .Top = 100
            .Name = "RichTextBox1"
            .Text = ""
            .Font.Size = 24
        End With
        vbc.DesignerWindow.Visible = True
        Dim Code As String
        Code = Join(Array("Private Sub CommandButton1_Click()", "Me.RichTextBox1.
        Text = " & Chr(34) & "你好，富文本框！" & Chr(34), "End Sub"), vbNewLine)
        vbc.CodeModule.InsertLines vbc.CodeModule.CountOfLines + 1, Code
        VBA.UserForms.Add("UserForm2").Show
```

```
    End If
End Sub
```

代码分析：

上述程序，首先添加一个用户窗体 UserForm2，然后设置该窗体的宽度和高度以及背景色；接下来添加一个命令按钮和一个富文本框，并设置相关属性。最后显示该窗体的设计窗口，并且为命令按钮自动写入 Click 事件代码。

最后运行该窗体，效果如图 14-33 所示。

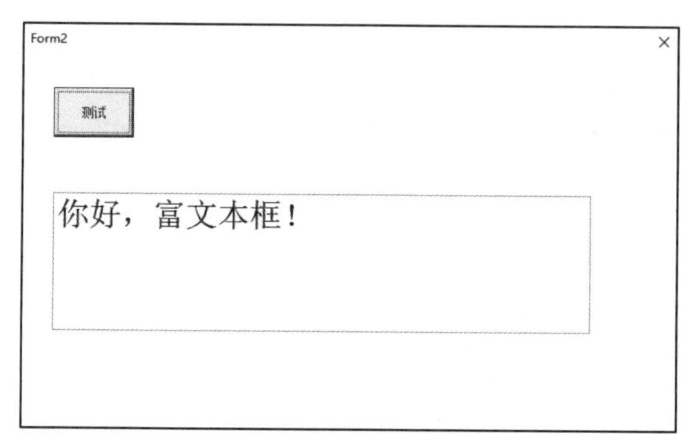

图 14-33　自动插入的按钮和富文本框

利用该技术可以实现向用户窗体批量添加控件的功能，如可以满足添加上百个按钮或图像控件等需求，制作计算器或棋类游戏时使用本技术可以省时省力。而且此方法比手动添加准确。

14.7　代码窗格对象

VBIDE 中的 CodePane 对象表示屏幕上看得到的代码窗格。与 CodePane 对象有紧密联系的是 CodeModule 和 Window 对象。

CodePane 可以看作 CodeModule 对象的成员，这两个对象的侧重点不同，CodePane 用来表示屏幕上打开的代码窗格，可以返回可见的代码行，也可以返回目前处于选中的代码行。而 CodeModule 对象与 VBComponent 对象联系更紧密，它用于表示模块中的代码，即使一个模块没有被双击打开，CodeModule 也是存在的。

同样，CodePane 对象与 Window 对象也有一定的联系与区别。CodePane 也是一种窗口，只包括代码窗口，而 Window 则是广泛的窗口，如工程资源管理器、立即窗口都属于 Window。

14.7.1　返回 CodePane 对象的方法

一个 VBA 工程中往往包含多个模块，每个模块被双击以后，将在右侧的代码窗格中被打开，单击右上角的关闭按钮可以把代码窗格关闭。当然，在同一时间可以有多个模块同时处于打开状态，但是任何情况下只能有一个代码窗格处于活动状态。接收键盘直接输入代码的窗格叫作活动窗格，使用 ActiveCodePane 对象表示。

可以从模块入手返回一个 CodePane 对象，具体路径为：

VBE→VBProject→VBComponent→CodeModule→CodePane

可以把原本处于关闭的模块自动打开并成为活动窗格，如实例 14-15 所示。

实例 14-15：返回 CodePane 对象

假设屏幕上打开了 m 和 TestModule 这两个代码窗格，目前 m 代码窗格处于活动状态，处于 TestModule 代码窗格的上方，如图 14-34 所示。

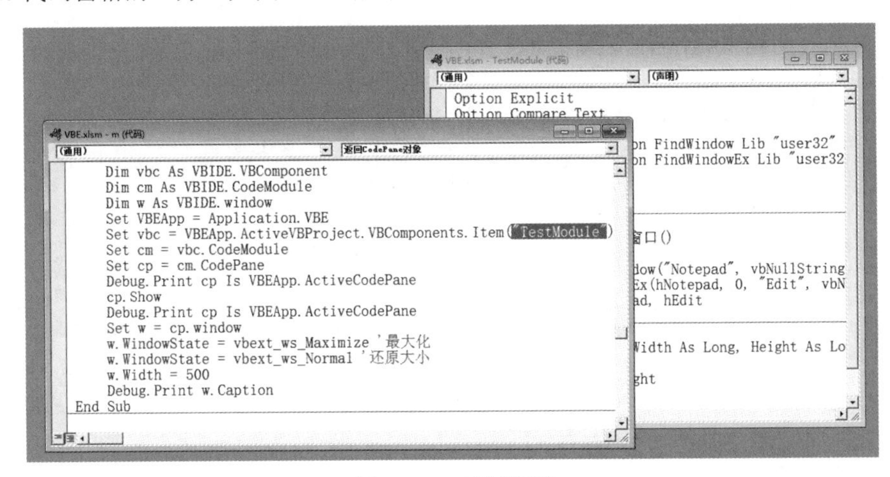

图 14-34　示例代码

然后运行以下程序：

```
Sub 返回 CodePane 对象()
    Dim cp As VBIDE.CodePane
    Dim vbc As VBIDE.VBComponent
    Dim cm As VBIDE.CodeModule
    Dim w As VBIDE.window
    Set VBEApp = Application.VBE
    Set vbc = VBEApp.ActiveVBProject.VBComponents.Item("TestModule")
    Set cm = vbc.CodeModule
    Set cp = cm.CodePane
    Debug.Print cp Is VBEApp.ActiveCodePane
    cp.Show
    Debug.Print cp Is VBEApp.ActiveCodePane
    Set w = cp.window
    w.WindowState = vbext_ws_Maximize      '最大化
    w.WindowState = vbext_ws_Normal        '还原大小
    w.Width = 500
    Debug.Print w.Caption
End Sub
```

代码分析：

上述程序首先定位 TestModule 模块，然后进一步返回 CodeModule 和 CodePane。cp.Show 表示显示这个代码窗格，使之成为活动窗格。

最后利用 CodePane 的 Window 对象修改代码窗格的大小和状态。

运行上述程序，可以看到 TestModule 成了活动代码窗格，如图 14-35 所示。

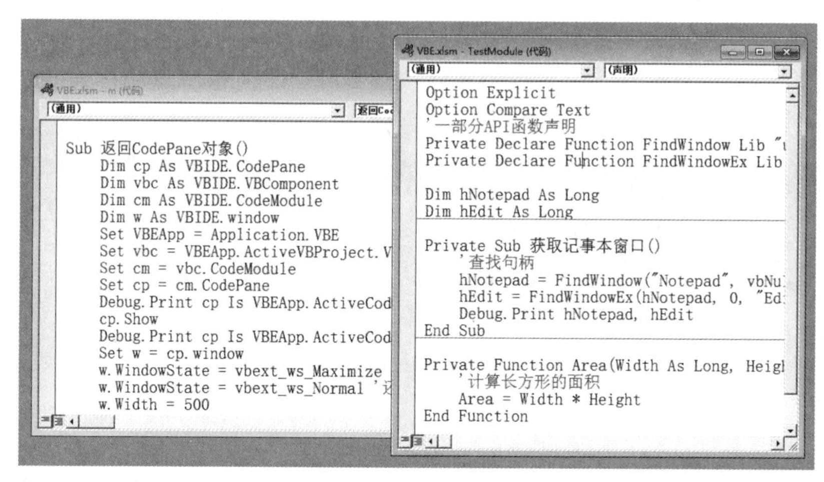

图 14-35　切换代码窗口

14.7.2　返回活动代码窗格的信息

CodePane 对象具有 TopLine 和 CountOfVisibleLines 两个属性，用来表示代码窗格最上面那行代码的行号，以及目前可以看到的总行数。

在 VBA 的“标准”工具栏的最右侧可以看到光标所处的行号和列号，如图 14-36 所示。

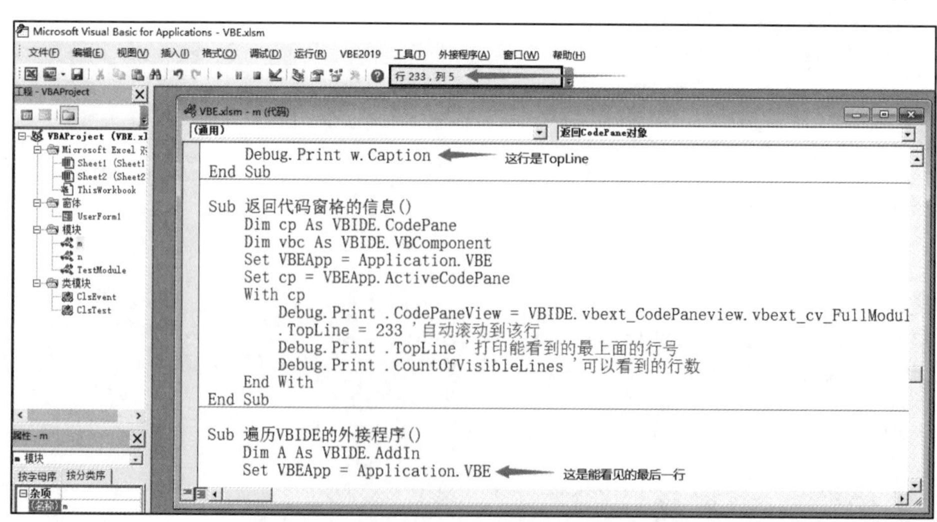

图 14-36　通过工具栏查看行号

需要注意 TopLine 不是只读属性。例如，设置 TopLine =1，可以让代码窗口自动滚动到模块中最顶部。CountOfVisibleLines 则与代码窗格的尺寸有关系，代码窗格越高，显示的行数也越多。

实例 14-16 演示了如何返回当前代码窗格中的信息。

实例 14-16：返回代码窗格的信息

```
Sub 返回代码窗格的信息()
    Dim cp As VBIDE.CodePane
    Dim vbc As VBIDE.VBComponent
    Set VBEApp = Application.VBE
    Set cp = VBEApp.ActiveCodePane
    With cp
        Debug.Print .CodePaneView = VBIDE.vbext_CodePaneview.vbext_cv_FullModuleView
        .TopLine = 233                          '自动滚动到该行
        Debug.Print .TopLine                    '打印能看到的最上面的行号
        Debug.Print .CountOfVisibleLines        '可以看到的行数
    End With
End Sub
```

另外，CodePane 的 CodePaneView 属性用于指示代码窗格的视图方式，是只读属性。

VBA 的代码窗格有过程视图和全模块视图。一般情况下代码窗口显示为全模块视图，也就是可以看到该模块中的所有过程和函数。

注意代码窗格左下角有两个按钮，如果单击左侧的“过程视图”按钮，则代码窗格中只显示当前这个过程或函数的代码，其他代码将被隐藏，如图 14-37 所示。

图 14-37　过程视图

枚举 VBIDE.vbext_CodePaneview 有以下两个常量：

- Const vbext_cv_FullModuleView = 1：全模块视图。
- Const vbext_cv_ProcedureView = 0：过程视图。

因此，要判断代码窗格的视图，只需要用 CodePaneview 属性与上述枚举作比较即可。

14.7.3 获取选中的行列和自动选中代码

CodePane 对象的 GetSelection 方法用于返回目前处于选中的代码信息，该方法包括 4 个按引用传递的参数，用于接收选定开始位置的行列和结束位置的行列。

假设在模块 TestModule 中选中顶部 3 行代码中的一部分，选定部分的开始位置是第 1 行，结束位置是第 3 行。选定的开始位置从字母 o 开始，因此开始的列号是 5，结束位置的列号是 8，如图 14-38 所示。

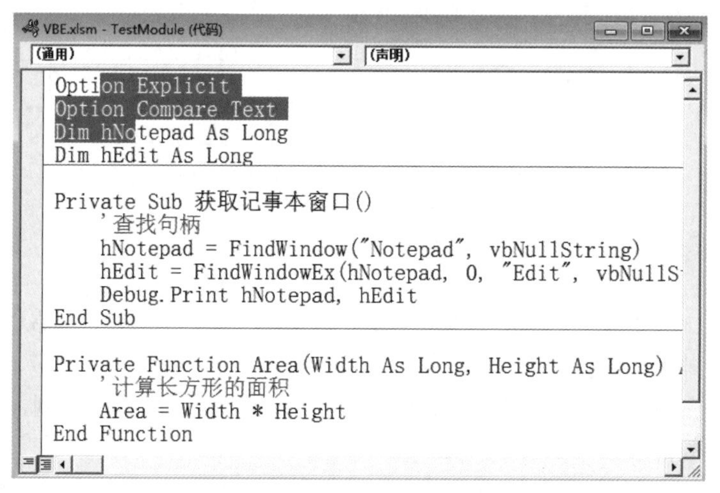

图 14-38　选中的代码片段

在其他模块中书写以下代码：

```
Sub 返回选中的行列()
    Dim cp As VBIDE.CodePane
    Set VBEApp = Application.VBE
    Set cp = VBEApp.ActiveCodePane
    Dim r1 As Long, c1 As Long, r2 As Long, c2 As Long
    cp.GetSelection r1, c1, r2, c2
    Debug.Print r1, c1, r2, c2
End Sub
```

运行上述程序后，返回了 4 个变量的值：

```
1           5           3           8
```

也就是说当前选中了第 1 行第 5 列、第 3 行第 8 列。

注意

如果光标只是单击到了字符之间，没选中任何部分，那么此时 r1 与 r2 相同，c1 与 c2 相同。例如，光标单击到了第 1 行的最开头，那么以上程序返回 4 个 1。

与 GetSelection 相对的是 SetSelection，使用 SetSelection 方法可以自动选中指定行列的代码。使用该方法时必须指定 4 个参数。

假设要选中模块中第 2～3 行的所有代码，那么 r1 是 2，c1 是 1，r2 是 3。但是 c2 与第 3 行代码的长度有关，因此要使用 CodeModule 的 Lines 方法先获取这行代码才行。

```
Sub 选中指定的行列()
    Dim cp As VBIDE.CodePane
    Set VBEApp = Application.VBE
    Set cp = VBEApp.ActiveCodePane
    Dim Code As String
    Code = cp.CodeModule.Lines(3, 1) '获取到第 3 行的代码
    cp.SetSelection 2, 1, 3, Len(Code) + 1
End Sub
```

代码分析：

参数 c2 的指定要比该行代码长度大 1 才行，否则会少选 1 个字符。

运行上述程序，可以看到模块中第 2～3 行的全部代码被选中，如图 14-39 所示。

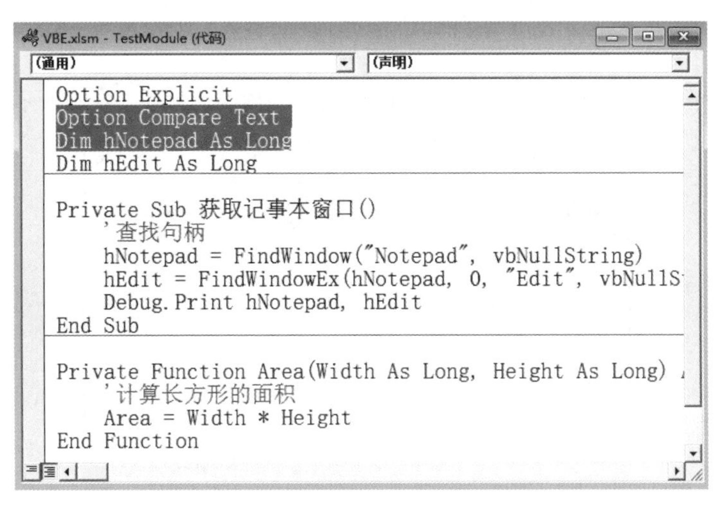

图 14-39　自动选中部分代码

14.8　VBIDE 外接程序

这里说的外接程序是一种给面向 VBA 开发环境用的 COM 加载项，通常是由 VB6 或.NET 语言开发的类库项目，在注册表中写入恰当的内容后就成了 VBE 外接程序。

笔者开发的 VBE2019 就是一款典型的 VBE 外接程序，处于加载状态时会出现自定义菜单和工具栏，用户可以通过这些功能提高编程的效率，如图 14-40 所示。

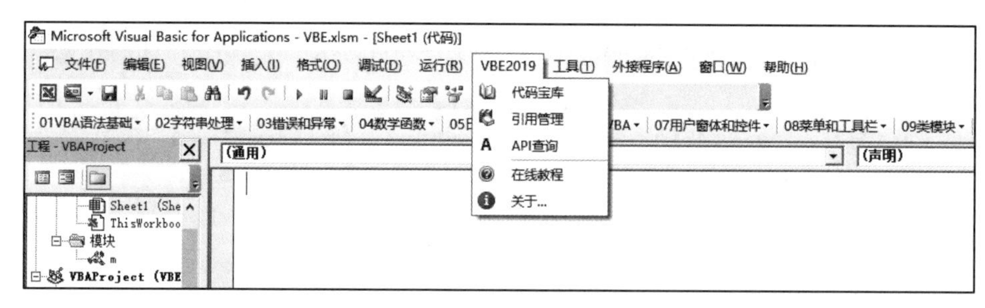

图 14-40 VBE2019 外接程序

14.8.1 外接程序管理器

VBA 中选择“外接程序”→“外接程序管理器”菜单命令，如图 14-41 所示。

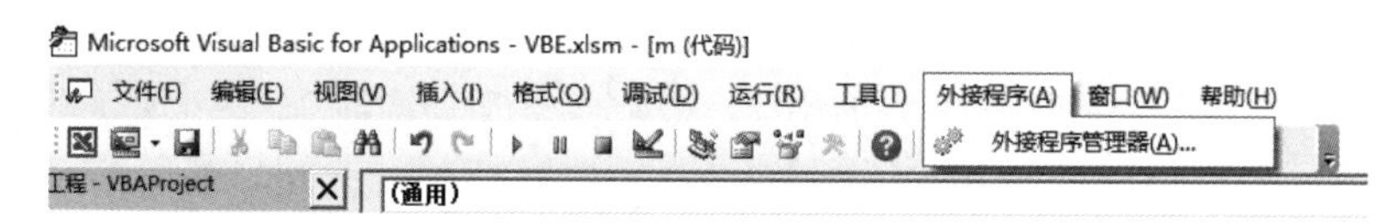

图 14-41 外接程序管理器

在“外接程序管理器”对话框中显示所有的外接程序列表，如图 14-42 所示。

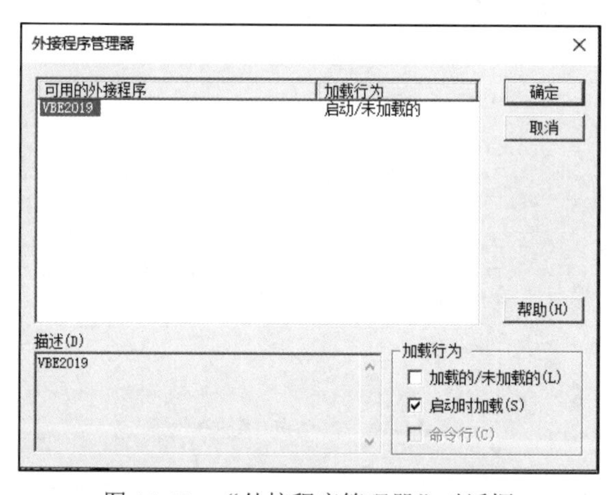

图 14-42 “外接程序管理器”对话框

注意该对话框右下角的两个复选框，当勾选了“加载的/未加载的”选项时，那么当前外接程序就会处于连接状态。否则，会断开外接程序，使得这个插件无效。

14.8.2 遍历外接程序

VBIDE 对象模型中的 AddIn 对象表示其中一个外接程序，每个 AddIn 对象具有 progID、描述、连接状态等属性。具体应用如实例 14-17 所示。

实例 14-17：遍历 VBIDE 的外接程序

```
Sub 遍历VBIDE的外接程序()
    Dim A As VBIDE.AddIn
    Set VBEApp = Application.VBE
    Debug.Print VBEApp.AddIns.Count
    For Each A In VBEApp.AddIns
        Debug.Print A.progID, A.Description, A.GUID, A.Connect
    Next A
End Sub
```

运行上述程序，立即窗口打印出每个外接程序的信息。

```
VBE2019.Connect           VBE2019
{11717059-CC7F-45C1-8FC4-76906099771E}     True
```

实际上，VBE 外接程序在注册表中也有相应的记录。在注册表编辑器中定位到路径：HKEY_CURRENT_USER\SOFTWARE\Microsoft\VBA\VBE\6.0\Addins，可以看到在 Addins 下面有 VBE2019.Connect，这就是它的 progID，如图 14-43 所示。

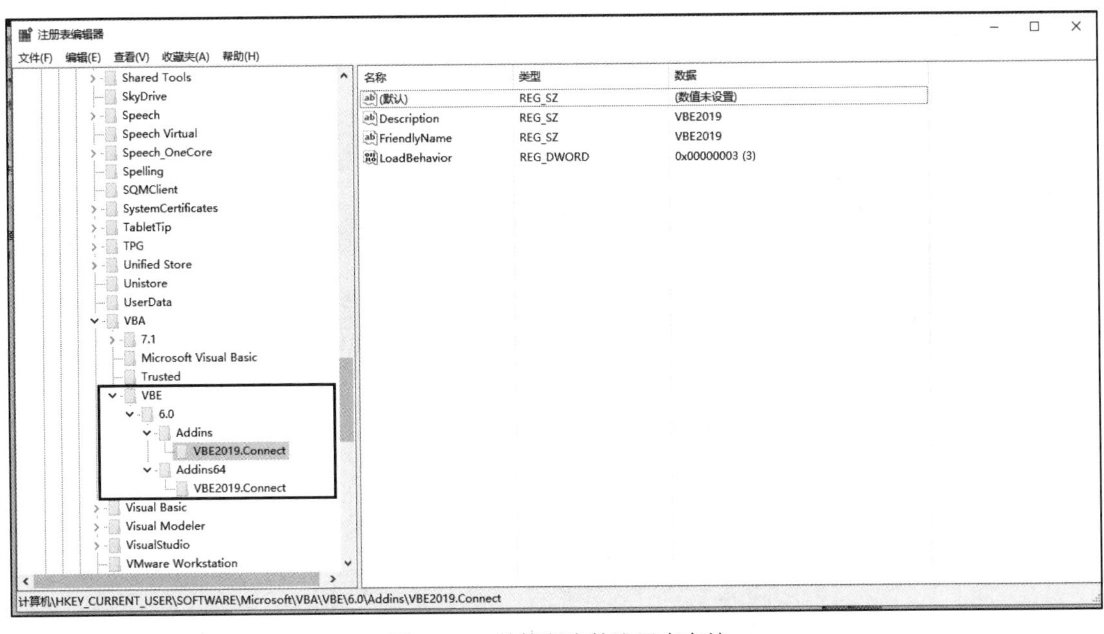

图 14-43　外接程序的注册表存储

注意

这些注册表信息不要随意修改和破坏，否则可能导致外接程序不显示或运行不正常。

14.8.3　连接和断开外接程序

除了通过 For 循环遍历每个外接程序以外，还可以通过 progID 直接定位到其中一个外接程序。

AddIn 对象的 Connect 属性表示该外接程序是否连接，其具体应用如实例 14-18 所示。

实例 14-18：自动勾选和取消勾选外接程序

```
Sub 自动勾选和取消勾选外接程序()
    Dim A As VBIDE.AddIn
    Set VBEApp = Application.VBE
    Set A = VBEApp.AddIns.Item("VBE2019.Connect")
    A.Connect = False
End Sub
```

运行上述程序，会自动把 VBE2019 外接程序断开。

14.9 引用管理

任何一个 VBA 工程都包括外部引用，所谓引用，就是指 VBA 工程关联的外部动态链接库路径。添加引用以后就可以在代码中声明该引用中的变量类型、使用引用中的枚举常量。

单击选择“工具”→“引用”菜单命令，如图 14-44 所示。

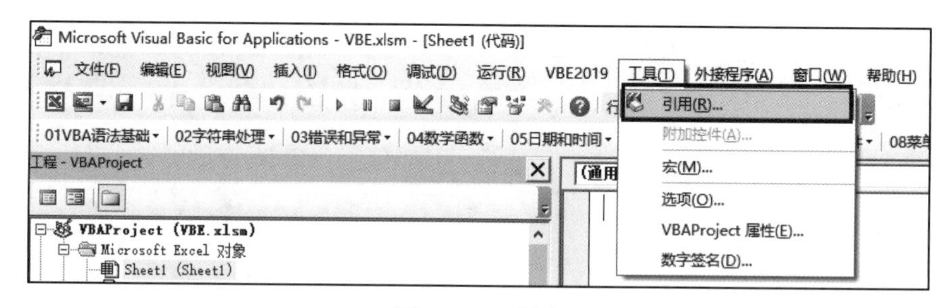

图 14-44 引用

弹出“引用”对话框，如图 14-45 所示。

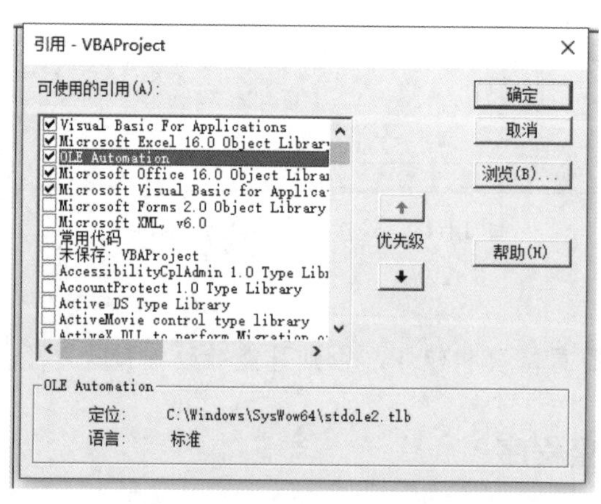

图 14-45 “引用”对话框

对话框中的列表中，上面处于打钩状态的就是在当前 VBA 工程中使用的引用。

14.9.1 引用的属性

在 VBIDE 对象模型中，VBProject 工程对象下面的 References 集合表示该工程使用中的所有引用，Reference 对象表示其中一个引用。

Reference 对象具有很多属性，常见属性有：Name（名称）、Description（描述）、GUID（注册表中的值）、Builtin（是否内置）、IsBroken（是否破坏）、FullPath（引用的完整路径）。

这里要区分 Name 和 Description 属性，实际上在“引用”对话框中直接看到的列表上显示的是描述信息。例如，使用光标选中 OLE Automation，对话框下显示的该引用的名称是 OLE Automation，路径是 stdole2.tlb。那么 OLE Automation 是这个引用的描述信息，该引用的名称是 stdole。同理，最上面的引用 Visual Basic for Applications，这是引用的 Description 属性，而 Name 属性是 VBA。

Builtin 属性用来指是否为内置引用，对于 Excel VBA，最上面的两个引用 Visual Basic for Applications 和 Microsoft Excel x.0 Object Library 是内置引用，不可以取消勾选，而其余引用则可以移除。如果尝试移除内置引用，则会弹出警告对话框，如图 14-46 所示。

IsBroken 属性指引用是否已被破坏。假设 VBA 工程原先引用了外部的一个 dll 文件，但是后来该 dll 文件被删除或重命名，那么以后打开引用了该 dll 文件的 VBA 工程，引用前面会显示“丢失”，如图 14-47 所示。

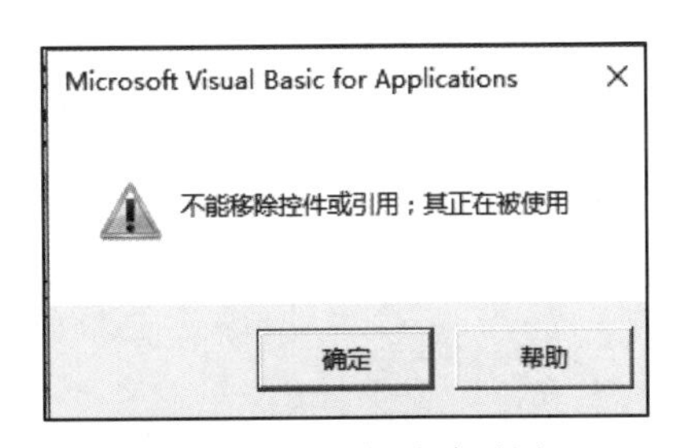

图 14-46　不能移除引用

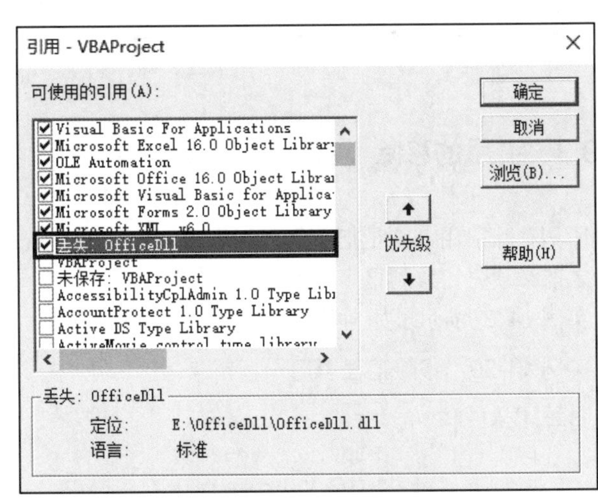

图 14-47　丢失的引用

14.9.2 遍历工程引用

通过遍历工程引用，可以知道 VBA 工程中添加了多少个外部引用，以及每个引用的属性，如实例 14-19 所示。

实例 14-19：遍历工程引用

```
Sub 遍历工程引用()
    Dim ref As VBIDE.Reference
    Dim vbp As VBIDE.VBProject
    Set VBEApp = Application.VBE
    Set vbp = VBEApp.VBProjects.Item(2)
    Debug.Print vbp.References.Count '引用总数
    Debug.Print "名称", "内置", "已损坏", "GUID", "主版本号", "次版本号", "路径"
    For Each ref In vbp.References
        Debug.Print ref.Name, ref.BuiltIn, ref.IsBroken, ref.GUID, ref.Major,
        ref.Minor, ref.FullPath
    Next ref
End Sub
```

运行上述程序，立即窗口打印出每个引用的状态，如图 14-48 所示。

```
立即窗口
 8
名称          内置          已损坏        GUID                                      主版本号    次版本号    路
VBA           True          False         {000204EF-0000-0000-C000-000000000046}    4           2
Excel         True          False         {00020813-0000-0000-C000-000000000046}    1           9
stdole        False         False         {00020430-0000-0000-C000-000000000046}    2           0
Office        False         False         {2DF8D04C-5BFA-101B-BDE5-00AA0044DE52}    2           8
VBIDE         False         False         {0002E157-0000-0000-C000-000000000046}    5           3
MSForms       False         False         {0D452EE1-E08F-101A-852E-02608C4D0BB4}    2           0
MSXML2        False         False         {F5078F18-C551-11D3-89B9-0000F81FE221}    6           0
OfficeDll     False         True          {C7B9288C-6FEB-48EC-BA7B-587C9A1D4B24}    5           0
```

图 14-48　遍历工程中的所有引用

14.9.3　引用的移除

所谓移除引用，就是把一个引用取消勾选。References 集合的 Remove 方法用于移除一个引用，移除之前必须先定位到这个引用。

实例 14-20 演示了如何移除 OLE Automation 引用。

实例 14-20：移除工程引用

```
Sub 移除工程引用()
    Dim ref As VBIDE.Reference
    Dim vbp As VBIDE.VBProject
    Set VBEApp = Application.VBE
    Set vbp = VBEApp.VBProjects.Item(2)
    'Set ref = vbp.References.Item("OLE Automation") '这句不对
    Set ref = vbp.References.Item("stdole")
    vbp.References.Remove Reference:=ref
End Sub
```

运行上述程序，再次打开“引用”对话框，看到该引用前面取消了勾选，如图 14-49 所示。

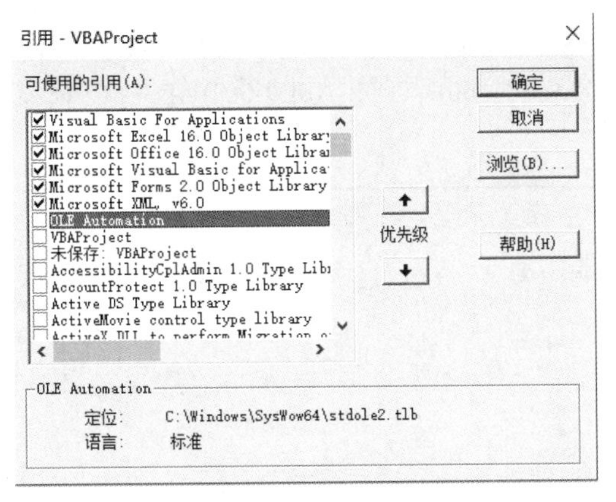

图 14-49　自动移除引用

14.9.4　引用的添加

References 集合自动添加一个引用有以下两个方法：

- AddFromFile：从文件添加引用，需要规定引用的完整路径。
- AddFromGuid：从注册表信息添加引用，需要指定 GUID，主次版本号。

AddFromFile 方法很简单，假设要向 VBA 工程添加 Microsoft Scripting Runtime 引用，代码 AddFromFile(Filename:="scrrun.dll")可以，因为该引用的文件位于系统文件夹下的 scrrun.dll。

AddFromGuid 方法稍微复杂一点。下面以添加正则表达式引用为例讲解。因为正则表达式的 progID 是 VBScript.RegExp，所以要到注册表中查一下 Guid、Major、Minor 属性。

在注册表编辑器中，选中根键 HKEY_CLASSES_ROOT，然后查找 VBScript.RegExp，如图 14-50 所示。

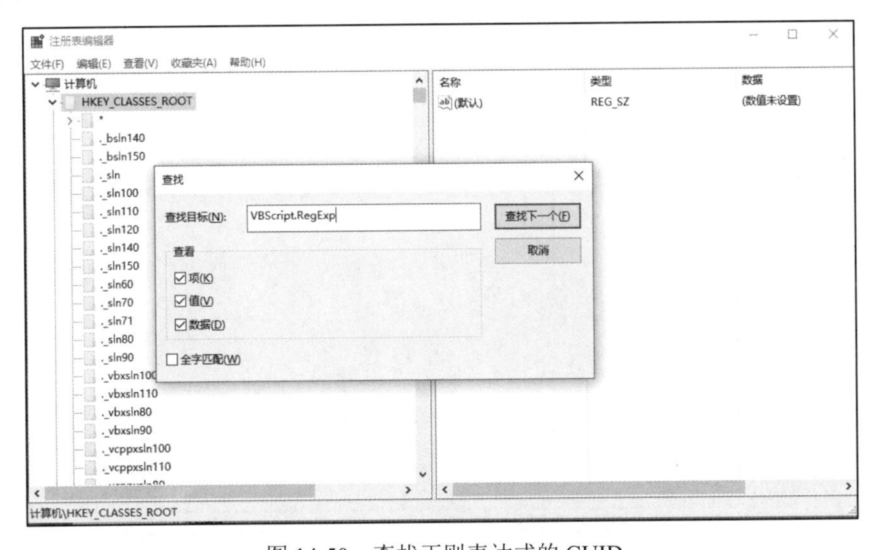

图 14-50　查找正则表达式的 GUID

稍等片刻会定位到以下路径：HKEY_CLASSES_ROOT\CLSID\{3F4DACA4-160D-11D2-A8E9-00104B365C9F}，那么{3F4DACA4-160D-11D2-A8E9-00104B365C9F}就是正则表达式的 GUID，如图 14-51 所示。

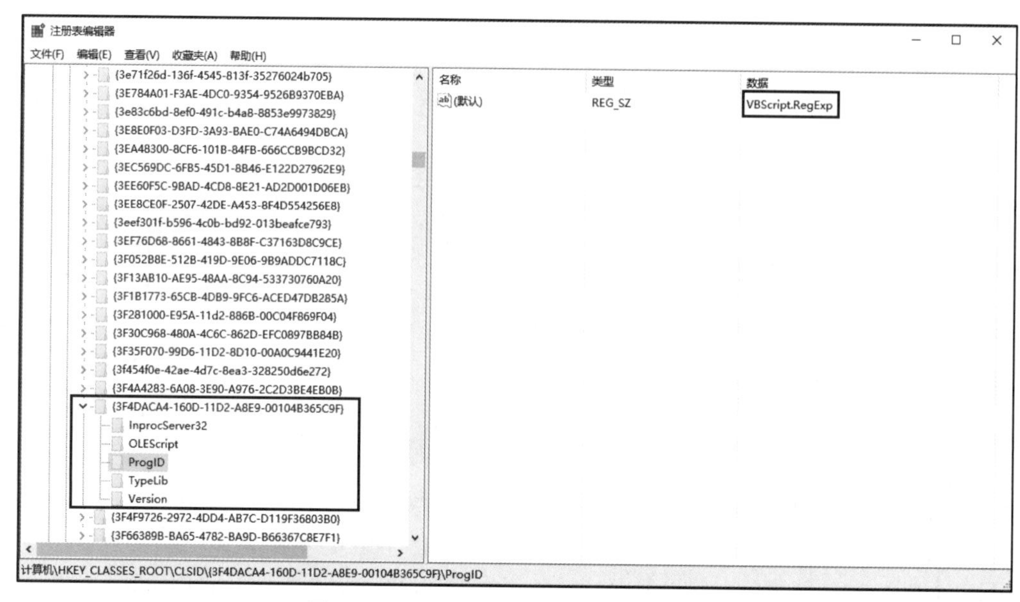

图 14-51　正则表达式的 GUID 和 ProgID

然后选择 Version，在右侧工作区可以看到“数据”列为 5.5，说明主次版本号都是 5，如图 14-52 所示。

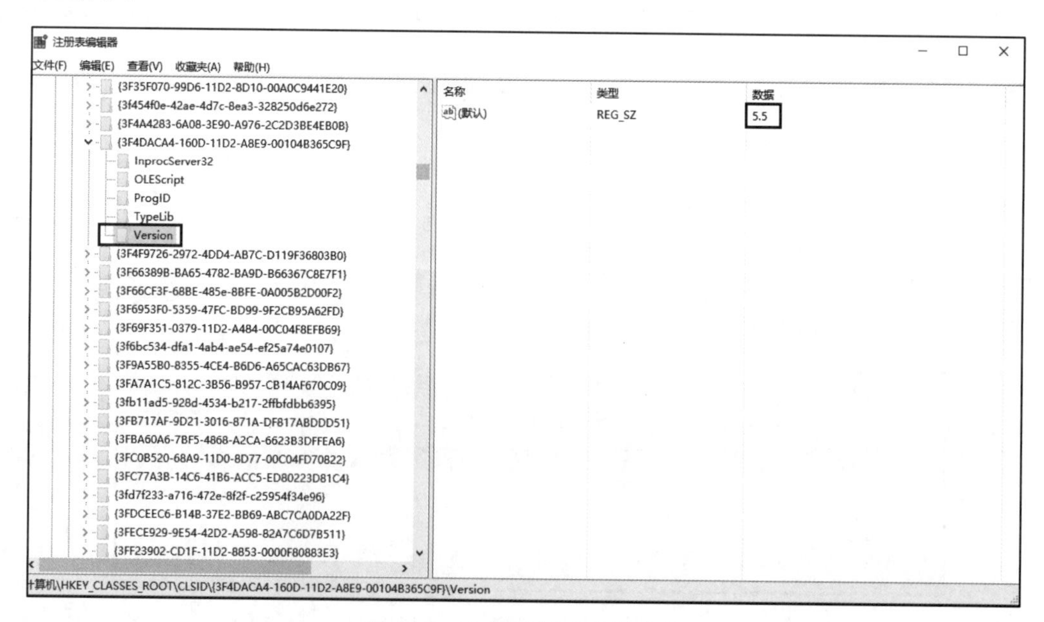

图 14-52　正则表达式的版本号

实例 14-21 演示了如何向 VBA 工程先添加 Microsoft Scripting Runtime 引用，再添加 Microsoft VBScript Regular Expressions 5.5 引用。

实例 14-21：添加工程引用

```
Sub 添加工程引用()
    Dim ref As VBIDE.Reference
    Dim vbp As VBIDE.VBProject
    Set VBEApp = Application.VBE
    Set vbp = VBEApp.VBProjects.Item(2)
    Set ref = vbp.References.AddFromFile(Filename:="scrrun.dll")
    Set ref = vbp.References.AddFromGuid(GUID:="{3F4DACA4-160D-11D2-A8E9-
    00104B365C9F}", Major:=5, Minor:=5)
End Sub
```

运行上述程序，再次打开“引用”对话框，会发现多了两个引用，如图 14-53 所示。

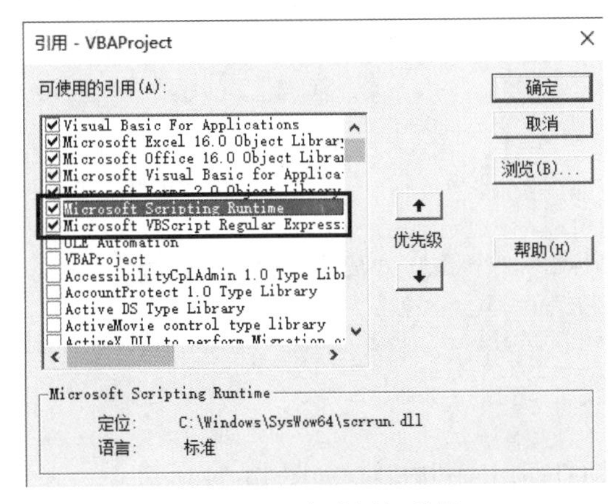

图 14-53　自动添加引用

14.10　访问 VBIDE 窗口

VBA 编程环境包括各种窗口，常见的窗口类型定义在 VBIDE.vbext_WindowType 枚举中，其中的一部分成员见表 14-1。

表 14-1　vbext_WindowType 枚举常量

名　称	常　量	数　值
代码窗口	vbext_wt_CodeWindow	0
设计器窗口	vbext_wt_Designer	1
对象浏览器	vbext_wt_Browser	2
监视窗口	vbext_wt_Watch	3

续表

名　称	常　量	数　值
本地窗口	vbext_wt_Locals	4
立即窗口	vbext_wt_Immediate	5
工程窗口	vbext_wt_ProjectWindow	6
属性窗口	vbext_wt_PropertyWindow	7
查找对话框	vbext_wt_Find	8
查找和替换对话框	vbext_wt_FindReplace	9

14.10.1　遍历所有窗口

VBIDE 对象模型中使用 Window 对象表示一个窗口，每个窗口通过 Caption 属性来唯一识别。实例 14-22 演示了如何遍历 VBA 开发环境中目前所有的窗口信息。

实例 14-22：遍历窗口

```
Sub 遍历窗口()
    Dim wnd As VBIDE.window
    Set VBEApp = Application.VBE
    Debug.Print "窗口标题", "类型", "是否可见", "窗口状态"
    For Each wnd In VBEApp.Windows
        Debug.Print wnd.Caption, wnd.Type, wnd.Visible, wnd.WindowState
    Next wnd
End Sub
```

运行上述程序，立即窗口打印出 4 列内容，如图 14-54 所示。

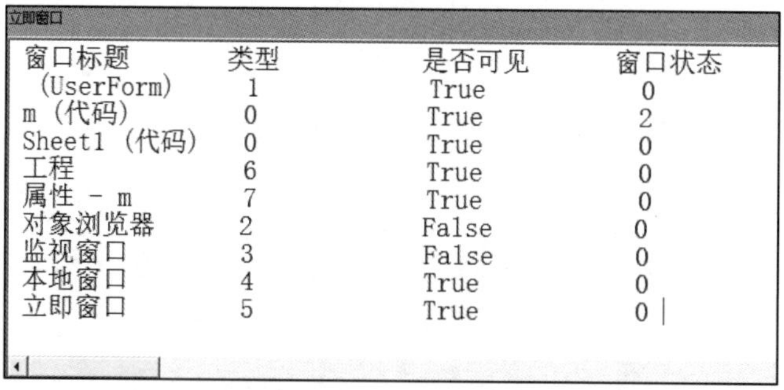

```
立即窗口
窗口标题        类型         是否可见      窗口状态
 (UserForm)      1           True           0
m (代码)         0           True           2
Sheet1 (代码)    0           True           0
工程             6           True           0
属性 - m         7           True           0
对象浏览器       2           False          0
监视窗口         3           False          0
本地窗口         4           True           0
立即窗口         5           True           0
```

图 14-54　遍历所有窗口

一个 UserForm 有设计器和代码两个窗口。所有用户窗体方面的窗口类型有 0 和 1 两个。第 4 列“窗口状态”里面的数字是枚举 vbext_WindowState 的成员之一，代表的含义如下：

- Const vbext_ws_Maximize = 2。
- Const vbext_ws_Minimize = 1。
- Const vbext_ws_Normal = 0。

数字 0 表示正常状态，数字 2 表示处于最大化。

除了以上属性外，Window 对象还有 Left、Top、Width、Height 与位置大小有关的 4 个属性。

14.10.2 显示和隐藏窗口

除了通过 For 循环遍历每个窗口外，还可以通过标题 Caption 属性来直接定位特定的一个窗口。例如，VBEApp.Windows("立即窗口")表示立即窗口，但是需要注意这种写法只适合中文 Office 环境。

定位到一个窗口后，就可以读/写该窗口的属性，如更改窗口的大小、位置、显示状态等。

VBIDE 对象模型中隐藏一个窗口有两种方式，一是调用窗口的 Close 方法，二是修改 Visible 属性。具体应用如实例 14-23 所示。

实例 14-23：显示和隐藏窗口

```
Sub 显示和隐藏窗口()
    Dim wnd As VBIDE.window
    Set VBEApp = Application.VBE
    Set wnd = VBEApp.Windows.Item("立即窗口")
    With wnd
        .Close
        .Visible = True
        .SetFocus
    End With
End Sub
```

运行上述程序，会看到立即窗口被关闭，然后又被打开。

14.10.3 访问主窗口

在 Excel 中按下快捷键 Alt+F11，会弹出 VBA 编程窗口，这个窗口就是主窗口。

VBIDE 中的 MainWindow 对象表示主窗口，它是应用程序级别的对象，一个 VBA 开发环境只有一个主窗口，所有 VBA 工程共用一个主窗口。

实例 14-24 实现了让主窗口恰好位于屏幕左上角，长度和宽度都为屏幕的一半。原理是首先让主窗口最大化，此时窗口的宽度与高度等于屏幕的尺寸，数据保存到变量中。然后让主窗口回到正常状态，设置其宽度为最大化时宽度的一半。

实例 14-24：显示和隐藏主窗口

```
Sub 显示和隐藏主窗口()
    Dim wnd As VBIDE.window
    Set VBEApp = Application.VBE
    Set wnd = VBEApp.MainWindow
    Dim W As Single, H As Single
    With wnd
```

```
        .Visible = False
        .Visible = True
        .WindowState = VBIDE.vbext_WindowState.vbext_ws_Maximize
        W = .Width
        H = .Height
        .WindowState = vbext_ws_Normal
        .Left = 0
        .Top = 0
        .Width = W/2
        .Height = H/2
    End With
End Sub
```

运行上述程序，VBA 窗口占据屏幕的左上角。

14.10.4 使用主窗口的句柄

在制作 VBIDE 方面的插件时，经常需要知道 VBA 窗口的句柄是多少，一般的方法是利用 FindWindow 这个 API 函数来获取，VBA 主窗口的类名是 wndclass_desked_gsk。

下面介绍一种更简单的办法。

VBIDE 里面的 Window 对象没有 HWnd 属性。打开对象浏览器，类型库选择 VBIDE，左侧选中 Window，在右侧窗格中右击，勾选“显示隐含成员”，这样就看到 HWnd 属性了，如图 14-55 所示。

在编写代码时，输入 MainWindow 后面的小数点，可以看到 HWnd 属性可以使用，如图 14-56 所示。

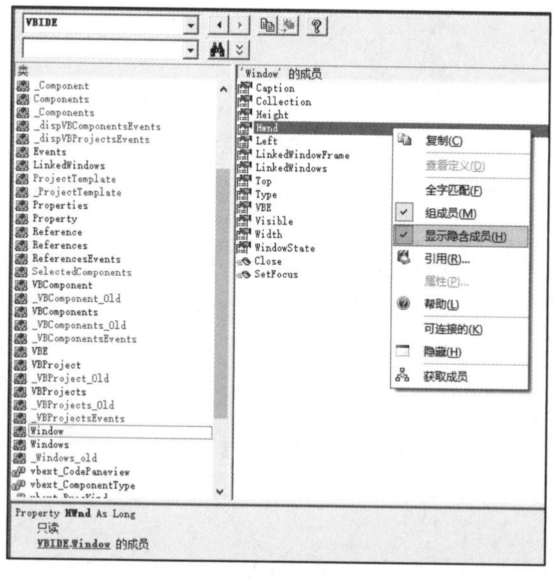

图 14-55　显示隐含成员

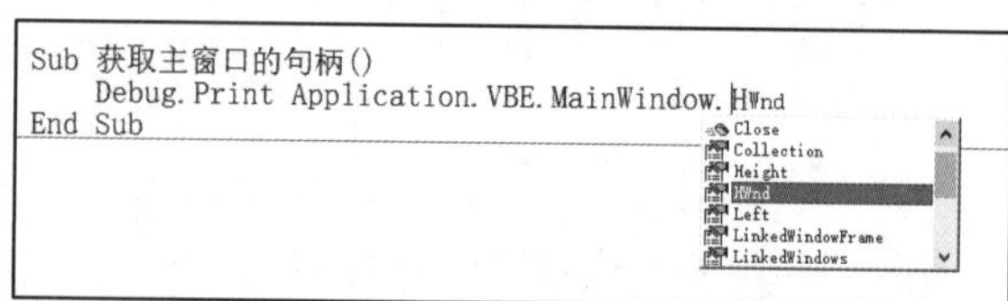

图 14-56　使用 HWnd 属性

14.10.5 窗口的链接和停靠

VBA 编程环境中的窗口都包含在主窗口之下。然而，有的窗口停靠在主窗口的左右或上下，如属性窗口；而有的窗口是浮动在里面的，如对象浏览器。

处于停靠状态的窗口，使用代码修改其位置和大小的属性也不起作用，如图 14-57 所示。

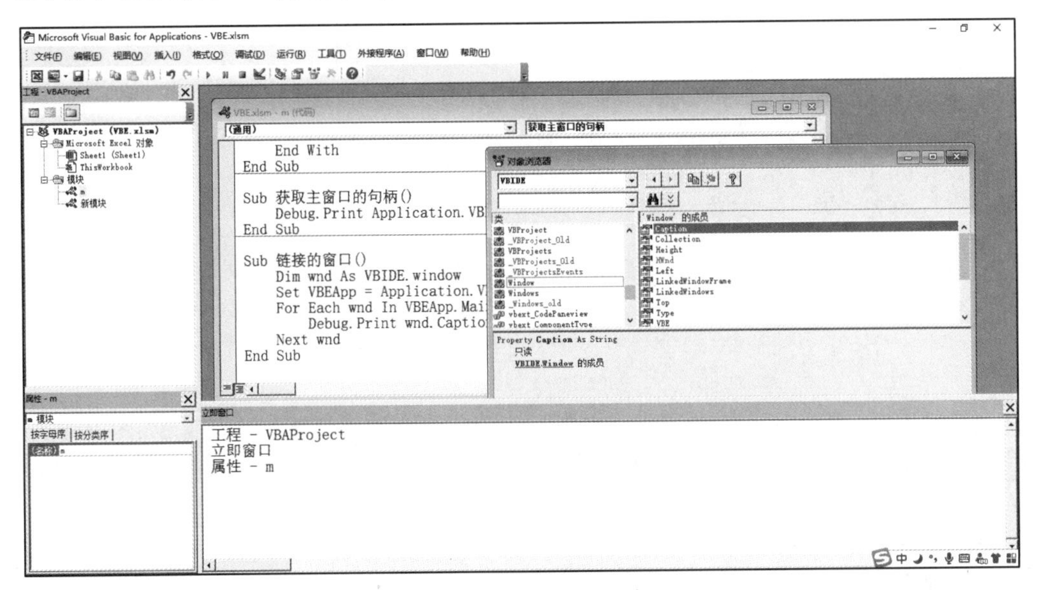

图 14-57 停靠状态的子窗口

实际上，即使处于停靠状态、感觉是镶嵌在主窗口中的窗口，也可以变成浮动形式的窗口。

VBIDE 中 Window 对象具有 LinkedWindowFrame 和 LinkedWindows 两个集合对象。LinkedWindowFrame 表示窗口的父级容器，LinkedWindows 表示停靠在窗口中的所有子窗口。

实例 14-25 演示了如何遍历 VBA 主窗口中停靠的所有子窗口。

实例 14-25：链接的窗口

```
Sub 链接的窗口()
    Dim wnd As VBIDE.window
    Set VBEApp = Application.VBE
    For Each wnd In VBEApp.MainWindow.LinkedWindows
        Debug.Print wnd.Caption
    Next wnd
End Sub
```

运行结果如下：

```
工程 - VBAProject
立即窗口
属性 - m
```

可以看到，以上 3 个子窗口都停靠在主窗口中。

另外，也可以通过代码添加和移除主窗口中的停靠窗口。在实例 14-26 中，首先定位到立即窗口和对象浏览器，然后把原本是停靠状态的立即窗口从停靠窗口中移除，使之成为浮动式窗口，把原本是浮动的对象浏览器加入到停靠窗口中成为停靠的窗口。

实例 14-26：添加和移除停靠窗口

```
Sub 添加和移除停靠窗口()
    Dim Immediate As VBIDE.window
    Dim Browser As VBIDE.window
    Set VBEApp = Application.VBE
    Set Immediate = VBEApp.Windows.Item("立即窗口")
    VBEApp.MainWindow.LinkedWindows.Remove Immediate
    Set Browser = VBEApp.Windows.Item("对象浏览器")
    Browser.Visible = True
    VBEApp.MainWindow.LinkedWindows.Add Browser
    Debug.Print Immediate.LinkedWindowFrame Is VBEApp.MainWindow
    Debug.Print Browser.LinkedWindowFrame Is VBEApp.MainWindow
End Sub
```

运行上述程序，看到立即窗口变成浮动的了，并且对象浏览器停靠在了右侧，如图 14-58 所示。另外，代码 Immediate.LinkedWindowFrame Is VBEApp.MainWindow 用于判断立即窗口的停靠父级是否为主窗口。

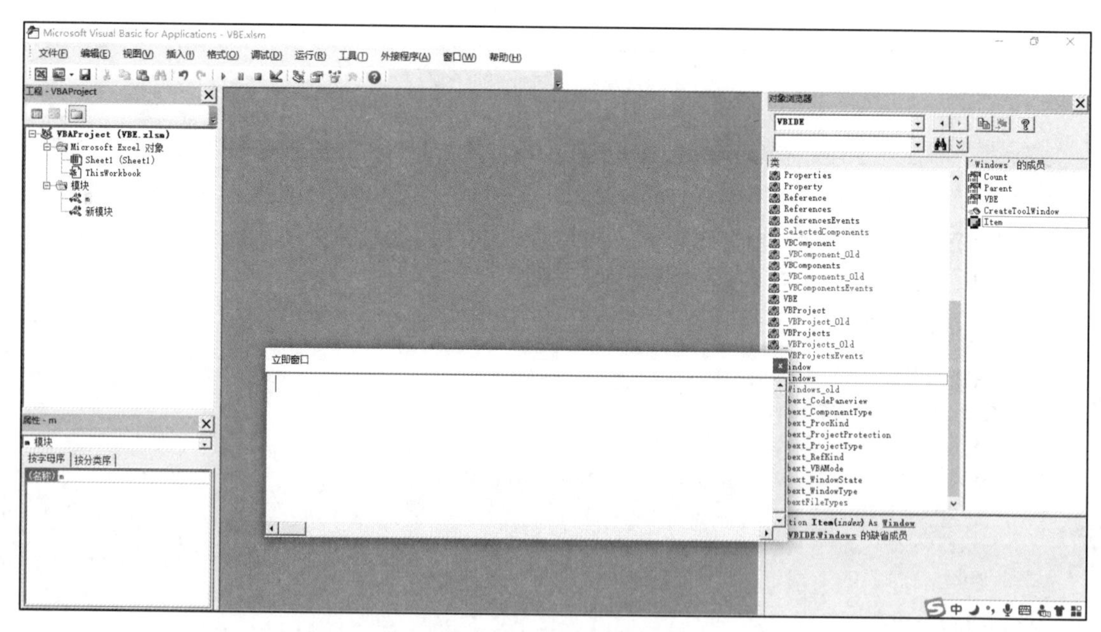

图 14-58　自动停靠窗口

还有一点需要注意，在各种窗口中右击，可以看到一个“可连接的”复选控件。如果处于停靠状态，那么这个选项一定是勾选的，如图 14-59 所示。

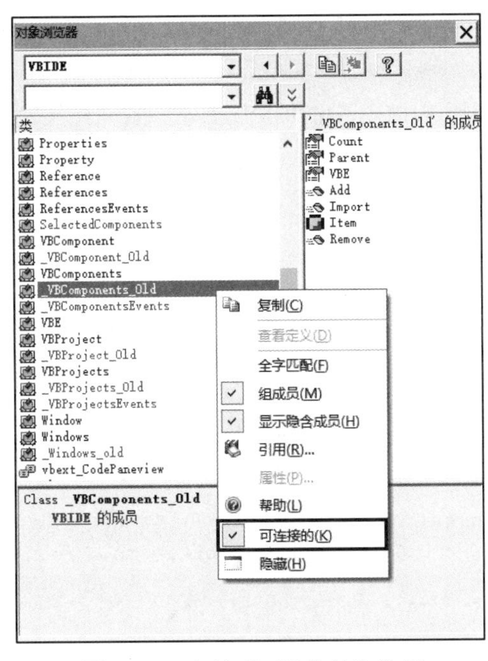

图 14-59　勾选“可连接的”选项

如果取消这个选项的勾选，则会变成浮动式窗口，此时可以更改窗口的位置、大小和最大化、最小化状态。

14.11　访问 VBIDE 工具栏和控件

微软 Office 的界面从 2007 版开始使用功能区，代替了传统的菜单和工具栏的方式。然而 VBA 编程环境一直是菜单和工具栏方式。这一方式也成为制作 VBA 插件的主要界面元素。

VBIDE 中描述工具栏和控件，其中对象模型仍然来自 Office，操作和访问工具栏的方式与 Office 软件中的方式完全一致。因此，学习操作 VBIDE 的工具栏，需要确保工程引用中已经添加了 Microsoft Office x.0 Object Library 引用。

访问 Excel 等组件的工具栏系统，使用 Application.CommandBars，访问 Excel VBA 开发环境中的工具栏系统，使用 Application.VBE.CommandBars，可以看到两者之间仅仅多了一个单词。

14.11.1　遍历所有工具栏

Office.CommandBar 表示一个工具栏对象，常用属性有以下 5 个。

- Name、NameLocal：工具栏的名称。
- Index：工具栏的序号。
- Type：工具栏的类型，等于 Office.MsoBarType 的成员之一。

- Enabled：是否可用。
- Visible：是否可见。

实例 14-27 演示了如何遍历 VBIDE 中的每个工具栏，并将结果输出到工作表中。

实例 14-27：遍历所有工具栏

```
Sub 遍历所有工具栏()
    Dim i As Integer
    Set VBEApp = Application.VBE
    Dim cmb As Office.CommandBar
    ActiveSheet.Range("A1:F1").Value = Array("工具栏名称", "本地名称", "类型", "是否可见", "索引", "包含控件数")
    i = 1
    For Each cmb In VBEApp.CommandBars
        Debug.Print cmb.Name, cmb.NameLocal, cmb.Type, cmb.Visible, cmb.Index, cmb.Controls.Count
        ActiveSheet.Range("A1:F1").Offset(i).Value = Array(cmb.Name, cmb.NameLocal, cmb.Type, cmb.Visible, cmb.Index, cmb.Controls.Count)
        i = i + 1
    Next cmb
End Sub
```

运行上述程序后，Excel 工作表中得到一个完整的表格，见表 14-2。

表 14-2　工具栏的遍历结果

工具栏名称	本地名称	类型	是否可见	索引	包含控件数
菜单条	菜单条	1	TRUE	1	11
标准	标准	0	TRUE	2	20
编辑	编辑	0	FALSE	3	14
调试	调试	0	FALSE	4	14
用户窗体	用户窗体	0	FALSE	5	8
Document	文档	2	FALSE	6	3
Project Window	Project Window	2	FALSE	7	11
Project Window Insert	Project Window Insert	2	FALSE	8	8
Object Browser	Object Browser	2	FALSE	9	10
Toggle	Toggle	2	FALSE	10	2
Code Window	Code Window	2	FALSE	11	14
Code Window (Break)	Code Window (Break)	2	FALSE	12	11
Watch Window	Watch Window	2	FALSE	13	12
Immediate Window	Immediate Window	2	FALSE	14	9
Locals Window	Locals Window	2	FALSE	15	8
Project Window (Break)	Project Window (Break)	2	FALSE	16	8
MSForms	MSForms	2	FALSE	17	6
MSForms Control	MSForms Control	2	FALSE	18	11

续表

工具栏名称	本地名称	类型	是否可见	索引	包含控件数
MSForms Control Group	MSForms Control Group	2	FALSE	19	11
MSForms Palette	MSForms Palette	2	FALSE	20	3
MSForms Toolbox	MSForms Toolbox	2	FALSE	21	6
MSForms MPC	MSForms MPC	2	FALSE	22	4
MSForms DragDrop	MSForms DragDrop	2	FALSE	23	3
Toolbox	Toolbox	2	FALSE	24	4
Toolbox Group	Toolbox Group	2	FALSE	25	5
Property Browser	Property Browser	2	FALSE	26	1
Property Browser	Property Browser	2	FALSE	27	2
Docked Window	Docked Window	2	FALSE	28	2
Clipboard	剪贴板	0	FALSE	29	0
System	系统	2	FALSE	30	6

从表 14-2 可以看出，类型列出现了 0、1、2 这三种数字，分别对应于枚举 Office.MsoBarType 的成员：

```
Const msoBarTypeNormal = 0
Const msoBarTypeMenuBar = 1
Const msoBarTypePopup = 2
```

Office 类型库中的工具栏分为正常工具栏、菜单栏、右键菜单 3 种类型。

VBA 开发环境中有且只有一个菜单栏，也就是顶部的那个菜单栏，如图 14-60 所示。

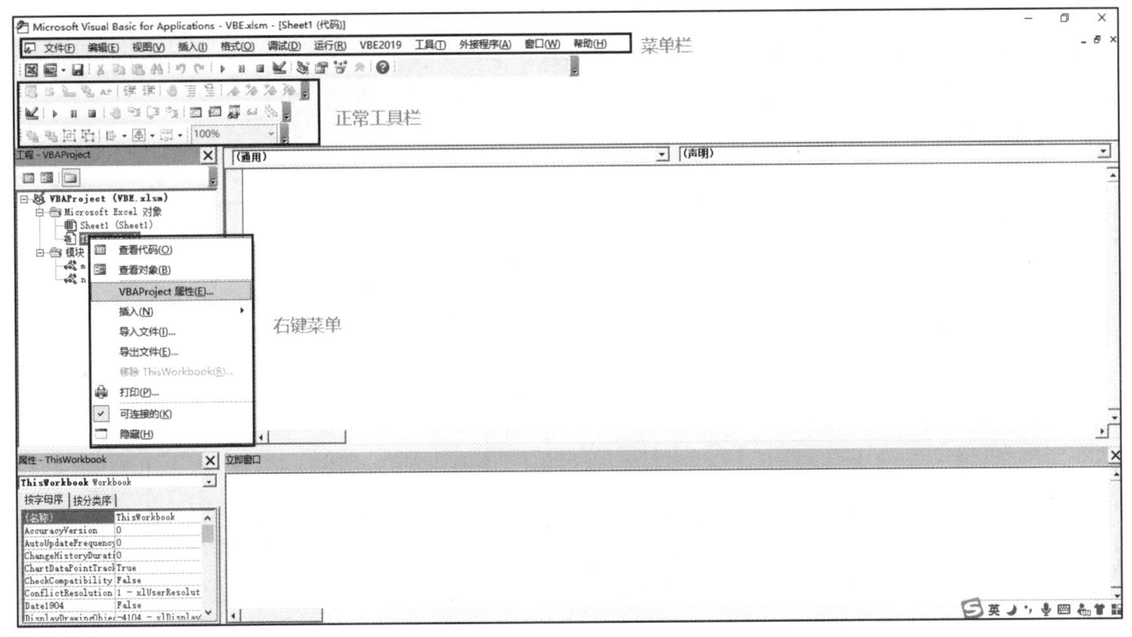

图 14-60 VBA 窗口中的常用工具栏

而下面的“编辑”“调试”等都是正常工具栏。

在工程资源管理器、属性窗口、代码窗口等各种窗口中右击，弹出的右键菜单就属于右键工具栏。这也是上述表格中 Type 为 2 的工具栏，其可见性都是 False 的原因是右键菜单只有右击时才显示出来。

接下来看一下 Index 属性，VBA 窗口中的各个工具栏是有编号的。例如，主菜单栏的索引值一直是 1，立即窗口的名称是 Immediate Window，其索引值是 14。

指代一个工具栏，既可以用 Name 属性，也可以用 Index 来返回。例如：

VBEApp.CommandBars.Item("菜单条")与 VBEApp.CommandBars.Item(1)都返回了主菜单。

VBEApp.CommandBars.Item("Immediate Window")与 VBEApp.CommandBars.Item(14)都返回了立即窗口的右键菜单。

不过使用 Index 属性解决了 Office 语言的问题，如英文版 VBA 中主菜单的名字一定不是“菜单条”。

接下来看一下 Builtin 属性，该属性用于指示工具栏是内置的，还是用户创建的。当工具栏是 VBA 自身就有的，那么该属性为 True。

14.11.2 读/写工具栏的属性

在 VBA 开发环境中，用户可以选择“视图”→“工具栏”→“自定义”菜单命令，如图 14-61 所示。

在弹出的“自定义”对话框中，可以勾选和取消勾选各个工具栏。取消勾选表示隐藏工具栏，如图 14-62 所示。

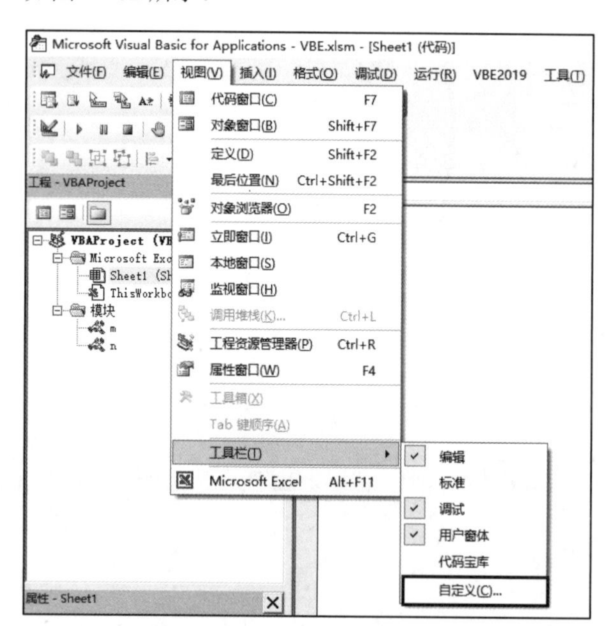

图 14-61 “自定义”命令

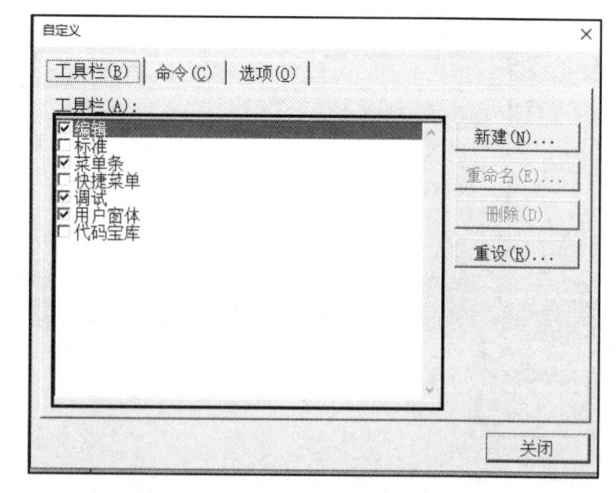

图 14-62 工具栏的“自定义”对话框

如果是使用编程的方式，可以改变工具栏的可见性、停靠位置、工具栏的宽度等属性。

```
Sub 读/写工具栏属性()
    Set VBEApp = Application.VBE
    Dim cmb As Office.CommandBar
    Set cmb = VBEApp.CommandBars.Item("标准")
    cmb.Visible = False
    cmb.Visible = True
    cmb.Width = cmb.Width/2
    cmb.Position = msoBarFloating
End Sub
```

运行上述程序，原本处于顶端停靠的“标准”工具栏变成了浮动的，而且宽度变为原先的一半，如图 14-63 所示。

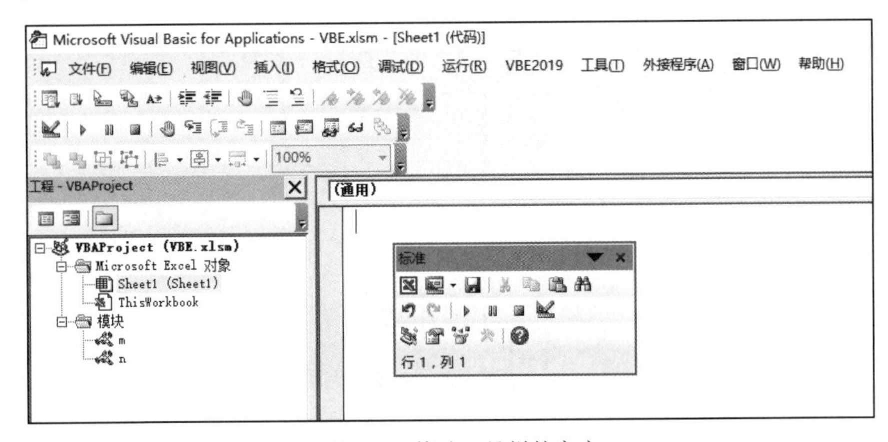

图 14-63　修改工具栏的宽度

14.11.3　遍历工具栏中的控件

一个工具栏中包含多个控件。控件的通用类型是 Office.CommandBarControl，具体类型则和控件的种类有关。对于按钮控件，具体类型是 Office.CommandBarButton，对于弹出式菜单，类型是 Office.CommandBarPopup。

一个工具栏中的控件按照从左到右、从上到下的顺序排列，因此控件也具有 Index 属性。

实例 14-28 演示了如何遍历工具栏“工程窗口”中的所有控件。

实例 14-28：遍历工具栏中的控件

```
Sub 遍历工具栏中的控件()
    Dim i As Integer
    Set VBEApp = Application.VBE
    Dim cmb As Office.CommandBar
    Dim cbc As Office.CommandBarControl
```

```
    Dim FID As Integer
    ActiveSheet.Range("A1:F1").Value = Array("控件标题", "类型", "是否可见", "索引",
    "是否内置", "图标 ID")
    i = 1
    Set cmb = VBEApp.CommandBars.Item("Project Window")
    For Each cbc In cmb.Controls
        If TypeOf cbc Is Office.CommandBarButton Then
            FID = cbc.FaceID
        Else
            FID = 0
        End If
        ActiveSheet.Range("A1:F1").Offset(i).Value = Array(cbc.Caption, cbc.Type,
        cbc.Visible, cbc.Index, cbc.BuiltIn, FID)
        i = i + 1
    Next cbc
End Sub
```

代码分析：

FaceID 是按钮控件独有的属性，用来指示按钮的图标。对于其他类型的控件则不具有这一属性，因此需要加入条件判断。

运行上述程序，打印结果见表 14-3。

表 14-3　控件的遍历结果

控件标题	类型	是否可见	索引	是否内置	图标 ID
查看代码(&O)	1	TRUE	1	TRUE	2558
查看对象(&B)	1	TRUE	2	TRUE	2553
VBAProject 属性(&E)...	1	TRUE	3	TRUE	2578
插入(&N)	10	TRUE	4	TRUE	0
导入文件(&I)...	1	TRUE	5	TRUE	524
导出文件(&E)...	1	TRUE	6	TRUE	525
关闭工程(&L)	1	FALSE	7	TRUE	746
移除 n(&R)...	1	TRUE	8	TRUE	746
打印(&P)...	1	TRUE	9	TRUE	4
可连接的(&K)	1	TRUE	10	TRUE	746
隐藏(&H)	1	TRUE	11	TRUE	865

从表中可以看出，“插入(&N)”这一控件的类型是 10，因为控件的类型必须是枚举 Office.MsoControlType 下面的常量之一，数字 1 是 msoControlButton，数字 10 是 msoControlPopup。

在工程资源管理器中右击，可以看到工具栏中的控件与打印结果一致，如图 14-64 所示。

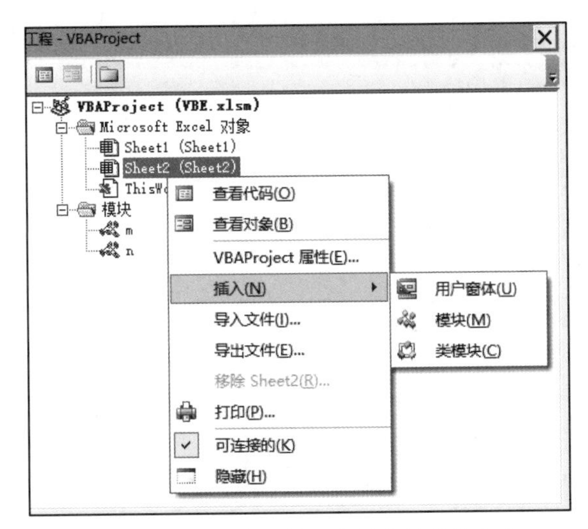

图 14-64 工程资源管理器的右键菜单命令

14.11.4 创建自定义工具栏和控件

通过创建自定义工具栏和控件，开发人员就可以把自己开发的功能指定到工具栏中，为了与内置工具栏控件区分，可以创建自定义工具栏和控件。

在 VBIDE 中创建自定义工具栏和控件的方式与在 Office 组件中的创建方式完全相同，也是先增加新工具栏，然后向工具栏中添加命令按钮等控件。如果有必要，可以向工具栏中添加弹出式菜单，在弹出式菜单中再添加控件，实现级联式菜单系统。

但是，VBIDE 中实现自定义工具栏和控件的难点在于控件的回调，也就是单击了自定义控件后如何响应 VBA 中的宏，这个实现原理有些特殊。

下面先从最简单的实例开始，添加一个自定义工具栏，然后仅添加一个命令按钮。

在 VBA 工程中插入一个标准模块，重命名为 n，然后输入以下代码。

```
Public VBEApp As VBIDE.VBE
Public Instance As ClsEvent
Sub 创建自定义工具栏和控件()
    Set VBEApp = Application.VBE
    Dim cmb As Office.CommandBar
    Dim cbb As Office.CommandBarButton
    On Error Resume Next
    VBEApp.CommandBars.Item("功能测试").Delete
    On Error GoTo 0
    Set cmb = VBEApp.CommandBars.Add(Name:="功能测试", Position:=
    Office.MsoBarPosition.msoBarBottom, MenuBar:=False, Temporary:=True)
    With cmb
        .Visible = True
    End With
```

```
    Set cbb = cmb.Controls.Add(Type:=Office.MsoControlType.msoControlButton)
    With cbb
        .Caption = "Button 1"
        .FaceID = 481
        .Style = Office.MsoButtonStyle.msoButtonIconAndCaption
        .OnAction = "OA"
    End With
    Set Instance = New ClsEvent
    Set Instance.Button = VBEApp.Events.CommandBarEvents(cbb)
End Sub
```

代码分析：

本例计划向 VBA 开发环境添加一个自定义工具栏“功能测试”，然后添加一个按钮 Button 1。

该工具栏的初始状态是停靠在 VBA 窗口的底端，并且是临时工具栏，意味着下次启动 Office 该工具栏就会消失。

添加按钮时，通常要指定按钮的标题、图标、样式、回调函数。不过 VBIDE 中的控件 OnAction 不起作用，需要借助类模块来实现回调。为此，再添加一个类模块，重命名为 ClsEvent，目的是在类模块中定义按钮的单击事件，输入以下代码：

```
Public WithEvents Button As VBIDE.CommandBarEvents

Private Sub Button_Click(ByVal CommandBarControl As Object, handled As Boolean,
CancelDefault As Boolean)
    Dim ActiveButton As Office.CommandBarButton
    Set ActiveButton = CommandBarControl
    MsgBox ActiveButton.Caption
    handled = True
    CancelDefault = True
End Sub
```

该事件过程包括 3 个参数，其中返回的 CommandBarControl 就是被单击的控件。为了测试方便，此处仅仅使用 MsgBox 作为测试语句。

现在继续回到标准模块中最后两行代码。

```
Set Instance = New ClsEvent
Set Instance.Button = VBEApp.Events.CommandBarEvents(cbb)
```

此处的 Instance 是类模块的实例，必须声明为模块级，然后指定该类中的 Button 为刚刚添加的新按钮。

接下来运行标准模块中的过程，会看到 VBA 窗口底部多了一个工具栏，里面包含一个按钮，如图 14-65 所示。

单击该按钮，弹出一个消息对话框，如图 14-66 所示。这说明回调是成功的。

另外，自己创建的工具栏和按钮，在使用完毕要记得清除，以免在 VBA 窗口中残留。

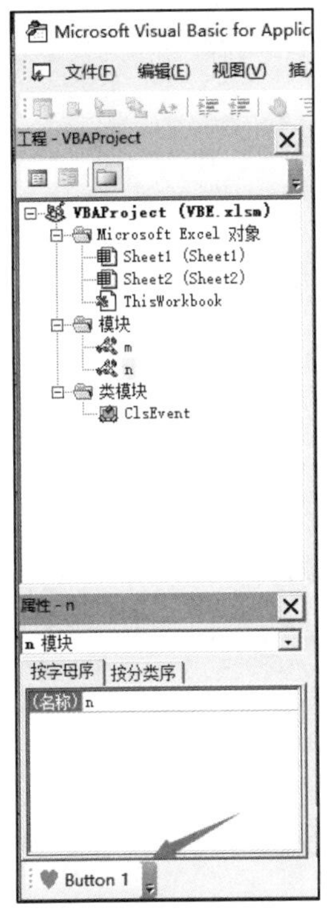

图 14-65 自动添加的按钮

图 14-66 单击按钮后弹出的对话框

```
Sub 删除自定义工具栏和控件()
    Set VBEApp = Application.VBE
    Dim cmb As Office.CommandBar
    Dim cbb As Office.CommandBarButton
    Dim cbc As Office.CommandBarControl
    Set Instance = Nothing
    Set cmb = VBEApp.CommandBars.Item("功能测试")
    For Each cbc In cmb.Controls
        cbc.Delete
    Next cbc
    cmb.Delete
End Sub
```

以上讲述了只有 1 个按钮的情况。如果需要添加多个控件，继续使用上面的程序则会出现只有最后一个按钮具有回调作用，前面的按钮单击之后没有响应。

14.11.5 添加数量不定的控件

为了解决由于后面添加的控件覆盖前面按钮而出现的回调问题，通常使用 VBA 的 Collection 来存放事件变量。下面采用事件数组来解决这个问题。

首先把模块 n 顶部的声明 Public Instance As ClsEvent 修改为：

```
Public Instance() As ClsEvent
```

这样 Instance 就成为动态数组，可以保存多个类的实例。

然后修改创建工具栏和控件的代码为：

```
Sub 创建自定义工具栏和控件()
    Dim i As Integer
    Set VBEApp = Application.VBE
    Dim cmb As Office.CommandBar
    Dim cbb As Office.CommandBarButton
    On Error Resume Next
    VBEApp.CommandBars.Item("功能测试").Delete
    On Error GoTo 0
    Set cmb = VBEApp.CommandBars.Add(Name:="功能测试", Position:=
    Office.MsoBarPosition.msoBarFloating, MenuBar:=False, Temporary:=True)
    With cmb
        .Visible = True
    End With
    For i = 0 To 1
        Set cbb = cmb.Controls.Add(Type:=Office.MsoControlType.msoControlButton)
        With cbb
            .Caption = "Button " & i
            .FaceID = i + 2
            .Style = Office.MsoButtonStyle.msoButtonIconAndCaption
            .OnAction = "OA"
            .parameter = i
        End With
        ReDim Preserve Instance(0 To i)
        Set Instance(i) = New ClsEvent
        Set Instance(i).Button = VBEApp.Events.CommandBarEvents(cbb)
    Next i
    Dim cbp As Office.CommandBarPopup
    Set cbp = cmb.Controls.Add(Type:=Office.MsoControlType.msoControlPopup)
    cbp.BeginGroup = True
    cbp.Caption = "其他按钮"
    For i = 2 To 4
        Set cbb = cbp.Controls.Add(Type:=Office.MsoControlType.msoControlButton)
        With cbb
            .Caption = "Button" & i
            .FaceID = i + 2
            .Style = Office.MsoButtonStyle.msoButtonIconAndCaption
            .OnAction = "OA"
            .parameter = i
        End With
        ReDim Preserve Instance(0 To i)
```

```
        Set Instance(i) = New ClsEvent
        Set Instance(i).Button = VBEApp.Events.CommandBarEvents(cbb)
    Next i
End Sub
```

代码分析：

上述程序，在创建工具栏后，在 For 循环中批量添加 2 个按钮，创建 1 个弹出式子菜单，在子菜单中继续添加 3 个按钮。

注意

循环变量 i 的作用非常重要，利用 i 可以重新定义 Instance 的下界，还可以设置按钮标题、图标、回调及其参数。

与 14.11.4 小节的代码相比，区别在于这里使用了数组代替单一的变量。例如，使用 Set Instance(i) = New ClsEvent 代替了 Set Instance= New ClsEvent。

此外，类模块中 ClsEvent 中也做了调整，代码如下：

```
Public WithEvents Button As VBIDE.CommandBarEvents

Private Sub Button_Click(ByVal CommandBarControl As Object, handled As Boolean,
CancelDefault As Boolean)
    Dim ActiveButton As Office.CommandBarButton
    Set ActiveButton = CommandBarControl
    Application.Run ActiveButton.OnAction, ActiveButton.parameter
    handled = True
    CancelDefault = True
End Sub
```

注意

如果使用了 Excel VBA 中的 Run 方法执行指定的回调函数，就需要在标准模块中增加 OA 函数，增加的代码如下：

```
Sub OA(parameter As Integer)
    MsgBox parameter
End Sub
```

这样就实现了单击不同的按钮，弹出不同的对话框。

运行上述程序，VBA 窗口中多了一个“功能测试”的浮动工具栏，如图 14-67 所示。

单击每个按钮，都能弹出相应的对话框。

在实际开发过程中，这些按钮实现的功能往往是用来访问 VBIDE 里面的对象，只要把回调函数中的 MsgBox 部分换成实际功能的代码即可。

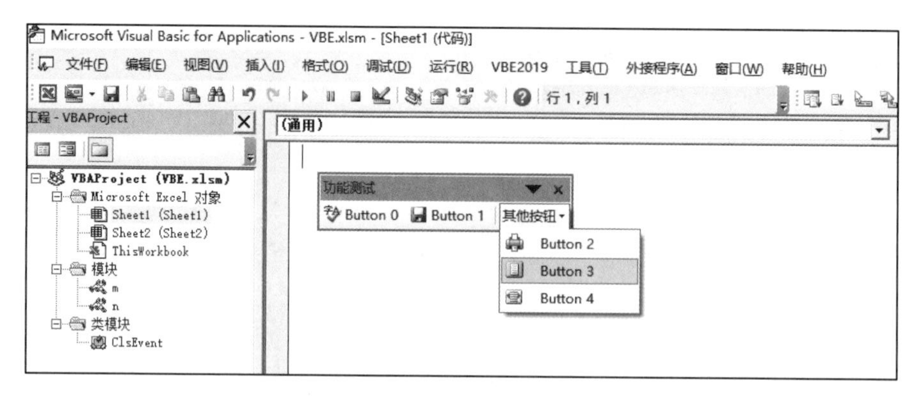

图 14-67　添加工具栏和按钮

14.12　VBE2019 插件介绍

VBE2019 是笔者开发的用在 VBA 编程环境的插件。其实 VBE2019 是由以下 3 个插件构成的集合。

- VBE2014：是适用于 32 位 Office 的 VBA 插件。
- VBE2014_VB6：是适用于 VB6 编程环境的插件。
- VBE2019：是适用于 32 位和 64 位 Office 的 VBA 插件。

只要安装 1 次 VBE2019，以上 3 个插件就都可以使用。

14.12.1　插件的下载和安装

使用 QQ 账号登录腾讯微云，打开以下链接：

https://share.weiyun.com/5dpcNqx

展开 Tools/VBE2019 文件夹，可以看到 VBE2019-Setup-20200909.exe 和 VBE2019-Manual-2020909.zip 这两个文件。前者是一个可执行文件，双击就可以安装。后者是一个压缩包，解压后可以手动部署，如图 14-68 所示。

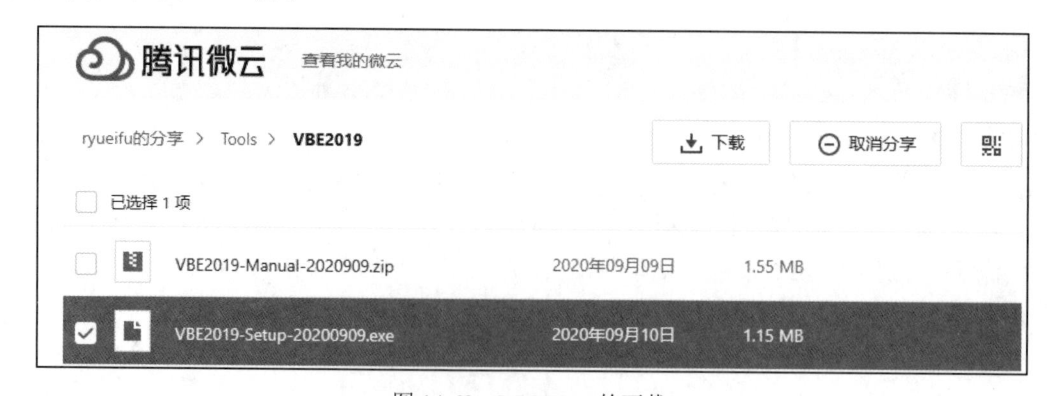

图 14-68　VBE2019 的下载

下面以安装可执行文件为例讲解。

下载 VBE2019-Setup-20200909.exe 后，以管理员身份运行该文件。经过几个对话框之后提示 VBE2019 安装完成，如图 14-69 所示。

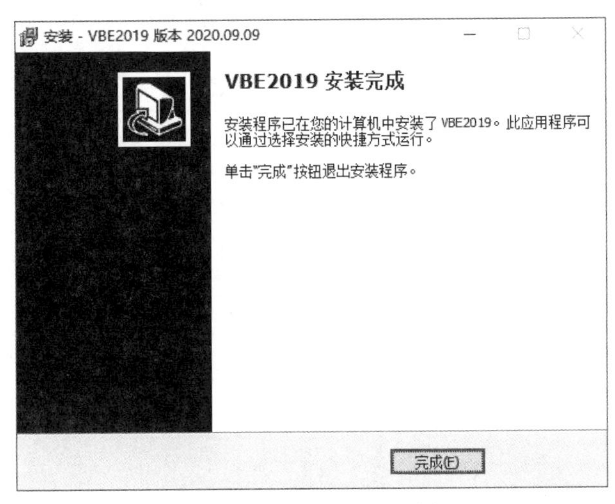

图 14-69　VBE2019 的安装

安装完成后，C:\Program Files\VBE2019 路径下产生了新的文件，其中 3 个动态链接库文件就是该插件的主文件，如图 14-70 所示。

VBE2019

文件　主页　共享　查看

› 此电脑 › 系统 (C:) › Program Files › VBE2019 ›

快速访问 / OneDrive / 此电脑 / 3D 对象 / 视频 / 图片 / 文档 / 下载 / 音乐

名称	修改日期	类型	大小
Code	2021/1/24 16:10	文件夹	
MSCOMCTL.OCX	1998/6/27 6:16	ActiveX 控件	1,038 KB
RICHTX32.OCX	1998/6/24 0:00	ActiveX 控件	199 KB
unins000.dat	2021/1/24 16:10	DAT 文件	11 KB
References.xml	2020/9/6 10:45	XML 文档	6 KB
net.ico	2019/5/30 19:52	图标	67 KB
unins000.exe	2021/1/24 16:10	应用程序	1,169 KB
VBE2014.dll	2020/9/9 19:39	应用程序扩展	1,496 KB
VBE2014_VB6.dll	2020/9/9 19:40	应用程序扩展	1,496 KB
VBE2019.dll	2020/9/9 19:46	应用程序扩展	1,432 KB

图 14-70　安装后的文件

另外，References.xml 是引用管理这个功能用到的文件。Code 文件夹是代码库和代码工具栏用到的路径和文件。

安装完成后，启动 Office 任何一个组件，打开 VBA，在外接程序管理器对话框中可以看到 VBE2014 和 VBE2019（如果是 64 位 Office，只能看到 VBE2019），如图 14-71 所示。

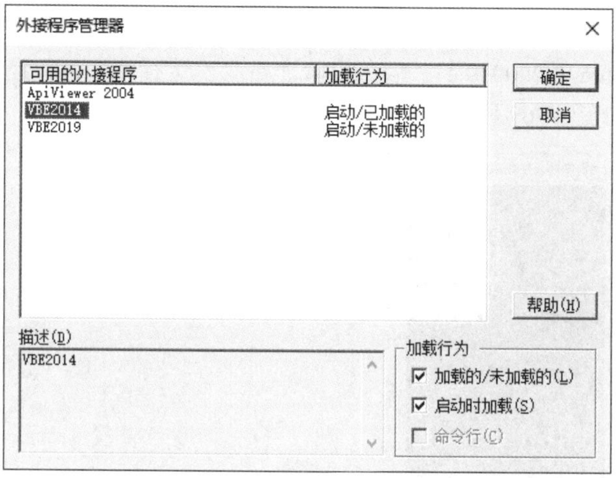

图 14-71　外接程序管理器

14.12.2　功能介绍

VBE2014 和 VBE2019 的功能总体上差不多，见表 14-4。

表 14-4　VBE2014 和 VBE2019 功能比较

功能一览	VBE2014_VB6	VBE2014	VBE2019
代码工具栏	√	√	√
代码宝库	√	√	√（支持编辑）
引用管理	√	√	√
API 查询	√	√	√
正则表达式	√	√	√
MSDN	√	√	√
单一功能	鼠标滚动	破解工程	在线教程
智能缩进	√	√	√
移除注释	√	√	√
移除空行	√	√	√
间隔一行	√	√	√
翻译所选	√	√	√
选中过程	√	√	√

下面主要讲解 VBE2019 的功能。

在 VBA 的外接程序管理器中连接 VBE2019，VBA 窗口的界面上有以下 6 处明显的变化。

- 在“工具”菜单的左侧多了一个 VBE2019 的主菜单。

- 多了一个“代码宝库”的横向工具栏。
- 代码窗口的右键菜单多了 6 个按钮。
- 立即窗口的右键菜单多了 1 个按钮。
- 工程资源管理的右键菜单多了 2 个按钮。
- 对象浏览器的右键菜单多了 1 个按钮。

VBE2019 的主菜单如图 14-72 所示。

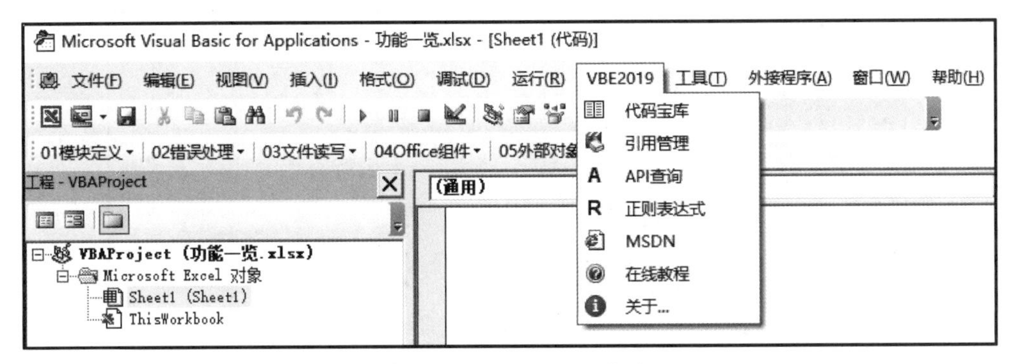

图 14-72　VBE2019 的菜单

代码窗口的右键菜单如图 14-73 所示。

立即窗口右键菜单如图 14-74 所示。

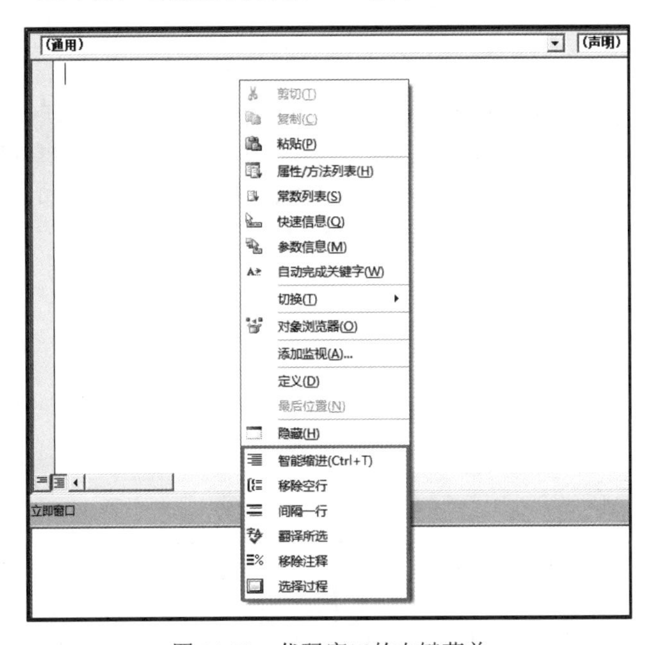

图 14-73　代码窗口的右键菜单

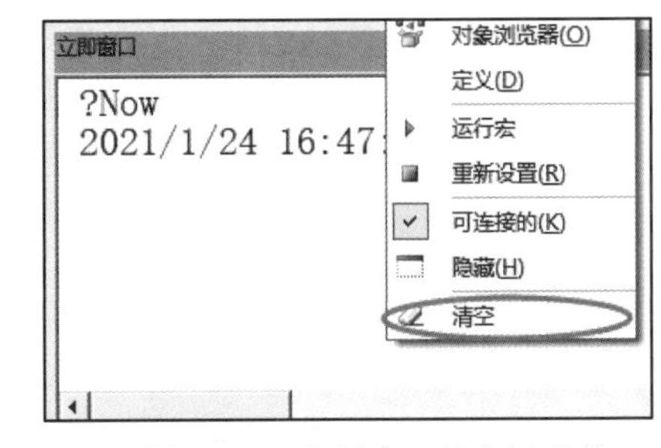

图 14-74　立即窗口的右键菜单

对象浏览器的右键菜单如图 14-75 所示。

下面分别介绍每个功能。

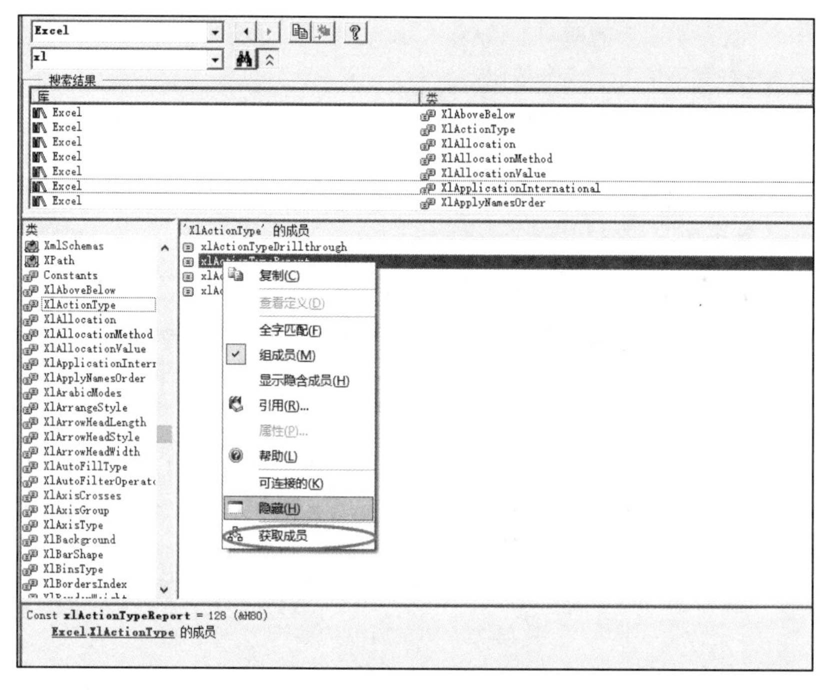

图 14-75　对象浏览器的右键菜单

14.12.3　代码宝库与代码工具栏

代码宝库与代码工具栏用于显示开发人员收藏的实用代码段。这两个都与安装位置下面的 Code 文件夹有关。打开路径：C:\Program Files\VBE2019\Code，可以看到默认有 6 个文件夹。用户可以根据自己的需求增加或删除文件夹，也可以在文件夹中创建.txt 格式的代码文件，如图 14-76 所示。

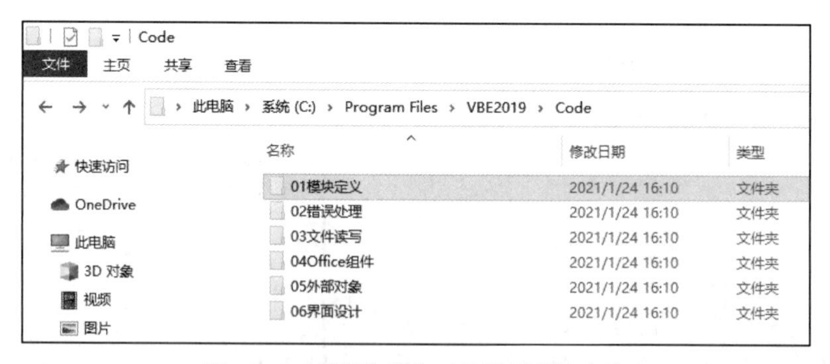

图 14-76　代码宝库和工具栏用到的文件

代码宝库打开后，左侧是一个树形结构，显示了文件夹和文件的多级结构。右侧显示代码文件中的内容，如图 14-77 所示。

代码工具栏以菜单和按钮的形式显示。单击任何一个按钮，都会把相应的代码插入到代码编辑区域的插入点，如图 14-78 所示。

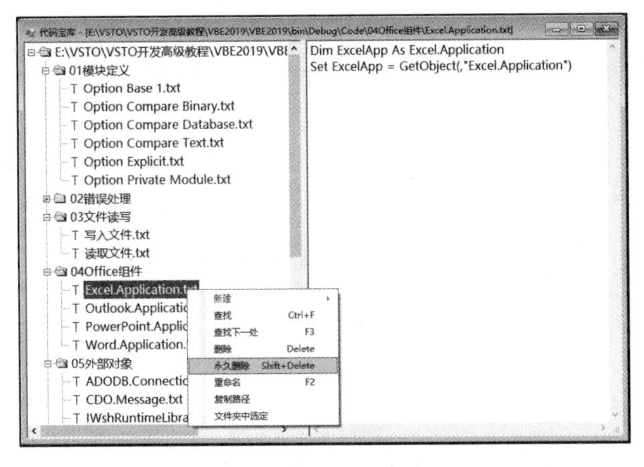

图 14-77　代码宝库

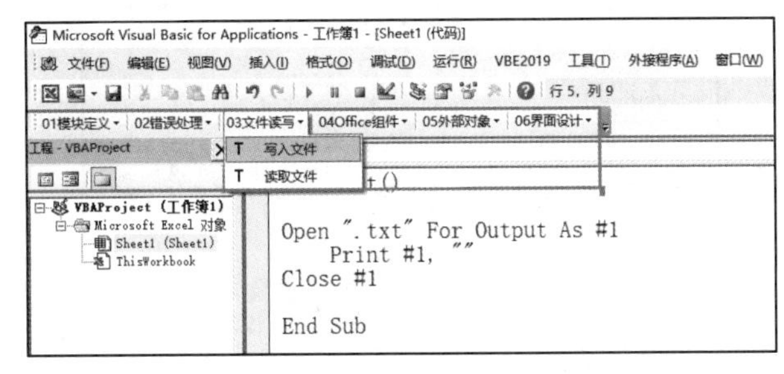

图 14-78　代码工具栏

14.12.4　引用管理

VBA 编程过程中，经常需要添加新的引用，但是“引用”对话框中条目太多，不便于查找。VBE2019 中的引用管理基于 References.xml 文件。“引用管理”窗口分为左、右两个列表，左侧的列表显示了当前 VBA 工程中的引用，右侧的列表显示的是收藏于 References.xml 中的引用。如果要把一个引用添加到当前工程，在右键菜单中选择“加入工程”即可。反之，如果要把当前工程的引用保存到 XML 文件中，可以选择保存引用，如图 14-79 所示。

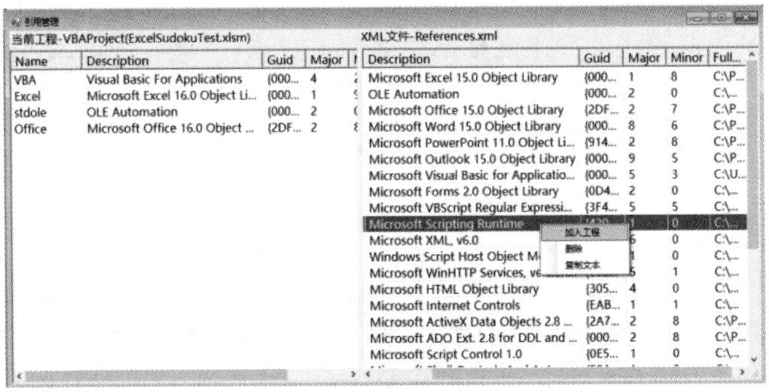

图 14-79　引用管理

14.12.5 API 查询

API 查询工具支持 32 位和 64 位使用环境的声明。该工具以工具窗口的形式显示在 VBA 窗口中，用户在搜索框中输入关键字后按 Enter 键，即可看到相关的声明，如图 14-80 所示。

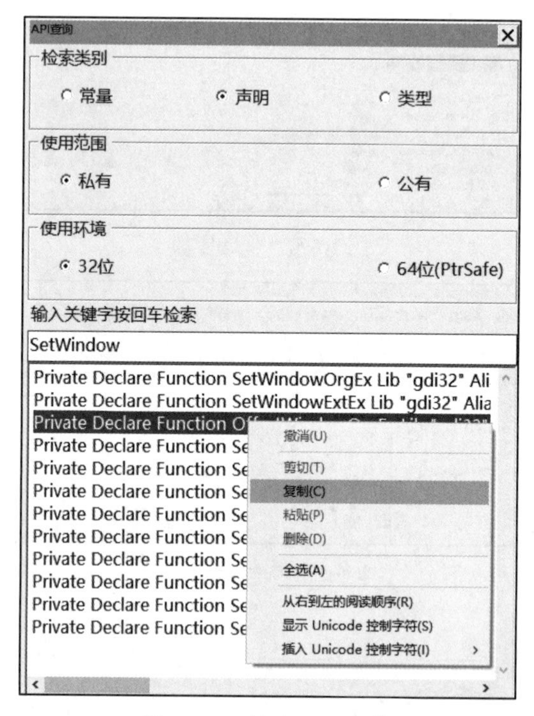

图 14-80 检索 API 函数

14.12.6 代码整理相关功能

在代码区域的右键菜单中包含 4 个功能：智能缩进、移除空行、移除注释、选择过程。

其中前 3 个功能与光标的选择状态有关。如果光标位于字符之间，未选中任何部分，那么这 3 个功能的作用对象是当前模块。如果光标已经选择了好几行代码，那么这些功能只对选中的代码起作用。

“选择过程”的作用是选中光标所处的过程或函数。

14.12.7 获取成员

VBA 的对象浏览器显示了各种对象的成员信息。VBE2019 在对象浏览器中新增了“获取成员”的功能，如搜索到 Range 对象后，单击“获取成员”命令，如图 14-81 所示。

稍后产生一个文本文件，里面列出了 Range 对象的所有属性、方法等信息，如图 14-82 所示。

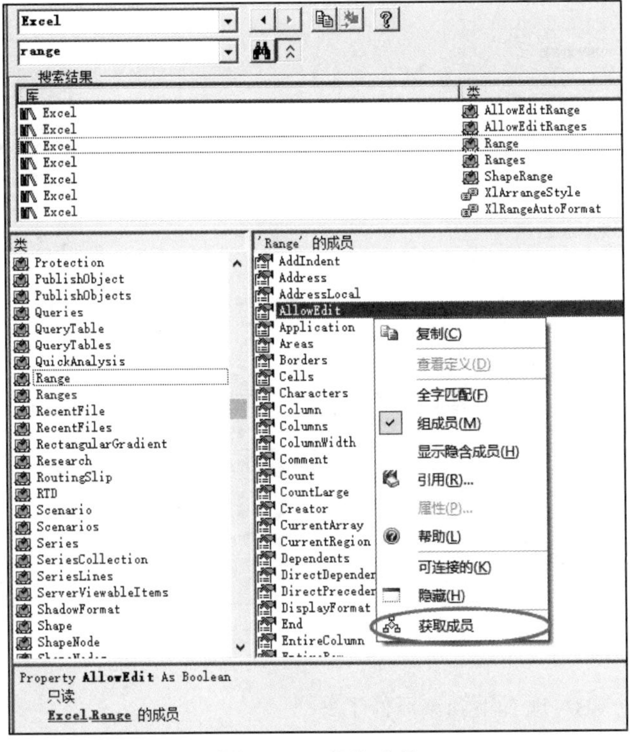

图 14-81　获取成员

无标题 - 记事本

文件(F)　编辑(E)　格式(O)　查看(V)　帮助(H)

```
Property AddIndent As Variant        Excel.Range 的成员
Property Address([RowAbsolute], [ColumnAbsolute], [ReferenceStyle As XlReferenceStyle = xlA
Property AddressLocal([RowAbsolute], [ColumnAbsolute], [ReferenceStyle As XlReferenceStyle
Property AllowEdit As Boolean        只读    Excel.Range 的成员
Property Application As Application          只读    Excel.Range 的成员
Property Areas As Areas      只读    Excel.Range 的成员
Property Borders As Borders          只读    Excel.Range 的成员
Property Cells As Range      只读    Excel.Range 的成员
Property Characters([Start], [Length]) As Characters         只读    Excel.Range 的成员
Property Column As Long      只读    Excel.Range 的成员
Property Columns As Range            只读    Excel.Range 的成员
Property ColumnWidth As Variant      Excel.Range 的成员
Property Comment As Comment          只读    Excel.Range 的成员
Property Count As Long       只读    Excel.Range 的成员
Property CountLarge As Variant       只读    Excel.Range 的成员
Property Creator As XlCreator        只读    Excel.Range 的成员
Property CurrentArray As Range       只读    Excel.Range 的成员
Property CurrentRegion As Range      只读    Excel.Range 的成员
```

第 1 行，第 1 列　100%　Windows (CRLF)　UTF-8

图 14-82　将对象浏览器中的内容获取到文本文件

注意

VBE2014 和 VBE2019 不能同时连接，连接 VBE2014 会自动把 VBE2019 断开。

14.12.8　插件的卸载

退出与 Office 有关的程序，然后通过控制面板卸载 VBE2019，如图 14-83 所示。

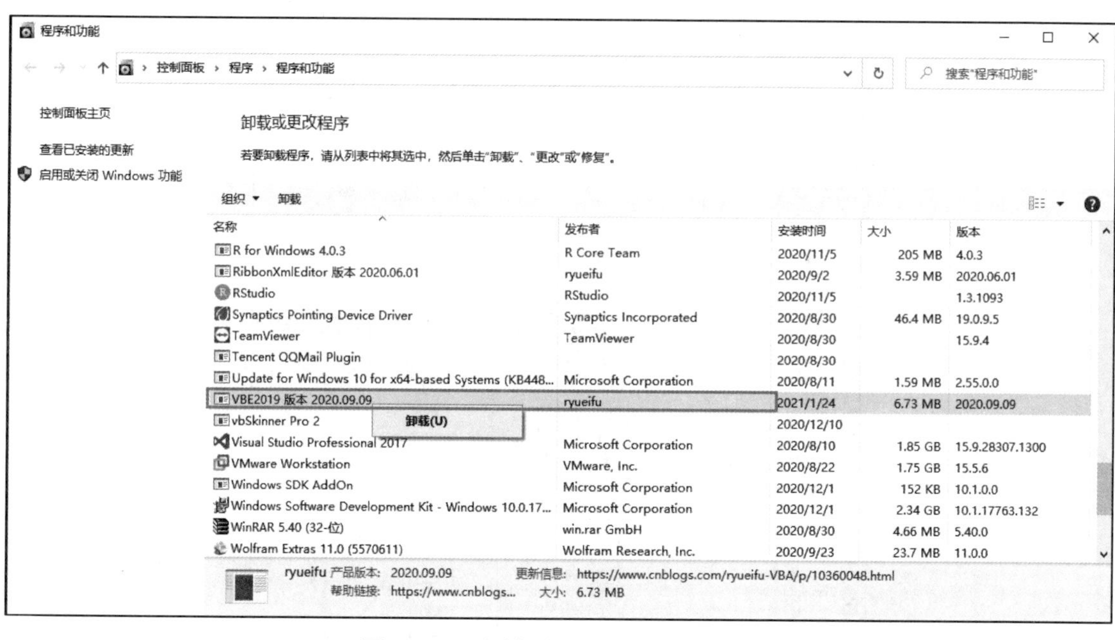

图 14-83　通过控制面板卸载 VBE2019

卸载后，再次打开 VBA 就看不到该插件了。

14.13　习　　题

1．VBA 工程中的模块、类模块、窗体等对象属于 VBIDE 中的对象类型的是（　　）。

　A．VBProject　　　　B．VBComponent

　C．VBCodeModule　　D．Window

2．编写一个程序，用于自动关闭立即窗口。

3．编写一个程序，用于断开 VBA 中所有外接程序。

第 15 章　类　模　块

扫一扫，看视频

一个 VBA 工程，默认只有文档类模块（如 ThisWorkbook、Sheet1、Sheet2、……）。根据开发的需要可以进一步插入标准模块、用户窗体、类模块。

类模块是一种代码模块，在类模块中可以定义模块级的常量、变量，也可以定义方法（过程和函数）、事件。

类模块的作用类似 Office 中的模板，在同一个 VBA 工程的其他模块中使用 New 关键字创建类模块实例的方式来调用类模块中的成员，类模块本身不能作为执行程序的入口。

从编程的角度来看，学习类模块要从如何编写类模块中的代码以及如何调用类模块中的成员这两个方面入手。

本章介绍类模块的代码编写和类实例的创建，重点是如何声明带有事件的对象变量，难点是如何在类中定义属性。

本章关键词：类模块、实例、事件。

15.1　类模块的编写

类模块通常用来描述具有类似属性的一类对象。例如，现实世界中有很多人，每个人的姓名、年龄、国别不一定相同，但是都属于人类。奥迪车、丰田车虽然品牌不同，但都具有价格、颜色等公共属性。同时，所有汽车都有行驶、鸣笛、加速等行为。

但是，为了具体地表示某个人、某一辆车，就需要基于类创建一个具体的实例。创建类实例将在后面讲解。

15.1.1　创建类模块

在 VBA 编程环境中，选中 VBA 工程节点，然后选择“插入”→“类模块”菜单命令，会自动插入“类 1”“类 2”这样默认名称的类模块，如图 15-1 所示。

在属性窗口中对新的类模块进行重命名，建议起一个具有实际意义、容易想象的名称。不过类模块约定名称一般以 Cls 开头。例如，重命名为 ClsCar 和 ClsPerson，这样就创建了两个类模块，如图 15-2 所示。

类模块的代码区域中，根据编程需要可以增加以下几种成员：

（1）字段。类模块中用到的模块级常量、变量。

（2）属性。使用 Property 关键字声明的属性。

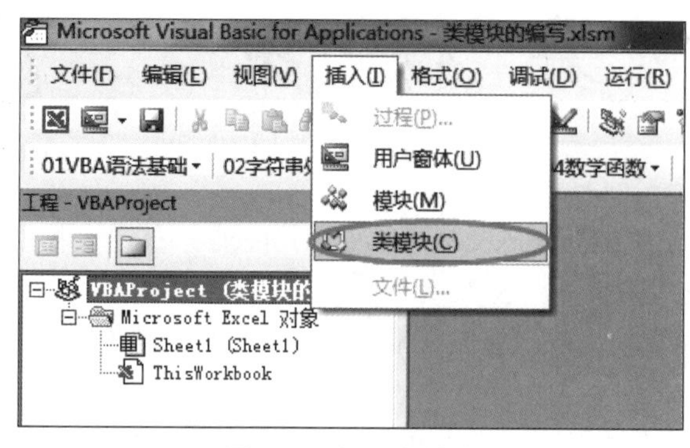

图 15-1 插入类模块

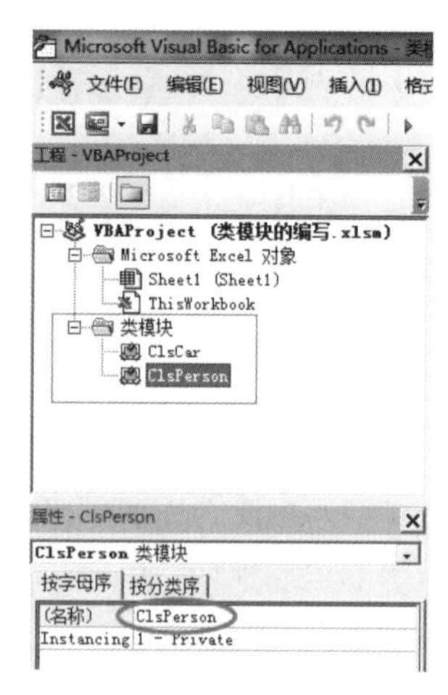

图 15-2 修改类模块的名称

（3）方法。使用 Function、Sub 关键字创建的函数和过程。

（4）事件。使用 Event 关键字创建的事件。

以上成员均可使用 Public 或 Private 关键字来限定该成员的可访问范围。使用 Private 关键字声明的成员，只能在该类模块内部访问。使用 Public 关键字声明的成员，在同一工程的其他地方也是可以访问的。

15.1.2 插入成员

向类模块中插入新成员的方式主要有两种。一是利用 VBA 编程环境自带的功能自动书写代码；二是直接向类模块中输入代码。

双击工程资源管理器中的类模块 ClsCar，在右侧打开代码区域，在上方组合框中选择 Class，如图 15-3 所示。右侧的组合框中有 Initialize 和 Terminate 两个可选的事件过程。

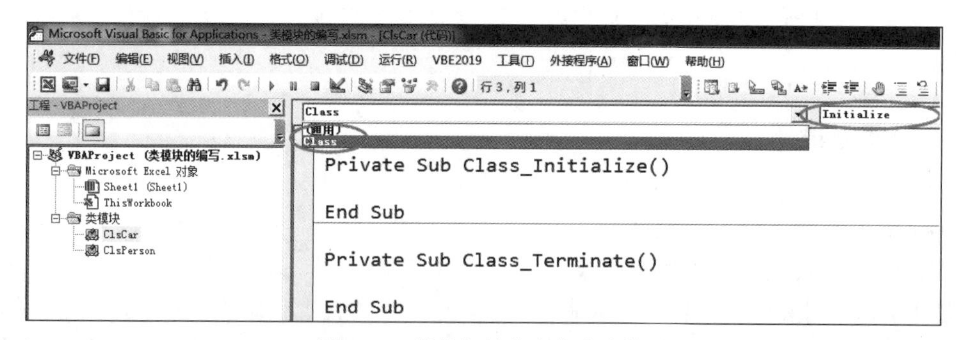

图 15-3 类的初始化和终止事件

在创建实例时自动运行 Initialize 事件中的代码，通常执行一些初始化方面的代码，当销毁类实例时自动运行 Terminate 中的代码。以上两个事件过程并非必须使用。

接下来选择“插入”→“过程”菜单命令，如图 15-4 所示。

在弹出的对话框中，需要指定新成员的名称、类型和范围，如图 15-5 所示。

类型中的子程序对应于关键字 Sub，函数对应于 Function，属性对应于 Property。

范围中的“公共的”对应于关键字 Public，“私有的”对应于 Private。

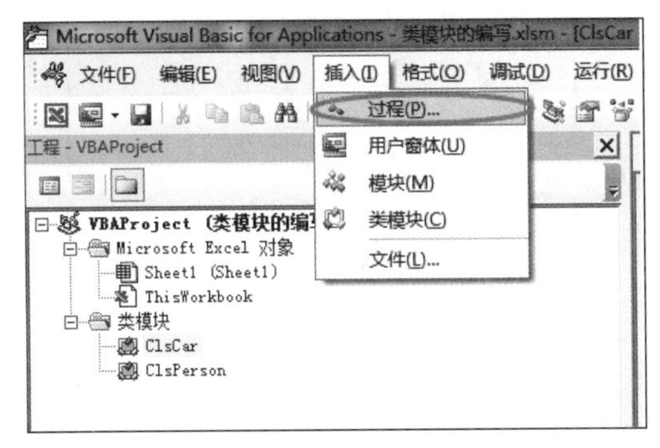

图 15-4　类中插入过程

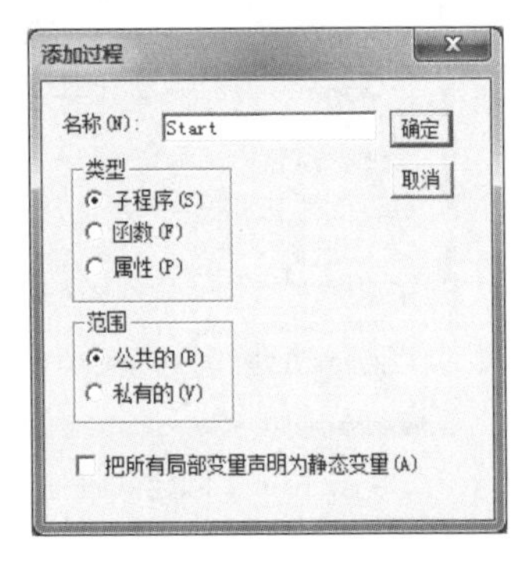

图 15-5　“添加过程”对话框

单击“确定”按钮，会看到 VBA 中自动增加以下代码。

```
Public Sub Start()
End Sub
```

使用类似的方法，可以依次追加新函数和新属性。

15.1.3　添加属性

下面主要介绍类模块中属性的设计。

类模块中使用 Property Get 和 Property Let 两个结构来声明一个属性，Property Get 用来返回类实例的属性，当其他代码需要读取属性时，会自动运行这个结构中的代码并取得返回值。

Property Let 用来修改属性，当其他代码修改类实例的属性时，会自动运行这个结构中的代码。

对于类模块的初学者，建议使用 VBA 自带的过程插入工具来创建属性，如图 15-6 所示。

这样就为 ClsCar 类创建了一个 Name 属性，产生的代码如下：

```
Public Property Get Name() As Variant

End Property

Public Property Let Name(ByVal vNewValue As Variant)

End Property
```

不过，为了能在读取属性和修改属性时同步，一般在类模块顶部声明一个与属性呼应的字段，如 varName。当外部需要获取属性时，直接返回 varName 变量即可，如果要修改属性，则为该变量重新赋值。

修改后，ClsCar 类模块的完整代码如图 15-7 所示。

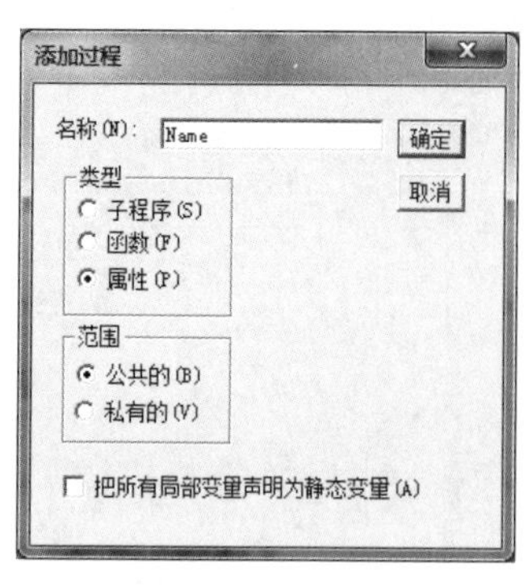

图 15-6　创建属性

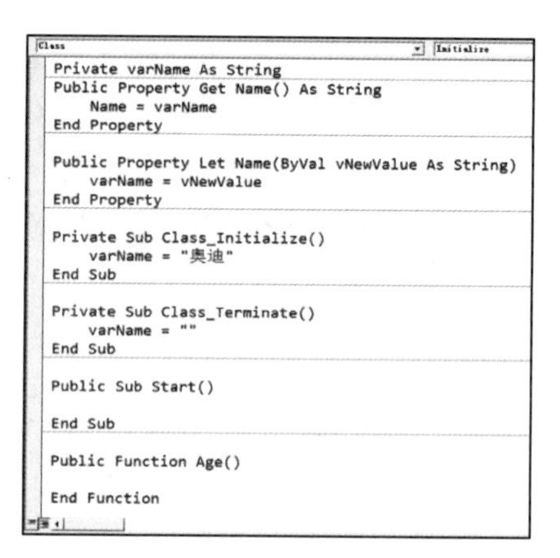

```
Private varName As String
Public Property Get Name() As String
    Name = varName
End Property

Public Property Let Name(ByVal vNewValue As String)
    varName = vNewValue
End Property

Private Sub Class_Initialize()
    varName = "奥迪"
End Sub

Private Sub Class_Terminate()
    varName = ""
End Sub

Public Sub Start()

End Sub

Public Function Age()

End Function
```

图 15-7　ClsCar 类模块中的代码

代码分析：

当外部创建类实例时，varName 初始化的默认值为“奥迪”，销毁类实例时会将该变量设置为空字符串。

编写好上述代码后，在 VBA 中按快捷键 F2 打开对象浏览器。在组合框中选择 VBAProject，这样就只显示当前 VBA 工程中的对象模型，如图 15-8 所示。

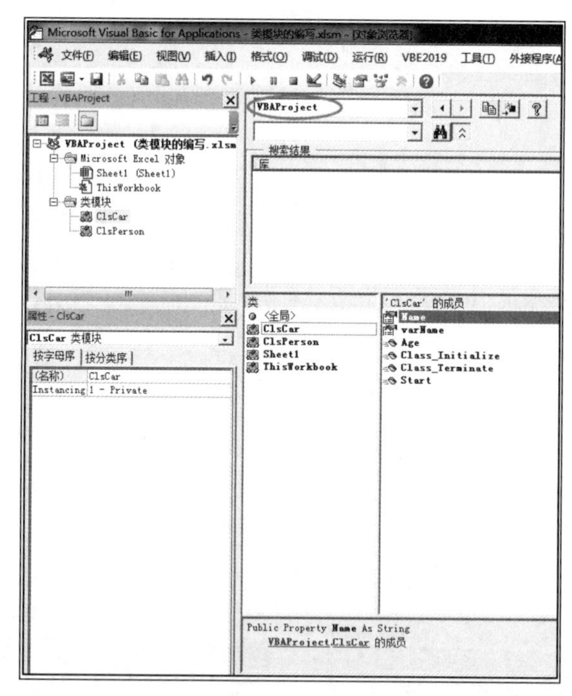

图 15-8　使用对象浏览器查看当前 VBA 工程的成员

从这里可以看出，ClsCar 类包含一个属性 Name、支持 Name 属性的字段 varName、一个函数 Age 和一个过程 Start。

15.2 创建类实例

以上讲解了如何书写类模块中的代码。

本节介绍如何在类模块以外的其他场所创建类实例并访问类成员的方法。

类模块与标准模块最大的不同就是类需要创建实例来访问，而不是直接通过 ClsCar.Start 调用。

可以在同一 VBA 工程的其他任意模块中声明类实例，如在 ThisWorkbook、UserForm、Module 中均可声明类实例。

下面在 VBA 工程中插入一个标准模块，重命名为 MdlTest，然后在该模块顶部声明 MyCar 和 YourCar 两个汽车的实例对象。

```
Private MyCar As VBAProject.ClsCar, YourCar As VBAProject.ClsCar
```

其中，VBAProject.ClsCar 是一个工程内部的 ProgID，它由工程名和类模块的名称构成。

注意

声明不等于创建。使用 As 关键字声明了对象变量，其默认值是 Nothing，之后必须在代码中使用 New 关键字才能真正创建一个对象。

15.2.1 访问类成员

为了测试，在标准模块中编写“开始使用”和“结束使用”两个过程。

图 15-9 所示代码中修改了 MyCar 的 Name 属性。注意在类实例后面输入小数点，自动显示的成员中只能看到 Age、Name、Start，也就是说在此处可以调用类中这些公开的成员，如图 15-9 所示。其他成员是用 Private 声明的，所以不可见。

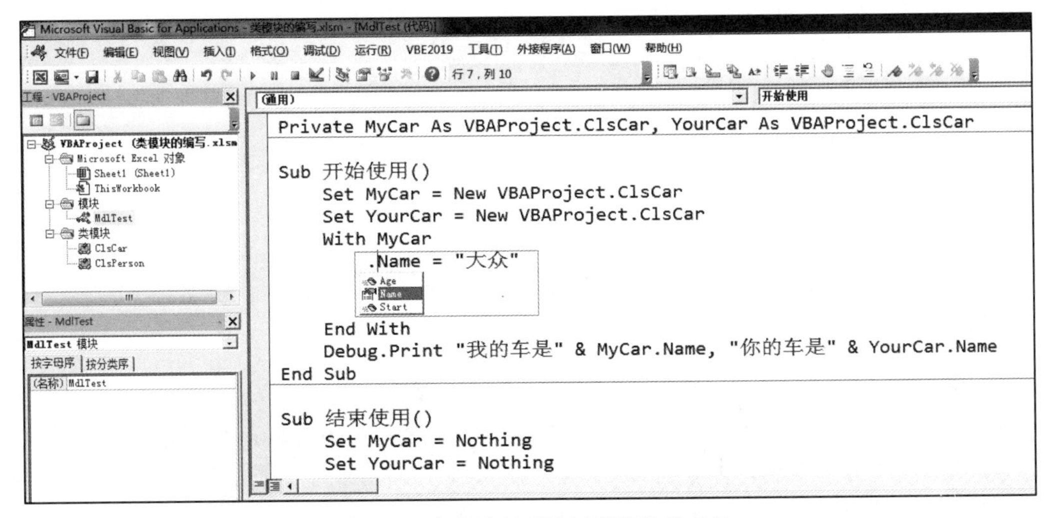

图 15-9 在其他场所访问类模块的成员

代码分析：

在访问类实例的属性时，需要明白一个道理，那就是读取属性和写入属性的概念。读取属性是指代码中使用了这个属性，但并未修改它。而写入属性是指为该属性赋值。

本例中，MyCar.Name = "大众" 这行代码属于写入属性，运行这行代码会自动运行类模块中的 Property Set 结构。

同理，代码 Debug.Print "我的车是" & MyCar.Name 属于读取属性，运行这行代码会自动运行类模块中的 Property Get 结构。

因此，建议按下快捷键 F8 采用单步运行方式，仔细观察代码运行的过程。

运行上述代码，立即窗口打印结果为：我的车是大众　你的车是奥迪。

从运行结果可以看到，类实例之间是相互隔离的、互不影响的，MyCar 的属性虽然被修改，但 YourCar 仍然是默认值，因为这两个实例相当于是 ClsCar 这个模板创建出的两个独立文档。

类实例使用完毕，及时释放是一个好的习惯。因此运行“结束使用”这个过程，会自动调用类中的 Terminate 事件。

15.2.2　使用对象数组

如果需要创建多个类实例，可以使用对象数组来代替单个变量。假设要访问 10 个不同汽车的信息，使用常规方法就需要用到 10 个不同的变量。而使用对象数组，一个变量名称就够了。

在标准模块顶部，声明具有 10 个元素的对象数组，数组的类型为类模块。

```
Private Cars(1 To 10) As VBAProject.ClsCar
```

循环创建和访问类实例的代码如下：

```
Sub 创建多个实例()
    Dim i As Integer
    For i = 1 To 10
        Set Cars(i) = New VBAProject.ClsCar
        Call Cars.Age
        Debug.Print i, Cars(i).Name
        Set Cars(i) = Nothing
    Next i
End Sub
```

15.3　创建和使用对象类型属性

15.2 节讲解了 ClsCar 的 Name 属性，其类型是一个基本数据类型 String。

类模块中还允许使用对象类型的属性，如属性的类型可以是 Excel.Range 或字典等。

创建和使用对象类型属性，需要把 Let 关键字换成 Set，因为给对象赋值只能使用 Set 关键字来赋值。

15.3.1 使用 Property Set 关键字

在另一个类模块 ClsPerson 中添加一个对象类型的字段 varTask，再添加公共属性 Task，其类型都是 Excel 的 Range，如图 15-10 所示。

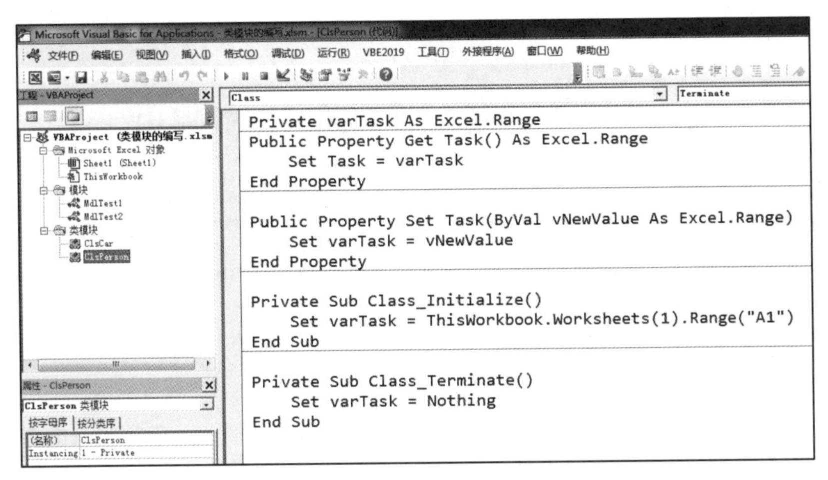

图 15-10　ClsPerson 类中的代码

再插入一个标准模块，重命名为 MdlTest2，用来调用 ClsPerson 类，代码如下：

```
Private Zhangsan As ClsPerson
Private Lisi As ClsPerson
Sub 开始使用()
    Set Zhangsan = New ClsPerson
    Set Zhangsan.Task = ThisWorkbook.Worksheets(1).Range("C4:D12")
    Set Lisi = New ClsPerson
    Debug.Print Zhangsan.Task.Address, Lisi.Task.Address
End Sub
Sub 结束使用()
    If Zhangsan Is Nothing = False Then
        Set Zhangsan = Nothing
    End If
    If Lisi Is Nothing = False Then
        Set Lisi = Nothing
    End If
End Sub
```

代码分析：

由于类中的 Task 属性是一个对象类型，所以用到的类型一律声明为 Excel.Range，凡是赋值的地方都使用 Set。

创建每个实例时，都自动把单元格 A1 设置为 Task 属性的默认值。

因此代码的运行结果是：$C$4:$D$12　　$A$1。

15.3.2 设置只读属性

如果在类中只使用了 Property Get，而未使用 Property Let 或 Property Set，说明该属性是只读属性。在其他场所只能读取该属性，不能为该属性赋值。

以上部分的源代码文件是“类模块的编写.xlsm”。

15.4 自定义事件的创建和调用

在类模块中还可以创建事件。所谓的事件，是指该类的实例发生某种变化时自动执行类中的某部分代码。类似于光标在选中单元格区域时，会触发 SelectionChange 事件。

15.4.1 事件的声明和触发设计

在类模块中，在顶部使用 Event 关键字可以声明一个以上的事件，在类模块的各个成员中根据需要可使用 RaiseEvent 关键字来触发事件。

实例 15-1 在类模块 ClsCar 中添加了用于表示车名的 Name 属性以及用于计算车龄的 Age 函数。

同时，设计了两个事件，当类实例中修改 Name 属性值时，自动触发 NameChanged 事件。当类实例中调用了 Age 函数时，自动触发 AgeInvoked 事件，当在车龄大于 10 年的情况下传递参数 Cancel 时为 True，否则传递 False。

实例 15-1：类模块 ClsCar

```
Private varName As String
Public Event NameChanged()
Public Event AgeInvoked(ByVal Cancel As Boolean)
Public Property Get Name() As String
    Name = varName
End Property

Public Property Let Name(ByVal vNewValue As String)
    varName = vNewValue
    RaiseEvent NameChanged
End Property

Public Function Age(BuyDate As Date) As Integer
    Age = CInt(Date - BuyDate)
    If Age > 3650 Then
        RaiseEvent AgeInvoked(True)
    Else
        RaiseEvent AgeInvoked(False)
    End If
End Function
```

代码分析：

类模块的顶部使用 Event 关键字声明事件，必须提供一个事件的名称，还可设计一个以上的参数。

在类模块的代码区域的任何一个地方都能使用 RaiseEvent 调用事件。如果在 RaiseEvent 关键字后面按下空格键，会看到可调用的所有事件名称列表，如图 15-11 所示。

```
Public Function Age(BuyDate As Date) As Integer
    Age = CInt(Date - BuyDate)
    If Age > 3650 Then
        RaiseEvent AgeInvoked(True)
    Else        AgeInvoked
                NameChanged
        RaiseEvent AgeInvoked(False)
    End If
End Function
```

图 15-11　调用事件

此时必须考虑一个问题，设计好的事件在什么时候触发。对于在 Property 结构中的 RaiseEvent 语句，当类实例的属性被访问时触发，编写在函数或过程中的 RaiseEvent 事件，在调用该函数或过程时触发。

15.4.2　类实例中触发事件

由于标准模块不支持 WithEvents 关键字，因此需要在文档模块或用户窗体模块中创建类实例。本实例中，双击 ThisWorkbook 模块，在顶部输入：

```
Private WithEvents MyCar As ClsCar
```

注意

只有加上 WithEvents 关键字，才能调用类模块中的事件功能。

然后在右侧下拉组合框中可以看到有两个可用的事件，如图 15-12 所示。

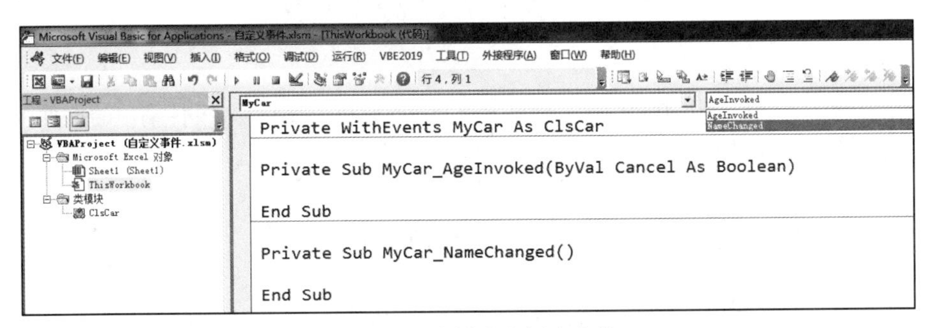

图 15-12　类模块中创建事件

继续完善代码，结果如下：

```
Private WithEvents MyCar As ClsCar
Private Declare Sub Sleep Lib "kernel32" (ByVal dwMilliseconds As Long)
```

```
Private Sub MyCar_AgeInvoked(ByVal Cancel As Boolean)
    If Cancel = True Then
        beep
        Sleep 3000
        beep
    Else
        beep
    End If
End Sub

Private Sub MyCar_NameChanged()
    Application.Speech.Speak Text:=MyCar.Name
End Sub

Private Sub Main()
    Dim Days As Integer
    Set MyCar = New ClsCar
    MyCar.Name = "三菱"
    Days = MyCar.Age(BuyDate:=#8/8/2018#)
    Debug.Print "车龄(天): " & Days
End Sub
```

代码分析：

上述代码中，Main 过程是程序的入口，运行该过程会创建类的新实例，然后修改 MyCar 的 Name 属性，并且计算车龄。

以上两个动作都会触发相应的事件。当修改车名时，会听到 Excel 自动朗读车的名称。当计算车龄时，如果计算结果大于 10 年，则听到两声 Beep，否则听到一声。

以上部分的源代码文件是“自定义事件.xlsm”。

15.5　类模块应用举例

在 VBA 编程中，经常使用类模块来处理多个对象的事件，只要支持事件编程的控件或对象，都可以在类模块中通过 WithEvents 关键字来声明带有事件的变量。

15.5.1　多个 MSForms 控件共用同一个事件过程

如果要制作一个计算器，需要在 VBA 的用户窗体上放置 16 个按钮控件和 1 个文本框控件。要求单击任何一个按钮，都能在文本框中追加所单击按钮的标题，从而形成算式。如果单击的是等号，则计算出结果。

如果在 UserForm 代码中处理这些按钮的单击事件，必须为每一个按钮创建一个 Click 事件过程，否则即使单击按钮也不起作用。

实例 15-2 演示了如何利用类模块来统一处理按钮的单击事件。

实例 15-2：处理按钮的单击事件

新建一个工作簿，在其 VBA 工程中插入一个用户窗体，从控件工具箱中拖放所需的文本框和控件，如图 15-13 所示。

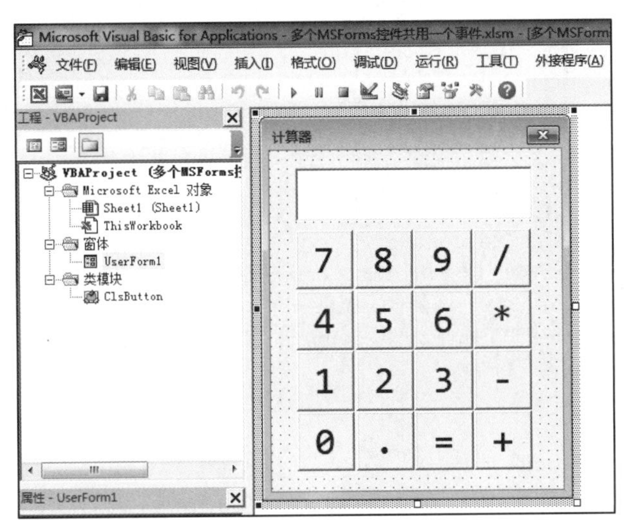

图 15-13　VBA 窗体版计算器

然后插入一个类模块，重命名为 ClsButton，其代码为：

```
Public WithEvents Button As MSForms.CommandButton

Private Sub Button_Click()
    On Error GoTo Err1
    With UserForm1.TextBox1
        If Button.Caption = "=" Then
            .Text = Format(Application.Evaluate(.Text), "0.000")
        Else
            .SelText = Button.Caption
        End If
        .SetFocus
    End With
    Exit Sub
Err1:
    MsgBox Err.Description, vbCritical
End Sub
```

代码分析：

只要向 VBA 工程中添加用户窗体，就会自动为 VBA 工程添加 Microsoft Forms 2.0 Object Library 引用。

在类模块的顶部使用 WithEvents 关键字声明按钮控件。当然，支持事件编程的不只是

CommandButton 这一类控件，此处只是以制作计算器为例。

Button_Click 过程就是按钮被单击之后的处理，如果标题是等号，就计算结果；否则向文本框追加单击的内容。

错误处理是为了防止 Application.Evaluate 计算出错而设计的。

接下来，在 UserForm1 的事件模块中编写以下代码：

```
Private Buttons(1 To 16) As ClsButton

Private Sub UserForm_Initialize()
    Dim control As MSForms.control
    Dim i As Integer
    i = 1
    For Each control In Me.Controls
        If TypeOf control Is MSForms.CommandButton Then
            Set Buttons(i) = New ClsButton
            Set Buttons(i).Button = control
            i = i + 1
        End If
    Next control
    Me.TextBox1.SetFocus
End Sub
```

代码分析：

模块顶部的代码 Private Buttons(1 To 16) As ClsButton 是采用对象数组来创建类实例的。相当于声明了 16 个类实例。

然后在窗体的启动事件中，遍历窗体上的所有控件，如果控件类型是 CommandButton，就创建一个类实例，并把按钮控件赋给类实例的 Button，从而达到绑定事件的目的。

启动用户窗体，单击任何一个按钮，都能向文本框中输入内容，如图 15-14 所示。

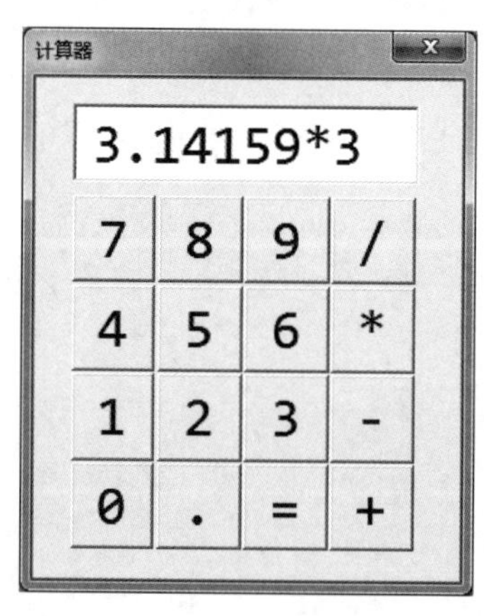

图 15-14　计算器的运行效果

以上是根据控件的实际数量声明一个对象数组的方法。

以上部分的源代码文件是“多个 MSForms 控件共用一个事件.xlsm”。

15.5.2 多个工具栏控件共用同一个事件过程

Office.CommandBarButton 是一种可以显示在 Office 或 VBE 中的控件，通常的做法是先创建一个自定义工具栏，然后向工具栏中依次添加按钮控件，最后指定 OnAction 属性，从而与 VBA 中的某个具体的宏进行绑定。

实例 15-3 采用类模块来处理工具栏按钮的单击事件，当单击任何一个按钮时都要弹出一个对话框。

实例 15-3：处理工具栏按钮的单击事件

类模块 ClsButton 的代码如下：

```
Public WithEvents Button As Office.CommandBarButton

Private Sub Button_Click(ByVal Ctrl As Office.CommandBarButton, CancelDefault As Boolean)
    MsgBox Ctrl.Caption
End Sub
```

代码分析：

Button_Click 事件过程的名称和参数列表都是固定的，只要模块顶部声明了带事件的变量，在右侧组合框中下拉即可自动产生过程的主体部分。

代码中的变量 Ctrl 就是所单击的按钮。

插入一个标准模块，编写如下“创建工具栏”和“删除工具栏”两个过程。

```
Private Instance As ClsButton
Private Col As Collection
Sub 创建工具栏()
    Dim cb As Office.CommandBar
    Dim cmb As Office.CommandBarButton
    Dim i As Integer
    Set cb = Application.CommandBars.Add(Name:="TestBar", MenuBar:=False, temporary:=True)
    Set Col = New Collection
    For i = 1 To 10
        Set cmb = cb.Controls.Add(Type:=Office.MsoControlType.msoControlButton)
        With cmb
            .Caption = "Button" & i
            .FaceId = i
            .Style = Office.MsoButtonStyle.msoButtonIconAndCaption
        End With
        Set Instance = New ClsButton
        Set Instance.Button = cmb
        Col.Add Instance
    Next i
    cb.Visible = True
End Sub
Sub 删除工具栏()
    On Error Resume Next
```

```
    Set Col = Nothing
    Application.CommandBars.Item("TestBar").Delete
End Sub
```

代码分析：

实例 15-3 中创建了 10 个按钮，但是模块顶部只声明了 1 个类实例变量 Instance。使用 Collection 这种容器对象来循环装载每个类实例，从而达到后一个按钮的事件不覆盖前一个按钮的事件的目的。

运行“创建工具栏”过程，在 Excel 的“加载项”选项卡中会看到创建的 10 个按钮。单击任意一个按钮，都能弹出对话框，如图 15-15 所示。

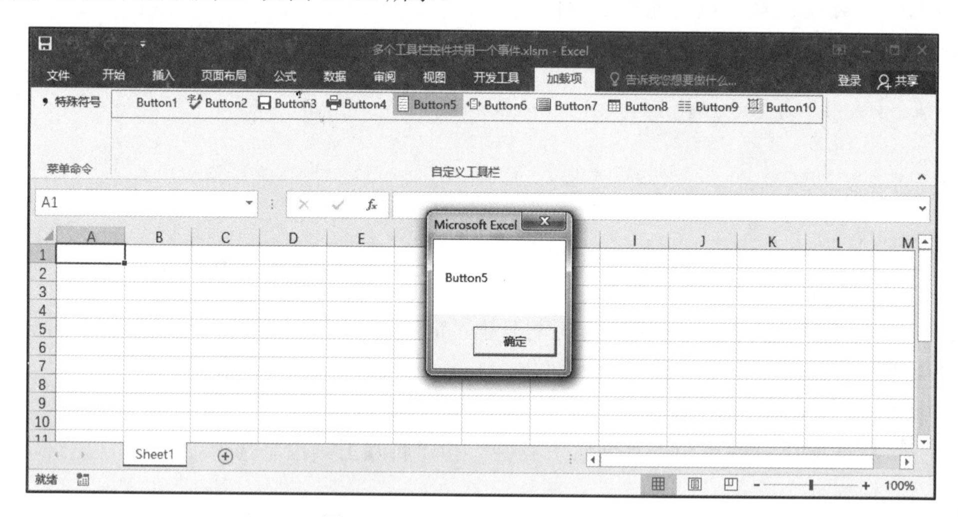

图 15-15　工具栏中的多个按钮

需要注意 Col.Add Instance 这行代码，如果不写这行，会造成只有最后一个按钮可用，前面 9 个按钮单击后都无反应的情况。

上述使用集合来装载类实例的做法还经常用于在 VBE 中创建数量不确定的工具栏按钮。

以上部分的源代码文件是“多个工具栏控件共用一个事件.xlsm”。

15.5.3　托管另一个 Office 组件的事件

由于 Office 各个组件之间可以互相调用，也可以把一个组件的事件托管给其他组件。例如，Outlook 的 Application 对象支持 NewMailEx 事件和 ItemSend 事件，当收到邮件时触发 NewMailEx 事件，当向外部发送邮件时触发 ItemSend 事件。

这里可以设想一下，无论是收取还是发送，都把被处理邮件的主题自动通知给 Excel，这就需要在 Excel 中托管 Outlook 事件。具体应用如实例 15-4 所示。

实例 15-4：托管另一个 Office 组件的事件

新建一个 Excel 工作簿，在其 VBA 工程中添加 Microsoft Outlook 16.0 Object Library 引用。然后插入一个类模块，重命名为 ClsOutlook。

在该类模块顶部声明带有事件的变量 OutlookApp，在事件列表中选择 ItemSend 和 NewMailEx。完整代码如下：

```
Public WithEvents OutlookApp As Outlook.Application

Private Sub Class_Initialize()
    Set OutlookApp = GetObject(, "Outlook.Application")
End Sub

Private Sub Class_Terminate()
    Set OutlookApp = Nothing
End Sub

Private Sub OutlookApp_ItemSend(ByVal Item As Object, Cancel As Boolean)
    Debug.Print Now, "发出：" & Item.Subject
End Sub

Private Sub OutlookApp_NewMailEx(ByVal EntryIDCollection As String)
    Dim Item As Object
    Set Item = OutlookApp.Session.GetItemFromID(EntryIDItem:=EntryIDCollection)
    Debug.Print Now, "收到：" & Item.Subject
End Sub
```

代码分析：

类模块 ClsOutlook 中的对象变量 OutlookApp 代表一个 Outlook 的 Application 对象，在类的 Initialize 事件中自动获取正在运行的 Outlook，然后就可以监视邮件的收发了。

同样的道理，类模块需要实例化，因此向 Excel VBA 工程中继续加入一个标准模块，代码如下：

```
Private Instance As ClsOutlook
Sub 开始托管()
    Set Instance = New ClsOutlook
End Sub
Sub 停止托管()
    Set Instance = Nothing
End Sub
```

可以看出上述代码非常简单，只需要运行代码 Set Instance = New ClsOutlook 就可以实现监视效果了。因为创建实例时会自动运行类中的 Initialize 事件。

最后，在 Outlook 中当发送邮件或者收取邮件时，都会在 Excel VBA 的立即窗口中打印出相应记录，如图 15-16 所示。

```
立即窗口
2020/5/9 17:05:01          发出：海门埃夫科纳化学有限公司诚邀
2020/5/9 17:05:29          收到：本周末外出春游
```

图 15-16　制作其他 Office 组件中的事件

以上部分的源代码文件是“托管另一个 Office 组件的事件.xlsm”。

从以上实现的功能中可以看出，使用类模块可以实现一些难度较大的功能，可以大幅度提高代码的效率和作用范围。

在很多场合下，开发人员会把一些实用的函数和方法写在类中，以便让其他程序调用。然而，Office VBA 中的类模块只能让同一 VBA 工程中的程序调用。

15.6 习　　题

1．图 15-17 所示是一个 VBA 工程的结构，该工程中包含的一个类模块的名称是（　　）。

图 15-17　示例工程

A．模块　　B．类模块 1　　C．类模块　　D．模块 1

2．类模块的初始化事件与终止事件的名称是（　　）。

A．Class_Initialize 与 Class_End　　B．Class_Initialize 与 Class_Terminate

C．Class_Start 与 Class_Initialize　　D．Class_Start 与 Class_End

3．（多选）VBA 工程中有一个类模块 ClsPerson，一个模块 m，如图 15-18 所示的程序在 m 中调用类模块，运行 Test 过程时失败，可能的错误原因有（　　）。

A．Instance 是 VBA 内置关键字，不能用作变量名

B．ClsPerson 不具有 Name 这个属性

C．Instance 必须声明为模块级变量

D．Instance 没有被实例化，是 Nothing

E．Name 属性是只读属性

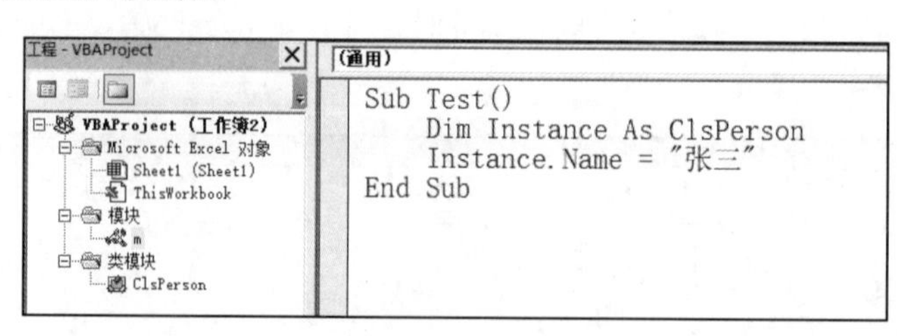

图 15-18　示例程序